トゥー
多様体

An Introduction to
Manifolds

Loring W. Tu
［著］

枡田幹也　Mikiya Masuda
阿部　拓　Hiraku Abe
堀口達也　Tatsuya Horiguchi
［訳］

裳華房

Translation from the English language edition:
An Introduction to Manifolds
by Loring W. Tu
Second Revised Edition
Copyright © Springer Science+Business Media, LLC. 2011
This Springer imprint is published by Springer Nature
The registered company is Springer Science+Business Media, LLC.
All Rights Reserved.

Japanese translation rights arranged with
Springer-Verlag GmbH
through Japan UNI Agency, Inc., Tokyo

|JCOPY| 〈出版者著作権管理機構 委託出版物〉

Dedicated to the memory of Raoul Bott

訳 者 序 文

　本書は，Loring W. Tu 著の *An Introduction to Manifolds*, Second edition (Springer, 2010) の日本語訳である．本来ならばこの英語書名を「多様体入門」と訳すべきところだが，長年にわたって多様体の基本的な教科書である『多様体入門』（松島与三著）が同じく裳華房から出版されているので，『トゥー 多様体』とした．「トゥー」は著者の Tu 氏の発音をカタカナにしたものだが，'to Manifolds'（多様体へ）の 'to' をもじったものでもある．

　本書を手にされた方は，どんな方だろうか．多様体を学び始めた数学科か物理学科の学生さんだろうか．多様体を一度学んだが，よく分からなかったので再度勉強してみようと思われた方だろうか．または，多様体って一体何？ との好奇心を持たれた方だろうか．訳者の 1 人が数学科の学生として初めて多様体を目にしたのは，遠い昔になるが，上記の『多様体入門』（松島与三著）であった．その本では，最初の方に局所座標系の貼り合わせとしての多様体の定義があり，この定義がなかなか理解できず，図書館でうんうん唸りながら本を読んだことを昨日のことのように思い出す．

　多様体は曲面の概念の一般化である．曲面は 2 次元の曲がった空間であるが，3 次元ユークリッド空間に入っていることを利用して，強力な道具である微積分を使うことができる．例えば，微分を用いて曲面の接平面を求めたり，積分を用いて曲面の面積を求めたりすることができる．多様体は，微積分が使える任意次元の（一般に曲がった）空間と言える．曲面の例から推察して，多様体を高い次元のユークリッド空間の中にある「滑らかな」集合として定義すればいいように思うが（また実際そのような定義の仕方もあるが），射影空間などの重要な幾何学的対象は，ユークリッド空間の部分集合としては定義されていない．そこで，局所座標系の貼り合わせとして多様体を定義する考え方が生まれてくる．

　地球の表面全体（2 次元球面）を 1 つの平面に表そうとすると，実際には近くにあるが，表した平面の上では遠く離れている場所がどうしても生じる．例えば，小学校の教室に貼ってあったメルカトル図法の世界地図を思い出すと，両端のところは，地図の上では離れているが実際には近い場所である．地球の表面全体を考えるとき，局所座標系はある地域の地図に相当する．これゆえ，局所座標系のことをチャート（海図）という．チャートは実際の遠近を正確に表現しているが，世界全体をチャー

トで表そうとすると何枚かのチャートが必要になり，ある地域が2つ以上のチャートに現れる．これが局所座標の貼り合わせ，または，座標変換の概念に対応する．

多様体の概念はリーマンにより1854年に導入された．2000年を超える数学の歴史からすれば最近である．このことから分かるように，多様体の概念は人間にとってそれほど自然なものではなく，訳者の1人がうんうん唸ったように，理解するのに少しの時間を要する．しかし，一度理解すれば何ということはなく，豊富な数学が展開できる対象であることが分かる．実際，多様体は現代数学や理論物理において中心的な役割を果たしている．

著者のTu氏は，Raoul Bott氏と *Differential Forms in Algebraic Topology*（Springer, 1995）という大学院生向けの定評ある教科書を出版しているが，この本は読者が多様体の基礎を習得していることを仮定しているため，初学者にはややハードルが高い．Tu氏が本書を執筆した動機は，初学者に上記の本を読むための橋渡しをすることであったらしい．そのため，本書の到達目標は，微分形式（differential form）を用いて定義されるド・ラームコホモロジーを簡単な空間に対して計算できることとなっている．しかし本書を読んだ後，上記のBott-Tuの本に進まなければならないということはない．本書には多様体に関する基本的なことがすべて含まれており，これを基礎に他の方面へ進むことも可能である．

本書にはたくさんの図と例があり，ゆっくりとしたペースで重要な概念が説明されている．各章の初めに歴史的なことも含めて章の内容が説明されており，見通しがよい．また，各節ごとに適当な数の演習問題がある．演習問題は解けることに越したことはないが，例え解けなくても，解こうとして色々考えることにより理解が深まるのであるから，億劫がらずにチャレンジして頂きたい．付録として，位相空間論の基礎事項や，多様体論で重要な役割を果たす逆関数定理と1の分割に関する基礎的なことなどがまとめてある．このように，本書は読者への配慮が随所に散りばめられた好著である．

上で述べたように，多様体の概念を理解するには少し時間がかかるが，一度理解すれば何ということはない．理解の鍵となるのは「座標」である．座標は中学校以来慣れ親しんだ概念であるが，分かったようで分かっていない．座標はデカルトの『方法序説』（1637年）により初めて導入された．ギリシャ時代のユークリッド幾何に座標はない．これから分かるように，座標も人間にとってそれほど自然な概念ではない．訳者の1人が多様体の概念を理解するのに苦しんだのは，座標をきちんと理解していなかったからであった．「座標とは何か」と自問自答しながら本書を読み進めるのも一案である．

原書は400頁余りあるが，図や式がたくさんあり，さらに多様体の入門という内容なので，翻訳にはそれほど時間はかからないだろうと思っていたが，実際翻訳を開始してみると，英語と日本語の語順の違い，語句の細かいニュアンスなど，どのように訳せばいいか惑うところが多々あり，思いの外時間を要した．翻訳では，日本語文が原文に引きずられて不自然になることがしばしばあるので，原文の意味やニュアンスを変えずに，できるだけ自然な日本語となるように心がけたが，十分に達成できたかどうかは読者の判断に委ねることにする．

　最後に，裳華房の亀井祐樹氏と南清志氏には大変お世話になった．この場を借りて感謝の意を表したい．

2019年10月

訳　者　一　同

第 2 版の刊行にあたって

本書は 50 ページ以上の新しい内容を散りばめた改訂版である．もともとの章や節の意味を保ちながら，7 の章と 29 の節に再編成した．主な加筆は，20 節にあるリー微分と内部積という多様体上の内在的な 2 つの作用素（とても重要なので省略するわけにはいかなかった），22 節にある境界の向きに関する新しい命題，および四元数とシンプレクティック群についての新しい付録である．

間違いと誤植の修正以外では，すべての証明を再度考え抜き，多くの文章を研磨し，新しい具体例，演習問題，ヒント，解答を加えた．この過程において，各節を時に大きく書き直した．修正はあまりにもたくさんあるので，ここですべてを列挙することはできない．各章は，そこに大体どのような内容が書いてあるのかということについての導入的な文章から始めるようにした．概念に対する考え方がどのように発展してきたかということの時系列を提示するために，折に触れてその概念の歴史的な原点を示し，歴史的な文献を参考文献に追加した．

どんな著者も，志を共にしてくれる読者を必要とする．第 2 版を準備しているときに，あらゆる段階において一緒に仕事をしてくれた忠実で献身的な読者である George F. Leger と Jeffrey D. Carlson がいてくれたことは，私にとって大きな幸運であった．この 2 人は，各節ごとに改訂稿をくまなくチェックして，詳細な指摘，訂正，助言をくれた．実は，Jeff が書いた 200 ページにわたるコメントはそれ自身，批評の傑作であった．本書が最終的にとても明快なものとなったのは，2 人の多大な尽力の結果である．George と Jeff の両方に心からの感謝を贈りたい．また，編集者の David Kramer 氏を始めとする多くの他の読者からの意見にも助けられた．最後に，Philippe Courrège, Mauricio Gutierrez, Pierre Vogel が有益な議論をしてくれたこと，改訂中にジュシュー数学研究所とパリ第 7 大学に滞在させて頂いたことに感謝したい．いつものことであるが，読者の意見を歓迎する．

2010 年 6 月　パリにて

Loring W. Tu

第 1 版の刊行にあたって

ラウル・ボット（Raoul Bott）と私が *Differential Forms in Algebraic Topology* を出版してからもう 20 年以上が経つ．この本はある程度の好評を博した一方で，読者が多様体に慣れていることを前提としており，それゆえに平均的な初年度の大学院生にとってすぐに読み始められるものではない．半期分の抽象代数論と 1 年分の実解析の知識のみを仮定した多様体の入門書を書くことで，このギャップに橋を渡すことが，長い間私の目標であった．さらにこの 20 年間，幾何学やトポロジーと物理学の間に多大な相互作用があったことも受け，若い数学者や意欲のある学部生だけでなく，幾何学やトポロジーの確かな基礎を身につけることを望む物理学者も，読者対象として含めたいと考えた．

多様体についての素晴らしい本が巷にあふれていることに鑑みれば，新しい本の執筆に着手するからには，自己満足のために書くのでなければ，しかるべき執筆動機を読者に示しておかねばならない．私にとって真っ先に思い浮かぶのは，例えば単純な空間のド・ラームコホモロジーを計算できるところまで読者を素早く連れて行けるような，厳密だが読み得る本を書きたかったということである．

第 2 の動機は，意図的に点集合トポロジー[1]を前提としなかったところから生じている．同じ制約を設けている多くの本では，多様体をユークリッド空間の部分集合として定義せざるを得ず，これは射影空間などの商多様体を理解しにくくするという欠点がある．そこで私は，最初の 4 つの節を点集合トポロジーとは独立に構成し，必要な点集合トポロジーは付録におくことにした．最初の 4 つの節を読みながら，同時に学生諸君は，5 節以降で必要となる点集合トポロジーを習得するために付録 A を学ぶとよい．

本書は初心者が読み，学習するためのものであり，辞書的にならないようにしたつもりである．したがって本書では，数学者ならば誰もが知っているはずの最小限の多様体論のみを議論している．扱う範囲を絞ったことで，中心的なアイデアがより明確に浮かび上がってくるのではと期待している．

また，説明の流れを断たないように，型通りの証明や計算的な証明のうちいくつかは演習として残した．他の演習も説明の中で自然な場所に散りばめてあり，文章の中においた演習に加えて各節の最後にも問題をおいた．特定の演習と問題のヒン

---

[1] （訳者注）　位相空間論ともいう．

トと解答は本の最後にまとめてあり，完全な解答を用意したものについては星印をつけた．

本書はこれまで，幾何学とトポロジーについての4部作の第1巻として，その構想を練ってきた．第2巻は先で挙げた *Differential Forms in Algebraic Topology* であり，第3巻 *Differential Geometry: Connections, Curvature, and Characteristic Classes* は，すぐに日の光を浴びるであろう．第4巻 *Elements of Equivariant Cohomology* は，ラウル・ボットが2005年に亡くなる以前からの彼との長期的なプロジェクトであったが，未だ修正中である．

このプロジェクトは創案から10年が経過した．私はこの期間中，私自身が所属する大学に加えて，多くの機関の支えと厚遇の恩恵を頂いた．具体的には，フランスの高等教育・研究省にはシニア研究員（bourse de haut niveau）の立場を頂き，アンリ・ポアンカレ研究所，ジュシュー数学研究所，パリ高等師範学校数学科，パリ第7大学，リール大学には様々な期間で滞在させて頂いた．本書の完成には，これらすべての機関の重要な貢献があった．

私の同僚である Fulton Gonzalez, Zbigniew Nitecki, Montserrat Teixidor i Bigas は，多くの有用な指摘や訂正を提供してくれた．私の学生である Cristian Gonzalez-Martinez と Christopher Watson，そして特に Aaron W. Brown と Jeffrey D. Carlson は，詳細に誤りを指摘し，改良のための助言をしてくれた．シュプリンガー社の Ann Kostant と彼女のチームである John Spiegelman と Elizabeth Loew の各氏には，それぞれ校正上の助言，組版，製作においてお力添えをいただいた．そして，Steve Schnably と Paul Gérardin が揺るぎない心の支えとなってくれた．以上の方々に心から感謝している．また，Aaron W. Brown が記号の一覧や多くの解答の TeX ファイルを準備してくれたことにも感謝している．George Leger には，私の本の執筆計画すべてに献身してくれたことと，さまざまなバージョンの原稿を注意深く読んでくれたことに特に感謝の意を贈りたい．他の本のときと同様，本書の執筆時における彼の励まし，フィードバック，助言は，私にとって非常に貴重なものであった．最後に，ラウル・ボットによる幾何学とトポロジーの授業が私の数学的な思考の形成を助けてくれたこと，そして彼の模範的な生き方が我々すべてを鼓舞してくれていることを記したい．

2007年6月　マサチューセッツ州，メドフォードにて

Loring W. Tu

目　次

訳者序文 v
第 2 版の刊行にあたって viii
第 1 版の刊行にあたって ix

はじめに 1

第 1 章　ユークリッド空間　　3

§1　ユークリッド空間上の
　　　滑らかな関数 4
　1.1　C^∞ 級関数と解析関数 4
　1.2　剰余項をもつテイラーの定理
　　　　 6
　問題 8

§2　導分としての $\mathbb{R}^n$ における
　　　接ベクトル 11
　2.1　方向微分 12
　2.2　関数の芽 13
　2.3　点における導分 14
　2.4　ベクトル場 16
　2.5　導分としてのベクトル場 18
　問題 20

§3　多重コベクトルの外積代数 20
　3.1　双対空間 21
　3.2　置換 23
　3.3　多重線形関数 26
　3.4　多重線形関数上の置換作用
　　　　 28

　3.5　対称化および交代化作用素
　　　　 29
　3.6　テンソル積 30
　3.7　ウェッジ積 31
　3.8　ウェッジ積の反交換性 33
　3.9　ウェッジ積の結合性 34
　3.10　k コベクトルの基底 36
　問題 39

§4　$\mathbb{R}^n$ 上の微分形式 41
　4.1　微分 1 形式と関数の微分 41
　4.2　微分 k 形式 44
　4.3　ベクトル場上の多重線形関数
　　　　としての微分形式 46
　4.4　外微分 47
　4.5　閉形式と完全形式 49
　4.6　ベクトル解析への応用 50
　4.7　下付き添え字と上付き添え字
　　　　についての慣習 54
　問題 55

第 2 章 多様体 — 57

§5 多様体 — 58
- 5.1 位相多様体 — 58
- 5.2 両立するチャート — 60
- 5.3 滑らかな多様体 — 63
- 5.4 滑らかな多様体の例 — 65
- 問題 — 68

§6 多様体上の滑らかな写像 — 70
- 6.1 多様体上の滑らかな関数 — 71
- 6.2 多様体の間の滑らかな写像 — 73
- 6.3 微分同相写像 — 75
- 6.4 成分の言葉による滑らかさ — 76
- 6.5 滑らかな写像の例 — 78
- 6.6 偏微分 — 81
- 6.7 逆関数定理 — 82
- 問題 — 84

§7 商 — 85
- 7.1 商位相 — 86
- 7.2 商における写像の連続性 — 87
- 7.3 部分集合を一点と同一視 — 87
- 7.4 ハウスドルフ商空間であるための必要条件 — 88
- 7.5 開同値関係 — 89
- 7.6 実射影空間 — 91
- 7.7 実射影空間上の標準 C^∞ 級アトラス — 95
- 問題 — 96

第 3 章 接空間 — 101

§8 接空間 — 102
- 8.1 点における接空間 — 103
- 8.2 写像の微分 — 104
- 8.3 合成関数の微分法 — 105
- 8.4 点における接空間の基底 — 106
- 8.5 微分の局所的な表示 — 108
- 8.6 多様体における曲線 — 109
- 8.7 曲線を用いた微分の計算 — 113
- 8.8 はめ込みと沈め込み — 114
- 8.9 階数, 臨界点, 正則点 — 115
- 問題 — 116

§9 部分多様体 — 118
- 9.1 部分多様体 — 119
- 9.2 関数のレベル集合 — 122
- 9.3 正則レベル集合定理 — 125
- 9.4 正則部分多様体の例 — 126
- 9.5 サードの定理 — 128
- 問題 — 129

§10 圏と関手 — 131
- 10.1 圏 — 132
- 10.2 関手 — 133
- 10.3 双対関手と多重コベクトル関手 — 135
- 問題 — 137

§11 滑らかな写像の階数 — 137
- 11.1 階数一定定理 — 138
- 11.2 はめ込み定理と沈め込み定理 — 142
- 11.3 滑らかな写像の像 — 144
- 11.4 部分多様体への滑らかな写像 — 149

- 11.5 $\mathbb{R}^3$ における曲面の接平面 151
- 問題 152
- §12 接束 **154**
  - 12.1 接束の位相 155
  - 12.2 接束上の多様体構造 159
  - 12.3 ベクトル束 160
  - 12.4 滑らかな切断 163
  - 12.5 滑らかな枠 165
  - 問題 167
- §13 隆起関数と1の分割 **168**
  - 13.1 C^∞ 級の隆起関数 168
- 13.2 1の分割 173
- 13.3 1の分割の存在 174
- 問題 176
- §14 ベクトル場 **178**
  - 14.1 ベクトル場の滑らかさ 178
  - 14.2 積分曲線 182
  - 14.3 局所フロー 184
  - 14.4 リー括弧積 187
  - 14.5 ベクトル場の押し出し 190
  - 14.6 関係にあるベクトル場 191
  - 問題 192

第4章 リー群とリー代数   **195**

- §15 リー群 **196**
  - 15.1 リー群の例 196
  - 15.2 リー部分群 200
  - 15.3 行列の指数関数 202
  - 15.4 行列のトレース 205
  - 15.5 行列式写像の単位元における微分 208
  - 問題 209
- §16 リー代数 **213**
  - 16.1 リー群の単位元における接空間 213
- 16.2 リー群上の左不変ベクトル場 216
- 16.3 リー群のリー代数 219
- 16.4 $\mathfrak{gl}(n,\mathbb{R})$ 上のリー括弧積 220
- 16.5 左不変ベクトル場の押し出し 221
- 16.6 リー代数の準同型写像としての微分 222
- 問題 224

第5章 微分形式   **227**

- §17 微分1形式 **228**
  - 17.1 関数の微分 229
  - 17.2 関数の微分の局所表示 230
  - 17.3 余接束 230
  - 17.4 C^∞ 級1形式の特徴付け 232
- 17.5 1形式の引き戻し 235
- 17.6 1形式のはめ込まれた部分多様体への制限 237
- 問題 239
- §18 微分k形式 **240**
  - 18.1 微分形式 240

18.2　k 形式の局所表示 242
18.3　ベクトル束の観点 244
18.4　滑らかな k 形式 245
18.5　k 形式の引き戻し 246
18.6　ウェッジ積 247
18.7　円周上の微分形式 248
18.8　リー群上の不変形式 250
問題 251

§19　外微分 253
19.1　座標チャート上の外微分
　　　 254
19.2　局所作用素 254
19.3　多様体上の外微分の存在
　　　 255
19.4　外微分の一意性 256
19.5　外微分の引き戻し 258

19.6　はめ込まれた部分多様体への
　　　k 形式の制限 260
19.7　円周上で至る所消えない
　　　1 形式 261
問題 263

§20　リー微分と内部積 266
20.1　ベクトル場と微分形式の族
　　　 267
20.2　ベクトル場のリー微分 269
20.3　微分形式のリー微分 273
20.4　内部積 274
20.5　リー微分の性質 276
20.6　リー微分と外微分の
　　　大域的な公式 280
問題 282

第 6 章　積分　284

§21　向き 285
21.1　ベクトル空間の向き 285
21.2　向きと n コベクトル 287
21.3　多様体上の向き 289
21.4　向きと微分形式 292
21.5　向きとアトラス 296
問題 298

§22　境界をもつ多様体 299
22.1　$\mathbb{R}^n$ における領域の
　　　微分同相不変性 300
22.2　境界をもつ多様体 302
22.3　境界をもつ多様体の境界
　　　 305
22.4　接ベクトル，微分形式，向き
　　　 305

22.5　外向きベクトル場 307
22.6　境界の向き 307
問題 310

§23　多様体上の積分 312
23.1　$\mathbb{R}^n$ 上の関数のリーマン積分
　　　 313
23.2　積分可能条件 315
23.3　$\mathbb{R}^n$ 上の n 形式の積分 317
23.4　多様体上の微分形式の積分
　　　 318
23.5　ストークスの定理 323
23.6　線積分とグリーンの定理
　　　 326
問題 327

第7章　ド・ラーム理論　329

§24　ド・ラームコホモロジー……330
- 24.1　ド・ラームコホモロジー……330
- 24.2　ド・ラームコホモロジーの例……333
- 24.3　微分同相不変量……335
- 24.4　ド・ラームコホモロジー上の環構造……336
- 問題……338

§25　コホモロジーの長完全列……338
- 25.1　完全列……339
- 25.2　コチェイン複体のコホモロジー……340
- 25.3　連結準同型写像……342
- 25.4　ジグザグ補題……344
- 問題……346

§26　マイヤー-ヴィートリス完全系列……346
- 26.1　マイヤー-ヴィートリス完全系列……347
- 26.2　円周のコホモロジー……352
- 26.3　オイラー標数……355
- 問題……355

§27　ホモトピー不変性……356
- 27.1　滑らかなホモトピー……356
- 27.2　ホモトピー型……357
- 27.3　変位レトラクション……359
- 27.4　ド・ラームコホモロジーに対するホモトピー公理……360
- 問題……362

§28　ド・ラームコホモロジーの計算……362
- 28.1　ベクトル空間としてのトーラスのコホモロジー……363
- 28.2　トーラスのコホモロジー環……364
- 28.3　種数 g の曲面のコホモロジー……368
- 問題……372

§29　ホモトピー不変性の証明……372
- 29.1　2つの切断への帰着……373
- 29.2　コチェインホモトピー……374
- 29.3　$M \times \mathbb{R}$ 上の微分形式……374
- 29.4　i_0^* と i_1^* の間のコチェインホモトピー……376
- 29.5　コチェインホモトピーの証明……377
- 問題……379

付録　381

§A　点集合トポロジー……381
- A.1　位相空間……381
- A.2　部分空間位相……385
- A.3　基……386
- A.4　第一および第二可算性……388
- A.5　分離公理……390
- A.6　積位相……391
- A.7　連続性……393

A.8 コンパクト性 395	D.2 線形変換 421
A.9 $\mathbb{R}^n$ における有界性 398	D.3 直積と直和 422
A.10 連結性 399	問題 424
A.11 連結成分 401	§E 四元数とシンプレクティック群
A.12 閉包 401	.... **425**
A.13 収束 404	E.1 線形写像の行列表現 426
問題 405	E.2 四元数の共役 428

§B $\mathbb{R}^n$ 上の逆関数定理と
　　関連した結果 **408**
　B.1 逆関数定理 408
　B.2 陰関数定理 408
　B.3 階数一定定理 413
　問題 414

E.3 四元内積 428
E.4 四元数の複素数による表現
.... 429
E.5 複素成分を用いた四元内積
.... 429
E.6 複素数を用いた $\mathbb{H}$ 線形性
.... 430
E.7 シンプレクティック群 431
問題 433

§C 一般の場合における C^∞ 級の
　　1 の分割の存在 **416**

§D 線形代数 **420**
　D.1 商ベクトル空間 420

本文中の演習の解答 **435**
節末問題のヒントと解答 **442**

記号一覧 468
参考文献 477
索引 480

はじめに

A Brief Introduction

　大学の初年度で習う微積分は，実数直線上の関数の微分や積分を平面や 3 次元空間上の関数の微分や積分へと発展させるものであり，その際，ベクトル値関数や，曲線上や曲面上の積分と出会う．実解析は $\mathbb{R}^3$ における微分や積分を $\mathbb{R}^n$ へと拡張するが，本書は，曲線上や曲面上の微分積分をより高い次元へ拡張するものである．

　滑らかな曲線や曲面の高次元の類似物は**多様体**と呼ばれる．ベクトル解析の構成や定理は多様体という設定の下でより単純な形をとる．勾配（gradient），回転（rotation），発散（divergence）はすべて外微分の特別な場合であり，線積分の基本定理，グリーンの定理，ストークスの定理，発散定理は，唯一つの定理，すなわち多様体に対する一般のストークスの定理が，様々な形で現れているのである．

　高次元の多様体は，我々が住む 3 次元空間にしか関心がなくても現れてくる．例えば，回転をしてから平行移動を行うことをアフィン運動と呼ぶとき，$\mathbb{R}^3$ におけるすべてのアフィン運動の集合は 6 次元多様体になっている．さらに，この 6 次元多様体は $\mathbb{R}^6$ ではない．

　2 つの多様体の間に同相写像，つまり全単射であり双方向に連続であるものが存在するとき，これらは位相的に同じであると考える．多様体の位相不変量とは，コンパクト性など同相写像の下で保たれる性質をいう．他にも，多様体の連結成分の個数などがそうである．興味深いことに，多様体の位相不変量を調べるために多様体上の微分や積分の計算を使うことができ，より洗練された不変量として，多様体のド・ラームコホモロジーが得られる．

　以下，本書の大筋を説明する．まず，$\mathbb{R}^n$ 上の微積分を多様体へ一般化できるように書き直す．その際，記号 dx, dy, dz に意味を与え，大学の初年度で習う微積分のときのような単なる記号ではなく，**微分形式**として重要な役割を担えるようにする．

　第 5 章における多様体上の微分形式の理論は，結局のところ $\mathbb{R}^n$ 上の微分形式を含むので，多様体論の前に $\mathbb{R}^n$ 上の微分形式を展開することは論理的には必要で

ないが，微分形式や外微分の本質的な単純さは $\mathbb{R}^n$ において最も見やすいので，$\mathbb{R}^n$ を先に扱うことには教育的な観点からの利点がある．

多様体をすぐに掘り下げないもう1つの理由は，本書を授業などで使用する際に，点集合トポロジーの知識がない学生が，$\mathbb{R}^n$ 上の微分形式の計算を学びながら付録 A を読むことができるようにするためである．

点集合トポロジーの基礎が身に付いたら，多様体を定義し，集合が多様体になるための様々な条件を導出する．微積分の中心的なアイデアは，非線形な対象を線形な対象で近似することであり，これを念頭に置きながら，多様体とその接空間の関係を調べる．なかでも重要な具体例は，リー群とそのリー代数である．

最後に，ベクトル解析の諸定理がどのように一般化されるのか，また多様体上の結果が多様体の新しい C^∞ 級の不変量であるド・ラームコホモロジー群をどのように定めるのかを見せるために，解析とトポロジーの相互作用を生かしながら，多様体上の微積分を行う．

ド・ラームコホモロジー群は単に C^∞ 級の不変量であるだけでなく，実は位相不変量である．これは，ド・ラームコホモロジー群と $\mathbb{R}$ 係数の特異コホモロジー群の同型写像を与える有名なド・ラームの定理の帰結である．この定理を証明することは本書の範疇から外れるが，本書の続きである [4] に証明があるので，興味のある読者はそれを参照されたい．

Chapter

1

ユークリッド空間

Euclidean Spaces

　ユークリッド空間 $\mathbb{R}^n$ は，すべての多様体の原型となるものである．ユークリッド空間は最も簡単なものであるというだけでなく，すべての多様体は局所的に $\mathbb{R}^n$ のように見える．したがって，微分や積分を多様体へ一般化するためには，$\mathbb{R}^n$ に対する十分な理解が必要となる．

　ユークリッド空間は，標準的な大域的座標をもっているという点で特別である．このことは良い面でもあり，悪い面でもある．良い面は，$\mathbb{R}^n$ 上でのすべての構成が標準的な座標を使って定義できることであり，また，すべての計算が具体的に実行できることである．悪い面は，座標を使って定義されていると，どの概念が内在的（つまり座標に無関係）であるかが明らかでないことである．多様体は一般に標準的な座標をもっていないので，座標に依らない概念だけが意味をもつ．例えば，次元 n の多様体上で関数を積分することはできない．というのも，関数の積分は座標のとり方に依存するからである．積分できる対象は微分形式である．$\mathbb{R}^n$ の場合には，大域的な座標の存在によって $\mathbb{R}^n$ 上の関数と微分 n 形式を同一視できるので，関数を $\mathbb{R}^n$ 上積分することが可能となる．

　この章の目標は，多様体に一般化できるように，$\mathbb{R}^n$ 上での計算を座標に依らない形に書き直すことである．このために，接ベクトルを矢印や数ベクトルではなく，関数上の導分と見なす．次に，ヘルマン・グラスマン（Hermann Grassmann）によるベクトル空間上の交代多重線形関数の形式論を解説するが，これは微分形式の理論の基礎をなすものである．最後に，$\mathbb{R}^n$ 上の微分形式を，基本的な演算であるウェッジ積と外微分と共に導入し，それらが $\mathbb{R}^3$ 上のベクトル解析をどのように一般化し，かつ簡明にするかを説明する．

§1 ユークリッド空間上の滑らかな関数

高次元多様体を研究するための主たる道具は，C^∞ 級関数の微積分である．それゆえ，$\mathbb{R}^n$ 上の C^∞ 級関数の復習から始める．

1.1 C^∞ 級関数と解析関数

$\mathbb{R}^n$ の座標を $x^1, \ldots, x^n$ と書き，$p = (p^1, \ldots, p^n)$ を $\mathbb{R}^n$ の開集合 U の点とする．微分幾何学の慣習に倣って，座標の添え字は下付きではなく**上付き**とする．上付きと下付きの規則は 4.7 節で説明する．

定義 1.1 k を非負整数とする．実数値関数 $f\colon U \to \mathbb{R}$ が $p \in U$ において C^k **級**であるとは，p において偏導関数

$$\frac{\partial^j f}{\partial x^{i_1} \cdots \partial x^{i_j}}$$

がすべての次数 $j \leq k$ に対して存在し連続であることである．関数 $f\colon U \to \mathbb{R}$ が p において C^∞ **級**であるとは，すべての $k \geq 0$ に対して C^k 級であること，つまり p において偏導関数 $\partial^j f/\partial x^{i_1} \cdots \partial x^{i_j}$ がすべての次数に対して存在し連続であることである．ベクトル値関数 $f\colon U \to \mathbb{R}^m$ が p において C^k **級**であるとは，f のすべての成分関数 $f^1, \ldots, f^m$ が p において C^k 級であることである．$f\colon U \to \mathbb{R}^m$ は，U のすべての点で C^k 級であるとき U 上 C^k **級**であるという．C^∞ 級関数に対しても同様に定義する．用語「C^∞ 級」と「滑らか」は同じ意味で用いる．

例 1.2

(i) U 上の C^0 級関数は U 上の連続関数である．

(ii) $f\colon \mathbb{R} \to \mathbb{R}$ を $f(x) = x^{1/3}$ とする．このとき

$$f'(x) = \begin{cases} \dfrac{1}{3}x^{-2/3} & (x \neq 0) \\ 定義されない & (x = 0). \end{cases}$$

したがって，関数 f は C^0 級だが $x = 0$ では C^1 級ではない．

(iii) $g\colon \mathbb{R} \to \mathbb{R}$ を

$$g(x) = \int_0^x f(t)\,dt = \int_0^x t^{1/3}\,dt = \frac{3}{4}x^{4/3}$$

と定める．このとき $g'(x) = f(x) = x^{1/3}$ だから，$g(x)$ は C^1 級だが $x = 0$ で C^2 級ではない．同様に，C^k 級だが与えられた点で C^{k+1} 級とならない関数を構成することができる．

(iv) 実数直線上の多項式，正弦関数，余弦関数，指数関数はすべて C^∞ 級である．

$\mathbb{R}^n$ の点の**近傍**とは，その点を含む開集合のことである．関数 f が点 p で**実解析的**であるとは，p のある近傍において，その p におけるテイラー級数と一致すること，つまり

$$f(x) = f(p) + \sum_i \frac{\partial f}{\partial x^i}(p)(x^i - p^i) + \frac{1}{2!}\sum_{i,j}\frac{\partial^2 f}{\partial x^i \partial x^j}(p)(x^i - p^i)(x^j - p^j)$$
$$+ \cdots + \frac{1}{k!}\sum_{i_1,\ldots,i_k}\frac{\partial^k f}{\partial x^{i_1}\cdots \partial x^{i_k}}(p)(x^{i_1} - p^{i_1})\cdots(x^{i_k} - p^{i_k}) + \cdots$$

となることである．ここで，一般項はすべての $1 \leq i_1, \ldots, i_k \leq n$ にわたって和をとっている．

実解析的な関数は必ず C^∞ 級である．なぜなら，実解析で学んだように，収束べき級数は収束範囲で項別微分できるからである．例えば，

$$f(x) = \sin x = x - \frac{1}{3!}x^3 + \frac{1}{5!}x^5 - \cdots$$

ならば，項別微分することで

$$f'(x) = \cos x = 1 - \frac{1}{2!}x^2 + \frac{1}{4!}x^4 - \cdots.$$

次の例は，C^∞ 級関数が必ずしも実解析的とは限らないことを示している．発想としては，$\mathbb{R}$ 上の C^∞ 級関数で，すべての微分が 0 において消えているという意味で，グラフが 0 の近くで（水平ではないが）「非常に平坦」なものを構成することである．

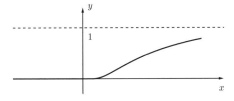

図 1.1 0 においてすべての微分が消えている C^∞ 級関数．

例 1.3 (0 において非常に平坦な C^∞ 級関数) $\mathbb{R}$ 上の関数 $f(x)$ を

$$f(x) = \begin{cases} e^{-1/x} & (x > 0) \\ 0 & (x \leq 0) \end{cases}$$

と定める(図 1.1 を見よ).f は $\mathbb{R}$ 上 C^∞ 級で,すべての $k \geq 0$ に対して微分 $f^{(k)}(0)$ が 0 であることが帰納的に示せる(問題 1.2).

すべての微分 $f^{(k)}(0)$ が 0 なので,この関数の原点におけるテイラー級数は原点の近傍において恒等的に 0 である.したがって,$f(x)$ はそのテイラー級数に一致せず,$f(x)$ は点 0 において実解析的ではない.

1.2 剰余項をもつテイラーの定理

C^∞ 級関数はそのテイラー級数と一致するとは限らないが,C^∞ 級関数に対しては剰余項をもつテイラーの定理があり,本書ではしばしばそれで十分である.以下の補題では,テイラー級数が定数項 $f(p)$ のみからなるという最初の場合を証明する.

S を $\mathbb{R}^n$ の部分集合,p を S の点とする.S のすべての点 x に対して,p と x を結ぶ線分が S に含まれているとき,S は点 p に関して**星形**であるという(図 1.2).

図 1.2 p に関して星形だが,q に関しては星形ではない.

補題 1.4 (剰余項をもつテイラーの定理) f を $\mathbb{R}^n$ の開集合 U 上の C^∞ 級関数とし,U は点 $p = (p^1, \ldots, p^n)$ に関して星形とする.このとき

$$f(x) = f(p) + \sum_{i=1}^{n}(x^i - p^i)g_i(x), \quad g_i(p) = \frac{\partial f}{\partial x^i}(p)$$

を満たす関数 $g_1(x), \ldots, g_n(x) \in C^\infty(U)$ が存在する.

【証明】 U は p に関して星形だから，U の任意の点 y に対して線分 $p+t(y-p)$,$0 \leq t \leq 1$ は U の中にある（図 1.3）．よって，$f(p+t(y-p))$ は $0 \leq t \leq 1$ に対して定義されている．

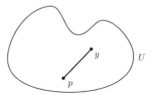

図 **1.3** p から y への線分．

$x^1, \ldots, x^n$ を f の変数とする．このとき $f(p+t(y-p))$ において

$$x^i = p^i + t(y^i - p^i).$$

合成関数の微分法より

$$\begin{aligned}\frac{d}{dt}f(p+t(y-p)) &= \sum \frac{\partial f}{\partial x^i}(p+t(y-p))\frac{d}{dt}x^i \\ &= \sum (y^i - p^i)\frac{\partial f}{\partial x^i}(p+t(y-p)).\end{aligned}$$

両辺を t に関して 0 から 1 まで積分して

$$\left[f(p+t(y-p))\right]_0^1 = \sum (y^i - p^i) \int_0^1 \frac{\partial f}{\partial x^i}(p+t(y-p))\, dt \tag{1.1}$$

を得る．ここで

$$g_i(y) = \int_0^1 \frac{\partial f}{\partial x^i}(p+t(y-p))\, dt$$

とおく．このとき $g_i(y)$ は C^∞ 級で，(1.1) は

$$f(y) - f(p) = \sum (y^i - p^i) g_i(y) \tag{1.2}$$

となる．さらに，

$$g_i(p) = \int_0^1 \frac{\partial f}{\partial x^i}(p)\, dt = \frac{\partial f}{\partial x^i}(p).$$

以上より，式 (1.2) を点 x に適用すれば補題を得る． $\square$

$n=1$ かつ $p=0$ の場合，補題より，

$$f(x) = f(0) + x g_1(x)$$

を満たす C^∞ 級関数 $g_1(x)$ がある．補題を繰り返し用いて

$$g_i(x) = g_i(0) + xg_{i+1}(x).$$

ここで g_i, g_{i+1} は C^∞ 級関数である．これゆえ

$$\begin{aligned}
f(x) &= f(0) + x(g_1(0) + xg_2(x)) \\
&= f(0) + xg_1(0) + x^2(g_2(0) + xg_3(x)) \\
&\quad \vdots \\
&= f(0) + g_1(0)x + g_2(0)x^2 + \cdots + g_i(0)x^i + g_{i+1}(x)x^{i+1}
\end{aligned} \quad (1.3)$$

(1.3) を繰り返し微分し，0 で値をとって

$$g_k(0) = \frac{1}{k!} f^{(k)}(0), \quad k = 1, 2, \ldots, i$$

を得る．よって (1.3) は，i 次の項までが 0 における $f(x)$ のテイラー級数と一致する $f(x)$ の多項式展開である．

注意 任意の開球

$$B(p, \varepsilon) = \{x \in \mathbb{R}^n \mid \|x - p\| < \varepsilon\}$$

は p に関して星形であるから，星形であるということはそれほどの制限ではない．f が p を含む開集合 U 上で定義されていれば，

$$p \in B(p, \varepsilon) \subset U$$

となる $\varepsilon > 0$ が存在する．定義域を $B(p, \varepsilon)$ に制限すれば，関数 f は p の星形近傍上で定義され，剰余項をもつテイラーの定理が使える．

記号 慣習として，$\mathbb{R}^2$ の標準座標は x, y，$\mathbb{R}^3$ の標準座標は x, y, z と表す．

問題

1.1 C^2 級だが C^3 級でない関数

$g \colon \mathbb{R} \to \mathbb{R}$ を例 1.2 (iii) の関数とする．関数 $h(x) = \int_0^x g(t)\,dt$ は C^2 級だが $x = 0$ で C^3 級ではないことを示せ．

1.2* 0 において非常に平坦な C^∞ 級関数

$f(x)$ を例 1.3 で定義された $\mathbb{R}$ 上の関数とする．

(a) $x > 0$ と $k \geq 0$ に対して，k 階微分 $f^{(k)}(x)$ が y に関する次数 $2k$ の多項式 $p_{2k}(y)$ を用いて $p_{2k}(1/x)e^{-1/x}$ と表せることを帰納的に示せ．

(b) f が $\mathbb{R}$ 上 C^∞ 級で，すべての $k \geq 0$ に対して $f^{(k)}(0) = 0$ であることを示せ．（ヒント．写像が C^∞ 級であることを示すために，C^∞ 級関数の和，積，商および合成は，定義されていれば C^∞ 級であることを用いてもよい．）

1.3 開区間と $\mathbb{R}$ の微分同相写像

$U \subset \mathbb{R}^n$ と $V \subset \mathbb{R}^n$ を開集合とする．C^∞ 級写像 $F\colon U \to V$ は，全単射で逆写像 $F^{-1}\colon V \to U$ が C^∞ 級であるとき，**微分同相写像** と呼ばれる．

(a) 関数 $f\colon\,]\!-\!\pi/2, \pi/2[\, \to \mathbb{R}$, $f(x) = \tan x$ は微分同相写像であることを示せ．

(b) a, b を $a < b$ を満たす実数とする．線形関数 $h\colon\,]a, b[\, \to\,]\!-\!\pi/2, \pi/2[$ を見つけて，任意の2つの有限開区間が微分同相であることを示せ．

したがって，合成関数 $f \circ h\colon\,]a, b[\, \to \mathbb{R}$ は開区間と $\mathbb{R}$ の微分同相写像である．

(c) 指数関数 $\exp\colon \mathbb{R} \to\,]0, \infty[$ は微分同相写像である．このことを用いて，任意の実数 a と b に対して，$\mathbb{R}$ と $]a, \infty[$ と $]-\infty, b[$ は互いに微分同相であることを示せ．

1.4 開立方体と $\mathbb{R}^n$ の微分同相写像

関数
$$f\colon\, \Big]\!-\!\frac{\pi}{2}, \frac{\pi}{2}\Big[^n \to \mathbb{R}^n, \quad f(x_1, \ldots, x_n) = (\tan x_1, \ldots, \tan x_n)$$
が微分同相写像であることを示せ．

1.5 開球と $\mathbb{R}^n$ の微分同相写像

$\mathbf{0} = (0, 0)$ を $\mathbb{R}^2$ の原点とし，$B(\mathbf{0}, 1)$ を単位開円板とする．$B(\mathbf{0}, 1)$ と $\mathbb{R}^2$ の間の微分同相写像を見つけるために，$\mathbb{R}^2$ を $\mathbb{R}^3$ の xy 平面と同一視し，補助的な空間として下開半球面
$$S : x^2 + y^2 + (z-1)^2 = 1, \quad z < 1$$
を導入する（図 1.4）．まず，写像
$$f\colon B(\mathbf{0}, 1) \to S, \quad (a, b) \mapsto (a, b, 1 - \sqrt{1 - a^2 - b^2})$$
が全単射であることに注意せよ．

(a) $(0, 0, 1)$ からの**立体射影** $g\colon S \to \mathbb{R}^2$ は，点 $(a, b, c) \in S$ を，$(0, 0, 1)$ と (a, b, c) を通る直線と xy 平面との交点へ写す写像である．g が
$$(a, b, c) \mapsto (u, v) = \left(\frac{a}{1-c}, \frac{b}{1-c}\right), \quad c = 1 - \sqrt{1 - a^2 - b^2}$$

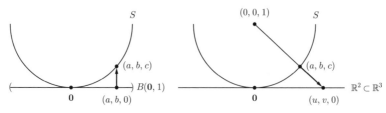

図 1.4 開円板と $\mathbb{R}^2$ の微分同相写像.

で与えられ，逆写像が
$$(u,v) \mapsto \left(\frac{u}{\sqrt{1+u^2+v^2}}, \frac{v}{\sqrt{1+u^2+v^2}}, 1 - \frac{1}{\sqrt{1+u^2+v^2}} \right)$$
であることを示せ．

(b) 2 つの写像 f と g を合成して
$$h = g \circ f : B(\mathbf{0}, 1) \to \mathbb{R}^2, \quad h(a,b) = \left(\frac{a}{\sqrt{1-a^2-b^2}}, \frac{b}{\sqrt{1-a^2-b^2}} \right)$$
となる．そこで，$h^{-1}(u,v) = (f^{-1} \circ g^{-1})(u,v)$ を求めて，h が開円板 $B(\mathbf{0}, 1)$ と $\mathbb{R}^2$ の微分同相写像であることを示せ．(ヒント．写像が C^∞ 級であることを示すために，C^∞ 級関数の和，積，商および合成は，定義されていれば C^∞ 級であることを用いてもよい．)

(c) (b) の部分を $\mathbb{R}^n$ に一般化せよ．

1.6*　2 次の剰余項をもつテイラーの定理

$f : \mathbb{R}^2 \to \mathbb{R}$ が C^∞ 級ならば，
$$f(x,y) = f(0,0) + \frac{\partial f}{\partial x}(0,0)x + \frac{\partial f}{\partial y}(0,0)y + x^2 g_{11}(x,y) + xy h_{12}(x,y) + y^2 g_{22}(x,y)$$
を満たす $\mathbb{R}^2$ 上の C^∞ 級関数 g_{11}, h_{12}, g_{22} が存在することを示せ．

1.7*　除去できる特異点をもつ関数

$f : \mathbb{R}^2 \to \mathbb{R}$ を $f(0,0) = \partial f / \partial x(0,0) = \partial f / \partial y(0,0) = 0$ を満たす C^∞ 級関数とし，
$$g(t,u) = \begin{cases} \dfrac{f(t,tu)}{t} & (t \neq 0) \\ 0 & (t = 0) \end{cases}$$
と定義する．$(t,u) \in \mathbb{R}^2$ に関して $g(t,u)$ が C^∞ 級であることを証明せよ．(ヒント．問題 1.6 を用いよ．)

1.8　全単射な C^∞ 級写像

$f : \mathbb{R} \to \mathbb{R}$ を $f(x) = x^3$ と定義する．f は全単射な C^∞ 級写像であるが，f^{-1} は

C^∞ 級ではないことを示せ．（この例は，全単射な C^∞ 級写像が必ずしも C^∞ 級の逆写像をもつとは限らないことを示している．複素解析では状況は全く異なり，全単射な正則写像 $f\colon \mathbb{C} \to \mathbb{C}$ は必ず正則な逆写像をもつ．）

§2 導分としての $\mathbb{R}^n$ における接ベクトル

初等微積分では通常，$\mathbb{R}^3$ の点 p におけるベクトルを代数的に列ベクトル

$$v = \begin{bmatrix} v^1 \\ v^2 \\ v^3 \end{bmatrix}$$

または幾何学的に p を始点とする矢印として表す（図 2.1）．

図 2.1 p におけるベクトル v．

$\mathbb{R}^3$ 内の曲面における割平面とは，曲面上の 3 点で決まる平面であったことを思い出す．その 3 点が曲面上の 1 点 p に近づくとき，対応する割平面がある平面に近づくならば，その平面を点 p における曲面の接平面という．直観的には，p における曲面の接平面は，p において曲面にちょうど「触れている」$\mathbb{R}^3$ の平面である．p におけるベクトルは，もしそれが p における接平面上にあれば，その $\mathbb{R}^3$ の曲面に接している（図 2.2）．

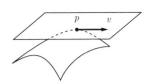

図 2.2 p における曲面の接ベクトル．

曲面に対するこのような接ベクトルの定義は，その曲面がユークリッド空間に埋め込まれていることをあらかじめ仮定しており，したがって，例えば $\mathbb{R}^n$ の中に自然に入っていない射影平面には適用できない．

本節の目標は，多様体に一般化できる $\mathbb{R}^n$ の接ベクトルの特徴付けを見つけることである．

2.1 方向微分

微積分では，$\mathbb{R}^n$ の点 p における接空間 $T_p(\mathbb{R}^n)$ を，p を始点とする矢印全体からなるベクトル空間として視覚化する．矢印と列ベクトルとの対応によって，ベクトル空間 $\mathbb{R}^n$ をこの列ベクトルからなる空間と同一視できる．点とベクトルを区別するために，$\mathbb{R}^n$ の点は $p = (p^1, \ldots, p^n)$ と書き，接空間 $T_p(\mathbb{R}^n)$ のベクトルは

$$v = \begin{bmatrix} v^1 \\ \vdots \\ v^n \end{bmatrix} \quad \text{または} \quad \langle v^1, \ldots, v^n \rangle$$

と書く．例によって，$\mathbb{R}^n$ または $T_p(\mathbb{R}^n)$ の標準基底を $e_1, \ldots, e_n$ と表す．このとき，ある $v^i \in \mathbb{R}$ を用いて $v = \sum v^i e_i$ と書ける．$T_p(\mathbb{R}^n)$ の元は $\mathbb{R}^n$ の p における**接ベクトル**（または単に**ベクトル**）と呼ばれている．括弧を落として $T_p(\mathbb{R}^n)$ を $T_p\mathbb{R}^n$ と書くこともある．

点 $p = (p^1, \ldots, p^n)$ を通り，方向 $v = \langle v^1, \ldots, v^n \rangle$ をもつ $\mathbb{R}^n$ の直線はパラメーター表示

$$c(t) = (p^1 + tv^1, \ldots, p^n + tv^n)$$

をもち，その i 番目の成分 $c^i(t)$ は $p^i + tv^i$ である．関数 f が $\mathbb{R}^n$ の点 p の近傍で C^∞ 級で，v が p における接ベクトルならば，f の p における方向 v の**方向微分**は

$$D_v f = \lim_{t \to 0} \frac{f(c(t)) - f(p)}{t} = \left. \frac{d}{dt} \right|_{t=0} f(c(t))$$

と定義される．合成関数の微分法より

$$D_v f = \sum_{i=1}^n \frac{dc^i}{dt}(0) \frac{\partial f}{\partial x^i}(p) = \sum_{i=1}^n v^i \frac{\partial f}{\partial x^i}(p). \tag{2.1}$$

記号 $D_v f$ において，v は p におけるベクトルなので，偏微分は p において値をとっている．よって $D_v f$ は数であって，関数ではない．関数 f を数 $D_v f$ へ写す写像を

$$D_v = \sum v^i \left. \frac{\partial}{\partial x^i} \right|_p$$

と書く．文脈から明らかな場合は，記号を簡略にするために添え字 p をしばしば省略する．微積分の場合とは違い，方向微分 $D_v f$ において v が単位ベクトルであることは要求しない．

接ベクトル v に方向微分 D_v を割り当てる対応 $v \mapsto D_v$ は，接ベクトルを関数上のある作用素として特徴付ける方法を示唆している．このことを明確にするために，次の 2.2 節, 2.3 節で，方向微分 D_v を関数上の作用素として詳しく考察する．

2.2 関数の芽

集合 S 上の**関係**とは，$S\times S$ の部分集合 R のことである．S の元 x,y に対して，$(x,y)\in R$ であるとき $x\sim y$ と書く．すべての $x,y,z\in S$ に対して，次の 3 つの性質

(i) （反射性）$x\sim x$,
(ii) （対称性）$x\sim y$ ならば $y\sim x$,
(iii) （推移性）$x\sim y$ かつ $y\sim z$ ならば，$x\sim z$

を満たす関係 R を**同値関係**という．

2 つの関数が点 p のある近傍で一致しているならば，それらは p において同じ方向微分をもつ．このことを考慮して，p の近傍で定義された C^∞ 級関数に同値関係を導入する．p の近傍 U と C^∞ 級関数 $f\colon U\to\mathbb{R}$ の対 (f,U) 全体からなる集合を考える．(f,U) と (g,V) が**同値である**とは，W に制限すれば $f=g$ となるような p を含む開集合 $W\subset U\cap V$ が存在することとする．これは明らかに反射的，対称的，かつ推移的なので，同値関係である．(f,U) の同値類は p における f の**芽**と呼ばれる．p における $\mathbb{R}^n$ 上の C^∞ 級関数の芽の集合を $C_p^\infty(\mathbb{R}^n)$，または，誤解を生じる可能性がなければ単に C_p^∞ と書く．

例 $\mathbb{R}\setminus\{1\}$ を定義域とする関数

$$f(x)=\frac{1}{1-x}$$

と開区間 $]-1,1[$ を定義域とする関数

$$g(x)=1+x+x^2+x^3+\cdots$$

は，開区間 $]-1,1[$ の任意の点 p において同じ芽をもつ．

体 K 上のベクトル空間 A であって，下記の条件を満たす乗法写像

$$\mu\colon A\times A\to A$$

をもつものを，体 K 上の**代数**[1]という．通例にしたがって $\mu(a,b)=a\cdot b$ または単に ab と書くと，すべての $a,b,c\in A$ と $r\in K$ に対して

---
[1]（訳者注）多元環ともいう．

(i) （結合性）$(ab)c = a(bc)$,
  (ii) （分配性）$(a+b)c = ac + bc$ かつ $a(b+c) = ab + ac$,
  (iii) （斉次性）$r(ab) = (ra)b = a(rb)$.

言い換えれば，体 K 上の代数とは，K 上のベクトル空間でもあるような環 A であって（積に関する単位元はあってもなくてもよい），環の積が斉次性の条件 (iii) を満たすものである．したがって，代数には加法，環の積，ベクトル空間のスカラー倍という 3 つの演算がある．

例 開集合 $U \subset \mathbb{R}^n$ 上のすべての C^∞ 級関数からなる集合 $C^\infty(U)$ は $\mathbb{R}$ 上の代数である．$C^\infty(U)$ を $\mathcal{F}(U)$ とも書く．

体 K 上のベクトル空間の間の写像 $L: V \to W$ が，任意の $r \in K$ と $u, v \in V$ に対して

  (i) $L(u+v) = L(u) + L(v)$,
  (ii) $L(rv) = rL(v)$

を満たすとき，**線形写像**または**線形作用素**という．スカラーが体 K にあることを強調するとき，線形写像は K **線形**であるという．

体 K 上の代数 A と A' の間の線形写像 $L: A \to A'$ が代数の積を保つとき，つまり，すべての $a, b \in A$ に対して $L(ab) = L(a)L(b)$ を満たすとき，L を**代数の準同型写像**という．

関数の加法と乗法は C_p^∞ 上の対応する演算を誘導し，それによって C_p^∞ は $\mathbb{R}$ 上の代数となる（問題 2.2）．

2.3 点における導分

$\mathbb{R}^n$ の点 p における接ベクトル v に対して，p における方向微分は，実ベクトル空間の間の写像
$$D_v : C_p^\infty \to \mathbb{R}$$
を定める．(2.1) より，D_v は $\mathbb{R}$ 線形で，ライプニッツ則
$$D_v(fg) = (D_v f)g(p) + f(p)D_v g \tag{2.2}$$
を満たす．というのも，他ならぬ偏微分 $\partial/\partial x^i|_p$ がその性質をもつからである．

一般に，ライプニッツ則 (2.2) を満たす線形写像 $D\colon C_p^\infty \to \mathbb{R}$ は，p **における導分**または C_p^∞ **の点導分**と呼ばれている．p における導分全体からなる集合を $\mathcal{D}_p(\mathbb{R}^n)$ と記す．実はこの集合は実ベクトル空間である．実際，p における 2 つの導分の和，および p における導分のスカラー倍は，再び p における導分になる（問題 2.3）．

ここまでで，p における方向微分はすべて p における導分であることが分かったので，写像

$$\phi\colon T_p(\mathbb{R}^n) \to \mathcal{D}_p(\mathbb{R}^n),$$
$$v \mapsto D_v = \sum v^i \left.\frac{\partial}{\partial x^i}\right|_p \tag{2.3}$$

が存在する．D_v は v に関して明らかに線形だから，写像 ϕ はベクトル空間の間の線形写像である．

補題 2.1 D が C_p^∞ の点導分ならば，任意の定数関数 c に対して $D(c) = 0$.

【証明】 p における導分が方向微分であるかどうかは分からないので，p における導分を定義する性質のみを使ってこの補題を証明する必要がある．

$\mathbb{R}$ 線形性より，$D(c) = cD(1)$．よって $D(1) = 0$ を示せば十分である．ライプニッツ則 (2.2) より

$$D(1) = D(1 \cdot 1) = D(1) \cdot 1 + 1 \cdot D(1) = 2D(1).$$

両辺から $D(1)$ を引いて，$0 = D(1)$ を得る． $\square$

クロネッカーのデルタ δ は，しばしば使う有用な記号である．

$$\delta_j^i = \begin{cases} 1 & (i = j) \\ 0 & (i \neq j). \end{cases}$$

定理 2.2 (2.3) で定義された線形写像 $\phi\colon T_p(\mathbb{R}^n) \to \mathcal{D}_p(\mathbb{R}^n)$ は，ベクトル空間の間の同型写像である．

【証明】 単射性を証明するために，$v \in T_p(\mathbb{R}^n)$ に対して $D_v = 0$ と仮定する．座標関数 x^j に D_v を施して

$$0 = D_v(x^j) = \sum_i v^i \left.\frac{\partial}{\partial x^i}\right|_p x^j = \sum_i v^i \delta_i^j = v^j.$$

これゆえ，$v=0$ となり ϕ は単射である．

全射性を証明するために，D を p における導分とし，(f,V) を C_p^∞ に属する芽の代表元とする．必要ならば V を小さくとって，V は開球，よって星形と仮定してよい．剰余項をもつテイラーの定理（補題 1.4）より，

$$f(x) = f(p) + \sum (x^i - p^i)g_i(x), \quad g_i(p) = \frac{\partial f}{\partial x^i}(p)$$

を満たす p の近傍上の C^∞ 級関数 $g_i(x)$ が存在する．両辺に D を施し，補題 2.1 より $D(f(p)) = 0$ かつ $D(p^i) = 0$ であることに注意すれば，ライプニッツ則 (2.2) より

$$Df(x) = \sum (Dx^i)g_i(p) + \sum (p^i - p^i)Dg_i(x) = \sum (Dx^i)\frac{\partial f}{\partial x^i}(p)$$

を得る．これより，$v = \langle Dx^1, \ldots, Dx^n \rangle$ とすれば $D = D_v$ が示される． □

この定理は，p における接ベクトルと p における導分を同一視してもよいということを示している．ベクトル空間の同型写像 $T_p(\mathbb{R}^n) \simeq \mathcal{D}_p(\mathbb{R}^n)$ の下，$T_p(\mathbb{R}^n)$ の標準基底 $e_1, \ldots, e_n$ は偏微分の集合 $\partial/\partial x^1|_p, \ldots, \partial/\partial x^n|_p$ に対応する．今後，この同一視により接ベクトル $v = \langle v^1, \ldots, v^n \rangle = \sum v^i e_i$ を

$$v = \sum v^i \frac{\partial}{\partial x^i}\bigg|_p \tag{2.4}$$

と書く．

p における導分からなるベクトル空間 $\mathcal{D}_p(\mathbb{R}^n)$ は，矢印ほど幾何学的なものではないが，多様体への一般化により適したものであることが分かる．

2.4 ベクトル場

$\mathbb{R}^n$ の開集合 U 上の**ベクトル場** X とは，U の各点 p に $T_p(\mathbb{R}^n)$ の元である接ベクトル X_p を割り当てる写像である．$T_p(\mathbb{R}^n)$ は基底 $\{\partial/\partial x^i|_p\}$ をもつので，ベクトル X_p は一次結合

$$X_p = \sum a^i(p) \frac{\partial}{\partial x^i}\bigg|_p, \quad p \in U, \; a^i(p) \in \mathbb{R}$$

で表される．p を省略して $X = \sum a^i \partial/\partial x^i$ と書いてもよい．ここで a^i は U 上の関数である．係数関数 a^i がすべて U 上で C^∞ 級であるとき，ベクトル場 X は U 上で C^∞ 級であるという．

例 2.3 $\mathbb{R}^2 - \{\mathbf{0}\}$ において $p = (x, y)$ とする．このとき

$$X = \frac{-y}{\sqrt{x^2+y^2}}\frac{\partial}{\partial x} + \frac{x}{\sqrt{x^2+y^2}}\frac{\partial}{\partial y} = \left\langle \frac{-y}{\sqrt{x^2+y^2}}, \frac{x}{\sqrt{x^2+y^2}} \right\rangle$$

は図 2.3 (a) のベクトル場である．慣例に倣い，p におけるベクトルを p を始点とする矢印として描く．ベクトル場 $Y = x\,\partial/\partial x - y\,\partial/\partial y = \langle x, -y\rangle$ は，大きさを適当に変えれば，図 2.3 (b) のようになる．

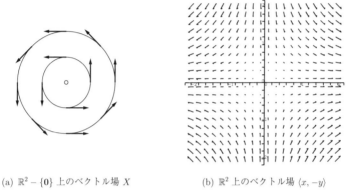

(a) $\mathbb{R}^2 - \{\mathbf{0}\}$ 上のベクトル場 X (b) $\mathbb{R}^2$ 上のベクトル場 $\langle x, -y\rangle$

図 2.3 $\mathbb{R}^2$ の開集合上のベクトル場．

U 上のベクトル場と U 上の C^∞ 級関数の列ベクトルは，

$$X = \sum a^i \frac{\partial}{\partial x^i} \quad \longleftrightarrow \quad \begin{bmatrix} a^1 \\ \vdots \\ a^n \end{bmatrix}$$

によって同一視できる．これは (2.4) と同じ同一視だが，ここでは点 p を U の中で動かしている．

開集合 U 上の C^∞ 級関数からなる環は，通常 $C^\infty(U)$ または $\mathcal{F}(U)$ と表す．U 上の関数とベクトル場の積を

$$(fX)_p = f(p)X_p, \quad p \in U$$

と各点ごとに定義する．$X = \sum a^i \partial/\partial x^i$ が C^∞ 級ベクトル場で，f が U 上の C^∞ 級関数ならば，$fX = \sum (fa^i)\partial/\partial x^i$ は明らかに U 上の C^∞ 級ベクトル場である．し

たがって，U 上のすべての C^∞ 級ベクトル場からなる集合を $\mathfrak{X}(U)$ と表すと，$\mathfrak{X}(U)$ は $\mathbb{R}$ 上のベクトル空間であるのみならず，環 $C^\infty(U)$ 上の**加群**でもある．ここで，加群の定義を思い出しておく．

定義 2.4 単位元をもつ可換環 R に対して，アーベル群 A がスカラー倍
$$\mu: R \times A \to A$$
をもち，下記の条件を満たすとき，(左) R **加群**という．通例にしたがって $\mu(r,a) = ra$ と書くと，すべての $r, s \in R$ と $a, b \in A$ に対して

(i) （結合律）$(rs)a = r(sa)$,
(ii) （単位律）1 が R の積に関する単位元ならば，$1a = a$,
(iii) （分配律）$(r+s)a = ra + sa$ かつ $r(a+b) = ra + rb$.

R が体ならば，R 加群は R 上のベクトル空間ということに他ならない．この意味で，加群はスカラーを体ではなく環にすることでベクトル空間を一般化したものである．

定義 2.5 A と A' を R 加群とする．A から A' への R **加群の準同型写像**とは，加法とスカラー倍を保つ写像 $f: A \to A'$ のことである．つまり，すべての $a, b \in A$ と $r \in R$ に対して，

(i) $f(a+b) = f(a) + f(b)$,
(ii) $f(ra) = rf(a)$.

2.5 導分としてのベクトル場

X が $\mathbb{R}^n$ の開集合 U 上の C^∞ 級ベクトル場で，f が U 上の C^∞ 級関数であるとき，U 上の新しい関数 Xf を，任意の $p \in U$ に対して
$$(Xf)(p) = X_p f$$
と定義する．$X = \sum a^i \partial/\partial x^i$ と書くと，
$$(Xf)(p) = \sum a^i(p) \frac{\partial f}{\partial x^i}(p)$$
すなわち
$$Xf = \sum a^i \frac{\partial f}{\partial x^i}$$

となる．これは，Xf が U 上の C^∞ 級関数であることを示している．したがって，C^∞ 級ベクトル場 X は $\mathbb{R}$ 線形写像

$$C^\infty(U) \to C^\infty(U),$$
$$f \mapsto Xf$$

を定める．

命題 2.6（ベクトル場に対するライプニッツ則） X を $\mathbb{R}^n$ の開集合 U 上の C^∞ 級ベクトル場とし，f と g を U 上の C^∞ 級関数とすると，$X(fg)$ は積の法則（ライプニッツ則）

$$X(fg) = (Xf)g + fXg$$

を満たす．

【証明】 各点 $p \in U$ において，ベクトル X_p はライプニッツ則

$$X_p(fg) = (X_p f)g(p) + f(p)X_p g$$

を満たす．p は U 上を動くので，これは関数の等式

$$X(fg) = (Xf)g + fXg$$

となる． □

A が体 K 上の代数のとき，A の**導分**とは，すべての $a, b \in A$ に対して

$$D(ab) = (Da)b + aDb$$

を満たす K 線形写像 $D\colon A \to A$ のことである．A の導分全体からなる集合は，加法とスカラー倍に関して閉じており，ベクトル空間となる．これを $\mathrm{Der}(A)$ と表記する．上で注意したように，開集合 U 上の C^∞ 級ベクトル場は代数 $C^\infty(U)$ の導分を定める．したがって写像

$$\varphi\colon \mathfrak{X}(U) \to \mathrm{Der}(C^\infty(U)),$$
$$X \mapsto (f \mapsto Xf)$$

を得る．点 p における接ベクトルが C_p^∞ の点導分と同一視できるのと同様に，開集合 U 上のベクトル場は代数 $C^\infty(U)$ の導分と同一視できる．つまり，写像 φ はベクトル空間の同型写像である．φ の単射性は容易に示せるが，φ の全射性は少し考える必要がある（問題 19.12 を見よ）．

p における導分は，代数 C_p^∞ の導分ではないことに注意せよ．p における導分は C_p^∞ から $\mathbb{R}$ への写像であるが，代数 C_p^∞ の導分は C_p^∞ から C_p^∞ への写像である．

問題

2.1 ベクトル場

X を $\mathbb{R}^3$ 上のベクトル場 $x\partial/\partial x + y\partial/\partial y$ とし，$f(x,y,z)$ を $\mathbb{R}^3$ 上の関数 $x^2 + y^2 + z^2$ とする．Xf を計算せよ．

2.2 C_p^∞ 上の代数構造

C_p^∞ における加法，乗法，スカラー倍を慎重に定義せよ．また，C_p^∞ における加法は可換であることを証明せよ．

2.3 点における導分上のベクトル空間構造

D と D' を $\mathbb{R}^n$ の点 p における導分とし，$c \in \mathbb{R}$ とする．次を証明せよ．

(a) 和 $D + D'$ は p における導分である．

(b) スカラー倍 cD は p における導分である．

2.4 導分の積

A を体 K 上の代数とする．D_1 と D_2 が A の導分のとき，$D_1 \circ D_2$ は必ずしも導分ではないが（D_1 または D_2 が 0 ならば導分である），$D_1 \circ D_2 - D_2 \circ D_1$ は常に A の導分であることを示せ．

§3 多重コベクトルの外積代数

「はじめに」で述べたように，多様体は曲線や曲面の高次元の類似物である．曲線や曲面それ自体は通常，線形空間ではない．にもかかわらず，多様体論の基本原理は，すべての多様体が局所的に点における接空間という線形な対象で近似できるという線形化原理である．このようにして，線形代数が多様体論に登場する．

接ベクトルを考える代わりに，双対の観点をとり入れて，接空間上の関数を考えるのが一層実りある結果となる．結局のところ，接ベクトルでできることは限られている．接ベクトルは本質的に矢印であるが，関数はもっと柔軟で，足すこと，掛けること，スカラー倍すること，そして他の写像と合成することができる．接空間上の線形関数を受け入れれば，それぞれの変数に関して線形な多変数関数を考えることは，ほんの小さな一歩である．これが，ベクトル空間上の多重線形関数である．例えば行列式は，列ベクトルの関数として見れば，多重線形関数の例になっている．

§3 多重コベクトルの外積代数

多重線形関数の中でも，行列式やクロス積のようなものは，2 つの変数を入れ替えると符号が変わるという**反対称性**または**交代性**をもっている．ベクトル空間上の k 変数交代多重線形関数は，**次数 k の多重コベクトル**，または短く **k コベクトル**と呼ばれている．

Hermann Grassmann
(1809–1877)

多重コベクトルの重要性が認識されるには，19 世紀のドイツの数学者，言語学者，そして高校教師のヘルマン・グラスマン（Hermann Grassmann）の才能が必要であった．彼は，多重コベクトルをもとに広大な体系を構築したが，これは現在**外積代数**と呼ばれている．外積代数は，ベクトル解析の一部を $\mathbb{R}^3$ から $\mathbb{R}^n$ に一般化したものである．例えば，n 次元ベクトル空間上の 2 つの多重コベクトルのウェッジ積は，$\mathbb{R}^3$ におけるクロス積の一般化である（問題 4.6 を見よ）．グラスマンの仕事は，生存中はほとんど評価されなかった．実際，彼は大学の職に就けず，博士論文は却下された．というのも，アウグスト・メビウス（August Möbius）やエルンスト・クンマー（Ernst Kummer）のような当時の指導的数学者が，彼の仕事を理解できなかったからである．20 世紀への変わり目になってようやく，偉大な微分幾何学者エリ・カルタン（Élie Cartan 1869–1951）の手によって，グラスマンの外積代数が微分形式の理論の代数的基礎として認識されるに至った．この節は，グラスマンのいくつかのアイデアを現代の記号を用いて解説したものである．

3.1 双対空間

V と W が実ベクトル空間であるとき，すべての線形写像 $f\colon V \to W$ からなるベクトル空間を $\mathrm{Hom}(V, W)$ と表す．V の**双対空間** $V^\vee$ を，V 上の実数値線形関数全体からなるベクトル空間

$$V^\vee = \mathrm{Hom}(V, \mathbb{R})$$

と定義する．$V^\vee$ の元は V 上の**コベクトル**または **1 コベクトル**と呼ばれている．

以下この節では，V を**有限次元**ベクトル空間と仮定する．$e_1, \ldots, e_n$ を V の基底とする．このとき，V のすべての元 v は一次結合 $v = \sum v^i e_i \ (v^i \in \mathbb{R})$ として唯一通りに表される．$\alpha^i\colon V \to \mathbb{R}$ を i 番目の座標をとり出す線形写像，つまり $\alpha^i(v) = v^i$

とする. α^i は

$$\alpha^i(e_j) = \delta^i_j = \begin{cases} 1 & (i = j) \\ 0 & (i \neq j) \end{cases}$$

によって特徴付けられることに注意せよ.

命題 3.1 関数 $\alpha^1, \ldots, \alpha^n$ は $V^\vee$ の基底をなす.

【証明】 まず最初に $\alpha^1, \ldots, \alpha^n$ が $V^\vee$ を張ることを証明する. $f \in V^\vee$ かつ $v = \sum v^i e_i \in V$ ならば,

$$f(v) = \sum v^i f(e_i) = \sum f(e_i) \alpha^i(v).$$

これゆえ

$$f = \sum f(e_i) \alpha^i$$

となるが,これは $\alpha^1, \ldots, \alpha^n$ が $V^\vee$ を張っていることを示している.

一次独立性を示すために,ある $c_i \in \mathbb{R}$ に対して $\sum c_i \alpha^i = 0$ と仮定する. 両辺ベクトル e_j で値をとると

$$0 = \sum_i c_i \alpha^i(e_j) = \sum_i c_i \delta^i_j = c_j, \quad j = 1, \ldots, n.$$

これゆえ, $\alpha^1, \ldots, \alpha^n$ は一次独立である. □

$V^\vee$ のこの基底 $\alpha^1, \ldots, \alpha^n$ を, V の基底 $e_1, \ldots, e_n$ の**双対**という.

系 3.2 有限次元ベクトル空間 V の双対空間 $V^\vee$ は V と同じ次元をもつ.

例 3.3 (座標関数) ベクトル空間 V の基底 $e_1, \ldots, e_n$ に関して,すべての $v \in V$ は一次結合 $v = \sum b^i(v) e_i$ として唯一通りに書くことができる. ここで $b^i(v) \in \mathbb{R}$. $\alpha^1, \ldots, \alpha^n$ を $e_1, \ldots, e_n$ に双対な $V^\vee$ の基底とする. このとき

$$\alpha^i(v) = \alpha^i \left(\sum_j b^j(v) e_j \right) = \sum_j b^j(v) \alpha^i(e_j) = \sum_j b^j(v) \delta^i_j = b^i(v).$$

したがって, $e_1, \ldots, e_n$ の双対基底は基底 $e_1, \ldots, e_n$ に関する座標関数 $b^1, \ldots, b^n$ に他ならない.

3.2 置換

正の整数 k を固定する.集合 $A = \{1, \ldots, k\}$ の**置換**とは,全単射 $\sigma: A \to A$ のことである.具体的には,σ は自然な増加順序をもつリスト $1, 2, \ldots, k$ から新しい順序 $\sigma(1), \sigma(2), \ldots, \sigma(k)$ への並び替えと思ってもよい.**巡回置換** $(a_1\ a_2\ \cdots\ a_r)$ とは(ただし a_i たちは相異なる),$\sigma(a_1) = a_2$, $\sigma(a_2) = a_3$, $\ldots$, $\sigma(a_{r-1}) = a_r$, $\sigma(a_r) = a_1$ であって,A のその他の元を固定する置換 σ のことである.巡回置換 $(a_1\ a_2\ \cdots\ a_r)$ は,**長さ r のサイクル**または **r-サイクル**と呼ばれる.**互換**は2-サイクル,つまり,$(a\ b)$ の形をしたサイクルのことで,a と b を入れ替え,A のその他のすべての元を固定する.集合 $\{a_1, \ldots, a_r\}$ と $\{b_1, \ldots, b_s\}$ が共通の元をもたないとき,2つのサイクル $(a_1 \cdots a_r)$ と $(b_1 \cdots b_s)$ は**交わりがない**という.A の2つの置換 τ, σ の**積** $\tau\sigma$ は,この順の合成,つまり最初に σ を施して,次に τ を施す合成 $\tau \circ \sigma: A \to A$ のことである.

置換 $\sigma: A \to A$ を記述する簡明な方法は,行列

$$\begin{bmatrix} 1 & 2 & \cdots & k \\ \sigma(1) & \sigma(2) & \cdots & \sigma(k) \end{bmatrix}$$

を用いるものである.

例 3.4 置換 $\sigma: \{1, 2, 3, 4, 5\} \to \{1, 2, 3, 4, 5\}$ が $1, 2, 3, 4, 5$ をこの順に $2, 4, 5, 1, 3$ にうつしているとする.行列で表すと

$$\sigma = \begin{bmatrix} 1 & 2 & 3 & 4 & 5 \\ 2 & 4 & 5 & 1 & 3 \end{bmatrix}. \tag{3.1}$$

σ を交わりのないサイクルの積として書くために,$\{1, 2, 3, 4, 5\}$ の任意の元,例えば 1 をとり,それが最初の元に戻って来るまで繰り返し σ でうつすと,サイクル $1 \mapsto 2 \mapsto 4 \mapsto 1$ が得られる.次に,残りの任意の元,例えば 3 をとり,同じ手順を繰り返して2つ目のサイクル $3 \mapsto 5 \mapsto 3$ を得る.これで $\{1, 2, 3, 4, 5\}$ のすべての元が現れたので,σ は $(1\ 2\ 4)(3\ 5)$ に等しい.

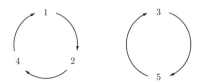

この例から，どんな置換も交わりのないサイクルの積 $(a_1\cdots a_r)(b_1\cdots b_s)\cdots$ に書けることが容易に分かる．

S_k を集合 $\{1,\ldots,k\}$ の置換全体からなる群とする．これは k **次の対称群**[2]と呼ばれ，位数は $k!$ である．置換は，偶数個または奇数個の互換の積で書けるかどうかに応じて，**偶または奇**であるという．置換の理論より，この定義は矛盾がないことが分かっている．つまり，偶置換は決して奇数個の互換の積には書けず，逆も同様である．置換 σ が偶か奇かに応じて σ の**符号**を $+1$ か -1 と定め，$\mathrm{sgn}(\sigma)$ または $\mathrm{sgn}\,\sigma$ と記す．明らかに，置換の符号は $\sigma,\tau \in S_k$ に対して

$$\mathrm{sgn}(\sigma\tau) = \mathrm{sgn}(\sigma)\,\mathrm{sgn}(\tau) \tag{3.2}$$

を満たす．

例 3.5 分解

$$(1\,2\,3\,4\,5) = (1\,5)(1\,4)(1\,3)(1\,2)$$

は，5-サイクル $(1\,2\,3\,4\,5)$ が偶置換であることを示している．

より一般に，分解

$$(a_1\,a_2\,\cdots\,a_r) = (a_1\,a_r)(a_1\,a_{r-1})\cdots(a_1\,a_3)(a_1\,a_2)$$

は，r-サイクルが偶置換であるのは r が奇数のときであり，奇置換であるのは r が偶数のときであることを示している．したがって，置換の符号を求める 1 つ目の方法は，置換をサイクルの積に分解して偶数の長さのサイクルの数を数えることである．例えば，例 3.4 における置換 $\sigma = (1\,2\,4)(3\,5)$ は，$(1\,2\,4)$ が偶で $(3\,5)$ が奇だから，奇置換である．

置換 σ における**転位**とは，$i < j$ だが $\sigma(i) > \sigma(j)$ であるような順序対 $(\sigma(i), \sigma(j))$ のことである．置換 σ におけるすべての転位を見つけるには，σ の行列の 2 行目を左から右に見て行けばよい．つまり転位は，$a > b$ であって，a が b の左にある対 (a, b) である．例 3.4 にある置換 σ の場合，その行列 (3.1) より，$(2, 1), (4, 1), (5, 1), (4, 3), (5, 3)$ の 5 つの転位があることが読み取れる．

演習 3.6（転位）＊ 例 3.5 の置換 $\tau = (1\,2\,3\,4\,5)$ にある転位を見つけよ．

---
[2]（訳者注） k 次の置換群とも呼ばれる．

置換の符号を求める 2 つ目の方法は，次の例で示すように，転位の個数を数えることである．

例 3.7 σ を例 3.4 の置換とする．目標は，σ に左からいくつかの互換を掛けて恒等置換 $\mathbb{1}$ に変えることである．

(i) σ の行列の 2 行目にある 1 を自然な位置に移動させるためには，3 つの元 $2, 4, 5$ を横切って移動させる必要がある．これは σ に左から 3 つの互換，最初に $(5\ 1)$，次に $(4\ 1)$，そして最後に $(2\ 1)$ を掛ければ達成できる．つまり

$$\sigma = \begin{bmatrix} 1 & 2 & 3 & 4 & 5 \\ 2 & 4 & 5 & 1 & 3 \end{bmatrix} \xrightarrow{(5\ 1)} \begin{bmatrix} 2 & 4 & 1 & 5 & 3 \end{bmatrix} \xrightarrow{(4\ 1)} \begin{bmatrix} 2 & 1 & 4 & 5 & 3 \end{bmatrix}$$

$$\xrightarrow{(2\ 1)} \begin{bmatrix} 1 & 2 & 4 & 5 & 3 \end{bmatrix}.$$

3 つの互換 $(5\ 1), (4\ 1), (2\ 1)$ は，1 で終わる σ の 3 つの転位にちょうど対応している．

(ii) 行列の 2 行目において元 2 はすでに自然な位置にある．

(iii) 2 行目において 3 を自然な位置に移動させるためには，2 つの元 $4, 5$ を横切って移動させる必要がある．これは

$$\begin{bmatrix} 1 & 2 & 3 & 4 & 5 \\ 1 & 2 & 4 & 5 & 3 \end{bmatrix} \xrightarrow{(5\ 3)} \begin{bmatrix} 1 & 2 & 4 & 3 & 5 \end{bmatrix} \xrightarrow{(4\ 3)} \begin{bmatrix} 1 & 2 & 3 & 4 & 5 \end{bmatrix} = \mathbb{1}$$

で達成できる．したがって，

$$(4\ 3)(5\ 3)(2\ 1)(4\ 1)(5\ 1)\sigma = \mathbb{1}. \tag{3.3}$$

2 つの互換 $(5\ 3)$ と $(4\ 3)$ は，3 で終わる転位に対応していることに注意する．(3.3) の両辺に左から互換 $(4\ 3)$，次に $(5\ 3)$，次に $(2\ 1)$，と次々に掛ければ，最終的に

$$\sigma = (5\ 1)(4\ 1)(2\ 1)(5\ 3)(4\ 3)$$

となる．

これは σ が転位と同じ数の互換の積で書けることを示している．

この例を念頭に置いて，次の命題を証明する．

命題 3.8 置換が偶であるための必要十分条件は偶数個の転位をもつことである．

【証明】 σ に左からたくさんの互換を掛けて恒等置換にする．これは k ステップで達成できる．

(i) 最初に，$\sigma(1),\sigma(2),\ldots,\sigma(k)$ の中から 1 を探す．このリストにおいて 1 より前にある数はすべて転位を生み出す．というのも，もし $1 = \sigma(i)$ ならば，$(\sigma(1),1),\ldots,(\sigma(i-1),1)$ は σ の転位だからである．さて，1 を $i-1$ 個の元 $\sigma(1),\ldots,\sigma(i-1)$ を横切ってこのリストの一番前に移動させる．これには σ に左から $i-1$ 個の互換を掛けることが必要となる．つまり

$$\sigma_1 = (\sigma(1)\ 1)\cdots(\sigma(i-1)\ 1)\sigma$$
$$= \begin{bmatrix} 1 & \sigma(1) & \cdots & \sigma(i-1) & \sigma(i+1) & \cdots & \sigma(k) \end{bmatrix}.$$

互換の数は 1 で終わる転位の数であることに注意せよ．

(ii) 次に，リスト $1,\sigma(1),\ldots,\sigma(i-1),\sigma(i+1),\ldots,\sigma(k)$ の中から 2 を探す．このリストにおいて 2 より前にある 1 以外の数は，すべて転位 $(\sigma(m),2)$ を生み出す．そのような数が i_2 個あったとする．このとき 2 で終わる転位が i_2 個ある．2 を自然な位置 $1,2,\sigma(1),\sigma(2),\ldots$ に移動させるためには，i_2 個の数字を横切る必要がある．これは σ_1 に左から i_2 個の互換を掛ければ達成できる．1 と 2 を自然な位置に移動させることによって，3 で終わる転位の数 i_3 は変わっていないことに注意せよ．

この手順を繰り返せば，各 $j = 1,\ldots,k$ に対して，j を自然な位置に移動させるために必要な互換の数は，j で終わる転位の数と同じであることが分かる．結局，σ に σ の転位と同じ数だけの互換を掛けることによって恒等置換に到達する．つまり，$\sigma(1),\sigma(2),\ldots,\sigma(k)$ から自然なリスト $1,2,\ldots,k$ になる．したがって，$\mathrm{sgn}(\sigma) = (-1)^{(\sigma\text{ の転位の個数})}$．□

3.3 多重線形関数

実ベクトル空間 V の k 個のコピーの直積を $V^k = V \times \cdots \times V$ と書く．関数 $f\colon V^k \to \mathbb{R}$ が k **重線形**とは，k 個のそれぞれの変数に関して線形，つまり，すべての $a, b \in \mathbb{R}$ と $v, w \in V$ に対して

$$f(\ldots, av+bw, \ldots) = af(\ldots, v, \ldots) + bf(\ldots, w, \ldots)$$

を満たすことである．2 重線形は通例「双線形」という[3]．V 上の k 重線形関数は，V 上の k テンソルとも呼ばれる．V 上のすべての k テンソルからなるベクトル空間を $L_k(V)$ と表す．f が V 上の k テンソルであるとき，k を f の**次数**という．

例 3.9 ($\mathbb{R}^n$ **上のドット積**) $\mathbb{R}^n$ の標準基底 $e_1, \ldots, e_n$ に関して，

$$f(v, w) = v \cdot w = \sum_i v^i w^i, \quad v = \sum v^i e_i, \; w = \sum w^i e_i$$

で定義される**ドット積**は双線形である．

例 行列式 $f(v_1, \ldots, v_n) = \det[v_1 \cdots v_n]$ は，$\mathbb{R}^n$ の n 個の列ベクトル $v_1, \ldots, v_n$ の関数と見れば，n 重線形である．

定義 3.10 k 重線形関数 $f \colon V^k \to \mathbb{R}$ は，すべての置換 $\sigma \in S_k$ に対して

$$f(v_{\sigma(1)}, \ldots, v_{\sigma(k)}) = f(v_1, \ldots, v_k)$$

ならば**対称的**といい，すべての $\sigma \in S_k$ に対して

$$f(v_{\sigma(1)}, \ldots, v_{\sigma(k)}) = (\operatorname{sgn} \sigma) f(v_1, \ldots, v_k)$$

ならば**交代的**という．

例
(i) $\mathbb{R}^n$ 上のドット積 $f(v, w) = v \cdot w$ は対称的である．
(ii) $\mathbb{R}^n$ 上の行列式 $f(v_1, \ldots, v_n) = \det[v_1, \ldots, v_n]$ は交代的である．
(iii) $\mathbb{R}^3$ 上のクロス積 $v \times w$ は交代的である．
(iv) ベクトル空間 V 上の任意の 2 つの線形関数 $f, g \colon V \to \mathbb{R}$ に対して，

$$(f \wedge g)(u, v) = f(u)g(v) - f(v)g(u)$$

と定義した関数 $f \wedge g \colon V \times V \to \mathbb{R}$ は交代的である．これは，後で定義する**ウェッジ積**の特別な場合である．

本書では特に，ベクトル空間 V 上のすべての交代 k 重線形関数からなる空間 $A_k(V)$ ($k > 0$) に関心がある．交代 k 重線形関数は，V 上の**交代 k テンソル**，k **コベクト**

---

[3] (訳者注) 原著では，2 重線形 (2-linear)，3 重線形 (3-linear) を通例 'bilinear'，'trilinear' というとある．'bilinear' には双線形という日本語が対応するが，'trilinear' に対応する日本語がないので，3 重線形に関する部分を削除した．

ル，次数 k の**多重コベクトル**とも呼ばれる．$k=0$ に対しては，**0 コベクトル**を定数と定義する．したがって，$A_0(V)$ はベクトル空間 $\mathbb{R}$ である．3.1 節で注意したように，1 コベクトルは単にコベクトルである．

3.4 多重線形関数上の置換作用

f がベクトル空間 V 上の k 重線形関数で，σ が S_k に属する置換のとき，新しい k 重線形関数 σf を

$$(\sigma f)(v_1, \ldots, v_k) = f(v_{\sigma(1)}, \ldots, v_{\sigma(k)})$$

によって定義する．したがって，f が対称的であるための必要十分条件は，すべての $\sigma \in S_k$ に対して $\sigma f = f$ となることであり，f が交代的であるための必要十分条件は，すべての $\sigma \in S_k$ に対して $\sigma f = (\mathrm{sgn}\,\sigma)f$ となることである．

変数が 1 つだけのとき，置換群 S_1 は単位群で，1 重線形関数は対称的でも交代的でもある．特に，

$$A_1(V) = L_1(V) = V^\vee.$$

補題 3.11 $\sigma, \tau \in S_k$ で，f が V 上の k 重線形関数ならば，$\tau(\sigma f) = (\tau\sigma)f$．

【証明】 $v_1, \ldots, v_k \in V$ に対して

$$\begin{aligned}
\tau(\sigma f)(v_1, \ldots, v_k) &= (\sigma f)(v_{\tau(1)}, \ldots, v_{\tau(k)}) \\
&= (\sigma f)(w_1, \ldots, w_k) \quad (w_i = v_{\tau(i)} \text{ とおいた}) \\
&= f(w_{\sigma(1)}, \ldots, w_{\sigma(k)}) \\
&= f(v_{\tau(\sigma(1))}, \ldots, v_{\tau(\sigma(k))}) = f(v_{(\tau\sigma)(1)}, \ldots, v_{(\tau\sigma)(k)}) \\
&= (\tau\sigma)f(v_1, \ldots, v_k).
\end{aligned}$$

$\square$

一般に，G が群で X が集合のとき，写像

$$G \times X \to X,$$
$$(\sigma, x) \mapsto \sigma \cdot x$$

は，次を満たすとき G の X への**左作用**と呼ばれる．

(i) $e \cdot x = x$ (e は G の単位元で x は X の任意の元)，

(ii) $\tau \cdot (\sigma \cdot x) = (\tau\sigma) \cdot x$ がすべての $\tau, \sigma \in G$ と $x \in X$ に対して成立している.

また，元 $x \in X$ の**軌道**とは，集合 $Gx := \{\sigma \cdot x \in X \mid \sigma \in G\}$ のことである．この用語を用いれば，V 上の k 重線形関数からなる空間 $L_k(V)$ に置換群 S_k の左作用を定義したことになる．σf は f に関して $\mathbb{R}$ 線形だから，それぞれの置換はベクトル空間 $L_k(V)$ 上の線形写像として作用している．

G の X への**右作用**も同様に定義される．つまり，写像 $X \times G \to X$ であって，すべての $\sigma, \tau \in G$ と $x \in X$ に対して

(i) $x \cdot e = x$,
(ii) $(x \cdot \sigma) \cdot \tau = x \cdot (\sigma\tau)$

を満たすものである．

注意 本によっては σf を f^σ と記している．この記号では，$(f^\sigma)^\tau = f^{\tau\sigma}$ であって，$f^{\sigma\tau}$ ではない．

3.5 対称化および交代化作用素

ベクトル空間 V 上の任意の k 重線形関数 f に対して，f から対称 k 重線形関数 Sf を作る方法がある．つまり

$$(Sf)(v_1, \ldots, v_k) = \sum_{\sigma \in S_k} f(v_{\sigma(1)}, \ldots, v_{\sigma(k)})$$

または，先ほど導入した新しい記号を用いて簡潔に，

$$Sf = \sum_{\sigma \in S_k} \sigma f.$$

同様に，f から交代 k 重線形関数を作る方法がある．Af を

$$Af = \sum_{\sigma \in S_k} (\mathrm{sgn}\,\sigma)\, \sigma f$$

と定める．

命題 3.12 f がベクトル空間 V 上の k 重線形関数ならば，
 (i) k 重線形関数 Sf は対称的である．
 (ii) k 重線形関数 Af は交代的である．

【証明】 (i) は演習とし，(ii) のみ証明する．$\tau \in S_k$ に対して，

$$\tau(Af) = \sum_{\sigma \in S_k} (\operatorname{sgn} \sigma) \tau(\sigma f)$$
$$= \sum_{\sigma \in S_k} (\operatorname{sgn} \sigma)(\tau \sigma) f \quad (\text{補題 3.11 より})$$
$$= (\operatorname{sgn} \tau) \sum_{\sigma \in S_k} (\operatorname{sgn} \tau\sigma)(\tau \sigma) f \quad ((3.2) \text{ より})$$
$$= (\operatorname{sgn} \tau) Af.$$

ここで最後の等号は，σ が S_k のすべての元を走れば $\tau\sigma$ もそうだからである． □

演習 3.13（対称化作用素）* k 重線形関数 Sf は対称的であることを示せ．

補題 3.14 f がベクトル空間 V 上の交代 k 重線形関数ならば，$Af = (k!)f$．

【証明】 交代的な f に対して $\sigma f = (\operatorname{sgn} \sigma) f$ で，$\operatorname{sgn} \sigma$ は ± 1 だから，

$$Af = \sum_{\sigma \in S_k} (\operatorname{sgn} \sigma) \sigma f = \sum_{\sigma \in S_k} (\operatorname{sgn} \sigma)(\operatorname{sgn} \sigma) f = (k!) f.$$

□

演習 3.15（交代化作用素）* f がベクトル空間 V 上の 3 重線形関数で $v_1, v_2, v_3 \in V$ のとき，$(Af)(v_1, v_2, v_3)$ を計算せよ．

3.6 テンソル積

f をベクトル空間 V 上の k 重線形関数とし，g を ℓ 重線形関数とする．これらの**テンソル積**は，

$$(f \otimes g)(v_1, \ldots, v_{k+\ell}) = f(v_1, \ldots, v_k) g(v_{k+1}, \ldots, v_{k+\ell})$$

によって定義される $(k+\ell)$ 重線形関数 $f \otimes g$ である．

例 3.16（双線形写像） $e_1, \ldots, e_n$ をベクトル空間 V の基底，$\alpha^1, \ldots, \alpha^n$ を $V^\vee$ における双対基底，$\langle \,, \rangle : V \times V \to \mathbb{R}$ を V 上の双線形写像とする．$g_{ij} = \langle e_i, e_j \rangle \in \mathbb{R}$ とおく．$v = \sum v^i e_i$ かつ $w = \sum w^i e_i$ ならば，例 3.3 で見たように，$v^i = \alpha^i(v)$ かつ $w^j = \alpha^j(w)$ である．双線形性より，$\langle \,, \rangle$ をテンソル積の言葉で表すことができる．つまり

$$\langle v, w \rangle = \sum_{i,j} v^i w^j \langle e_i, e_j \rangle = \sum_{i,j} \alpha^i(v) \alpha^j(w) g_{ij} = \sum_{i,j} g_{ij}(\alpha^i \otimes \alpha^j)(v, w).$$

これゆえ，$\langle \, , \, \rangle = \sum g_{ij} \alpha^i \otimes \alpha^j$. この記号は，ベクトル空間の内積を記述するのに微分幾何でしばしば使われる．

演習 3.17 (テンソル積の結合性) 多重線形関数のテンソル積が結合的，つまり f, g, h が V 上の多重線形関数ならば，

$$(f \otimes g) \otimes h = f \otimes (g \otimes h)$$

であることを確かめよ．

3.7 ウェッジ積

ベクトル空間 V 上の 2 つの多重線形関数 f, g が交代的であるとき，同じく交代的となるような積を得たい．これを動機付けとして，**ウェッジ積**または**外積**と呼ばれる積を，$f \in A_k(V)$ と $g \in A_\ell(V)$ に対して

$$f \wedge g = \frac{1}{k! \ell!} A(f \otimes g) \tag{3.4}$$

と定義する．具体的に書くと，

$$\begin{aligned} &(f \wedge g)(v_1, \ldots, v_{k+\ell}) \\ &= \frac{1}{k! \ell!} \sum_{\sigma \in S_{k+\ell}} (\operatorname{sgn} \sigma) f(v_{\sigma(1)}, \ldots, v_{\sigma(k)}) g(v_{\sigma(k+1)}, \ldots, v_{\sigma(k+\ell)}). \end{aligned} \tag{3.5}$$

命題 3.12 より，$f \wedge g$ は交代的である．

$k = 0$ のとき，元 $f \in A_0(V)$ は単に定数 c である．この場合，(3.5) の右辺は

$$\frac{1}{\ell!} \sum_{\sigma \in S_\ell} (\operatorname{sgn} \sigma) c g(v_{\sigma(1)}, \ldots, v_{\sigma(\ell)}) = c g(v_1, \ldots, v_\ell)$$

であるから，ウェッジ積 $c \wedge g$ はスカラー倍である．したがって，$c \in \mathbb{R}$ と $g \in A_\ell(V)$ に対して $c \wedge g = cg$．

ウェッジ積の定義にある係数 $1/k!\ell!$ は，和における繰り返しを補正するものである．実際，$k+1, \ldots, k+\ell$ を動かさないとすることによって，S_k の置換 τ を $S_{k+\ell}$ の置換に拡張することができるので，S_k のすべての τ に対して，$\sigma\tau$ の形をした $S_{k+\ell}$ の元の和 (3.4) への寄与は

$$(\operatorname{sgn} \sigma\tau) f(v_{\sigma\tau(1)}, \ldots, v_{\sigma\tau(k)}) = (\operatorname{sgn} \sigma\tau)(\operatorname{sgn} \tau) f(v_{\sigma(1)}, \ldots, v_{\sigma(k)})$$

$$= (\mathrm{sgn}\,\sigma) f(v_{\sigma(1)},\ldots,v_{\sigma(k)})$$

となり，τ に依らない．ここで，最初の等号は $(\tau(1),\ldots,\tau(k))$ が $(1,\ldots,k)$ の置換であるという事実から従う．よって，和において f の k 変数の置換から生じる $k!$ 個の項の繰り返しを除くために $k!$ で割り，同様に g の ℓ 変数を考慮して $\ell!$ で割っている．

例 3.18 $f \in A_2(V)$ と $g \in A_1(V)$ に対して，

$$\begin{aligned}A(f \otimes g)(v_1,v_2,v_3) = \quad & f(v_1,v_2)g(v_3) - f(v_1,v_3)g(v_2) + f(v_2,v_3)g(v_1)\\ & - f(v_2,v_1)g(v_3) + f(v_3,v_1)g(v_2) - f(v_3,v_2)g(v_1).\end{aligned}$$

この 6 個の項の中で，

$$f(v_1,v_2)g(v_3) = -f(v_2,v_1)g(v_3)$$

など，等しい項の対が 3 つあるが，それらを上記において縦に並べている．したがって，2 で割ると，

$$(f \wedge g)(v_1,v_2,v_3) = f(v_1,v_2)g(v_3) - f(v_1,v_3)g(v_2) + f(v_2,v_3)g(v_1).$$

$f \wedge g$ の定義において重複を避ける 1 つの方法は，和 (3.5) において，$\sigma(1),\ldots,\sigma(k)$ を昇順に，また $\sigma(k+1),\ldots,\sigma(k+\ell)$ も昇順に規定することである．置換 $\sigma \in S_{k+\ell}$ は

$$\sigma(1) < \cdots < \sigma(k) \quad \text{かつ} \quad \sigma(k+1) < \cdots < \sigma(k+\ell)$$

を満たすとき，(k,ℓ) **シャッフル**という．例 3.18 の前の部分で行った議論より，(3.5) を

$$\begin{aligned}&(f \wedge g)(v_1,\ldots,v_{k+\ell})\\ &= \sum_{\substack{(k,\ell)\text{ シャッフル}\\ \sigma}} (\mathrm{sgn}\,\sigma) f(v_{\sigma(1)},\ldots,v_{\sigma(k)}) g(v_{\sigma(k+1)},\ldots,v_{\sigma(k+\ell)})\end{aligned} \tag{3.6}$$

と書き直してもよい．このように書けば，$(f \wedge g)(v_1,\ldots,v_{k+\ell})$ の定義は，$(k+\ell)!$ 個の項の和ではなく，$\binom{k+\ell}{k}$ 個の和となる．

例 3.19（**2 つのコベクトルのウェッジ積**）　f と g がベクトル空間 V 上のコベクトルで $v_1,v_2 \in V$ ならば，(3.6) より

$$(f \wedge g)(v_1,v_2) = f(v_1)g(v_2) - f(v_2)g(v_1).$$

演習 3.20（2 つの 2 コベクトルのウェッジ積） $f, g \in A_2(V)$ に対して，$(2,2)$ シャッフルを用いて $f \wedge g$ の定義を書き下せ．

3.8 ウェッジ積の反交換性

ウェッジ積 (3.5) の定義から，直接 $f \wedge g$ が f と g に関して双線形であることが分かる．

命題 3.21 ウェッジ積は**反交換**である．つまり $f \in A_k(V)$ かつ $g \in A_\ell(V)$ ならば，
$$f \wedge g = (-1)^{k\ell} g \wedge f.$$

【証明】$\tau \in S_{k+\ell}$ を置換
$$\tau = \begin{bmatrix} 1 & \cdots & \ell & \ell+1 & \cdots & \ell+k \\ k+1 & \cdots & k+\ell & 1 & \cdots & k \end{bmatrix}$$
と定義する．これは
$$\tau(1) = k+1, \ldots, \tau(\ell) = k+\ell, \ \tau(\ell+1) = 1, \ldots, \tau(\ell+k) = k$$
ということである．このとき，
$$\sigma(1) = \sigma\tau(\ell+1), \ldots, \sigma(k) = \sigma\tau(\ell+k),$$
$$\sigma(k+1) = \sigma\tau(1), \ldots, \sigma(k+\ell) = \sigma\tau(\ell).$$
任意の $v_1, \ldots, v_{k+\ell} \in V$ に対して，
$$\begin{aligned}
& A(f \otimes g)(v_1, \ldots, v_{k+\ell}) \\
&= \sum_{\sigma \in S_{k+\ell}} (\operatorname{sgn} \sigma) f(v_{\sigma(1)}, \ldots, v_{\sigma(k)}) g(v_{\sigma(k+1)}, \ldots, v_{\sigma(k+\ell)}) \\
&= \sum_{\sigma \in S_{k+\ell}} (\operatorname{sgn} \sigma) f(v_{\sigma\tau(\ell+1)}, \ldots, v_{\sigma\tau(\ell+k)}) g(v_{\sigma\tau(1)}, \ldots, v_{\sigma\tau(\ell)}) \\
&= (\operatorname{sgn} \tau) \sum_{\sigma \in S_{k+\ell}} (\operatorname{sgn} \sigma\tau) g(v_{\sigma\tau(1)}, \ldots, v_{\sigma\tau(\ell)}) f(v_{\sigma\tau(\ell+1)}, \ldots, v_{\sigma\tau(\ell+k)}) \\
&= (\operatorname{sgn} \tau) A(g \otimes f)(v_1, \ldots, v_{k+\ell}).
\end{aligned}$$
最後の等号は，σ が $S_{k+\ell}$ にある置換をすべて走れば，$\sigma\tau$ もそうであるという事実から従う．

上記より
$$A(f \otimes g) = (\operatorname{sgn}\tau) A(g \otimes f).$$
この両辺を $k!\ell!$ で割って
$$f \wedge g = (\operatorname{sgn}\tau) g \wedge f$$
を得る.

演習 3.22（置換の符号）* $\operatorname{sgn}\tau = (-1)^{k\ell}$ を示せ.

□

系 3.23 f が V 上の奇数次の多重コベクトルならば, $f \wedge f = 0$.

【証明】 k を f の次数とする. k が奇数なので, 反交換性より
$$f \wedge f = (-1)^{k^2} f \wedge f = -f \wedge f.$$
ゆえに, $2f \wedge f = 0$. 2 で割って $f \wedge f = 0$ を得る.

□

3.9 ウェッジ積の結合性

ベクトル空間 V 上の k コベクトル f と ℓ コベクトル g のウェッジ積は, 定義より $(k+\ell)$ コベクトル
$$f \wedge g = \frac{1}{k!\ell!} A(f \otimes g)$$
である. ウェッジ積の結合性を証明するために, Godbillon [14] に従って, まず交代化作用素 A についての補題を証明する.

補題 3.24 f をベクトル空間 V 上の k 重線形関数とし, g を ℓ 重線形関数とする. このとき
 (i) $A(A(f) \otimes g) = k! A(f \otimes g)$,
 (ii) $A(f \otimes A(g)) = \ell! A(f \otimes g)$.

【証明】 (i) 定義より,
$$A(A(f) \otimes g) = \sum_{\sigma \in S_{k+\ell}} (\operatorname{sgn}\sigma) \sigma \left(\sum_{\tau \in S_k} (\operatorname{sgn}\tau)(\tau f) \otimes g \right).$$
$\tau \in S_k$ を $S_{k+\ell}$ の置換で, $k+1, \ldots, k+\ell$ を固定するものと見ることができる. このように見ると, τ は

$$(\tau f) \otimes g = \tau(f \otimes g)$$

を満たす．これゆえ，

$$A(A(f) \otimes g) = \sum_{\sigma \in S_{k+\ell}} \sum_{\tau \in S_k} (\operatorname{sgn}\sigma)(\operatorname{sgn}\tau)(\sigma\tau)(f \otimes g). \tag{3.7}$$

各 $\mu \in S_{k+\ell}$ と各 $\tau \in S_k$ に対して，$\mu = \sigma\tau$ となる元 $\sigma = \mu\tau^{-1} \in S_{k+\ell}$ が唯一つ存在する．よって，各 $\mu \in S_{k+\ell}$ は各 $\tau \in S_k$ に対して二重和 (3.7) の中に一度，これゆえ全部で $k!$ 回現れる．よって二重和 (3.7) は

$$A(A(f) \otimes g) = k! \sum_{\mu \in S_{k+\ell}} (\operatorname{sgn}\mu)\mu(f \otimes g) = k! A(f \otimes g)$$

と書き直せる．

(ii) の等式は同様に証明できる． □

命題 3.25 (ウェッジ積の結合性) V を実ベクトル空間とし，f, g, h をそれぞれ次数 k, ℓ, m の V 上の交代多重線形関数とする．このとき

$$(f \wedge g) \wedge h = f \wedge (g \wedge h).$$

【証明】 ウェッジ積の定義より，

$$\begin{aligned}
(f \wedge g) \wedge h &= \frac{1}{(k+\ell)!m!} A((f \wedge g) \otimes h) \\
&= \frac{1}{(k+\ell)!m!} \frac{1}{k!\ell!} A(A(f \otimes g) \otimes h) \\
&= \frac{(k+\ell)!}{(k+\ell)!m!k!\ell!} A((f \otimes g) \otimes h) \quad (\text{補題 3.24 (i) より}) \\
&= \frac{1}{k!\ell!m!} A((f \otimes g) \otimes h).
\end{aligned}$$

同様に，

$$\begin{aligned}
f \wedge (g \wedge h) &= \frac{1}{k!(\ell+m)!} A\left(f \otimes \frac{1}{\ell!m!} A(g \otimes h)\right) \\
&= \frac{1}{k!\ell!m!} A(f \otimes (g \otimes h)).
\end{aligned}$$

テンソル積は結合的だから，

$$(f \wedge g) \wedge h = f \wedge (g \wedge h)$$

と結論できる． □

結合性より, $(f \wedge g) \wedge h$ のような多重ウェッジ積における括弧を省略し, 単に $f \wedge g \wedge h$ と書くことができる.

系 3.26 命題の仮定の下で,
$$f \wedge g \wedge h = \frac{1}{k!\ell!m!} A(f \otimes g \otimes h).$$

この系は勝手な数の因子に容易に一般化される. つまり $f_i \in A_{d_i}(V)$ ならば,
$$f_1 \wedge \cdots \wedge f_r = \frac{1}{d_1! \cdots d_r!} A(f_1 \otimes \cdots \otimes f_r). \tag{3.8}$$

特に, 次の命題を得る. (i,j) 成分が b^i_j である行列を $[b^i_j]$ と表す.

命題 3.27 (1 コベクトルのウェッジ積) $\alpha^1, \ldots, \alpha^k$ がベクトル空間 V 上の線形関数で, $v_1, \ldots, v_k \in V$ ならば,
$$(\alpha^1 \wedge \cdots \wedge \alpha^k)(v_1, \ldots, v_k) = \det[\alpha^i(v_j)].$$

【証明】 (3.8) より,
$$\begin{aligned}
(\alpha^1 \wedge \cdots \wedge \alpha^k)(v_1, \ldots, v_k) &= A(\alpha^1 \otimes \cdots \otimes \alpha^k)(v_1, \ldots, v_k) \\
&= \sum_{\sigma \in S_k} (\operatorname{sgn} \sigma) \alpha^1\left(v_{\sigma(1)}\right) \cdots \alpha^k\left(v_{\sigma(k)}\right) \\
&= \det[\alpha^i(v_j)].
\end{aligned}$$

□

3.10 k コベクトルの基底

$e_1, \ldots, e_n$ を実ベクトル空間 V の基底とし, $\alpha^1, \ldots, \alpha^n$ を $V^\vee$ の双対基底とする. 多重指数の記号
$$I = (i_1, \ldots, i_k)$$
を導入し, $(e_{i_1}, \ldots, e_{i_k})$ を e_I, $\alpha^{i_1} \wedge \cdots \wedge \alpha^{i_k}$ を α^I と書く.

V 上の k 重線形関数 f は, すべての k 組 $(e_{i_1}, \ldots, e_{i_k})$ における値で完全に決まる. f が交代的ならば, $1 \leq i_1 < \cdots < i_k \leq n$ であるような $(e_{i_1}, \ldots, e_{i_k})$ における値で完全に決まる. つまり, **狭義昇順**の I をもつ e_I を考えれば十分である.

補題 3.28 $e_1,\ldots,e_n$ をベクトル空間 V の基底とし，$\alpha^1,\ldots,\alpha^n$ を $V^\vee$ における双対基底とする．$I = (1 \leq i_1 < \cdots < i_k \leq n)$ と $J = (1 \leq j_1 < \cdots < j_k \leq n)$ が狭義昇順である長さ k の多重指数ならば，

$$\alpha^I(e_J) = \delta^I_J = \begin{cases} 1 & (I = J) \\ 0 & (I \neq J). \end{cases}$$

【証明】 命題 3.27 より，

$$\alpha^I(e_J) = \det[\alpha^i(e_j)]_{i \in I, j \in J}.$$

$I = J$ のとき，$[\alpha^i(e_j)]$ は単位行列でその行列式は 1 である．

$I \neq J$ のとき，それらを項が異なるまで比べる．つまり

$$\begin{array}{cccccc}
i_1 < & i_2 < & \cdots < & i_{\ell-1} < & i_\ell & \\
\| & \| & & \| & \wedge & \\
j_1 < & j_2 < & \cdots < & j_{\ell-1} < & j_\ell < & j_{\ell+1} < \cdots
\end{array}$$

$i_\ell < j_\ell$ と仮定しても一般性を失わない．このとき i_ℓ は $j_1,\ldots,j_{\ell-1}$ と異なる（なぜなら，これらは $i_1,\ldots,i_{\ell-1}$ と同じで，I は狭義昇順だからである）．そして i_ℓ は $j_\ell, j_{\ell+1},\ldots,j_k$ とも異なる（なぜなら，J は狭義昇順だからである）．したがって，i_ℓ は $j_1,\ldots,j_k$ と異なり，行列 $[\alpha^i(e_j)]$ の ℓ 行はすべて 0 となる．これゆえ，$\det[\alpha^i(e_j)] = 0$. □

命題 3.29 交代 k 重線形関数 α^I, $I = (i_1 < \cdots < i_k)$ は V 上の交代 k 重線形関数の空間 $A_k(V)$ の基底をなす．

【証明】 まず，一次独立性を示す．$\sum c_I \alpha^I = 0$ と仮定する．ここで $c_I \in \mathbb{R}$ で，I は狭義昇順である長さ k の多重指数を走る．両辺 e_J, $J = (j_1 < \cdots < j_k)$ で値をとると，補題 3.28 より

$$0 = \sum_I c_I \alpha^I(e_J) = \sum_I c_I \delta^I_J = c_J$$

を得る．最後の等号は，狭義昇順である長さ k の多重指数 I の中に，J に等しいものは唯一つだけだからである．これは α^I が一次独立であることを示している．

α^I が $A_k(V)$ を張ることを示すために，$f \in A_k(V)$ とし，

$$f = \sum f(e_I)\alpha^I$$

が成り立つことを証明する. ここで, I はすべての狭義昇順の長さ k の多重指数を走る. $g = \sum f(e_I)\alpha^I$ とおく. k 重線形性と交代性より, 2 つの k コベクトルがすべての $e_J, J = (j_1 < \cdots < j_k)$ において一致すれば, それらは一致する. しかるに

$$g(e_J) = \sum f(e_I)\alpha^I(e_J) = \sum f(e_I)\delta^I_J = f(e_J).$$

したがって, $f = g = \sum f(e_I)\alpha^I$. □

系 3.30 ベクトル空間 V の次元が n ならば, V 上の k コベクトルからなるベクトル空間 $A_k(V)$ の次元は $\binom{n}{k}$ である.

【証明】 狭義昇順多重指数 $I = (i_1 < \cdots < i_k)$ は, $1, \ldots, n$ から k 個の部分集合を選ぶことによって得られるが, これには $\binom{n}{k}$ 通りの選び方がある. □

系 3.31 $k > \dim V$ ならば, $A_k(V) = 0$.

【証明】 $\alpha^{i_1} \wedge \cdots \wedge \alpha^{i_k}$ において, 少なくとも 2 つの因子は一致しなければならない. 例えば $\alpha^j = \alpha^\ell = \alpha$ とする. α は 1 コベクトルだから, 系 3.23 より $\alpha \wedge \alpha = 0$. よって $\alpha^{i_1} \wedge \cdots \wedge \alpha^{i_k} = 0$. □

体 K 上の代数 A は, K 上のベクトル空間の直和 $A = \bigoplus_{k=0}^\infty A^k$ と書けて, 乗法写像が $A^k \times A^\ell$ を $A^{k+\ell}$ へ写すとき, **次数付き**であるという. 記号 $A = \bigoplus_{k=0}^\infty A^k$ は, A の 0 でない各元が唯一通りに**有限和**

$$a = a_{i_1} + \cdots + a_{i_m}$$

で書けることを意味する. ここで $a_{i_j} \neq 0 \in A^{i_j}$. 次数付き代数 $A = \bigoplus_{k=0}^\infty A^k$ は, すべての $a \in A^k$ と $b \in A^\ell$ に対して

$$ab = (-1)^{k\ell}ba$$

となるとき, **反交換**または**次数付き可換**であるという. 次数付き代数の準同型写像は, 次数を保つ代数の準同型写像である.

例 多項式代数 $A = \mathbb{R}[x, y]$ は, 多項式の次数によって次数付きである. つまり A^k は, 変数 x と y に関して全次数が k であるすべての斉次多項式からなる.

n 次元ベクトル空間 V に対して，

$$A_*(V) = \bigoplus_{k=0}^{\infty} A_k(V) = \bigoplus_{k=0}^{n} A_k(V)$$

と定義する．多重コベクトルのウェッジ積を乗法として，$A_*(V)$ は反交換次数付き代数となり，ベクトル空間 V 上の多重コベクトルの**外積代数**または**グラスマン代数**と呼ばれている．

問題

3.1 コベクトルのテンソル積

$e_1, \ldots, e_n$ をベクトル空間 V の基底とし，$\alpha^1, \ldots, \alpha^n$ を $V^\vee$ における双対基底とする．$[g_{ij}] \in \mathbb{R}^{n \times n}$ を $n \times n$ 行列とし，双線形関数 $f: V \times V \to \mathbb{R}$ を，$v = \sum v^i e_i$ と $w = \sum w^j e_j$ に対して

$$f(v, w) = \sum_{1 \leq i, j \leq n} g_{ij} v^i w^j$$

と定義する．f を α^i と α^j, $1 \leq i, j \leq n$ のテンソル積で記述せよ．

3.2 超平面

(a) V を次元 n のベクトル空間，$f: V \to \mathbb{R}$ を 0 でない線形関数とする．このとき，$\dim \ker f = n - 1$ を示せ．次元 $n - 1$ の V の線形部分空間は V の**超平面**と呼ばれている．

(b) ベクトル空間 V 上の 0 でない線形関数は，その核，つまり V の超平面，によって定数倍を除いて決まることを示せ．言い換えれば，$f, g: V \to \mathbb{R}$ が 0 でない線形関数で $\ker f = \ker g$ ならば，ある定数 $c \in \mathbb{R}$ に対して $g = cf$ となる．

3.3 k テンソルの基底

V を基底 $e_1, \ldots, e_n$ をもつ次元 n のベクトル空間，$\alpha^1, \ldots, \alpha^n$ を $V^\vee$ の双対基底とする．V 上の k 重線形関数からなる空間 $L_k(V)$ の基底は $\{\alpha^{i_1} \otimes \cdots \otimes \alpha^{i_k}\}$ であることを示せ．ここで $(i_1, \ldots, i_k)$ はすべての多重指数をわたる（$A_k(L)$ のときのような狭義昇順の多重指数だけではない）．特に，これは $\dim L_k(V) = n^k$ を示している．（この問題は問題 3.1 の一般化である．）

3.4 交代 k テンソルの特徴付け

f をベクトル空間 V 上の k テンソルとする．f が交代的であるための必要十分条件は，2 つの連続する変数を入れ替えると f の符号が変わること，つまり，すべての $i = 1, \ldots, k - 1$ に対して

$$f(\ldots, v_{i+1}, v_i, \ldots) = -f(\ldots, v_i, v_{i+1}, \ldots)$$

となることであることを証明せよ．

3.5 交代 k テンソルのもう一つの特徴付け

f をベクトル空間 V 上の k テンソルとする．f が交代的であるための必要十分条件は，ベクトル $v_1, \ldots, v_k$ のうち 2 つが等しいとき $f(v_1, \ldots, v_k) = 0$ となることであることを証明せよ．

3.6 ウェッジ積とスカラー

V をベクトル空間とする．$a, b \in \mathbb{R}$, $f \in A_k(V)$, $g \in A_\ell(V)$ に対して，$af \wedge bg = (ab)f \wedge g$ を示せ．

3.7 コベクトルのウェッジ積に対する変換規則

ベクトル空間 V 上の 2 つのコベクトルの集合 $\beta^1, \ldots, \beta^k$ と $\gamma^1, \ldots, \gamma^k$ が，$k \times k$ 行列 $A = [a_j^i]$ を通して

$$\beta^i = \sum_{j=1}^{k} a_j^i \gamma^j, \qquad i = 1, \ldots, k$$

の関係にあるとする．このとき

$$\beta^1 \wedge \cdots \wedge \beta^k = (\det A) \gamma^1 \wedge \cdots \wedge \gamma^k$$

が成り立つことを示せ．

3.8 k コベクトルに対する変換規則

f をベクトル空間 V 上の k コベクトルとする．V のベクトルの集合 $u_1, \ldots, u_k$ と $v_1, \ldots, v_k$ が，$k \times k$ 行列 $A = [a_j^i]$ を通して

$$u_j = \sum_{i=1}^{k} a_j^i v_i, \qquad j = 1, \ldots, k$$

の関係にあるとする．このとき

$$f(u_1, \ldots, u_k) = (\det A) f(v_1, \ldots, v_k)$$

が成り立つことを示せ．

3.9 最高次のコベクトルの消滅

V を次元 n のベクトル空間とする．n コベクトル ω が V の基底 $e_1, \ldots, e_n$ において消えるならば，ω は V 上の零コベクトルであることを証明せよ．

3.10* コベクトルの一次独立性

$\alpha^1, \ldots, \alpha^k$ をベクトル空間 V 上の 1 コベクトルとする．$\alpha^1 \wedge \cdots \wedge \alpha^k \neq 0$ であるための必要十分条件は，$\alpha^1, \ldots, \alpha^k$ が双対空間 $V^\vee$ において一次独立となることであることを示せ．

3.11* 外積

α を有限次元ベクトル空間 V 上の 0 でない 1 コベクトルとし, γ を V 上の k コベクトルとする. $\alpha \wedge \gamma = 0$ であるための必要十分条件は, V 上のある $(k-1)$ コベクトル β に対して $\gamma = \alpha \wedge \beta$ となることであることを示せ.

3.12 多重ウェッジ積

(3.8) にある次のことを証明せよ. V がベクトル空間で $f_i \in A_{d_i}(V)$ であるとき,

$$f_1 \wedge \cdots \wedge f_r = \frac{1}{d_1! \cdots d_r!} A(f_1 \otimes \cdots \otimes f_r).$$

§4 $\mathbb{R}^n$ 上の微分形式

ベクトル場が $\mathbb{R}^n$ の開集合 U の各点に接ベクトルを割り当てているのと同じように, 双対として微分 k 形式は U の各点に接空間上の k コベクトルを割り当てる. 微分形式のウェッジ積は, 各点ごとに多重コベクトルのウェッジ積として定義される. 微分形式は, 単に 1 点においてではなく開集合上に存在しているので, 微分形式の微分という概念がある. 実際, 3 つの自然な性質で特徴付けられる**外微分**と呼ばれるものがある. ここでは $\mathbb{R}^n$ の標準座標を用いてそれを定義するが, 後で分かるように, 外微分は座標のとり方に依らない. したがって, 外微分は多様体に内在的にそなわっているもので, $\mathbb{R}^3$ におけるベクトル解析の勾配, 回転, 発散の多様体への究極の抽象的拡張である. 微分形式は, グラスマンの外積代数を 1 点における接空間から大域的に多様体全体に拡張している. 20 世紀への変わり目頃に, 主にエリ・カルタン (Élie Cartan) [5] とアンリ・ポアンカレ (Henri Poincaré) [34] の功績によって微分形式が創造されてから, 微分形式の解析は, 幾何, トポロジー, 物理の広範囲にわたって影響を及ぼした. 実際, 電磁気学のような物理的概念は, 微分形式の言葉を用いて最もうまく定式化される.

この節では, 最も簡単な場合である $\mathbb{R}^n$ の開集合上の微分形式を調べる. この設定でも, 微分形式はすでに $\mathbb{R}^3$ におけるベクトル解析の主定理たちを統合する方法を与えている.

4.1 微分 1 形式と関数の微分

点 p における $\mathbb{R}^n$ の**余接空間**は, $T_p^*(\mathbb{R}^n)$ または $T_p^*\mathbb{R}^n$ と表され, 接空間 $T_p(\mathbb{R}^n)$ の双対空間 $(T_p\mathbb{R}^n)^\vee$ として定義される. したがって, 余接空間 $T_p^*(\mathbb{R}^n)$ の元はコベ

クトル,すなわち接空間 $T_p(\mathbb{R}^n)$ 上の線形関数である.ベクトル場の定義と同様に,$\mathbb{R}^n$ の開集合 U 上の**コベクトル場**または**微分 1 形式**は,U の各点 p にコベクトル $\omega_p \in T_p^*(\mathbb{R}^n)$ を割り当てる写像

$$\omega : U \to \bigcup_{p \in U} T_p^*(\mathbb{R}^n),$$

$$p \mapsto \omega_p \in T_p^*(\mathbb{R}^n)$$

である.合併 $\bigcup_{p \in U} T_p^*(\mathbb{R}^n)$ において,集合 $T_p^*(\mathbb{R}^n)$ たちはすべて交わりがないことに注意せよ.微分 1 形式を短く **1 形式**と呼ぶ.

任意の C^∞ 級関数 $f : U \to \mathbb{R}$ から,f の**微分**と呼ばれる 1 形式 df を,$p \in U$ と $X_p \in T_p U$ に対して

$$(df)_p(X_p) = X_p f$$

と定義する.

微分の定義について一言述べておく.点 p における接ベクトル方向の関数の方向微分は,双線形対

$$T_p(\mathbb{R}^n) \times C_p^\infty(\mathbb{R}^n) \to \mathbb{R},$$

$$(X_p, f) \mapsto \langle X_p, f \rangle = X_p f$$

を定める.接ベクトルを,この対の 2 番目の変数についての関数 $\langle X_p, \cdot \rangle$ と思ってもよい.p における微分 $(df)_p$ は,対の 1 番目の変数についての関数

$$(df)_p = \langle \cdot, f \rangle$$

である.微分 df の p における値は $df|_p$ と書かれることもある.

$x^1, \ldots, x^n$ を $\mathbb{R}^n$ の標準座標とする.2.3 節において,集合 $\{\partial/\partial x^1|_p, \ldots, \partial/\partial x^n|_p\}$ が接空間 $T_p(\mathbb{R}^n)$ の基底であることを見た.

命題 4.1 $x^1, \ldots, x^n$ を $\mathbb{R}^n$ の標準座標とするとき,各点 $p \in \mathbb{R}^n$ において,$\{(dx^1)_p, \ldots, (dx^n)_p\}$ は接空間 $T_p(\mathbb{R}^n)$ の基底 $\{\partial/\partial x^1|_p, \ldots, \partial/\partial x^n|_p\}$ に双対な余接空間 $T_p^*(\mathbb{R}^n)$ の基底である.

【証明】 定義より,

$$(dx^i)_p \left(\left. \frac{\partial}{\partial x^j} \right|_p \right) = \left. \frac{\partial}{\partial x^j} \right|_p x^i = \delta_j^i.$$

□

ω が $\mathbb{R}^n$ の開集合 U 上の 1 形式ならば，命題 4.1 より，U の各点 p において，ω は $a_i(p) \in \mathbb{R}$ を用いて一次結合

$$\omega_p = \sum a_i(p)(dx^i)_p$$

として書ける．p が U 上を動けば係数 a_i は U 上の関数となるので，$\omega = \sum a_i dx^i$ と書いてもよい．コベクトル場 ω は，係数関数 a_i がすべて U 上で C^∞ 級ならば，U 上で C^∞ 級であるという．

x, y, z が $\mathbb{R}^3$ の座標ならば，dx, dy, dz は $\mathbb{R}^3$ 上の 1 形式である．このようにして，初等微積分では単に記号だったものに意味が与えられる．

命題 4.2（座標で表した微分） $f\colon U \to \mathbb{R}$ が $\mathbb{R}^n$ の開集合 U 上の C^∞ 級関数ならば，

$$df = \sum \frac{\partial f}{\partial x^i} dx^i. \tag{4.1}$$

【証明】命題 4.1 より，U の各点 p において，

$$(df)_p = \sum a_i(p)(dx^i)_p. \tag{4.2}$$

ここで $a_i(p)$ は p に依存するある実数である．したがって，$df = \sum a_i dx^i$ となる U 上のある実関数 a_i がある．a_j を求めるには，(4.2) の両辺に座標ベクトル場 $\partial/\partial x^j$ を施せばよい．つまり

$$df\left(\frac{\partial}{\partial x^j}\right) = \sum_i a_i dx^i\left(\frac{\partial}{\partial x^j}\right) = \sum_i a_i \delta^i_j = a_j.$$

一方，微分の定義より

$$df\left(\frac{\partial}{\partial x^j}\right) = \frac{\partial f}{\partial x^j}.$$

$\square$

等式 (4.1) は，f が C^∞ 級関数ならば，1 形式 df も C^∞ 級であることを示している．

注意 4.3 単に接ベクトルだけに関心があっても，微分 1 形式は自然に現れる．すべての接ベクトル $X_p \in T_p(\mathbb{R}^n)$ は標準基底の一次結合

$$X_p = \sum_i b^i(X_p) \frac{\partial}{\partial x^i}\bigg|_p$$

である．例 3.3 で，各点 $p \in \mathbb{R}^n$ において $b^i(X_p) = (dx^i)_p(X_p)$ であることを見た．これゆえ，標準基底 $\partial/\partial x^1|_p, \ldots, \partial/\partial x^n|_p$ に関して，p における接ベクトルの係数 b^i は $\mathbb{R}^n$ 上の双対コベクトル $dx^i|_p$ に他ならない．ここで p を動かせば，$b^i = dx^i$ を得る．

4.2 微分 k 形式

より一般に，$\mathbb{R}^n$ の開集合 U 上の**次数 k の微分形式**または k **形式** ω は，U の各点 p に接空間 $T_p(\mathbb{R}^n)$ 上の交代 k 重線形関数 $\omega_p \in A_k(T_p\mathbb{R}^n)$ を割り当てる写像である[4]．$A_1(T_p\mathbb{R}^n) = T_p^*(\mathbb{R}^n)$ だから，k 形式の定義は 4.1 節における 1 形式の定義の一般化である．

命題 3.29 より，$A_k(T_p\mathbb{R}^n)$ の基底は

$$dx_p^I = dx_p^{i_1} \wedge \cdots \wedge dx_p^{i_k}, \quad 1 \leq i_1 < \cdots < i_k \leq n$$

である．したがって，U の各点 p において，ω_p は一次結合

$$\omega_p = \sum a_I(p) dx_p^I, \quad 1 \leq i_1 < \cdots < i_k \leq n$$

であり，U 上の k 形式 ω は，係数関数 $a_I \colon U \to \mathbb{R}$ を用いて，一次結合

$$\omega = \sum a_I dx^I$$

となる．k 形式 ω は，係数関数 a_I がすべて U 上で C^∞ 級であるとき，U 上で C^∞ 級であるという．

U 上の C^∞ 級 k 形式からなるベクトル空間を $\Omega^k(U)$ と表す．U 上の 0 形式は，U の各点 p に $A_0(T_p\mathbb{R}^n) = \mathbb{R}$ の元を割り当てる．したがって，U 上の 0 形式は単に U 上の関数なので，$\Omega^0(U) = C^\infty(U)$ が成り立つ．

$\mathbb{R}^n$ の開集合上には，次数 $> n$ の 0 でない微分形式はない．実際，もし $\deg dx^I > n$ ならば，dx^I を書き下したときに少なくとも 2 つの 1 形式 dx^{i_α} が同じでなければならないので，$dx^I = 0$ となる（系 3.31）．

開集合 U 上の k 形式 ω と ℓ 形式 τ の**ウェッジ積**を

$$(\omega \wedge \tau)_p = \omega_p \wedge \tau_p, \quad p \in U$$

---

[4] (訳者注) この 4.2 節のタイトルの「微分 k 形式」という用語がここには現れていないが，次数 k の微分形式または k 形式と同じ意味である（「微分 1 形式」は 4.1 節で用いている）．微分 k 形式を k 次微分形式ともいう．また，k 形式は k-form の訳であるが，英語に倣ってハイフンを入れて k-形式と書くこともある．

と各点ごとに定義する．座標の言葉では，$\omega = \sum_I a_I dx^I$ かつ $\tau = \sum_J b_J dx^J$ のとき，

$$\omega \wedge \tau = \sum_{I,J}(a_I b_J)dx^I \wedge dx^J.$$

この和において，右辺の I, J に交わりがあれば $dx^I \wedge dx^J = 0$ なので，実際には交わりのない多重指数上の和

$$\omega \wedge \tau = \sum_{I,J\, 交わりがない}(a_I b_J)dx^I \wedge dx^J$$

となる．これは，2つの C^∞ 級形式のウェッジ積が C^∞ 級であることを示している．よってウェッジ積は双線形写像

$$\wedge : \Omega^k(U) \times \Omega^\ell(U) \to \Omega^{k+\ell}(U)$$

である．命題 3.21 と命題 3.25 より，微分形式のウェッジ積は反交換で結合的である．

因子の1つが次数0の場合，例えば $k = 0$ のとき，ウェッジ積

$$\wedge : \Omega^0(U) \times \Omega^\ell(U) \to \Omega^\ell(U)$$

は，C^∞ 級 ℓ 形式に C^∞ 級関数を各点ごとに掛けた

$$(f \wedge \omega)_p = f(p) \wedge \omega_p = f(p)\omega_p$$

である．というのも，3.7節で注意したように，0コベクトルとのウェッジ積はスカラー倍だからである．したがって，$f \in C^\infty(U)$ かつ $\omega \in \Omega^\ell(U)$ ならば，$f \wedge \omega = f\omega$.

例 x, y, z を $\mathbb{R}^3$ の座標とする．$\mathbb{R}^3$ 上の C^∞ 級1形式は

$$f\,dx + g\,dy + h\,dz.$$

ここで f, g, h は $\mathbb{R}^3$ 上のすべての C^∞ 級関数をわたる．C^∞ 級2形式は

$$f\,dy \wedge dz + g\,dx \wedge dz + h\,dx \wedge dy$$

であり，C^∞ 級3形式は

$$f\,dx \wedge dy \wedge dz.$$

演習 4.4 (3 コベクトルの基底)* x^1, x^2, x^3, x^4 を $\mathbb{R}^4$ の座標とし，p を $\mathbb{R}^4$ の点とする．このとき，ベクトル空間 $A_3(T_p(\mathbb{R}^4))$ の基底を書き下せ．

ウェッジ積と形式の次数によって，直和 $\Omega^*(U) = \bigoplus_{k=0}^{n} \Omega^k(U)$ は $\mathbb{R}$ 上の反交換次数付き代数となる．C^∞ 級 k 形式に C^∞ 級関数を掛けることができるので，U 上の C^∞ 級 k 形式からなる集合 $\Omega^k(U)$ は，$\mathbb{R}$ 上のベクトル空間であると共に，$C^\infty(U)$ 上の加群でもある．よって直和 $\Omega^*(U) = \bigoplus_{k=0}^{n} \Omega^k(U)$ は，C^∞ 級関数からなる環 $C^\infty(U)$ 上の加群でもある．

4.3 ベクトル場上の多重線形関数としての微分形式

ω が $\mathbb{R}^n$ の開集合 U 上の C^∞ 級 1 形式で，X が U 上の C^∞ 級ベクトル場であるとき，U 上の関数 $\omega(X)$ を式

$$\omega(X)(p) = \omega_p(X_p), \quad p \in U$$

によって定義する．

この写像は X に関して環 $C^\infty(U)$ 上線形，つまり $f \in C^\infty(U)$ ならば $\omega(fX) = f\omega(X)$ である．これを示すには，$\omega(fX)$ の値を任意の点 $p \in U$ でとればよく，

$$\begin{aligned}
(\omega(fX))(p) &= \omega_p(f(p)X_p) \quad (\omega(fX) \text{ の定義}) \\
&= f(p)\omega_p(X_p) \quad (\omega_p \text{ は } \mathbb{R} \text{ 線形}) \\
&= (f\omega(X))(p) \quad (f\omega(X) \text{ の定義}).
\end{aligned}$$

座標で書けば，

$$\omega = \sum a_i dx^i, \quad X = \sum b^j \frac{\partial}{\partial x^j} \quad \text{ここで } a_i, b^j \in C^\infty(U).$$

よって

$$\omega(X) = \left(\sum a_i dx^i\right)\left(\sum b^j \frac{\partial}{\partial x^j}\right) = \sum a_i b^i.$$

これは，$\omega(X)$ が U 上で C^∞ 級であることを示している．したがって，U 上の C^∞ 級 1 形式は $\mathfrak{X}(U)$ から $C^\infty(U)$ への写像を与える．

$\mathcal{F}(U) = C^\infty(U)$ とおく．この記号を用いれば，U 上の 1 形式 ω は $\mathcal{F}(U)$ 線形写像 $\mathfrak{X}(U) \to \mathcal{F}(U)$, $X \mapsto \omega(X)$ をもたらす．同様に，U 上の k 形式 ω は $\mathcal{F}(U)$ 上 k 重線形写像

$$\underbrace{\mathfrak{X}(U) \times \cdots \times \mathfrak{X}(U)}_{k \text{ 個}} \to \mathcal{F}(U),$$

$$(X_1, \ldots, X_k) \mapsto \omega(X_1, \cdots, X_k)$$

をもたらす．

演習 4.5(2形式と1形式のウェッジ積)* ω を $\mathbb{R}^3$ 上の2形式とし，τ を $\mathbb{R}^3$ 上の1形式とする．X, Y, Z が $\mathbb{R}^3$ 上のベクトル場であるとき，$(\omega \wedge \tau)(X, Y, Z)$ を，ω と τ のベクトル場 X, Y, Z における値を用いて具体的に表せ．

4.4 外微分

$\mathbb{R}^n$ の開集合 U 上の C^∞ 級 k 形式の**外微分**を定義するために，まず0形式である C^∞ 級関数 $f \in C^\infty(U)$ の外微分を，その微分 $df \in \Omega^1(U)$ と定義する．座標の言葉では，命題 4.2 より

$$df = \sum \frac{\partial f}{\partial x^i} dx^i.$$

定義 4.6 $k \geq 1$ に対して，$\omega = \sum_I a_I dx^I \in \Omega^k(U)$ ならば，

$$d\omega = \sum_I da_I \wedge dx^I = \sum_I \left(\sum_j \frac{\partial a_I}{\partial x^j} dx^j \right) \wedge dx^I \in \Omega^{k+1}(U).$$

例 ω を $\mathbb{R}^2$ 上の1形式 $f\,dx + g\,dy$ とする．ここで f と g は $\mathbb{R}^2$ 上の C^∞ 級関数である．記号を簡単にするために，$f_x = \partial f / \partial x$, $f_y = \partial f / \partial y$ と書く．このとき

$$\begin{aligned} d\omega &= df \wedge dx + dg \wedge dy \\ &= (f_x dx + f_y dy) \wedge dx + (g_x dx + g_y dy) \wedge dy \\ &= (g_x - f_y) dx \wedge dy. \end{aligned}$$

この計算において，ウェッジ積の反交換性より（命題 3.21 と系 3.23），$dy \wedge dx = -dx \wedge dy$ かつ $dx \wedge dx = dy \wedge dy = 0$ であることを用いた．

定義 4.7 $A = \bigoplus_{k=0}^\infty A^k$ を体 K 上の次数付き代数とする．次数付き代数 A の**反導分**とは，$a \in A^k$ と $b \in A^\ell$ に対して

$$D(ab) = (Da)b + (-1)^k a Db \tag{4.3}$$

となる K 線形写像 $D: A \to A$ のことである．ある整数 m があって，反導分 D がすべての k に対して A^k を A^{k+m} に写しているとき，D を**次数** m の反導分という．$k < 0$ に対して $A^k = 0$ と定義することによって，次数付き代数 A の次数を負の整数まで拡張することができる．このように拡張すれば，反導分の次数 m は負でもよい．（次数 -1 の反導分の例は，20.4 節で論ずる内部積である．）

命題 4.8

(i) 外微分 $d\colon \Omega^*(U) \to \Omega^*(U)$ は次数 1 の反導分である．つまり
$$d(\omega \wedge \tau) = (d\omega) \wedge \tau + (-1)^{\deg \omega} \omega \wedge d\tau.$$

(ii) $d^2 = 0$.

(iii) $f \in C^\infty(U)$ かつ $X \in \mathfrak{X}(U)$ ならば，$(df)(X) = Xf$.

【証明】(i) 示すべき等式の両辺は ω と τ に関して線形だから，$\omega = f\,dx^I$ と $\tau = g\,dx^J$ に対して等式を確認すれば十分である．このとき

$$\begin{aligned}
d(\omega \wedge \tau) &= d(fg\,dx^I \wedge dx^J) \\
&= \sum \frac{\partial (fg)}{\partial x^i} dx^i \wedge dx^I \wedge dx^J \\
&= \sum \frac{\partial f}{\partial x^i} g\,dx^i \wedge dx^I \wedge dx^J + \sum f \frac{\partial g}{\partial x^i} dx^i \wedge dx^I \wedge dx^J.
\end{aligned}$$

2 番目の和において，1 形式 $(\partial g/\partial x^i)dx^i$ を k 形式 dx^I を横切って移動させると，反交換性より符号 $(-1)^k$ が生じる．これゆえ，

$$\begin{aligned}
d(\omega \wedge \tau) &= \sum_i \frac{\partial f}{\partial x^i} dx^i \wedge dx^I \wedge g\,dx^J + (-1)^k f\,dx^I \wedge \sum_i \frac{\partial g}{\partial x^i} dx^i \wedge dx^J \\
&= d\omega \wedge \tau + (-1)^k \omega \wedge d\tau.
\end{aligned}$$

(ii) 再び d の $\mathbb{R}$ 線形性より，$\omega = f\,dx^I$ に対して $d^2\omega = 0$ を示せば十分である．計算より

$$d^2(f\,dx^I) = d\left(\sum \frac{\partial f}{\partial x^i} dx^i \wedge dx^I\right) = \sum \frac{\partial^2 f}{\partial x^j \partial x^i} dx^j \wedge dx^i \wedge dx^I.$$

この和において，$i = j$ のとき $dx^j \wedge dx^i = 0$ である．$i \neq j$ のとき $\partial^2 f/\partial x^i \partial x^j$ は i と j に関して対称的だが，$dx^j \wedge dx^i$ は i と j に関して交代的なので，$i \neq j$ の項は対になって打ち消しあう．例えば，

$$\begin{aligned}
&\frac{\partial^2 f}{\partial x^1 \partial x^2} dx^1 \wedge dx^2 + \frac{\partial^2 f}{\partial x^2 \partial x^1} dx^2 \wedge dx^1 \\
&= \frac{\partial^2 f}{\partial x^1 \partial x^2} dx^1 \wedge dx^2 + \frac{\partial^2 f}{\partial x^1 \partial x^2}(-dx^1 \wedge dx^2) = 0.
\end{aligned}$$

したがって，$d^2(f\,dx^I) = 0$.

(iii) これは単に，関数の外微分が関数の微分であるという定義である． □

命題 4.9 (外微分の特徴付け)　命題 4.8 の 3 つの性質は，$\mathbb{R}^n$ の開集合 U 上の外微分を一意に特徴付ける．つまり，$D\colon \Omega^*(U) \to \Omega^*(U)$ が (i) 次数 1 の反導分で，(ii) $D^2 = 0$，かつ (iii) $f \in C^\infty(U)$ と $X \in \mathfrak{X}(U)$ に対して $(Df)(X) = Xf$ ならば，$D = d$．

【証明】 U 上のすべての k 形式は $f\,dx^{i_1} \wedge \cdots \wedge dx^{i_k}$ のような項の和であるから，線形性より，この形の k 形式上で $D = d$ を示せば十分である．(iii) より，C^∞ 級関数上で $Df = df$．したがって (ii) より $Ddx^i = DDx^i = 0$．D の反導分の性質を用いれば，k に関する簡単な数学的帰納法より，すべての k と，長さ k のすべての多重指数 I に対して

$$D(dx^I) = D(dx^{i_1} \wedge \cdots \wedge dx^{i_k}) = 0. \tag{4.4}$$

最後に，すべての k 形式 $f\,dx^I$ に対して

$$\begin{aligned}
D(f\,dx^I) &= (Df) \wedge dx^I + f D(dx^I) &&\text{((i) より)} \\
&= (df) \wedge dx^I &&\text{((iii) と (4.4) より)} \\
&= d(f\,dx^I) &&\text{(d の定義)}.
\end{aligned}$$

これゆえ，$\Omega^*(U)$ 上で $D = d$． □

4.5　閉形式と完全形式

U 上の k 形式 ω は，$d\omega = 0$ ならば**閉**であるといい，U 上 $\omega = d\tau$ となる $(k-1)$ 形式 τ があれば**完全**であるという．$d(d\tau) = 0$ だから，すべての完全形式は閉である．次の節において，$\mathbb{R}^3$ 上のベクトル解析の文脈で閉形式と完全形式の意味を論じる．

演習 4.10 (穴あき平面上の閉 1 形式)　$\mathbb{R}^2 - \{0\}$ 上の 1 形式 ω を

$$\omega = \frac{1}{x^2 + y^2}(-y\,dx + x\,dy)$$

と定義する．ω が閉であることを示せ．

ベクトル空間の族 $\{V^k\}_{k=0}^\infty$ と $d_{k+1} \circ d_k = 0$ を満たす線形写像 $d_k\colon V^k \to V^{k+1}$ の集まりを，**微分複体**または**コチェイン複体**という．$\mathbb{R}^n$ の任意の開集合 U に対して，外微分 d は U 上の C^∞ 級形式からなるベクトル空間 $\Omega^*(U)$ を U の**ド・ラーム複体**と呼ばれるコチェイン複体

$$0 \to \Omega^0(U) \xrightarrow{d} \Omega^1(U) \xrightarrow{d} \Omega^2(U) \to \cdots$$

にする．閉形式はちょうど d の核の元であり，完全形式は d の像の元である．

4.6 ベクトル解析への応用

$\mathbb{R}^3$ の2つのベクトル $\mathbf{a} = \langle a^1, a^2, a^3 \rangle$ と $\mathbf{b} = \langle b^1, b^2, b^3 \rangle$（物理学者の記法では $\mathbf{a} = a^1 \mathbf{i} + a^2 \mathbf{j} + a^3 \mathbf{k}$ と $\mathbf{b} = b^1 \mathbf{i} + b^2 \mathbf{j} + b^3 \mathbf{k}$）に対して，**ベクトル積** $\mathbf{a} \times \mathbf{b}$ と**スカラー積**または**ドット積** $\mathbf{a} \cdot \mathbf{b}$ を定めることができる．ベクトル積は

$$\mathbf{a} \times \mathbf{b} = \det \begin{bmatrix} \mathbf{i} & a^1 & b^1 \\ \mathbf{j} & a^2 & b^2 \\ \mathbf{k} & a^3 & b^3 \end{bmatrix} = \begin{vmatrix} a^2 & b^2 \\ a^3 & b^3 \end{vmatrix} \mathbf{i} - \begin{vmatrix} a^1 & b^1 \\ a^3 & b^3 \end{vmatrix} \mathbf{j} + \begin{vmatrix} a^1 & b^1 \\ a^2 & b^2 \end{vmatrix} \mathbf{k}$$

$$= \begin{bmatrix} a^2 b^3 - a^3 b^2 \\ -(a^1 b^3 - a^3 b^1) \\ a^1 b^2 - a^2 b^1 \end{bmatrix}$$

で与えられ，スカラー積は

$$\mathbf{a} \cdot \mathbf{b} = a^1 b^1 + a^2 b^2 + a^3 b^3$$

で与えられる．

微分形式の理論は，$\mathbb{R}^3$ におけるベクトル解析の多くの定理を統一する．ベクトル解析のいくつかの結果をここにまとめ，それらがどのように微分形式の枠組みにはめ込まれるかを示す．

$\mathbb{R}^3$ の開集合 U 上の「**ベクトル値関数**」で，関数 $\mathbf{F} = \langle P, Q, R \rangle : U \to \mathbb{R}^3$ を意味することとする．そのような関数は，各点 $p \in U$ に対してベクトル $\mathbf{F}_p \in \mathbb{R}^3 \simeq T_p(\mathbb{R}^3)$ を割り当てる．これゆえ，U 上のベクトル値関数は U 上のベクトル場に他ならない．ここで，U 上のスカラー値関数およびベクトル値関数における3つの作用素 gradient（勾配），curl（回転），divergence（発散）は，

$$\{\text{スカラー値関数}\} \xrightarrow{\text{grad}} \{\text{ベクトル値関数}\} \xrightarrow{\text{curl}} \{\text{ベクトル値関数}\}$$
$$\xrightarrow{\text{div}} \{\text{スカラー値関数}\},$$

$$\operatorname{grad} f = \begin{bmatrix} \partial/\partial x \\ \partial/\partial y \\ \partial/\partial z \end{bmatrix} f = \begin{bmatrix} f_x \\ f_y \\ f_z \end{bmatrix},$$

§4 $\mathbb{R}^n$ 上の微分形式

$$\operatorname{curl}\begin{bmatrix}P\\Q\\R\end{bmatrix}=\begin{bmatrix}\partial/\partial x\\\partial/\partial y\\\partial/\partial z\end{bmatrix}\times\begin{bmatrix}P\\Q\\R\end{bmatrix}=\begin{bmatrix}R_y-Q_z\\-(R_x-P_z)\\Q_x-P_y\end{bmatrix},$$

$$\operatorname{div}\begin{bmatrix}P\\Q\\R\end{bmatrix}=\begin{bmatrix}\partial/\partial x\\\partial/\partial y\\\partial/\partial z\end{bmatrix}\cdot\begin{bmatrix}P\\Q\\R\end{bmatrix}=P_x+Q_y+R_z$$

であったことを思い出しておく.

U 上のすべての 1 形式は関数を係数とした dx, dy, dz の一次結合だから,U 上の 1 形式とベクトル場を

$$P\,dx+Q\,dy+R\,dz\quad\longleftrightarrow\quad\begin{bmatrix}P\\Q\\R\end{bmatrix}$$

を通して同一視する. 同様に,U 上の 2 形式も U 上のベクトル場と

$$P\,dy\wedge dz+Q\,dz\wedge dx+R\,dx\wedge dy\quad\longleftrightarrow\quad\begin{bmatrix}P\\Q\\R\end{bmatrix}$$

を通して同一視できる. そして,U 上の 3 形式は U 上の関数と

$$f\,dx\wedge dy\wedge dz\quad\longleftrightarrow\quad f$$

を通して同一視できる.

これらの同一視をすると,0 形式 f の外微分は

$$df=\frac{\partial f}{\partial x}\,dx+\frac{\partial f}{\partial y}\,dy+\frac{\partial f}{\partial z}\,dz\quad\longleftrightarrow\quad\begin{bmatrix}\partial f/\partial x\\\partial f/\partial y\\\partial f/\partial z\end{bmatrix}=\operatorname{grad}f$$

に対応し,1 形式の外微分

$$d(P\,dx+Q\,dy+R\,dz)$$
$$=(R_y-Q_z)\,dy\wedge dz-(R_x-P_z)\,dz\wedge dx+(Q_x-P_y)\,dx\wedge dy \quad(4.5)$$

は

$$\mathrm{curl}\begin{bmatrix}P\\Q\\R\end{bmatrix}=\begin{bmatrix}R_y-Q_z\\-(R_x-P_z)\\Q_x-P_y\end{bmatrix}$$

に対応する．2形式の外微分

$$d(P\,dy\wedge dz+Q\,dz\wedge dx+R\,dx\wedge dy)$$
$$=(P_x+Q_y+R_z)\,dx\wedge dy\wedge dz \tag{4.6}$$

は

$$\mathrm{div}\begin{bmatrix}P\\Q\\R\end{bmatrix}=P_x+Q_y+R_z$$

に対応する．

したがって，適切な同一視をすれば，0形式，1形式，2形式上の外微分 d は単に3つの作用素 grad, curl, div となる．まとめると，$\mathbb{R}^3$ の開集合 U 上，同一視

$$\begin{array}{ccccccc}\Omega^0(U)&\xrightarrow{d}&\Omega^1(U)&\xrightarrow{d}&\Omega^2(U)&\xrightarrow{d}&\Omega^3(U)\\\simeq\downarrow&&\simeq\downarrow&&\simeq\downarrow&&\simeq\downarrow\\C^\infty(U)&\xrightarrow[\mathrm{grad}]{}&\mathfrak{X}(U)&\xrightarrow[\mathrm{curl}]{}&\mathfrak{X}(U)&\xrightarrow[\mathrm{div}]{}&C^\infty(U)\end{array}$$

がある．これらの同一視の下で，$\mathbb{R}^3$ 上のベクトル場 $\langle P,Q,R\rangle$ がある C^∞ 級関数 f の勾配であるための必要十分条件は，対応する1形式 $P\,dx+Q\,dy+R\,dz$ が df であることである．

次に，grad, curl, div に関する微積分の3つの基本的な事実を思い出す．

命題 A　$\mathrm{curl}(\mathrm{grad}\,f)=\begin{bmatrix}0\\0\\0\end{bmatrix}.$

命題 B　$\mathrm{div}\left(\mathrm{curl}\begin{bmatrix}P\\Q\\R\end{bmatrix}\right)=0.$

命題 C $\mathbb{R}^3$ において，ベクトル場 $\mathbf{F}$ がスカラー関数 f の勾配であるための必要十分条件は，$\operatorname{curl} \mathbf{F} = 0$ となることである．

命題 A と命題 B は，$\mathbb{R}^3$ の開集合における外微分の性質 $d^2 = 0$ を表しており，この計算は簡単である．命題 C は，$\mathbb{R}^3$ 上の 1 形式が完全であるための必要十分条件は，それが閉であるということを表している．微積分においてよく知られた次の例が示すように，命題 C は $\mathbb{R}^3$ 以外の領域では正しいとは限らない．

例 $U = \mathbb{R}^3 - \{z \text{ 軸}\}$ とし，$\mathbf{F}$ を U 上のベクトル場

$$\mathbf{F} = \left\langle \frac{-y}{x^2 + y^2}, \frac{x}{x^2 + y^2}, 0 \right\rangle$$

とすると，$\operatorname{curl} \mathbf{F} = \mathbf{0}$ だが，$\mathbf{F}$ は U 上のどの C^∞ 級関数の勾配でもない．理由は，もし $\mathbf{F}$ が U 上の C^∞ 級関数 f の勾配ならば，線積分の基本定理より，任意の閉曲線 C 上の線積分

$$\int_C -\frac{y}{x^2 + y^2}\, dx + \frac{x}{x^2 + y^2}\, dy$$

は 0 になる．しかし，(x, y) 平面における単位円周 C，すなわち $x = \cos t$, $y = \sin t$ ($0 \leq t \leq 2\pi$) の上では，この積分は

$$\int_C -y\, dx + x\, dy = \int_0^{2\pi} -(\sin t)\, d\cos t + (\cos t)\, d\sin t = 2\pi.$$

微分形式の言葉では，1 形式

$$\omega = \frac{-y}{x^2 + y^2}\, dx + \frac{x}{x^2 + y^2}\, dy$$

は U 上閉だが完全ではない．（この 1 形式は，演習 4.10 にある 1 形式 ω と同じ式で定義されているが，異なる空間の上で定義されている．）

命題 C が領域 U に対して正しいかどうかは，結局のところ U のトポロジーだけに依存する．完全ではない閉 k 形式がどのくらいあるのかを測るものの 1 つが，U の k 次**ド・ラームコホモロジー**と呼ばれる商ベクトル空間

$$H^k(U) := \frac{\{U \text{ 上の閉 } k \text{ 形式}\}}{\{U \text{ 上の完全 } k \text{ 形式}\}}$$

である．

命題 C の $\mathbb{R}^n$ 上の任意の微分形式への一般化は**ポアンカレの補題**と呼ばれている．これは，$k \geq 1$ に対して，$\mathbb{R}^n$ 上のすべての k 形式は完全であるというものである．

これはもちろん，$k \geq 1$ に対する k 次ド・ラームコホモロジー $H^k(\mathbb{R}^n)$ の消滅と同値である．27 節でこれを証明する．

微分形式の理論は，ベクトル解析を $\mathbb{R}^3$ から $\mathbb{R}^n$ へ，実際には任意の次元の多様体へと一般化する．23.5 節で証明する多様体に対する一般的なストークスの定理は，線積分に関する基本定理，平面におけるグリーンの定理，$\mathbb{R}^3$ 内の曲面に対する古典的なストークスの定理，発散定理を含みかつ統一する．この計画の第一歩として，次の章を多様体の定義から始める．

4.7 下付き添え字と上付き添え字についての慣習

微分幾何学では，ベクトル場には下付き添え字 $e_1, \ldots, e_n$ をつけ，微分形式には上付き添え字 $\omega^1, \ldots, \omega^n$ をつける習慣がある．座標関数は 0 形式なので上付き添え字をつけ，$x^1, \ldots, x^n$．それらの微分は 1 形式なので，やはり上付き添え字をもつべきだが，実際 $dx^1, \ldots, dx^n$ のように上付き添え字をもつ．$\partial/\partial x^i$ にある i は，x^i においては上付き添え字だが，分数の下半分にあるので，座標ベクトル場 $\partial/\partial x^1, \ldots, \partial/\partial x^n$ は下付き添え字をもっていると考える．

係数関数は，それらがベクトル場の係数関数なのか，微分形式の係数関数なのかに依って，上付き添え字か下付き添え字いずれかをもつ．ベクトル場 $X = \sum a^i e_i$ に対しては，係数関数 a^i は上付き添え字をもち，a^i における上付き添え字が e_i における下付き添え字と「打ち消しあう」と考える．同じ理由で，微分形式 $\omega = \sum b_j dx^j$ の係数関数 b_j は下付き添え字をもつ．

この慣習は，等号の両辺において「添え字の保存」がある点で美しい．例えば，$X = \sum a^i \partial/\partial x^i$ ならば，
$$a^i = (dx^i)(X).$$
ここで両辺とも最終的に上付き添え字 i をもつ．もう一つの例として，$\omega = \sum b_j dx^j$ ならば，
$$\omega(X) = \left(\sum b_j dx^j\right)\left(\sum a^i \frac{\partial}{\partial x^i}\right) = \sum b_i a^i.$$
ここで，上付き添え字と下付き添え字は打ち消しあい，等号の両辺は最終的に添え字をもたない．この慣習は，微分幾何学におけるいくつかの変換公式を覚える際の一助となる．

問題

4.1 $\mathbb{R}^3$ 上の 1 形式
ω を $\mathbb{R}^3$ 上の 1 形式 $z\,dx - dz$ とし，X を $\mathbb{R}^3$ 上のベクトル場 $y\,\partial/\partial x + x\,\partial/\partial y$ とする．$\omega(X)$ と $d\omega$ を求めよ．

4.2 $\mathbb{R}^3$ 上の 2 形式
各点 $p \in \mathbb{R}^3$ において，$T_p(\mathbb{R}^3)$ 上の双線形関数 ω_p を，接ベクトル $\mathbf{a}, \mathbf{b} \in T_p(\mathbb{R}^3)$ に対して，

$$\omega_p(\mathbf{a}, \mathbf{b}) = \omega_p\left(\begin{bmatrix} a^1 \\ a^2 \\ a^3 \end{bmatrix}, \begin{bmatrix} b^1 \\ b^2 \\ b^3 \end{bmatrix}\right) = p^3 \det \begin{bmatrix} a^1 & b^1 \\ a^2 & b^2 \end{bmatrix}$$

と定義する．ここで p^3 は $p = (p^1, p^2, p^3)$ の 3 番目の座標である．ω_p は $T_p(\mathbb{R}^3)$ 上の交代的双線形関数だから，ω は $\mathbb{R}^3$ 上の 2 形式である．ω を各点において標準基底 $dx^i \wedge dx^j$ を用いて書け．

4.3 外積の計算
$\mathbb{R}^2$ の標準座標を r, θ とする（この $\mathbb{R}^2$ は (r, θ) 平面であって (x, y) 平面ではない）．$x = r\cos\theta$ かつ $y = r\sin\theta$ のとき，$dx, dy, dx \wedge dy$ を $dr, d\theta$ を用いて計算せよ．

4.4 外積の計算
$\mathbb{R}^3$ の標準座標を ρ, ϕ, θ とする．$x = \rho\sin\phi\cos\theta,\ y = \rho\sin\phi\sin\theta,\ z = \rho\cos\phi$ のとき，$dx, dy, dz, dx \wedge dy \wedge dz$ を $d\rho, d\phi, d\theta$ を用いて計算せよ．

4.5 ウェッジ積
α を $\mathbb{R}^3$ 上の 1 形式，β を $\mathbb{R}^3$ 上の 2 形式とする．このとき

$$\alpha = a_1\,dx^1 + a_2\,dx^2 + a_3\,dx^3,$$
$$\beta = b_1\,dx^2 \wedge dx^3 + b_2\,dx^3 \wedge dx^1 + b_3\,dx^1 \wedge dx^2$$

と書ける．$\alpha \wedge \beta$ の表示をできるだけ簡単にせよ．

4.6 ウェッジ積とクロス積
4.6 節で述べた $\mathbb{R}^3$ の開集合上における微分形式とベクトル場の対応は，各点ごとで意味をもつ．V を基底 e_1, e_2, e_3 をもつ次元 3 のベクトル空間とし，$\alpha^1, \alpha^2, \alpha^3$ をその双対基底とする．V 上の 1 コベクトル $\alpha = a_1\,\alpha^1 + a_2\,\alpha^2 + a_3\,\alpha^3$ にベクトル $\mathbf{v}_\alpha = \langle a_1, a_2, a_3 \rangle \in \mathbb{R}^3$ を対応させ，V 上の 2 コベクトル

$$\gamma = c_1\,\alpha^2 \wedge \alpha^3 + c_2\,\alpha^3 \wedge \alpha^1 + c_3\,\alpha^1 \wedge \alpha^2$$

にベクトル $\mathbf{v}_\gamma = \langle c_1, c_2, c_3 \rangle \in \mathbb{R}^3$ を対応させる. この対応の下で, 1 コベクトルのウェッジ積は, $\mathbb{R}^3$ におけるベクトルのクロス積に対応していることを示せ. つまり, $\alpha = a_1\,\alpha^1 + a_2\,\alpha^2 + a_3\,\alpha^3$, $\beta = b_1\,\alpha^1 + b_2\,\alpha^2 + b_3\,\alpha^3$ のとき, $\mathbf{v}_{\alpha\wedge\beta} = \mathbf{v}_\alpha \times \mathbf{v}_\beta$ を示せ.

4.7 導分と反導分の交換子

$A = \bigoplus_{k=-\infty}^{\infty} A^k$ を, $k < 0$ に対して $A^k = 0$ である体 K 上の次数付き代数とする. m を整数とする. A の**次数 m の超導分**とは, K 線形写像 $D\colon A \to A$ であって, すべての k に対して $D(A^k) \subset A^{k+m}$ かつすべての $a \in A^k$ と $b \in A^\ell$ に対して

$$D(ab) = (Da)b + (-1)^{km} a(Db)$$

となるものである. D_1 と D_2 がそれぞれ次数 m_1 と次数 m_2 の A の超導分ならば, それらの**交換子**を

$$[D_1, D_2] = D_1 \circ D_2 - (-1)^{m_1 m_2} D_2 \circ D_1$$

と定める. $[D_1, D_2]$ は次数 $m_1 + m_2$ の超導分であることを示せ. (超導分は次数の偶奇に依って**偶**または**奇**であるという. 偶超導分は導分, 奇超導分は反導分である.)

Chapter

2

多様体

Manifolds

　直観的には，多様体は曲線や曲面の高次元への一般化である．それは，すべての点が $\mathbb{R}^n$ の開集合と同相である近傍（チャートと呼ばれる）をもつという意味で，局所ユークリッド的である．チャート上の座標の存在によりユークリッド空間と同様に計算が実行でき，微分可能性，点導分，接空間，微分形式など，$\mathbb{R}^n$ における多くの概念を多様体へもち込むことができる．

Bernhard Riemann (1826–1866)

　大部分の基本的な数学的概念と同様に，多様体のアイデアは一人によるものではなく，長年の様々な研究の蒸留物であると言える．カール・フリードリヒ・ガウス（Carl Friedrich Gauss）は，1827 年に出版した彼の傑作 *Disquisitiones generales circa superficies curvas*（「曲面の研究」）において曲面上の局所座標を自由に用いており，すでにチャートのアイデアをもっていた．さらに彼は，曲面をユークリッド空間への埋め込みとは無関係にもとから存在する抽象的な空間として考えた最初の人であったようである．

1854 年のゲッチンゲン大学におけるベルンハルト・リーマン（Bernhard Riemann）の就任講演 *Über die Hypothesen, welche der Geometrie zu Grunde liegen*（「幾何学の基礎をなす仮説について」）は，高次元微分幾何の礎となった．実際「多様体（manifold）」という言葉は，リーマンが自身の研究対象を記述するために使ったドイツ語 'Mannigfaltigkeit' の直訳である．この研究は，19 世紀末のアンリ・ポアンカレ（Henri Poincaré）によるホモロジーの研究に引き継がれたが，この時期に局所ユークリッド空間がその頭角を現してきた．19 世紀後半と 20 世紀初頭は，位相

空間論が熱狂的に発展した時期でもあった．位相空間論や変換関数の群に基づいた多様体の現代的定義は，1931 年になって初めて見出された [39].

　この章では，滑らかな多様体および多様体の間の滑らかな写像の基本的な定義と性質を与える．最初のうちは，ある空間が多様体であることを示す唯一の方法は，その空間を覆い，C^∞ 級で両立しているチャートの族を与えることである．7 節において，多様体を構成する 2 番目の方法として，商位相空間が多様体となる十分条件をいくつか与える．

§5 多様体

　位相多様体，C^k 級多様体，解析多様体，複素多様体などたくさんの種類の多様体があるが，本書では主に滑らかな多様体を考える．ハウスドルフで第二可算な局所ユークリッド空間である位相多様体から始めて，位相多様体を滑らかな多様体にする極大 C^∞ 級アトラスの概念を導入し，これを 2, 3 の簡単な例で説明する．

5.1 位相多様体

　まず，位相空間論から 2, 3 の定義を思い出しておく．詳細に関しては，付録 A を参照のこと．位相空間が可算基をもつとき，**第二可算**であるという．位相空間 M の点 p の**近傍**とは，p を含む任意の開集合のことである[1]．M の**開被覆**とは，M の開集合の族 $\{U_\alpha\}_{\alpha \in A}$ であって，和集合 $\bigcup_{\alpha \in A} U_\alpha$ が M となるものである．

定義 5.1　位相空間 M が **n 次元局所ユークリッド的**であるとは，M のすべての点 p が，$\mathbb{R}^n$ の開集合への同相写像 ϕ が存在するような近傍 U をもつことである．対 $(U, \phi: U \to \mathbb{R}^n)$ を**チャート**，U を**座標近傍**または**座標開集合**，ϕ を**座標写像**または U 上の**座標系**という．$\phi(p) = 0$ のとき，チャート (U, ϕ) は $p \in U$ を**中心とする**という．

定義 5.2　**位相多様体**とは，ハウスドルフで第二可算な局所ユークリッド空間のことをいう．それが n 次元局所ユークリッド的であるとき，n **次元**という．

　位相多様体の次元が矛盾なく定義されるためには，$n \neq m$ に対して $\mathbb{R}^n$ の開集合

---

[1] （訳者注）本書では近傍は開集合としているが（付録 A.1），本によっては，p の近傍 U を「p を含む開集合が U の中にとれる」という意味で使っており，その場合，近傍は開集合とは限らない．

が $\mathbb{R}^m$ の開集合と同相でないことを知る必要がある．この事実は**次元の不変性**と呼ばれ，実際正しいが，直接証明することは容易ではない．本書ではこのことを追究しない．というのも，主に**滑らかな**多様体に関心があり，それに対して同様の結果を証明するのは容易だからである（系 8.7）．もちろん，位相多様体がいくつかの連結成分をもっていれば，各連結成分が異なる次元をもつことはある．

例 ユークリッド空間 $\mathbb{R}^n$ は 1 つのチャート $(\mathbb{R}^n, \mathbb{1}_{\mathbb{R}^n})$ で覆われている．ここで $\mathbb{1}_{\mathbb{R}^n}: \mathbb{R}^n \to \mathbb{R}^n$ は恒等写像である．これは位相多様体の典型的な例である．$\mathbb{R}^n$ の任意の開集合も位相多様体で，チャート $(U, \mathbb{1}_U)$ をもつ．

ハウスドルフの条件や第二可算性は「遺伝する性質」で，部分空間に受け継がれる．すなわち，ハウスドルフ空間の部分空間はハウスドルフであり（命題 A.19），第二可算な空間の部分空間は第二可算である（命題 A.14）．よって，$\mathbb{R}^n$ の任意の部分空間は自動的にハウスドルフで第二可算である．

例 5.3（カスプ） $\mathbb{R}^2$ における $y = x^{2/3}$ のグラフは位相多様体である（図 5.1 (a)）．このグラフは $\mathbb{R}^2$ の部分空間なので，ハウスドルフで第二可算であり，写像 $(x, x^{2/3}) \mapsto x$ を通して $\mathbb{R}$ と同相なので，局所ユークリッド的である．

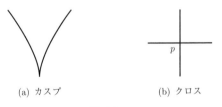

(a) カスプ　　(b) クロス

図 5.1

例 5.4（クロス） 図 5.1 にある $\mathbb{R}^2$ 内のクロスに相対位相を与えると，交点 p において局所ユークリッド的でないことを示せ．よって位相多様体にはなり得ない．

〈解〉 クロスが点 p において n 次元局所ユークリッド的であると仮定する．このとき，p は開球 $B := B(0, \varepsilon) \subset \mathbb{R}^n$ と同相な近傍 U をもち，同相写像で p は 0 に写るとしてよい．この同相写像 $U \to B$ の制限 $U - \{p\} \to B - \{0\}$ は同相写像となる．ここで，$B - \{0\}$ は $n \geq 2$ ならば連結で，$n = 1$ ならば 2 つの連結成分をもつが，$U - \{p\}$ は 4 つの連結成分をもっているので，$U - \{p\}$ から $B - \{0\}$ への同相写像は存在しない．これは，クロスが p において局所ユークリッド的であること

に矛盾する.　　　　　　　　　　　　　　　　　　　　　　　　　　　■

5.2　両立するチャート

$(U, \phi\colon U \to \mathbb{R}^n)$ と $(V, \psi\colon V \to \mathbb{R}^n)$ を位相多様体の 2 つのチャートとする. $U \cap V$ は U において開であり，$\phi\colon U \to \mathbb{R}^n$ は $\mathbb{R}^n$ の開集合の上への同相写像だから，像 $\phi(U \cap V)$ も $\mathbb{R}^n$ の開集合である. 同様に，$\psi(U \cap V)$ も $\mathbb{R}^n$ の開集合である.

定義 5.5　位相多様体の 2 つのチャート $(U, \phi\colon U \to \mathbb{R}^n)$, $(V, \psi\colon V \to \mathbb{R}^n)$ は，2 つの写像

$$\phi \circ \psi^{-1}\colon \psi(U \cap V) \to \phi(U \cap V), \quad \psi \circ \phi^{-1}\colon \phi(U \cap V) \to \psi(U \cap V)$$

が C^∞ 級であるとき（図 5.2），C^∞ **級で両立する**という. これら 2 つの写像は，チャートの間の**変換関数**と呼ばれている. $U \cap V$ が空ならば，2 つのチャートは自動的に C^∞ 級で両立する. 記号を簡単にするため，$U_\alpha \cap U_\beta$ を $U_{\alpha\beta}$, $U_\alpha \cap U_\beta \cap U_\gamma$ を $U_{\alpha\beta\gamma}$ と書く.

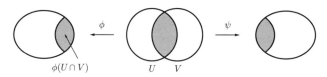

図 5.2　変換関数 $\psi \circ \phi^{-1}$ は $\phi(U \cap V)$ 上で定義されている.

本書では C^∞ 級で両立するチャートのみを考えるので，しばしば「C^∞ 級で」を省略して，単に両立するチャートという.

定義 5.6　局所ユークリッド空間 M 上の C^∞ **級アトラス**または単に**アトラス**とは，

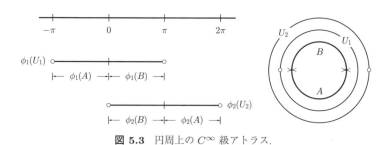

図 5.3　円周上の C^∞ 級アトラス.

互いに C^∞ 級で両立するチャートの族 $\mathfrak{U} = \{(U_\alpha, \phi_\alpha)\}$ であって，M を被覆する，つまり $M = \bigcup_\alpha U_\alpha$ となるものである．

例 5.7（円周上の C^∞ 級アトラス） 複素平面 $\mathbb{C}$ 内の単位円周 S^1 を集合 $\{e^{it} \in \mathbb{C} \mid 0 \leq t \leq 2\pi\}$ で表す．U_1 と U_2 を S^1 の 2 つの開集合（図 5.3 を見よ）

$$U_1 = \{e^{it} \in \mathbb{C} \mid -\pi < t < \pi\},$$
$$U_2 = \{e^{it} \in \mathbb{C} \mid 0 < t < 2\pi\}$$

とし，$\alpha = 1, 2$ に対して $\phi_\alpha : U_\alpha \to \mathbb{R}$ を

$$\phi_1(e^{it}) = t, \quad -\pi < t < \pi,$$
$$\phi_2(e^{it}) = t, \quad 0 < t < 2\pi$$

と定義する．ϕ_1 と ϕ_2 は共に複素対数関数 $(1/i) \log z$ の分枝で，それぞれの像の上への同相写像である．したがって，(U_1, ϕ_1) と (U_2, ϕ_2) は S^1 上のチャートである．共通部分 $U_1 \cap U_2$ は 2 つの連結成分

$$A = \{e^{it} \mid -\pi < t < 0\},$$
$$B = \{e^{it} \mid 0 < t < \pi\}$$

からなり，

$$\phi_1(U_1 \cap U_2) = \phi_1(A \sqcup B) = \phi_1(A) \sqcup \phi_1(B) = \,]{-\pi}, 0[\,\sqcup\,]0, \pi[,$$
$$\phi_2(U_1 \cap U_2) = \phi_2(A \sqcup B) = \phi_2(A) \sqcup \phi_2(B) = \,]\pi, 2\pi[\,\sqcup\,]0, \pi[.$$

ここで記号 $A \sqcup B$ は，共通部分がない 2 つの集合 A と B の和集合を表す．変換関数 $\phi_2 \circ \phi_1^{-1} : \phi_1(A \sqcup B) \to \phi_2(A \sqcup B)$ は

$$(\phi_2 \circ \phi_1^{-1})(t) = \begin{cases} t + 2\pi & (t \in \,]{-\pi}, 0[\,) \\ t & (t \in \,]0, \pi[\,) \end{cases}$$

で与えられる．同様に，

$$(\phi_1 \circ \phi_2^{-1})(t) = \begin{cases} t - 2\pi & (t \in \,]\pi, 2\pi[\,) \\ t & (t \in \,]0, \pi[\,). \end{cases}$$

したがって，(U_1, ϕ_1) と (U_2, ϕ_2) は C^∞ 級で両立するチャートで，S^1 上の C^∞ 級アトラスとなる．

チャートの C^∞ 級での両立性は明らかに反射的で対称的だが，推移的ではない．理由は次の通りである．(U_1, ϕ_1) が (U_2, ϕ_2) と C^∞ 級で両立し，(U_2, ϕ_2) が (U_3, ϕ_3) と C^∞ 級で両立しているとする．3つの座標関数が同時に3つの共通部分 U_{123} 上で定義されていることに注意する．したがって，合成

$$\phi_3 \circ \phi_1^{-1} = (\phi_3 \circ \phi_2^{-1}) \circ (\phi_2 \circ \phi_1^{-1})$$

は C^∞ 級だが，$\phi_1(U_{123})$ 上で C^∞ 級なのであって，必ずしも $\phi_1(U_{13})$ 上では C^∞ 級ではない（図 5.4）．$\phi_1(U_{13} - U_{123})$ 上の $\phi_3 \circ \phi_1^{-1}$ については何も分からないので，(U_1, ϕ_1) と (U_3, ϕ_3) が C^∞ 級で両立すると結論できない．

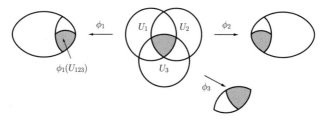

図 5.4 変換関数 $\phi_3 \circ \phi_1^{-1}$ は $\phi_1(U_{123})$ 上で C^∞ 級である．

チャート (V, ψ) がアトラス $\{(U_\alpha, \phi_\alpha)\}$ のすべてのチャート (U_α, ϕ_α) と両立するとき，チャート (V, ψ) は**アトラス $\{(U_\alpha, \phi_\alpha)\}$ と両立する**という．

補題 5.8 $\{(U_\alpha, \phi_\alpha)\}$ を局所ユークリッド空間上のアトラスとする．もし2つのチャート (V, ψ) と (W, σ) が共にアトラス $\{(U_\alpha, \phi_\alpha)\}$ と両立するならば，それらは互いに両立する．

【証明】（図 5.5 を見よ．）$p \in V \cap W$ とする．$\sigma \circ \psi^{-1}$ が $\psi(p)$ において C^∞ 級であることを示す必要がある．$\{(U_\alpha, \phi_\alpha)\}$ は M のアトラスだから，ある α に対して $p \in U_\alpha$．このとき p は共通部分 $V \cap W \cap U_\alpha$ の中にある．

上の注意より，$\sigma \circ \psi^{-1} = (\sigma \circ \phi_\alpha^{-1}) \circ (\phi_\alpha \circ \psi^{-1})$ は $\psi(V \cap W \cap U_\alpha)$ 上で C^∞ 級であるから，$\psi(p)$ において C^∞ 級である．p は $V \cap W$ の勝手な点だったから，これは $\sigma \circ \psi^{-1}$ が $\psi(V \cap W)$ 上で C^∞ 級であることを示している．同様に，$\psi \circ \sigma^{-1}$ は $\sigma(V \cap W)$ 上で C^∞ 級である． □

上記の証明にある $\sigma \circ \psi^{-1} = (\sigma \circ \phi_\alpha^{-1}) \circ (\phi_\alpha \circ \psi^{-1})$ のような等式において，等号の両辺における写像の定義域が異なっていることに注意せよ．等号が意味するこ

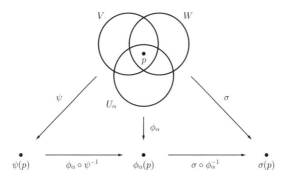

図 5.5 1つのアトラスと両立する2つのチャート $(V, \psi), (W, \phi)$.

とは，2つの写像が共通の定義域で等しいということである．

5.3 滑らかな多様体

局所ユークリッド空間上のアトラス $\mathfrak{M}$ は，より大きなアトラスに含まれないとき，つまり $\mathfrak{M}$ を含む任意のアトラス $\mathfrak{U}$ に対して $\mathfrak{U} = \mathfrak{M}$ となるとき，**極大**であるという．

定義 5.9 **滑らかな多様体**または C^∞ **級多様体**は，極大アトラスをもった位相多様体 M のことである．極大アトラスを M 上の**微分構造**ともいう．多様体は，その連結成分がすべて次元 n であるとき，次元 n であるという．1次元多様体を**曲線**，2次元多様体を**曲面**，n 次元多様体を n **多様体**ともいう．

系 8.7 において，開集合 $U \subset \mathbb{R}^n$ が開集合 $V \subset \mathbb{R}^m$ と微分同相ならば $n = m$ であることを証明する．その結果，多様体の点における次元が矛盾なく定義される．

注意 多様体は局所ユークリッド空間であるという要請は至極もっともなことである．実際それは，我々の空間に対する認識を反映している．では，ハウスドルフ性と第二可算性の条件はどうか．本書では，滑らかな多様体を $\mathbb{R}^n$ の部分集合としてではなく抽象的に定義したが，最終的にはユークリッド空間の中に多様体を実現したい．これが有名なホイットニーの埋め込み定理で，すべての滑らかな多様体がユークリッド空間 $\mathbb{R}^n$ の部分集合として実現されることを保証している．$\mathbb{R}^n$ はハウスドルフで第二可算であり，これら2つの性質は部分空間に引き継がれるので，ホイットニーの埋め込み定理が正しくあるためには，すべての多様体はハウスドルフで第

二可算でなければならない．

実際のところ，位相多様体 M が滑らかな多様体となることを確認するのに，極大アトラスを示す必要はない．次の命題より，M 上に**何らかの**アトラスが存在することを示せばよい．

命題 5.10 局所ユークリッド空間上の任意のアトラス $\mathfrak{U} = \{(U_\alpha, \phi_\alpha)\}$ は，唯一つの極大アトラスに含まれる．

【証明】 アトラス $\mathfrak{U}$ と両立するすべてのチャート (V_i, ψ_i) を $\mathfrak{U}$ に加える．補題 5.8 より，チャート (V_i, ψ_i) たちは互いに両立しているので，この拡大されたチャートの族はアトラスである．この新しいアトラスと両立するどのチャートも最初のアトラス $\mathfrak{U}$ と両立するので，構成より新しいアトラスに属する．これは新しいアトラスが極大であることを示している．

$\mathfrak{M}$ を，いま構成した $\mathfrak{U}$ を含む極大アトラスとする．$\mathfrak{M}'$ が $\mathfrak{U}$ を含む他の極大アトラスならば，$\mathfrak{M}'$ に属するすべてのチャートは $\mathfrak{U}$ と両立するので，構成より $\mathfrak{M}$ に属する．これより $\mathfrak{M}' \subset \mathfrak{M}$．どちらも極大なので，$\mathfrak{M}' = \mathfrak{M}$．したがって，$\mathfrak{U}$ を含む極大アトラスは唯一つである． □

要約すると，位相多様体 M が C^∞ 級多様体であることを示すためには，

(i) M はハウスドルフで第二可算である，

(ii) M は C^∞ 級アトラスをもつ（極大である必要はない）

ことを確認すればよい．(ii) は，M が局所ユークリッド空間であることを意味することに注意せよ．

今後，「多様体」は C^∞ 級多様体を意味することとする．ユークリッド空間上では，用語「滑らか」と「C^∞ 級」は同じ意味で用いる．多様体の文脈では，$\mathbb{R}^n$ の標準座標を $r^1, \ldots, r^n$ と表す．$(U, \phi: U \to \mathbb{R}^n)$ が多様体のチャートであるとき，$x^i = r^i \circ \phi$ を ϕ の i 番目の成分とし，$\phi = (x^1, \ldots, x^n)$ および $(U, \phi) = (U, x^1, \ldots, x^n)$ と書く．したがって，$p \in U$ に対して，$(x^1(p), \ldots, x^n(p))$ は $\mathbb{R}^n$ の点である．関数 $x^1, \ldots, x^n$ は U 上の**座標**または**局所座標**と呼ばれる．記号を乱用して，ときどき p を省略する．よって，記号 $(x^1, \ldots, x^n)$ は開集合 U の局所座標であったり $\mathbb{R}^n$ の点であったりする．多様体 M において，p**におけるチャート** (U, ϕ) は，$p \in U$ である M の微分構造のチャートを意味することとする．

5.4 滑らかな多様体の例

例 5.11 (ユークリッド空間) ユークリッド空間 $\mathbb{R}^n$ は 1 つのチャート $(\mathbb{R}^n, r^1, \ldots, r^n)$ をもつ滑らかな多様体である．ここで $r^1, \ldots, r^n$ は $\mathbb{R}^n$ 上の標準座標である．

例 5.12 (多様体の開集合) 多様体 M の任意の開集合 V もまた多様体である．$\{(U_\alpha, \phi_\alpha)\}$ が M のアトラスならば，$\{(U_\alpha \cap V, \phi_\alpha|_{U_\alpha \cap V})\}$ は V のアトラスである．ここで，$\phi_\alpha|_{U_\alpha \cap V} \colon U_\alpha \cap V \to \mathbb{R}^n$ は ϕ_α の $U_\alpha \cap V$ への制限を表す．

例 5.13 (0 次元多様体) 0 次元多様体においては，1 つの元からなる部分集合はすべて $\mathbb{R}^0$ と同相であり開である．したがって，0 次元多様体は離散集合である．第二可算性より，この離散集合は可算でなければならない．

例 5.14 (滑らかな関数のグラフ) 部分集合 $A \subset \mathbb{R}^n$ と関数 $f \colon A \to \mathbb{R}^m$ に対して，f のグラフを部分集合 (図 5.6)

$$\Gamma(f) = \{(x, f(x)) \in A \times \mathbb{R}^m\}$$

と定義する．U が $\mathbb{R}^n$ の開集合で $f \colon U \to \mathbb{R}^m$ が C^∞ 級ならば，2 つの写像

$$\phi \colon \Gamma(f) \to U, \quad (x, f(x)) \mapsto x$$

と

$$(1, f) \colon U \to \Gamma(f), \quad x \mapsto (x, f(x))$$

は，連続で互いに逆写像なので同相写像である．よって，C^∞ 級関数 $f \colon U \to \mathbb{R}^m$ のグラフ $\Gamma(f)$ は，1 つのチャート $(\Gamma(f), \phi)$ からなるアトラスをもっているので，C^∞ 級多様体である．これは，微積分において馴染みのあるたくさんの曲面，例えば楕円放物面や双曲放物面，が多様体であることを示している．

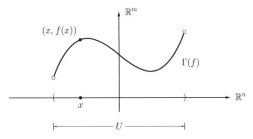

図 5.6 滑らかな関数 $f \colon \mathbb{R}^n \supset U \to \mathbb{R}^m$ のグラフ．

例 5.15(一般線形群) 2つの正の整数 m と n に対して,$\mathbb{R}^{m\times n}$ を $m\times n$ 行列全体からなるベクトル空間とする.$\mathbb{R}^{m\times n}$ は $\mathbb{R}^{mn}$ と同型なので,$\mathbb{R}^{m\times n}$ に $\mathbb{R}^{mn}$ の位相を与える.**一般線形群** $\mathrm{GL}(n,\mathbb{R})$ は,定義より

$$\mathrm{GL}(n,\mathbb{R}) := \{A \in \mathbb{R}^{n\times n} \mid \det A \neq 0\} = \det{}^{-1}(\mathbb{R} - \{0\}).$$

行列式関数

$$\det : \mathbb{R}^{n\times n} \to \mathbb{R}$$

は連続なので,$\mathrm{GL}(n,\mathbb{R})$ は $\mathbb{R}^{n\times n} \simeq \mathbb{R}^{n^2}$ の開集合,したがって多様体である.

複素一般線形群 $\mathrm{GL}(n,\mathbb{C})$ は,$n\times n$ 複素正則行列からなる群である.$n\times n$ 行列 A が正則であるための必要十分条件は $\det A \neq 0$ なので,$\mathrm{GL}(n,\mathbb{C})$ は $n\times n$ 複素行列からなるベクトル空間 $\mathbb{C}^{n\times n} \simeq \mathbb{R}^{2n^2}$ の開集合である.実数の場合と同じ理由によって,$\mathrm{GL}(n,\mathbb{C})$ は次元 $2n^2$ の多様体である.

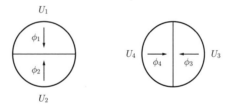

図 5.7 単位円周上のチャート.

例 5.16 (xy 平面内の単位円周) 例 5.7 において,複素平面 $\mathbb{C}$ 内の単位円周 S^1 上に 2 つのチャートからなる C^∞ 級アトラスを見つけた.したがって S^1 は多様体である.ここでは,S^1 を実平面 $\mathbb{R}^2$ において $x^2 + y^2 = 1$ で定義される単位円周と見なして,その上に 4 つのチャートからなる C^∞ 級アトラスを記述する.

S^1 を 4 つの開集合,上および下半円周 U_1, U_2 と右および左半円周 U_3, U_4(図 5.7)で被覆する.U_1 と U_2 上では,座標関数 x が x 軸上の開区間 $]-1,1[$ の上への同相写像である.したがって,$i = 1, 2$ に対して $\phi_i(x,y) = x$.同様に,U_3 と U_4 上では,y が y 軸上の開区間 $]-1,1[$ の上への同相写像であるから,$i = 3, 4$ に対して $\phi_i(x,y) = y$.

すべての空でない共通部分 $U_\alpha \cap U_\beta$ 上,$\phi_\beta \circ \phi_\alpha^{-1}$ が C^∞ 級であることを確認するのは容易である.例えば,$U_1 \cap U_3$ 上,

$$(\phi_3 \circ \phi_1^{-1})(x) = \phi_3\left(x, \sqrt{1-x^2}\right) = \sqrt{1-x^2}.$$

これは C^∞ 級である．$U_2 \cap U_4$ 上，
$$(\phi_4 \circ \phi_2^{-1})(x) = \phi_4\left(x, -\sqrt{1-x^2}\right) = -\sqrt{1-x^2}.$$
これも C^∞ 級である．したがって，$\{(U_i, \phi_i)\}_{i=1}^4$ は S^1 上の C^∞ 級アトラスである．

例 5.17（積多様体） M と N が C^∞ 級多様体ならば，積位相をもった $M \times N$ はハウスドルフで第二可算である（系 A.21 と命題 A.22）．$M \times N$ が多様体であることを示すには，この上のアトラスを示すことが残っている．ここで 2 つの写像 $f: X \to X'$ と $g: Y \to Y'$ の積は
$$f \times g: X \times Y \to X' \times Y', \quad (f \times g)(x, y) = (f(x), g(y))$$
であることを思い出しておく．

命題 5.18（積多様体のアトラス） $\{(U_\alpha, \phi_\alpha)\}$ と $\{(V_i, \psi_i)\}$ が，それぞれ次元 m と n の多様体 M, N の C^∞ 級アトラスならば，チャートの族
$$\{(U_\alpha \times V_i,\ \phi_\alpha \times \psi_i: U_\alpha \times V_i \to \mathbb{R}^m \times \mathbb{R}^n)\}$$
は $M \times N$ 上の C^∞ 級アトラスである．したがって，$M \times N$ は次元 $m+n$ の C^∞ 級多様体である．

【証明】 問題 5.5. □

例 命題 5.18 より無限の円筒 $S^1 \times \mathbb{R}$ とトーラス $S^1 \times S^1$ は多様体である（図 5.8）．

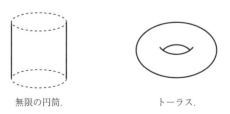

無限の円筒． トーラス．

図 5.8

$M \times N \times P = (M \times N) \times P$ は 2 つの空間の積を繰り返したものであるから，M, N, P が多様体ならば，$M \times N \times P$ もそうである．したがって，n 次元トーラス $S^1 \times \cdots \times S^1$（$n$ 回）は多様体である．

注意 S^n を $\mathbb{R}^{n+1}$ 内の単位球面

$$(x^1)^2 + (x^2)^2 + \cdots + (x^{n+1})^2 = 1$$

とする．問題 5.3 を参考にすれば，S^n 上に C^∞ 級アトラスを容易に書き下すことができるので，S^n は微分構造をもつ．この微分構造をもった多様体 S^n は**標準 n 球面**と呼ばれている．

トポロジーにおける最も驚くべき成果の 1 つは，1956 年のジョン・ミルナー（John Milnor）によるエキゾチック 7 球面，つまり標準 7 球面と同相だが微分同相ではない滑らかな多様体の発見 [27] であった．1963 年に，マイケル・ケルベア（Michel Kervaire）とジョン・ミルナー [24] は，S^7 上にちょうど 28 個の異なる微分構造が存在することを示した[2]．

次元 < 4 ではすべての位相多様体は唯一つの微分構造をもち，次元 > 4 ではすべてのコンパクト位相多様体は有限個の微分構造をもつことが知られている．次元 4 は謎に包まれている．S^4 が有限個の微分構造をもつのか，あるいは無限個の微分構造をもつのかは分かっていない．S^4 が唯一つの微分構造をもつという主張は，**滑らかなポアンカレ予想**（*smooth Poincaré conjecture*）と呼ばれている．本書を執筆している 2010 年の時点では，予想は未解決である．

また，微分構造をもたない位相多様体が存在する．最初に例を構成したのはマイケル・ケルベアであった [23]．

問題

5.1 2 つの原点をもつ実数直線

A と B を実数直線 $\mathbb{R}$ 上にない 2 点とする．集合 $S = (\mathbb{R} - \{0\}) \cup \{A, B\}$ を考える（図 5.9 を見よ）．

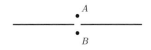

図 5.9 2 つの原点をもつ実数直線.

任意の 2 つの正の実数 c, d に対して，

$$I_A(-c, d) =]-c, 0[\cup \{A\} \cup]0, d[$$

---

[2]（訳者注）微分構造を後述の微分同相という同値関係による同値類で考えている．問題 6.1 を参照せよ．また正確には，多様体の向きを込めて考えて 28 個となる．

§5 多様体

と定め, A の代わりに B を用いて $I_B(-c,d)$ を同様に定める. S 上の位相を次のように定義する. $(\mathbb{R} - \{0\})$ 上では, 開区間が基となる $\mathbb{R}$ からの相対位相を用いる. A における近傍の基は集合 $\{I_A(-c,d) \mid c,d > 0\}$ とし, 同様に, B における近傍の基は $\{I_B(-c,d) \mid c,d > 0\}$ とする.

(a) 写像 $h: I_A(-c,d) \to\,]-c,d[$ を

$$h(x) = x \quad (x \in\,]-c,0[\, \cup\,]0,d[\, \text{のとき}),$$
$$h(A) = 0$$

と定めると, h は同相写像であることを証明せよ.

(b) S は局所ユークリッド的で第二可算であるが, ハウスドルフではないことを示せ.

5.2 一本の毛をもった球面

トポロジーの基本定理である次元の不変性定理によると, 2つの開集合 $U \subset \mathbb{R}^n$ と $V \subset \mathbb{R}^m$ が同相ならば $n = m$ である (証明については [18, p.126] を見よ). 例 5.4 のアイデアと次元の不変性定理を用いて, $\mathbb{R}^3$ 内の一本の毛をもった球面 (図 5.10) は, q において局所ユークリッド的でないことを証明せよ. したがって, これは位相多様体ではない.

図 5.10 一本の毛をもった球面.

5.3 球面上のチャート

S^2 を $\mathbb{R}^3$ における単位球面

$$x^2 + y^2 + z^2 = 1$$

とする. S^2 内に, 6つの半球面——前, 後, 右, 左, 上, 下の半球面 (図 5.11) に対応する6つのチャートを

$$U_1 = \{(x,y,z) \in S^2 \mid x > 0\}, \quad \phi_1(x,y,z) = (y,z),$$
$$U_2 = \{(x,y,z) \in S^2 \mid x < 0\}, \quad \phi_2(x,y,z) = (y,z),$$
$$U_3 = \{(x,y,z) \in S^2 \mid y > 0\}, \quad \phi_3(x,y,z) = (x,z),$$

$$U_4 = \{(x,y,z) \in S^2 \mid y < 0\}, \qquad \phi_4(x,y,z) = (x,z),$$
$$U_5 = \{(x,y,z) \in S^2 \mid z > 0\}, \qquad \phi_5(x,y,z) = (x,y),$$
$$U_6 = \{(x,y,z) \in S^2 \mid z < 0\}, \qquad \phi_6(x,y,z) = (x,y)$$

と定める．$\phi_1 \circ \phi_4^{-1}$ の定義域 $\phi_4(U_{14})$ を記述し，$\phi_1 \circ \phi_4^{-1}$ が $\phi_4(U_{14})$ 上で C^∞ 級であることを示せ．同じことを $\phi_6 \circ \phi_1^{-1}$ に対して行え．

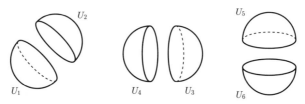

図 5.11　単位球面上のチャート．

5.4* 座標近傍の存在

$\{(U_\alpha, \phi_\alpha)\}$ を多様体 M 上の極大アトラスとする．M の任意の開集合 U と点 $p \in U$ に対して，$p \in U_\alpha \subset U$ となる座標開集合 U_α が存在することを証明せよ．

5.5　積多様体のアトラス

命題 5.18 を証明せよ．

§6　多様体上の滑らかな写像

滑らかな多様体を定義したので，今度はそれらの間の写像を考える．座標チャートを使うことで，滑らかな写像の概念をユークリッド空間から多様体へ移行することができる．アトラスに属するチャートの C^∞ 級での両立性より，写像の滑らかさの概念は結果的にチャートの選び方に依らず，したがって矛盾なく定義される．写像の滑らかさに対する様々な判定条件を，滑らかな写像の例を交えて与える．

次に，偏微分の概念をユークリッド空間から多様体上の座標チャートへ移行する．座標チャートに関する偏微分により，逆関数定理を多様体へ一般化することが可能となる．そこで，逆関数定理を用いて，滑らかな関数の集合が 1 点の周りの局所座標となるための判定条件を定式化する．

6.1 多様体上の滑らかな関数

定義 6.1 M を滑らかな n 次元多様体とする.関数 $f\colon M \to \mathbb{R}$ が M の**点** p において C^∞ **級**または**滑らか**であるとは,$\mathbb{R}^n$ の開集合 $\phi(U)$ 上で定義された関数 $f \circ \phi^{-1}$ が,$\phi(p)$ において C^∞ 級となるような M における p の周りのチャート (U, ϕ) が存在することである(図 6.1 を見よ).関数 f は,M のすべての点で C^∞ 級のとき,M 上で C^∞ **級**であるという.

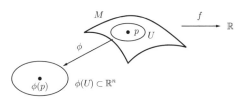

図 6.1 関数 f が点 p において C^∞ 級であることを,$\mathbb{R}^n$ に引き戻すことによって調べる.

注意 6.2 関数 f の点における滑らかさの定義は,チャート (U, ϕ) の選び方には依らない.というのも,$f \circ \phi^{-1}$ が $\phi(p)$ において C^∞ 級で,(V, ψ) を M における p の周りの任意の他のチャートとすると,$\psi(U \cap V)$ 上

$$f \circ \psi^{-1} = (f \circ \phi^{-1}) \circ (\phi \circ \psi^{-1})$$

であるから,$f \circ \psi^{-1}$ は $\psi(p)$ において C^∞ 級である(図 6.2 を見よ).

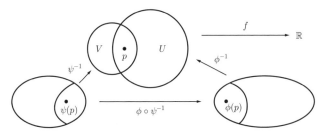

図 6.2 2 つのチャートを通して関数 f が p において C^∞ 級であることを調べる.

定義 6.1 において,$f\colon M \to \mathbb{R}$ は連続と仮定していない.しかし,f が $p \in M$ において C^∞ 級ならば,$f \circ \phi^{-1}\colon \phi(U) \to \mathbb{R}$ は $\mathbb{R}^n$ の開集合の点 $\phi(p)$ において C^∞ 級なので,$\phi(p)$ において連続である.連続関数の合成なので,$f = (f \circ \phi^{-1}) \circ \phi$ は

p において連続である．ここでは開集合上で滑らかな関数のみを考えるので，最初から f が連続と仮定しても一般性を失わない．

命題 6.3（実数値関数の滑らかさ） M を n 次元多様体とし，$f\colon M \to \mathbb{R}$ を M 上の実数値関数とする．このとき次は同値である．
  (i) 関数 $f\colon M \to \mathbb{R}$ は C^∞ 級である．
  (ii) 多様体 M は「アトラスに属するすべてのチャート (U,ϕ) に対して $f\circ\phi^{-1}\colon \mathbb{R}^n \supset \phi(U) \to \mathbb{R}$ が C^∞ 級である」ようなアトラスをもつ．
  (iii) M 上のすべてのチャート (V,ψ) に対して，関数 $f\circ\psi^{-1}\colon \mathbb{R}^n \supset \psi(V) \to \mathbb{R}$ は C^∞ 級である．

【証明】 命題を (ii) $\Rightarrow$ (i) $\Rightarrow$ (iii) $\Rightarrow$ (ii) の順に示す．
(ii) $\Rightarrow$ (i)．これは C^∞ 級関数の定義から直接従う．なぜなら，(ii) よりすべての点 $p \in M$ は $f\circ\phi^{-1}$ が $\phi(p)$ において C^∞ 級となるような座標近傍 (U,ϕ) をもっているからである．
(i) $\Rightarrow$ (iii)．(V,ψ) を M 上の任意のチャートとし，$p \in V$ とする．注意 6.2 より，$f\circ\psi^{-1}$ は $\psi(p)$ において C^∞ 級である．p は V の勝手な点だったので，$f\circ\psi^{-1}$ は $\psi(V)$ 上で C^∞ 級である．
(iii) $\Rightarrow$ (ii)．明らか． $\square$

命題 6.3 の滑らかさの条件は，本書を通して繰り返し用いられる考え方である．つまり，ある対象の滑らかさを証明するためには，ある 1 つのアトラスのチャート上で滑らかさの判定条件が成立していれば十分である．それが示されれば，同じ滑らかさの判定条件が多様体の**すべての**チャート上で成立する．

定義 6.4 $F\colon N \to M$ を写像とし h を M 上の関数とする．h の F による**引き戻し**を合成関数 $h\circ F$ で定め，F^*h と記す．

この用語で言えば，M 上の関数 f がチャート (U,ϕ) 上で C^∞ 級であるための必要十分条件は，ϕ^{-1} による引き戻し $(\phi^{-1})^*f$ がユークリッド空間の部分集合 $\phi(U)$ 上で C^∞ 級となることである．

6.2 多様体の間の滑らかな写像

明記しなければ，多様体と言えば常に C^∞ 級多様体を意味することを再度強調しておく．用語「C^∞ 級」と「滑らか」を区別なく用いる．滑らかな多様体上のアトラスまたはチャートは，滑らかな多様体の微分構造に含まれているアトラスまたはチャートを意味する．一般に，多様体を M，その次元を n と書く．しかし，写像 $f\colon N \to M$ のように，2 つの多様体について同時に述べるときは，N の次元は n とし，M の次元は m とする．

定義 6.5 N と M をそれぞれ次元 n, m の多様体とする．連続写像 $F\colon N \to M$ が N の**点 p において** C^∞ **級である**とは，$F(U) \subset V$ となる M の点 $F(p)$ の周りのチャート (V, ψ) と N の点 p の周りのチャート (U, ϕ) で，$\mathbb{R}^n$ の開集合 $\phi(U)$ から $\mathbb{R}^m$ への写像である合成 $\psi \circ F \circ \phi^{-1}$ が $\phi(p)$ において C^∞ 級であるものが存在することとする（図 6.3 を見よ）．連続写像 $F\colon N \to M$ は，N のすべての点で C^∞ 級であるとき，C^∞ 級であるという．

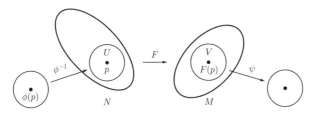

図 6.3 写像 $F\colon N \to M$ が点 p において C^∞ 級であることを調べる．

定義 6.5 において，$F^{-1}(V)$ が N の開集合であることを保証するために，$F\colon N \to M$ が連続であることを仮定した．したがって，多様体の間の C^∞ 級写像は定義より連続である．

注意 6.6（$\mathbb{R}^m$ **への滑らかな写像**）　$M = \mathbb{R}^m$ の場合，$\mathbb{R}^m$ の点 $F(p)$ の周りのチャートとして $(\mathbb{R}^m, \mathbb{1}_{\mathbb{R}^m})$ をとることができる．定義 6.5 によれば，$F\colon N \to \mathbb{R}^m$ が $p \in N$ において C^∞ 級となるための必要十分条件は，$F \circ \phi^{-1}\colon \phi(U) \to \mathbb{R}^m$ が $\phi(p)$ において C^∞ 級となるような p の周りの N のチャート (U, ϕ) が存在することである．$m = 1$ とすれば，関数が点において C^∞ 級であることの定義と同じになる．

写像 $F\colon N \to M$ が点において滑らかであることの定義は，チャートのとり方に

依らないことを示す．これは，関数 $N \to \mathbb{R}$ が $p \in N$ において滑らかであることが，p の周りの N のチャートの選び方に依存しないことの類似である．

命題 6.7 $F\colon N \to M$ が $p \in N$ において C^∞ 級とする．(U, ϕ) が N の点 p の周りの任意のチャートで，(V, ψ) が M の点 $F(p)$ の周りの任意のチャートとすると，$\psi \circ F \circ \phi^{-1}$ は $\phi(p)$ において C^∞ 級である．

【証明】 F が $p \in N$ において C^∞ 級なので，$\psi_\beta \circ F \circ \phi_\alpha^{-1}$ が $\phi_\alpha(p)$ において C^∞ 級であるような，p の周りの N のチャート (U_α, ϕ_α) と $F(p)$ の周りの M のチャート (V_β, ψ_β) が存在する．微分構造におけるチャートの C^∞ 級での両立性より，$\phi_\alpha \circ \phi^{-1}$ と $\psi \circ \psi_\beta^{-1}$ はユークリッド空間の開集合上で共に C^∞ 級である．これゆえ，合成

$$\psi \circ F \circ \phi^{-1} = (\psi \circ \psi_\beta^{-1}) \circ (\psi_\beta \circ F \circ \phi_\alpha^{-1}) \circ (\phi_\alpha \circ \phi^{-1})$$

は $\phi(p)$ において C^∞ 級である． □

次の命題は，定義域の点を明記せずに写像が滑らかであることを確認する方法を与えている．

命題 6.8（チャートを使った写像の滑らかさ） N と M を滑らかな多様体とし，$F\colon N \to M$ を連続写像とする．このとき，次は同値．

(i) 写像 $F\colon N \to M$ は C^∞ 級である．

(ii) N のアトラス $\mathfrak{U}$ と M のアトラス $\mathfrak{V}$ で，$\mathfrak{U}$ に含まれているすべてのチャート (U, ϕ) と $\mathfrak{V}$ に含まれているすべてのチャート (V, ψ) に対し，写像

$$\psi \circ F \circ \phi^{-1} \colon \phi(U \cap F^{-1}(V)) \to \mathbb{R}^m$$

が C^∞ 級であるものが存在する．

(iii) N 上のすべてのチャート (U, ϕ) と M 上のすべてのチャート (V, ψ) に対し，写像

$$\psi \circ F \circ \phi^{-1} \colon \phi(U \cap F^{-1}(V)) \to \mathbb{R}^m$$

は C^∞ 級である．

【証明】 (ii) $\Rightarrow$ (i)．$p \in N$ とする．(U, ϕ) を $\mathfrak{U}$ に含まれている p の周りのチャートとし，(V, ψ) を $\mathfrak{V}$ に含まれている $F(p)$ の周りのチャートとする．(ii) より，$\psi \circ F \circ \phi^{-1}$ は $\phi(p)$ において C^∞ 級である．C^∞ 級写像の定義より，$F\colon N \to M$ は p において

C^∞ 級である. p は N の勝手な点だったから, 写像 $F\colon N\to M$ は C^∞ 級である.

(i) $\Rightarrow$ (iii). (U,ϕ) と (V,ψ) をそれぞれ N と M 上のチャートで, $U\cap F^{-1}(V)\neq\emptyset$ となるものとする. $p\in U\cap F^{-1}(V)$ とする. このとき (U,ϕ) は p の周りのチャートで, (V,ψ) は $F(p)$ の周りのチャートである. 命題 6.7 より, $\psi\circ F\circ\phi^{-1}$ は $\phi(p)$ において C^∞ 級である. $\phi(p)$ は $\phi(U\cap F^{-1}(V))$ の勝手な点であったから, 写像 $\psi\circ F\circ\phi^{-1}\colon \phi(U\cap F^{-1}(V))\to\mathbb{R}^m$ は C^∞ 級である.

(iii) $\Rightarrow$ (ii). 明らか. □

命題 6.9(C^∞ **級写像の合成**) $F\colon N\to M$ と $G\colon M\to P$ が多様体の間の C^∞ 級写像ならば, 合成 $G\circ F\colon N\to P$ も C^∞ 級である.

【証明】$(U,\phi), (V,\psi), (W,\sigma)$ をそれぞれ N, M, P 上のチャートとする. このとき
$$\sigma\circ(G\circ F)\circ\phi^{-1}=(\sigma\circ G\circ\psi^{-1})\circ(\psi\circ F\circ\phi^{-1})$$
が, 定義されているところで成立する. F と G は C^∞ 級だから, 命題 6.8 (i) $\Rightarrow$ (iii) より, $\sigma\circ G\circ\psi^{-1}$ と $\psi\circ F\circ\phi^{-1}$ は C^∞ 級である. ユークリッド空間の開集合の間の C^∞ 級写像の合成なので, $\sigma\circ(G\circ F)\circ\phi^{-1}$ は C^∞ 級である. 命題 6.8 (iii) $\Rightarrow$ (i) より, $G\circ F$ は C^∞ 級である. □

6.3 微分同相写像

多様体の間の**微分同相写像**とは, 全単射な C^∞ 級写像 $F\colon N\to M$ で, 逆写像 F^{-1} がまた C^∞ 級となるものである. 次の 2 つの命題によると, 座標写像は微分同相写像であり, 逆に, 多様体の開集合とユークリッド空間の開集合の間のすべての微分同相写像は座標写像となる.

命題 6.10 (U,ϕ) が n 次元多様体 M 上のチャートならば, 座標写像 $\phi\colon U\to\phi(U)\subset\mathbb{R}^n$ は微分同相写像である.

【証明】定義より ϕ は同相写像なので, ϕ と ϕ^{-1} が滑らかであることを確認すればよい. $\phi\colon U\to\phi(U)$ が滑らかであることを調べるために, U 上の 1 つのチャートからなるアトラス $\{(U,\phi)\}$ と, $\phi(U)$ 上の 1 つのチャートからなるアトラス $\{(\phi(U),\mathbb{1}_{\phi(U)})\}$ を用いる. $\mathbb{1}_{\phi(U)}\circ\phi\circ\phi^{-1}\colon\phi(U)\to\phi(U)$ は恒等写像なので, C^∞ 級である. 命題 6.8 (ii) $\Rightarrow$ (i) より, ϕ は C^∞ 級である.

$\phi^{-1}\colon\phi(U)\to U$ の滑らかさを調べるために, 上と同じアトラスを用いる. $\phi\circ$

$\phi^{-1} \circ \mathbb{1}_{\phi(U)} = \mathbb{1}_{\phi(U)} \colon \phi(U) \to \phi(U)$ なので，写像 ϕ^{-1} も C^∞ 級である． □

命題 6.11 U を n 次元多様体 M の開集合とする．$F \colon U \to F(U) \subset \mathbb{R}^n$ が $\mathbb{R}^n$ の開集合の上への微分同相写像ならば，(U, F) は M の微分構造にあるチャートである．

【証明】 M の極大アトラスに属する任意のチャート (U_α, ϕ_α) に対して，ϕ_α と ϕ_α^{-1} は命題 6.10 より共に C^∞ 級である．C^∞ 級写像の合成なので，$F \circ \phi_\alpha^{-1}$ と $\phi_\alpha \circ F^{-1}$ は共に C^∞ 級である．これゆえ，(U, F) は極大アトラスと両立する．極大アトラスの極大性より，チャート (U, F) は極大アトラスに含まれる． □

6.4 成分の言葉による滑らかさ

この 6.4 節では，開集合上の写像が滑らかであることを，実数値関数が滑らかであることに帰着する判定条件を導き出す．

命題 6.12（ベクトル値関数の滑らかさ） N を多様体とし，$F \colon N \to \mathbb{R}^m$ を連続関数とする．このとき，次は同値．

 (i) 写像 $F \colon N \to \mathbb{R}^m$ は C^∞ 級である．
 (ii) 多様体 N は「アトラスに含まれるすべてのチャート (U, ϕ) に対して，写像 $F \circ \phi^{-1} \colon \phi(U) \to \mathbb{R}^m$ が C^∞ 級である」ようなアトラスをもつ．
 (iii) N 上のすべてのチャート (U, ϕ) に対して，写像 $F \circ \phi^{-1} \colon \phi(U) \to \mathbb{R}^m$ は C^∞ 級である．

【証明】 (ii) $\Rightarrow$ (i)．命題 6.8 (ii) において，$\mathfrak{V}$ を $M = \mathbb{R}^m$ 上の 1 つのチャート $(\mathbb{R}^m, \mathbb{1}_{\mathbb{R}^m})$ からなるアトラスにとればよい．

(i) $\Rightarrow$ (iii)．命題 6.8 (iii) において，(V, ψ) を $M = \mathbb{R}^m$ 上のチャート $(\mathbb{R}^m, \mathbb{1}_{\mathbb{R}^m})$ とすればよい．

(iii) $\Rightarrow$ (ii)．明らか． □

命題 6.13（成分の言葉による滑らかさ） N を多様体とする．ベクトル値関数 $F \colon N \to \mathbb{R}^m$ が C^∞ 級であるための必要十分条件は，その成分関数 $F^i := r^i \circ F \colon N \to \mathbb{R}$, $i = 1, \ldots, m$ がすべて C^∞ 級となることである．

【証明】

写像 $F: N \to \mathbb{R}^m$ は C^∞ 級である

$\iff$ N 上のすべてのチャート (U, ϕ) に対して，写像 $F \circ \phi^{-1}: \phi(U) \to \mathbb{R}^m$ は C^∞ 級である（命題 6.12 より）

$\iff$ N 上のすべてのチャート (U, ϕ) に対して，関数 $F^i \circ \phi^{-1}: \phi(U) \to \mathbb{R}$ はすべて C^∞ 級である（ユークリッド空間の間の写像が滑らかであることの定義）

$\iff$ 関数 $F^i: N \to \mathbb{R}$ はすべて C^∞ 級である（命題 6.3 より）. □

演習 6.14（**円周への写像の滑らかさ**）* 写像 $F: \mathbb{R} \to S^1$, $F(t) = (\cos t, \sin t)$ は C^∞ 級であることを証明せよ.

命題 6.15（**ベクトル値関数の言葉による写像の滑らかさ**） $F: N \to M$ をそれぞれ次元 n と m の 2 つの多様体の間の連続写像とする. このとき，次は同値.

(i) 写像 $F: N \to M$ は C^∞ 級である.

(ii) 多様体 M は「アトラスに属するすべてのチャート $(V, \psi) = (V, y^1, \ldots, y^m)$ に対して，ベクトル値関数 $\psi \circ F: F^{-1}(V) \to \mathbb{R}^m$ が C^∞ 級である」ようなアトラスをもつ.

(iii) M 上のすべてのチャート $(V, \psi) = (V, y^1, \ldots, y^m)$ に対して，ベクトル値関数 $\psi \circ F: F^{-1}(V) \to \mathbb{R}^m$ は C^∞ 級である.

【証明】(ii) $\Rightarrow$ (i). $\mathfrak{V}$ を (ii) を満たす M のアトラスとし，$\mathfrak{U} = \{(U, \phi)\}$ を N の任意のアトラスとする. アトラス $\mathfrak{V}$ に属する各チャート (V, ψ) に対して，族 $\{(U \cap F^{-1}(V), \phi|_{U \cap F^{-1}(V)})\}$ は $F^{-1}(V)$ のアトラスである. $\psi \circ F: F^{-1}(V) \to \mathbb{R}^m$ は C^∞ 級であるから，命題 6.12 (i) $\Rightarrow$ (iii) より，

$$\psi \circ F \circ \phi^{-1}: \phi(U \cap F^{-1}(V)) \to \mathbb{R}^m$$

は C^∞ 級である. したがって命題 6.8 (ii) $\Rightarrow$ (i) より，$F: N \to M$ は C^∞ 級である.

(i) $\Rightarrow$ (iii). ψ は座標写像であるので C^∞ 級である（命題 6.10）. 2 つの C^∞ 級写像の合成なので，$\psi \circ F$ は C^∞ 級である.

(iii) $\Rightarrow$ (ii). 明らか. □

命題 6.13 より，写像が滑らかであることの判定条件は，その写像の成分が滑らかであることの判定条件に言い換えられる.

命題 6.16（成分の言葉による写像の滑らかさ） $F\colon N \to M$ をそれぞれ次元 n と m の 2 つの多様体の間の連続写像とする．このとき，次は同値．

(i) 写像 $F\colon N \to M$ は C^∞ 級である．
(ii) 多様体 M は「アトラスに含まれるすべてのチャート $(V,\psi) = (V, y^1, \ldots, y^m)$ に対して，そのチャートに関する F の成分 $y^i \circ F\colon F^{-1}(V) \to \mathbb{R}$ がすべて C^∞ 級である」ようなアトラスをもつ．
(iii) M 上のすべてのチャート $(V,\psi) = (V, y^1, \ldots, y^m)$ に対して，そのチャートに関する F の成分 $y^i \circ F\colon F^{-1}(V) \to \mathbb{R}$ はすべて C^∞ 級である．

6.5 滑らかな写像の例

座標写像が滑らかであることを見たが，この 6.5 節では，滑らかな写像の他の 2, 3 の例を見る．

例 6.17（射影の滑らかさ） M と N を多様体とし，$\pi\colon M \times N \to M$, $\pi(p,q) = p$ を第 1 成分への射影とする．π が C^∞ 級写像であることを証明せよ．

〈解〉(p,q) を $M \times N$ の任意の点とする．$(U,\phi) = (U, x^1, \ldots, x^m)$ と $(V,\psi) = (V, y^1, \ldots, y^n)$ をそれぞれ M, N の点 p, q の座標近傍とする．命題 5.18 より，$(U \times V, \phi \times \psi) = (U \times V, x^1, \ldots, x^m, y^1, \ldots, y^n)$ は (p,q) の座標近傍である．このとき

$$(\phi \circ \pi \circ (\phi \times \psi)^{-1})(a^1, \ldots, a^m, b^1, \ldots, b^n) = (a^1, \ldots, a^m)$$

は，$\mathbb{R}^{m+n}$ 内の $(\phi \times \psi)(U \times V)$ から $\mathbb{R}^m$ 内の $\phi(U)$ への C^∞ 級写像であるから，π は (p,q) において C^∞ 級である．(p,q) は $M \times N$ の任意の点であったから，π は $M \times N$ 上で C^∞ 級である． ∎

演習 6.18（直積への写像の滑らかさ）* M_1, M_2, N をそれぞれ次元 m_1, m_2, n の多様体とする．写像 $(f_1, f_2)\colon N \to M_1 \times M_2$ が C^∞ 級であるための必要十分条件は，$f_i\colon N \to M_i$, $i = 1, 2$ が共に C^∞ 級となることであることを証明せよ．

例 6.19 例 5.7 と例 5.16 において，$\mathbb{R}^2$ 内の $x^2 + y^2 = 1$ で定義される単位円周 S^1 が C^∞ 級多様体であることを示した．$\mathbb{R}^2$ 上の C^∞ 級関数 $f(x,y)$ の S^1 への制限は，S^1 上の C^∞ 級関数であることを証明せよ．

〈解〉関数と点との混同を避けるため，S^1 上の点は $p = (a,b)$ と記し，x, y を $\mathbb{R}^2$

上の標準座標関数として用いる．したがって，$x(a,b) = a$, $y(a,b) = b$である．xとyのS^1への制限がS^1上のC^∞級関数であることが示せたとする．演習 6.18 より，包含写像$i: S^1 \to \mathbb{R}^2$, $i(p) = (x(p), y(p))$はS^1上でC^∞級である．$f|_{S^1} = f \circ i$はC^∞級写像の合成なのでS^1上でC^∞級である（命題 6.9）．

まず，関数xを考察する．例 5.16 におけるアトラス(U_i, ϕ_i)を用いる．xはU_1上およびU_2上の座標関数だから，命題 6.10 より$U_1 \cup U_2 = S^1 - \{(\pm 1, 0)\}$上で$C^\infty$級である．$x$が$U_3$上で$C^\infty$級であることを示すには，$x \circ \phi_3^{-1}: \phi_3(U_3) \to \mathbb{R}$，つまり
$$(x \circ \phi_3^{-1})(b) = x\left(\sqrt{1-b^2}, b\right) = \sqrt{1-b^2}$$
が滑らかであることを確認すればよいが，U_3上で$b \neq \pm 1$なので，$\sqrt{1-b^2}$はbのC^∞級関数である．これゆえ，xはU_3上でC^∞級である．

U_4上
$$(x \circ \phi_4^{-1})(b) = x\left(-\sqrt{1-b^2}, b\right) = -\sqrt{1-b^2}$$
は，bが± 1に等しくないからC^∞級である．xはS^1を被覆する4つの開集合U_1, U_2, U_3, U_4上でC^∞級だから，xはS^1上でC^∞級である．

yがS^1上でC^∞級である証明も同様である． ■

多様体の間の滑らかな写像を定義したので，リー群を定義することができる．

定義 6.20 **リー群**[3]は群の構造をもったC^∞級多様体Gで，乗法写像
$$\mu: G \times G \to G$$
と逆元をとる写像
$$\iota: G \to G, \quad \iota(x) = x^{-1}$$
が共にC^∞級となるものである．

同様に，**位相群**は群の構造をもった位相空間で，乗法写像と逆元をとる写像が共に連続となるものである．位相群は位相空間であることが要求されているが，位相多様体であることは要求されていないことに注意せよ．

---

[3] リー群（Lie group）とリー環またはリー代数（Lie algebra）は，ノルウェーの数学者ソフス・リー（Sophus Lie, 1842–1899）にちなんで名付けられた．この場合，'Lie' は 'lye' ではなく 'lee' と発音する．

例

(i) ユークリッド空間 $\mathbb{R}^n$ は,加法の下でリー群である.
(ii) 0 でない複素数の集合 $\mathbb{C}^\times$ は,乗法の下でリー群である.
(iii) $\mathbb{C}^\times$ 内の単位円周 S^1 は,乗法の下でリー群である.
(iv) 2つのリー群 (G_1, μ_1) と (G_2, μ_2) の直積 $G_1 \times G_2$ は,成分ごとの乗法 $\mu_1 \times \mu_2$ の下でリー群である.

例 6.21(一般線形群) 例 5.15 において一般線形群

$$\mathrm{GL}(n, \mathbb{R}) = \{A = [a_{ij}] \in \mathbb{R}^{n \times n} \mid \det A \neq 0\}$$

を定義した.これは $\mathbb{R}^{n \times n}$ の開集合なので多様体である.$\mathrm{GL}(n, \mathbb{R})$ の 2 つの行列 A と B の積の (i, j) 成分

$$(AB)_{ij} = \sum_{k=1}^{n} a_{ik} b_{kj}$$

は,A と B の座標の多項式であるから,行列の掛け算

$$\mu: \mathrm{GL}(n, \mathbb{R}) \times \mathrm{GL}(n, \mathbb{R}) \to \mathrm{GL}(n, \mathbb{R})$$

は C^∞ 級写像である.

行列 A の (i, j) **小行列式**は,A から i 行目と j 列目を除いて得られる A の部分行列の行列式であることを思い出す.線形代数におけるクラメルの公式より,$\det A \neq 0$ の条件の下で,A^{-1} の (i, j) 成分

$$(A^{-1})_{ij} = \frac{1}{\det A} \cdot (-1)^{i+j} (A \text{ の } (j, i) \text{ 小行列式})$$

は a_{ij} たちの C^∞ 級関数である.したがって,逆元をとる写像 $\iota: \mathrm{GL}(n, \mathbb{R}) \to \mathrm{GL}(n, \mathbb{R})$ も C^∞ 級である.これより $\mathrm{GL}(n, \mathbb{R})$ はリー群である.

15 節において,リー群の非自明な例を調べる.

[記号] 行列の表記方法は,特殊な問題をかかえている.$n \times n$ 行列 A で線形変換 $y = Ax, x, y \in \mathbb{R}^n$ を表すことができる.この場合,$y^i = \sum_j a^i_j x^j$ だから,$A = [a^i_j]$ と表記すべきである.また,$n \times n$ 行列で双線形形式 $\langle x, y \rangle = x^T A y, x, y \in \mathbb{R}^n$ を表すこともできる.この場合には,$\langle x, y \rangle = \sum_{i,j} x^i a_{ij} y^j$ なので,$A = [a_{ij}]$.特別な事情がなければ,行列 A の成分を表すのに小文字 a を用い,(i, j) 成分を表すのに二重添え字 $(\ )_{ij}$ を用いて,$A = [a_{ij}]$ と書く(4.7 節も見よ).

6.6 偏微分

n 次元多様体 M において，(U,ϕ) をチャートとし，f を C^∞ 級関数とする．ϕ は $\mathbb{R}^n$ への関数なので，n 個の成分 $x^1,\ldots,x^n$ をもつ．つまり $r^1,\ldots,r^n$ を $\mathbb{R}^n$ の標準座標とすると，$x^i = r^i \circ \phi$．$p \in U$ に対して，p における x^i に関する f の**偏微分** $\partial f/\partial x^i$ を

$$\left.\frac{\partial}{\partial x^i}\right|_p f := \frac{\partial f}{\partial x^i}(p) := \frac{\partial(f \circ \phi^{-1})}{\partial r^i}(\phi(p)) := \left.\frac{\partial}{\partial r^i}\right|_{\phi(p)} (f \circ \phi^{-1})$$

と定義する．$p = \phi^{-1}(\phi(p))$ だから，この等式は

$$\frac{\partial f}{\partial x^i}\left(\phi^{-1}(\phi(p))\right) = \frac{\partial(f \circ \phi^{-1})}{\partial r^i}(\phi(p))$$

と書き直せる．したがって，$\phi(U)$ 上の関数として，

$$\frac{\partial f}{\partial x^i} \circ \phi^{-1} = \frac{\partial(f \circ \phi^{-1})}{\partial r^i}.$$

引き戻し $(\partial f/\partial x^i) \circ \phi^{-1}$ が $\phi(U)$ 上で C^∞ 級だから，偏微分 $\partial f/\partial x^i$ は U 上で C^∞ 級である．

次の命題において，$\mathbb{R}^n$ 上の座標関数 r^i がもつ双対性 $\partial r^i/\partial r^j = \delta^i_j$ を，多様体上の偏微分ももつことを見る．

命題 6.22 $(U, x^1, \ldots, x^n)$ を多様体上のチャートとすると，$\partial x^i/\partial x^j = \delta^i_j$．

【証明】 点 $p \in U$ において，$\partial/\partial x^j|_p$ の定義より，

$$\frac{\partial x^i}{\partial x^j}(p) = \frac{\partial(x^i \circ \phi^{-1})}{\partial r^j}(\phi(p)) = \frac{\partial(r^i \circ \phi \circ \phi^{-1})}{\partial r^j}(\phi(p)) = \frac{\partial r^i}{\partial r^j}(\phi(p)) = \delta^i_j.$$

□

定義 6.23 $F\colon N \to M$ を滑らかな写像とし，$(U,\phi) = (U, x^1, \ldots, x^n)$，$(V,\psi) = (V, y^1, \ldots, y^m)$ をそれぞれ $F(U) \subset V$ となる N，M 上のチャートとする．チャート (V,ψ) における F の i 番目の成分を

$$F^i := y^i \circ F = r^i \circ \psi \circ F \colon U \to \mathbb{R}$$

と表す．このとき，行列 $[\partial F^i/\partial x^j]$ をチャート (U,ϕ) と (V,ψ) に関する F の**ヤコビ行列**と呼ぶ．N と M が同じ次元の場合，行列式 $\det[\partial F^i/\partial x^j]$ を 2 つのチャートに関する**ヤコビ行列式**[4]と呼ぶ．ヤコビ行列式を $\partial(F^1,\ldots,F^n)/\partial(x^1,\ldots,x^n)$ とも書く．

---
[4]（訳者注）ヤコビアンともいう．

M と N がユークリッド空間の開集合で，チャートが $(U, r^1, \ldots, r^n)$ と $(V, r^1, \ldots, r^m)$ であるとき，ヤコビ行列 $[\partial F^i/\partial r^j]$（ここで $F^i = r^i \circ F$）は微積分における通常のヤコビ行列である．

例 6.24（変換写像のヤコビ行列） $(U, \phi) = (U, x^1, \ldots, x^n)$ と $(V, \psi) = (V, y^1, \ldots, y^n)$ を多様体 M 上の交わりがあるチャートとする．変換写像 $\psi \circ \phi^{-1} \colon \phi(U \cap V) \to \psi(U \cap V)$ は $\mathbb{R}^n$ の開集合の間の微分同相写像である．$\phi(p)$ におけるヤコビ行列 $J(\psi \circ \phi^{-1})$ が，p における偏微分の行列 $[\partial y^i/\partial x^j]$ であることを示せ．

⟨**解**⟩ 定義より，$J(\psi \circ \phi^{-1}) = [\partial(\psi \circ \phi^{-1})^i/\partial r^j]$．ここで
$$\frac{\partial(\psi \circ \phi^{-1})^i}{\partial r^j}(\phi(p)) = \frac{\partial(r^i \circ \psi \circ \phi^{-1})}{\partial r^j}(\phi(p)) = \frac{\partial(y^i \circ \phi^{-1})}{\partial r^j}(\phi(p)) = \frac{\partial y^i}{\partial x^j}(p).$$
∎

6.7 逆関数定理

命題 6.11 より，多様体の開集合 U から $\mathbb{R}^n$ の開集合 $F(U)$ への任意の微分同相写像 $F\colon U \to F(U) \subset \mathbb{R}^n$ は U 上の座標系と思ってもよい．C^∞ 級写像 $F\colon N \to M$ が点 $p \in N$ において**局所的に可逆**または**局所微分同相写像**であるとは，$F|_U \colon U \to F(U)$ が U と M の開集合 $F(U)$ との微分同相写像となるような近傍 U を p がもつこととする．

n 次元多様体 N の点 p の近傍における n 個の滑らかな関数 $F^1, \ldots, F^n$ が与えられたとき，それらが，p のより小さい近傍上であってもよいが，座標系になるかどうかを知りたい．これは，$F = (F^1, \ldots, F^n)\colon N \to \mathbb{R}^n$ が p において局所微分同相写像であることと同値であり，逆関数定理はその 1 つの答えを与えている．

定理 6.25（$\mathbb{R}^n$ に対する逆関数定理） $F\colon W \to \mathbb{R}^n$ を $\mathbb{R}^n$ の開集合 W 上で定義された C^∞ 級写像とする．W の任意の点 p に対して，写像 F が p において局所的に可逆であるための必要十分条件は，ヤコビ行列式 $\det[\partial F^i/\partial r^j(p)]$ が 0 でないことである．

この定理は通常，学部の実解析の講義で証明される．この議論および関連する定理については付録 B を見よ．$\mathbb{R}^n$ に対する逆関数定理は局所的な結果なので，容易に多様体へ移行することができる．

定理 6.26（多様体に対する逆関数定理） $F\colon N \to M$ を同じ次元 n の 2 つの

多様体の間の C^∞ 級写像とし，$p \in N$ とする．N における p の周りのあるチャート $(U, \phi) = (U, x^1, \ldots, x^n)$ と，M における $F(p)$ の周りのあるチャート $(V, \psi) = (V, y^1, \ldots, y^n)$ に対して，$F(U) \subset V$ であるとする．$F^i = y^i \circ F$ とおく．このとき，F が p において局所的に可逆であるための必要十分条件は，そのヤコビ行列式 $\det[\partial F^i/\partial x^j(p)]$ が 0 でないことである．

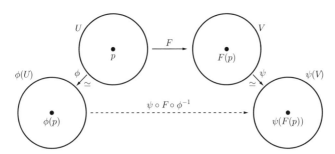

図 6.4 写像 $\psi \circ F \circ \phi^{-1}$ が $\phi(p)$ において局所的に可逆なので，写像 F は p において局所的に可逆である．

【証明】 $F^i = y^i \circ F = r^i \circ \psi \circ F$ なので，チャート (U, ϕ) と (V, ψ) に関する F のヤコビ行列は

$$\left[\frac{\partial F^i}{\partial x^j}(p)\right] = \left[\frac{\partial (r^i \circ \psi \circ F)}{\partial x^j}(p)\right] = \left[\frac{\partial (r^i \circ \psi \circ F \circ \phi^{-1})}{\partial r^j}(\phi(p))\right].$$

これは $\mathbb{R}^n$ の 2 つの開集合の間の写像

$$\psi \circ F \circ \phi^{-1} : \mathbb{R}^n \supset \phi(U) \to \psi(V) \subset \mathbb{R}^n$$

の $\phi(p)$ におけるヤコビ行列に他ならない．$\mathbb{R}^n$ に対する逆関数定理より，

$$\det\left[\frac{\partial F^i}{\partial x^j}(p)\right] = \det\left[\frac{\partial r^i \circ (\psi \circ F \circ \phi^{-1})}{\partial r^j}(\phi(p))\right] \neq 0$$

であるための必要十分条件は，$\psi \circ F \circ \phi^{-1}$ が $\phi(p)$ において局所的に可逆となることである．ψ と ϕ は微分同相写像なので（命題 6.10），このことは，p における F の局所可逆性と同値である（図 6.4 を見よ）． □

通常，逆関数定理を次の形で用いる．

系 6.27 N を n 次元多様体とする．点 $p \in N$ の座標近傍 $(U, x^1, \ldots, x^n)$ 上で

定義された n 個の滑らかな関数 $F^1,\ldots,F^n$ の集合が，p の周りの座標系をなすための必要十分条件は，ヤコビ行列式 $\det[\partial F^i/\partial x^j(p)]$ が 0 でないことである．

【証明】 $F = (F^1,\ldots,F^n)\colon U \to \mathbb{R}^n$ とする．このとき
$\det[\partial F^i/\partial x^j(p)] \neq 0$
$\iff F\colon U \to \mathbb{R}^n$ は p において局所的に可逆である（逆関数定理より）
$\iff F\colon W \to F(W)$ が微分同相写像となるような N における p の近傍 W が存在する（局所可逆性の定義より）
$\iff (W, F^1,\ldots,F^n)$ は N の微分構造に属する p の周りの座標チャートである（命題 6.11 より）． □

例 関数 $x^2 + y^2 - 1, y$ が局所座標系となるような近傍をもつ $\mathbb{R}^2$ の点をすべて求めよ．

〈解〉 $F\colon \mathbb{R}^2 \to \mathbb{R}^2$ を
$$F(x,y) = (x^2 + y^2 - 1, y)$$
と定める．写像 F が p の近傍において座標写像となるための必要十分条件は，F が p において局所微分同相写像となることである．F のヤコビ行列式は
$$\frac{\partial(F^1, F^2)}{\partial(x,y)} = \det\begin{bmatrix} 2x & 2y \\ 0 & 1 \end{bmatrix} = 2x.$$
逆関数定理より，F が $p = (x,y)$ において局所微分同相写像であるための必要十分条件は，$x \neq 0$．したがって，F は y 軸上にない任意の点 p において座標系になる． ∎

問題

6.1 $\mathbb{R}$ 上の微分構造

$\mathbb{R}$ をチャート $(\mathbb{R}, \phi = \mathbb{1}\colon \mathbb{R} \to \mathbb{R})$ を含む極大アトラスで与えられた微分構造をもつ実数直線とし，$\mathbb{R}'$ をチャート $(\mathbb{R}, \psi\colon \mathbb{R} \to \mathbb{R})$ （ここで $\psi(x) = x^{1/3}$）を含む極大アトラスで与えられた微分構造をもつ実数直線とする．

(a) これら 2 つの微分構造は異なることを示せ．
(b) $\mathbb{R}$ と $\mathbb{R}'$ の間に微分同相写像があることを示せ．（ヒント．恒等写像 $\mathbb{R}' \to \mathbb{R}$ は求める微分同相写像ではない．実際，この写像は滑らかではない．）

6.2 包含写像が滑らかであること

M と N を多様体とし q_0 を N の点とする. 包含写像 $i_{q_0}: M \to M \times N$, $i_{q_0}(p) = (p, q_0)$ は C^∞ 級であることを証明せよ.

6.3* ベクトル空間の自己同型写像の群

V を $\mathbb{R}$ 上の有限次元ベクトル空間とし,$\mathrm{GL}(V)$ を V のすべての線形自己同型写像からなる群とする. V の順序付けられた基底 $e = (e_1, \ldots, e_n)$ に関して,線形自己同型写像 $L \in \mathrm{GL}(V)$ は,

$$L(e_j) = \sum_i a_j^i e_i$$

で定義された行列 $[a_j^i]$ によって表現される. 写像

$$\phi_e : \mathrm{GL}(V) \to \mathrm{GL}(n, \mathbb{R}),$$

$$L \mapsto [a_j^i]$$

は $\mathbb{R}^{n \times n}$ の開集合との全単射なので,これにより $\mathrm{GL}(V)$ は C^∞ 級多様体になる. この多様体を仮に $\mathrm{GL}(V)_e$ と記す. $\mathrm{GL}(V)_u$ を他の順序付けられた基底 $u = (u_1, \ldots, u_n)$ から得られる多様体とすると,$\mathrm{GL}(V)_e$ は $\mathrm{GL}(V)_u$ と同じであることを示せ.

6.4 局所座標系

3 つの関数 x, $x^2 + y^2 + z^2 - 1$, z が局所座標系となる近傍をもつ $\mathbb{R}^3$ の点をすべて求めよ.

§7 商

曲げ伸ばしできる正方形の辺を貼り合わせて,新しい曲面を作ることができる. 例えば,正方形の上の辺と下の辺を貼り合わせて円筒ができ,円筒の境界を向きが合うように貼り合わせるとトーラスができる(図 7.1). この貼り合わせの操作は,**同一視**または**商構成**と呼ばれている.

図 7.1 柔らかい正方形の辺の貼り合わせ.

商構成は通常,単純化の操作である. まず集合上に同値関係を考え,各同値類を一点と思う. 数学には商構成がたくさんあり,例えば,代数における商群,剰余環,

商ベクトル空間がそうである．最初の集合が位相空間ならば，商集合に自然な射影が連続となるような位相を常に入れることができる．しかし，たとえ最初の空間が多様体であっても，商空間が多様体でないことがしばしばある．この節の主結果として，商空間が第二可算でハウスドルフのままとなるための条件を与える．その後，商多様体の例として実射影空間を調べる．

実射影空間は，球面の対蹠点を同一視した商空間と解釈することもできるし，ベクトル空間の原点を通る直線全体の集合と解釈することもできる．これら 2 つの解釈は，異なる 2 つの一般化を生み出す．1 つは被覆写像で，もう 1 つはベクトル空間の k 次元部分空間からなるグラスマン多様体[5]である．演習問題の 1 つで，$\mathbb{R}^4$ の 2 次元部分空間からなるグラスマン多様体 $G(2,4)$ を詳しく調べる．

7.1 商位相

集合 S 上の同値関係とは，反射的，対称的，推移的な関係であった．$x \in S$ の**同値類** $[x]$ は，x と同値なすべての S の元からなる集合である．S 上の同値関係は S を交わりのない同値類に分割する．同値類の集合を $S/\sim$ と記し，同値関係 $\sim$ による S の**商**と呼ぶ．$x \in S$ をその同値類 $[x]$ に写す自然な**射影** $\pi\colon S \to S/\sim$ がある．

ここで，S を位相空間と仮定する．$S/\sim$ の集合 U が**開**であることを $\pi^{-1}(U)$ が S で開であることとして，$S/\sim$ 上に位相を定義する．明らかに，空集合 $\emptyset$ と全体の商 $S/\sim$ は共に開である．さらに，

$$\pi^{-1}\left(\bigcup_\alpha U_\alpha\right) = \bigcup_\alpha \pi^{-1}(U_\alpha)$$

かつ

$$\pi^{-1}\left(\bigcap_i U_i\right) = \bigcap_i \pi^{-1}(U_i)$$

なので，$S/\sim$ の開集合族は，勝手な合併と有限個の交わりに関して閉じており，よって位相である．これは $S/\sim$ 上の**商位相**と呼ばれる．この位相をもった $S/\sim$ は，同値関係 $\sim$ による S の**商空間**と呼ばれる．$S/\sim$ 上に商位相を考えれば，$S/\sim$ における開集合の逆像は定義より S の開集合だから，射影 $\pi\colon S \to S/\sim$ は自動的に連続となる．

---

[5] (訳者注) 原著では 'Grassmannian' となっているので，「グラスマニアン」と訳すのが適切かも知れないが，日本語では「グラスマン多様体」と言うことが多いので，こちらを採用した．

7.2 商における写像の連続性

$\sim$ を位相空間 S 上の同値関係とし，$S/\sim$ に商位相を与える．S からもう 1 つの位相空間 Y への写像 $f: S \to Y$ が，各同値類の上で一定と仮定する．このとき f は

$$\bar{f}([p]) = f(p) \quad (p \in S)$$

により，写像 $\bar{f}: S/\sim \to Y$ を誘導する．言い換えれば，可換図式

が存在する．

> **命題 7.1** 誘導された写像 $\bar{f}: S/\sim \to Y$ が連続であるための必要十分条件は，写像 $f: S \to Y$ が連続となることである．

【証明】
($\Rightarrow$) $\bar{f}$ が連続ならば，$\bar{f} \circ \pi$ は連続写像の合成なので，f も連続である．
($\Leftarrow$) f が連続であると仮定する．V を Y の開集合とする．このとき，$f^{-1}(V) = \pi^{-1}(\bar{f}^{-1}(V))$ は S の開集合である．商位相の定義より，$\bar{f}^{-1}(V)$ は $S/\sim$ の開集合である．V は任意だったから，$\bar{f}: S/\sim \to Y$ は連続である． □

この命題は，商空間 $S/\sim$ 上の写像 $\bar{f}$ が連続であるかどうかを確認するための便利な判定条件を与えている．つまり，写像 $\bar{f}$ を S 上の写像 $f := \bar{f} \circ \pi$ にもち上げ，もち上げた S 上の写像 f の連続性を確認するだけでよい．この例として，例 7.2 と命題 7.3 を見よ．

7.3 部分集合を一点と同一視

A が位相空間 S の部分空間ならば，S 上の関係 $\sim$ を

$$\text{すべての } x \in S \text{ に対して} \quad x \sim x$$

(よって関係は反射的) さらに

$$\text{すべての } x, y \in A \text{ に対して} \quad x \sim y$$

と定義する．これは S 上の同値関係である．このとき，商空間 $S/\sim$ は A **を一点と同一視することに**よって S から得られるという．

例 7.2 I を単位区間 $[0,1]$ とし，$I/\sim$ を 2 点 $\{0,1\}$ を一点と同一視することによって I から得られる商空間とする．複素平面内の単位円周を S^1 と表す．写像 $f\colon I \to S^1$, $f(x) = \exp(2\pi i x)$ は 0 と 1 において同じ値をとるので（図 7.2），写像 $\bar{f}\colon I/\sim \to S^1$ を導く．

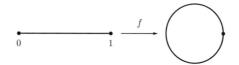

図 7.2 単位円周は単位区間の商空間と同相である．

命題 7.3 写像 $\bar{f}\colon I/\sim \to S^1$ は同相写像である．

【証明】 f は連続なので，命題 7.1 より $\bar{f}$ も連続である．明らかに，$\bar{f}$ は全単射．コンパクト集合 I の連続写像による像なので，商空間 $I/\sim$ はコンパクト．したがって，$\bar{f}$ はコンパクト空間 $I/\sim$ からハウスドルフ空間 S^1 への連続な全単射である．系 A.36 より，$\bar{f}$ は同相写像である． □

7.4 ハウスドルフ商空間であるための必要条件

商構成は一般にハウスドルフ性や第二可算性を保たない．実際，ハウスドルフ空間の 1 点からなる集合はすべて閉だから，もし $\pi\colon S \to S/\sim$ が射影で商 $S/\sim$ がハウスドルフならば，任意の $p \in S$ に対して，その像 $\{\pi(p)\}$ は $S/\sim$ において閉である．π の連続性より，その逆像 $\pi^{-1}(\{\pi(p)\}) = [p]$ は S において閉である．これは，商空間がハウスドルフであるための必要条件を与えている．

命題 7.4 商空間 $S/\sim$ がハウスドルフならば，S の任意の点 p の同値類 $[p]$ は S において閉である．

例 $\mathbb{R}$ 上の同値関係 $\sim$ を，開区間 $]0,\infty[$ を一点と同一視することによって定義する．このとき，$\mathbb{R}/\sim$ の点 $]0,\infty[$ に対応する $\mathbb{R}$ における $\sim$ の同値類 $]0,\infty[$ は $\mathbb{R}$ の閉集合ではないので，商空間 $\mathbb{R}/\sim$ はハウスドルフではない．

7.5 開同値関係

この節では，Boothby [3] にしたがって，商空間がハウスドルフまたは第二可算であるための条件を導く．位相空間の間の写像 $f\colon X \to Y$ が**開**であるとは，任意の開集合の f による像が開となることであることを思い出す．

定義 7.5 射影 $\pi\colon S \to S/\sim$ が開であるとき，位相空間 S 上の同値関係 $\sim$ は**開**であるという．

言い換えれば，S 上の同値関係 $\sim$ が開であるための必要十分条件は，S のすべての開集合 U に対して，U の点と同値なすべての点からなる集合

$$\pi^{-1}(\pi(U)) = \bigcup_{x \in U} [x]$$

が開となることである．

例 7.6 商空間への射影は一般に開ではない．例えば，$\sim$ を実数直線 $\mathbb{R}$ において 2 点 1 と -1 を同一視する同値関係とし，$\pi\colon \mathbb{R} \to \mathbb{R}/\sim$ を射影とする．

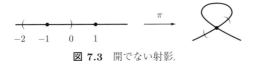

図 7.3 開でない射影．

写像 π が開であるための必要十分条件は，$\mathbb{R}$ のすべての開集合 V に対して，その像 $\pi(V)$ が $\mathbb{R}/\sim$ において開となることであり，これは商位相の定義より，$\pi^{-1}(\pi(V))$ が $\mathbb{R}$ において開となることである．そこで，V を $\mathbb{R}$ における開区間 $]-2,0[$ とする．このとき

$$\pi^{-1}(\pi(V)) =]-2,0[\cup \{1\}.$$

これは $\mathbb{R}$ において開ではない（図 7.3）．したがって，射影 $\pi\colon \mathbb{R} \to \mathbb{R}/\sim$ は開写像ではない．

S 上に同値関係 $\sim$ が与えられたとき，R をその関係を定める $S \times S$ の部分集合

$$R = \{(x,y) \in S \times S \mid x \sim y\}$$

とする．R を同値関係 $\sim$ の**グラフ**と呼ぶ．

定理 7.7 $\sim$ を位相空間 S 上の開同値関係とする．このとき，商空間 $S/\sim$ がハ

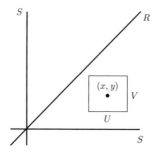

図 7.4 同値関係のグラフ R と，R と交わりをもたない開集合 $U \times V$.

ウスドルフであるための必要十分条件は，$\sim$ のグラフ R が $S \times S$ において閉となることである．

【証明】以下は，それぞれ同値な主張である．

R は $S \times S$ において閉
$\iff (S \times S) - R$ は $S \times S$ において開
$\iff$ すべての $(x, y) \in S \times S - R$ に対して，$(U \times V) \cap R = \varnothing$ となるような (x, y) を含む開集合 $U \times V$ が存在する（図 7.4）
$\iff S$ のすべての対 $x \not\sim y$ に対して，S における x の近傍 U と y の近傍 V で，U のどの元も V の元と同値でないものが存在する
$\iff S/\sim$ の任意の 2 点 $[x] \neq [y]$ に対して，S における x の近傍 U と y の近傍 V で，$S/\sim$ において $\pi(U) \cap \pi(V) = \varnothing$ となるものが存在する． $(*)$

最後の主張 $(*)$ が $S/\sim$ のハウスドルフ性と同値であることを示す．まず $(*)$ を仮定する．$\sim$ が開同値関係なので，$\pi(U)$ と $\pi(V)$ はそれぞれ $[x]$ と $[y]$ を含む $S/\sim$ の開集合で共通部分がない．したがって，$S/\sim$ はハウスドルフである．

逆に，$S/\sim$ がハウスドルフと仮定する．$[x] \neq [y] \in S/\sim$ とする．このとき，$S/\sim$ の共通部分がない開集合 A, B で，$[x] \in A, [y] \in B$ であるものが存在する．π の全射性より，$A = \pi(\pi^{-1}(A))$ かつ $B = \pi(\pi^{-1}(B))$ である（問題 7.1 を見よ）．$U = \pi^{-1}(A), V = \pi^{-1}(B)$ とする．このとき，$x \in U, y \in V$ であって，$A = \pi(U)$ と $B = \pi(V)$ は $S/\sim$ の共通部分のない開集合である． □

同値関係 $\sim$ が等号ならば，商空間 $S/\sim$ は S 自身で，$\sim$ のグラフ R は単に対角集合

$$\Delta = \{(x,x) \in S \times S\}$$

である. この場合, 定理 7.7 は次のよく知られた対角集合によるハウスドルフ空間の特徴付けになる (問題 A.6 参照).

系 7.8 位相空間 S がハウスドルフであるための必要十分条件は, 対角集合 Δ が $S \times S$ において閉となることである.

定理 7.9 $\sim$ を位相空間 S 上の開同値関係とし, $\pi\colon S \to S/\sim$ を射影とする. $\mathcal{B} = \{B_\alpha\}$ が S の開基ならば, その π による像 $\{\pi(B_\alpha)\}$ は $S/\sim$ の開基である.

【証明】 π が開写像であるから, $\{\pi(B_\alpha)\}$ は $S/\sim$ の開集合族である. W を $S/\sim$ の開集合とし, $[x] \in W$, $x \in S$ とする. このとき $x \in \pi^{-1}(W)$. $\pi^{-1}(W)$ は開だから,

$$x \in B \subset \pi^{-1}(W)$$

となる開集合 $B \in \mathcal{B}$ がある. このとき

$$[x] = \pi(x) \in \pi(B) \subset W.$$

これは $\{\pi(B_\alpha)\}$ が $S/\sim$ の基であることを示している. □

系 7.10 $\sim$ が第二可算空間 S 上の開同値関係ならば, 商空間 $S/\sim$ は第二可算である.

7.6 実射影空間

$\mathbb{R}^{n+1} - \{0\}$ 上に同値関係を

$$x \sim y \iff 0 \text{ でないある実数 } t \text{ に対して } y = tx$$

によって定義する. ここで $x, y \in \mathbb{R}^{n+1} - \{0\}$. **実射影空間** $\mathbb{R}P^n$ はこの同値関係による $\mathbb{R}^{n+1} - \{0\}$ の商空間である. 点 $(a^0, \ldots, a^n) \in \mathbb{R}^{n+1} - \{0\}$ の同値類を $[a^0, \ldots, a^n]$ と表し, $\pi\colon \mathbb{R}^{n+1} - \{0\} \to \mathbb{R}P^n$ を射影とする. $[a^0, \ldots, a^n]$ を $\mathbb{R}P^n$ の**斉次座標**と呼ぶ.

幾何学的には, $\mathbb{R}^{n+1}$ の 0 でない 2 点が同値であるための必要十分条件は, それらが原点を通る同じ直線上にあることである. よって, $\mathbb{R}P^n$ は $\mathbb{R}^{n+1}$ の原点を通る

すべての直線からなる集合と解釈できる．$\mathbb{R}^{n+1}$ の原点を通る直線は，単位球面 S^n と一対の対蹠点で交わり，逆に，S^n 上の一対の対蹠点は原点を通る直線を唯一つ定める（図 7.5）．この考察より，S^n 上の同値関係 $\sim$ を対蹠点を同一視することによって定義する．つまり

$$x \sim y \iff x = \pm y, \quad x, y \in S^n.$$

このとき，全単射 $\mathbb{R}P^n \leftrightarrow S^n/\sim$ がある．

図 7.5 $\mathbb{R}^3$ の原点 0 を通る直線は S^2 上の一対の対蹠点に対応する．

演習 7.11（球面の商としての実射影空間）* $x = (x^1, \ldots, x^n) \in \mathbb{R}^n$ に対して，$\|x\| = \sqrt{\sum_i (x^i)^2}$ を x の長さとする．このとき

$$f(x) = \frac{x}{\|x\|}$$

によって与えられる写像 $f \colon \mathbb{R}^{n+1} - \{0\} \to S^n$ は，同相写像 $\bar{f} \colon \mathbb{R}P^n \to S^n/\sim$ を導くことを示せ．(ヒント．逆写像

$$\bar{g} \colon S^n/\sim \;\to\; \mathbb{R}P^n$$

を見つけて，$\bar{f}$ と $\bar{g}$ が共に連続であることを示せ．)

例 7.12（実射影直線 $\mathbb{R}P^1$）

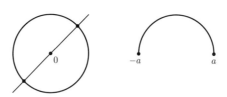

図 7.6 $\mathbb{R}^2$ の原点 0 を通る直線の集合としての実射影直線 $\mathbb{R}P^1$．

$\mathbb{R}^2$ の原点を通る直線は，単位円周と一対の対蹠点で交わる．演習 7.11 より，$\mathbb{R}P^1$ は商 $S^1/\sim$ と同相であり，この商は閉上半円周の端点を同一視したものと同相である（図 7.6）．したがって，$\mathbb{R}P^1$ は S^1 と同相である．

例 7.13（実射影平面 $\mathbb{R}P^2$） 演習 7.11 より，同相写像

$$\mathbb{R}P^2 \simeq S^2/\{\text{対蹠点の組}\} = S^2/\sim$$

がある．赤道上にない点に対して，一対の対蹠点には上半球面内の点が唯一つだけある．したがって，$S^2/\sim$ と閉上半球面において赤道上の対蹠点の対を一点に同一視した商との間に全単射がある．この全単射が同相写像であることを示すのは難しくない（問題 7.2 を見よ）．

H^2 を閉上半球面

$$H^2 = \{(x,y,z) \in \mathbb{R}^3 \mid x^2 + y^2 + z^2 = 1,\ z \geq 0\}$$

とし，D^2 を閉単位円板

$$D^2 = \{(x,y) \in \mathbb{R}^2 \mid x^2 + y^2 \leq 1\}$$

とする．これら2つの空間は，連続写像

$$\varphi : H^2 \to D^2,$$
$$\varphi(x,y,z) = (x,y)$$

を通して互いに同相で，逆写像は

$$\psi : D^2 \to H^2,$$
$$\psi(x,y) = \left(x, y, \sqrt{1-x^2-y^2}\right)$$

である．H^2 において，赤道にある対蹠点を同一視する同値関係 $\sim$ を

$$(x,y,0) \sim (-x,-y,0), \quad x^2 + y^2 = 1$$

と定義する．D^2 において，境界の円周にある対蹠点を同一視する同値関係 $\sim$ を

$$(x,y) \sim (-x,-y), \quad x^2 + y^2 = 1$$

と定義する．このとき，φ と ψ は同相写像

$$\bar\varphi : H^2/\sim\ \to D^2/\sim, \quad \bar\psi : D^2/\sim\ \to H^2/\sim$$

を導く．まとめると，同相写像の列

$$\mathbb{R}P^2 \xrightarrow{\sim} S^2/\sim \xrightarrow{\sim} H^2/\sim \xrightarrow{\sim} D^2/\sim$$

図 7.7 円板の商としての実射影平面.

があり，これによって，実射影平面は閉単位円板 D^2 において境界上の対蹠点を同一視した商空間と思える．恐らくこれは $\mathbb{R}P^2$ を図示する最も良い方法である．

実射影平面 $\mathbb{R}P^2$ を $\mathbb{R}^3$ に実現することはできない．しかしながら，自己交叉を許すならば，$\mathbb{R}P^2$ をクロスキャップとして $\mathbb{R}^3$ の中に写すことができる（図 7.8）．ただし，この写像は 1 対 1 ではない．

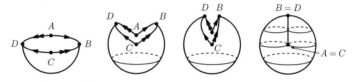

図 7.8 $\mathbb{R}^3$ にクロスキャップとしてはめ込まれた実射影平面.

命題 7.14 $\mathbb{R}P^n$ の定義にある $\mathbb{R}^{n+1} - \{0\}$ 上の同値関係 $\sim$ は開同値関係である.

【証明】 開集合 $U \subset \mathbb{R}^{n+1} - \{0\}$ に対して，像 $\pi(U)$ が $\mathbb{R}P^n$ において開であるための必要十分条件は，$\pi^{-1}(\pi(U))$ が $\mathbb{R}^{n+1} - \{0\}$ において開となることである．しかし，$\pi^{-1}(\pi(U))$ は U の点のすべての 0 でないスカラー倍からなる．つまり，

$$\pi^{-1}(\pi(U)) = \bigcup_{t \in \mathbb{R}^\times} tU = \bigcup_{t \in \mathbb{R}^\times} \{tp \mid p \in U\}.$$

$t \in \mathbb{R}^\times$ を掛ける写像は $\mathbb{R}^{n+1} - \{0\}$ の同相写像であるから，集合 tU は任意の t に対して開である．したがって，それらの和集合 $\bigcup_{t \in \mathbb{R}^\times} tU = \pi^{-1}(\pi(U))$ も開である． □

系 7.15 実射影空間 $\mathbb{R}P^n$ は第二可算である.

【証明】 系 7.10 を用いよ． □

命題 7.16 実射影空間 $\mathbb{R}P^n$ はハウスドルフである.

【証明】 $S = \mathbb{R}^{n+1} - \{0\}$ とし，集合

$$R = \{(x,y) \in S \times S \mid \text{ある } t \in \mathbb{R}^\times \text{に対して } y = tx \}$$

を考える．x と y を列ベクトルとして表すと，$[x\ y]$ は $(n+1) \times 2$ 行列で，R は $S \times S$ にある階数 ≤ 1 の行列 $[x\ y]$ の集合として特徴付けられる．線形代数における標準的な事実より，$\mathrm{rk}[x\ y] \leq 1$ は $[x\ y]$ のすべての 2×2 小行列式が 0 であることと同値である（問題 B.1 を見よ）．R は有限個の多項式の零点集合なので，$S \times S$ において閉である．$\sim$ は S 上の開同値関係で，R は $S \times S$ において閉だから，定理 7.7 より商 $S/\sim\, \simeq \mathbb{R}P^n$ はハウスドルフである． $\square$

7.7 実射影空間上の標準 C^∞ 級アトラス

$[a^0, \ldots, a^n]$ を実射影空間 $\mathbb{R}P^n$ の斉次座標とする．a^0 は $\mathbb{R}P^n$ 上の関数としては定義されないが，条件 $a^0 \neq 0$ は $[a^0, \ldots, a^n]$ の代表元のとり方に依らない．これゆえ，条件 $a^0 \neq 0$ は $\mathbb{R}P^n$ 上で意味をもち，

$$U_0 := \{[a^0, \ldots, a^n] \in \mathbb{R}P^n \mid a^0 \neq 0\}$$

が定義できる．同様に，各 $i = 1, \ldots, n$ に対して，

$$U_i := \{[a^0, \ldots, a^n] \in \mathbb{R}P^n \mid a^i \neq 0\}$$

とおく．射影 $\pi \colon \mathbb{R}^{n+1} - \{0\} \to \mathbb{R}P^n$ による U_i の逆像 $\pi^{-1}(U_i)$ は $a^i \neq 0$ で定まる集合ゆえ開なので，U_i は $\mathbb{R}P^n$ の商位相に関して開である．

写像

$$\phi_0 \colon U_0 \to \mathbb{R}^n$$

を

$$[a^0, \ldots, a^n] \mapsto \left(\frac{a^1}{a^0}, \ldots, \frac{a^n}{a^0}\right)$$

と定義する．対応 $(a^0, \ldots, a^n) \mapsto (a^1/a^0, \ldots, a^n/a^0)$ によって定められた写像 $\pi^{-1}(U_0) \to \mathbb{R}^n$ は連続なので，命題 7.1 より，それが商空間に定める写像 $\phi_0 \colon U_0 \to \mathbb{R}^n$ は連続である．写像 ϕ_0 は，連続な逆写像

$$(b^1, \ldots, b^n) \mapsto [1, b^1, \ldots, b^n]$$

をもつので，同相写像である．同様に，各 $i = 1, \ldots, n$ に対して同相写像

$$\phi_i : U_i \to \mathbb{R}^n,$$
$$[a^0,\ldots,a^n] \mapsto \left(\frac{a^0}{a^i},\ldots,\widehat{\frac{a^i}{a^i}},\ldots,\frac{a^n}{a^i}\right)$$

がある．ここで，a^i/a^i の上にある脱字符号 ^ は，その成分を除くという意味である．以上より，$\mathbb{R}P^n$ は局所ユークリッド的で (U_i, ϕ_i) をチャートにもつ．

共通部分 $U_0 \cap U_1$ においては，$a^0 \neq 0$ かつ $a^1 \neq 0$ で，2 つの座標系

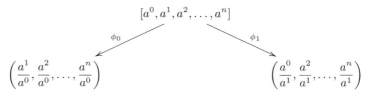

がある．

U_0 上の座標関数を $x^1,\ldots,x^n$ とし，U_1 上の座標関数を $y^1,\ldots,y^n$ とする．つまり，U_0 上
$$x^i = \frac{a^i}{a^0}, \quad i = 1,\ldots,n$$
で，U_1 上
$$y^1 = \frac{a^0}{a^1}, \quad y^2 = \frac{a^2}{a^1}, \quad \ldots, \quad y^n = \frac{a^n}{a^1}$$
である．このとき，$U_0 \cap U_1$ 上，
$$y^1 = \frac{1}{x^1}, \quad y^2 = \frac{x^2}{x^1}, \quad y^3 = \frac{x^3}{x^1}, \quad \ldots, \quad y^n = \frac{x^n}{x^1}.$$
よって
$$(\phi_1 \circ \phi_0^{-1})(x) = \left(\frac{1}{x^1}, \frac{x^2}{x^1}, \frac{x^3}{x^1}, \ldots, \frac{x^n}{x^1}\right).$$

これは，$\phi_0(U_0 \cap U_1)$ 上で $x^1 \neq 0$ だから，C^∞ 級関数である．他の $U_i \cap U_j$ 上においても同様の式が成立する．したがって，族 $\{(U_i, \phi_i)\}_{i=0,\ldots,n}$ は $\mathbb{R}P^n$ の C^∞ 級アトラスである．これを**標準アトラス**と呼ぶ．これで $\mathbb{R}P^n$ が C^∞ 級多様体であることが証明された．

問題

7.1 写像の逆像の像

$f : X \to Y$ を集合の間の写像とし，$B \subset Y$ とする．$f(f^{-1}(B)) = B \cap f(X)$ を証明せよ．したがって，f が全射ならば $f(f^{-1}(B)) = B$ である．

7.2 実射影平面

H^2 を単位球面 S^2 の閉上半球面とし，$i: H^2 \to S^2$ を包含写像とする．例 7.13 の記号の下で，誘導された写像 $f: H^2/\sim \to S^2/\sim$ は同相写像であることを証明せよ．（ヒント．命題 7.3 を真似よ．）

7.3 ハウスドルフ空間の対角集合が閉であること

系 7.8 から定理 7.7 を導け．（ヒント．$S/\sim$ がハウスドルフのとき，$\sim$ のグラフ R が $S \times S$ において閉であることを示すために，射影 $\pi: S \to S/\sim$ の連続性を用いよ．逆向きの主張を示すには，π が開であることを用いよ．）

7.4* 対蹠点を同一視した球面の商

S^n を $\mathbb{R}^{n+1}$ の原点を中心とした単位球面とする．S^n 上の同値関係 $\sim$ を対蹠点を同一視することによって定義する．つまり

$$x \sim y \iff x = \pm y, \quad x, y \in S^n.$$

(a) $\sim$ は開同値関係であることを示せ．
(b) 同相写像 $\mathbb{R}P^n \simeq S^n/\sim$ を用いずに，定理 7.7 と系 7.8 を適用して商空間 $S^n/\sim$ がハウスドルフであることを証明せよ．

7.5* 連続な群作用の軌道空間

位相空間 S 上の位相群 G の右作用が連続，つまり作用を記述する写像 $S \times G \to S$ が連続，と仮定する．S の 2 点 x, y が同値であることを，それらが同じ軌道に入っていること，つまり $y = xg$ となる $g \in G$ が存在すること，と定義する．S/G を商空間とする．これは作用の**軌道空間**と呼ばれている．射影 $\pi: S \to S/G$ が開写像であることを証明せよ．（この問題は命題 7.14 の拡張で，そのときは $G = \mathbb{R}^\times = \mathbb{R} - \{0\}$ で $S = \mathbb{R}^{n+1} - \{0\}$ であった．$\mathbb{R}^\times$ は可換なので，左 $\mathbb{R}^\times$ 作用はスカラー倍を右に書けば右 $\mathbb{R}^\times$ 作用になる．）

7.6 $\mathbb{R}$ の $2\pi\mathbb{Z}$ による商

加法群 $2\pi\mathbb{Z}$ が $\mathbb{R}$ に右から $x \cdot 2\pi n = x + 2\pi n$ と作用しているとする．ここで n は整数である．軌道空間 $\mathbb{R}/2\pi\mathbb{Z}$ は滑らかな多様体であることを示せ．

7.7 商空間としての円周

(a) $\{(U_\alpha, \phi_\alpha)\}_{\alpha=1}^2$ を例 5.7 における円周 S^1 のアトラスとし，$\bar{\phi}_\alpha$ を写像 ϕ_α に射影 $\mathbb{R} \to \mathbb{R}/2\pi\mathbb{Z}$ を合成した写像とする．$U_1 \cap U_2 = A \sqcup B$ 上，ϕ_1 と ϕ_2 は 2π の整数倍の違いしかないので，$\bar{\phi}_1 = \bar{\phi}_2$ である．したがって，$\bar{\phi}_1$ と $\bar{\phi}_2$ が繋ぎ合わさって写像 $\bar{\phi}: S^1 \to \mathbb{R}/2\pi\mathbb{Z}$ を定める．$\bar{\phi}$ が C^∞ 級であることを証明せよ．

(b) 複素指数関数 $\mathbb{R} \to S^1, t \mapsto e^{it}$ は $\mathbb{R}$ 上の $2\pi\mathbb{Z}$ の作用の各軌道上で定数であ

る．したがって，写像 $F\colon \mathbb{R}/2\pi\mathbb{Z} \to S^1$, $F([t]) = e^{it}$ を導く．F は C^∞ 級であることを証明せよ．

(c) $F\colon \mathbb{R}/2\pi\mathbb{Z} \to S^1$ は微分同相写像であることを証明せよ．

7.8 グラスマン多様体 $G(k,n)$

グラスマン多様体 $G(k,n)$ は $\mathbb{R}^n$ の原点を通るすべての k 平面からなる集合である．そのような k 平面は，$\mathbb{R}^n$ の次元 k の線形部分空間で，$\mathbb{R}^n$ の k 個の一次独立なベクトル $a_1,\ldots,a_k$ からなる基底をもつ．したがって，k 平面を階数 k の $n \times k$ 行列 $A = [a_1 \cdots a_k]$ で表すことができる．ここで行列 A の**階数**とは，A の一次独立な列ベクトルの個数で，rk$A$ と表される．この行列を k 平面の**行列表示**と呼ぶ．（階数の性質に関しては，付録 B の問題を見よ．）

2 つの基底 $a_1,\ldots,a_k$ と $b_1,\ldots,b_k$ は，

$$b_j = \sum_i a_i g_{ij}, \quad 1 \leq i,j \leq k$$

となる基底変換の行列 $g = [g_{ij}] \in \mathrm{GL}(k,\mathbb{R})$ が存在するならば，同じ k 平面を定める．上記の式を行列の記号で書くと $B = Ag$ となる．

$F(k,n)$ を階数 k のすべての $n \times k$ 行列からなる集合とし，$\mathbb{R}^{n \times k}$ の部分空間としての位相を入れ，同値関係 $\sim$ を

$$A \sim B \iff B = Ag \text{ を満たす行列 } g \in \mathrm{GL}(k,\mathbb{R}) \text{ が存在する}$$

と定める．問題 B.3 の記号を用いれば，$F(k,n)$ は $\mathbb{R}^{n \times k}$ の集合 $D_{\max}$ なので開集合である．$G(k,n)$ と商空間 $F(k,n)/\sim$ の間に全単射があり，グラスマン多様体 $G(k,n)$ に $F(k,n)/\sim$ の商位相を入れる．

(a) $\sim$ は開同値関係であることを示せ．（ヒント．命題 7.14 の証明を真似るか，問題 7.5 を適用せよ．）

(b) グラスマン多様体 $G(k,n)$ は第二可算であることを証明せよ．（ヒント．系 7.10 を適用せよ．）

(c) $S = F(k,n)$ とする．同値関係 $\sim$ の $S \times S$ におけるグラフ R は閉であることを証明せよ．（ヒント．$F(k,n)$ における 2 つの行列 $A = [a_1 \cdots a_k]$ と $B = [b_1 \cdots b_k]$ が同値であるための必要十分条件は，B のすべての列ベクトルが A の列ベクトルの一次結合で書けることであり，またその必要十分条件は rk$[A\ B] \leq k$ であり，さらにその必要十分条件は $[A\ B]$ のすべての $(k+1) \times (k+1)$ 小行列式が 0 となることである．命題 7.16 の証明を真似よ．）

(d) グラスマン多様体 $G(k,n)$ がハウスドルフであることを証明せよ．

次にグラスマン多様体 $G(k,n)$ 上の C^∞ 級アトラスを見つけたい.簡単のため,$G(2,4)$ の場合を考える.任意の 4×2 行列 A に対して,A_{ij} を A の i 行目と j 行目からなる 2×2 部分行列とし,

$$V_{ij} = \{A \in F(2,4) \mid A_{ij} \text{ は正則}\}$$

と定める.$F(2,4)$ における V_{ij} の補集合は $\det A_{ij}$ の零点として定義されるので,V_{ij} は $F(2,4)$ の開集合である.

(e) $A \in V_{ij}$ ならば,任意の正則行列 $g \in \mathrm{GL}(2,\mathbb{R})$ に対して $Ag \in V_{ij}$ であることを証明せよ.

$U_{ij} = V_{ij}/\sim$ とおく.$\sim$ は開同値関係なので,$U_{ij} = V_{ij}/\sim$ は $G(2,4)$ の開集合である.

$A \in V_{12}$ に対し,

$$A \sim AA_{12}^{-1} = \begin{bmatrix} 1 & 0 \\ 0 & 1 \\ * & * \\ * & * \end{bmatrix} = \begin{bmatrix} I \\ A_{34}A_{12}^{-1} \end{bmatrix}.$$

これは,U_{12} にある 2 平面が,B_{12} が単位行列であるような標準的な行列表示 B をもつことを示している.

(f) 写像 $\tilde{\phi}_{12}\colon V_{12} \to \mathbb{R}^{2\times 2}$,
$$\tilde{\phi}_{12}(A) = A_{34}A_{12}^{-1}$$
は同相写像 $\phi_{12}\colon U_{12} \to \mathbb{R}^{2\times 2}$ を導くことを示せ.

(g) 同相写像 $\phi_{ij}\colon U_{ij} \to \mathbb{R}^{2\times 2}$ を同様に定義する.$\phi_{12}\circ \phi_{23}^{-1}$ を計算し,それが C^∞ 級であることを示せ.

(h) $\{U_{ij} \mid 1\leq i<j\leq 4\}$ が $G(2,4)$ の開被覆で,$G(2,4)$ が滑らかな多様体であることを示せ.

同様の考察により,$F(k,n)$ は開被覆 $\{V_I\}$ をもつことが分かる.ここで,I は狭義昇順多重指数 $1\leq i_1<\cdots<i_k\leq n$ である.$A\in F(k,n)$ に対して,A_I を A の i_1 行目,$\cdots$,i_k 行目からなる A の $k\times k$ 部分行列とし,

$$V_I = \{A\in F(k,n) \mid \det A_I \neq 0\}$$

と定める.次に,$\tilde{\phi}_I\colon V_I \to \mathbb{R}^{(n-k)\times k}$ を

$$\tilde{\phi}_I(A) = (AA_I^{-1})_{I'}$$

と定義する．ここで，$(\ )_{I'}$ は多重指数 I の補集合 I' から得られる $(n-k)\times k$ 部分行列を表す．$U_I = V_I/\sim$ とする．このとき，$\tilde{\phi}_I$ は同相写像 $\phi_I\colon U_I \to \mathbb{R}^{(n-k)\times k}$ を導く．$\{(U_I, \phi_I)\}$ が $G(k,n)$ の C^∞ 級アトラスであることを示すのは難しくない．したがってグラスマン多様体 $G(k,n)$ は次元 $k(n-k)$ の C^∞ 級多様体である．

7.9* 実射影空間のコンパクト性
実射影空間 $\mathbb{R}P^n$ はコンパクトであることを示せ．(ヒント．演習 7.11 を用いよ．)

7.10 連続で開な全射
X と Y を位相空間とする．すべての連続で開な全射 $f\colon X \to Y$ は商写像である．つまり Y は X の商空間であることを示せ．(ヒント．問題 7.1 を用いよ．)

7.11 直線と球面の交わり
$\mathbb{R}^{n+1}$ の原点を通るすべての直線 $(x^0,\ldots,x^n) = t(a^0,\ldots,a^n)$ は，単位球面と 1 組の対蹠点で交わることを示せ．

Chapter

3

接空間

The Tangent Space

　多様体の点における接空間は，定義より，その点における導分からなるベクトル空間である．多様体の間の滑らかな写像は，対応する点の接空間の間に**微分**と呼ばれる線形写像を誘導する．局所座標を用いると，写像の微分はその写像の偏微分からなるヤコビ行列によって表示される．この意味で，多様体の間の写像の微分は，ユークリッド空間の間の写像の微分の一般化である．

　多様体論における基本的な原理の1つは線形化原理である．これは，多様体が点の近傍においてはその接空間により近似でき，その下では多様体の間の写像がその微分によって近似されるというものである．このようにして，位相的な問題を線形代数の問題に書き換えることができる．線形化原理の良い例として逆関数定理があり，滑らかな写像の局所的な可逆性を1つの点における微分の可逆性に帰着している．

　与えられた点における微分が単射であるか全射であるかに応じて，階数が最大な写像をはめ込みと沈め込みの2つに分けて考える．微分が全射になる点は，その写像の**正則点**と呼ばれる．正則レベル集合定理は，正則点のみからなるレベル集合が正則部分多様体になるということを主張する．ここで正則部分多様体とは，局所的には $\mathbb{R}^n$ における k 次元平面と見なせるようなものである．この定理は，与えられた位相空間が多様体であることを証明するための強力な道具を与える．

　ここで，構造の類似を比べるための枠組みとして，圏と関手の概念を導入する．この寄り道の後，微分による写像の話に戻り，微分の階数に応じて，滑らかな写像の局所的な3つの標準形である階数一定定理，はめ込み定理，沈め込み定理を得る．これらはそれぞれ，微分が一定階数である場合，単射である場合，全射である場合に対応している．本書では正則レベル集合定理の3つの証明を与えるが，1つ目の証明（定理 9.9）は逆関数定理を用いて実際に具体的な局所座標を構成するもので，

他 2 つの証明（p.144）は階数一定定理と沈め込み定理の系として得られる．

多様体の接空間の集まりには**ベクトル束**の構造を与えることができ，多様体の**接束**と呼ばれる．直観的に言うと，多様体上のベクトル束とは，多様体の点全体によってパラメトライズされるベクトル空間の族で，局所的には自明な族になっているものである．多様体の間の滑らかな写像は，各点の微分を通じて，対応する接束の間の束写像を誘導する．このようにして，滑らかな多様体と滑らかな写像の圏からベクトル束と束写像の圏への共変関手が得られる．ベクトル場は，速度，力，電気，磁気などの物理現象として現実に姿を現すものであるが，それは多様体上のベクトル束の切断と見なすことができる．

滑らかな C^∞ 級の隆起関数と 1 の分割は，多様体論において欠かすことのできない技術的な道具である．C^∞ 級の隆起関数を用いて，与えられたベクトル場が滑らかであるための様々な条件を与える．最後に，滑らかなベクトル場の積分曲線，フロー，リー括弧積を扱ってこの章を終える．

§8 接空間

2 節では，$\mathbb{R}^n$ の開集合 U の任意の点 p に対して，点 p における接ベクトルを定義する方法が 2 つあることを見た．

(i) 列ベクトルによって表される矢印（図 8.1）として定める方法．

図 8.1 $\mathbb{R}^n$ における接ベクトルを矢印や列ベクトルで表したもの．

(ii) 点 p における C^∞ 級関数の芽からなる代数 C_p^∞ の点導分として定める方法．

どちらの定義も多様体に一般化することができる．矢印による方法で定義する場合は，まず多様体 M の点 p の周りのチャート (U, ϕ) をとり，点 p における接ベクトルを $\phi(U)$ の点 $\phi(p)$ における矢印として定める．この方法は視覚的であるが，点 p の周りの別のチャート (V, ψ) を選んだ場合の点 p における接ベクトルの全体は，先ほどとは別の集合になってしまうので，$\phi(U)$ の点 $\phi(p)$ における矢印と $\psi(V)$ の

点 $\psi(p)$ における矢印をどのように同一視するかを決めておかねばならず，実際の取り扱いは複雑になる．

多様体 M の点 p における接ベクトルの定義として，最も洗練されかつ最も内在的なものは，点導分として定める方法であり，本書ではこの方法を採用する．

8.1　点における接空間

$\mathbb{R}^n$ のときと同様に，M の点 p における C^∞ 級関数の**芽**を，M の点 p の近傍で定義されている C^∞ 級関数の同値類として定義する．ただし，そのような 2 つの関数が同値であるとは，点 p のある近傍（それぞれの関数が定義されている開集合より小さくてもよい）においてそれらが一致することと定める．M の点 p における C^∞ 級の実数値関数の芽の集合を $C_p^\infty(M)$ と書く．関数の和と積により $C_p^\infty(M)$ は環になり，実数によるスカラー倍も考えることで $C_p^\infty(M)$ は $\mathbb{R}$ 上の代数になる．

$\mathbb{R}^n$ の点における導分を一般化して，多様体 M の**点 p における導分**または $C_p^\infty(M)$ の**点導分**を，線形写像 $D : C_p^\infty(M) \to \mathbb{R}$ で

$$D(fg) = (Df)g(p) + f(p)Dg$$

を満たすものとして定義する．

定義 8.1　多様体 M の点 p における**接ベクトル**とは，点 p における導分のことである．

$\mathbb{R}^n$ のときと同様に，点 p における接ベクトル全体はベクトル空間をなす．これを $T_p(M)$ と書き，**点 p における M の接空間**と呼ぶ．$T_p(M)$ の代わりに T_pM と書くこともある．

注意 8.2 （開集合に対する接空間）　U が p を含む M の開集合ならば，p における U 上の C^∞ 級関数の芽の代数 $C_p^\infty(U)$ は $C_p^\infty(M)$ と同じである．ゆえに $T_pU = T_pM$．

多様体 M の点 p における座標近傍 $(U, \phi) = (U, x^1, \ldots, x^n)$ が与えられたとし，6 節で導入した偏微分 $\partial/\partial x^i$ の定義を思い出しておく．$r^1, \ldots, r^n$ を $\mathbb{R}^n$ の標準座標とする．このとき，

$$x^i = r^i \circ \phi : U \to \mathbb{R}.$$

f が点 p の近傍上で滑らかな関数なら

$$\left.\frac{\partial}{\partial x^i}\right|_p f = \left.\frac{\partial}{\partial r^i}\right|_{\phi(p)} (f \circ \phi^{-1}) \in \mathbb{R}$$

と定めた．このとき，$\partial/\partial x^i|_p$ が点導分の性質をもつことは簡単に確かめることができるので，$\partial/\partial x^i|_p$ が点 p における接ベクトルであることが分かる．

M が 1 次元で，t がその局所座標ならば，点 p における座標ベクトルは $\partial/\partial t|_p$ の代わりに $d/dt|_p$ と書くのが慣習である．記法を簡明にするために，どの点の接ベクトルであるかが明らかな場合には，$\partial/\partial x^i|_p$ の代わりに $\partial/\partial x^i$ と書くこともある．

8.2 写像の微分

$F: N \to M$ を 2 つの多様体の間の C^∞ 級写像とする．各点 $p \in N$ に対して，写像 F は**点 p における微分**と呼ばれる接空間の間の線形写像

$$F_*: T_p N \to T_{F(p)} M$$

を次のようにして誘導する．$X_p \in T_p N$ に対して，$F_*(X_p)$ は

$$(F_*(X_p))f = X_p(f \circ F) \in \mathbb{R}, \quad f \in C^\infty_{F(p)}(M) \tag{8.1}$$

で定義される $T_{F(p)} M$ における接ベクトルである．ここで，f は $F(p)$ の近傍上の C^∞ 級関数により代表される $F(p)$ における芽である．(8.1) は芽の代表元のとり方に依らないので，実際には芽と代表する関数の違いを気にする必要はない．

演習 8.3（写像の微分） $F_*(X_p)$ が点 $F(p)$ における導分であること，および $F_*: T_p N \to T_{F(p)} M$ が線形写像であることを確かめよ．

点 p における微分であることを明確にしたいときは，F_* の代わりに $F_{*,p}$ と書くこともある．

例 8.4（ユークリッド空間の間の写像の微分） $F: \mathbb{R}^n \to \mathbb{R}^m$ が滑らかであるとし，p を $\mathbb{R}^n$ の点とする．$x^1, \ldots, x^n$ を $\mathbb{R}^n$ の座標，$y^1, \ldots, y^m$ を $\mathbb{R}^m$ の座標とする．このとき，接ベクトル $\partial/\partial x^1|_p, \ldots, \partial/\partial x^n|_p$ は接空間 $T_p(\mathbb{R}^n)$ の基底をなし，$\partial/\partial y^1|_{F(p)}, \ldots, \partial/\partial y^m|_{F(p)}$ は接空間 $T_{F(p)}(\mathbb{R}^m)$ の基底をなす．線形写像 $F_*: T_p(\mathbb{R}^n) \to T_{F(p)}(\mathbb{R}^m)$ は，これら 2 つの基底に関する行列 $[a^i_j]$ によって

$$F_*\left(\left.\frac{\partial}{\partial x^j}\right|_p\right) = \sum_k a^k_j \left.\frac{\partial}{\partial y^k}\right|_{F(p)}, \quad a^k_j \in \mathbb{R} \tag{8.2}$$

と表される. $F^i = y^i \circ F$ を F の i 番目の成分とする. (8.2) 式の右辺と左辺それぞれについて y^i で値をとると,

$$（右辺） = \sum_k a_j^k \frac{\partial}{\partial y^k}\bigg|_{F(p)} y^i = \sum_k a_j^k \delta_k^i = a_j^i,$$

$$（左辺） = F_*\left(\frac{\partial}{\partial x^j}\bigg|_p\right) y^i = \frac{\partial}{\partial x^j}\bigg|_p (y^i \circ F) = \frac{\partial F^i}{\partial x^j}(p)$$

となるので, a_j^i を求めることができる. よって, 基底 $\{\partial/\partial x^i|_p\}$ と $\{\partial/\partial y^j|_{F(p)}\}$ に関する F_* の表現行列は $[\partial F^i/\partial x^j(p)]$ である. これは p における F の微分のヤコビ行列に他ならない. ゆえに, 多様体の間の写像の微分は, ユークリッド空間の間の写像の微分を一般化したものと言える.

8.3 合成関数の微分法

$F: N \to M$ と $G: M \to P$ を多様体の間の滑らかな写像とし, $p \in N$ とする. p における F の微分と $F(p)$ における G の微分は, それぞれ線形写像

$$T_pN \xrightarrow{F_{*,p}} T_{F(p)}M \xrightarrow{G_{*,F(p)}} T_{G(F(p))}P$$

を与える.

定理 8.5（合成関数の微分法） $F: N \to M$ と $G: M \to P$ が多様体の間の滑らかな写像で, $p \in N$ ならば,

$$(G \circ F)_{*,p} = G_{*,F(p)} \circ F_{*,p}$$

が成り立つ.

【証明】 $X_p \in T_pN$ とし, f を P の点 $G(F(p))$ において滑らかな関数とするとき,

$$((G \circ F)_* X_p)f = X_p(f \circ G \circ F)$$

および

$$((G_* \circ F_*) X_p)f = (G_*(F_* X_p))f = (F_* X_p)(f \circ G) = X_p(f \circ G \circ F).$$

□

定理 8.5 の合成関数の微分法を行列の言葉で書き下すと, 偏微分の積の和という馴染みのある形になることが例 8.13 で分かる.

注意 M の任意の点 p における恒等写像 $\mathbb{1}_M : M \to M$ の微分は，恒等写像

$$\mathbb{1}_{T_pM} : T_pM \to T_pM$$

である．これは，任意の $X_p \in T_pM$ と $f \in C_p^\infty(M)$ に対して

$$((\mathbb{1}_M)_* X_p) f = X_p(f \circ \mathbb{1}_M) = X_p f$$

だからである．

系 8.6 $F : N \to M$ が多様体の間の微分同相写像で，$p \in N$ ならば，$F_* : T_pN \to T_{F(p)}M$ はベクトル空間の間の同型写像である．

【証明】 F が微分同相であるということは，微分可能な逆写像 $G : M \to N$ があり，$G \circ F = \mathbb{1}_N$ かつ $F \circ G = \mathbb{1}_M$ が成り立つことである．合成関数の微分法により，

$$(G \circ F)_* = G_* \circ F_* = (\mathbb{1}_N)_* = \mathbb{1}_{T_pN},$$
$$(F \circ G)_* = F_* \circ G_* = (\mathbb{1}_M)_* = \mathbb{1}_{T_{F(p)}M}.$$

ゆえに，F_* と G_* は同型写像である． □

系 8.7（次元の不変性） 開集合 $U \subset \mathbb{R}^n$ が開集合 $V \subset \mathbb{R}^m$ と微分同相ならば，$n = m$ である．

【証明】 $F : U \to V$ を微分同相写像とし，$p \in U$ とする．系 8.6 より，$F_{*,p} : T_pU \to T_{F(p)}V$ はベクトル空間の同型写像である．ベクトル空間の同型写像 $T_pU \simeq \mathbb{R}^n$，$T_{F(p)}V \simeq \mathbb{R}^m$ があるので，$n = m$ を得る． □

8.4 点における接空間の基底

例によって，$r^1, \ldots, r^n$ を $\mathbb{R}^n$ の標準座標とし，(U, ϕ) が n 次元多様体 M の点 p の周りのチャートならば，$x^i = r^i \circ \phi$ とおく．$\phi : U \to \mathbb{R}^n$ は像への微分同相写像なので（命題 6.10），系 8.6 より，微分

$$\phi_* : T_pM \to T_{\phi(p)}\mathbb{R}^n$$

はベクトル空間の同型写像である．特に，接空間 T_pM の次元は多様体 M の次元と同じ n である．

命題 8.8 $(U, \phi) = (U, x^1, \ldots, x^n)$ を多様体 M の点 p の周りのチャートとする．

このとき,
$$\phi_*\left(\left.\frac{\partial}{\partial x^i}\right|_p\right) = \left.\frac{\partial}{\partial r^i}\right|_{\phi(p)}.$$

【証明】 任意の $f \in C^\infty_{\phi(p)}(\mathbb{R}^n)$ に対し,

$$\begin{aligned}\phi_*\left(\left.\frac{\partial}{\partial x^i}\right|_p\right)f &= \left.\frac{\partial}{\partial x^i}\right|_p (f \circ \phi) & (\phi_* \text{ の定義}) \\ &= \left.\frac{\partial}{\partial r^i}\right|_{\phi(p)} (f \circ \phi \circ \phi^{-1}) & (\partial/\partial x^i|_p \text{ の定義}) \\ &= \left.\frac{\partial}{\partial r^i}\right|_{\phi(p)} f.\end{aligned}$$

□

命題 8.9 $(U, \phi) = (U, x^1, \ldots, x^n)$ が p を含むチャートならば, 接空間 T_pM は基底

$$\left.\frac{\partial}{\partial x^1}\right|_p, \ldots, \left.\frac{\partial}{\partial x^n}\right|_p$$

をもつ.

【証明】 ベクトル空間の同型写像は基底を基底に写す. 命題 8.8 より, 同型写像 $\phi_* : T_pM \to T_{\phi(p)}(\mathbb{R}^n)$ は $\partial/\partial x^1|_p, \ldots, \partial/\partial x^n|_p$ を $\partial/\partial r^1|_{\phi(p)}, \ldots, \partial/\partial r^n|_{\phi(p)}$ に写すが, 後者は接空間 $T_{\phi(p)}(\mathbb{R}^n)$ の基底である. したがって, $\partial/\partial x^1|_p, \ldots, \partial/\partial x^n|_p$ は T_pM の基底である. □

命題 8.10(**座標ベクトルの変換行列**) $(U, x^1, \ldots, x^n)$ と $(V, y^1, \ldots, y^n)$ が多様体 M 上の 2 つの座標チャートであるとすると, $U \cap V$ において,

$$\frac{\partial}{\partial x^j} = \sum_i \frac{\partial y^i}{\partial x^j} \frac{\partial}{\partial y^i}.$$

【証明】 各点 $p \in U \cap V$ において, 集合 $\{\partial/\partial x^j|_p\}$ と $\{\partial/\partial y^i|_p\}$ は共に接空間 T_pM の基底なので, $U \cap V$ 上で

$$\frac{\partial}{\partial x^j} = \sum_k a^k_j \frac{\partial}{\partial y^k}$$

となる実数を成分とする行列 $[a^i_j(p)]$ が存在する. 両辺を y^i に施して,

$$\frac{\partial y^i}{\partial x^j} = \sum_k a_j^k \frac{\partial y^i}{\partial y^k}$$
$$= \sum_k a_j^k \delta_k^i \quad (命題 6.22 により)$$
$$= a_j^i$$

を得る. □

8.5 微分の局所的な表示

多様体の間の滑らかな写像 $F: N \to M$ と $p \in N$ が与えられたとし, $(U, x^1, \ldots, x^n)$ を N の点 p の周りのチャート, $(V, y^1, \ldots, y^m)$ を M の点 $F(p)$ の周りのチャートとする. この 2 つのチャートに関する微分 $F_*: T_p N \to T_{F(p)} M$ の局所的な表示を求める.

命題 8.9 より, $\{\partial/\partial x^j|_p\}_{j=1}^n$ は $T_p N$ の基底で, $\{\partial/\partial y^i|_{F(p)}\}_{i=1}^m$ は $T_{F(p)} M$ の基底である. したがって, 微分 $F_* = F_{*,p}$ は

$$F_*\left(\left.\frac{\partial}{\partial x^j}\right|_p\right) = \sum_{k=1}^m a_j^k(p) \left.\frac{\partial}{\partial y^k}\right|_{F(p)}, \quad j = 1, \ldots, n$$

を満たす数 $a_j^i(p)$ で完全に決まってしまう. 両辺を y^i に施して

$$a_j^i(p) = \left(\sum_{k=1}^m a_j^k(p) \left.\frac{\partial}{\partial y^k}\right|_{F(p)}\right) y^i = F_*\left(\left.\frac{\partial}{\partial x^j}\right|_p\right) y^i = \left.\frac{\partial}{\partial x^j}\right|_p (y^i \circ F) = \frac{\partial F^i}{\partial x^j}(p)$$

が分かる. この結果を命題として述べておく.

命題 8.11 多様体の間の滑らかな写像 $F: N \to M$ と点 $p \in N$ が与えられたとし, $(U, x^1, \ldots, x^n)$ と $(V, y^1, \ldots, y^m)$ をそれぞれ N の点 p の周りの座標チャート, M の点 $F(p)$ の周りの座標チャートとする. $T_p N$ の基底 $\{\partial/\partial x^j|_p\}$ と $T_{F(p)} M$ の基底 $\{\partial/\partial y^i|_{F(p)}\}$ に関して, 微分 $F_{*,p}: T_p N \to T_{F(p)} M$ は行列 $[\partial F^i/\partial x^j(p)]$ で表される. ここで, $F^i = y^i \circ F$ は F の i 番目の成分である.

この命題は「矢印」による接ベクトルの記述の考え方で述べられている. ここでは, $T_p N$ における各接ベクトルは基底 $\{\partial/\partial x^j|_p\}$ に関する列ベクトルで表示され, 微分 $F_{*,p}$ は行列で表示されているのである.

注意 8.12（逆関数定理） 写像の微分の言葉を用いると，多様体についての逆関数定理（定理 6.26）は座標に依らない形をもつ．すなわち，同じ次元をもつ 2 つの多様体の間の C^∞ 級写像 $F: N \to M$ が点 $p \in N$ において局所的に可逆であるための必要十分条件は，点 p における微分 $F_{*,p}: T_pN \to T_{F(p)}M$ が同型写像となることである．

注意 命題 8.11 を恒等写像に適用すると，命題 8.10 が得られる．

例 8.13（微積分の記号での合成関数の微分法） $w = G(x,y,z)$ を C^∞ 級関数 $\mathbb{R}^3 \to \mathbb{R}$ とし，$(x,y,z) = F(t)$ を C^∞ 級写像 $\mathbb{R} \to \mathbb{R}^3$ とする．合成の下で，

$$w = (G \circ F)(t) = G(x(t), y(t), z(t))$$

は $t \in \mathbb{R}$ の C^∞ 級関数になる．微分 F_*, G_*, $(G \circ F)_*$ はそれぞれ行列

$$\begin{bmatrix} dx/dt \\ dy/dt \\ dz/dt \end{bmatrix}, \quad \begin{bmatrix} \dfrac{\partial w}{\partial x} & \dfrac{\partial w}{\partial y} & \dfrac{\partial w}{\partial z} \end{bmatrix}, \quad \dfrac{dw}{dt}$$

によって表示される．線形写像の合成は行列の積によって表されるので，合成関数の微分法 $(G \circ F)_* = G_* \circ F_*$ は行列を用いて書くと

$$\frac{dw}{dt} = \begin{bmatrix} \dfrac{\partial w}{\partial x} & \dfrac{\partial w}{\partial y} & \dfrac{\partial w}{\partial z} \end{bmatrix} \begin{bmatrix} dx/dt \\ dy/dt \\ dz/dt \end{bmatrix} = \frac{\partial w}{\partial x}\frac{dx}{dt} + \frac{\partial w}{\partial y}\frac{dy}{dt} + \frac{\partial w}{\partial z}\frac{dz}{dt}$$

と同値であり，これは正に微積分で学んだ合成関数の微分法である．

8.6 多様体における曲線

多様体 M における**滑らかな曲線**とは，定義より，ある開区間 $]a,b[$ から M への滑らかな写像 $c:]a,b[\to M$ である．通常は $0 \in]a,b[$ を仮定し，$c(0) = p$ ならば，c は p **を始点とする曲線**という．曲線 c の時刻 $t_0 \in]a,b[$ における**速度ベクトル** $c'(t_0)$ を

$$c'(t_0) := c_* \left(\left. \frac{d}{dt} \right|_{t_0} \right) \in T_{c(t_0)}M$$

と定める．$c'(t_0)$ は点 $c(t_0)$ における c の速度ベクトルともいう．$c'(t_0)$ を表す別の記号として

$$\frac{dc}{dt}(t_0), \qquad \left.\frac{d}{dt}\right|_{t_0} c$$

がある．

[記号] 写像の値域が $\mathbb{R}$ である曲線 $c:]a,b[\to \mathbb{R}$ のとき，記号 $c'(t)$ は混乱を引き起こす恐れがある．ここで t は定義域 $]a,b[$ の標準座標である．x を値域 $\mathbb{R}$ の標準座標とする．定義より，$c'(t)$ は $c(t)$ における接ベクトルであり，ゆえに $d/dx|_{c(t)}$ の定数倍である．一方，微積分での記号では，$c'(t)$ は実数値関数の導関数なので，数である．c が $\mathbb{R}$ への写像で，$c'(t)$ のこの 2 つの意味を区別する必要がある場合には，微積分での記号を $\dot{c}(t)$ と書くことにする．

演習 8.14（速度ベクトルと微積分における微分）* $c:]a,b[\to \mathbb{R}$ を値域が $\mathbb{R}$ の曲線とする．このとき $c'(t) = \dot{c}(t) d/dx|_{c(t)}$ を確かめよ．

例 $c: \mathbb{R} \to \mathbb{R}^2$ を

$$c(t) = (t^2, t^3)$$

により定める（図 8.2 を見よ）．

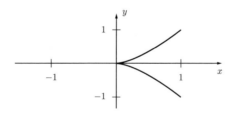

図 8.2 カスプをもつ 3 次曲線．

このとき，$c'(t)$ は $c(t)$ における $\partial/\partial x$ と $\partial/\partial y$ の一次結合

$$c'(t) = a\frac{\partial}{\partial x} + b\frac{\partial}{\partial y}$$

である．a を計算するために，両辺 x で値をとると

$$a = \left(a\frac{\partial}{\partial x} + b\frac{\partial}{\partial y}\right)x = c'(t)x = c_*\left(\frac{d}{dt}\right)x = \frac{d}{dt}(x \circ c) = \frac{d}{dt}t^2 = 2t.$$

同様に，

$$b = \left(a\frac{\partial}{\partial x} + b\frac{\partial}{\partial y}\right)y = c'(t)y = c_*\left(\frac{d}{dt}\right)y = \frac{d}{dt}(y \circ c) = \frac{d}{dt}t^3 = 3t^2.$$

ゆえに，

$$c'(t) = 2t\frac{\partial}{\partial x} + 3t^2\frac{\partial}{\partial y}.$$

$T_{c(t)}(\mathbb{R}^2)$ の基底 $\partial/\partial x|_{c(t)}$, $\partial/\partial y|_{c(t)}$ の成分で書くと,

$$c'(t) = \begin{bmatrix} 2t \\ 3t^2 \end{bmatrix}.$$

より一般に, $\mathbb{R}^n$ における滑らかな曲線 c の速度ベクトルを計算するためには, この例のように, 単純に c の成分を微分すればよい. これは, 曲線の速度ベクトルの定義が通常のベクトル解析での定義と一致していることを示している.

命題 8.15（**局所座標における曲線の速度ベクトル**） $c:\,]a,b[\,\to M$ を滑らかな曲線とし, $(U, x^1, \ldots, x^n)$ を $c(t)$ の周りの座標チャートとする. このチャートでの c の i 番目の成分を $c^i = x^i \circ c$ と書く. このとき, $c'(t)$ は

$$c'(t) = \sum_{i=1}^{n} \dot{c}^i(t) \frac{\partial}{\partial x^i}\bigg|_{c(t)}$$

で与えられる. ゆえに, $T_{c(t)}M$ の基底 $\{\partial/\partial x^i|_p\}$ に関して, 速度ベクトル $c'(t)$ は列ベクトル

$$\begin{bmatrix} \dot{c}^1(t) \\ \vdots \\ \dot{c}^n(t) \end{bmatrix}$$

で表される.

【証明】 問題 8.5. □

多様体 M における滑らかな曲線 c で p を始点とするものは, T_pM における接ベクトル $c'(0)$ を与える. 逆に, すべての接ベクトル $X_p \in T_pM$ はある曲線の p における速度ベクトルであることが, 次のようにして分かる.

命題 8.16（**与えられた速度ベクトルを始点でもつ曲線の存在**） 多様体 M の任意の点 p と任意の接ベクトル $X_p \in T_pM$ に対して, $\varepsilon > 0$ と滑らかな曲線 $c:\,]-\varepsilon, \varepsilon[\,\to M$ で, $c(0) = p$ かつ $c'(0) = X_p$ を満たすものが存在する.

【証明】 $(U, \phi) = (U, x^1, \ldots, x^n)$ を p を中心とするチャート（つまり $\phi(p) = \mathbf{0} \in \mathbb{R}^n$）とし, p において $X_p = \sum a^i \partial/\partial x^i|_p$ とする. $r^1, \ldots, r^n$ を $\mathbb{R}^n$ の標準座標と

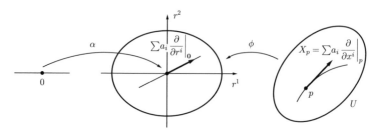

図 8.3 与えられた速度ベクトルで始点を通る曲線の存在.

すると，$x^i = r^i \circ \phi$ である．p を通る曲線 c で $c'(0) = X_p$ となるものを求めるために，$\mathbb{R}^n$ における曲線 α で，$\alpha(0) = \mathbf{0}$ かつ $\alpha'(0) = \sum a^i \partial/\partial r^i|_\mathbf{0}$ を満たすものをまず求めて，ϕ^{-1} によって α を M へ写す（図 8.3）．命題 8.15 より，そのような α で最も単純なものは

$$\alpha(t) = (a^1 t, \ldots, a^n t), \quad t \in]-\varepsilon, \varepsilon[$$

である．ただし，ε は α の像が $\phi(U)$ に入るように十分小さくとる．この α を用いて $c = \phi^{-1} \circ \alpha :]-\varepsilon, \varepsilon[\to M$ と定めると，

$$c(0) = \phi^{-1}(\alpha(0)) = \phi^{-1}(\mathbf{0}) = p$$

であり，合成関数の微分法と命題 8.11 および命題 8.8 より，

$$c'(0) = (\phi^{-1})_* \alpha_* \left(\frac{d}{dt} \bigg|_{t=0} \right) = (\phi^{-1})_* \left(\sum a^i \frac{\partial}{\partial r^i} \bigg|_\mathbf{0} \right) = \sum a^i \frac{\partial}{\partial x^i} \bigg|_p = X_p.$$

□

定義 8.1 において，多様体の点 p における接ベクトルを点 p における導分として抽象的に定義した．曲線の言葉を用いると，接ベクトルを方向微分として幾何学的に解釈することができる．

命題 8.17 X_p を多様体 M の点 p における接ベクトルとし，$f \in C_p^\infty(M)$ とする．このとき，$c :]-\varepsilon, \varepsilon[\to M$ が p を始点とする滑らかな曲線で，$c'(0) = X_p$ を満たすならば，

$$X_p f = \frac{d}{dt} \bigg|_0 (f \circ c).$$

【証明】 $c'(0)$ と c_* の定義より，

$$X_p f = c'(0)f = c_*\left(\left.\frac{d}{dt}\right|_0\right)f = \left.\frac{d}{dt}\right|_0 (f \circ c).$$

□

8.7 曲線を用いた微分の計算

滑らかな写像の微分を計算する方法として，点における導分による方法（(8.1) 式）と局所座標による方法（命題 8.11）の 2 つを紹介した．次の命題は，微分 $F_{*,p}$ を計算するもう 1 つの方法を与えており，ここでは曲線を用いている．

命題 8.18 $F: N \to M$ を多様体の滑らかな写像とし，$p \in N, X_p \in T_p N$ とする．c が p を始点とする N における滑らかな曲線で，p における速度ベクトルが X_p ならば，

$$F_{*,p}(X_p) = \left.\frac{d}{dt}\right|_0 (F \circ c)(t).$$

すなわち，$F_{*,p}(X_p)$ は像曲線 $F \circ c$ の $F(p)$ における速度ベクトルである．

【証明】 仮定より，$c(0) = p$ かつ $c'(0) = X_p$ である．このとき，

$$\begin{aligned}
F_{*,p}(X_p) &= F_{*,p}(c'(0)) \\
&= (F_{*,p} \circ c_{*,0})\left(\left.\frac{d}{dt}\right|_0\right) \\
&= (F \circ c)_{*,0}\left(\left.\frac{d}{dt}\right|_0\right) \quad \text{（合成関数の微分法（定理 8.5）より）} \\
&= \left.\frac{d}{dt}\right|_0 (F \circ c)(t).
\end{aligned}$$

□

例 8.19（左乗法の微分） g が一般線形群 $\mathrm{GL}(n, \mathbb{R})$ に属する行列のとき，$\ell_g : \mathrm{GL}(n, \mathbb{R}) \to \mathrm{GL}(n, \mathbb{R})$ を左から g を掛ける写像とする．すなわち，$B \in \mathrm{GL}(n, \mathbb{R})$ に対して $\ell_g(B) = gB$ である．$\mathrm{GL}(n, \mathbb{R})$ はベクトル空間 $\mathbb{R}^{n \times n}$ の開集合なので，接空間 $T_g(\mathrm{GL}(n, \mathbb{R}))$ は $\mathbb{R}^{n \times n}$ と同一視できる．この同一視の下で，微分 $(\ell_g)_{*,I} : T_I(\mathrm{GL}(n, \mathbb{R})) \to T_g(\mathrm{GL}(n, \mathbb{R}))$ もまた左から g を掛ける写像であることを示せ．

〈解〉 $X \in T_I(\mathrm{GL}(n, \mathbb{R})) = \mathbb{R}^{n \times n}$ とする．$(\ell_g)_{*,I}(X)$ を計算するために，$\mathrm{GL}(n, \mathbb{R})$ における曲線 $c(t)$ で，$c(0) = I$ かつ $c'(0) = X$ となるものをとる．このとき，

$\ell_g(c(t)) = gc(t)$ は単純に行列の掛け算である．命題 8.18 より，

$$(\ell_g)_{*,I}(X) = \frac{d}{dt}\bigg|_{t=0} \ell_g(c(t)) = \frac{d}{dt}\bigg|_{t=0} gc(t) = gc'(0) = gX.$$

この計算において，$\mathbb{R}$ 線形性と命題 8.15 より $d/dt|_{t=0}\, gc(t) = gc'(0)$ が成り立つことを用いた． ∎

8.8 はめ込みと沈め込み

ユークリッド空間の間の写像の微分が 1 点においてその写像を最も良く近似する線形写像であったように，多様体の間の C^∞ 級写像の場合も，点における微分は同じ目的を担っている．特に，次の 2 つの場合が重要である．C^∞ 級写像 $F : N \to M$ は，微分 $F_{*,p} : T_pN \to T_{F(p)}M$ が単射のとき**点 p におけるはめ込み**といい，$F_{*,p}$ が全射のとき**点 p における沈め込み**という．F がすべての点 $p \in N$ におけるはめ込みであるとき，F を**はめ込み**といい，F がすべての点 $p \in N$ における沈め込みであるとき，F を**沈め込み**という．

注意 8.20 N と M をそれぞれ次元が n, m の多様体であるとする．このとき，$\dim T_pN = n$ および $\dim T_{F(p)}M = m$ である．微分 $F_{*,p} : T_pN \to T_{F(p)}M$ の単射性は直ちに $n \leq m$ を意味する．同様に，微分 $F_{*,p}$ の全射性は $n \geq m$ を意味する．ゆえに，$F : N \to M$ が N のある点におけるはめ込みならば $n \leq m$ であり，F が N ある点における沈め込みならば $n \geq m$ である．

例 8.21 はめ込みの原型は，$\mathbb{R}^n$ からより高い次元の $\mathbb{R}^m$ への包含写像

$$i(x^1, \ldots, x^n) = (x^1, \ldots, x^n, 0, \ldots, 0)$$

であり，沈め込みの原型は，$\mathbb{R}^n$ からより低い次元の $\mathbb{R}^m$ への射影

$$\pi(x^1, \ldots, x^m, x^{m+1}, \ldots, x^n) = (x^1, \ldots, x^m)$$

である．

例 U が多様体 M の開集合ならば，包含写像 $i : U \to M$ ははめ込みかつ沈め込みである．この例が示すように，沈め込みは全射とは限らない．

11 節において，はめ込みと沈め込みについて，より踏み込んだ解析を行う．そこで証明されるはめ込み定理と沈め込み定理によれば，すべてのはめ込みは局所的には包含写像となり，すべての沈め込みは局所的には射影となる．

8.9 階数, 臨界点, 正則点

行列 A の**階数**とは, A の列空間の次元のことであったが, 有限次元ベクトル空間の間の線形変換 $L : V \to W$ の**階数**とは, W の部分空間としての像 $L(V)$ の次元のことをいう. V と W のある基底に関して, L が行列 A によって表現されているならば, L の階数は行列 A の階数に等しい. これは像 $L(V)$ が正に A の列空間であるからである.

さて, 多様体の滑らかな写像 $F : N \to M$ を考える. N の点 p における F の**階数**を, その微分 $F_{*,p} : T_pN \to T_{F(p)}M$ の階数と定め, これを $(\mathrm{rk}F)(p)$ と書く. p における座標近傍 $(U, x^1, \ldots, x^n)$ と $F(p)$ における座標近傍 $(V, y^1, \ldots, y^m)$ に関して, 微分はヤコビ行列 $[\partial F^i/\partial x^j(p)]$ によって表現されるので (命題 8.11),

$$(\mathrm{rk}F)(p) = \mathrm{rk}\left[\frac{\partial F^i}{\partial x^j}(p)\right].$$

写像の微分は座標チャートのとり方に依らないので, 写像のヤコビ行列の階数もまた座標チャートのとり方に依らない.

定義 8.22 N の点 p は, 微分

$$F_{*,p} : T_pN \to T_{F(p)}M$$

が全射でないとき, F の**臨界点**という. $F_{*,p}$ が全射のとき, p を F の**正則点**という. 言い換えると, p が写像 F の正則点であるための必要十分条件は, F が p における沈め込みとなることである. M の点は, 臨界点の像であるとき**臨界値**といい, そうでなければ**正則値**という.

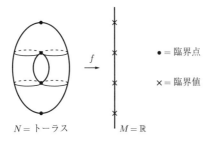

図 8.4 関数 $f(x, y, z) = z$ の臨界点と臨界値.

図 8.4 では, 4 つの臨界点のそれぞれにおける接平面 T_pM は水平である. 微分 $f_{*,p}$ はこの水平な接平面 T_pM を $T_{f(p)}\mathbb{R}$ の 1 点である零ベクトルに写している.

この定義について，次の2つの側面に注意しておくとよい．

(i) 正則値を正則点の像として定義しているわけではない．実際，正則値はそもそも F の像である必要はない．M の点で F の像に入っていないものは，臨界点の像ではないので，自動的に正則値である．

(ii) M の点 c が臨界値であるための必要十分条件は，原像 $F^{-1}(\{c\})$ の**ある**点が臨界点になっていることである．F の像の点 c が正則値であるための必要十分条件は，原像 $F^{-1}(\{c\})$ の**すべて**の点が正則点となることである．

命題 8.23 実数値関数 $f: M \to \mathbb{R}$ に対して，M の点 p が臨界点であるための必要十分条件は，p を含むあるチャート $(U, x^1, \ldots, x^n)$ に関して，偏導関数が

$$\frac{\partial f}{\partial x^j}(p) = 0, \quad j = 1, \ldots, n$$

を満たすことである．

【証明】 命題 8.11 より，微分 $f_{*,p}: T_p M \to T_{f(p)}\mathbb{R} \simeq \mathbb{R}$ は行列

$$\left[\frac{\partial f}{\partial x^1}(p) \cdots \frac{\partial f}{\partial x^n}(p) \right]$$

によって表現される．$f_{*,p}$ の像は $\mathbb{R}$ の線形部分空間であるので，それは 0 次元または 1 次元である．言い換えると，$f_{*,p}$ は零写像か，もしくは全射である．したがって，$f_{*,p}$ が全射にならないための必要十分条件は，すべての偏導関数 $\partial f / \partial x^i(p)$ が 0 になることである． □

問題

8.1* **写像の微分**

$F: \mathbb{R}^2 \to \mathbb{R}^3$ を

$$F(x, y) = (x, y, xy) = (u, v, w)$$

で与えられる写像とする．$p = (x, y) \in \mathbb{R}^2$ とおく．$F_*(\partial/\partial x|_p)$ を $F(p)$ における $\partial/\partial u, \partial/\partial v, \partial/\partial w$ の一次結合として表せ．

8.2 線形写像の微分

$L: \mathbb{R}^n \to \mathbb{R}^m$ を線形写像とする．任意の点 $p \in \mathbb{R}^n$ に対して，

$$\sum a^i \left. \frac{\partial}{\partial x^i} \right|_p \mapsto \mathbf{a} = \left\langle a^1, \ldots, a^n \right\rangle$$

で与えられる自然な同一視 $T_p(\mathbb{R}^n) \xrightarrow{\sim} \mathbb{R}^n$ がある．接空間のこの同一視の下で，微分 $L_{*,p} : T_p(\mathbb{R}^n) \to T_{L(p)}(\mathbb{R}^m)$ は写像 $L : \mathbb{R}^n \to \mathbb{R}^m$ 自身であることを示せ．

8.3 写像の微分

実数 α を固定し，$F : \mathbb{R}^2 \to \mathbb{R}^2$ を

$$\begin{bmatrix} u \\ v \end{bmatrix} = (u,v) = F(x,y) = \begin{bmatrix} \cos\alpha & -\sin\alpha \\ \sin\alpha & \cos\alpha \end{bmatrix} \begin{bmatrix} x \\ y \end{bmatrix}$$

により定義する．$X = -y\,\partial/\partial x + x\,\partial/\partial y$ を $\mathbb{R}^2$ 上のベクトル場とする．$p = (x,y) \in \mathbb{R}^2$ とし，$F_*(X_p) = (a\,\partial/\partial u + b\,\partial/\partial v)|_{F(p)}$ と書くとき，a と b を x, y, α を用いて表せ．

8.4 座標ベクトルの変換行列

x, y を $\mathbb{R}^2$ の標準座標とし，U を開集合

$$U = \mathbb{R}^2 - \{(x,0) \mid x \geq 0\}$$

とする．U 上では極座標 r, θ が

$$x = r\cos\theta,$$
$$y = r\sin\theta,\ r > 0,\ \theta \in]0, 2\pi[$$

により一意的に定まる．$\partial/\partial r$ と $\partial/\partial \theta$ を $\partial/\partial x$ と $\partial/\partial y$ を用いて表せ．

8.5* 局所座標における曲線の速度ベクトル

命題 8.15 を証明せよ．

8.6 速度ベクトル

$p = (x,y)$ を $\mathbb{R}^2$ の点とする．このとき，

$$c_p(t) = \begin{bmatrix} \cos 2t & -\sin 2t \\ \sin 2t & \cos 2t \end{bmatrix} \begin{bmatrix} x \\ y \end{bmatrix},\quad t \in \mathbb{R}$$

は p を始点とする $\mathbb{R}^2$ における曲線である．速度ベクトル $c'_p(0)$ を計算せよ．

8.7* 積の接空間

M と N が多様体のとき，$\pi_1 : M \times N \to M$ と $\pi_2 : M \times N \to N$ を 2 つの射影とする．$(p,q) \in M \times N$ に対して，

$$(\pi_{1*}, \pi_{2*}) : T_{(p,q)}(M \times N) \to T_p M \times T_q N$$

が同型写像であることを証明せよ．

8.8 乗法写像と逆元をとる写像の微分

G をリー群とし，乗法写像を $\mu : G \times G \to G$，逆元をとる写像を $\iota : G \to G$，単位元を e とする．

(a) 単位元における乗法写像 μ の微分は加法

$$\mu_{*,(e,e)} : T_e G \times T_e G \to T_e G,$$

$$\mu_{*,(e,e)}(X_e, Y_e) = X_e + Y_e$$

であることを示せ．(ヒント．まず，命題 8.18 を用いて $\mu_{*,(e,e)}(X_e, 0)$ と $\mu_{*,(e,e)}(0, Y_e)$ を計算せよ．)

(b) 単位元における ι の微分は

$$\iota_{*,e} : T_e G \to T_e G,$$

$$\iota_{*,e}(X_e) = -X_e$$

であることを示せ．(ヒント．$\mu(c(t), (\iota \circ c)(t)) = e$ の両辺の微分をとれ．)

8.9* ベクトルから座標ベクトルへの変換

$X_1, \ldots, X_n$ を n 次元多様体の開集合 U 上の n 個のベクトル場とする．$p \in U$ において，ベクトル $(X_1)_p, \ldots, (X_n)_p$ が一次独立であると仮定する．このとき，p の周りのチャート $(V, x^1, \ldots, x^n)$ で，$(\partial / \partial x^i)_p = (X_i)_p$ $(i = 1, \ldots, n)$ を満たすものが存在することを示せ．

8.10 極大値

多様体上の実数値関数 $f : M \to \mathbb{R}$ が $p \in M$ において**極大値**をもつとは，$f(p) \geq f(q)$ がすべての $q \in U$ について成り立つような p の近傍 U が存在することである．

(a)* 開区間 I 上で定義されている微分可能な関数 $f : I \to \mathbb{R}$ が $p \in I$ において極大値をもつならば，$f'(p) = 0$ であることを証明せよ．

(b) C^∞ 級関数 $f : M \to \mathbb{R}$ が極大値をとる点は f の臨界点であることを証明せよ．(ヒント．X_p を $T_p M$ における接ベクトルとし，$c(t)$ を始点 p における速度ベクトルが X_p であるような M 上の曲線とする．このとき，$f \circ c$ は 0 において極大値をもつ実数値関数であるので，(a) を適用せよ．)

§9 部分多様体

与えられた位相空間が多様体であることを示す方法として，現時点で次の２つがある．

(a) その空間がハウスドルフ空間であること，第二可算であること，C^∞ 級アトラスをもつことを直接的に確認する方法．
(b) 適切な商空間として表示する方法．商空間が多様体になるための条件は 7 節に挙げてある．

この節では，多様体の**正則部分多様体**という概念を導入する．これは，局所的にいくつかの座標関数が消えている点の集合として定まるものである．**正則レベル集合定理**は，C^∞ 級写像のレベル集合が正則部分多様体，ゆえに多様体であることを示すためにしばしば用いられる判定法であるが，これを逆関数定理を用いて導出する．

正則レベル集合定理は，11 節で議論する階数一定定理と沈め込み定理の単純な帰結であるが，それを逆関数定理から直接的に導出することの利点は，部分多様体上の具体的な座標関数を作り出せるという点である．

9.1 部分多様体

$\mathbb{R}^3$ における xy 平面は多様体の**正則部分多様体**の原型であり，座標関数 z が消えている点の集合として定まっている．

定義 9.1 n 次元多様体 N の部分集合 S が k 次元の**正則部分多様体**[1]であるとは，すべての点 $p \in S$ に対して，N の極大アトラスに属する p の座標近傍 $(U, \phi) = (U, x^1, \ldots, x^n)$ で，$U \cap S$ が $n - k$ 個の座標関数が消えている点の集合として定まるものが存在することである．座標の番号を付け替えることで，これら $n - k$ 個の座標関数を $x^{k+1}, \ldots, x^n$ とし，$U \cap S$ は正に $x^{k+1} = \cdots = x^n = 0$ で定まる集合であるとしてよい．

このような N のチャート (U, ϕ) を S に**適合するチャート**と呼ぶ．$U \cap S$ においては，$\phi = (x^1, \ldots, x^k, 0, \ldots, 0)$ である．ϕ の最初の k 成分の $U \cap S$ への制限を
$$\phi_S : U \cap S \to \mathbb{R}^k$$
とおく．つまり $\phi_S = (x^1, \ldots, x^k)$ である．$(U \cap S, \phi_S)$ は S の部分空間位相でのチャートであることに注意せよ．

定義 9.2 n 次元多様体 N において S が k 次元の正則部分多様体のとき，$n - k$ を N における S の**余次元**という．

---
[1]（訳者注）正規部分多様体ともいう．

注意 位相空間としては，N の正則部分多様体は部分空間位相をもつものとする．

例 正則部分多様体の定義において，部分多様体の次元 k は多様体の次元 n と等しくてもよい．この場合，$U \cap S$ を零点集合とする座標関数はなく，$U \cap S = U$ である．したがって，多様体の開集合は同じ次元の正則部分多様体である．

注意 別の意味での部分多様体もあるが，断らない限り「部分多様体」は常に「正則部分多様体」を意味するものとする．

例 x 軸上の区間 $S := \,]{-1}, 1[$ は xy 平面における正則部分多様体である（図 9.1）．適合するチャートとして，座標 x, y についての開正方形 $U = \,]{-1}, 1[\, \times \,]{-1}, 1[$ をとることができる．このとき，$U \cap S$ は U における y の零点集合に他ならない．

図 **9.1**

$V = \,]{-2}, 0[\, \times \,]{-1}, 1[$ とすると，(V, x, y) は S に適合するチャートではない．これは，$V \cap S$ は x 軸上の開区間 $]{-1}, 0[$ であるが，V における y の零点集合は x 軸上の開区間 $]{-2}, 0[$ であるからである．

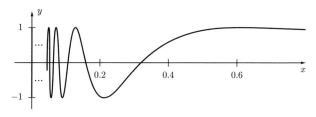

図 **9.2** 位相幾何学者の正弦曲線．

例 9.3 Γ を区間 $]0, 1[$ 上の関数 $f(x) = \sin(1/x)$ のグラフとし，S を Γ と開区間
$$I = \{(0, y) \in \mathbb{R}^2 \mid -1 < y < 1\}$$
の和集合とする．$\mathbb{R}^2$ の部分集合 S は次の理由により正則部分多様体ではない．p が

区間 I に属するならば,p の $\mathbb{R}^2$ におけるどんな小さな近傍 U も S と無限個の成分で交わるので,p を含む適合するチャートは存在しない.($\mathbb{R}^2$ における Γ の閉包は**位相幾何学者の正弦曲線**(図 9.2)と呼ばれ,S の点だけでなく端点 $(1,\sin 1)$, $(0,1)$, $(0,-1)$ も含んでいる点でもとの S と異なる.)

命題 9.4 S を N の正則部分多様体とし,S に適合する N のチャートの族 $\mathfrak{U} = \{(U,\phi)\}$ が両立しており,S を被覆するとする.このとき,$\{(U \cap S, \phi_S)\}$ は S のアトラスである.したがって,正則部分多様体はそれ自身多様体である.もし N が n 次元で,S が局所的に $n-k$ 個の座標が消えている点の集合として定まっているならば,$\dim S = k$ である.

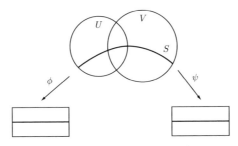

図 9.3 正則部分多様体 S に適合する 2 つの交わるチャート.

【証明】 $(U,\phi) = (U, x^1, \ldots, x^n)$ と $(V,\psi) = (V, y^1, \ldots, y^n)$ を,与えられた族に属する 2 つの適合するチャートとし(図 9.3),それらが交わると仮定する.定義 9.1 で注意したように,部分多様体 S に適合する任意のチャートは,座標の番号を付け替えることで,最後の $n-k$ 個の座標が S 上で消えるようにすることができる.このとき,$p \in U \cap V \cap S$ に対して,

$$\phi(p) = (x^1(p), \ldots, x^k(p), 0, \ldots, 0) \quad \text{および} \quad \psi(p) = (y^1(p), \ldots, y^k(p), 0, \ldots, 0)$$

であるので,

$$\phi_S(p) = (x^1(p), \ldots, x^k(p)) \quad \text{および} \quad \psi_S(p) = (y^1(p), \ldots, y^k(p)).$$

したがって,

$$(\psi_S \circ \phi_S^{-1})(x^1, \ldots, x^k) = (y^1, \ldots, y^k).$$

$y^1,\ldots,y^k$ は $x^1,\ldots,x^k$ の C^∞ 級関数なので（これは $(\psi\circ\phi^{-1})(x^1,\ldots,x^k,0,\ldots,0)$ が C^∞ 級だから），変換関数 $\psi_S\circ\phi_S^{-1}$ は C^∞ 級である．同様に，$x^1,\ldots,x^k$ は $y^1,\ldots,y^k$ の C^∞ 級関数なので，$\phi_S\circ\psi_S^{-1}$ もまた C^∞ 級である．ゆえに，$\{(U\cap S,\phi_S)\}$ に属する任意の2つのチャートは C^∞ 級で両立する．$\{U\cap S\}_{U\in\mathfrak{U}}$ は S を被覆するので，族 $\{(U\cap S,\phi_S)\}$ は S の C^∞ 級アトラスである． □

9.2 関数のレベル集合

写像 $F:N\to M$ の**レベル集合**とは，ある $c\in M$ についての N の部分集合

$$F^{-1}(\{c\})=\{p\in N\,|\,F(p)=c\}$$

のことである．レベル集合は，正確な記号 $F^{-1}(\{c\})$ よりも，$F^{-1}(c)$ と書かれることが通例である．値 $c\in M$ をレベル集合 $F^{-1}(c)$ の**レベル**と呼ぶ．もし $F:N\to\mathbb{R}^m$ ならば，$Z(F):=F^{-1}(\mathbf{0})$ は F の**零点集合**である．ここで，c が F の正則値であるための必要十分条件は，c が F の像に属していないか，またはすべての点 $p\in F^{-1}(c)$ において微分 $F_{*,p}:T_pN\to T_{F(p)}M$ が全射となることであったことを思い出しておく．正則値 c の逆像 $F^{-1}(c)$ を**正則レベル集合**と呼び，もし零点集合 $F^{-1}(\mathbf{0})$ が $F:N\to\mathbb{R}^m$ の正則レベル集合ならば，**正則零点集合**と呼ぶ．

注意 9.5 正則レベル集合 $F^{-1}(c)$ が空集合でないとき，$p\in F^{-1}(c)$ をとれば，写像 $F:N\to M$ は p における沈め込みである．注意 8.20 より，$\dim N\geq\dim M$ である．

例 9.6（$\mathbb{R}^3$ **における 2 次元球面**）単位 2 次元球面

$$S^2=\{(x,y,z)\in\mathbb{R}^3\,|\,x^2+y^2+z^2=1\}$$

は，関数 $g:\mathbb{R}^3\to\mathbb{R}$, $g(x,y,z)=x^2+y^2+z^2$ のレベル 1 のレベル集合 $g^{-1}(1)$ である．S^2 に適合する $\mathbb{R}^3$ のチャートで S^2 を被覆するものを見つけるために，逆関数定理を用いる．正則部分多様体は，局所的に座標関数の零点集合として定まっているので，以下の証明が示すように零点集合で表しておく方が扱いが簡単である．S^2 を零点集合として表すために，定義方程式を

$$f(x,y,z)=x^2+y^2+z^2-1=0$$

と書き直す．このとき，$S^2=f^{-1}(0)$ である．

f の偏導関数は
$$\frac{\partial f}{\partial x} = 2x, \quad \frac{\partial f}{\partial y} = 2y, \quad \frac{\partial f}{\partial z} = 2z$$
であるので，f の唯一の臨界点は $(0,0,0)$ であり，これは球面 S^2 上にない．ゆえに，球面上の点はすべて f の正則点であり，0 は f の正則値である．

p を S^2 の点で $(\partial f/\partial x)(p) = 2x(p) \neq 0$ を満たすものとする．このとき，写像 $(f,y,z): \mathbb{R}^3 \to \mathbb{R}^3$ のヤコビ行列は
$$\begin{bmatrix} \frac{\partial f}{\partial x} & \frac{\partial f}{\partial y} & \frac{\partial f}{\partial z} \\ \frac{\partial y}{\partial x} & \frac{\partial y}{\partial y} & \frac{\partial y}{\partial z} \\ \frac{\partial z}{\partial x} & \frac{\partial z}{\partial y} & \frac{\partial z}{\partial z} \end{bmatrix} = \begin{bmatrix} \frac{\partial f}{\partial x} & \frac{\partial f}{\partial y} & \frac{\partial f}{\partial z} \\ 0 & 1 & 0 \\ 0 & 0 & 1 \end{bmatrix}$$
であり，ヤコビ行列式 $(\partial f/\partial x)(p)$ は 0 でない．逆関数定理（定理 6.26）の系 6.27 より，$\mathbb{R}^3$ における p の近傍 U_p で，(U_p, f, y, z) が $\mathbb{R}^3$ のアトラスに属するチャートであるものが存在する．このチャートにおいては，集合 $U_p \cap S^2$ は第 1 座標 f の零点集合として定まっている．ゆえに，(U_p, f, y, z) は S^2 に適合するチャートであり，$(U_p \cap S^2, y, z)$ は S^2 のチャートである．

同様に，もし $(\partial f/\partial y)(p) \neq 0$ ならば，p を含む適合するチャート (V_p, x, f, z) で，集合 $V_p \cap S^2$ が第 2 座標 f の零点集合となるようなものがとれる．もし $(\partial f/\partial z)(p) \neq 0$ ならば，p を含む適合するチャート (W_p, x, y, f) がとれる．すべての点 $p \in S^2$ について，偏導関数 $\partial f/\partial x(p), \partial f/\partial y(p), \partial f/\partial z(p)$ のうち少なくとも 1 つは 0 でないので，p が球面のすべての点を動くことで，S^2 に適合する $\mathbb{R}^3$ のチャートで S^2 を被覆するものが得られる．したがって，S^2 は $\mathbb{R}^3$ の正則部分多様体であり，命題 9.4 より S^2 は 2 次元の多様体である．

このようにして得られる S^2 上のアトラスは，正に問題 5.3 で扱ったアトラスであることに注意する．この例は重要である．というのも，関数 $f: N \to \mathbb{R}$ の零点集合が正則レベル集合ならばそれは N の正則部分多様体であるということの証明に，上記の証明をほとんどそのまま一般化できるからである．アイデアは，座標近傍 $(U, x^1, \ldots, x^n)$ において偏微分 $\partial f/\partial x^i(p)$ が 0 でなければ，座標 x^i を f で置き換えることができるというものである．

まず，多様体上の C^∞ 級実関数 g の任意の正則レベル集合 $g^{-1}(c)$ が正則零点集合として書き表すことができることを示す．

補題 9.7 $g: N \to \mathbb{R}$ を C^∞ 級関数とする．関数 g のレベル c の正則レベル集合 $g^{-1}(c)$ は，関数 $f = g - c$ の正則零点集合 $f^{-1}(0)$ である．

【証明】 任意の点 $p \in N$ について，
$$g(p) = c \iff f(p) = g(p) - c = 0.$$
ゆえに，$g^{-1}(c) = f^{-1}(0)$ である．この集合を S と書く．すべての点 $p \in N$ において微分 $f_{*,p}$ は $g_{*,p}$ と等しいので，関数 f と g は全く同じ臨界点をもつ．g は S において臨界点をもたないので，f もまた S において臨界点をもたない． □

定理 9.8 $g: N \to \mathbb{R}$ を多様体 N 上の C^∞ 級関数とする．このとき，空集合でない正則レベル集合 $S = g^{-1}(c)$ は N の正則部分多様体で，余次元は 1 である．

【証明】 $f = g - c$ とおく．直前の補題より，S は $f^{-1}(0)$ と等しくかつ f の正則レベル集合である．$p \in S$ とする．p は f の正則点なので，p の周りの任意のチャート $(U, x^1, \ldots, x^n)$ について，ある i に対して $(\partial f/\partial x^i)(p) \neq 0$ となる．$x^1, \ldots, x^n$ の番号を付け替えることで，$(\partial f/\partial x^1)(p) \neq 0$ であると仮定してよい．

C^∞ 級写像 $(f, x^2, \ldots, x^n): U \to \mathbb{R}^n$ のヤコビ行列は

$$\begin{bmatrix} \dfrac{\partial f}{\partial x^1} & \dfrac{\partial f}{\partial x^2} & \cdots & \dfrac{\partial f}{\partial x^n} \\ \dfrac{\partial x^2}{\partial x^1} & \dfrac{\partial x^2}{\partial x^2} & \cdots & \dfrac{\partial x^2}{\partial x^n} \\ \vdots & \vdots & \ddots & \vdots \\ \dfrac{\partial x^n}{\partial x^1} & \dfrac{\partial x^n}{\partial x^2} & \cdots & \dfrac{\partial x^n}{\partial x^n} \end{bmatrix} = \begin{bmatrix} \dfrac{\partial f}{\partial x^1} & * & \cdots & * \\ 0 & 1 & \cdots & 0 \\ \vdots & \vdots & \ddots & \vdots \\ 0 & 0 & \cdots & 1 \end{bmatrix}.$$

よって，p におけるヤコビ行列式 $\partial(f, x^2, \ldots, x^n)/\partial(x^1, x^2, \ldots, x^n)$ は $(\partial f/\partial x^1)(p) \neq 0$ である．逆関数定理（系 6.27）より，p の近傍 U_p で $f, x^2, \ldots, x^n$ がその上の座標系になるものが存在する．このチャート $(U_p, f, x^2, \ldots, x^n)$ については，レベル集合 $U_p \cap S$ が第 1 座標 f を 0 とすることで定まっているので，$(U_p, f, x^2, \ldots, x^n)$ は S に適合するチャートである．p は任意であったので，S は N の正則部分多様体で，次元は $n - 1$ である． □

9.3 正則レベル集合定理

次に行うことは,定理 9.8 を滑らかな多様体の間の写像についての正則レベル集合の場合へ拡張することである.この大変有用な定理には文献の間で決まった名前がないようで,'implicit function theorem','preimage theorem' [17],'regular level set theorem' [25] など,様々な名前で知られている.本書では [25] にしたがって「正則レベル集合定理」と呼ぶことにする.

定理 9.9(**正則レベル集合定理**) $F: N \to M$ を多様体の間の C^∞ 級写像とし,$\dim N = n$ かつ $\dim M = m$ とする.このとき,$c \in M$ について,空集合でない正則レベル集合 $F^{-1}(c)$ は N の正則部分多様体で,次元は $n - m$ である.

【証明】 c を中心とする M のチャート $(V, \psi) = (V, y^1, \ldots, y^m)$ をとる.すなわち,$\mathbb{R}^m$ において $\psi(c) = \mathbf{0}$ である.このとき,$F^{-1}(V)$ は $F^{-1}(c)$ を含む N の開集合である.さらに,$F^{-1}(c) = (\psi \circ F)^{-1}(\mathbf{0})$ であり,レベル集合 $F^{-1}(c)$ は $\psi \circ F$ の零点集合である.$F^i = y^i \circ F = r^i \circ (\psi \circ F)$ とおけば,$F^{-1}(c)$ は $F^{-1}(V)$ 上の関数 $F^1, \ldots, F^m$ の共通の零点集合でもある.

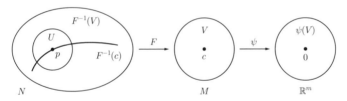

図 9.4 F のレベル集合 $F^{-1}(c)$ は $\psi \circ F$ の零点集合である.

正則レベル集合が空集合でないと仮定しているので,$n \geq m$ である(注意 9.5).点 $p \in F^{-1}(c)$ を固定し,$(U, \phi) = (U, x^1, \ldots, x^n)$ を N における点 p の座標近傍で,$F^{-1}(V)$ に含まれるものとする(図 9.4).$F^{-1}(c)$ は正則レベル集合なので,$p \in F^{-1}(c)$ は F の正則点である.したがって,$m \times n$ ヤコビ行列 $[\partial F^i / \partial x^j(p)]$ の階数は m である.F^i たちと x^j たちの番号を付け替えることで,最初の $m \times m$ ブロック $[\partial F^i / \partial x^j(p)]_{1 \leq i, j \leq m}$ が正則行列であると仮定してよい.

チャート (U, ϕ) の最初の m 個の座標 $x^1, \ldots, x^m$ を $F^1, \ldots, F^m$ に置き換える.このとき,p の近傍 U_p で $(U_p, F^1, \ldots, F^m, x^{m+1}, \ldots, x^n)$ が N のアトラスに属するチャートとなるものが存在する.これを確かめるためには,p におけるヤコビ行列

$$\begin{bmatrix} \dfrac{\partial F^i}{\partial x^j} & \dfrac{\partial F^i}{\partial x^\beta} \\ \dfrac{\partial x^\alpha}{\partial x^j} & \dfrac{\partial x^\alpha}{\partial x^\beta} \end{bmatrix} = \begin{bmatrix} \dfrac{\partial F^i}{\partial x^j} & * \\ 0 & I \end{bmatrix}$$

を計算すれば十分である．ただし，$1 \leq i, j \leq m$ かつ $m+1 \leq \alpha, \beta \leq n$．この行列の行列式は

$$\det \left[\dfrac{\partial F^i}{\partial x^j}(p) \right]_{1 \leq i,j \leq m} \neq 0$$

なので，系 6.27 の形の逆関数定理が求める主張を示している．

チャート $(U_p, F^1, \ldots, F^m, x^{m+1}, \ldots, x^n)$ においては，集合 $S := F^{-1}(c)$ は最初の m 個の座標関数 $F^1, \ldots, F^m$ を 0 とおくことで得られる．よって，$(U_p, F^1, \ldots, F^m, x^{m+1}, \ldots, x^n)$ は S に適合する N のチャートである．これがすべての点 $p \in S$ に対して正しいので，S は N の正則部分多様体で，次元は $n - m$ である． □

正則レベル集合定理の証明から，次の有用な補題が得られる．

補題 9.10 $F : N \to \mathbb{R}^m$ を n 次元多様体 N 上の C^∞ 級写像とし，S をレベル集合 $F^{-1}(\mathbf{0})$ とする．もし，$p \in S$ の周りの座標チャート $(U, x^1, \ldots, x^n)$ について，ある $j_1, \ldots, j_m$ に対してヤコビ行列式 $\partial(F^1, \ldots, F^m)/\partial(x^{j_1}, \ldots, x^{j_m})(p)$ が 0 でないならば，p のある近傍において $x^{j_1}, \ldots, x^{j_m}$ を $F^1, \ldots, F^m$ に置き換えて S に適合する N のチャートが得られる．

注意 正則レベル集合定理は，レベル集合が正則部分多様体であるための十分条件を与えるが，これは必要条件ではない．例えば，$f : \mathbb{R}^2 \to \mathbb{R}$ が $f(x, y) = y^2$ で定まる写像ならば，零点集合 $Z(f) = Z(y^2)$ は x 軸であり，これは $\mathbb{R}^2$ の正則部分多様体である．しかしながら，x 軸において $\partial f/\partial x = 0$ かつ $\partial f/\partial y = 2y = 0$ なので，$Z(f)$ の点はすべて f の臨界点である．ゆえに，$Z(f)$ は $\mathbb{R}^2$ の正則部分多様体であるが，f の正則レベル集合ではない．

9.4 正則部分多様体の例

例 9.11（超曲面） $\mathbb{R}^3$ における $x^3 + y^3 + z^3 = 1$ の解集合 S が 2 次元多様体であることを示せ．

〈解〉$f(x, y, z) = x^3 + y^3 + z^3$ とおく．このとき $S = f^{-1}(1)$ である．$\partial f/\partial x = 3x^2$, $\partial f/\partial y = 3y^2$, $\partial f/\partial z = 3z^2$ であるので，f の唯一の臨界点は $(0, 0, 0)$ であり，こ

れは S に含まれない. ゆえに, 1 は $f: \mathbb{R}^3 \to \mathbb{R}$ の正則値である. 正則レベル集合定理（定理 9.9）より, S は $\mathbb{R}^3$ の正則部分多様体で, 次元は 2 である. よって S は多様体である（命題 9.4）. ∎

例 9.12（2 つの方程式の解集合） 2 つの方程式

$$x^3 + y^3 + z^3 = 1,$$
$$x + y + z = 0$$

で定義される $\mathbb{R}^3$ の部分集合 S が $\mathbb{R}^3$ の正則部分多様体であるかどうか判定せよ.

〈解〉 $F: \mathbb{R}^3 \to \mathbb{R}^2$ を

$$F(x,y,z) = (x^3 + y^3 + z^3, x + y + z) = (u, v)$$

により定義する. このとき S はレベル集合 $F^{-1}(1, 0)$ である. F のヤコビ行列は

$$J(F) = \begin{bmatrix} u_x & u_y & u_z \\ v_x & v_y & v_z \end{bmatrix} = \begin{bmatrix} 3x^2 & 3y^2 & 3z^2 \\ 1 & 1 & 1 \end{bmatrix}.$$

ただし $u_x = \partial u/\partial x$ で, 他も同様とする. F の臨界点は, 行列 $J(F)$ の階数が 2 より小さい点 (x,y,z) である. それはちょうど $J(F)$ の 2×2 の小行列式が 0 になるところである. すなわち,

$$\begin{vmatrix} 3x^2 & 3y^2 \\ 1 & 1 \end{vmatrix} = 0, \quad \begin{vmatrix} 3x^2 & 3z^2 \\ 1 & 1 \end{vmatrix} = 0. \tag{9.1}$$

（3 つ目の条件

$$\begin{vmatrix} 3y^2 & 3z^2 \\ 1 & 1 \end{vmatrix} = 0$$

はこれら 2 つの式の帰結である.）(9.1) を解いて, $y = \pm x$, $z = \pm x$ を得る. S においては $x + y + z = 0$ なので, これは $(x, y, z) = (0, 0, 0)$ を意味する. $(0, 0, 0)$ は最初の方程式 $x^3 + y^3 + z^3 = 1$ を満たさないので, S 上には F の臨界点はない. したがって, S は正則レベル集合である. 正則レベル集合定理より, S は $\mathbb{R}^3$ の正則部分多様体で, 次元は 1 である. ∎

例 9.13（特殊線形群） 集合としては, **特殊線形群** $\mathrm{SL}(n, \mathbb{R})$ は行列式が 1 の行列からなる $\mathrm{GL}(n, \mathbb{R})$ の部分集合である. 一般に,

$$\det(AB) = (\det A)(\det B) \quad \text{および} \quad \det(A^{-1}) = \frac{1}{\det A}$$

なので，$\mathrm{SL}(n,\mathbb{R})$ は $\mathrm{GL}(n,\mathbb{R})$ の部分群である．これが正則部分多様体であることを示すために，$f: \mathrm{GL}(n,\mathbb{R}) \to \mathbb{R}$ を行列式をとる関数 $f(A) = \det A$ とし，正則レベル集合定理を $f^{-1}(1) = \mathrm{SL}(n,\mathbb{R})$ に適用する．そのためには，1 が f の正則値であることを確認する必要がある．

$\mathbb{R}^{n\times n}$ の標準座標を a_{ij}，$1 \le i \le n$，$1 \le j \le n$ とし，$A = [a_{ij}] \in \mathbb{R}^{n\times n}$ の i 行目と j 列目を除いて得られる部分行列を S_{ij} と書く．このとき，$m_{ij} := \det S_{ij}$ は A の (i,j) **小行列式**である．線形代数において，行列式を任意の行または任意の列に沿って展開して計算する公式があった．i 行目に沿って展開すれば，

$$f(A) = \det A = (-1)^{i+1}a_{i1}m_{i1} + (-1)^{i+2}a_{i2}m_{i2} + \cdots + (-1)^{i+n}a_{in}m_{in} \quad (9.2)$$

を得る．この表示において，どの m_{ij} も $a_{i1}, \ldots, a_{in}$ を含まない．したがって

$$\frac{\partial f}{\partial a_{ij}} = (-1)^{i+j}m_{ij}.$$

よって，行列 $A \in \mathrm{GL}(n,\mathbb{R})$ が f の臨界点であるための必要十分条件は，A のすべての $(n-1) \times (n-1)$ 小行列式 m_{ij} が 0 になることである．(9.2) より，そのような行列は行列式が 0 である．$\mathrm{SL}(n,\mathbb{R})$ の行列はすべて行列式が 1 なので，$\mathrm{SL}(n,\mathbb{R})$ の行列はすべて行列式をとる関数の正則点である．正則レベル集合定理（定理 9.9）より，$\mathrm{SL}(n,\mathbb{R})$ は $\mathrm{GL}(n,\mathbb{R})$ の正則部分多様体で，余次元は 1 である．すなわち，

$$\dim \mathrm{SL}(n,\mathbb{R}) = \dim \mathrm{GL}(n,\mathbb{R}) - 1 = n^2 - 1.$$

9.5 サードの定理

正則レベル集合定理より，もし $F(x,y)$ が 2 変数の滑らかな関数で，c が F の正則値ならば，$F(x,y) = c$ は $\mathbb{R}^2$ における滑らかな曲線を定める．それゆえ，F が正則値をもつかどうかを問うのは自然である．微分トポロジーにおける有名な定理が，実は F のほとんどの値が正則値であることを保証している．

定理 9.14（サードの定理） 多様体の間の滑らかな写像 $F: N \to M$ の臨界値（臨界点の像）の集合はルベーグ測度 0 をもつ．

この定理はアントニー・モース (Anthony Morse)[29]（マーストン・モース (Marston Morse) ではない）によって $\dim M = 1$ の場合についてまず証明され，一般の場合

はアーサー・サード（Arthur Sard)[37] によって示された．初等的な証明について
は，Milnor [28] を見よ．

問題
9.1 正則値
$f : \mathbb{R}^2 \to \mathbb{R}$ を
$$f(x,y) = x^3 - 6xy + y^2$$
により定める．レベル集合 $f^{-1}(c)$ が $\mathbb{R}^2$ の正則部分多様体であるような値 $c \in \mathbb{R}$ を
すべて求めよ．

9.2 方程式の解集合
x, y, z, w を $\mathbb{R}^4$ の標準座標とする．$\mathbb{R}^4$ における $x^5 + y^5 + z^5 + w^5 = 1$ の解集合は滑らかな多様体であるか．なぜそうなのか，またはなぜそうでないのか説明せよ．（この部分集合は部分空間位相をもつと仮定する．）

9.3 2つの方程式の解集合
$\mathbb{R}^3$ における連立方程式
$$x^3 + y^3 + z^3 = 1, \quad z = xy$$
の解集合は滑らかな多様体であるか．理由も合わせて答えよ．

9.4* 正則部分多様体
$\mathbb{R}^2$ の部分集合 S が，S 上では局所的に座標関数のどちらか一方がもう片方の C^∞ 級関数となっているという性質を満たすとする．S が $\mathbb{R}^2$ の正則部分多様体であることを示せ．($x^2 + y^2 = 1$ で定義される単位円周はこの性質をもつ．すなわち，この円周のすべての点において，y が x の C^∞ 級関数であるか，または x が y の C^∞ 級関数であるような近傍が存在する．)

9.5 滑らかな関数のグラフ
滑らかな関数 $f : \mathbb{R}^2 \to \mathbb{R}$ のグラフ
$$\Gamma(f) = \{(x, y, f(x,y)) \in \mathbb{R}^3\}$$
が $\mathbb{R}^3$ の正則部分多様体であることを示せ．

9.6 オイラーの公式
多項式 $F(x_0, \dots, x_n) \in \mathbb{R}[x_0, \dots, x_n]$ が**次数 k の斉次**であるとは，それが次数 k の単項式 $x_0^{i_0} \cdots x_n^{i_n}$ たちの一次結合であることをいう．ここで，$\sum_{j=0}^n i_j = k$ である．$F(x_0, \dots, x_n)$ を次数 k の斉次多項式とする．明らかに，任意の $t \in \mathbb{R}$ に対して
$$F(tx_0, \dots, tx_n) = t^k F(x_0, \dots, x_n) \tag{9.3}$$

である．恒等式
$$\sum_{i=0}^{n} x_i \frac{\partial F}{\partial x_i} = kF$$
を示せ．

9.7 滑らかな射影超曲面

射影空間 $\mathbb{R}P^n$ において，次数 k の斉次多項式 $F(x_0, \ldots, x_n)$ は点 $[a_0, \ldots, a_n]$ での値が唯一つには決まらないので，関数ではない．しかしながら，$\mathbb{R}P^n$ における斉次多項式 $F(x_0, \ldots, x_n)$ の零点集合は矛盾なく定義される．これは $F(a_0, \ldots, a_n) = 0$ の必要十分条件が
$$F(ta_0, \ldots, ta_n) = t^k F(a_0, \ldots, a_n) = 0, \quad t \in \mathbb{R}^\times := \mathbb{R} - \{0\}$$
だからである．$\mathbb{R}P^n$ における有限個の斉次多項式の零点集合を**実射影代数多様体**と呼び，次数 k の唯一つの斉次多項式で定義される射影代数多様体を**次数 k の超曲面**と呼ぶ．$F(x_0, x_1, x_2) = 0$ で定義される超曲面 $Z(F)$ は，$\partial F/\partial x_0$, $\partial F/\partial x_1$, $\partial F/\partial x_2$ が $Z(F)$ 上で同時に 0 でなければ滑らかであることを示せ．(ヒント．U_0 は $\mathbb{R}^2$ と同相で，U_0 における標準座標は $x = x_1/x_0$, $y = x_2/x_0$ である (7.7 節を見よ)．U_0 においては $F(x_0, x_1, x_2) = x_0^k F(1, x_1/x_0, x_2/x_0) = x_0^k F(1, x, y)$ である．$f(x, y) = F(1, x, y)$ と定める．このとき f と F は U_0 において同じ零点集合をもつ．)

9.8 正則部分多様体の積

$i = 1, 2$ に対し，S_i が多様体 M_i の正則部分多様体ならば，$S_1 \times S_2$ は $M_1 \times M_2$ の正則部分多様体であることを証明せよ．

9.9 複素特殊線形群

複素特殊線形群 $\mathrm{SL}(n, \mathbb{C})$ は，行列式が 1 の $n \times n$ 複素行列からなる $\mathrm{GL}(n, \mathbb{C})$ の部分群である．$\mathrm{SL}(n, \mathbb{C})$ が $\mathrm{GL}(n, \mathbb{C})$ の正則部分多様体であることを示し，その次元を決定せよ．(この問題は複素解析の初歩的な知識を必要とする．)

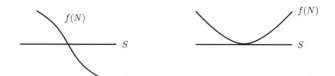

$\mathbb{R}^2$ 内の S に対して横断的な f 　　$\mathbb{R}^2$ 内の S に対して横断的ではない f

図 9.5 横断性．

9.10* 横断性定理

C^∞ 級写像 $f: N \to M$ が部分多様体 $S \subset M$ に対して**横断的**である（図 9.5）とは，すべての $p \in f^{-1}(S)$ に対して，

$$f_*(T_p N) + T_{f(p)} S = T_{f(p)} M \tag{9.4}$$

が成り立つことをいう．（A と B がベクトル空間の部分空間のとき，それらの和 $A+B$ は，$a \in A$ と $b \in B$ に対する $a+b$ の形の元全体からなる部分空間である．和は直和とは限らない．）この演習問題の目標は**横断性定理**「C^∞ 級写像 $f: N \to M$ が M における余次元 k の正則部分多様体 S に対して横断的ならば，$f^{-1}(S)$ は N における余次元 k の正則部分多様体である」を証明することである．

S が唯一つの点 c からなるとき，f の S に対する横断性は単純に $f^{-1}(c)$ が正則レベル集合であることを意味している．ゆえに，横断性定理は正則レベル集合定理の一般化である．この定理は，2 つの部分多様体の交わりが部分多様体であるための条件を与える際に特に役に立つ．

$p \in f^{-1}(S)$ とし，S に適合する M のチャート $(U, x^1, \ldots, x^m)$ で，$f(p)$ を中心とし，共通部分 $U \cap S$ が関数 $x^{m-k+1}, \ldots, x^m$ の零点集合 $Z(x^{m-k+1}, \ldots, x^m)$ であるものをとる．$g: U \to \mathbb{R}^k$ を写像

$$g = (x^{m-k+1}, \ldots, x^m)$$

とする．

(a) $f^{-1}(U) \cap f^{-1}(S) = (g \circ f)^{-1}(0)$ を示せ．
(b) $f^{-1}(U) \cap f^{-1}(S)$ が関数 $g \circ f: f^{-1}(U) \to \mathbb{R}^k$ の正則レベル集合であることを示せ．
(c) 横断性定理を証明せよ．

§10 圏と関手

数学における多くの問題は，共通の特徴を有している．例えば，位相空間論においては 2 つの位相空間が同相であるかどうかを知ることに関心があり，群論では 2 つの群が同型であるかどうかを知ることに関心がある．この考え方が，異なる数学の分野間の構造的な類似を明確にしようとする圏と関手の理論を生じさせた．

圏は本質的に，対象と対象間の矢印の集まりである．射と呼ばれるこの矢印は，写像がもつ抽象的な性質を満たし，多くの場合，対象の構造を保つ写像である．滑ら

かな多様体と滑らかな写像の集まりは圏をなし，同様にベクトル空間と線形写像の集まりも圏をなす．ある圏から別の圏への関手は，恒等射と射の合成を保つ．通常，関手の行き先の圏はもとの圏よりも単純であるため，関手はときに，圏における問題を単純化する方法をもたらしている．接空間と滑らかな写像の微分の構成は，基点をもつ滑らかな多様体の圏からベクトル空間の圏への関手である．この接空間の関手の存在は，2つの多様体が微分同相ならば対応する点における接空間は同型でなければないことを示しており，ゆえに次元の微分同相不変性を証明している．位相空間と連続写像の集まりがなす位相空間の圏において次元の不変性を証明するのは，多様体の場合より難しい．というのも，位相空間の圏においては接空間による関手がないからである．

代数的トポロジーの大半は，例えばホモロジー，コホモロジー，ホモトピーといった関手の研究である．関手が真に便利なものであるためには，その関手が計算できる程度に十分単純である一方，もとの圏の本質的な特徴を保っている程度に複雑であるべきである．滑らかな多様体の場合は，この微妙なバランスがド・ラームコホモロジー関手によって得られる．本書の残りの部分では，接束や微分形式の代数など様々な関手を導入し，ド・ラームコホモロジーへと結実させる．

この節では，圏と関手を定義した後，関手の非自明な例として，ベクトル空間における双対の構成について調べる．

10.1　圏

圏は，**対象**と呼ばれる要素と，任意の 2 つの対象 A, B に対して定まる A から B への**射**と呼ばれる要素の集合 $\mathrm{Mor}(A,B)$ を集めたものからなり，任意の射 $f \in \mathrm{Mor}(A,B)$ と $g \in \mathrm{Mor}(B,C)$ に対して**合成** $g \circ f \in \mathrm{Mor}(A,C)$ が定義されている．さらに，射の合成は次の 2 つの性質を満たさなければならない．

(i) （恒等律）各対象 A に対して，恒等射と呼ばれる $\mathbb{1}_A \in \mathrm{Mor}(A,A)$ が存在して，任意の対象 B と $f \in \mathrm{Mor}(A,B)$ と $g \in \mathrm{Mor}(B,A)$ に対して

$$f \circ \mathbb{1}_A = f, \quad \mathbb{1}_A \circ g = g$$

が成り立つ．

(ii) （結合律）$f \in \mathrm{Mor}(A,B), g \in \mathrm{Mor}(B,C), h \in \mathrm{Mor}(C,D)$ に対して，

$$h \circ (g \circ f) = (h \circ g) \circ f$$

が成り立つ．$f \in \mathrm{Mor}(A, B)$ をしばしば $f: A \to B$ と書く．

例 群とその間の準同型写像の集まりは，対象を群とし，2 つの群 A と B に対して，$\mathrm{Mor}(A, B)$ を A から B への群の準同型写像の集合とすることで，圏をなす．

例 $\mathbb{R}$ 上のベクトル空間と $\mathbb{R}$ 線形写像の集まりは，対象を実ベクトル空間とし，2 つの実ベクトル空間 V と W に対して，$\mathrm{Mor}(V, W)$ を V から W への線形写像の集合 $\mathrm{Hom}(V, W)$ とすることで，圏をなす．

例 位相空間とそれらの間の連続写像の集まりは**位相空間の圏**[2]と呼ばれる．

例 滑らかな多様体とそれらの間の滑らかな写像の集まりは**多様体の圏**[3]と呼ばれる．

例 M を多様体とし，q を M の点とするとき，対 (M, q) を**基点をもつ多様体**と呼ぶ．そのような 2 つの対 (N, p) と (M, q) が与えられたとき，$\mathrm{Mor}((N, p), (M, q))$ を滑らかな写像 $F: N \to M$ で $F(p) = q$ を満たすもの全体の集合とする．これは**基点をもつ多様体の圏**を与える．

定義 10.1 圏における 2 つの対象 A と B が**同型**であるとは，射 $f: A \to B$ と $g: B \to A$ で
$$g \circ f = \mathbb{1}_A, \quad f \circ g = \mathbb{1}_B$$
を満たすものが存在することをいう．このとき，f と g は共に**同型射**と呼ばれる．

同型射を表す通常の記号は「$\simeq$」である．ゆえに，$A \simeq B$ は，考えている圏や文脈に応じて，例えば群の同型写像，ベクトル空間の同型写像，同相写像，または微分同相写像などを表すことがある．

10.2 関手

定義 10.2 圏 $\mathcal{C}$ から圏 $\mathcal{D}$ への（**共変**）**関手** $\mathcal{F}$ は，$\mathcal{C}$ の各対象 A に対して $\mathcal{D}$ の対象 $\mathcal{F}(A)$ を与え，各射 $f: A \to B$ に対して射 $\mathcal{F}(f): \mathcal{F}(A) \to \mathcal{F}(B)$ を与える対応付けで，
 (i) $\mathcal{F}(\mathbb{1}_A) = \mathbb{1}_{\mathcal{F}(A)}$,
 (ii) $\mathcal{F}(f \circ g) = \mathcal{F}(f) \circ \mathcal{F}(g)$
が成り立つものである．

---

[2] (訳者注) 原著では 'continuous category' の用語が使われている．
[3] (訳者注) 原著では 'smooth category' の用語が使われている．

例 接空間の構成は，基点をもつ多様体の圏からベクトル空間の圏への関手である．基点をもつ多様体 (N,p) に対して接空間 T_pN を対応させ，滑らかな写像 $f:(N,p) \to (M,f(p))$ に対してその微分 $f_{*,p}:T_pN \to T_{f(p)}M$ を対応させる．

関手性 (i) が成り立つのは，恒等写像 $\mathbb{1}_N: N \to N$ についてはその微分 $\mathbb{1}_{*,p}: T_pN \to T_pN$ もまた恒等写像であるからである．

関手性 (ii) が成り立つのは，それが合成関数の微分法

$$(g \circ f)_{*,p} = g_{*,f(p)} \circ f_{*,p}$$

に他ならないからである．

命題 10.3 $\mathcal{F}:\mathcal{C} \to \mathcal{D}$ を圏 $\mathcal{C}$ から圏 $\mathcal{D}$ への関手とする．$f:A \to B$ が $\mathcal{C}$ における同型射ならば，$\mathcal{F}(f):\mathcal{F}(A) \to \mathcal{F}(B)$ は $\mathcal{D}$ における同型射である．

【証明】 問題 10.2. □

系 8.6 と系 8.7 をより関手的な形に書き直せることに注意せよ．$f:N \to M$ が微分同相写像であるならば，(N,p) と $(M,f(p))$ は基点をもつ多様体の圏において同型な対象である．命題 10.3 より，接空間 T_pN と $T_{f(p)}M$ は同型写像 $f_{*,p}:T_pN \to T_{f(p)}M$ を通じてベクトル空間として同型でなければならず，したがって同じ次元をもつ．このようにして，多様体の次元が微分同相写像の下で不変であることが従う．

共変関手の定義において射 $\mathcal{F}(f)$ の向きを逆にすると，**反変関手**が得られる．より正確には，次のように定義される．

定義 10.4 圏 $\mathcal{C}$ から圏 $\mathcal{D}$ への**反変関手** $\mathcal{F}$ とは，$\mathcal{C}$ の各対象 A に対して $\mathcal{D}$ の対象 $\mathcal{F}(A)$ を与え，各射 $f:A \to B$ に対して射 $\mathcal{F}(f):\mathcal{F}(B) \to \mathcal{F}(A)$ を与える対応付けで，
  (i) $\mathcal{F}(\mathbb{1}_A) = \mathbb{1}_{\mathcal{F}(A)}$,
  (ii) $\mathcal{F}(f \circ g) = \mathcal{F}(g) \circ \mathcal{F}(f)$ （順序が逆になることに注意.）
が成り立つものである．

例 多様体上の滑らかな関数を考えることは，多様体 M に対して M 上の C^∞ 級関数からなる代数 $\mathcal{F}(M) = C^\infty(M)$ を対応させ，多様体の間の滑らかな写像 $F:N \to M$ に対して引き戻し写像 $\mathcal{F}(F) = F^*:C^\infty(M) \to C^\infty(N)$, $F^*(h) = h \circ F$ ($h \in C^\infty(M)$) を対応させるという反変関手を与える．引き戻しが 2 つの関手性
  (i) $(\mathbb{1}_M)^* = \mathbb{1}_{C^\infty(M)}$,

(ii) $F: N \to M$ と $G: M \to P$ が C^∞ 級写像ならば，$(G \circ F)^* = F^* \circ G^*: C^\infty(P) \to C^\infty(N)$

を満たすことは容易に確かめることができる．

反変関手のもう 1 つの例は，次節で復習するベクトル空間の双対である．

10.3 双対関手と多重コベクトル関手

V を実ベクトル空間とする．その双対空間 $V^\vee$ は，V 上の**線形汎関数**，つまり線形写像 $\alpha: V \to \mathbb{R}$ 全体からなるベクトル空間であった．$V^\vee$ を

$$V^\vee = \mathrm{Hom}(V, \mathbb{R})$$

とも書く．

V が基底 $\{e_1, \ldots, e_n\}$ をもつ有限次元ベクトル空間ならば，命題 3.1 よりその双対空間は，

$$\alpha^i(e_j) = \delta^i_j, \quad 1 \leq i, j \leq n$$

で定義される線形汎関数 $\{\alpha^1, \ldots, \alpha^n\}$ を基底にもつ．V 上の線形関数は V の基底をどう写すかで決まるので，この式は α^i を唯一つに定めている．

ベクトル空間の間の線形写像 $L: V \to W$ は，L の**双対**と呼ばれる線形写像 $L^\vee$ を次のようにして誘導する．すなわち，線形汎関数 $\alpha: W \to \mathbb{R}$ に対して，双対写像 $L^\vee$ は線形汎関数

$$V \xrightarrow{L} W \xrightarrow{\alpha} \mathbb{R}$$

を対応させるものとする．ゆえに，双対写像 $L^\vee: W^\vee \to V^\vee$ は

$$L^\vee(\alpha) = \alpha \circ L \quad (\alpha \in W^\vee)$$

で与えられる．L の双対をとると矢印の向きが逆になることに注意せよ．

命題 10.5（**双対の関手性**） V, W, S は実ベクトル空間とする．
(i) $\mathbb{1}_V: V \to V$ が V 上の恒等写像ならば，$(\mathbb{1}_V)^\vee: V^\vee \to V^\vee$ は $V^\vee$ 上の恒等写像である．
(ii) $f: V \to W$ と $g: W \to S$ が線形写像ならば，$(g \circ f)^\vee = f^\vee \circ g^\vee$．

【証明】 問題 10.3. □

この命題によれば，双対の構成 $\mathcal{F}:(\ )\to(\ )^{\vee}$ はベクトル空間の圏からそれ自身への反変関手である．すなわち，実ベクトル空間 V に対して $\mathcal{F}(V)=V^{\vee}$ であり，$f\in\mathrm{Hom}(V,W)$ に対して $\mathcal{F}(f)=f^{\vee}\in\mathrm{Hom}(W^{\vee},V^{\vee})$ である．したがって，$f:V\to W$ が同型写像ならば，$f^{\vee}:W^{\vee}\to V^{\vee}$ も同型写像である（命題 10.3 参照）．

正の整数 k を固定する．ベクトル空間の間の任意の線形写像 $L:V\to W$ に対して，引き戻し写像 $L^{*}:A_k(W)\to A_k(V)$ を

$$(L^{*}f)(v_1,\ldots,v_k)=f(L(v_1),\ldots,L(v_k))\quad(f\in A_k(W),\ v_1,\ldots,v_k\in V)$$

により定める．定義より，L^{*} が線形写像であることを確かめるのは容易である．すなわち，$a,b\in\mathbb{R}$ と $f,g\in A_k(W)$ に対して $L^{*}(af+bg)=aL^{*}f+bL^{*}g$．

命題 10.6 線形写像によるコベクトルの引き戻しは次の関手性を満たす．
(i) $\mathbb{1}_V:V\to V$ が V 上の恒等写像ならば，$(\mathbb{1}_V)^{*}=\mathbb{1}_{A_k(V)}$ は $A_k(V)$ 上の恒等写像である．
(ii) $K:U\to V$ と $L:V\to W$ がベクトル空間の間の線形写像ならば，

$$(L\circ K)^{*}=K^{*}\circ L^{*}:A_k(W)\to A_k(U).$$

【証明】 問題 10.6. □

ベクトル空間 V に対して，V 上の k コベクトル全体からなるベクトル空間 $A_k(V)$ を対応させ，ベクトル空間の間の線形写像 $L:V\to W$ に対して引き戻し $A_k(L)=L^{*}:A_k(W)\to A_k(V)$ を対応させる．このとき，$A_k(\ )$ はベクトル空間と線形写像の圏からそれ自身への反変関手である．

$k=1$ のとき，任意のベクトル空間 V に対して空間 $A_1(V)$ は V の双対空間であり，任意の線形写像 $L:V\to W$ に対して引き戻し写像 $A_1(L)=L^{*}$ は双対写像 $L:W^{\vee}\to V^{\vee}$ である．ゆえに，多重コベクトル関手 $A_k(\ )$ は双対関手 $(\ )^{\vee}$ を一般化するものである．

問題

10.1 逆写像の微分

$F : N \to M$ が多様体の間の微分同相写像で $p \in N$ ならば，$(F^{-1})_{*, F(p)} = (F_{*, p})^{-1}$ であることを証明せよ．

10.2 関手の下での同型射

命題 10.3 を証明せよ．

10.3 双対の関手性

命題 10.5 を証明せよ．

10.4 双対写像の行列

線形変換 $L : V \to \bar{V}$ が，V の基底 $e_1, \ldots, e_n$ と $\bar{V}$ の基底 $\bar{e}_1, \ldots, \bar{e}_m$ に関して行列 $A = [a_j^i]$ によって

$$L(e_j) = \sum_i a_j^i \bar{e}_i$$

と表されているとする．$\alpha^1, \ldots, \alpha^n$ と $\bar{\alpha}^1, \ldots, \bar{\alpha}^m$ をそれぞれ $V^\vee$ と $\bar{V}^\vee$ の双対基底とする．$L^\vee(\bar{\alpha}^j) = \sum_i b_i^j \alpha^i$ と書くとき，$b_i^j = a_i^j$ であることを証明せよ．

10.5 双対写像の単射性

(a) V と W は体 K 上のベクトル空間とする（無限次元でもよい）．線形写像 $L : V \to W$ が全射ならば，その双対 $L^\vee : W^\vee \to V^\vee$ は単射であることを示せ．

(b) V と W は体 K 上の有限次元ベクトル空間とする．(a) の主張の逆「$L^\vee : W^\vee \to V^\vee$ が単射ならば，$L : V \to W$ は全射である」を証明せよ．

10.6 引き戻しの関手性

命題 10.6 を証明せよ．

10.7 最高次での引き戻し

$L : V \to V$ が n 次元ベクトル空間 V 上の線形変換ならば，引き戻し $L^* : A_n(V) \to A_n(V)$ は L の行列式を掛ける写像であることを示せ．

§11 滑らかな写像の階数

この節では，滑らかな写像の局所的な構造を，その階数を通じて調べる．ここで，滑らかな写像 $f : N \to M$ の点 $p \in N$ での階数は，点 p における微分の階数であったことを思い出しておく．次の2つの場合が特に興味深い．すなわち，ある点において写像 f が最大階数をもつ場合と，ある近傍において一定の階数をもつ場合であ

る．そこで，$n = \dim N, m = \dim M$ とする．$f : N \to M$ が p において最大階数をもつ場合は，互いに排他的ではない次の 3 つの可能性がある．

(i) $n = m$ ならば，逆関数定理より，f は p における局所微分同相写像である．
(ii) $n \leq m$ ならば，最大階数は n であり，f は p における**はめ込み**である．
(iii) $n \geq m$ ならば，最大階数は m であり，f は p における**沈め込み**である．

多様体は局所ユークリッド的なので（付録 B），ユークリッド空間の間の滑らかな写像の階数に関する定理は，容易に多様体に関する定理に言い換えられる．これにより多様体に対する階数一定定理が導かれ，ある開集合上で一定の階数をもつ滑らかな写像の単純な標準形が与えられる（定理 11.1）．その直接の帰結として，レベル集合が正則部分多様体であるための判定条件が得られる．[25] に従い，本書ではこれを「階数一定レベル集合定理」と呼ぶ．11.2 節で説明するように，ある点で最大階数をもつということは，その近傍において一定の階数をもつことを意味し，ゆえにはめ込みや沈め込みは階数一定の写像である．階数一定定理は，はめ込み定理や沈め込み定理を特別な場合として含み，はめ込みや沈め込みの単純な標準形を与える．9.3 節で見た正則レベル集合定理は沈め込み定理の帰結であり，階数一定定理の特別な場合と見なすことができる．

正則レベル集合定理より，滑らかな写像の正則値の**原像**は多様体である．一方で，滑らかな写像の**像**は，一般には良い構造をもたない．滑らかな写像の像が多様体になるための条件を，はめ込み定理を使って導出する．

11.1　階数一定定理

$f : N \to M$ が多様体の間の C^∞ 級写像であるとし，ある $c \in M$ についてレベル集合 $f^{-1}(c)$ が多様体であることを証明したいとする．正則レベル集合定理を適用するためには，$f^{-1}(c)$ の各点について微分 f_* が最大階数をもっている必要がある．これは正しくないこともあるし，正しくても証明するのは難しいかもしれない．そのような場合に，階数一定定理が役に立つことがある．この定理は，f の階数を正確に知る必要はなく，階数が一定でさえあれば十分であるというきわめて重要な長所をもっている．

ユークリッド空間についての階数一定定理（定理 B.4）の類似として，その多様体版が直ちに従う．

定理 11.1（階数一定定理） N と M をそれぞれ n 次元，m 次元の多様体とする．$f: N \to M$ が N の点 p の近傍において一定の階数 k をもつとする．このとき，p を中心とする N のチャート (U, ϕ) と，$f(p)$ を中心とする M のチャート (V, ψ) で，$\phi(U)$ の点 $(r^1, \ldots, r^n)$ に対して

$$(\psi \circ f \circ \phi^{-1})(r^1, \ldots, r^n) = (r^1, \ldots, r^k, 0, \ldots, 0) \tag{11.1}$$

となるものが存在する．

【証明】 点 p の周りの N のチャート $(\bar{U}, \bar{\phi})$ と，点 $f(p)$ の周りの M のチャート $(\bar{V}, \bar{\psi})$ をとる．このとき，$\bar{\psi} \circ f \circ \bar{\phi}^{-1}$ はユークリッド空間の開集合の間の写像である．$\bar{\phi}$ と $\bar{\psi}$ は微分同相写像なので，$\bar{\psi} \circ f \circ \bar{\phi}^{-1}$ は，$\mathbb{R}^n$ の点 $\bar{\phi}(p)$ のある近傍 $\tilde{U}$ において f と同じ一定の階数 k をもつ．ユークリッド空間についての階数一定定理（定理 B.4）より，$\mathbb{R}^n$ の点 $\bar{\phi}(p)$ のある近傍 $\tilde{U}$ における微分同相写像 G と，$\mathbb{R}^m$ の点 $(\bar{\psi} \circ f)(p)$ のある近傍 $\tilde{V}$ における微分同相写像 F で，

$$(F \circ \bar{\psi} \circ f \circ \bar{\phi}^{-1} \circ G^{-1})(r^1, \ldots, r^n) = (r^1, \ldots, r^k, 0, \ldots, 0)$$

を満たすものが存在する．そこで，$U = \bar{\phi}^{-1}(\tilde{U})$，$V = \bar{\psi}^{-1}(\tilde{V})$，$\phi = G \circ \bar{\phi}$，$\psi = F \circ \bar{\psi}$ とおけばよい． □

階数一定定理において，標準形 (11.1) は 0 を全くもたなくてもよい．すなわち，階数 k が m と等しいならば

$$(\psi \circ f \circ \phi^{-1})(r^1, \ldots, r^n) = (r^1, \ldots, r^m).$$

この定理より，階数一定レベル集合定理が容易に従う．多様体 M の部分集合 A の **近傍** とは，A を含む開集合のこととする．

定理 11.2（階数一定レベル集合定理） $f: N \to M$ を多様体の間の C^∞ 級写像とし，$c \in M$ とする．f がレベル集合 $f^{-1}(c)$ のある近傍で一定の階数 k をもつならば，$f^{-1}(c)$ は N の正則部分多様体で，余次元は k である．

【証明】 p を $f^{-1}(c)$ の任意の点とする．階数一定定理より，$p \in N$ を中心とする座標チャート $(U, \phi) = (U, x^1, \ldots, x^n)$ と，$f(p) = c \in M$ を中心とする座標チャート $(V, \psi) = (V, y^1, \ldots, y^m)$ で

$$(\psi \circ f \circ \phi^{-1})(r^1, \ldots, r^n) = (r^1, \ldots, r^k, 0, \ldots, 0) \in \mathbb{R}^m$$

となるものが存在する．これは，座標 $r^1, \ldots, r^k$ が消えている点の集合としてレベル集合 $(\psi \circ f \circ \phi^{-1})^{-1}(0)$ が定まっていることを示している．

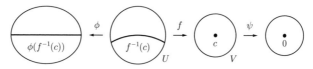

図 11.1 階数一定レベル集合．

レベル集合 $f^{-1}(c)$ の ϕ による像は，レベル集合 $(\psi \circ f \circ \phi^{-1})^{-1}(0)$ である．というのも，

$$\phi(f^{-1}(c)) = \phi(f^{-1}(\psi^{-1}(0))) = (\psi \circ f \circ \phi^{-1})^{-1}(0)$$

だからである．ゆえに，U におけるレベル集合 $f^{-1}(c)$ は座標関数 $x^1, \ldots, x^k$ が消えている点の集合として定まっている．ここで，$x^i = r^i \circ \phi$．これは，$f^{-1}(c)$ が N の正則部分多様体で，余次元が k であることを示している． □

例 11.3（直交群） 直交群 $\mathrm{O}(n)$ は，$A^T A = I$ を満たす $\mathrm{GL}(n, \mathbb{R})$ の行列 A 全体からなる $\mathrm{GL}(n, \mathbb{R})$ の部分群である．ここで，I は $n \times n$ の単位行列である．階数一定レベル集合定理を用いて，$\mathrm{O}(n)$ が $\mathrm{GL}(n, \mathbb{R})$ の正則部分多様体であることを証明せよ．

〈解〉 写像 $f : \mathrm{GL}(n, \mathbb{R}) \to \mathrm{GL}(n, \mathbb{R})$ を $f(A) = A^T A$ により定める．このとき，$\mathrm{O}(n)$ はレベル集合 $f^{-1}(I)$ である．任意の 2 つの行列 $A, B \in \mathrm{GL}(n, \mathbb{R})$ に対して，行列 $C \in \mathrm{GL}(n, \mathbb{R})$ で $B = AC$ を満たすものが唯一つ存在する．ℓ_C, $r_C : \mathrm{GL}(n, \mathbb{R}) \to \mathrm{GL}(n, \mathbb{R})$ を，それぞれ左から C を掛ける写像，右から C を掛ける写像とする．定義より

$$f(AC) = (AC)^T AC = C^T A^T AC = C^T f(A) C$$

であるので，

$$(f \circ r_C)(A) = (\ell_{C^T} \circ r_C \circ f)(A).$$

これがすべての $A \in \mathrm{GL}(n, \mathbb{R})$ に対して正しいので，

$$f \circ r_C = \ell_{C^T} \circ r_C \circ f.$$

§11 滑らかな写像の階数

合成関数の微分法より,

$$f_{*,AC} \circ (r_C)_{*,A} = (\ell_{C^T})_{*,A^TAC} \circ (r_C)_{*,A^TA} \circ f_{*,A}. \tag{11.2}$$

右乗法と左乗法は微分同相写像なので,その微分は同型写像である.同型写像との合成は線形写像の階数を変えない.したがって,(11.2) より

$$\mathrm{rk} f_{*,AC} = \mathrm{rk} f_{*,A}.$$

AC と A は $\mathrm{GL}(n,\mathbb{R})$ の任意の 2 点なので,これは f が $\mathrm{GL}(n,\mathbb{R})$ 上で一定の階数をもつことを示している.階数一定レベル集合定理より,直交群 $\mathrm{O}(n) = f^{-1}(I)$ は $\mathrm{GL}(n,\mathbb{R})$ の正則部分多様体である. ∎

記号 $f : N \to M$ がある点 $p \in N$ の近傍で一定の階数 k をとるとき,階数一定定理(定理 11.1)におけるチャート $(U, \phi) = (U, x^1, \ldots, x^n)$ と $(V, \psi) = (V, y^1, \ldots, y^m)$ に関する局所的な標準形 (11.1) は,局所座標系 $x^1, \ldots, x^n$ と $y^1, \ldots, y^m$ を用いて次のように表示できる.

まず,任意の $q \in U$ に対して

$$\phi(q) = (x^1(q), \ldots, x^n(q)) \quad \text{かつ} \quad \psi(f(q)) = (y^1(f(q)), \ldots, y^m(f(q))).$$

ゆえに,

$$\begin{aligned}(y^1(f(q)), \ldots, y^m(f(q))) &= \psi(f(q)) = (\psi \circ f \circ \phi^{-1})(\phi(q)) \\ &= (\psi \circ f \circ \phi^{-1})(x^1(q), \ldots, x^n(q)) \\ &= (x^1(q), \ldots, x^k(q), 0, \ldots, 0) \quad ((11.1) \text{ より}).\end{aligned}$$

つまり U 上の関数として

$$(y^1 \circ f, \ldots, y^m \circ f) = (x^1, \ldots, x^k, 0, \ldots, 0). \tag{11.3}$$

これは次のように書き換えられる.チャート $(U, x^1, \ldots, x^n)$ と $(V, y^1, \ldots, y^m)$ に関して,写像 f は

$$(x^1, \ldots, x^n) \mapsto (x^1, \ldots, x^k, 0, \ldots, 0)$$

で与えられる.

11.2 はめ込み定理と沈め込み定理

この 11.2 節では，なぜはめ込みと沈め込みが一定の階数をもつのかを説明する．階数一定定理は，はめ込みと沈め込みの局所的な標準形を与え，これらはそれぞれ，はめ込み定理，沈め込み定理と呼ばれている．沈め込み定理と階数一定レベル集合定理より，正則レベル集合定理の 2 つの別証明が得られる．

C^∞ 級写像 $f: N \to M$ を考える．$(U, \phi) = (U, x^1, \ldots, x^n)$ を N の点 p の周りのチャートとし，$(V, \psi) = (V, y^1, \ldots, y^m)$ を M の点 $f(p)$ の周りのチャートとする．チャート $(V, y^1, \ldots, y^m)$ における f の i 番目の成分を $f^i = y^i \circ f$ と書く．線形写像 $f_{*,p}$ は，チャート (U, ϕ) とチャート (V, ψ) に関して，行列 $[\partial f^i / \partial x^j(p)]$ で表される（命題 8.11）．ゆえに，

$$f_{*,p} \text{ は単射} \iff n \leq m \text{ かつ } \mathrm{rk}[\partial f^i / \partial x^j(p)] = n,$$
$$f_{*,p} \text{ は全射} \iff n \geq m \text{ かつ } \mathrm{rk}[\partial f^i / \partial x^j(p)] = m. \qquad (11.4)$$

行列の階数は一次独立な行の個数であり，それはまた一次独立な列の個数でもある．ゆえに，$m \times n$ 行列がもち得る最大の階数は m と n の最小値である．(11.4) より，p におけるはめ込みまたは沈め込みであることは，$\mathrm{rk}[\partial f^i / \partial x^j(p)]$ が最大であることと同値である．

ある点において最大階数をもつという条件は，集合

$$D_{\max}(f) = \{p \in U \mid f_{*,p} \text{ は } p \text{ において最大階数をもつ}\}$$

が U の開集合であるという意味で，**開な条件**である．これを確かめるために，k が f の最大階数であるとする．このとき，

$$\mathrm{rk} f_{*,p} = k \iff \mathrm{rk}[\partial f^i / \partial x^j(p)] = k$$
$$\iff \mathrm{rk}[\partial f^i / \partial x^j(p)] \geq k \quad (k \text{ が最大だから}).$$

よって，補集合 $U - D_{\max}(f)$ は

$$\mathrm{rk}[\partial f^i / \partial x^j(p)] < k$$

によって定められており，この条件は行列 $[\partial f^i / \partial x^j(p)]$ のすべての $k \times k$ 小行列式が消えることと同値である．有限個の連続関数の零点集合であることから[4]，$U - D_{\max}(f)$ は閉集合であり，よって $D_{\max}(f)$ は開集合である．特に，f が点 p で最大階数をも

---

[4] （訳者注）有限個であることはここでは必ずしも必要ない．

ば，f は p のある近傍のすべての点において最大階数をもつ．これにより，次の命題を証明したことになる．

命題 11.4 N と M をそれぞれ n 次元，m 次元の多様体とする．C^∞ 級写像 $f: N \to M$ が点 $p \in N$ におけるはめ込みならば，f は p のある近傍において一定の階数 n をもつ．C^∞ 級写像 $f: N \to M$ が点 $p \in N$ における沈め込みならば，f は p のある近傍において一定の階数 m をもつ．

例 点における階数の最大性は，その点のある近傍における階数が一定であることを意味するが，逆は正しくない．例えば，写像 $f: \mathbb{R}^2 \to \mathbb{R}^3, f(x,y) = (x,0,0)$ は一定の階数 1 をもつが，どの点においても最大階数をもたない．

命題 11.4 より，次の定理は階数一定定理の特別な場合である．

定理 11.5 N と M をそれぞれ n 次元，m 次元の多様体とする．
 (i) (**はめ込み定理**) $f: N \to M$ が $p \in N$ におけるはめ込みであるとする．このとき，p を中心とする N のチャート (U, ϕ) と，$f(p)$ を中心とする M のチャート (V, ψ) で，$\phi(p)$ のある近傍において
$$(\psi \circ f \circ \phi^{-1})(r^1, \ldots, r^n) = (r^1, \ldots, r^n, 0, \ldots, 0)$$
となるものが存在する．
 (ii) (**沈め込み定理**) $f: N \to M$ が $p \in N$ における沈め込みであるとする．このとき，p を中心とする N のチャート (U, ϕ) と，$f(p)$ を中心とする M のチャート (V, ψ) で，$\phi(p)$ のある近傍において
$$(\psi \circ f \circ \phi^{-1})(r^1, \ldots, r^m, r^{m+1}, \ldots, r^n) = (r^1, \ldots, r^m)$$
となるものが存在する．

系 11.6 多様体の間の沈め込み $f: N \to M$ は開写像である．

【**証明**】W を N の開集合とする．$f(W)$ が M において開であることを示す必要がある．$f(W)$ の点 $f(p)$ ($p \in W$) を選ぶ．沈め込み定理より，f は局所的には射影である．射影は開写像なので（問題 A.7），W における p の開近傍 U で，$f(U)$ が M において開となるものが存在する．明らかに

$$f(p) \in f(U) \subset f(W).$$

$f(p) \in f(W)$ は任意であったので，$f(W)$ は M において開である． □

正則レベル集合定理（定理 9.9）は，沈め込み定理の簡単な系である．実際，多様体の間の C^∞ 級写像 $f : N \to M$ に対して，レベル集合 $f^{-1}(c)$ が正則点のみからなるための必要十分条件は，f がすべての点 $p \in f^{-1}(c)$ における沈め込みとなることである．そのような点 $p \in f^{-1}(c)$ を 1 つ固定し，(U, ϕ) と (V, ψ) を沈め込み定理におけるチャートとする．このとき，$\psi \circ f \circ \phi^{-1} = \pi : \mathbb{R}^n \supset \phi(U) \to \mathbb{R}^m$ は最初の m 個の座標への射影 $\pi(r^1, \ldots, r^n) = (r^1, \ldots, r^m)$ なので，U 上では

$$\psi \circ f = \pi \circ \phi = (r^1, \ldots, r^m) \circ \phi = (x^1, \ldots, x^m).$$

したがって，

$$f^{-1}(c) = f^{-1}(\psi^{-1}(\mathbf{0})) = (\psi \circ f)^{-1}(\mathbf{0}) = Z(\psi \circ f) = Z(x^1, \ldots, x^m)$$

であり，これは，チャート $(U, x^1, \ldots, x^n)$ においては，レベル集合 $f^{-1}(c)$ が m 個の座標関数 $x^1, \ldots, x^m$ の消滅によって定まっていることを示している．したがって，$(U, x^1, \ldots, x^n)$ は $f^{-1}(c)$ に適合する N のチャートである．これは，正則レベル集合 $f^{-1}(c)$ が N の正則部分多様体であるということの第 2 の証明を与えている．

沈め込み定理は階数一定定理の特別な場合なので，正則レベル集合定理もまた階数一定レベル集合定理の特別な場合になっていることは驚くことではない．正則レベル集合 $f^{-1}(c)$ においては，写像 $f : N \to M$ は各点で最大階数 m をもつ．f の階数の最大性が開な条件であることより，$f^{-1}(c)$ は f が階数一定であるような近傍をもつ．階数一定レベル集合定理（定理 11.2）より，$f^{-1}(c)$ は N の正則部分多様体であり，これが正則レベル集合定理の第 3 の証明を与えている．

11.3　滑らかな写像の像

以下に挙げるのは，すべて $N = \mathbb{R}$, $M = \mathbb{R}^2$ のときの C^∞ 級写像 $f : N \to M$ についての例である．

例 11.7　$f(t) = (t^2, t^3)$.

この f は 1 対 1 である．というのも，$t \mapsto t^3$ が 1 対 1 であるからである．$f'(0) = (0, 0)$ なので，微分 $f_{*,0} : T_0 \mathbb{R} \to T_{(0,0)} \mathbb{R}^2$ は零写像であり，よって単射でない．すなわち，f は 0 におけるはめ込みではない．f の像はカスプをもつ 3 次曲線（cuspidal cubic）$y^2 = x^3$ である．

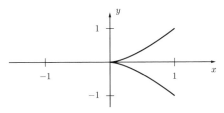

図 **11.2** カスプをもつ 3 次曲線. はめ込みではない.

例 11.8 $f(t) = (t^2 - 1, t^3 - t)$.

方程式 $f'(t) = (2t, 3t^2 - 1) = (0, 0)$ は t について解をもたないので,この写像 f ははめ込みである. しかし, f は単射ではない. 実際, $t = 1$ と $t = -1$ を共に原点に写している. 像 $f(N)$ の式を求めるために, $x = t^2 - 1$, $y = t^3 - t$ とおく. このとき, $y = t(t^2 - 1) = tx$ なので,

$$y^2 = t^2 x^2 = (x+1)x^2.$$

ゆえに, f の像はノードをもつ 3 次曲線 (nodal cubic) $y^2 = x^2(x+1)$ である (図 11.3).

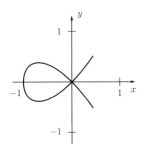

図 **11.3** ノードをもつ 3 次曲線. はめ込みであるが, 1 対 1 ではない.

例 11.9 図 11.4 における写像 f は 1 対 1 のはめ込みであるが,その像を $\mathbb{R}^2$ の部分空間位相で考えると, それは $\mathbb{R}$ と同相ではない. なぜなら, $\mathbb{R}$ においては点 p

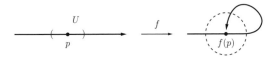

図 **11.4** 埋め込みではない 1 対 1 のはめ込み.

からかなり離れている点が，像においては $f(p)$ の近くにあるからである．より正確には，U が p の周りに図示された区間のとき，$f(N)$ における $f(p)$ の近傍 V で $f^{-1}(V) \subset U$ となるものがない．ゆえに f^{-1} は連続ではない．

例 11.10 図 11.5 における集合 M は，区間 $]0,1[$ 上の $y = \sin(1/x)$ のグラフと，y 軸上の $y = 0$ から $y = 1$ の開区間と，$(0,0)$ と $(1, \sin 1)$ を結ぶ滑らかな曲線の和集合である．写像 f は 1 対 1 のはめ込みであり，その像を部分空間位相で考えると $\mathbb{R}$ とは同相でない．

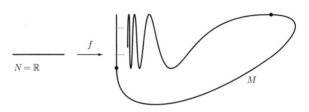

図 11.5 埋め込みではない 1 対 1 のはめ込み．

これらの例では，像 $f(N)$ は $M = \mathbb{R}^2$ の正則部分多様体ではないことに注意せよ．そこで，像 $f(N)$ が M の正則部分多様体になるような写像 f の条件を考えたい．

定義 11.11 C^∞ 級写像 $f : N \to M$ が**埋め込み**であるとは，以下の条件が満たされることである．

(i) f は 1 対 1 のはめ込みであり，

(ii) 像 $f(N)$ を部分空間位相で考えるとき，f の下で N と同相である．
 （実は，「1 対 1」という言葉はこの定義において余分である．これは，同相写像は必ず 1 対 1 だからである．）

注意 残念ながら，「部分多様体（submanifold）」という言葉の使い方に関して，用語上の混乱が多く存在する．多くの文献では，1 対 1 のはめ込み $f : N \to M$ の像 $f(N)$ には部分空間位相ではなく，f から誘導される位相が与えられている．すなわち，$f(N)$ の部分集合 $f(U)$ が開である必要十分条件は，U が N において開であることと定めるのである．この位相を与えると，定義から $f(N)$ は N と同相となる．このような立場の文献では，1 対 1 のはめ込みによる像に，f から誘導される位相と微分構造を与えたものとして部分多様体を定義する．このような集合は M の**はめ込まれた部分多様体**と呼ばれることがあり，図 11.4 と図 11.5 ははめ込まれた部

分多様体の例を示している．はめ込まれた部分多様体をなしている集合に部分空間位相を与えて考えるならば，得られる空間は多様体であるとは限らない．

本書においては，単に「部分多様体」といえば，常に正則部分多様体のことである．手短に言うと，多様体 M の正則部分多様体とは，M の部分集合 S に部分空間位相を与えたもので，S の各点が M のあるチャート U 上の座標関数の消滅によって定まるような近傍 $U \cap S$ をもつものである．

例 11.12（**8 の字曲線**）　8 の字曲線は 1 対 1 のはめ込み
$$f(t) = (\cos t, \sin 2t), \quad -\pi/2 < t < 3\pi/2$$
の像のことである（図 11.6）．すなわち，$\mathbb{R}^2$ のはめ込まれた部分多様体であり，その位相と多様体としての構造は，f によって開区間 $]-\pi/2, 3\pi/2[$ から誘導されるものをとる．原点における交わりの存在により，これは $\mathbb{R}^2$ の正則部分多様体ではあり得ない．実際，$\mathbb{R}^2$ の部分空間位相を与えて考えるとき，8 の字曲線は多様体ですらない．

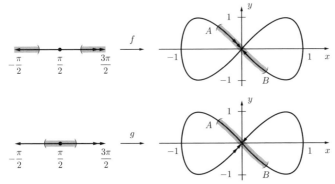

図 11.6　$\mathbb{R}^2$ における 2 つの異なるはめ込まれた部分多様体としての 8 の字曲線．

8 の字曲線はまた，1 対 1 のはめ込み
$$g(t) = (\cos t, -\sin 2t), \quad -\pi/2 < t < 3\pi/2$$
の像でもある（図 11.6）．写像 f と g は，8 の字曲線に相異なるはめ込まれた部分多様体の構造を与える．例えば，図 11.6 における A から B の開区間は，g から誘導される位相に関しては開集合であるが，f から誘導される位相に関しては開集合ではない．これは，f の逆像が孤立点 $\pi/2$ を含むからである．

以下,「p の近く」という言葉を「p の近傍において」という意味で用いることにする.

定理 11.13 $f: N \to M$ が埋め込みならば,その像 $f(N)$ は正則部分多様体である.

【証明】 $p \in N$ とする.はめ込み定理(定理 11.5)より,p の近くの局所座標 $(U, x^1, \ldots, x^n)$ と $f(p)$ の近くの局所座標 $(V, y^1, \ldots, y^m)$ で,$f: U \to V$ が

$$(x^1, \ldots, x^n) \mapsto (x^1, \ldots, x^n, 0, \ldots, 0)$$

という形をしているものが存在する.

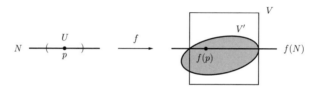

図 11.7 埋め込みの像は正則部分多様体である.

ゆえに,$f(U)$ は V において座標関数 $y^{n+1}, \ldots, y^m$ が消えている点の集合として定まっている[5].これだけでは $f(N)$ が正則部分多様体であることの証明にはならない.というのも,$V \cap f(N)$ は $f(U)$ よりも大きいかもしれないからである.(例 11.9 と例 11.10 を考えよ.)V における $f(p)$ のある近傍において,集合 $f(N)$ が $m - n$ 個の座標関数が消えている点の集合として定まることを示す必要がある.

$f(N)$ に部分空間位相を与えたものは N と同相なので,像 $f(U)$ は $f(N)$ において開である.部分空間位相の定義より,M における開集合 V' で,$V' \cap f(N) = f(U)$ となるものが存在する(図 11.7).$V \cap V'$ においては,

$$V \cap V' \cap f(N) = V \cap f(U) = f(U)$$

かつ $f(U)$ は $y^{n+1}, \ldots, y^m$ が消えている点の集合として定まっている.よって,$(V \cap V', y^1, \ldots, y^m)$ は $f(p)$ を含む $f(N)$ に適合するチャートである.$f(p)$ は $f(N)$ の任意の点であったので,これによって $f(N)$ が M の正則部分多様体であることが証明された. □

---

[5] (訳者注) $f(U)$ において座標関数 $y^{n+1}, \ldots, y^m$ が消えていることは明らかだが,逆が成り立つためには,U と V を十分小さくとり直す必要がある.

定理 11.14 N が M の正則部分多様体ならば，包含写像 $i : N \to M$, $i(p) = p$ は埋め込みである．

【証明】 正則部分多様体は部分空間位相をもち，$i(N)$ もまた部分空間位相をもつので，$i : N \to i(N)$ は同相写像である．よって，$i : N \to M$ がはめ込みであることを証明すればよい．

$p \in N$ とする．p の周りの適合する M のチャート $(V, y^1, \ldots, y^n, y^{n+1}, \ldots, y^m)$ で，$V \cap N$ が $y^{n+1}, \ldots, y^m$ の零点集合であるようなものをとる．N のチャート $(V \cap N, y^1, \ldots, y^n)$ と M のチャート $(V, y^1, \ldots, y^m)$ に関して，包含写像 i は

$$(y^1, \ldots, y^n) \mapsto (y^1, \ldots, y^n, 0, \ldots, 0)$$

で与えられ，これは i がはめ込みであることを示している． $\square$

文献によっては，埋め込みの像はしばしば**埋め込まれた部分多様体**と呼ばれる．定理 11.13 と定理 11.14 は，埋め込まれた部分多様体と正則部分多様体は同一物であることを示している．

11.4 部分多様体への滑らかな写像

$f : N \to M$ を C^∞ 級写像で，像 $f(N)$ が部分集合 $S \subset M$ に含まれているようなものとする．S が多様体のとき，誘導される写像 $\tilde{f} : N \to S$ もまた C^∞ 級だろうか．この問題は見た目よりも複雑である．それは，S が M の正則部分多様体であるか，または M のはめ込まれた部分多様体であるかによって，答えが変わってくるからである．

例 例 11.12 の 1 対 1 のはめ込み $f : I \to \mathbb{R}^2$ と $g : I \to \mathbb{R}^2$ を考える．ここで，I は $\mathbb{R}$ における開区間 $]-\pi/2, 3\pi/2[$ である．S を $\mathbb{R}^2$ における 8 の字曲線とし，g によって誘導されるはめ込まれた部分多様体の構造を与えて考える．$\mathbb{R}^2$ における $f : I \to \mathbb{R}^2$ の像は S に含まれているので，C^∞ 級写像 f は写像 $\tilde{f} : I \to S$ を誘導する．

図 11.6 における A から B の開区間は，S における 0 の開近傍である．$\tilde{f}$ による逆像は $\pi/2$ を孤立点として含んでおり，ゆえに開ではない．これは，$f : I \to \mathbb{R}^2$ は C^∞ 級であるが，誘導される写像 $\tilde{f} : I \to S$ は連続ではなく，ゆえに C^∞ 級でないということを示している．

定理 11.15 $f: N \to M$ は C^∞ 級で，f の像が M の部分集合 S に含まれているとする．S が M の正則部分多様体ならば，誘導される写像 $\tilde{f}: N \to S$ は C^∞ 級である．

【証明】 $p \in N$ とする．N, M, S の次元をそれぞれ n, m, s と書く．仮定より，$f(p) \in S \subset M$ である．S は M の正則部分多様体なので，$f(p)$ の周りの適合する M のチャート $(V, \psi) = (V, y^1, \ldots, y^m)$ で，$S \cap V$ が $y^{s+1}, \ldots, y^m$ の零点集合でかつ $\psi_S = (y^1, \ldots, y^s)$ が座標写像であるようなものがある．f の連続性より，p の近傍 U を $f(U) \subset V$ となるようにとれる．このとき，$f(U) \subset V \cap S$ なので，$q \in U$ に対して
$$(\psi \circ f)(q) = (y^1(f(q)), \ldots, y^s(f(q)), 0, \ldots, 0)$$
である．つまり U 上で
$$\psi_S \circ \tilde{f} = (y^1 \circ f, \ldots, y^s \circ f).$$
$y^1 \circ f, \ldots, y^s \circ f$ は U 上で C^∞ 級なので，命題 6.16 より $\tilde{f}$ は U 上で C^∞ 級であり，よって p において C^∞ 級である．p は N の任意の点であったので，写像 $\tilde{f}: N \to S$ は C^∞ 級である． □

例 11.16（$\mathrm{SL}(n, \mathbb{R})$ **の乗法写像**）　乗法写像
$$\mu: \mathrm{GL}(n, \mathbb{R}) \times \mathrm{GL}(n, \mathbb{R}) \to \mathrm{GL}(n, \mathbb{R}),$$
$$(A, B) \mapsto AB$$
は明らかに C^∞ 級である．というのも，
$$(AB)_{ij} = \sum_{k=1}^{n} a_{ik} b_{kj}$$
は多項式であり，ゆえに座標関数 a_{ik} と b_{kj} たちの C^∞ 級関数であるからである．しかしながら，乗法写像
$$\bar{\mu}: \mathrm{SL}(n, \mathbb{R}) \times \mathrm{SL}(n, \mathbb{R}) \to \mathrm{SL}(n, \mathbb{R})$$
が C^∞ 級であることは，同じ方法では結論できない．これは，$\{a_{ij}\}_{1 \leq i, j \leq n}$ が $\mathrm{SL}(n, \mathbb{R})$ 上の座標系ではないからである．座標が 1 つ多すぎるのである（問題 11.6 を見よ）．

$\mathrm{SL}(n,\mathbb{R}) \times \mathrm{SL}(n,\mathbb{R})$ は $\mathrm{GL}(n,\mathbb{R}) \times \mathrm{GL}(n,\mathbb{R})$ の正則部分多様体なので，包含写像

$$i : \mathrm{SL}(n,\mathbb{R}) \times \mathrm{SL}(n,\mathbb{R}) \to \mathrm{GL}(n,\mathbb{R}) \times \mathrm{GL}(n,\mathbb{R})$$

は定理 11.14 より C^∞ 級である．したがって，合成

$$\mu \circ i : \mathrm{SL}(n,\mathbb{R}) \times \mathrm{SL}(n,\mathbb{R}) \to \mathrm{GL}(n,\mathbb{R})$$

もまた C^∞ 級である．$\mu \circ i$ の像は $\mathrm{SL}(n,\mathbb{R})$ に含まれており，$\mathrm{SL}(n,\mathbb{R})$ は $\mathrm{GL}(n,\mathbb{R})$ の正則部分多様体なので（例 9.13 を見よ），定理 11.15 より，誘導される写像

$$\bar{\mu} : \mathrm{SL}(n,\mathbb{R}) \times \mathrm{SL}(n,\mathbb{R}) \to \mathrm{SL}(n,\mathbb{R})$$

は C^∞ 級である．

11.5　$\mathbb{R}^3$ における曲面の接平面

$f(x^1, x^2, x^3)$ は $\mathbb{R}^3$ 上の実数値関数で，零点集合 $N = f^{-1}(0)$ 上には臨界点をもたないものとする．正則レベル集合定理より，N は $\mathbb{R}^3$ の正則部分多様体である．定理 11.14 より，包含写像 $i : N \to \mathbb{R}^3$ は埋め込みであり，よって N の任意の点 p において $i_{*,p} : T_p N \to T_p \mathbb{R}^3$ は単射である．ゆえに，接平面 $T_p N$ は $T_p \mathbb{R}^3 \simeq \mathbb{R}^3$ における平面と見なしてよい（図 11.8）．この平面を記述する方程式を見つけたい．

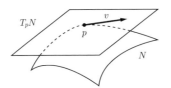

図 11.8　p における曲面 N の接平面．

$v = \sum v^i \partial/\partial x^i|_p$ を $T_p N$ のベクトルとする．線形同型写像 $T_p \mathbb{R}^3 \simeq \mathbb{R}^3$ の下で，v と $\mathbb{R}^3$ のベクトル $\langle v^1, v^2, v^3 \rangle$ を同一視する．$c(t)$ を N における曲線で，$c(0) = p$ かつ $c'(0) = \langle v^1, v^2, v^3 \rangle$ であるものとする．$c(t)$ は N 上の曲線なので，すべての t に対して $f(c(t)) = 0$ である．合成関数の微分法より，

$$0 = \frac{d}{dt} f(c(t)) = \sum_{i=1}^{3} \frac{\partial f}{\partial x^i}(c(t))(c^i)'(t).$$

$t = 0$ において，

$$0 = \sum_{i=1}^{3} \frac{\partial f}{\partial x^i}(c(0))(c^i)'(0) = \sum_{i=1}^{3} \frac{\partial f}{\partial x^i}(p)v^i.$$

ベクトル $v = \langle v^1, v^2, v^3 \rangle$ は点 $p = (p^1, p^2, p^3)$ から接平面上の点 $x = (x^1, x^2, x^3)$ への矢印を表しているので，通常 $v^i = x^i - p^i$ と書き直す．これは接平面を原点から p へ移動させることに対応する．ゆえに，p における N の接平面は，方程式

$$\sum_{i=1}^{3} \frac{\partial f}{\partial x^i}(p)(x^i - p^i) = 0 \tag{11.5}$$

によって定まる．この方程式の1つの解釈は，p における f の勾配ベクトル $\langle \partial f/\partial x^1(p), \partial f/\partial x^2(p), \partial f/\partial x^3(p) \rangle$ が接平面のすべてのベクトルと直交しているということである．

例 11.17（球面の接平面） $f(x, y, z) = x^2 + y^2 + z^2 - 1$ とおく．$\mathbb{R}^3$ の単位球面 $S^2 = f^{-1}(0)$ の点 $(a, b, c) \in S^2$ における接平面の方程式を得るために，f の偏導関数を計算すると，

$$\frac{\partial f}{\partial x} = 2x, \quad \frac{\partial f}{\partial y} = 2y, \quad \frac{\partial f}{\partial z} = 2z.$$

$p = (a, b, c)$ において，

$$\frac{\partial f}{\partial x}(p) = 2a, \quad \frac{\partial f}{\partial y}(p) = 2b, \quad \frac{\partial f}{\partial z}(p) = 2c.$$

式 (11.5) より，(a, b, c) における球面の接平面の方程式は

$$2a(x - a) + 2b(y - b) + 2c(z - c) = 0$$

すなわち $a^2 + b^2 + c^2 = 1$ より

$$ax + by + cz = 1.$$

問題

11.1 球面の接ベクトル

$\mathbb{R}^{n+1}$ における単位球面 S^n は，方程式 $\sum_{i=1}^{n+1}(x^i)^2 = 1$ によって定義される．$p = (p^1, \ldots, p^{n+1}) \in S^n$ に対して，

$$X_p = \sum a^i \partial/\partial x^i|_p \in T_p(\mathbb{R}^{n+1})$$

が点 p で S^n に接するための必要十分条件は，$\sum a^i p^i = 0$ であることを示せ．

11.2 平面曲線の接ベクトル

(a) $i: S^1 \hookrightarrow \mathbb{R}^2$ を単位円周の包含写像とする.この問題では,x, y を $\mathbb{R}^2$ の標準座標とし,$\bar{x}, \bar{y}$ をその S^1 への制限とする.よって,$\bar{x} = i^* x, \bar{y} = i^* y$ である.上半円周 $U = \{(a, b) \in S^1 \mid b > 0\}$ においては,$\bar{x}$ は局所座標であり,ゆえに $\partial / \partial \bar{x}$ が定義されている.$p \in U$ に対して

$$i_* \left(\left. \frac{\partial}{\partial \bar{x}} \right|_p \right) = \left(\frac{\partial}{\partial x} + \frac{\partial \bar{y}}{\partial \bar{x}} \frac{\partial}{\partial y} \right) \bigg|_p$$

を証明せよ.したがって,$i_* : T_p S^1 \to T_p \mathbb{R}^2$ は単射であるが,$\partial / \partial \bar{x}|_p$ は $\partial / \partial x|_p$ と同一視することはできない(図 11.9).

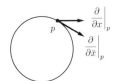

図 11.9 円周の接ベクトル $\partial / \partial \bar{x}|_p$.

(b) $\mathbb{R}^2$ における滑らかな曲線 C について,x の C への制限である $\bar{x}$ が局所座標になるような C のチャート U をとり,(a) の結果を一般化せよ.

11.3* コンパクトな多様体上の滑らかな写像の臨界点

コンパクトな多様体 N から $\mathbb{R}^m$ への滑らかな写像 f は臨界点をもつことを示せ.(ヒント.$\pi : \mathbb{R}^m \to \mathbb{R}$ を第 1 成分への射影とし,合成写像 $\pi \circ f : N \to \mathbb{R}$ を考えよ.系 11.6 と $\mathbb{R}^m$ の連結性を使う別証明もある.)

11.4 包含写像の微分

単位球面 S^2 の上半球面においては,
$$u(a, b, c) = a \quad \text{および} \quad v(a, b, c) = b$$
で与えられる座標写像 $\phi = (u, v)$ がある.ゆえに,半球面上の任意の点 $p = (a, b, c)$ において,偏導関数 $\partial / \partial u|_p, \partial / \partial v|_p$ は S^2 の接ベクトルである.$i : S^2 \to \mathbb{R}^3$ を包含写像とし,x, y, z を $\mathbb{R}^3$ の標準座標とする.微分 $i_* : T_p S^2 \to T_p \mathbb{R}^3$ は $\partial / \partial u|_p$, $\partial / \partial v|_p$ を $T_p \mathbb{R}^3$ に写す.したがって,定数 $\alpha^i, \beta^i, \gamma^i$ を用いて

$$i_* \left(\left. \frac{\partial}{\partial u} \right|_p \right) = \alpha^1 \left. \frac{\partial}{\partial x} \right|_p + \beta^1 \left. \frac{\partial}{\partial y} \right|_p + \gamma^1 \left. \frac{\partial}{\partial z} \right|_p,$$

$$i_* \left(\left. \frac{\partial}{\partial v} \right|_p \right) = \alpha^2 \left. \frac{\partial}{\partial x} \right|_p + \beta^2 \left. \frac{\partial}{\partial y} \right|_p + \gamma^2 \left. \frac{\partial}{\partial z} \right|_p$$

と書ける．$i=1,2$ について $(\alpha^i, \beta^i, \gamma^i)$ を求めよ．

11.5 コンパクトな多様体の1対1のはめ込み
N がコンパクトな多様体のとき，1対1のはめ込み $f: N \to M$ は埋め込みであることを証明せよ．

11.6 $\mathrm{SL}(n, \mathbb{R})$ における乗法写像
$f: \mathrm{GL}(n, \mathbb{R}) \to \mathbb{R}$ を行列式写像 $f(A) = \det A = \det[a_{ij}]$ とする．$A \in \mathrm{SL}(n, \mathbb{R})$ に対して，偏導関数 $\partial f / \partial a_{k\ell}(A)$ が 0 でないような (k, ℓ) が少なくとも1つ存在する（例9.13）．補題9.10と陰関数定理を用いて，次を証明せよ．

(a) $\mathrm{SL}(n, \mathbb{R})$ における A の近傍で，$(i, j) \neq (k, \ell)$ なる a_{ij} たちが座標系をなし，$a_{k\ell}$ がそれ以外の成分 $a_{ij}, (i, j) \neq (k, \ell)$ に関する C^∞ 級関数であるようなものが存在する．

(b) 乗法写像
$$\bar{\mu}: \mathrm{SL}(n, \mathbb{R}) \times \mathrm{SL}(n, \mathbb{R}) \to \mathrm{SL}(n, \mathbb{R})$$
は C^∞ 級である．

11.7 誘導位相と部分空間位相
N と M を滑らかな多様体とし，$f: N \to M$ を1対1のはめ込みとする．像 $f(N)$ には次の2種類の位相を与えることができる．

(a) **誘導位相**．集合 $V \subset f(N)$ が開集合であるための必要十分条件は，$f^{-1}(V)$ が N の開集合となることである．

(b) **部分空間位相**．集合 $V \subset f(N)$ が開集合であるための必要十分条件は，$V = U \cap f(N)$ となる M の開集合 U が存在することである．

誘導位相が部分空間位相より細かいこと，すなわち，誘導位相がより多くの開集合をもつことを証明せよ．

§12 接束

滑らかな多様体 M 上の滑らかなベクトル束とは，M によってパラメトライズされて滑らかに変わっていくベクトル空間の族で，局所的には直積のように見えるものである．ベクトル束と束写像は圏をなし，1930年代に現れて以降，幾何学やトポロジーにおいて基本的な役割を占めてきた [41]．

多様体の接空間の集まりは，その多様体上のベクトル束の構造をもち，**接束**と呼ばれる．2つの多様体の間の滑らかな写像は，各点における微分を通じてそれぞれ

の接束の間の束写像を誘導する．したがって，接束の構成は滑らかな多様体の圏からベクトル束の圏への関手である．

一見すると，接束関手は単純化ではないように見えるかもしれない．というのも，ベクトル束は多様体に付加構造を与えたものだからである．しかしながら，接束は多様体に標準的にそなわっているものなので，接束の不変量はその多様体の不変量を与えてくれる．例えば，別の巻[6]で扱う特性類のチャーン-ヴェイユ理論は，微分幾何学を用いてベクトル束の不変量を構成するものであるが，これを接束に応用することで，特性類は**特性数**と呼ばれる多様体の数値的な微分同相不変量を導く．特性数は，例えば古典的なオイラー標数を一般化するものである．

本書におけるベクトル束の視点の重要性は，いくつかの概念を統一的に捉えることにある．ベクトル束 $\pi: E \to M$ の**切断**とは，M から E への写像で，M の各点をその点上のファイバーに写すものであり，後で見るように，多様体上のベクトル場や微分形式は共に多様体上のベクトル束の切断である．

以下，まず多様体の接束を構成し，それが滑らかなベクトル束であることを示す．その後，滑らかなベクトル束の切断が滑らかであるための条件について論じる．

12.1 接束の位相

M を滑らかな多様体とする．各点 $p \in M$ において，接空間 T_pM は $C_p^\infty(M)$ の点導分全体からなるベクトル空間であったことを思い出しておく．ここで，$C_p^\infty(M)$ は p における C^∞ 級関数の芽の代数である．M の**接束**とは，M の接空間すべての和集合

$$TM = \bigcup_{p \in M} T_pM$$

のことをいう．

一般に，$\{A_i\}_{i \in I}$ が集合 S のある部分集合族のとき，その**非交和**を

$$\bigsqcup_{i \in I} A_i := \bigcup_{i \in I} (\{i\} \times A_i)$$

によって定義する．部分集合 A_i たちは交わりがあるかもしれないが，非交和をとる際，それらは交わりのないコピーに置き換えられている．

---

[6] (訳者注) Loring W. Tu, *Differential Geometry: Connections, Curvature, and Characteristic Classes* (Springer, 2017) のことを指す．

接束の定義において，和集合 $\bigcup_{p \in M} T_p M$ は非交和 $\bigsqcup_{p \in M} T_p M$ と同じものである（表記の違いでしかない）．なぜなら，相異なる点 p と q に対して，接空間 $T_p M$ と $T_q M$ はそもそも交わらないからである．

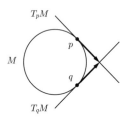

図 12.1 円周の接空間．

M を単位円周として，図 12.1 のように絵によって接空間を表現すると，2 つの接空間 $T_p M$ と $T_q M$ は交わるように見るかもしれないが，実際のところ図 12.1 における 2 つの直線の交点は $T_p M$ と $T_q M$ における相異なる接ベクトルを表し，$T_p M$ と $T_q M$ は図においても相異なっている．

自然な写像 $\pi: TM \to M$ が，$v \in T_p M$ に対して $\pi(v) = p$ とおくことで定まる．（ここで「自然な」という言葉は，その写像が，例えば M のアトラスや局所座標などのいかなる選択にも依らないという意味で用いている．）記号として，どの点における接ベクトルであるかを明らかにするために，接ベクトル $v \in T_p M$ を対 (p, v) で書くことがある．

TM は集合として定義されており，位相や多様体の構造はまだ与えていない．以下，TM に多様体の構造を与え，それが C^∞ 級ベクトル束であることを示す．第 1 段階は，位相を与えることである．

$(U, \phi) = (U, x^1, \ldots, x^n)$ が M の座標チャートのとき，

$$TU = \bigcup_{p \in U} T_p U = \bigcup_{p \in U} T_p M$$

とおく．（注意 8.2 において $T_p U = T_p M$ であることを見た．）点 $p \in U$ において，$T_p M$ の基底として座標ベクトルの集合 $\partial/\partial x^1|_p, \ldots, \partial/\partial x^n|_p$ をとることができ，ゆえに接ベクトル $v \in T_p M$ は一次結合

$$v = \sum_{i=1}^n c^i \left.\frac{\partial}{\partial x^i}\right|_p$$

として唯一通りに表される．この表示において，係数 $c^i = c^i(v)$ は v に依存し，ゆえに TU 上の関数である．$\bar{x}^i := x^i \circ \pi$ とおき，写像 $\tilde{\phi}: TU \to \phi(U) \times \mathbb{R}^n$ を

$$v \mapsto (x^1(p), \ldots, x^n(p), c^1(v), \ldots, c^n(v)) = (\bar{x}^1, \ldots, \bar{x}^n, c^1, \ldots, c^n)(v) \quad (12.1)$$

により定義する．このとき，$\tilde{\phi}$ は逆写像

$$(\phi(p), c^1, \ldots, c^n) \mapsto \sum c^i \left.\frac{\partial}{\partial x^i}\right|_p$$

をもち，したがって全単射である．これは，$\tilde{\phi}$ を使って TU に $\phi(U) \times \mathbb{R}^n$ の位相を誘導できることを意味する．すなわち，TU の部分集合 A が開であるための必要十分条件は，$\tilde{\phi}(A)$ が $\phi(U) \times \mathbb{R}^n$ において開であることとするのである．ただし，$\phi(U) \times \mathbb{R}^n$ には $\mathbb{R}^{2n}$ の部分集合としての標準的な位相を与えて考える．定義より，$\tilde{\phi}$ が誘導する位相を TU に与えると，TU は $\phi(U) \times \mathbb{R}^n$ と同相である．V が U の開集合ならば，$\phi(V) \times \mathbb{R}^n$ は $\phi(U) \times \mathbb{R}^n$ の開集合である．よって，TU の部分集合としての TV の相対位相は，全単射 $\tilde{\phi}|_{TV} : TV \to \phi(V) \times \mathbb{R}^n$ によって誘導される位相と同じである．

TU の位相が座標写像 ϕ に依存しないことを見るのは容易である．実際，もし ψ が U 上の別の座標写像ならば，

$$\tilde{\phi} \circ \tilde{\psi}^{-1} : \tilde{\psi}(TU) \to \tilde{\phi}(TU)$$

は $\mathbb{R}^{2n}$ の開集合の間の微分同相写像であり，ゆえに同相写像である．もし TU の部分集合 W が開集合 $\tilde{\psi}(W)$ に対応しているならば，$\tilde{\phi}(W) = (\tilde{\phi} \circ \tilde{\psi}^{-1})(\tilde{\psi}(W))$ もまた開集合である．したがって，TU の部分集合 W が ψ に関して開集合ならば，ϕ に関しても開集合である．

$\phi_* : T_pU \to T_{\phi(p)}(\mathbb{R}^n)$ を座標写像 ϕ の p における微分とする．命題 8.8 より $\phi_*(v) = \sum c^i \partial/\partial r^i|_{\phi(p)} \in T_{\phi(p)}(\mathbb{R}^n) \simeq \mathbb{R}^n$ なので，$\phi_*(v)$ を $\mathbb{R}^n$ の列ベクトル $\langle c^1, \ldots, c^n \rangle$ と同一視してよい．よって，$\tilde{\phi}$ を別の書き方で表すと $\tilde{\phi} = (\phi \circ \pi, \phi_*)$ である．

M の座標開集合 U_α をすべて考え，それらの接束 $T(U_\alpha)$ のすべての開集合の族を

$$\mathcal{B} = \bigcup_\alpha \{A \,|\, A \text{ は } T(U_\alpha) \text{ において開であり，} U_\alpha \text{ は } M \text{ の座標開集合}\}$$

とおく．

補題 12.1
(i) 任意の多様体 M に対して，集合 TM はすべての $A \in \mathcal{B}$ の和集合である．

(ii) U と V を多様体 M の座標開集合とする．A が TU において開であり，B が TV において開ならば，$A \cap B$ は $T(U \cap V)$ において開である．

【証明】(i) $\{(U_\alpha, \phi_\alpha)\}$ を M 上の極大アトラスとする．このとき，
$$TM = \bigcup_\alpha T(U_\alpha) \subset \bigcup_{A \in \mathcal{B}} A \subset TM$$
であるので，これらの包含記号は等号である．

(ii) $T(U \cap V)$ は TU の部分空間なので，相対位相の定義より $A \cap T(U \cap V)$ は $T(U \cap V)$ において開である．同様に，$B \cap T(U \cap V)$ は $T(U \cap V)$ において開である．しかし，
$$A \cap B \subset TU \cap TV = T(U \cap V)$$
なので，
$$A \cap B = A \cap B \cap T(U \cap V) = (A \cap T(U \cap V)) \cap (B \cap T(U \cap V))$$
は $T(U \cap V)$ において開である． □

この補題より，族 $\mathcal{B}$ は TM の部分集合族が位相の開基であるための条件である命題 A.8 の (i), (ii) を満たしている．そこで，TM に開基 $\mathcal{B}$ によって生成される位相を与える．

補題 12.2 多様体 M は座標開集合からなる可算基をもつ．

【証明】$\{(U_\alpha, \phi_\alpha)\}$ を M 上の極大アトラスとし，$\mathcal{B} = \{B_i\}$ を M の可算基とする．各座標開集合 U_α と点 $p \in U_\alpha$ に対して，開集合 $B_{p,\alpha} \in \mathcal{B}$ で
$$p \in B_{p,\alpha} \subset U_\alpha$$
となるものを 1 つ選ぶ．族 $\{B_{p,\alpha}\}$ は，重複する要素を除けば $\mathcal{B}$ の部分族であり，ゆえに可算である．

M の任意の開集合 U と点 $p \in U$ に対して，座標開集合 U_α で
$$p \in U_\alpha \subset U$$
を満たすものが存在する．よって，
$$p \in B_{p,\alpha} \subset U$$
となり，これは $\{B_{p,\alpha}\}$ が M の開基であることを示している． □

命題 12.3 多様体 M の接束 TM は第二可算である．

【証明】 $\{U_i\}_{i=1}^\infty$ を M の座標開集合からなる可算基とする．ϕ_i を U_i 上の座標写像とする．TU_i は $\mathbb{R}^{2n}$ の開集合 $\phi_i(U_i) \times \mathbb{R}^n$ と同相であり，ユークリッド空間の任意の部分集合は第二可算なので（例 A.13 と命題 A.14），TU_i は第二可算である．各 i に対し，TU_i の可算基 $\{B_{i,j}\}_{j=1}^\infty$ を 1 つ選ぶ．このとき，$\{B_{i,j}\}_{i,j=1}^\infty$ は接束の可算基である． □

命題 12.4 多様体 M の接束 TM はハウスドルフである．

【証明】 問題 12.1. □

12.2 接束上の多様体構造

次に，$\{(U_\alpha, \phi_\alpha)\}$ が M 上の C^∞ 級アトラスならば，$\{(TU_\alpha, \tilde{\phi}_\alpha)\}$ は接束 TM 上の C^∞ 級アトラスであることを示す．ここで $\tilde{\phi}_\alpha$ は，(12.1) と同様にして ϕ_α によって TU_α 上に誘導される写像である．$TM = \bigcup_\alpha TU_\alpha$ であることは明らかなので，$(TU_\alpha) \cap (TU_\beta)$ 上で $\tilde{\phi}_\alpha$ と $\tilde{\phi}_\beta$ が C^∞ 級で両立することを確認すればよい．

$(U, x^1, \ldots, x^n)$ と $(V, y^1, \ldots, y^n)$ が M 上の 2 つのチャートならば，任意の $p \in U \cap V$ に対し，接空間 $T_p M$ の 2 つの基底 $\{\partial/\partial x^j\}_{j=1}^n$, $\{\partial/\partial y^i\}_{i=1}^n$ が得られることを思い出す．よって，任意の接ベクトル $v \in T_p M$ は 2 つの表示

$$v = \sum_j a^j \left.\frac{\partial}{\partial x^j}\right|_p = \sum_i b^i \left.\frac{\partial}{\partial y^i}\right|_p \tag{12.2}$$

をもつ．これらは容易に比較できる．両辺を x^k に適用すれば，

$$a^k = \left(\sum_j a^j \frac{\partial}{\partial x^j}\right) x^k = \left(\sum_i b^i \frac{\partial}{\partial y^i}\right) x^k = \sum_i b^i \frac{\partial x^k}{\partial y^i}$$

が分かる．同様に，両辺を y^k に適用して，

$$b^k = \sum_j a^j \frac{\partial y^k}{\partial x^j}. \tag{12.3}$$

アトラス $\{(U_\alpha, \phi_\alpha)\}$ の考察に戻って，$U_{\alpha\beta} = U_\alpha \cap U_\beta$, $\phi_\alpha = (x^1, \ldots, x^n)$, $\phi_\beta = (y^1, \ldots, y^n)$ と書くことにする．このとき，

$$\tilde{\phi}_\beta \circ \tilde{\phi}_\alpha^{-1} : \phi_\alpha(U_{\alpha\beta}) \times \mathbb{R}^n \to \phi_\beta(U_{\alpha\beta}) \times \mathbb{R}^n$$

は

$$(\phi_\alpha(p), a^1, \ldots, a^n) \mapsto \left(p, \sum_j a^j \frac{\partial}{\partial x^j}\bigg|_p\right) \mapsto ((\phi_\beta \circ \phi_\alpha^{-1})(\phi_\alpha(p)), b^1, \ldots, b^n)$$

で与えられる．ここで，(12.3) と例 6.24 より，

$$b^i = \sum_j a^j \frac{\partial y^i}{\partial x^j}(p) = \sum_j a^j \frac{\partial (\phi_\beta \circ \phi_\alpha^{-1})^i}{\partial r^j}(\phi_\alpha(p)).$$

アトラスの定義より，$\phi_\beta \circ \phi_\alpha^{-1}$ は C^∞ 級である．したがって，$\tilde{\phi}_\beta \circ \tilde{\phi}_\alpha^{-1}$ は C^∞ 級である．これで，接束 TM が C^∞ 級アトラス $\{(TU_\alpha, \tilde{\phi}_\alpha)\}$ をもつ C^∞ 級多様体であることの証明ができた．

12.3　ベクトル束

　滑らかな多様体 M の接束 TM において，自然な射影 $\pi: TM \to M$, $\pi(p, v) = p$ は TM に M 上の C^∞ **級ベクトル束**の構造を与える．まず，C^∞ 級ベクトル束を定義しておく．

　任意に与えられた写像 $\pi: E \to M$ に対し，点 $p \in M$ の逆像 $\pi^{-1}(p) := \pi^{-1}(\{p\})$ を p における**ファイバー**と呼ぶ．p におけるファイバーはしばしば E_p とも書かれる．行き先が同じ空間である 2 つの写像 $\pi: E \to M$, $\pi': E' \to M$ に対して，写像 $\phi: E \to E'$ が任意の $p \in M$ について $\phi(E_p) \subset E'_p$ を満たすとき，ϕ は**ファイバーを保つ**という．

演習 12.5（ファイバーを保つ写像）　与えられた 2 つの写像 $\pi: E \to M$ と $\pi': E' \to M$ について，写像 $\phi: E \to E'$ がファイバーを保つための必要十分条件は，図式

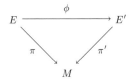

が可換になることであることを確認せよ．

　多様体の間の滑らかな全射 $\pi: E \to M$ が**局所自明で階数が** r であるとは，以下の条件が満たされることである．

(i) 各ファイバー $\pi^{-1}(p)$ は r 次元ベクトル空間の構造をもち，

(ii) 各 $p \in M$ に対し,p の開近傍 U とファイバーを保つ微分同相写像 $\phi : \pi^{-1}(U) \to U \times \mathbb{R}^r$ で,すべての $q \in U$ について制限

$$\phi|_{\pi^{-1}(q)} : \pi^{-1}(q) \to \{q\} \times \mathbb{R}^r$$

がベクトル空間の同型写像になっているものが存在する.このような U を E を**自明化する開集合**と呼び,ϕ を E の U 上の**自明化**と呼ぶ.

このような対の族 $\{(U, \phi)\}$ で,$\{U\}$ が M の開被覆をなしているものを E の**局所自明化**と呼び,$\{U\}$ を E を**自明化する** M の**開被覆**と呼ぶ.

階数が r の C^∞ 級ベクトル束とは,多様体 E と M,および局所自明で階数が r の滑らかな全射 $\pi : E \to M$ からなる 3 つ組 (E, M, π) のことである.多様体 E をベクトル束の**全空間**と呼び,多様体 M を**底空間**と呼ぶ.用語を乱用し,E を M 上の**ベクトル束**であるという.任意の正則部分多様体 $S \subset M$ に対し,3 つ組 $(\pi^{-1}S, S, \pi|_{\pi^{-1}S})$ は S 上の C^∞ 級ベクトル束であり,これを E の S への**制限**と呼ぶ.しばしば,制限を $\pi^{-1}S$ の代わりに $E|_S$ と書く.

正確に言えば,多様体 M の接束とは 3 つ組 (TM, M, π) のことであり,TM は接束の全空間であるが,通常 TM を接束と呼ぶ.

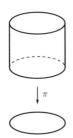

図 **12.2** 円筒は円周上の積束である.

例 12.6(積束) 多様体 M が与えられたとき,$\pi : M \times \mathbb{R}^r \to M$ を第 1 成分への射影とする.このとき,$M \times \mathbb{R}^r \to M$ は階数が r のベクトル束であり,これを階数が r の M 上の**積束**という.ファイバー $\pi^{-1}(p) = \{(p, v) \mid v \in \mathbb{R}^r\}$ 上のベクトル空間の構造は,自明なもの

$$(p, u) + (p, v) = (p, u + v), \quad b \cdot (p, v) = (p, bv) \quad (b \in \mathbb{R})$$

をとる.$M \times \mathbb{R}^r$ の局所自明化は恒等写像 $\mathbb{1}_{M \times \mathbb{R}^r} : M \times \mathbb{R}^r \to M \times \mathbb{R}^r$ で与えられる.無限円筒 $S^1 \times \mathbb{R}$ は階数が 1 の S^1 上の積束である(図 12.2).

$\pi: E \to M$ を C^∞ 級ベクトル束とする．$(U, \psi) = (U, x^1, \ldots, x^n)$ が M 上のチャートで

$$\phi: E|_U \xrightarrow{\sim} U \times \mathbb{R}^r, \quad \phi(e) = (\pi(e), c^1(e), \ldots, c^r(e))$$

は E の U 上の自明化とする．このとき，

$(\psi \times 1) \circ \phi = (x^1, \ldots, x^n, c^1, \ldots, c^r): E|_U \xrightarrow{\sim} U \times \mathbb{R}^r \xrightarrow{\sim} \psi(U) \times \mathbb{R}^r \subset \mathbb{R}^n \times \mathbb{R}^r$
は $E|_U$ からその像への微分同相写像であり，ゆえに E 上のチャートである．$x^1, \ldots, x^n$ と $c^1, \ldots, c^r$ を，それぞれ E 上のチャート $(E|_U, (\psi \times 1) \circ \phi)$ の**底座標**，**ファイバー座標**と呼ぶ．ファイバー座標 c^i はベクトル束 $E|_U$ の自明化 ϕ にのみ依存し，底空間 U の自明化 ψ には依らないことに注意せよ．

$\pi_E: E \to M$ と $\pi_F: F \to N$ を 2 つのベクトル束とし，階数は異なっていてもよいものとする．E から F への**束写像**とは，写像 $f: M \to N$ と $\tilde{f}: E \to F$ の対 $(f, \tilde{f})$ で，次の 2 つの性質を満たすものである．

(i) 図式

$$\begin{array}{ccc} E & \xrightarrow{\tilde{f}} & F \\ \pi_E \downarrow & & \downarrow \pi_F \\ M & \xrightarrow{f} & N \end{array}$$

が可換である．すなわち，$\pi_F \circ \tilde{f} = f \circ \pi_E$．

(ii) $\tilde{f}$ は各ファイバー上で線形である．すなわち，各 $p \in M$ に対して $\tilde{f}: E_p \to F_{f(p)}$ はベクトル空間の線形写像である．

ベクトル束とそれらの間の束写像の全体は圏をなす．

例 多様体の間の滑らかな写像 $f: N \to M$ は束写像 $(f, \tilde{f})$ を誘導する．ここで $\tilde{f}: TN \to TM$ は，すべての $v \in T_p N$ について

$$\tilde{f}(p, v) = (f(p), f_*(v)) \in \{f(p)\} \times T_{f(p)} M \subset TM$$

で与えられるものである．このようにして，滑らかな多様体と滑らかな写像の圏から，ベクトル束と束写像の圏への共変関手が定まる．すなわち，多様体 M に対して接束 $T(M)$ を対応させ，C^∞ 級写像 $f: N \to M$ に対して束写像 $T(f) = (f: N \to M, \tilde{f}: T(N) \to T(M))$ を対応させるのである．

§12 接束

E と F が同じ多様体 M 上の2つのベクトル束ならば，E から F への M **上の束写像**とは，底空間の写像が恒等写像 $\mathbb{1}_M$ であるような束写像のことである．多様体 M を1つ固定して考えるとき，M 上の C^∞ 級ベクトル束と M 上の束写像からなる圏を考えることもできる．この圏においては，M 上のベクトル束の同型写像を考えることに意味があり，M 上のベクトル束で，積束 $M \times \mathbb{R}^r$ と M 上で同型なものを**自明束**と呼ぶ．

12.4 滑らかな切断

ベクトル束 $\pi: E \to M$ の**切断**とは，写像 $s: M \to E$ で $\pi \circ s = \mathbb{1}_M$ を満たすものをいう．ここで $\mathbb{1}_M$ は M 上の恒等写像である．この条件は正に，s が M の各点 p をその上のファイバー E_p へ写すということを意味している．図示するときは，切断は束の断面として描かれる（図 12.3）．切断が**滑らか**であるとは，それが M から E への写像として滑らかであることである．

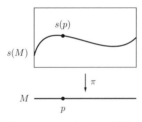

図 12.3 ベクトル束の切断．

定義 12.7 多様体 M 上の**ベクトル場** X とは，各点 $p \in M$ に対して接ベクトル $X_p \in T_pM$ を割り当てる写像である．接束の言葉では，M 上のベクトル場は接束 $\pi: TM \to M$ の切断に他ならず，M から TM への写像として滑らかなとき，そのベクトル場は**滑らか**であるという．

例 12.8 式
$$X_{(x,y)} = -y\frac{\partial}{\partial x} + x\frac{\partial}{\partial y} = \begin{bmatrix} -y \\ x \end{bmatrix}$$
は $\mathbb{R}^2$ 上のベクトル場を定めている（図 12.4，例 2.3 参照）．

命題 12.9 s と t を C^∞ 級ベクトル束 $\pi: E \to M$ の C^∞ 級切断とし，f を M

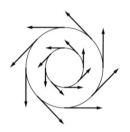

図 12.4　$\mathbb{R}^2$ 上のベクトル場 $(-y, x)$.

上の C^∞ 級の実数値関数とする．このとき，
 (i) 和 $s + t : M \to E$ を
$$(s + t)(p) = s(p) + t(p) \in E_p, \quad p \in M$$
により定めると，$s + t$ は E の C^∞ 級切断である．
 (ii) 積 $fs : M \to E$ を
$$(fs)(p) = f(p)s(p) \in E_p, \quad p \in M$$
により定めると，fs は E の C^∞ 級切断である．

【証明】
 (i) $s + t$ が E の切断であることは明らか．これが C^∞ 級であることを示すために，点 $p \in M$ を固定し，p の近傍 V を E を自明化する開集合で，C^∞ 級の自明化
$$\phi : \pi^{-1}(V) \to V \times \mathbb{R}^r$$
をもつものをとる．ここで，$q \in V$ に対し，
$$(\phi \circ s)(q) = (q, a^1(q), \ldots, a^r(q))$$
および
$$(\phi \circ t)(q) = (q, b^1(q), \ldots, b^r(q))$$
とする．s と t は C^∞ 級写像なので，a^i と b^i は V 上の C^∞ 級関数である（命題 6.16）．ϕ は各ファイバーで線形なので，
$$(\phi \circ (s + t))(q) = (q, a^1(q) + b^1(q), \ldots, a^r(q) + b^r(q)), \quad q \in V.$$

これは，$s+t$ が V 上の C^∞ 級写像であることを示しており，これゆえ p において C^∞ 級である．p は M の任意の点であったので，切断 $s+t$ は M 上 C^∞ 級である．

(ii) (i) と同様にできるので，証明は省略する． □

E の C^∞ 級切断全体の集合を $\Gamma(E)$ と書く．この命題は，$\Gamma(E)$ が $\mathbb{R}$ 上のベクトル空間であるだけでなく，M 上の C^∞ 級関数全体からなる環 $C^\infty(M)$ 上の加群でもあることを示している．任意の開集合 $U \subset M$ に対して，E の U 上の C^∞ 級切断全体からなるベクトル空間 $\Gamma(U, E)$ を考えることもできる．このとき，$\Gamma(U, E)$ は $\mathbb{R}$ 上のベクトル空間でもあり，$C^\infty(U)$ 上の加群でもある．$\Gamma(M, E) = \Gamma(E)$ であることに注意せよ．真部分集合 U 上の切断と区別するために，多様体 M 全体の上の切断を**大域切断**と呼ぶ．

12.5　滑らかな枠

ベクトル束 $\pi: E \to M$ の開集合 U 上の**枠**とは，E の U 上の切断の集まり $s_1, \ldots, s_r$ で，各点 $p \in U$ に対して元 $s_1(p), \ldots, s_r(p)$ がファイバー $E_p := \pi^{-1}(p)$ の基底をなしているものである．$s_1, \ldots, s_r$ が E の U 上の C^∞ 級切断であるとき，枠 $s_1, \ldots, s_r$ は**滑らかまたは C^∞ 級**であるという．接束 $\pi: TM \to M$ の開集合 U 上の枠のことを単に U **上の枠**という．

例　ベクトル場の集まり $\partial/\partial x, \partial/\partial y, \partial/\partial z$ は，$\mathbb{R}^3$ 上の滑らかな枠である．

例　M を多様体とし，$e_1, \ldots, e_r$ を $\mathbb{R}^r$ の標準基底とする．$\bar{e}_i: M \to M \times \mathbb{R}^r$ を $\bar{e}_i(p) = (p, e_i)$ によって定める．このとき，$\bar{e}_1, \ldots, \bar{e}_r$ は積束 $M \times \mathbb{R}^r \to M$ の C^∞ 級枠である．

例 12.10（自明化の枠）　$\pi: E \to M$ を階数が r の滑らかなベクトル束とする．$\phi: E|_U \xrightarrow{\sim} U \times \mathbb{R}^r$ が E の開集合 U 上の自明化のとき，
$$t_i(p) = \phi^{-1}(\bar{e}_i(p)) = \phi^{-1}(p, e_i), \quad p \in U$$
とおくと，ϕ^{-1} は積束 $U \times \mathbb{R}^r$ 上の C^∞ 級枠 $\bar{e}_1, \ldots, \bar{e}_r$ を E の U 上の C^∞ 級枠 $t_1, \ldots, t_r$ に写す．この $t_1, \ldots, t_r$ を**自明化 ϕ の U 上の C^∞ 級枠**と呼ぶ．

補題 12.11　$\phi: E|_U \to U \times \mathbb{R}^r$ を C^∞ 級ベクトル束 $\pi: E \to M$ の開集合 U 上の自明化とし，$t_1, \ldots, t_r$ をこの自明化の U 上の C^∞ 級枠とする．このとき，E の U 上の切断 $s = \sum b^i t_i$ が C^∞ 級であるための必要十分条件は，枠 $t_1, \ldots, t_r$ の係数 b^i がすべて C^∞ 級であることである．

【証明】

($\Leftarrow$) この方向は命題 12.9 の直接の帰結である.

($\Rightarrow$) E の U 上の切断 $s = \sum b^i t_i$ が C^∞ 級であるとすると, $\phi \circ s$ は C^∞ 級. 今,

$$(\phi \circ s)(p) = \sum b^i(p)\phi(t_i(p)) = \sum b^i(p)(p, e_i) = \left(p, \sum b^i(p)e_i\right)$$

である. ゆえに, $b^i(p)$ は自明化 ϕ に関する $s(p)$ のファイバー座標そのものである. $\phi \circ s$ は C^∞ 級であったので, すべての b^i は C^∞ 級である. □

命題 12.12 (C^∞ **級切断の特徴付け**) $\pi : E \to M$ を C^∞ 級ベクトル束, U を M の開集合とし, $s_1, \ldots, s_r$ は E の U 上の C^∞ 級枠とする. このとき, E の U 上の切断 $s = \sum c^j s_j$ が C^∞ 級であるための必要十分条件は, すべての係数 c^j が U 上の C^∞ 級関数となることである.

【証明】

$s_1, \ldots, s_r$ が E の U 上の自明化の枠のときは, この命題は補題 12.11 そのものである. そこで, そのような場合に帰着させることでこの命題を証明する. 一方向は容易である. 実際, c^j たちが U 上の C^∞ 級関数ならば, 命題 12.9 より $s = \sum c^j s_j$ は U 上の C^∞ 級切断である.

逆に, $s = \sum c^j s_j$ が E の U 上の C^∞ 級切断であるとする. 点 $p \in U$ を固定し, E を自明化する開集合 $V \subset U$ で, p を含み, C^∞ 級の自明化 $\phi : \pi^{-1}(V) \to V \times \mathbb{R}^r$ をもつものをとる. $t_1, \ldots, t_r$ を自明化 ϕ の V 上の C^∞ 級枠とする (例 12.10). s と s_j を枠 $t_1, \ldots, t_r$ を用いて $s = \sum b^i t_i$ および $s_j = \sum a_j^i t_i$ のように書くと, 補題 12.11 より, 係数 b^i と a_j^i はすべて V 上の C^∞ 級関数である. 次に, 等式 $s = \sum c^j s_j$ を $t_1, \ldots, t_r$ を用いて表すと

$$\sum b^i t_i = s = \sum c^j s_j = \sum_{i,j} c^j a_j^i t_i.$$

t_i の係数を比較することで, $b^i = \sum_j c^j a_j^i$ を得る. 行列で書くと

$$b = \begin{bmatrix} b^1 \\ \vdots \\ b^r \end{bmatrix} = A \begin{bmatrix} c^1 \\ \vdots \\ c^r \end{bmatrix} = Ac.$$

V の各点において, A は 2 つの基底の変換行列になっているので, A は可逆である. クラメルの公式より, A^{-1} は V 上の C^∞ 級関数を成分とする行列である (例 6.21). よって, $c = A^{-1} b$ は V 上の C^∞ 級関数を成分とする列ベクトルである. こ

§12 接束

れは，$c^1, \ldots, c^r$ は $p \in U$ において C^∞ 級であることを示している．p は U の任意の点であったので，係数 c^j はすべて U 上の C^∞ 級関数である． □

注意 12.13 「滑らか」という言葉をすべて「連続」という言葉に置き換えれば，この 12.5 節における議論は位相空間の圏においても成り立つ．

問題

12.1*　接束におけるハウスドルフ条件
　命題 12.4 を証明せよ．

12.2　接束の全空間の変換関数
　$(U, \phi) = (U, x^1, \ldots, x^n)$ と $(V, \psi) = (V, y^1, \ldots, y^n)$ を多様体 M 上の座標チャートで，交わりがあるものとする．これらは接束の全空間 TM 上の座標チャート $(TU, \tilde{\phi})$ と $(TV, \tilde{\psi})$ を誘導し（式 (12.1) を見よ），今その変換関数 $\tilde{\psi} \circ \tilde{\phi}^{-1}$ を

$$(x^1, \ldots, x^n, a^1, \ldots, a^n) \mapsto (y^1, \ldots, y^n, b^1, \ldots, b^n)$$

と書く．
(a) 変換関数 $\tilde{\psi} \circ \tilde{\phi}^{-1}$ の $\phi(p)$ におけるヤコビ行列を計算せよ．
(b) 変換関数 $\tilde{\psi} \circ \tilde{\phi}^{-1}$ の $\phi(p)$ におけるヤコビ行列式は $(\det[\partial y^i / \partial x^j])^2$ であることを示せ．

12.3　スカラー倍の滑らかさ
　命題 12.9 (ii) を証明せよ．

12.4　滑らかな枠に関する係数
　$\pi : E \to M$ を C^∞ 級ベクトル束とし，$s_1, \ldots, s_r$ を E の M の開集合 U 上の C^∞ 級枠とする．このとき，各 $e \in \pi^{-1}(U)$ は一次結合として唯一通りに

$$e = \sum_{j=1}^{r} c^j(e) s_j(p), \quad p = \pi(e) \in U$$

と書ける．$j = 1, \ldots, r$ に対して，$c^j : \pi^{-1}U \to \mathbb{R}$ が C^∞ 級であることを証明せよ．(ヒント：まず，自明化の枠 $t_1, \ldots, t_r$ に関する e の係数が C^∞ 級であることを示せ．)

§13 隆起関数と 1 の分割

多様体上の 1 の分割は，非負関数の集まりでその和が 1 になるものである．1 の分割は通常，これに加えて，ある開被覆 $\{U_\alpha\}_{\alpha \in A}$ に**従属する**ことが求められる．これは，1 の分割 $\{\rho_\alpha\}_{\alpha \in A}$ が開被覆 $\{U_\alpha\}_{\alpha \in A}$ と同じ添え字集合をもち，添え字集合 A の各 α に対して ρ_α の台が U_α に含まれているという意味である．特に，ρ_α は U_α の外では消えている．

C^∞ 級の 1 の分割の存在は，C^∞ 級多様体の理論における最も重要な技術的道具の 1 つであり，C^∞ 級多様体の振る舞いを実解析的多様体や複素多様体のそれと大きく異なるものにする，唯一つの特徴である．この節では，任意の多様体の上に C^∞ 級の隆起関数を構成し，C^∞ 級の 1 の分割の存在をコンパクトな多様体に対して証明する．一般の多様体に対する C^∞ 級の 1 の分割の存在の証明はより技術的であり，それは付録 C に譲る．

1 の分割には 2 つの使われ方があり，1 つは，多様体上の大域的な対象を，ある開被覆の開集合 U_α 上の局所的な対象の局所有限和に分解することであり，もう 1 つは，開集合 U_α たちの上の局所的な対象を，大域的な対象に貼り合わせることである．したがって，1 の分割は，多様体上の大域的な解析と局所的な解析を結ぶ橋渡しをしてくれるものである．これが便利なのは，多様体の上にはいつも局所的な座標があるが，大域的な座標はあるとは限らないからである．このような C^∞ 級の 1 の分割の両方の使い方の例は，この節の後に続くいくつかの節で見ることになる．

13.1 C^∞ 級の隆起関数

$\mathbb{R}^\times$ は 0 でない実数の集合であったことを思い出しておく．多様体 M 上の実数値関数 f の**台**とは，$f \neq 0$ となる部分集合の M における閉包である．すなわち，

$$\operatorname{supp} f = \operatorname{cl}_M(f^{-1}(\mathbb{R}^\times)) = M \text{ における } \{q \in M \mid f(q) \neq 0\} \text{ の閉包．}[7]$$

q を M の点とし，U を q の近傍とする．U に**台をもつ** q における**隆起関数**とは，M 上の任意の連続な非負関数 ρ で，q のある近傍において値が 1 でかつ $\operatorname{supp} \rho \subset U$ であるようなものである．

---

[7] この節においては，一般の点はしばしば p ではなく q で表す．これは，p という文字が隆起関数を表す記号 ρ に非常に似ているからである．

§13 隆起関数と 1 の分割　　　　169

例えば，図 13.1 は開区間 $]-2,2[$ に台をもつ 0 における隆起関数のグラフである．この関数は開区間 $]-1,1[$ においては 0 でなく，それ以外では 0 である．その台は閉区間 $[-1,1]$ である．

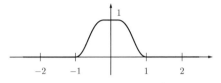

図 13.1 $\mathbb{R}$ 上の 0 における隆起関数．

例 関数 $f:]-1,1[\to \mathbb{R}$, $f(x) = \tan(\pi x/2)$ の台は開区間 $]-1,1[$ であり，閉区間 $[-1,1]$ ではない．なぜなら，$f^{-1}(\mathbb{R}^\times)$ の閉包は，$\mathbb{R}$ においてではなく，定義域 $]-1,1[$ においてとるからである．

本書において関心のある隆起関数は，C^∞ 級の隆起関数のみである．関数の連続性がしばしば絵から見てとれるのに対し，関数が滑らかであるかどうかの判定には常に式による確認が必要である．この 13.1 節の目的は，図 13.1 のような C^∞ 級の隆起関数の式を求めることである．

例 $y = x^{5/3}$ のグラフは滑らかであるように見えるが（図 13.2），実は $x = 0$ において滑らかではない．というのも，その 2 階の導関数 $y'' = (10/9)x^{-1/3}$ がそこで定義されないからである．

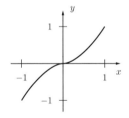

図 13.2 $y = x^{5/3}$ のグラフ．

図 13.3 のようなグラフをもつ C^∞ 級関数

$$f(t) = \begin{cases} e^{-1/t} & (t > 0) \\ 0 & (t \leq 0) \end{cases}$$

を例 1.3 で導入したことを思い出す.

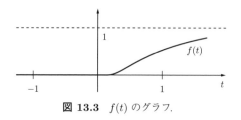

図 13.3　$f(t)$ のグラフ.

この関数 f から滑らかな隆起関数を作る際に最も重要なことは，滑らかな階段関数，すなわち，グラフが図 13.4 のようになる C^∞ 級関数 $g : \mathbb{R} \to \mathbb{R}$ を構成することである．このような C^∞ 級関数 g さえ得られれば，図 13.1 のような関数を作るためには，単純に平行移動，鏡映，定数倍を行うだけである．

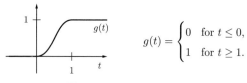

$$g(t) = \begin{cases} 0 & \text{for } t \leq 0, \\ 1 & \text{for } t \geq 1. \end{cases}$$

図 13.4　$g(t)$ のグラフ.

$g(t)$ の候補として，$f(t)$ をある正値関数 $\ell(t)$ で割ったもので探してみる．このようなものならば，$t \leq 0$ において商 $f(t)/\ell(t)$ は 0 のままである．$t \geq 1$ において $f(t)/\ell(t)$ が恒等的に 1 であるためには，分母の $\ell(t)$ は正値関数でかつ $t \geq 1$ においては $f(t)$ と一致するべきである．そのような $\ell(t)$ を構成する最も単純な方法は，$t \geq 1$ で消えるような非負関数を $f(t)$ に加えることである．そのような非負関数として，例えば $f(1-t)$ がある．そこで，$\ell(t) = f(t) + f(1-t)$ とし，

$$g(t) = \frac{f(t)}{f(t) + f(1-t)} \tag{13.1}$$

を考える．

分母 $f(t) + f(1-t)$ が決して 0 にならないことを確かめる．$t > 0$ に対し，$f(t) > 0$ なので

$$f(t) + f(1-t) \geq f(t) > 0.$$

$t \leq 0$ に対しては，$1 - t \geq 1$ なので

$$f(t) + f(1-t) \geq f(1-t) > 0.$$

いずれの場合も $f(t)+f(1-t)\neq 0$ である．これは，$g(t)$ がすべての t に対して定義されていることを示している．$g(t)$ は2つの C^∞ 級関数の商で分母が0にならないので，すべての t において C^∞ 級である．

上で述べたように，$t\leq 0$ において分子 $f(t)$ は0なので，$g(t)$ は $t\leq 0$ において恒等的に0である．$t\geq 1$ においては $1-t\leq 0$ かつ $f(1-t)=0$ なので，$g(t)=f(t)/f(t)$ は $t\geq 1$ において恒等的に1である．したがって，g は求める性質をもつ C^∞ 級の階段関数である．

正の実数 $a<b$ が与えられたとき，$[a^2,b^2]$ を $[0,1]$ へ写す線形な変数変換
$$x\mapsto \frac{x-a^2}{b^2-a^2}$$
を行う．これを用いて
$$h(x)=g\left(\frac{x-a^2}{b^2-a^2}\right)$$
とおく．このとき，$h:\mathbb{R}\to[0,1]$ は
$$h(x)=\begin{cases}0 & (x\leq a^2)\\ 1 & (x\geq b^2)\end{cases}$$
を満たす C^∞ 級の階段関数である（図13.5）．

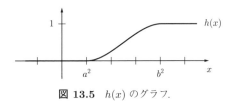

図 **13.5** $h(x)$ のグラフ．

関数を x に関して対称にするために，x を x^2 で置き換えて，$k(x)=h(x^2)$ とおく（図13.6）．

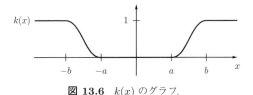

図 **13.6** $k(x)$ のグラフ．

最後に，

$$\rho(x) = 1 - k(x) = 1 - g\left(\frac{x^2 - a^2}{b^2 - a^2}\right)$$

とおく．この $\rho(x)$ は $\mathbb{R}$ の原点 0 における C^∞ 級の隆起関数で，$[-a, a]$ において恒等的に 1 であり，$[-b, b]$ に台をもつ（図 13.7）．任意の $q \in \mathbb{R}$ について，$\rho(x - q)$ は q における C^∞ 級の隆起関数である．

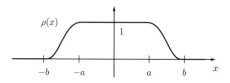

図 13.7 $\mathbb{R}$ 上の 0 における隆起関数．

隆起関数のこの構成を，$\mathbb{R}$ から $\mathbb{R}^n$ へ拡張するのは容易である．$\mathbb{R}^n$ の原点 $\mathbf{0}$ における C^∞ 級の隆起関数で，閉球 $\overline{B}(\mathbf{0}, a)$ 上で 1 をとり，閉球 $\overline{B}(\mathbf{0}, b)$ に台をもつものを得るためには

$$\sigma(x) = \rho(\|x\|) = 1 - g\left(\frac{\|x\|^2 - a^2}{b^2 - a^2}\right) \tag{13.2}$$

とおく．C^∞ 級関数の合成なので，σ は C^∞ 級である．$\mathbb{R}^n$ の点 q における隆起関数は $\sigma(x - q)$ とすれば得られる．

演習 13.1（**開集合に台をもつ隆起関数**）* q を多様体上の点とし，U を q の任意の近傍とする．U に台をもつ q における C^∞ 級の隆起関数を構成せよ．

一般には，多様体 M の開集合 U 上の C^∞ 級関数を M 上の C^∞ 級関数に拡張することはできない．例えば，$\mathbb{R}$ における開区間 $]-\pi/2, \pi/2[$ 上の関数 $\sec(x)$ がその例である．しかしながら，与えられた関数に対して，1 点のある近傍 U 上でのみ一致するような M 上の大域関数としてならば，C^∞ 級での拡張が可能である．

命題 13.2（**関数の C^∞ 級での拡張**） f を多様体 M の点 p の近傍 U 上で定義されている C^∞ 級関数とする．このとき，p の十分小さい近傍上で f と一致するような M 上の C^∞ 級関数 $\tilde{f}$ が存在する．

【証明】 U に台をもつ C^∞ 級の隆起関数 $\rho : M \to \mathbb{R}$ で，p のある近傍 V 上で恒等的に 1 であるようなものを 1 つとる（図 13.8）．M 上の関数 $\tilde{f}$ を

§13 隆起関数と1の分割

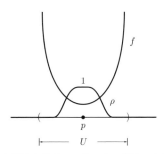

図 13.8 隆起関数を掛けることによる関数の定義域の拡張.

$$\tilde{f}(q) = \begin{cases} \rho(q)f(q) & (q \in U) \\ 0 & (q \notin U) \end{cases}$$

により定める. U 上では 2 つの C^∞ 級関数の積なので, $\tilde{f}$ は U 上で C^∞ 級である. $q \notin U$ ならば $q \notin \operatorname{supp}\rho$ であり, $\operatorname{supp}\rho$ は閉集合なので, q を含む開集合でその上で $\tilde{f}$ が 0 であるようなものが存在する. したがって, $\tilde{f}$ は各点 $q \notin U$ において C^∞ 級である.

最後に, V 上で $\rho \equiv 1$ なので, 関数 $\tilde{f}$ は V 上で f と一致している. □

13.2　1の分割

$\{U_i\}_{i \in I}$ が M の有限開被覆のとき, $\{U_i\}_{i \in I}$ **に従属する** C^∞ **級の 1 の分割**とは, 非負関数の族 $\{\rho_i : M \to \mathbb{R}\}_{i \in I}$ で, $\operatorname{supp}\rho_i \subset U_i$ かつ

$$\sum \rho_i = 1 \tag{13.3}$$

となっているもののことである.

I が無限集合のときは, (13.3) における和が意味をもつために, **局所有限性**の条件を課す. 位相空間 S の部分集合族 $\{A_\alpha\}$ が**局所有限**であるとは, S の各点 q が高々有限個の A_α とのみ交わる近傍をもつことである. 特に, S の各点は高々有限個の A_α のみに含まれている.

例 13.3（局所有限でない開被覆） $U_{r,n}$ を実数直線 $\mathbb{R}$ 上の開区間 $\left]r - \dfrac{1}{n}, r + \dfrac{1}{n}\right[$ とする. $\mathbb{R}$ の開被覆 $\{U_{r,n} \mid r \in \mathbb{Q}, n \in \mathbb{Z}^+\}$ は局所有限ではない.

定義 13.4 多様体 M 上の C^∞ **級の 1 の分割**とは, C^∞ 級の非負関数の族 $\{\rho_\alpha :$

$M \to \mathbb{R}\}_{\alpha \in A}$ で

(i) 台の族 $\{\mathrm{supp}\,\rho_\alpha\}_{\alpha \in A}$ は局所有限,

(ii) $\sum \rho_\alpha = 1$

が成り立つもののことである. M の与えられた開被覆 $\{U_\alpha\}_{\alpha \in A}$ に対して, $\mathrm{supp}\,\rho_\alpha \subset U_\alpha$ が各 $\alpha \in A$ について成り立つとき, 1 の分割 $\{\rho_\alpha\}_{\alpha \in A}$ は**開被覆 $\{U_\alpha\}_{\alpha \in A}$ に従属する**という.

台の族 $\{\mathrm{supp}\,\rho_\alpha\}_{\alpha \in A}$ が局所有限なので (条件 (i)), 各点 q は高々有限個の集合 $\mathrm{supp}\,\rho_\alpha$ にのみ含まれており, したがって高々有限個の α のみに対して $\rho_\alpha(q) \neq 0$ である. これより, (ii) における和は各点において有限和である.

例 U と V をそれぞれ $\mathbb{R}$ における開区間 $]-\infty, 2[,]-1, \infty[$ とし, ρ_V を図 13.9 のようなグラフをもつ C^∞ 級関数とする (例えば (13.1) の関数 $g(t)$). 関数 ρ_U を $\rho_U = 1 - \rho_V$ により定めると, $\mathrm{supp}\,\rho_V \subset V$ かつ $\mathrm{supp}\,\rho_U \subset U$. よって, $\{\rho_U, \rho_V\}$ は $\mathbb{R}$ の開被覆 $\{U, V\}$ に従属する 1 の分割である.

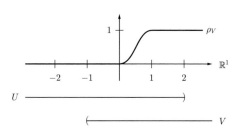

図 13.9 開被覆 $\{U, V\}$ に従属する 1 の分割 $\{\rho_U, \rho_V\}$.

注意 $\{f_\alpha\}_{\alpha \in A}$ を多様体 M 上の C^∞ 級関数の族で, その台の族 $\{\mathrm{supp}\,f_\alpha\}_{\alpha \in A}$ が局所有限であるものとする. このとき, M の各点 q は高々有限個の $\mathrm{supp}\,f_\alpha$ とのみ交わる近傍 W_q をもつ. よって, W_q 上では高々有限個の f_α のみが 0 でなく, 和 $\sum_{\alpha \in A} f_\alpha$ は実際は有限和である. これは, 関数 $f = \sum f_\alpha$ が矛盾なく定義され, M 上で C^∞ 級であるということを示している. このような和を**局所有限和**と呼ぶ.

13.3 1 の分割の存在

多様体上の C^∞ 級の 1 の分割の存在の証明を, この 13.3 節から始める. コンパクトな多様体の場合の方が比較的簡単で, かつ一般の場合の特徴もある程度もって

いるので，教育的理由から，まずコンパクトな場合について証明を与える．

補題 13.5 $\rho_1, \ldots, \rho_m$ が多様体 M 上の実数値関数ならば，
$$\operatorname{supp}\left(\sum \rho_i\right) \subset \bigcup \operatorname{supp} \rho_i.$$

【証明】 問題 13.1. $\square$

命題 13.6 M をコンパクトな多様体とし，$\{U_\alpha\}_{\alpha \in A}$ を M の開被覆とする．このとき，$\{U_\alpha\}$ に従属する C^∞ 級の 1 の分割 $\{\rho_\alpha\}_{\alpha \in A}$ が存在する．

【証明】 各 $q \in M$ に対して，与えられた開被覆から q を含む開集合 U_α を見つけ，ψ_q を U_α に台をもつ q における C^∞ 級の隆起関数とする（演習 13.1, p.172）．$\psi_q(q) > 0$ なので，$\psi_q > 0$ となるような q の近傍 W_q が存在する．M のコンパクト性より，開被覆 $\{W_q \mid q \in M\}$ は有限部分被覆をもつので，それを $\{W_{q_1}, \ldots, W_{q_m}\}$ とする．$\psi_{q_1}, \ldots, \psi_{q_m}$ を対応する隆起関数とする．このとき，$\psi := \sum \psi_{q_i}$ は M の各点 q において正である．なぜなら，ある i について $q \in W_{q_i}$ となるからである．関数 φ_i を
$$\varphi_i = \frac{\psi_{q_i}}{\psi}, \quad i = 1, \ldots, m$$
により定める．明らかに，$\sum \varphi_i = 1$．さらに，$\psi > 0$ なので，$\varphi_i(q) \neq 0$ であるための必要十分条件は $\psi_{q_i}(q) \neq 0$ であり，ゆえにある $\alpha \in A$ に対して
$$\operatorname{supp} \varphi_i = \operatorname{supp} \psi_{q_i} \subset U_\alpha.$$

これは，$\{\varphi_i\}$ が 1 の分割であり，各 i に対して，$\operatorname{supp} \varphi_i \subset U_\alpha$ となる $\alpha \in A$ が存在することを示している．

次に，この 1 の分割の添え字を，与えられた開被覆の添え字と同じものにする．各 $i = 1, \ldots, m$ に対し，$\tau(i) \in A$ を
$$\operatorname{supp} \varphi_i \subset U_{\tau(i)}$$
となるようにとる．関数の族 $\{\varphi_i\}$ を，$\tau(i)$ が等しくなるものごとに部分族に分けて，各 $\alpha \in A$ に対して ρ_α を
$$\rho_\alpha = \sum_{\tau(i) = \alpha} \varphi_i$$

により定める．ただし，$\tau(i) = \alpha$ となる i が存在しないときは，上の和は空であり，$\rho_\alpha = 0$ と定める．このとき，

$$\sum_{\alpha \in A} \rho_\alpha = \sum_{\alpha \in A} \sum_{\tau(i) = \alpha} \varphi_i = \sum_{i=1}^{m} \varphi_i = 1.$$

さらに，補題 13.5 より，

$$\mathrm{supp}\, \rho_\alpha \subset \bigcup_{\tau(i) = \alpha} \mathrm{supp}\, \varphi_i \subset U_\alpha.$$

よって $\{\rho_\alpha\}$ は $\{U_\alpha\}$ に従属する C^∞ 級の 1 の分割である． □

命題 13.6 の証明を任意の多様体へ一般化するためには，コンパクト性に代わる適切な性質を見つけることが必要になる．証明はやや技術的であり，本書においては以降必要ないものなので付録 C に譲るが，その主張は次の通りである．

定理 13.7 (C^∞ 級の 1 の分割の存在) $\{U_\alpha\}_{\alpha \in A}$ を多様体 M の開被覆とする．
 (i) C^∞ 級の 1 の分割 $\{\varphi_k\}_{k=1}^{\infty}$ が存在し，各 k に対して，φ_k はコンパクトな台をもち，$\mathrm{supp}\, \varphi_k \subset U_\alpha$ となる $\alpha \in A$ が存在する．
 (ii) コンパクトな台をもつことを要求しないならば，$\{U_\alpha\}_{\alpha \in A}$ に従属する C^∞ 級の 1 の分割が存在する．

問題

13.1*　有限和の台
 補題 13.5 を証明せよ．

13.2*　局所有限な族とコンパクト集合
 $\{A_\alpha\}$ を位相空間 S の局所有限な部分集合族とする．S における任意のコンパクト集合 K は高々有限個の A_α とのみ交わるような近傍 W をもつことを示せ．

13.3　滑らかなウリゾーンの補題
 (a) A と B を多様体 M における交わらない 2 つの閉集合とする．A 上では恒等的に 1 であり，B 上では恒等的に 0 であるような M 上の C^∞ 級関数 f を求めよ．(ヒント．開被覆 $\{M - A, M - B\}$ に従属する C^∞ 級の 1 の分割 $\{\rho_{M-A}, \rho_{M-B}\}$ を考えよ．この補題は 29.3 節で必要になる．)
 (b) A と U をそれぞれ多様体 M の閉集合と開集合で，$A \subset U$ を満たしているものとする．A 上で恒等的に 1 であり，$\mathrm{supp}\, f \subset U$ となるような M 上の C^∞ 級関数 f が存在することを示せ．

13.4 関数の引き戻しの台

$F: N \to M$ を多様体の間の C^∞ 級写像とし, $h: M \to \mathbb{R}$ を C^∞ 級の実数値関数とする. このとき, $\mathrm{supp}\, F^*h \subset F^{-1}(\mathrm{supp}\, h)$ であることを証明せよ. (ヒント. まず $(F^*h)^{-1}(\mathbb{R}^\times) \subset F^{-1}(\mathrm{supp}\, h)$ を示せ.)

13.5* 射影による引き戻しの台

$f: M \to \mathbb{R}$ を多様体 M 上の C^∞ 級関数とする. N が別の多様体で, $\pi: M \times N \to M$ が第 1 成分への射影のとき,

$$\mathrm{supp}\,(\pi^*f) = (\mathrm{supp}\, f) \times N$$

が成り立つことを証明せよ.

13.6 1 の分割の引き戻し

$\{\rho_\alpha\}$ を多様体 M 上の 1 の分割で M の開被覆 $\{U_\alpha\}$ に従属するものとし, $F: N \to M$ を C^∞ 級写像とする. 次を証明せよ.

(a) 台の族 $\{\mathrm{supp}\, F^*\rho_\alpha\}$ は局所有限である.

(b) 関数の族 $\{F^*\rho_\alpha\}$ は N 上の 1 の分割で, N の開被覆 $\{F^{-1}(U_\alpha)\}$ に従属する.

13.7* 局所有限な和集合の閉包

$\{A_\alpha\}$ が位相空間における局所有限な部分集合族ならば,

$$\overline{\bigcup A_\alpha} = \bigcup \overline{A_\alpha}. \tag{13.4}$$

ここで, $\overline{A}$ は部分集合 A の閉包を表す.

注意 任意の部分集合族 $\{A_\alpha\}$ に対して, 常に

$$\bigcup \overline{A_\alpha} \subset \overline{\bigcup A_\alpha}$$

が成り立つ. しかしながら, 逆の包含関係は一般には正しくない. 例えば, A_n が $\mathbb{R}$ における閉区間 $[0, 1-(1/n)]$ ならば,

$$\overline{\bigcup_{n=1}^\infty A_n} = \overline{[0,1)} = [0,1]$$

であるが,

$$\bigcup_{n=1}^\infty \overline{A_n} = \bigcup_{n=1}^\infty \left[0, 1 - \frac{1}{n}\right] = [0,1).$$

$\{A_\alpha\}$ が有限集合族ならば, 等式 (13.4) が正しいことは容易に証明できる.

§14 ベクトル場

多様体 M 上のベクトル場 X とは，各点 $p \in M$ に対して接ベクトル $X_p \in T_pM$ を割り当てるものである．より正式には，M 上のベクトル場は M の接束 TM の切断である．したがって，ベクトル場が滑らかであることを，それが接束の切断として滑らかであることと定めるのが自然である．最初の 14.1 節では，滑らかなベクトル場を特徴付ける他の 2 つの方法として，座標ベクトル場の係数によるもの，多様体上の滑らかな関数によるものを与える．

ベクトル場は，例えば流体の速度ベクトル場，電荷の電場，質量の重力場などとして，自然界にその姿を多く現す．なかでも流体のモデルは非常に一般的で，すぐに見るように，すべての滑らかなベクトル場は，局所的には流体の速度ベクトル場として見ることができる．このフローによる点の軌跡をベクトル場の**積分曲線**という．積分曲線は，その速度ベクトル場がもとのベクトル場の曲線上への制限となっているような曲線である．積分曲線の式を見つけることは，1 階の連立常微分方程式を解くことと同値であり，したがって常微分方程式の理論が積分曲線の存在を保証する．

多様体 M 上の C^∞ 級ベクトル場全体の集合 $\mathfrak{X}(M)$ は，明らかにベクトル空間の構造をもつ．本書では $\mathfrak{X}(M)$ がリー代数になるような括弧積の演算 $[\,,\,]$ を導入する．ベクトル場は滑らかな写像の下での押し出しをもたないので，リー代数 $\mathfrak{X}(M)$ は多様体の圏上の関手にはならないが，2 つの多様体の間の滑らかな写像の下でベクトル場を比較する**関係にあるベクトル場**と呼ばれるものがある．

14.1　ベクトル場の滑らかさ

定義 12.7 において，多様体 M 上のベクトル場 X が**滑らか**であるとは，写像 $X : M \to TM$ が接束 $\pi : TM \to M$ の切断として滑らかであることと定義した．M 上の座標チャート $(U, \phi) = (U, x^1, \ldots, x^n)$ においては，ベクトル場 X の $p \in M$ での値は一次結合

$$X_p = \sum a^i(p) \left.\frac{\partial}{\partial x^i}\right|_p$$

である．p が U 上を動くことで，係数 a^i は U 上の関数になる．

12.1 節と 12.2 節で見たように，多様体 M 上のチャート $(U, \phi) = (U, x^1, \ldots, x^n)$ は TM 上のチャート

§14 ベクトル場

$$(TU, \tilde{\phi}) = (TU, \bar{x}^1, \ldots, \bar{x}^n, c^1, \ldots, c^n)$$

を誘導する．ここで，$\bar{x}^i = \pi^* x^i = x^i \circ \pi$ であり，c^i は

$$v = \sum c^i(v) \left.\frac{\partial}{\partial x^i}\right|_p, \quad v \in T_p M$$

により定義される．等式

$$X_p = \sum a^i(p) \left.\frac{\partial}{\partial x^i}\right|_p = \sum c^i(X_p) \left.\frac{\partial}{\partial x^i}\right|_p, \quad p \in U$$

の係数を比べることで，U 上の関数として $a^i = c^i \circ X$ を得る．c^i は座標なので，TU 上の滑らかな関数である．よって，X が滑らかで $(U, x^1, \ldots, x^n)$ が M 上の任意のチャートならば，$X = \sum a^i \partial/\partial x^i$ の枠 $\partial/\partial x^i$ に関する係数 a^i は U 上で滑らかである．

次の補題で示されているように，この逆も正しい．

補題 14.1（チャート上のベクトル場の滑らかさ） $(U, \phi) = (U, x^1, \ldots, x^n)$ を多様体 M 上のチャートとする．U 上のベクトル場 $X = \sum a^i \partial/\partial x^i$ が滑らかであるための必要十分条件は，係数関数 a^i がすべて U 上で滑らかであることである．

【証明】 この補題は命題 12.12 の特別な場合であり，E として M の接束，s_i として座標ベクトル場 $\partial/\partial x^i$ をとった場合にあたる．

接束 TM 上の多様体構造の明示的な記述があるので，この補題を直接的に証明することも可能である．$\tilde{\phi}: TU \to \phi(U) \times \mathbb{R}^n$ は微分同相写像なので，$X: U \to TU$ が滑らかであるための必要十分条件は，$\tilde{\phi} \circ X : U \to \phi(U) \times \mathbb{R}^n$ が滑らかであることである．$p \in U$ に対して，

$$(\tilde{\phi} \circ X)(p) = \tilde{\phi}(X_p) = (x^1(p), \ldots, x^n(p), c^1(X_p), \ldots, c^n(X_p))$$
$$= (x^1(p), \ldots, x^n(p), a^1(p), \ldots, a^n(p)).$$

$x^1, \ldots, x^n$ は U 上の座標関数なので U 上で C^∞ 級である．したがって，命題 6.13 より，$\tilde{\phi} \circ X$ が滑らかであるための必要十分条件は，すべての a^i が U 上で滑らかであることである．□

この補題から，多様体上のベクトル場の滑らかさの特徴付けが，座標枠に関するベクトル場の係数の言葉を用いて次のように導かれる．

命題 14.2（係数の言葉によるベクトル場の滑らかさ） X を多様体 M 上のベクトル場とする．このとき次は同値．

(i) ベクトル場 X は M 上で滑らかである．

(ii) 多様体 M は「アトラスに属する任意のチャート $(U, x^1, \ldots, x^n)$ 上で，枠 $\partial/\partial x^i$ に関する $X = \sum a^i \partial/\partial x^i$ の係数 a^i がすべて滑らかである」ようなアトラスをもつ．

(iii) 多様体 M 上の任意のチャート $(U, \phi) = (U, x^1, \ldots, x^n)$ において，枠 $\partial/\partial x^i$ に関する $X = \sum a^i \partial/\partial x^i$ の係数 a^i はすべて滑らかである．

【証明】 (ii) $\Rightarrow$ (i). (ii) を仮定する．直前の補題より X は M のあるアトラスの任意のチャート (U, ϕ) 上で滑らかである．したがって，X は M 上で滑らかである．
(i) $\Rightarrow$ (iii). M 上の滑らかなベクトル場はすべてのチャート (U, ϕ) 上で滑らかである．よって直前の補題が (iii) を示している．
(iii) $\Rightarrow$ (ii). 明らか． □

2.5 節のときと全く同様に，多様体 M 上のベクトル場 X は，M 上の C^∞ 級関数からなる代数 $C^\infty(M)$ 上の線形写像を誘導する．すなわち，$f \in C^\infty(M)$ に対して，関数 Xf が

$$(Xf)(p) := X_p f, \quad p \in M$$

により定まる．ベクトル場を C^∞ 級関数上の作用素と考えることによる，滑らかなベクトル場のもう 1 つの特徴付けがある．

命題 14.3（関数の言葉によるベクトル場の滑らかさ） M 上のベクトル場 X が滑らかであるための必要十分条件は，M 上の任意の滑らかな関数 f に対して関数 Xf が M 上滑らかであることである．

【証明】
($\Rightarrow$) X は滑らかであると仮定し，$f \in C^\infty(M)$ とする．命題 14.2 より，M 上の任意のチャート $(U, x^1, \ldots, x^n)$ において，ベクトル場 $X = \sum a^i \partial/\partial x^i$ の係数 a^i は C^∞ 級である．よって，$Xf = \sum a^i \partial f/\partial x^i$ は U 上で C^∞ 級である．M はチャートで被覆されるので，Xf は M 上で C^∞ 級である．
($\Leftarrow$) $(U, x^1, \ldots, x^n)$ を M 上の任意のチャートとする．$X = \sum a^i \partial/\partial x^i$ とし，$p \in U$ とする．命題 13.2 より，$k = 1, \ldots, n$ に対して，各 x^k は U における p のある近傍

V 上で x^k と一致するような M 上の C^∞ 級関数 $\tilde{x}^k$ に拡張することができる．したがって，V 上では

$$X\tilde{x}^k = \left(\sum a^i \frac{\partial}{\partial x^i}\right) \tilde{x}^k = \left(\sum a^i \frac{\partial}{\partial x^i}\right) x^k = a^k.$$

これは，a^k が p において C^∞ 級であることを示している．p は U の任意の点であったので，関数 a^k は U 上で C^∞ 級である．命題 14.2 の滑らかさの判定法より，X は滑らかである．

この証明において，x^k を M 上の大域的な C^∞ 級関数 $\tilde{x}^k$ に拡張するのは必要な操作である．なぜなら，$Xx^k = a^k$ は正しいが，座標関数 x^k は M 上ではなく U 上でのみ定義されており，それゆえに Xf に関する滑らかさの仮定が Xx^k には適用できないからである． □

命題 14.3 より，C^∞ 級ベクトル場 X を，M 上の C^∞ 級関数からなる代数上の線形作用素 $X : C^\infty(M) \to C^\infty(M)$ と見ることができる．命題 2.6 にあるように，この線形作用素 $X : C^\infty(M) \to C^\infty(M)$ は導分である．すなわち，すべての $f, g \in C^\infty(M)$ に対して，

$$X(fg) = (Xf)g + f(Xg).$$

以後，M 上の C^∞ 級ベクトル場を接束 TM の C^∞ 級切断と考えることもあるし，C^∞ 級関数からなる代数 $C^\infty(M)$ 上の導分と考えることもある．実際，C^∞ 級ベクトル場のこれら 2 つの記述は同値であることが証明できる（問題 19.12）．

関数の C^∞ 級での拡張についての命題 13.2 は，ベクトル場版の類似をもつ．

命題 14.4（ベクトル場の C^∞ 級での拡張） X を多様体 M の点 p の近傍 U 上で定義された C^∞ 級ベクトル場とする．このとき，p の十分小さな近傍上で X と一致するような M 上の C^∞ 級ベクトル場 $\tilde{X}$ が存在する．

【証明】 U に台をもつ C^∞ 級の隆起関数 $\rho : M \to \mathbb{R}$ で，p のある近傍 V 上で恒等的に 1 となるものをとる（図 13.8）．$\tilde{X}$ を

$$\tilde{X}_q = \begin{cases} \rho(q) X_q & (q \in U) \\ 0 & (q \notin U) \end{cases}$$

により定める．残りの証明は命題 13.2 と同様． □

14.2 積分曲線

例 12.8 では，平面上の各点に対してその点を通る円周を描いて，円周上の任意の点における速度ベクトルがその点でのベクトル場の値になっているようにできるであろう．このような曲線は，これから定義するベクトル場の**積分曲線**の例である．

定義 14.5 X を多様体 M 上の C^∞ 級ベクトル場とし，$p \in M$ とする．X の**積分曲線**とは，滑らかな曲線 $c:]a,b[\to M$ で，$c'(t) = X_{c(t)}$ がすべての $t \in]a,b[$ について成り立つものをいう．通常，開区間 $]a,b[$ は 0 を含むものと仮定する．この場合，$c(0) = p$ ならば，c は p を**始点**とする積分曲線であるといい，p を c の**始点**と呼ぶ．積分曲線の始点が p であることを明示したいときは，$c(t)$ の代わりに $c_t(p)$ とも書く．

定義 14.6 積分曲線は，その定義域がより大きな区間に拡張できないとき，**極大**であるという．

例 $\mathbb{R}^2$ 上のベクトル場 $X_{(x,y)} = \langle -y, x \rangle$ を思い出す（図 12.4）．点 $(1,0) \in \mathbb{R}^2$ を始点とする積分曲線 $c(t)$ を求める．$c(t) = (x(t), y(t))$ が積分曲線であるための条件は $c'(t) = X_{c(t)}$，つまり

$$\begin{bmatrix} \dot{x}(t) \\ \dot{y}(t) \end{bmatrix} = \begin{bmatrix} -y(t) \\ x(t) \end{bmatrix}$$

であるので，1 階の連立常微分方程式

$$\dot{x} = -y, \tag{14.1}$$

$$\dot{y} = x \tag{14.2}$$

を初期条件 $(x(0), y(0)) = (1, 0)$ の下で解く必要がある．(14.1) より $y = -\dot{x}$ なので，$\dot{y} = -\ddot{x}$．(14.2) に代入して，

$$\ddot{x} = -x.$$

この方程式の一般解は

$$x = A\cos t + B\sin t \tag{14.3}$$

であることがよく知られている．ゆえに，

$$y = -\dot{x} = A\sin t - B\cos t. \tag{14.4}$$

初期条件より $A = 1$, $B = 0$ となるので，$(1, 0)$ を始点とする積分曲線は $c(t) = (\cos t, \sin t)$ であり，単位円周のパラメーター表示になっている．

より一般に，積分曲線の $t = 0$ にあたる始点が $p = (x_0, y_0)$ ならば，(14.3) と (14.4) は
$$A = x_0, \quad B = -y_0$$
を与えるので，(14.1) と (14.2) の一般解は
$$x = x_0 \cos t - y_0 \sin t,$$
$$y = x_0 \sin t + y_0 \cos t, \quad t \in \mathbb{R}.$$
行列を用いて書くと
$$c(t) = \begin{bmatrix} x(t) \\ y(t) \end{bmatrix} = \begin{bmatrix} \cos t & -\sin t \\ \sin t & \cos t \end{bmatrix} \begin{bmatrix} x_0 \\ y_0 \end{bmatrix} = \begin{bmatrix} \cos t & -\sin t \\ \sin t & \cos t \end{bmatrix} p$$
であり，これは p を始点とする X の積分曲線が，原点を中心として p を反時計回りに角度 t で回転させることで得られることを示している．角度 t の回転をしてから角度 s の回転をすることは，角度 $s + t$ の回転をすることと同じなので，
$$c_s(c_t(p)) = c_{s+t}(p)$$
であることに注意せよ．特に，各 $t \in \mathbb{R}$ に対して，$c_t : \mathbb{R}^2 \to \mathbb{R}^2$ は微分同相写像であり，その逆写像は c_{-t} である．

$\mathrm{Diff}(M)$ を多様体 M からそれ自身への微分同相写像全体からなる群とする．ただし，群の演算は合成で与える．準同型写像 $c : \mathbb{R} \to \mathrm{Diff}(M)$ を M の**微分同相写像の 1 パラメーター部分群**と呼ぶ．この例においては，$\mathbb{R}^2$ 上のベクトル場 $X_{(x,y)} = \langle -y, x \rangle$ の積分曲線たちは $\mathbb{R}^2$ の微分同相写像の 1 パラメーター部分群を与えている．

例 X を実数直線 $\mathbb{R}$ 上のベクトル場 $x^2 d/dx$ とする．$x = 2$ を始点とする X の極大積分曲線を求めよ．

〈解〉求める積分曲線を $x(t)$ と書くと，
$$x'(t) = X_{x(t)} \iff \dot{x}(t) \frac{d}{dx} = x^2 \frac{d}{dx}$$
である．ただし，$x'(t)$ は曲線 $x(t)$ の速度ベクトルであり，$\dot{x}(t)$ は微積分における実数値関数 $x(t)$ の導関数である．ゆえに，$x(t)$ は微分方程式
$$\frac{dx}{dt} = x^2, \quad x(0) = 2 \tag{14.5}$$

を満たす.

(14.5) は変数分離

$$\frac{dx}{x^2} = dt \tag{14.6}$$

により解くことができる. (14.6) の両辺の積分すれば, ある定数 C が存在して

$$-\frac{1}{x} = t + C, \quad \text{すなわち} \quad x = -\frac{1}{t+C}.$$

初期条件 $x(0) = 2$ により, $C = -1/2$ でなければならない. したがって, $x(t) = 2/(1-2t)$ を得る. $x(t)$ が定義される極大な区間で 0 を含むものは $]-\infty, 1/2[$ である. ∎

この例から, 積分曲線の定義域は, 実数直線全体に拡張できるとは限らないことが分かる.

14.3 局所フロー

14.2 節における 2 つの例は, 局所的には, ベクトル場の積分曲線を求めることが初期条件付きの 1 階の連立常微分方程式を解くことに相当するということを示している. 一般に, X が多様体 M 上の滑らかなベクトル場のとき, 点 p を始点とする積分曲線 $c(t)$ を求めるためには, まず p の周りの座標チャート $(U, \phi) = (U, x^1, \ldots, x^n)$ をとる. 局所座標を用いると

$$X_{c(t)} = \sum a^i(c(t)) \left.\frac{\partial}{\partial x^i}\right|_{c(t)}$$

と書けて, 命題 8.15 より

$$c'(t) = \sum \dot{c}^i(t) \left.\frac{\partial}{\partial x^i}\right|_{c(t)}.$$

ただし, $c^i(t) = x^i \circ c(t)$ はチャート (U, ϕ) における $c(t)$ の i 番目の成分である. よって, 条件 $c'(t) = X_{c(t)}$ は

$$\dot{c}^i(t) = a^i(c(t)) \quad (i = 1, \ldots, n) \tag{14.7}$$

と同値である. これは連立常微分方程式であり, 初期条件 $c(0) = p$ は $(c^1(0), \ldots, c^n(0)) = (p^1, \ldots, p^n)$ の形に言い換えられる. 常微分方程式論における解の存在と一意性より, このような方程式は次の意味で常に唯一つの解をもつ.

定理 14.7 V を $\mathbb{R}^n$ の開集合, p_0 を V の点, $f : V \to \mathbb{R}^n$ を C^∞ 級関数とす

る．このとき，微分方程式

$$dy/dt = f(y), \quad y(0) = p_0$$

は一意的な C^∞ 級の解 $y:]a(p_0), b(p_0)[\to V$ をもつ．ただし，$]a(p_0), b(p_0)[$ は y が定義される極大な開区間で，0 を含むものである．

解の一意性は，もし $z:]\delta, \varepsilon[\to V$ が同じ微分方程式

$$dz/dt = f(z), \quad z(0) = p_0$$

を満たすならば，z の定義域 $]\delta, \varepsilon[$ は $]a(p_0), b(p_0)[$ の部分集合であり，かつ区間 $]\delta, \varepsilon[$ 上で $z(t) = y(t)$ となることを意味する．

多様体のチャート U 上のベクトル場 X と点 $p \in U$ に対して，この定理は，p を始点とする極大積分曲線の存在と一意性を保証している．

次に，積分曲線が始点のとり方にどのように依存するかを調べる．再度，問題を局所的に $\mathbb{R}^n$ 上で考察する．いま，関数 y を 2 つの変数 t, q の関数と考えると，y が q を始点とする積分曲線であるための条件は

$$\frac{\partial y}{\partial t}(t, q) = f(y(t, q)), \quad y(0, q) = q \tag{14.8}$$

である．

常微分方程式論からの次の定理は，解の始点への依存性が滑らかであることを保証している．

定理 14.8 V を $\mathbb{R}^n$ の開集合とし，$f: V \to \mathbb{R}^n$ を C^∞ 級写像とする．各点 $p_0 \in V$ に対して，V における p_0 の近傍 W と実数 $\varepsilon > 0$，および C^∞ 級写像

$$y:]-\varepsilon, \varepsilon[\times W \to V$$

が存在して，すべての $(t, q) \in]-\varepsilon, \varepsilon[\times W$ について

$$\frac{\partial y}{\partial t}(t, q) = f(y(t, q)), \quad y(0, q) = q$$

を満たす．

これら 2 つの定理の証明については [7, Appendix C, pp.359-366] を見よ．

定理 14.8 と定理 14.7 より次が従う．X がチャート U 上の C^∞ 級ベクトル場で $p \in U$ ならば，U における p の近傍 W と $\varepsilon > 0$，および C^∞ 級写像

$$F: \,]-\varepsilon,\varepsilon[\, \times W \to U \tag{14.9}$$

が存在して，各 $q \in W$ について関数 $F(t,q)$ は q を始点とする X の積分曲線となる．特に，$F(0,q) = q$ である．通常 $F(t,q)$ を $F_t(q)$ と書く．

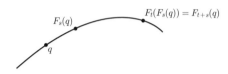

図 14.1 局所フローの q を通るフロー曲線．

区間 $]-\varepsilon,\varepsilon[$ に含まれる s, t として，$F_t(F_s(q))$ と $F_{t+s}(q)$ の両方が定義されているようなものを考える．このとき，$F_t(F_s(q))$ と $F_{t+s}(q)$ を共に t の関数として見ると，どちらも，$t = 0$ に対応する点 $F_s(q)$ を始点とする X の積分曲線である．1 点を始点とする積分曲線の一意性より，

$$F_t(F_s(q)) = F_{t+s}(q). \tag{14.10}$$

(14.9) における写像 F を**ベクトル場 X により生成される局所フロー**と呼ぶ．各点 $q \in U$ に対して，t の関数 $F_t(q)$ を局所フローの**フロー曲線**と呼ぶ．各フロー曲線は X の積分曲線である．局所フローが $\mathbb{R} \times M$ 上で定義されるとき，それを**大域フロー**と呼ぶ．すべての滑らかなベクトル場は任意の点において局所フローをもつが，それらは大域フローとは限らない．大域フローをもつベクトル場を**完備なベクトル場**という．F が大域フローならば，各 $t \in \mathbb{R}$ に対して，

$$F_t \circ F_{-t} = F_{-t} \circ F_t = F_0 = \mathbb{1}_M$$

であるので，$F_t : M \to M$ は微分同相写像である．したがって，M 上の大域フローは M の微分同相写像の 1 パラメーター部分群を与える．

この議論から，以下の定義が導かれる．

定義 14.9 多様体の開集合 U の点 p における**局所フロー**とは，C^∞ 級写像

$$F: \,]-\varepsilon,\varepsilon[\, \times W \to U$$

であって（ε は正の実数，W は U における p の近傍），$F_t(q) = F(t,q)$ と書くとき次が成り立つようなものである．

(i) すべての q に対して $F_0(q) = q$，

(ii) 両辺が定義されていれば，$F_t(F_s(q)) = F_{t+s}(q)$.

$F(t, q)$ が U 上のベクトル場 X の局所フローならば，
$$F(0, q) = q \quad \text{かつ} \quad \frac{\partial F}{\partial t}(0, q) = X_{F(0,q)} = X_q.$$
ゆえに，ベクトル場をその局所フローから再構成することができる．

例 写像 $F: \mathbb{R} \times \mathbb{R}^2 \to \mathbb{R}^2$ を
$$F\left(t, \begin{bmatrix} x \\ y \end{bmatrix}\right) = \begin{bmatrix} \cos t & -\sin t \\ \sin t & \cos t \end{bmatrix} \begin{bmatrix} x \\ y \end{bmatrix}$$
により定めると，これはベクトル場
$$\begin{aligned} X_{(x,y)} &= \left.\frac{\partial F}{\partial t}(t, (x,y))\right|_{t=0} = \left.\begin{bmatrix} -\sin t & -\cos t \\ \cos t & -\sin t \end{bmatrix} \begin{bmatrix} x \\ y \end{bmatrix}\right|_{t=0} \\ &= \begin{bmatrix} 0 & -1 \\ 1 & 0 \end{bmatrix} \begin{bmatrix} x \\ y \end{bmatrix} = \begin{bmatrix} -y \\ x \end{bmatrix} = -y\frac{\partial}{\partial x} + x\frac{\partial}{\partial y} \end{aligned}$$
によって生成される $\mathbb{R}^2$ 上の大域フローである．このベクトル場は例 12.8 で扱ったものである．

14.4 リー括弧積

X, Y が多様体 M のある開集合 U 上の滑らかなベクトル場であるとし，X, Y を $C^\infty(U)$ 上の導分と見なす．命題 14.3 より，U 上の C^∞ 級関数 f に対して，関数 Yf は U 上で C^∞ 級であり，関数 $(XY)f := X(Yf)$ もまた U 上で C^∞ 級である．さらに，X と Y は共に $C^\infty(U)$ から $C^\infty(U)$ への $\mathbb{R}$ 線形写像なので，写像 $XY: C^\infty(U) \to C^\infty(U)$ は $\mathbb{R}$ 線形である．しかしながら，XY は導分の性質を満たさない．実際，$f, g \in C^\infty(U)$ のとき，
$$\begin{aligned} XY(fg) &= X((Yf)g + fYg) \\ &= (XYf)g + (Yf)(Xg) + (Xf)(Yg) + f(XYg). \end{aligned}$$
この式をより詳しく見てみると，XY を導分にしない 2 つの余分な項 $(Yf)(Xg)$，$(Xf)(Yg)$ は，X と Y について対称的であることが分かる．そこで，$YX(fg)$ も計算して，$XY(fg)$ から引くと，これら余分な項は消え，$XY - YX$ は $C^\infty(U)$ 上の導分になることが分かる．

U 上の2つの滑らかなベクトル場 X, Y と点 $p \in U$ が与えられたとき，p における**リー括弧積** $[X, Y]$ を

$$[X, Y]_p f := (X_p Y - Y_p X) f \quad (f \text{ は } p \text{ における } C^\infty \text{ 級関数の芽})$$

により定める．上と同じ計算を，今度は p で値をとることで，$[X, Y]_p$ が $C_p^\infty(U)$ の導分であること，つまり p における接ベクトルであることを簡単に確かめることができる（定義8.1）．p は U 上を動くので，$[X, Y]$ は U 上のベクトル場になる．

命題 14.10 X と Y が M 上の滑らかなベクトル場ならば，ベクトル場 $[X, Y]$ もまた M 上滑らかである．

【証明】 命題 14.3 より，f が M 上の C^∞ 級関数ならば $[X, Y]f$ もまた C^∞ 級であることを確かめれば十分である．しかるに，X と Y が C^∞ 級なので，

$$[X, Y]f = (XY - YX)f$$

は明らかに M 上 C^∞ 級である． □

この命題から，リー括弧積は，M 上の滑らかなベクトル場全体からなるベクトル空間 $\mathfrak{X}(M)$ の上に積演算を与える．明らかに，

$$[Y, X] = -[X, Y].$$

演習 14.11（ヤコビ恒等式） ヤコビ恒等式

$$\sum_{\text{cyclic}} [X, [Y, Z]] = 0$$

を確かめよ．この記法は X, Y, Z を順繰りに入れ替えて和をとるという意味である．書き下すと，

$$\sum_{\text{cyclic}} [X, [Y, Z]] = [X, [Y, Z]] + [Y, [Z, X]] + [Z, [X, Y]].$$

定義 14.12 K を体とする．K 上の**リー代数**[8]とは，K 上のベクトル空間 V で，次の性質を満たす**括弧積**と呼ばれる積 $[\,,\,] : V \times V \to V$ をもつものをいう．$a, b \in K$ と $X, Y, Z \in V$ に対して，

(i) （双線形性）$[aX + bY, Z] = a[X, Z] + b[Y, Z]$,
$\qquad\qquad [Z, aX + bY] = a[Z, X] + b[Z, Y]$,

---

[8]（訳者注）リー環ともいう．

(ii)（反交換性）$[Y, X] = -[X, Y]$,
(iii)（ヤコビ恒等式）$\sum_{\text{cyclic}} [X, [Y, Z]] = 0$.

実際には，**実リー代数**すなわち $\mathbb{R}$ 上のリー代数のみに関心がある．特に断りのない限り，本書におけるリー代数は実リー代数を意味することとする．

例 任意のベクトル空間 V において，すべての $X, Y \in V$ に対して $[X, Y] = 0$ と定めると，この括弧積により V はリー代数になる．これを**可換リー代数**と呼ぶ．

2.2 節における代数の定義は，積が結合的であることを要求している．可換リー代数は明らかに結合的であるが，一般にはリー代数の括弧積は結合的とは限らない．ゆえにその名前に反して，リー代数は一般には代数ではない．

例 M が多様体のとき，M 上の C^∞ 級ベクトル場全体からなるベクトル空間 $\mathfrak{X}(M)$ は，リー括弧積 [,] を括弧積とするような実リー環である．

例 $K^{n \times n}$ を K 上の $n \times n$ 行列全体からなるベクトル空間とする．$X, Y \in K^{n \times n}$ に対して，
$$[X, Y] = XY - YX$$
と定める．ただし，XY は X と Y の行列の積である．この括弧積により，$K^{n \times n}$ はリー代数になる．双線形性と反可換性は明らかで，ヤコビ恒等式は演習 14.11 と同じ計算から従う．

より一般に，A が体 K 上の任意の代数のとき，積
$$[x, y] = xy - yx \quad (x, y \in A)$$
は A を K 上のリー代数にする．

定義 14.13 K 上のリー代数 V の**導分**とは，K 線形写像 $D : V \to V$ で，次の積法則を満たすもののことをいう．
$$D[Y, Z] = [DY, Z] + [Y, DZ] \quad (Y, Z \in V).$$

例 V を体 K 上のリー代数とする．V の各元 X に対して，$\text{ad}_X : V \to V$ を
$$\text{ad}_X(Y) = [X, Y]$$
により定める．ヤコビ恒等式を

$$[X, [Y, Z]] = [[X, Y], Z] + [Y, [X, Z]]$$

または

$$\mathrm{ad}_X[Y, Z] = [\mathrm{ad}_X Y, Z] + [Y, \mathrm{ad}_X Z]$$

の形に書くことができるが，これは $\mathrm{ad}_X : V \to V$ が V の導分であることを示している．

14.5 ベクトル場の押し出し

$F : N \to M$ を多様体の間の滑らかな写像とし，$F_* : T_p N \to T_{F(p)} M$ を N の点 p における微分とする．$X_p \in T_p N$ のとき，$F_*(X_p)$ を p におけるベクトル X_p の**押し出し**という．この概念は一般にはベクトル場に拡張することができない．というのも，X が N 上のベクトル場で，相異なる 2 点 $p, q \in N$ について $z = F(p) = F(q)$ となっているとすると，X_p と X_q は共に $z \in M$ へ押し出されるが，$F_*(X_p)$ と $F_*(X_q)$ が一致すべき理由はどこにもないからである（図 14.2）．

ある 1 つの重要な場合においては，N 上の任意のベクトル場 X について押し出し F_*X が常に意味をもつ．それは，$F : N \to M$ が微分同相写像のときである．この場合，F は単射なので $(F_*X)_{F(p)} = F_{*,p}(X_p)$ が明確な意味をもち，F は全射なので F_*X は M 上すべての点で定義されている．

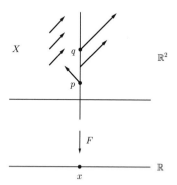

図 14.2 ベクトル場 X を第 1 成分への射影 $F : \mathbb{R}^2 \to \mathbb{R}$ の下で押し出すことはできない．

14.6 関係にあるベクトル場

C^∞ 級写像 $F: N \to M$ の下で，一般には N 上のベクトル場を M 上のベクトル場に押し出すことはできないが，これから定義する**関係にあるベクトル場**という便利な概念がある．

定義 14.14 $F: N \to M$ を多様体の間の滑らかな写像とする．N 上のベクトル場 X が M 上のベクトル場 $\bar{X}$ と F **関係にある**とは，すべての $p \in N$ に対して

$$F_{*,p}(X_p) = \bar{X}_{F(p)} \qquad (14.11)$$

が成り立つことである．

例 14.15（微分同相写像による押し出し） $F: N \to M$ が微分同相写像で X が N 上のベクトル場ならば，押し出し F_*X が定まる．定義より，N 上のベクトル場 X は M 上のベクトル場 F_*X と F 関係にある．16.5 節において，微分同相写像でないような写像 F で関係するベクトル場の例を見る．

F 関係にあるための条件 (14.11) は，次のように書き直せる．

命題 14.16 $F: N \to M$ を多様体の間の滑らかな写像とする．N 上のベクトル場 X と M 上のベクトル場 $\bar{X}$ が F 関係にあるための必要十分条件は，すべての $g \in C^\infty(M)$ に対して

$$X(g \circ F) = (\bar{X}g) \circ F$$

が成り立つことである．

【証明】
($\Rightarrow$) N 上の X および M 上の $\bar{X}$ が F 関係にあるとする．(14.11) より，任意の $g \in C^\infty(M)$ と $p \in N$ に対して

$$F_{*,p}(X_p)g = \bar{X}_{F(p)}g \qquad (F \text{ 関係にあることの定義}),$$
$$X_p(g \circ F) = (\bar{X}g)(F(p)) \qquad (F_* \text{ と } \bar{X}g \text{ の定義}),$$
$$(X(g \circ F))(p) = (\bar{X}g)(F(p)).$$

これがすべての $p \in N$ に対して正しいので，

$$X(g \circ F) = (\bar{X}g) \circ F.$$

($\Leftarrow$) 上の式を逆向きに辿っていけば，逆が証明される． □

命題 14.17 $F: N \to M$ を多様体の間の滑らかな写像とする.N 上の C^∞ 級ベクトル場 X, Y が M 上の C^∞ 級ベクトル場 $\bar{X}, \bar{Y}$ とそれぞれ F 関係にあるならば,N 上のリー括弧積 $[X, Y]$ は M 上のリー括弧積 $[\bar{X}, \bar{Y}]$ と F 関係にある.

【証明】 任意の $g \in C^\infty(M)$ に対して

$$
\begin{aligned}
[X, Y](g \circ F) &= XY(g \circ F) - YX(g \circ F) && ([X, Y] \text{ の定義}) \\
&= X((\bar{Y}g) \circ F) - Y((\bar{X}g) \circ F) && (\text{命題 14.16}) \\
&= (\bar{X}\bar{Y}g) \circ F - (\bar{Y}\bar{X}g) \circ F && (\text{命題 14.16}) \\
&= ((\bar{X}\bar{Y} - \bar{Y}\bar{X})g) \circ F \\
&= ([\bar{X}, \bar{Y}]g) \circ F.
\end{aligned}
$$

再び命題 14.16 より,これは N 上の $[X, Y]$ と M 上の $[\bar{X}, \bar{Y}]$ が F 関係にあるということを示している. □

問題

14.1* ベクトル場の相等

多様体 M 上の 2 つの C^∞ 級ベクトル場 X と Y が等しいための必要十分条件は,M 上のすべての C^∞ 級関数 f に対して $Xf = Yf$ が成り立つことであることを示せ.

14.2 奇数次元球面上のベクトル場

$x^1, y^1, \ldots, x^n, y^n$ を $\mathbb{R}^{2n}$ 上の標準座標とする.$\mathbb{R}^{2n}$ における単位球面 S^{2n-1} は方程式 $\sum_{i=1}^n (x^i)^2 + (y^i)^2 = 1$ により定義される.このとき,

$$X = \sum_{i=1}^n -y^i \frac{\partial}{\partial x^i} + x^i \frac{\partial}{\partial y^i}$$

が S^{2n-1} 上至る所消えない滑らかなベクトル場であることを示せ.同じ次元の球面たちはすべて微分同相なので,これはすべての奇数次元の球面上には至る所消えない滑らかなベクトル場が存在することを示している.偶数次元球面上の連続なベクトル場が必ずどこかで消えなければならないことは,微分位相幾何学の古典的な定理である ([28, Section 5, p.31] または [16, Theorem 16.5, p.70]).(ヒント.X が S^{2n-1} に接していることを示すためには問題 11.1 を用いよ.)

14.3 穴が空いた直線上の極大積分曲線

M を $\mathbb{R} - \{0\}$ とし,X を M 上のベクトル場 d/dx とする(図 14.3).$x = 1$ を

始点とする X の極大積分曲線を求めよ．

図 14.3 $\mathbb{R} - \{0\}$ 上のベクトル場 d/dx．

14.4 平面における積分曲線

$\mathbb{R}^2$ 上のベクトル場

$$X_{(x,y)} = x\frac{\partial}{\partial x} - y\frac{\partial}{\partial y} = \begin{bmatrix} x \\ -y \end{bmatrix}$$

の積分曲線を求めよ．

14.5 平面における極大積分曲線

$\mathbb{R}^2$ 上のベクトル場 $X_{(x,y)} = \partial/\partial x + x\,\partial/\partial y$ の点 $(a,b) \in \mathbb{R}^2$ を始点とする極大積分曲線 $c(t)$ を求めよ．

14.6 ベクトル場の零点を始点とする積分曲線

(a)* 多様体 M 上の滑らかなベクトル場 X が点 $p \in M$ において消えているとする．p を始点とする X の積分曲線は定値曲線 $c(t) \equiv p$ であることを示せ．

(b) X が多様体 M 上の零ベクトル場で，$c_t(p)$ が p を始点とする X の積分曲線ならば，得られる微分同相写像の 1 パラメーター部分群 $c: \mathbb{R} \to \mathrm{Diff}(M)$ は定値写像 $c(t) \equiv \mathbb{1}_M$ であることを示せ．

14.7 極大積分曲線

X を $\mathbb{R}$ 上のベクトル場 $x\,d/dx$ とする．$\mathbb{R}$ の各点 p について，p を始点とする X 上の極大積分曲線 $c(t)$ を求めよ．

14.8 極大積分曲線

X を実数直線 $\mathbb{R}$ 上のベクトル場 $x^2 d/dx$ とする．$\mathbb{R}$ の各点 $p > 0$ について，p を始点とする X 上の極大積分曲線を求めよ．

14.9 積分曲線の再パラメーター化

$c:]a, b[\to M$ を M 上の滑らかなベクトル場 X の積分曲線とする．任意の実数 s に対して，写像

$$c_s:]a+s, b+s[\to M, \quad c_s(t) = c(t-s)$$

もまた X の積分曲線であることを示せ．

14.10 ベクトル場のリー括弧積

f, g を多様体 M 上の C^∞ 級関数とし，X, Y を M 上の C^∞ 級ベクトル場とするとき，

$$[fX, gY] = fg[X,Y] + f(Xg)Y - g(Yf)X$$

であることを示せ.

14.11　$\mathbb{R}^2$ 上のベクトル場のリー括弧積

$\mathbb{R}^2$ 上のリー括弧積
$$\left[-y\frac{\partial}{\partial x} + x\frac{\partial}{\partial y}, \frac{\partial}{\partial x}\right]$$

を計算せよ.

14.12　局所座標におけるリー括弧積

$\mathbb{R}^n$ 上の 2 つの C^∞ 級ベクトル場
$$X = \sum a^i \frac{\partial}{\partial x^i}, \quad Y = \sum b^j \frac{\partial}{\partial x^j}$$

を考える. ただし, a^i, b^j は $\mathbb{R}^n$ 上の C^∞ 級関数であるとする. $[X,Y]$ もまた $\mathbb{R}^n$ 上の C^∞ 級ベクトル場なので, ある C^∞ 級関数 c^k を用いて
$$[X,Y] = \sum c^k \frac{\partial}{\partial x^k}$$

と書ける. c^k の式を a^i と b^j を用いて求めよ.

14.13　微分同相写像の下でのベクトル場

$F: N \to M$ を多様体の間の C^∞ 級微分同相写像とする. g が N 上の C^∞ 級関数で, X が N 上の C^∞ 級ベクトル場ならば,
$$F_*(gX) = (g \circ F^{-1})F_*X$$

であることを示せ.

14.14　微分同相写像の下でのリー括弧積

$F: N \to M$ を多様体の間の C^∞ 級微分同相写像とする. X と Y が N 上の C^∞ 級ベクトル場ならば
$$F_*[X,Y] = [F_*X, F_*Y]$$

であることを示せ.

Chapter

4

リー群とリー代数

Lie Groups and Lie Algebras

　リー群は多様体かつ群であり，その群演算が滑らかであるものである．$\mathbb{R}$ 上や $\mathbb{C}$ 上の一般線形群や特殊線形群，また，直交群，ユニタリ群，シンプレクティック群といった古典群はすべてリー群である．

　リー群の元 g による左移動は，リー群からそれ自身への微分同相写像で単位元を g へ写すものであり，この意味でリー群は等質空間である．したがって，局所的にはリー群はどの点の周りも同じように見えるので，リー群の局所的な構造を調べるためには単位元の周りを調べれば十分である．これゆえ，リー群の単位元における接空間が重要な役割を果たすべきであることは驚くに当たらない．

　リー群 G の単位元における接空間は，それがリー代数になるような自然な括弧積 $[\,,\,]$ をもち，接空間 T_eG にこの括弧積を与えたものは，リー群 G の**リー代数**と呼ばれる．リー群のリー代数は，リー群についての多くの情報を内包している．

Sophus Lie
(1842–1899)

　ノルウェーの数学者ソフス・リー（Sophus Lie）は，1874 年から 1884 年までの 11 年間に発表した一連の論文において，リー群とリー代数の研究を始めた．そのときはノルウェー語で論文を書いたためか，彼の研究は当初ほとんど注目を引かなかった．1886 年，リーはドイツのライプツィヒ大学の教授になり，特に彼の助手フリードリヒ・エンゲル（Friedrich Engel）との共著で 3 巻からなる著作 *Theorie der Transformationsgruppen* を出版した後，彼の理論は注目を集め始めた．

　リーの研究の元々の動機は，有限集合の置換群の連

続的な類似物として，空間の変換群を調べることであった．実際，多様体 M の微分同相写像は M の点たちの置換と見なすことができる．リー群とリー代数の理論は，群論，位相，線形代数が相互に影響し合い，特に豊かで鮮やかな数学の一分野になっている．しかしながらこの章においては，この広大な創造物の表面をかすめることしかできない．本書においては，リー群は主に多様体の重要な一種を与え，リー代数は接空間の具体例を与えてくれるものである．

§15 リー群

まず，行列群，すなわち体上の一般線形群の部分群についてのいくつかの具体例から始める．その目的は，与えられた群がリー群であることを証明するための方法や，リー群の次元を計算するための方法を様々な形で提示することである．これらの例は，他の行列群を調べるときの雛型になる．また閉部分群定理は，証明せずに与えるが強力な道具である．この定理によれば，リー群の抽象的な部分群がそのリー群の閉集合ならば，それ自身リー群である．多くの場合，閉部分群定理は与えられた群がリー群であることを示すための最も簡単な方法である．

行列の指数関数は，与えられた速度ベクトルを始点でもつような曲線を行列群の上に与えてくれるもので，行列群における写像の微分を計算するときに便利である．ここでは例として，$\mathbb{R}$ 上の一般線形群における行列式写像の微分を計算する．

15.1 リー群の例

リー群の定義は 6.5 節ですでに与えてあるが，ここで思い出しておく．

定義 15.1 リー群とは，それ自身が群でもある C^∞ 級多様体 G で，乗法写像
$$\mu: G \times G \to G, \quad \mu(a,b) = ab$$
と逆元をとる写像
$$\iota: G \to G, \quad \iota(a) = a^{-1}$$
という 2 つの群演算が C^∞ 級であるものをいう．

$a \in G$ に対して，a による**左乗法** $\ell_a: G \to G$ を $\ell_a(x) = \mu(a,x) = ax$ により定め，a による**右乗法** $r_a: G \to G$ を $r_a(x) = xa$ で定める．左乗法と右乗法をそれぞれ**左移動**，**右移動**ともいう．

演習 15.2（左乗法） リー群 G の元 a に対して，左乗法 $\ell_a : G \to G$ が微分同相写像であることを証明せよ．

定義 15.3 2つのリー群 H と G の間の写像 $F : H \to G$ が**リー群の準同型写像で**あるとは，それが C^∞ 級写像でありかつ群の準同型写像となることである．

群の準同型写像であるという条件は，$h, x \in H$ に対して

$$F(hx) = F(h)F(x) \tag{15.1}$$

が成り立つことである．写像の言葉を用いれば，これは

$$F \circ \ell_h = \ell_{F(h)} \circ F \quad (h \in H) \tag{15.2}$$

と書ける．

e_H と e_G をそれぞれ H と G の単位元とする．(15.1) の h と x を単位元 e_H とすることで，$F(e_H) = e_G$ が従う．よって，群の準同型写像は常に単位元を単位元へ写す．

記号 行列を表すためにアルファベットの大文字を用いるが，一般にその成分を表すためにはアルファベットの小文字を用いる．したがって，行列 AB の (i,j) 成分は $(AB)_{ij} = \sum_k a_{ik} b_{kj}$ である．

例 15.4（一般線形群） 例 6.21 において，一般線形群

$$\mathrm{GL}(n, \mathbb{R}) = \{A \in \mathbb{R}^{n \times n} \mid \det A \neq 0\}$$

がリー群であることを示した．

例 15.5（特殊線形群） 特殊線形群 $\mathrm{SL}(n, \mathbb{R})$ は，行列式が 1 の行列からなる $\mathrm{GL}(n, \mathbb{R})$ の部分群である．例 9.13 より，$\mathrm{SL}(n, \mathbb{R})$ は $\mathrm{GL}(n, \mathbb{R})$ の正則部分多様体で次元は $n^2 - 1$ であり，例 11.16 より乗法写像

$$\bar{\mu} : \mathrm{SL}(n, \mathbb{R}) \times \mathrm{SL}(n, \mathbb{R}) \to \mathrm{SL}(n, \mathbb{R})$$

は C^∞ 級である．

逆元をとる写像

$$\bar{\iota} : \mathrm{SL}(n, \mathbb{R}) \to \mathrm{SL}(n, \mathbb{R})$$

が C^∞ 級であることを見るために，$i : \mathrm{SL}(n, \mathbb{R}) \to \mathrm{GL}(n, \mathbb{R})$ を包含写像とし，$\mathrm{GL}(n, \mathbb{R})$ の逆元をとる写像を $\iota : \mathrm{GL}(n, \mathbb{R}) \to \mathrm{GL}(n, \mathbb{R})$ と書く．2つの C^∞ 級写像の合成なので，

$$\iota \circ i : \mathrm{SL}(n, \mathbb{R}) \xrightarrow{i} \mathrm{GL}(n, \mathbb{R}) \xrightarrow{\iota} \mathrm{GL}(n, \mathbb{R})$$

は C^∞ 級写像である．その像が正則部分多様体 $\mathrm{SL}(n, \mathbb{R})$ に含まれているので，誘導される写像 $\bar\iota : \mathrm{SL}(n, \mathbb{R}) \to \mathrm{SL}(n, \mathbb{R})$ は，定理 11.15 より C^∞ 級である．したがって，$\mathrm{SL}(n, \mathbb{R})$ はリー群である．

全く同様の議論により，複素特殊線形群 $\mathrm{SL}(n, \mathbb{C})$ もまたリー群であることが証明できる．

例 15.6（直交群） 直交群 $\mathrm{O}(n)$ は $A^T A = I$ を満たす $\mathrm{GL}(n, \mathbb{R})$ の行列 A 全体からなる $\mathrm{GL}(n, \mathbb{R})$ の部分群であった．ゆえに，$\mathrm{O}(n)$ は写像 $f(A) = A^T A$ による I の逆像である．

例 11.3 において $f : \mathrm{GL}(n, \mathbb{R}) \to \mathrm{GL}(n, \mathbb{R})$ が一定の階数をもつことを示したので，階数一定レベル集合定理より，$\mathrm{O}(n)$ は $\mathrm{GL}(n, \mathbb{R})$ の正則部分多様体である．この方法の欠点は，f の階数については何も教えてくれず，それゆえに $\mathrm{O}(n)$ の次元が分からないままだということである．

以下，この例では $\mathrm{O}(n)$ が $\mathrm{GL}(n, \mathbb{R})$ の正則部分多様体であることを証明するために，正則レベル集合定理を用いる．この方法を用いることで，同時に $\mathrm{O}(n)$ の次元を決定することができる．これを実行するためには，まず f の値域を再定義しなければならない．$A^T A$ は対称行列なので，f の像は $n \times n$ 実対称行列全体からなるベクトル空間 S_n に含まれる．$n \geq 2$ でありさえすれば，S_n は $\mathbb{R}^{n \times n}$ の真部分集合である．

演習 15.7（対称行列の空間） * $n \times n$ 実対称行列全体からなるベクトル空間 S_n の次元が $(n^2 + n)/2$ であることを示せ．

写像 $f : \mathrm{GL}(n, \mathbb{R}) \to S_n, f(A) = A^T A$ を考える．値域である S_n はベクトル空間なので，S_n のどの点の接空間も標準的に S_n 自身と同型である．よって，微分

$$f_{*,A} : T_A(\mathrm{GL}(n, \mathbb{R})) \to T_{f(A)}(S_n) \simeq S_n$$

の像は S_n に含まれる．f は $\mathrm{GL}(n, \mathbb{R})$ を $\mathrm{GL}(n, \mathbb{R})$ や $\mathbb{R}^{n \times n}$ へも写しているが，もし f の値域として $\mathrm{GL}(n, \mathbb{R})$ や $\mathbb{R}^{n \times n}$ をとったならば，$n \geq 2$ のときはどのような

$A \in \mathrm{GL}(n, \mathbb{R})$ に対しても微分 $f_{*,A}$ は決して全射にはならないであろう。これは，$f_{*,A}$ が $\mathbb{R}^{n \times n}$ の真部分集合である S_n を経由しているためである。このことは，次の一般的な原理を示している。すなわち，微分 $f_{*,A}$ が全射であるためには，f の値域は可能な限り小さくとるべきである。

写像
$$f : \mathrm{GL}(n, \mathbb{R}) \to S_n, \quad f(A) = A^T A$$
の微分が全射であることを示すために，微分 $f_{*,A}$ を具体的に計算する。$\mathrm{GL}(n, \mathbb{R})$ は $\mathbb{R}^{n \times n}$ の開集合であるので，任意の $A \in \mathrm{GL}(n, \mathbb{R})$ における接空間は
$$T_A(\mathrm{GL}(n, \mathbb{R})) = T_A(\mathbb{R}^{n \times n}) = \mathbb{R}^{n \times n}.$$
任意の $X \in \mathbb{R}^{n \times n}$ に対して，$\mathrm{GL}(n, \mathbb{R})$ 上の曲線 $c(t)$ で $c(0) = A$ かつ $c'(0) = X$ であるようなものが存在する（命題 8.16）。命題 8.18 より，
$$\begin{aligned}
f_{*,A}(X) &= \left.\frac{d}{dt} f(c(t))\right|_{t=0} \\
&= \left.\frac{d}{dt} c(t)^T c(t)\right|_{t=0} \\
&= \left.(c'(t)^T c(t) + c(t)^T c'(t))\right|_{t=0} \quad \text{（問題 15.2 より）} \\
&= X^T A + A^T X.
\end{aligned}$$

すなわち，$f_{*,A}$ の全射性は次の問題になる。$A \in \mathrm{O}(n)$ かつ B が S_n に含まれる任意の対称行列のとき，$n \times n$ 行列 X で
$$X^T A + A^T X = B$$
を満たすものが存在するだろうか。ここで，$(X^T A)^T = A^T X$ なので，方程式
$$A^T X = \frac{1}{2} B \tag{15.3}$$
が解ければ十分であることに注意せよ。というのも，このとき
$$X^T A + A^T X = \frac{1}{2} B^T + \frac{1}{2} B = B$$
となるからである。

方程式 (15.3) は明らかに解 $X = \frac{1}{2} (A^T)^{-1} B$ をもつ。よって，すべての $A \in \mathrm{O}(n)$ に対して $f_{*,A} : T_A \mathrm{GL}(n, \mathbb{R}) \to S_n$ は全射であり，$\mathrm{O}(n)$ は f の正則レベル集合である。正則レベル集合定理より，$\mathrm{O}(n)$ は $\mathrm{GL}(n, \mathbb{R})$ の正則部分多様体であり，次元は
$$\dim \mathrm{O}(n) = n^2 - \dim S_n = n^2 - \frac{n^2 + n}{2} = \frac{n^2 - n}{2}. \tag{15.4}$$

15.2 リー部分群

定義 15.8 リー群 G の**リー部分群**とは，(i) 抽象的な部分群 H であり，(ii) 包含写像の下で**はめ込まれた**部分多様体で，(iii) H 上の群演算が C^∞ 級であるものをいう．

「抽象的な部分群」は，「リー部分群」との比較でいうと，単純に代数的な部分群を意味する．H における群演算は，乗法写像 μ と逆元をとる写像 ι を G から H へ制限したものである．なぜリー部分群が正則部分多様体としてではなく，はめ込まれた部分多様体として定義されるかということの説明については，注意 16.15 を見よ．リー部分群ははめ込まれた部分多様体なので，相対位相をもつ必要はない．しかしながら，はめ込みであるので，リー部分群 H の包含写像 $i: H \hookrightarrow G$ は当然 C^∞ 級である．ゆえに合成

$$\mu \circ (i \times i): H \times H \to G \times G \to G$$

は C^∞ 級である．もし H が G の正則部分多様体として定義されていたならば，定理 11.15 より，乗法写像 $H \times H \to H$ は自動的に C^∞ 級で，逆元をとる写像 $H \to H$ についても同様であり，リー部分群の定義における条件 (iii) は余分である．リー部分群ははめ込まれた部分多様体として定義されているので，H の群演算についての条件 (iii) が必要なのである．

例 15.9（トーラスにおける傾きが無理数の直線） G をトーラス $\mathbb{R}^2/\mathbb{Z}^2$ とし，L を $\mathbb{R}^2$ における原点を通る直線とする．トーラスは，単位四角形の各辺とその反対側の辺を同一視したものとしても表現することができる．射影 $\pi: \mathbb{R}^2 \to \mathbb{R}^2/\mathbb{Z}^2$ の下での L の像 H が閉曲線であるための必要十分条件は，直線 L が別の格子点を通ることである．この格子点を $(m,n) \in \mathbb{Z}^2$ とすれば，これはすなわち L の傾きが n/m，つまり有理数かまたは ∞ のときであり，このとき H は単位正方形上の有限個の線分の像である．これは円周と微分同相な閉曲線で，$\mathbb{R}^2/\mathbb{Z}^2$ の正則部分多様体である（図 15.1）．

もし L の傾きが無理数ならば，トーラス上の像 H は決して閉じることがない．この場合，射影の L への制限 $f = \pi|_L: L \to \mathbb{R}^2/\mathbb{Z}^2$ は 1 対 1 のはめ込みである．そこで，f から誘導される位相と多様体構造を H に入れて考える．このとき，H がトーラスの稠密な部分集合であることが証明できる [3, Example III.6.15, p.86]．ゆえに，H はトーラス $\mathbb{R}^2/\mathbb{Z}^2$ のはめ込まれた部分多様体であるが，正則部分多様体

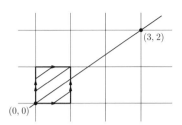

図 15.1 トーラスにおける埋め込まれたリー部分群.

ではない.

L の傾きに関係なく, $\mathbb{R}^2/\mathbb{Z}^2$ におけるその像 H はトーラスの抽象的な部分群であり, はめ込まれた部分多様体であり, リー群である. したがって, H はトーラスのリー部分群である.

演習 15.10 (誘導位相と部分空間位相)* $H \subset \mathbb{R}^2/\mathbb{Z}^2$ は $\mathbb{R}^2$ における無理数の傾きをもつ直線 L の像であるとする. 全単射 $f: L \xrightarrow{\sim} H$ から誘導される H の上の位相を**誘導位相**と呼び, $\mathbb{R}^2/\mathbb{Z}^2$ の部分集合としての H の上の位相を**部分空間位相**と呼ぶ. これら 2 つの位相を比べよ. 片方がもう片方に含まれるか.

命題 15.11 H がリー群 G の抽象的な部分群でかつ正則部分多様体ならば, H は G のリー部分群である.

【証明】 正則部分多様体は埋め込みの像であるので (定理 11.14), はめ込まれた部分多様体でもある.

$\mu: G \times G \to G$ を G 上の乗法写像とする. H は G のはめ込まれた部分多様体なので, 包含写像 $i: H \hookrightarrow G$ は C^∞ 級である. よって, 包含写像 $i \times i: H \times H \hookrightarrow G \times G$ は C^∞ 級で, 合成 $\mu \circ (i \times i): H \times H \hookrightarrow G$ は C^∞ 級である. H は G の正則部分多様体なので, 定理 11.15 より, 誘導される写像 $\bar{\mu}: H \times H \hookrightarrow H$ は C^∞ 級である.

逆元をとる写像 $\bar{\iota}: H \to H$ の滑らかさは, 例 15.5 と同じようにして, $\iota: G \to G$ の滑らかさから導くことができる. □

命題 15.11 における部分群 H は, 正則部分多様体の包含写像 $i: H \hookrightarrow G$ が埋め込みであることから (定理 11.14), **埋め込まれたリー部分群**と呼ばれる.

例 $GL(n, \mathbb{R})$ の部分群 $SL(n, \mathbb{R})$ と $O(n)$ が共に正則部分多様体であることを, 例 15.5 と例 15.6 において証明した. 命題 15.11 より, これらは埋め込まれたリー部

分群である．

リー部分群に関する重要な定理を証明なしで与える．G がリー群のとき，その抽象的な部分群で，G の位相において閉であるものを**閉部分群**と呼ぶ．

定理 15.12（閉部分群定理） リー群の閉部分群は埋め込まれたリー部分群である．

閉部分群定理の証明については [40, Theorem 3.42, p.110] を見よ．

例

(i) トーラス $\mathbb{R}^2/\mathbb{Z}^2$ における傾きが無理数の直線は，閉部分群ではない．なぜなら，それはトーラス全体には一致しないが，稠密性からその閉包がトーラス全体になるからである．

(ii) 特殊線形群 $\mathrm{SL}(n,\mathbb{R})$ と直交群 $\mathrm{O}(n)$ は $\mathrm{GL}(n,\mathbb{R})$ 上の多項式の零点集合であり，したがって $\mathrm{GL}(n,\mathbb{R})$ の閉集合である．閉部分群定理より，$\mathrm{SL}(n,\mathbb{R})$ と $\mathrm{O}(n)$ は $\mathrm{GL}(n,\mathbb{R})$ の埋め込まれたリー部分群である．

15.3 行列の指数関数

$\mathrm{GL}(n,\mathbb{R})$ の部分群における写像の微分を計算するためには，正則行列の曲線が必要である．行列の指数関数は常に正則行列なので，この目的に最適なものである．

ベクトル空間 V の**ノルム**とは，実数値関数 $\|\cdot\| : V \to \mathbb{R}$ で次の 3 条件を満たすものをいう．すなわち，すべての $r \in \mathbb{R}$ と $v, w \in V$ に対して，

(i) （正定値性）$\|v\| \geq 0$ であり，等号が成り立つ必要十分条件は $v = 0$，
(ii) （正斉次性）$\|rv\| = |r|\,\|v\|$，
(iii) （劣加法性）$\|v + w\| \leq \|v\| + \|w\|$．

ベクトル空間 V にノルム $\|\cdot\|$ を与えたものを**ノルム付きベクトル空間**と呼ぶ．実 $n \times n$ 行列全体からなるベクトル空間 $\mathbb{R}^{n\times n} \simeq \mathbb{R}^{n^2}$ には，次のようなユークリッドノルムを与えることができる．すなわち，$X = [x_{ij}] \in \mathbb{R}^{n\times n}$ に対して

$$\|X\| = \left(\sum x_{ij}^2\right)^{1/2}.$$

行列 $X = [x_{ij}] \in \mathbb{R}^{n\times n}$ に対して，**行列の指数関数** e^X は実数の指数関数と同じ公式

$$e^X = I + X + \frac{1}{2!}X^2 + \frac{1}{3!}X^3 + \cdots \tag{15.5}$$

で定義される．ただし，I は $n \times n$ 単位行列である．この公式が意味をもつためには，右辺の級数がノルム付きベクトル空間 $\mathbb{R}^{n \times n} \simeq \mathbb{R}^{n^2}$ において収束することを示す必要がある．

ノルム付き代数 V とは，$\mathbb{R}$ 上の代数でもあるようなノルム付きベクトル空間で，劣乗法性，すなわち，すべての $v, w \in V$ に対して $\|vw\| \leq \|v\| \, \|w\|$ が満たされているものである．ノルム付きベクトル空間 $\mathbb{R}^{n \times n}$ は，行列の掛け算によってノルム付き代数となる．

命題 15.13 $X, Y \in \mathbb{R}^{n \times n}$ に対して，$\|XY\| \leq \|X\| \, \|Y\|$．

【証明】 $X = [x_{ij}]$ および $Y = [y_{ij}]$ と書き，添え字の組 (i, j) を1つ固定する．コーシー - シュワルツの不等式より，

$$(XY)_{ij}^2 = \left(\sum_k x_{ik} y_{kj}\right)^2 \leq \left(\sum_k x_{ik}^2\right)\left(\sum_k y_{kj}^2\right) = a_i b_j.$$

ただし，$a_i = \sum_k x_{ik}^2$ および $b_j = \sum_k y_{kj}^2$ である．このとき，

$$\|XY\|^2 = \sum_{i,j} (XY)_{ij}^2 \leq \sum_{i,j} a_i b_j = \left(\sum_i a_i\right)\left(\sum_j b_j\right)$$
$$= \left(\sum_{i,k} x_{ik}^2\right)\left(\sum_{j,k} y_{kj}^2\right) = \|X\|^2 \|Y\|^2.$$

□

ノルム付き代数における乗法は，有限和に関して分配的である．収束する級数のような無限和のときは，その和に関する乗法の分配性は証明を要する．

命題 15.14 V をノルム付き代数とする．
 (i) $a \in V$ かつ V における列 s_m が s に収束するならば，$a s_m$ もまた as に収束する．
 (ii) $a \in V$ かつ V における級数 $\sum_{k=0}^{\infty} b_k$ が収束するならば，$a \sum_k b_k = \sum_k a b_k$．

演習 15.15（収束する級数に関する分配性）* 命題 15.14 を証明せよ．

ノルム付きベクトル空間において級数 $\sum a_k$ が **絶対収束** するとは，そのノルムの級数 $\sum \|a_k\|$ が $\mathbb{R}$ において収束することである．ノルム付きベクトル空間 V は，V

におけるすべてのコーシー列が V の点に収束するとき，**完備**であるという．例えば，$\mathbb{R}^{n \times n}$ は完備なノルム付きベクトル空間である[1]．完備なノルム付きベクトル空間において，絶対収束ならば収束であることは容易に示すことができる [26, Theorem 2.9.3, p.126]．ゆえに，行列の級数 $\sum Y_k$ が収束することを示すためには，実数の級数 $\sum \|Y_k\|$ が収束することを示せば十分である．

任意の $X \in \mathbb{R}^{n \times n}$ と $k > 0$ に対して，命題 15.13 を繰り返し適用することにより，$\|X^k\| \leq \|X\|^k$ が得られる．よって，級数 $\sum_{k=0}^{\infty} \|X^k/k!\|$ は，収束する級数

$$\sqrt{n} + \|X\| + \frac{1}{2!}\|X\|^2 + \frac{1}{3!}\|X\|^3 + \cdots = (\sqrt{n} - 1) + e^{\|X\|}$$

によって項ごとに絶対値で抑えることができる．ゆえに，実数の級数に対する比較判定法より，級数 $\sum_{k=0}^{\infty} \|X^k/k!\|$ は収束する．したがって，任意の $n \times n$ 行列 X に対して (15.5) の級数は絶対収束する．

記号 標準的な慣習にしたがって，指数写像と一般のリー群の単位元を，どちらも文字 e を用いて表すことにする．文脈から判断すれば混乱は起きないであろう．e^X を $\exp(X)$ と書くこともある．

実数の指数関数とは異なり，A と B が $n \times n$ 行列で $n > 1$ のとき，

$$e^{A+B} = e^A e^B$$

は必ずしも正しくない．

演習 15.16（可換な行列の指数関数） A と B が可換な $n \times n$ 行列ならば，

$$e^A e^B = e^{A+B}$$

であることを証明せよ．

命題 15.17 $X \in \mathbb{R}^{n \times n}$ に対して，

$$\frac{d}{dt} e^{tX} = X e^{tX} = e^{tX} X.$$

---

[1] 完備なノルム付きベクトル空間は，1920 年～1922 年にこの概念を導入したポーランドの数学者ステファン・バナッハ（Stefan Banach）の名前をとって**バナッハ空間**とも呼ばれる．これに対応して，完備なノルム付き代数は**バナッハ代数**と呼ばれる．

【証明】 指数関数 e^{tX} を定める級数の各 (i,j) 成分は t のべき級数であるので，項別に微分することができる [36, Theorem 8.1, p.173]．ゆえに，

$$\frac{d}{dt}e^{tX} = \frac{d}{dt}\left(I + tX + \frac{1}{2!}t^2X^2 + \frac{1}{3!}t^3X^3 + \cdots\right)$$

$$= X + tX^2 + \frac{1}{2!}t^2X^3 + \cdots$$

$$= X\left(I + tX + \frac{1}{2!}t^2X^2 + \cdots\right) = Xe^{tX} \quad \text{(命題 15.14 (ii))}.$$

上の3つ目の等号において，X を第2因子として括り出すこともできるので，

$$\frac{d}{dt}e^{tX} = X + tX^2 + \frac{1}{2!}t^2X^3 + \cdots$$

$$= \left(I + tX + \frac{1}{2!}t^2X^2 + \cdots\right)X = e^{tX}X.$$

□

X が複素行列であっても行列の指数関数 e^X の定義は意味をもち，ここまでの議論はユークリッドノルム $\|X\|^2 = \sum x_{ij}^2$ をエルミートノルム $\|X\|^2 = \sum |x_{ij}|^2$ に置き換えるだけで，一語一語そのまま読み替えることができる．ここで，$|x_{ij}|$ は複素数 x_{ij} の絶対値である．

15.4 行列のトレース

$n \times n$ 行列 X の**トレース**を対角成分の和

$$\text{tr}(X) = \sum_{i=1}^n x_{ii}$$

として定める．

補題 15.18

(i) 任意の2つの行列 $X, Y \in \mathbb{R}^{n \times n}$ に対して，$\text{tr}(XY) = \text{tr}(YX)$．

(ii) $X \in \mathbb{R}^{n \times n}$ と $A \in \text{GL}(n, \mathbb{R})$ に対して，$\text{tr}(A^{-1}XA) = \text{tr}(X)$．

【証明】

(i)

$$\text{tr}(XY) = \sum_i (XY)_{ii} = \sum_i \sum_k x_{ik}y_{ki},$$

$$\text{tr}(YX) = \sum_k (YX)_{kk} = \sum_k \sum_i y_{ki}x_{ik}.$$

(ii) (i) において X を $A^{-1}X$ に,Y を A に置き換えればよい. □

$n \times n$ 行列 X の固有値は方程式 $\det(\lambda I - X) = 0$ の解である.複素数体上では,代数的に閉じていることから,このような方程式は重複を込めて必ず n 個の解をもつ.ゆえに,複素数も許して考えることの利点は,すべての $n \times n$ 行列が,実行列であっても複素行列であっても,重複を込めて数えれば n 個の複素固有値をもつことである.一方で,実行列はそもそも実固有値をもつとは限らない.

例 実行列

$$\begin{bmatrix} 0 & -1 \\ 1 & 0 \end{bmatrix}$$

は実固有値をもたないが,2 つの複素固有値 $\pm i$ をもつ.

固有値に関する次の 2 つの事実は定義から直ちに従う.

(i) 2 つの相似な行列 X と $A^{-1}XA$ は同じ固有値をもつ.実際,

$$\det(\lambda I - A^{-1}XA) = \det(A^{-1}(\lambda I - X)A) = \det(\lambda I - X).$$

(ii) 三角行列の固有値はその対角成分全体である.実際,

$$\det\left(\lambda I - \begin{bmatrix} \lambda_1 & & * \\ & \ddots & \\ 0 & & \lambda_n \end{bmatrix}\right) = \prod_{i=1}^{n}(\lambda - \lambda_i).$$

代数学におけるある定理 [19, Th. 6.4.1, p.286] より,任意の複素正方行列 X は三角化可能である.より正確には,複素正則行列 A で,$A^{-1}XA$ が上三角行列になるものが存在する.X の固有値 $\lambda_1, \ldots, \lambda_n$ は $A^{-1}XA$ の固有値と同じなので,三角行列 $A^{-1}XA$ は

$$\begin{bmatrix} \lambda_1 & & * \\ & \ddots & \\ 0 & & \lambda_n \end{bmatrix}$$

のように,対角成分に X の固有値が並んでいなければならない.実行列も,それを複素行列と見なせば三角化は可能であるが,三角化する行列 A と三角行列 $A^{-1}XA$ はもちろん一般に複素行列である.

命題 15.19 行列のトレースは，それが実行列であっても複素行列であっても，その行列の複素固有値の和に等しい．

【証明】 X が複素固有値 $\lambda_1, \ldots, \lambda_n$ をもつとする．このとき，正則行列 $A \in \mathrm{GL}(n, \mathbb{C})$ で

$$A^{-1}XA = \begin{bmatrix} \lambda_1 & & * \\ & \ddots & \\ 0 & & \lambda_n \end{bmatrix}$$

となるものが存在する．補題 15.18 より，

$$\mathrm{tr}(X) = \mathrm{tr}(A^{-1}XA) = \sum \lambda_i.$$

□

命題 15.20 任意の行列 $X \in \mathbb{R}^{n \times n}$ に対して，$\det(e^X) = e^{\mathrm{tr}\, X}$．

【証明】
（場合 1）X は上三角行列

$$X = \begin{bmatrix} \lambda_1 & & * \\ & \ddots & \\ 0 & & \lambda_n \end{bmatrix}$$

であると仮定する．このとき，

$$e^X = \sum \frac{1}{k!} X^k = \sum \frac{1}{k!} \begin{bmatrix} \lambda_1^k & & * \\ & \ddots & \\ 0 & & \lambda_n^k \end{bmatrix} = \begin{bmatrix} e^{\lambda_1} & & * \\ & \ddots & \\ 0 & & e^{\lambda_n} \end{bmatrix}.$$

したがって，$\det e^X = \prod e^{\lambda_i} = e^{\sum \lambda_i} = e^{\mathrm{tr}\, X}$．
（場合 2）固有値が $\lambda_1, \ldots, \lambda_n$ であるような一般の行列 X が与えられたとき，複素正則行列 A で，X を上三角化するものが存在する．すなわち，

$$A^{-1}XA = \begin{bmatrix} \lambda_1 & & * \\ & \ddots & \\ 0 & & \lambda_n \end{bmatrix}.$$

このとき，

$$e^{A^{-1}XA} = I + A^{-1}XA + \frac{1}{2!}(A^{-1}XA)^2 + \frac{1}{3!}(A^{-1}XA)^3 + \cdots$$
$$= I + A^{-1}XA + A^{-1}\left(\frac{1}{2!}X^2\right)A + A^{-1}\left(\frac{1}{3!}X^3\right)A + \cdots$$
$$= A^{-1}e^X A \quad (\text{命題 15.14 (ii) より}).$$

ゆえに，

$$\det e^X = \det(A^{-1}e^X A) = \det(e^{A^{-1}XA})$$
$$= e^{\operatorname{tr}(A^{-1}XA)} \quad (A^{-1}XA \text{ は上三角なので，場合 1 より})$$
$$= e^{\operatorname{tr} X} \quad (\text{補題 15.18 より}).$$

□

この命題より，$\det(e^X) = e^{\operatorname{tr} X}$ は決して 0 にならないので，行列の指数関数 e^X は常に正則行列であることが従う．これは，行列の指数関数が大変有用なものであることの一因となっている．というのも，行列の指数関数を用いることで，$\mathrm{GL}(n,\mathbb{R})$ において与えられた速度ベクトルを与えられた始点でもつ曲線を，具体的に書き下すことができるからである．例えば，$c(t) = e^{tX} : \mathbb{R} \to \mathrm{GL}(n,\mathbb{R})$ は，$\mathrm{GL}(n,\mathbb{R})$ における曲線で，始点 I における速度ベクトルが X である．実際，

$$c(0) = e^{0X} = e^0 = I \quad \text{かつ} \quad c'(0) = \left.\frac{d}{dt}e^{tX}\right|_{t=0} = Xe^{tX}|_{t=0} = X \quad (15.6)$$

が成り立つ．同様に，$c(t) = Ae^{tX} : \mathbb{R} \to \mathrm{GL}(n,\mathbb{R})$ は，$\mathrm{GL}(n,\mathbb{R})$ における曲線で，始点 A における速度ベクトルが AX である．

15.5 行列式写像の単位元における微分

$\det : \mathrm{GL}(n,\mathbb{R}) \to \mathbb{R}$ を行列式写像とする．単位行列 I における $\mathrm{GL}(n,\mathbb{R})$ の接空間 $T_I \mathrm{GL}(n,\mathbb{R})$ はベクトル空間 $\mathbb{R}^{n \times n}$ で，1 における $\mathbb{R}$ の接空間 $T_1 \mathbb{R}$ は $\mathbb{R}$ である．よって

$$\det_{*,I} : \mathbb{R}^{n \times n} \to \mathbb{R}.$$

命題 15.21 任意の $X \in \mathbb{R}^{n \times n}$ に対して，$\det_{*,I}(X) = \operatorname{tr} X$．

【証明】 微分を計算するために, I を通る曲線を用いる(命題 8.18). 曲線 $c(t)$ で $c(0) = I$ かつ $c'(0) = X$ であるものとして, 行列の指数関数 $c(t) = e^{tX}$ をとる. このとき,

$$\det{}_{*,I}(X) = \frac{d}{dt}\det(e^{tX})\Big|_{t=0} = \frac{d}{dt}e^{t\,\mathrm{tr}X}\Big|_{t=0}$$
$$= (\mathrm{tr}X)e^{t\,\mathrm{tr}X}\Big|_{t=0} = \mathrm{tr}X.$$

□

問題

15.1 行列の指数関数

$X \in \mathbb{R}^{n\times n}$ に対して, 部分和 s_m を $s_m = \sum_{k=0}^{m} X^k/k!$ により定める.

(a) $\ell \geq m$ に対して,

$$\|s_\ell - s_m\| \leq \sum_{k=m+1}^{\ell} \|X\|^k/k!$$

を示せ.

(b) s_m は $\mathbb{R}^{n\times n}$ におけるコーシー列であり, ゆえにある行列に収束することを示せ. この行列を e^X と書く. これは, 比較判定法や, 完備なノルム付きベクトル空間において絶対収束ならば収束であるという定理を使わずに, $\sum_{k=0}^{\infty} X^k/k!$ が収束することを示すための別の方法を与えている.

15.2 行列値関数の積の法則

$]a,b[$ を $\mathbb{R}$ における開区間とする. $A :]a,b[\to \mathbb{R}^{m\times n}$ と $B :]a,b[\to \mathbb{R}^{n\times p}$ をそれぞれ $m \times n$, $n \times p$ の行列で, 各成分が $t \in]a,b[$ の微分可能な関数であるものとする. $t \in]a,b[$ に対して,

$$\frac{d}{dt}A(t)B(t) = A'(t)B(t) + A(t)B'(t)$$

を証明せよ. ただし, $A'(t) = (dA/dt)(t)$ および $B'(t) = (dB/dt)(t)$ である.

15.3 リー群の単位元成分

リー群 G の **単位元成分** G_0 とは, G の単位元 e を含む連結成分のことである. μ と ι を, G の乗法写像, 逆元をとる写像とする.

(a) 任意の $x \in G_0$ に対して, $\mu(\{x\} \times G_0) \subset G_0$ を示せ. (ヒント. 命題 A.43 を適用せよ.)

(b) $\iota(G_0) \subset G_0$ を示せ.

(c) G_0 は G の開集合であることを示せ．(ヒント．問題 A.16 を適用せよ．)

(d) G_0 はそれ自身リー群であることを示せ．

15.4* 連結なリー群の開部分群

連結なリー群 G の開部分群 H は G と等しいことを証明せよ．

15.5 乗法写像の微分

G をリー群とし，その乗法写像を $\mu : G \times G \to G$ とする．$\ell_a : G \to G$ と $r_b : G \to G$ を，それぞれ a による左乗法，b による右乗法とする．μ の $(a,b) \in G \times G$ における微分が

$$\mu_{*,(a,b)}(X_a, Y_b) = (r_b)_*(X_a) + (\ell_a)_*(Y_b) \quad (X_a \in T_a(G),\ Y_b \in T_b(G))$$

であることを示せ．

15.6 逆元をとる写像の微分

G をリー群とし，その乗法写像を $\mu : G \times G \to G$，逆元をとる写像を $\iota : G \to G$，単位元を e とする．逆元をとる写像の $a \in G$ における微分

$$\iota_{*,a} : T_a G \to T_{a^{-1}} G$$

は

$$\iota_{*,a}(Y_a) = -(r_{a^{-1}})_*(\ell_{a^{-1}})_* Y_a$$

で与えられることを示せ．ただし，$(r_{a^{-1}})_* = (r_{a^{-1}})_{*,e}$ および $(\ell_{a^{-1}})_* = (\ell_{a^{-1}})_{*,a}$ である．(逆元をとる写像の単位元における微分は問題 8.8 (b) において計算した．)

15.7* 行列式写像の A における微分

行列式写像 $\det : \mathrm{GL}(n, \mathbb{R}) \to \mathbb{R}$ の $A \in \mathrm{GL}(n, \mathbb{R})$ における微分が

$$\det_{*,A}(AX) = (\det A) \mathrm{tr} X \quad (X \in \mathbb{R}^{n \times n}) \tag{15.7}$$

で与えられることを示せ．

15.8* 特殊線形群

1 が行列式写像の正則値であることを，問題 15.7 を用いて示せ．これは，特殊線形群 $\mathrm{SL}(n, \mathbb{R})$ が $\mathrm{GL}(n, \mathbb{R})$ の正則部分多様体であることの手短な証明を与える．

15.9 一般線形群の構造

(a) $r \in \mathbb{R}^\times := \mathbb{R} - \{0\}$ に対して，M_r を $n \times n$ 行列

$$M_r = \begin{bmatrix} r & & & \\ & 1 & & \\ & & \ddots & \\ & & & 1 \end{bmatrix} = [re_1\ e_2\ \cdots\ e_n]$$

とおく．ただし，$e_1,\ldots,e_n$ は $\mathbb{R}^n$ の標準基底である．写像

$$f: \mathrm{GL}(n,\mathbb{R}) \to \mathrm{SL}(n,\mathbb{R}) \times \mathbb{R}^\times,$$

$$A \mapsto \left(AM_{1/\det A}, \det A\right)$$

が微分同相写像であることを示せ．

(b) 群 G の**中心** $Z(G)$ とは，G のすべての元と可換な元 $g \in G$ 全体からなる部分群

$$Z(G) := \{g \in G \mid \text{すべての } x \in G \text{ に対して } gx = xg\}$$

のことである．$\mathrm{GL}(2,\mathbb{R})$ の中心は $\mathbb{R}^\times$ と同型であり（スカラー行列からなる部分群に対応している），$\mathrm{SL}(2,\mathbb{R}) \times \mathbb{R}^\times$ の中心は $\{\pm 1\} \times \mathbb{R}^\times$ と同型であることを示せ．群 $\mathbb{R}^\times$ は位数が 2 の元を 2 つもつのに対して，群 $\{\pm 1\} \times \mathbb{R}^\times$ は位数が 2 の元を 4 つもつ．中心が同型でないので，$\mathrm{GL}(2,\mathbb{R})$ と $\mathrm{SL}(2,\mathbb{R}) \times \mathbb{R}^\times$ は群として同型でない．

(c) 写像

$$h: \mathrm{GL}(3,\mathbb{R}) \to \mathrm{SL}(3,\mathbb{R}) \times \mathbb{R}^\times,$$

$$A \mapsto \left((\det A)^{1/3} A, \det A\right)$$

がリー群の同型写像であることを示せ．

(b), (c) と同じ議論により，n が偶数ならば 2 つのリー群 $\mathrm{GL}(n,\mathbb{R})$, $\mathrm{SL}(n,\mathbb{R}) \times \mathbb{R}^\times$ は群として同型ではなく，n が奇数ならばこれらはリー群として同型であることが証明できる．

15.10 直交群

次の 2 つの主張を示すことで，直交群 $\mathrm{O}(n)$ がコンパクトであることを証明せよ．

(a) $\mathrm{O}(n)$ は $\mathbb{R}^{n \times n}$ の閉集合である．
(b) $\mathrm{O}(n)$ は $\mathbb{R}^{n \times n}$ の有界部分集合である．

15.11 特殊直交群 $\mathrm{SO}(2)$

特殊直交群 $\mathrm{SO}(n)$ は，行列式が 1 の行列からなる $\mathrm{O}(n)$ の部分群として定義される．すべての行列 $A \in \mathrm{SO}(2)$ はある実数 θ を用いて

$$A = \begin{bmatrix} a & c \\ b & d \end{bmatrix} = \begin{bmatrix} \cos\theta & -\sin\theta \\ \sin\theta & \cos\theta \end{bmatrix}$$

の形に書けることを示せ．その上で，$\mathrm{SO}(2)$ が円周 S^1 と微分同相であることを証明せよ．

15.12 ユニタリ群 $U(n)$

ユニタリ群 $U(n)$ を

$$U(n) = \left\{ A \in GL(n, \mathbb{C}) \mid \bar{A}^T A = I \right\}$$

で定義する．ただし，$\bar{A}$ は A の複素共役であり，行列 A の各成分の共役をとったものである．すなわち $(\bar{A})_{ij} = \overline{a_{ij}}$．$U(n)$ が $GL(n, \mathbb{C})$ の正則部分多様体で，$\dim U(n) = n^2$ であることを示せ．

15.13 特殊ユニタリ群 $SU(2)$

特殊ユニタリ群 $SU(n)$ は，行列式が 1 の行列からなる $U(n)$ の部分群である．

(a) $SU(2)$ は集合

$$SU(2) = \left\{ \begin{bmatrix} a & -\bar{b} \\ b & \bar{a} \end{bmatrix} \in \mathbb{C}^{2 \times 2} \,\middle|\, a\bar{a} + b\bar{b} = 1 \right\}$$

としても記述できることを示せ．(ヒント．条件 $A^{-1} = \bar{A}^T$ を A の成分を用いて書き下せ．)

(b) $SU(2)$ が 3 次元球面

$$S^3 = \left\{ (x_1, x_2, x_3, x_4) \in \mathbb{R}^4 \,\middle|\, x_1^2 + x_2^2 + x_3^2 + x_4^2 = 1 \right\}$$

と微分同相であることを示せ．

15.14 行列の指数関数

$\exp \begin{bmatrix} 0 & 1 \\ 1 & 0 \end{bmatrix}$ を計算せよ．

15.15 シンプレクティック群

この問題は，付録 E にある四元数の知識が必要である．$\mathbb{H}$ を四元数全体からなる斜体とする．**シンプレクティック群** $Sp(n)$ を

$$Sp(n) = \left\{ A \in GL(n, \mathbb{H}) \mid \bar{A}^T A = I \right\}$$

で定義する．ただし，$\bar{A}$ は四元数を成分とする行列 A の共役である．$Sp(n)$ が $GL(n, \mathbb{H})$ の正則部分多様体であることを示し，その次元を計算せよ．

15.16 複素シンプレクティック群

J を $2n \times 2n$ の行列

$$J = \begin{bmatrix} 0 & I_n \\ -I_n & 0 \end{bmatrix}$$

とする.ただし,I_n は $n \times n$ の単位行列である.**複素シンプレクティック群** $\mathrm{Sp}(2n, \mathbb{C})$ を

$$\mathrm{Sp}(2n, \mathbb{C}) = \left\{ A \in \mathrm{GL}(2n, \mathbb{C}) \,\middle|\, A^T J A = J \right\}$$

で定義する.$\mathrm{Sp}(2n, \mathbb{C})$ が $\mathrm{GL}(2n, \mathbb{C})$ の正則部分多様体であることを示し,その次元を計算せよ.(ヒント.例 15.6 を真似よ.写像 $f(A) = A^T J A$ の正しい値域を選ぶことが重要である.)

§16 リー代数

リー群 G においては,元 $g \in G$ による左移動は単位元の近傍を g の近傍に写す微分同相写像であるので,リー群に関する局所的な情報はすべて単位元の近傍に集約されており,単位元における接空間は特別な重要性を担っている.

さらに,接空間 $T_e G$ はリー括弧積 $[\,,\,]$ を与えることで,ベクトル空間だけでなくリー代数の構造を入れることができる.これをリー群 G の**リー代数**と呼ぶ.このリー代数は,リー群についての多くの情報を内包している.この節の目標は,$T_e G$ 上にリー代数の構造を定義することと,いくつかの古典群のリー代数を決定することである.

接空間 $T_e G$ 上のリー括弧積は,G 上の左不変ベクトル場全体からなるベクトル空間と $T_e G$ の間の自然な同型写像を用いて定義される.このリー括弧積に関して,リー群の準同型写像の微分はリー代数の準同型写像になる.ゆえに,リー群とリー群の準同型写像のなす圏から,リー代数とリー代数の準同型写像のなす圏への関手を得る.これが,リー代数を通じてリー群の構造や表現を理解するための出発点なのである.

16.1 リー群の単位元における接空間

乗法の存在により,リー群は非常に特殊な多様体である.演習 15.2 において,任意の $g \in G$ に対して,g による左移動 $\ell_g : G \to G$ は微分同相写像で,逆写像が $\ell_{g^{-1}}$ であることを学んだ.微分同相写像 ℓ_g は単位元 e を元 g へ写し,接空間の同型写像

$$\ell_{g*} = (\ell_g)_{*,e} : T_e(G) \to T_g(G)$$

を誘導する．ゆえに，単位元における接空間 $T_e(G)$ を記述することができれば，$\ell_{g*}T_e(G)$ によって任意の $g \in G$ における接空間 $T_g(G)$ が与えられる．

例 16.1 ($\mathrm{GL}(n,\mathbb{R})$ の I における接空間)　例 8.19 において，任意の $g \in \mathrm{GL}(n,\mathbb{R})$ における $\mathrm{GL}(n,\mathbb{R})$ の接空間を $n \times n$ 実行列全体からなるベクトル空間 $\mathbb{R}^{n \times n}$ と同一視し，同型写像 $\ell_{g*} : T_I(\mathrm{GL}(n,\mathbb{R})) \to T_g(\mathrm{GL}(n,\mathbb{R}))$ を左からの掛け算 $g : X \mapsto gX$ と同一視した．

例 16.2 ($\mathrm{SL}(n,\mathbb{R})$ の I における接空間)　$T_I(\mathrm{SL}(n,\mathbb{R}))$ に含まれる接ベクトル X が満たさなければならない条件を見つけることから始める．命題 8.16 より，曲線 $c : \,]-\varepsilon,\varepsilon[\, \to \mathrm{SL}(n,\mathbb{R})$ で $c(0) = I$ および $c'(0) = X$ であるものが存在する．$\mathrm{SL}(n,\mathbb{R})$ の中にいるということから，この曲線は定義域 $]-\varepsilon,\varepsilon[$ におけるすべての t に対して

$$\det c(t) = 1$$

を満たす．この両辺を t に関して微分して，$t = 0$ で値をとる．左辺においては，

$$\begin{aligned}
\left.\frac{d}{dt}\det(c(t))\right|_{t=0} &= (\det \circ\, c)_* \left(\left.\frac{d}{dt}\right|_0\right) \\
&= \det{}_{*,I}\left(c_* \left.\frac{d}{dt}\right|_0\right) \quad \text{（合成関数の微分法より）} \\
&= \det{}_{*,I}(c'(0)) \\
&= \det{}_{*,I}(X) \\
&= \mathrm{tr}(X) \quad \text{（命題 15.21 より）．}
\end{aligned}$$

ゆえに

$$\mathrm{tr}(X) = \left.\frac{d}{dt}1\right|_{t=0} = 0.$$

よって，接空間 $T_I(\mathrm{SL}(n,\mathbb{R}))$ は

$$V = \{X \in \mathbb{R}^{n \times n} \mid \mathrm{tr}\,X = 0\}$$

で定義される $\mathbb{R}^{n \times n}$ の部分空間 V に含まれる．$\dim V = n^2 - 1 = \dim T_I(\mathrm{SL}(n,\mathbb{R}))$ なので，これら 2 つの空間は等しくなければならない．

命題 16.3　特殊線形群 $\mathrm{SL}(n,\mathbb{R})$ の単位元における接空間 $T_I(\mathrm{SL}(n,\mathbb{R}))$ は，トレースが 0 の $n \times n$ 行列全体からなる $\mathbb{R}^{n \times n}$ の部分空間である．

例 16.4（$\mathrm{O}(n)$ の I における接空間） X を直交群 $\mathrm{O}(n)$ の単位元 I における接ベクトルとする．0 を含む小さな区間で定義された $\mathrm{O}(n)$ における曲線 $c(t)$ で，$c(0) = I$ および $c'(0) = X$ であるものを選ぶ．$c(t)$ は $\mathrm{O}(n)$ 上にあるので，

$$c(t)^T c(t) = I.$$

両辺を t に関して微分して，行列値関数の積の法則（問題 15.2）を用いると

$$c'(t)^T c(t) + c(t)^T c'(t) = 0$$

が得られ，$t=0$ で値をとって

$$X^T + X = 0.$$

よって，X は歪対称行列である．

K_n を $n \times n$ 実歪対称行列全体の空間とする．例えば $n=3$ のとき，これらの行列は

$$\begin{bmatrix} 0 & a & b \\ -a & 0 & c \\ -b & -c & 0 \end{bmatrix} \quad (a,b,c \in \mathbb{R})$$

という形をしている．このような行列の対角成分はすべて 0 で，対角より下の成分は対角より上の成分から決まっている．よって

$$\dim K_n = \frac{n^2 - (\text{対角成分の個数})}{2} = \frac{1}{2}(n^2 - n).$$

ここまでで

$$T_I(\mathrm{O}(n)) \subset K_n \tag{16.1}$$

を示した．例 15.6 の計算より（(15.4) を見よ），

$$\dim T_I(\mathrm{O}(n)) = \dim \mathrm{O}(n) = \frac{n^2 - n}{2}.$$

よって，(16.1) における 2 つのベクトル空間は同じ次元をもつので，等号が成立する．

命題 16.5 直交群 $\mathrm{O}(n)$ の単位元における接空間 $T_I(\mathrm{O}(n))$ は，$n \times n$ 歪対称行列全体からなる $\mathbb{R}^{n \times n}$ の部分空間である．

16.2 リー群上の左不変ベクトル場

X をリー群 G 上のベクトル場とする.ここで,X が C^∞ 級であることは仮定しない.任意の $g \in G$ に対して,左乗法 $\ell_g : G \to G$ は微分同相写像なので,押し出し $\ell_{g*}X$ が G 上のベクトル場として矛盾なく定義されている.ベクトル場 X が**左不変**であるとは,すべての $g \in G$ に対して

$$\ell_{g*}X = X$$

が成り立つことであり,これは任意の $h \in G$ に対して

$$\ell_{g*}(X_h) = X_{gh}$$

であることを意味している.言い換えると,ベクトル場 X が左不変であるための必要十分条件は,すべての $g \in G$ について X が X 自身と ℓ_g 関係にあることである.

明らかに,左不変ベクトル場 X は単位元における値 X_e によって完全に決定されている.実際,

$$X_g = \ell_{g*}(X_e) \tag{16.2}$$

である.

逆に,接ベクトル $A \in T_e(G)$ が与えられたとき,G 上のベクトル場 $\tilde{A}$ を (16.2) によって定義することができる.すなわち $(\tilde{A})_g = \ell_{g*}A$.定義より,ベクトル場 $\tilde{A}$ は左不変である.実際,

$$\begin{aligned}
\ell_{g*}(\tilde{A}_h) &= \ell_{g*}\ell_{h*}A \\
&= (\ell_g \circ \ell_h)_* A \quad \text{(合成関数の微分法より)} \\
&= (\ell_{gh})_*(A) \\
&= \tilde{A}_{gh}.
\end{aligned}$$

$\tilde{A}$ を $A \in T_e G$ によって**生成される** G 上の**左不変ベクトル場**と呼ぶ.$L(G)$ を G 上の左不変ベクトル場全体からなるベクトル空間とする.このとき,1 対 1 の対応

$$T_e(G) \leftrightarrow L(G), \tag{16.3}$$
$$X_e \leftarrow\!\shortmid X,$$
$$A \mapsto \tilde{A}$$

がある.この対応が実はベクトル空間の同型写像であることを示すのは容易である.

例 16.6（$\mathbb{R}$ **上の左不変ベクトル場**）　リー群 $\mathbb{R}$ において，群演算は加法であり，単位元は 0 である．よって「左乗法」ℓ_g は実際は加法

$$\ell_g(x) = g + x$$

である．以下，$\ell_{g*}(d/dx|_0)$ を計算する．$\ell_{g*}(d/dx|_0)$ は g における接ベクトルなので，$d/dx|_g$ のスカラー倍

$$\ell_{g*}\left(\left.\frac{d}{dx}\right|_0\right) = a\left.\frac{d}{dx}\right|_g \tag{16.4}$$

である．a を求めるために，(16.4) の両辺を関数 $f(x) = x$ へ施すと，

$$a = a\left.\frac{d}{dx}\right|_g f = \ell_{g*}\left(\left.\frac{d}{dx}\right|_0\right)f = \left.\frac{d}{dx}\right|_0 f \circ \ell_g = \left.\frac{d}{dx}\right|_0 (g+x) = 1.$$

ゆえに

$$\ell_{g*}\left(\left.\frac{d}{dx}\right|_0\right) = \left.\frac{d}{dx}\right|_g.$$

これは，d/dx が $\mathbb{R}$ 上の左不変ベクトル場であることを示している．したがって，$\mathbb{R}$ 上の左不変ベクトル場は d/dx の定数倍である．

例 16.7（$\mathrm{GL}(n,\mathbb{R})$ **上の左不変ベクトル場**）　$\mathrm{GL}(n,\mathbb{R})$ は $\mathbb{R}^{n\times n}$ の開集合なので，任意の $g \in \mathrm{GL}(n,\mathbb{R})$ において，接ベクトルと $n \times n$ 行列との対応

$$\sum a_{ij} \left.\frac{\partial}{\partial x_{ij}}\right|_g \longleftrightarrow [a_{ij}] \tag{16.5}$$

による，接ベクトル空間 $T_g(\mathrm{GL}(n,\mathbb{R}))$ と $\mathbb{R}^{n\times n}$ の自然な同一視がある．単位元における接ベクトル $B = \sum b_{ij}\partial/\partial x_{ij}|_I \in T_I(\mathrm{GL}(n,\mathbb{R}))$ と行列 $B = [b_{ij}]$ に同じ文字 B を用いることにする．$B = \sum b_{ij}\partial/\partial x_{ij}|_I \in T_I(\mathrm{GL}(n,\mathbb{R}))$ とし，$\tilde{B}$ を B によって生成される $\mathrm{GL}(n,\mathbb{R})$ 上の左不変ベクトル場とする．例 8.19 より，同一視 (16.5) の下で

$$\tilde{B}_g = (\ell_g)_* B \longleftrightarrow gB.$$

標準基底 $\partial/\partial x_{ij}|_g$ を用いて書くと

$$\tilde{B}_g = \sum_{i,j} (gB)_{ij} \left.\frac{\partial}{\partial x_{ij}}\right|_g = \sum_{i,j}\left(\sum_k g_{ik}b_{kj}\right)\left.\frac{\partial}{\partial x_{ij}}\right|_g.$$

命題 16.8　リー群 G 上の任意の左不変ベクトル場 X は C^∞ 級である．

【証明】命題 14.3 より，G 上の任意の C^∞ 級関数 f に対して Xf もまた C^∞ 級であることを示せば十分である．0 を含むある区間 I 上で定義された C^∞ 級の曲線 $c : I \to G$ で，$c(0) = e$ および $c'(0) = X_e$ であるものをとる．$g \in G$ ならば，$gc(t)$ は g を始点とする曲線で，始点における速度ベクトルが X_g である．実際，$gc(0) = ge = g$ かつ

$$(gc)'(0) = \ell_{g*} c'(0) = \ell_{g*} X_e = X_g.$$

命題 8.17 より，

$$(Xf)(g) = X_g f = \left.\frac{d}{dt}\right|_{t=0} f(gc(t)).$$

いま，関数 $f(gc(t))$ は C^∞ 級関数の合成

$$G \times I \xrightarrow{1 \times c} G \times G \xrightarrow{\mu} G \xrightarrow{f} \mathbb{R}$$

$$(g, t) \longmapsto (g, c(t)) \mapsto gc(t) \mapsto f(gc(t))$$

なので，C^∞ 級である．したがって，t に関する微分

$$F(g, t) := \frac{d}{dt} f(gc(t))$$

もまた C^∞ 級である．関数 $(Xf)(g)$ は C^∞ 級関数の合成

$$G \to G \times I \xrightarrow{F} \mathbb{R}$$

$$g \mapsto (g, 0) \mapsto F(g, 0) = \left.\frac{d}{dt}\right|_{t=0} f(gc(t))$$

なので，G 上の C^∞ 級関数である．これは，X が G 上の C^∞ 級ベクトル場であることを示している． □

この命題より，G 上の左不変ベクトル場全体からなるベクトル空間 $L(G)$ は，G 上の C^∞ 級ベクトル場全体からなるベクトル空間 $\mathfrak{X}(G)$ の部分空間であることが従う．

命題 16.9 X と Y が G 上の左不変ベクトル場ならば，$[X, Y]$ もまた左不変である．

【証明】G の任意の元 g に対して，X は X 自身と ℓ_g 関係にあり，Y は Y 自身と ℓ_g 関係にある．命題 14.17 より，$[X, Y]$ は $[X, Y]$ 自身と ℓ_g 関係にある． □

16.3 リー群のリー代数

リー代数とは，ベクトル空間 $\mathfrak{g}$ に括弧積，すなわち反交換な双線形写像 $[\,,\,]:\mathfrak{g}\times\mathfrak{g}\to\mathfrak{g}$ で，ヤコビ恒等式を満たすものを与えたものであった（定義 14.12）．リー代数 $\mathfrak{g}$ の**リー部分代数**とは，線形部分空間 $\mathfrak{h}\subset\mathfrak{g}$ で，括弧積 $[\,,\,]$ の下で閉じているもののことである．命題 16.9 より，リー群 G 上の左不変ベクトル場全体の空間 $L(G)$ はリー括弧積 $[\,,\,]$ の下で閉じており，したがってそれは G 上の C^∞ 級ベクトル場全体からなるリー代数 $\mathfrak{X}(G)$ のリー部分代数である．

16.4 節以降で見るように，(16.3) の線形同型写像 $\varphi:T_eG\simeq L(G)$ は双方のベクトル空間にとって有益であり，片方に欠けている性質をもう片方がもっている．ベクトル空間 $L(G)$ はベクトル場のリー括弧積によって与えられる自然なリー代数の構造をもつのに対して，単位元における接空間 T_eG はリー群の準同型写像の微分によって与えられる自然な押し出しをそなえているのである．ゆえに，線形同型写像 $\varphi:T_eG\simeq L(G)$ によって，T_eG にリー括弧積を定義することができ，また，リー群の準同型写像の下で左不変ベクトル場を押し出すことができる．

まずはじめに，T_eG 上のリー括弧積を定義する．$A,B\in T_eG$ が与えられたとき，まず φ でこれらを左不変ベクトル場 $\tilde{A},\tilde{B}$ へ写し，リー括弧積 $[\tilde{A},\tilde{B}]=\tilde{A}\tilde{B}-\tilde{B}\tilde{A}$ をとり，そしてこれを φ^{-1} で T_eG へ戻す．したがって，リー括弧積 $[A,B]\in T_eG$ の定義は

$$[A,B]=[\tilde{A},\tilde{B}]_e \tag{16.6}$$

とすべきである．

命題 16.10 $A,B\in T_eG$ で，$\tilde{A},\tilde{B}$ がこれらによって生成される左不変ベクトル場のとき，

$$[\tilde{A},\tilde{B}]=[A,B]\tilde{}.$$

【証明】 $(\,)\tilde{}$ と $(\,)_e$ は互いに逆の対応になっているので，$(\,)\tilde{}$ を (16.6) の両辺に適用すると，

$$[A,B]\tilde{}=([\tilde{A},\tilde{B}]_e)\tilde{}=[\tilde{A},\tilde{B}].$$

□

このリー括弧積 $[\,,\,]$ により接空間 $T_e(G)$ はリー代数になり，これをリー群 G の**リー代数**と呼ぶ．リー代数としての $T_e(G)$ は通常 $\mathfrak{g}$ で表される．

16.4 $\mathfrak{gl}(n,\mathbb{R})$ 上のリー括弧積

一般線形群 $\mathrm{GL}(n,\mathbb{R})$ については，単位元 I における接空間は $n\times n$ 実行列全体からなるベクトル空間 $\mathbb{R}^{n\times n}$ と同一視でき，$T_I(\mathrm{GL}(n,\mathbb{R}))$ における接ベクトルと行列 $A\in\mathbb{R}^{n\times n}$ を

$$\sum a_{ij}\frac{\partial}{\partial x_{ij}}\bigg|_I \longleftrightarrow [a_{ij}] \tag{16.7}$$

により同一視した．リー代数の構造を与えた接空間 $T_I\,\mathrm{GL}(n,\mathbb{R})$ は $\mathfrak{gl}(n,\mathbb{R})$ と表される．$\tilde{A}$ を行列 A によって生成される $\mathrm{GL}(n,\mathbb{R})$ 上の左不変ベクトル場とする．このとき，リー代数 $\mathfrak{gl}(n,\mathbb{R})$ 上には，左不変ベクトル場のリー括弧積から来るリー括弧積 $[A,B]=[\tilde{A},\tilde{B}]_I$ が与えられている．次の命題は，行列の言葉でこのリー括弧積を記述している．

命題 16.11 接ベクトル $A,B\in T_I(\mathrm{GL}(n,\mathbb{R}))$ を

$$A=\sum a_{ij}\frac{\partial}{\partial x_{ij}}\bigg|_I,\quad B=\sum b_{ij}\frac{\partial}{\partial x_{ij}}\bigg|_I\in T_I(\mathrm{GL}(n,\mathbb{R}))$$

とおく．これらのリー括弧積を

$$[A,B]=[\tilde{A},\tilde{B}]_I=\sum c_{ij}\frac{\partial}{\partial x_{ij}}\bigg|_I \tag{16.8}$$

と書くと，

$$c_{ij}=\sum_k(a_{ik}b_{kj}-b_{ik}a_{kj}).$$

したがって，(16.7) により導分を行列と同一視するとき，

$$[A,B]=AB-BA.$$

【証明】 (16.8) の両辺を x_{ij} に施すと

$$\begin{aligned}c_{ij}&=[\tilde{A},\tilde{B}]_I x_{ij}=\tilde{A}_I\tilde{B}x_{ij}-\tilde{B}_I\tilde{A}x_{ij}\\&=A\tilde{B}x_{ij}-B\tilde{A}x_{ij}\quad(\tilde{A}_I=A,\ \tilde{B}_I=B\text{ であるから})\end{aligned}$$

であるので，関数 $\tilde{B}x_{ij}$ の式を見つける必要がある．

例 16.7 において，$\mathrm{GL}(n,\mathbb{R})$ 上の左不変ベクトル場 $\tilde{B}$ が

$$\tilde{B}_g=\sum_{i,j}(gB)_{ij}\frac{\partial}{\partial x_{ij}}\bigg|_g\quad(g\in\mathrm{GL}(n,\mathbb{R}))$$

で与えられることを見た．よって
$$\tilde{B}_g x_{ij} = (gB)_{ij} = \sum_k g_{ik} b_{kj} = \sum_k b_{kj} x_{ik}(g).$$
この式はすべての $g \in \mathrm{GL}(n, \mathbb{R})$ に対して成り立つので，関数 $\tilde{B} x_{ij}$ は
$$\tilde{B} x_{ij} = \sum_k b_{kj} x_{ik}.$$
これより，
$$A\tilde{B} x_{ij} = \sum_{p,q} a_{pq} \left.\frac{\partial}{\partial x_{pq}}\right|_I \left(\sum_k b_{kj} x_{ik}\right) = \sum_{p,q,k} a_{pq} b_{kj} \delta_{ip} \delta_{kq}$$
$$= \sum_k a_{ik} b_{kj} = (AB)_{ij}.$$
A と B を入れ替えて，
$$B\tilde{A} x_{ij} = \sum_k b_{ik} a_{kj} = (BA)_{ij}.$$
したがって，
$$c_{ij} = \sum_k (a_{ik} b_{kj} - b_{ik} a_{kj}) = (AB - BA)_{ij}.$$
$\square$

16.5 左不変ベクトル場の押し出し

14.5 節で注意したように，$F: N \to M$ が多様体の間の C^∞ 級写像で，X が N 上の C^∞ 級ベクトル場のとき，押し出し $F_* X$ は F が微分同相写像である場合を除いて一般には定義されない．しかしながらリー群の場合は，左不変ベクトル場と単位元における接ベクトルの間の対応があるので，リー群の準同型写像の下で左不変ベクトル場を押し出すことができる．

$F: H \to G$ をリー群の準同型写像とする．H 上の左不変ベクトル場 X は，その単位元での値 $A = X_e \in T_e H$ によって生成されるので，$X = \tilde{A}$ である．リー群の準同型写像 $F: H \to G$ は H の単位元を G の単位元へ写すので，単位元における微分 $F_{*,e}$ は $T_e H$ から $T_e G$ への線形写像である．図式

$$\begin{array}{ccc} T_e H & \xrightarrow{F_{*,e}} & T_e G \\ \downarrow{\simeq} & & \downarrow{\simeq} \\ L(H) & \dashrightarrow & L(G), \end{array} \qquad \begin{array}{ccc} A & \longmapsto & F_{*,e} A \\ \downarrow & & \downarrow \\ \tilde{A} & \dashrightarrow & (F_{*,e} A)\tilde{} \end{array}$$

は，左不変ベクトル場全体における誘導写像 $F_* : L(H) \to L(G)$ の存在と，それを定義する方法を明確に示している．

定義 16.12 $F : H \to G$ をリー群の準同型写像とする．$F_* : L(H) \to L(G)$ を，すべての $A \in T_e H$ に対して

$$F_*(\tilde{A}) = (F_{*,e}A)^{\tilde{}}$$

として定義する．

命題 16.13 $F : H \to G$ がリー群の準同型写像で，X が H 上の左不変ベクトル場ならば，G 上の左不変ベクトル場 F_*X は左不変ベクトル場 X と F 関係にある．

【証明】 各 $h \in H$ に対して，

$$F_{*,h}(X_h) = (F_*X)_{F(h)} \tag{16.9}$$

を確かめる必要がある．(16.9) の左辺は

$$F_{*,h}(X_h) = F_{*,h}(\ell_{h*,e}X_e) = (F \circ \ell_h)_{*,e}(X_e)$$

であるのに対して，(16.9) の右辺は

$$\begin{aligned}(F_*X)_{F(h)} &= (F_{*,e}X_e)^{\tilde{}}{}_{F(h)} & (F_*X \text{ の定義}) \\ &= \ell_{F(h)*}F_{*,e}(X_e) & (\text{左不変性の定義}) \\ &= (\ell_{F(h)} \circ F)_{*,e}(X_e) & (\text{合成関数の微分法}).\end{aligned}$$

F はリー群の準同型写像なので $F \circ \ell_h = \ell_{F(h)} \circ F$ であり，ゆえに (16.9) の両辺は等しい． □

$F : H \to G$ がリー群の準同型写像で，X が H 上の左不変ベクトル場のとき，F_*X を F の下での X の押し出しと呼ぶ．

16.6 リー代数の準同型写像としての微分

命題 16.14 $F : H \to G$ がリー群の準同型写像ならば，単位元における微分

$$F_* = F_{*,e} : T_e H \to T_e G$$

はリー代数の準同型写像である．すなわち，F_* はすべての $A, B \in T_e H$ に対して

$$F_*[A, B] = [F_*A, F_*B]$$

を満たす線形写像である．

【証明】命題 16.13 より，G 上のベクトル場 $F_*\tilde{A}$ は H 上のベクトル場 $\tilde{A}$ と F 関係にあり，ベクトル場 $F_*\tilde{B}$ は H 上の $\tilde{B}$ と F 関係にある．よって，G 上の括弧積 $[F_*\tilde{A}, F_*\tilde{B}]$ は H 上の括弧積 $[\tilde{A}, \tilde{B}]$ と F 関係にある（命題 14.17）．これは

$$F_*([\tilde{A}, \tilde{B}]_e) = [F_*\tilde{A}, F_*\tilde{B}]_{F(e)} = [F_*\tilde{A}, F_*\tilde{B}]_e$$

であることを意味する．この等式の左辺は $F_*[A, B]$ であるのに対して，右辺は

$$[F_*\tilde{A}, F_*\tilde{B}]_e = [(F_*A)\tilde{\ }, (F_*B)\tilde{\ }]_e \quad (F_*\tilde{A} \text{ の定義})$$
$$= [F_*A, F_*B] \quad (T_e G \text{ 上の } [\,,\,] \text{ の定義})．$$

両辺を等号で結んで，

$$F_*[A, B] = [F_*A, F_*B]．$$

□

H がリー群 G のリー部分群であるとし，包含写像を $i : H \to G$ とする．包含写像 i ははめ込みなので，その微分

$$i_* : T_e H \to T_e G$$

は単射である．$T_e H$ 上のリー括弧積を $T_e G$ 上のリー括弧積と区別するために，一時的にそれぞれのリー括弧積に添え字 $T_e H$ と $T_e G$ を付けることにする．命題 16.14 より，$X, Y \in T_e H$ に対して

$$i_*([X, Y]_{T_e H}) = [i_* X, i_* Y]_{T_e G}． \tag{16.10}$$

これは，i_* によって $T_e H$ を $T_e G$ の部分空間と見なすとき，$T_e H$ 上の括弧積は $T_e G$ 上の括弧積の $T_e H$ への制限であるということを示している．よって，リー部分群 H のリー代数は，G のリー代数のリー部分代数と見なすことができる．

一般に，古典群のリー代数はドイツ文字で書かれる．例えば，$\mathrm{GL}(n, \mathbb{R})$，$\mathrm{SL}(n, \mathbb{R})$，$\mathrm{O}(n)$，$\mathrm{U}(n)$ のリー代数は，それぞれ $\mathfrak{gl}(n, \mathbb{R})$，$\mathfrak{sl}(n, \mathbb{R})$，$\mathfrak{o}(n)$，$\mathfrak{u}(n)$ と書かれる．

(16.10) と命題 16.11 より，$\mathfrak{sl}(n,\mathbb{R})$, $\mathfrak{o}(n)$, $\mathfrak{u}(n)$ 上のリー代数の構造は，$\mathfrak{gl}(n,\mathbb{R})$ のときと同様に

$$[A, B] = AB - BA$$

で与えられる．

注意 16.15 リー群論における基本定理は，リー群 G の連結なリー部分群とリー代数 $\mathfrak{g}$ のリー部分代数の間の 1 対 1 の対応が存在することを主張するものである [40, Theorem 3.19, Corollary (a), p.95]．トーラス $\mathbb{R}^2/\mathbb{Z}^2$ に関しては，リー代数 $\mathfrak{g}$ はベクトル空間としては $\mathbb{R}^2$ であり，1 次元のリー部分代数全体は原点を通る直線全体である．$\mathbb{R}^2$ における原点を通る各直線は加法に関して $\mathbb{R}^2$ の部分群であり，商写像 $\mathbb{R}^2 \to \mathbb{R}^2/\mathbb{Z}^2$ の下でのその像はトーラス $\mathbb{R}^2/\mathbb{Z}^2$ の部分群である．直線の傾きが有理数または ∞ ならば，その像はトーラスの正則部分多様体である．直線が無理数の傾きをもつならば，その像はトーラスのはめ込まれた部分多様体でしかない．先ほど引用した定理によれば，トーラスの 1 次元の連結なリー部分群全体は原点を通る直線の像全体である．もし，リー部分群が**正則部分多様体**であるような部分群として定義されていたなら，無理数の傾きをもつすべての直線をトーラスのリー部分群から除外せねばならず，リー群の連結なリー部分群とリー代数のリー部分代数の間の 1 対 1 の対応を得ることはできないことに注意せよ．このような対応を求めるがゆえに，リー群のリー部分群は**はめ込まれた部分多様体**である部分群として定義されるのである．

問題

以下の問題において，「次元」という言葉は，実ベクトル空間または多様体としての次元を意味するものとする．

16.1 歪エルミート行列

複素行列 $X \in \mathbb{C}^{n \times n}$ は，その複素共役転置 $\bar{X}^T$ が $-X$ と等しいとき，**歪エルミート**であるという．V を $n \times n$ 歪エルミート行列全体からなるベクトル空間とするとき，$\dim V = n^2$ であることを示せ．

16.2 ユニタリ群のリー代数

ユニタリ群 $\mathrm{U}(n)$ の単位元 I における接空間は，$n \times n$ 歪エルミート行列全体からなるベクトル空間であることを示せ．

16.3　シンプレクティック群のリー代数

シンプレクティック群 $\mathrm{Sp}(n)$ に関する定義と記号については問題 15.15 を参照せよ．シンプレクティック群 $\mathrm{Sp}(n) \subset \mathrm{GL}(n, \mathbb{H})$ の単位元 I における接空間は，$n \times n$ 四元行列 X で $\bar{X}^T = -X$ を満たすもの全体からなるベクトル空間であることを示せ．

16.4　複素シンプレクティック群のリー代数

(a) $\mathrm{Sp}(2n, \mathbb{C}) \subset \mathrm{GL}(2n, \mathbb{C})$ の単位元 I における接空間は，$2n \times 2n$ 複素行列 X で JX が対称行列であるもの全体からなるベクトル空間であることを示せ．

(b) $\mathrm{Sp}(2n, \mathbb{C})$ の次元を計算せよ．

16.5　$\mathbb{R}^n$ 上の左不変ベクトル場

$\mathbb{R}^n$ 上の左不変ベクトル場をすべて求めよ．

16.6　円周上の左不変ベクトル場

S^1 上の左不変ベクトル場をすべて求めよ．

16.7　左不変ベクトル場の積分曲線

$A \in \mathfrak{gl}(n, \mathbb{R})$ とし，$\tilde{A}$ を A によって生成される $\mathrm{GL}(n, \mathbb{R})$ 上の左不変ベクトル場とする．$c(t) = e^{tA}$ が単位行列 I を始点とする $\tilde{A}$ の積分曲線であることを示せ．また，$g \in \mathrm{GL}(n, \mathbb{R})$ を始点とする $\tilde{A}$ の積分曲線を求めよ．

16.8　平行化可能な多様体

接束が自明である多様体を**平行化可能**であるという．M が n 次元の多様体のとき，平行化可能であることは M 上の滑らかな枠 $X_1, \dots, X_n$ が存在することと同値であることを示せ．

16.9　リー群が平行化可能であること

すべてのリー群は平行化可能であることを示せ．

16.10*　左不変ベクトル場の押し出し

$F : H \to G$ をリー群の準同型写像とし，X と Y を H 上の左不変ベクトル場とする．$F_*[X, Y] = [F_*X, F_*Y]$ を証明せよ．

16.11*　随伴表現

G を n 次元のリー群とし，$\mathfrak{g}$ をそのリー代数とする．

(a) 各 $a \in G$ に対して，共役写像 $c_a := \ell_a \circ r_{a^{-1}} : G \to G$ の単位元における微分は線形同型写像 $c_{a*} : \mathfrak{g} \to \mathfrak{g}$ であり，ゆえに $c_{a*} \in \mathrm{GL}(\mathfrak{g})$ である．$\mathrm{Ad}(a) = c_{a*}$ で定める写像 $\mathrm{Ad} : G \to \mathrm{GL}(\mathfrak{g})$ は群の準同型写像であることを示せ．これをリー群 G の**随伴表現**と呼ぶ．

(b) $\mathrm{Ad} : G \to \mathrm{GL}(\mathfrak{g})$ が C^∞ 級であることを示せ．

16.12 $\mathbb{R}^3$ 上のリー代数の構造

直交群 $\mathrm{O}(n)$ のリー代数 $\mathfrak{o}(n)$ は $n \times n$ 実歪対称行列全体からなるリー代数で，リー括弧積は $[A, B] = AB - BA$ で与えられる．$n = 3$ のときは，ベクトル空間の間の同型写像 $\varphi : \mathfrak{o}(3) \to \mathbb{R}^3$ で

$$\varphi(A) = \varphi\left(\begin{bmatrix} 0 & a_1 & a_2 \\ -a_1 & 0 & a_3 \\ -a_2 & -a_3 & 0 \end{bmatrix}\right) = \begin{bmatrix} a_1 \\ -a_2 \\ a_3 \end{bmatrix}$$

により与えられるものがある．$\varphi([A, B]) = \varphi(A) \times \varphi(B)$ を証明せよ．これより，$\mathbb{R}^3$ にクロス積を与えたものはリー代数である．

Chapter

5

微分形式

Differential Forms

　微分形式は，多様体上の実数値関数の一般化である．関数が多様体の各点に数を割り振るのに対し，微分 k 形式は多様体の各点にその接空間上の k コベクトルを割り振る．$k = 0$ のときの微分 k 形式は関数であり，$k = 1$ のときの微分 k 形式はコベクトル場と呼ばれている．

　微分形式は多様体論において重要な役割を果たす．まず第一に，微分形式はどんな多様体にも伴う内在的なものであり，そのため多様体の微分同相写像の下での不変量を構成するために用いられる．ベクトル場も多様体に伴う内在的なものであるが，微分形式はより豊富な代数構造をもつ．実際，ウェッジ積，次数付け，外微分の存在により，多様体上の滑らかな形式からなる集合は，次数付き代数および微分複体の構造をもつ．このような代数構造は**次数付き微分代数**と呼ばれている．さらに，多様体上の滑らかな形式からなる微分複体は，滑らかな写像によって引き戻すことができるので，多様体の**ド・ラーム複体**と呼ばれる反変関手を得る．このド・ラーム複体から多様体のド・ラームコホモロジーを構成することが，最終的な目標である．

　ユークリッド空間上の関数の積分は座標のとり方に依り，座標変換の下で不変ではないため，多様体上の関数は積分することができない．微分形式の最高次数はその多様体の次元であるが，実は最高次数の微分形式は座標のとり換えの下で正しく変換するため，これらが積分を行うことができる対象に他ならないのである．すなわち，多様体上の積分の理論は，微分形式なしには作り得ないのである．

　微分形式は，とても大雑把に言うと，積分記号の後にくるものである．この意味で，微分形式は微積分と同じくらいに親しみ深いもので，コーシーの積分定理やグリーンの定理といった微積分における多くの定理は，微分形式の言葉を用いた主張として解釈することができる．誰が最初に微分形式に意味を与えたかについては難しいとこ

Élie Cartan
(1869–1951)

ろであるが，アンリ・ポアンカレ（Henri Poincaré）[33] とエリ・カルタン（Élie Cartan）[5] の 2 人がこの点における開拓者として一般に認識されている．1899 年に発表された論文 [5] でカルタンは，$\mathbb{R}^n$ 上の微分形式からなる代数を，次数 1 の元 $dx^1, \ldots, dx^n$ で生成される C^∞ 級関数上の反交換次数付き代数として正式に定義した．また同論文で，微分形式上の外微分が初めて現れている．微分形式を余接束の外積の切断として定める現代的な定義は，ファイバー束の理論が誕生した後の 1940 年代後半 [6] に現れた．

この章では，ベクトル束の観点から微分形式を導入する．分かり易くするため，k 形式の多くの性質をすでにもっている 1 形式から始める．滑らかな形式の様々な特徴付けを与え，これらの形式の乗法，微分，引き戻しをどのように行うのかを見ていく．その後，外微分や多様体上の他の 2 つの内在的な演算であるリー微分や内部積についても導入する．

§17 微分 1 形式

M を滑らかな多様体，p を M の点とする．p における M の**余接空間**を $T_p^*(M)$ または T_p^*M で表し，接空間 T_pM の双対空間として定義する．つまり，

$$T_p^*M = (T_pM)^\vee = \mathrm{Hom}(T_pM, \mathbb{R}).$$

余接空間 T_p^*M の元を p における**コベクトル**と呼ぶ．すなわち，p におけるコベクトル ω_p は線形関数

$$\omega_p : T_pM \to \mathbb{R}$$

である．M 上の**コベクトル場**，**微分 1 形式**，または単に **1 形式**[1]とは，M の各点 p に対して p におけるコベクトル ω_p を対応させる写像のことである．M 上のベクトル場は，M の各点 p に対して p における接ベクトルを対応させる写像であったので，この意味で，M 上のコベクトル場は M 上のベクトル場の双対である．微分形式が多様体論において大変有用である理由はたくさんあるが，その中の 1 つとし

---

[1]（訳者注） 1 次微分形式または 1-形式ともいう．

て，例えば，写像により引き戻すことができるという側面がある．これとは対照的に，ベクトル場は一般に写像により押し出すことができない．

注意 4.3 で述べたように，$X = \sum a^i \partial/\partial x^i$ が $\mathbb{R}^n$ 上のベクトル場ならば，その係数関数 a^i は $\mathbb{R}^n$ 上のコベクトル場 dx^i である．

17.1 関数の微分

定義 17.1 f が多様体 M 上の C^∞ 級の実数値関数のとき，その**微分**を任意の $p \in M, X_p \in T_pM$ に対して

$$(df)_p(X_p) = X_p f$$

で定められる M 上の 1 形式 df と定義する．

点 p における 1 形式 df の値を，$(df)_p$ の代わりに $df|_p$ とも書くことにする．これは接ベクトルの 2 つの表記法 $(d/dt)_p = d/dt|_p$ と同様である．

8.2 節では，多様体の間の写像 f に対して f_* と表記された別の微分の概念があった．これら 2 つの微分の概念を比較する．

命題 17.2 $f: M \to \mathbb{R}$ を C^∞ 級関数とすると，$p \in M, X_p \in T_pM$ に対して

$$f_*(X_p) = (df)_p(X_p) \left.\frac{d}{dt}\right|_{f(p)}.$$

【証明】$f_*(X_p) \in T_{f(p)}\mathbb{R}$ なので

$$f_*(X_p) = a \left.\frac{d}{dt}\right|_{f(p)} \tag{17.1}$$

を満たす実数 a が存在する．a を求めるために，(17.1) の両辺 t で値をとると

$$a = f_*(X_p)(t) = X_p(t \circ f) = X_p f = (df)_p(X_p)$$

を得る． □

この命題は，接空間 $T_{f(p)}\mathbb{R}$ と $\mathbb{R}$ の自然な同一視

$$a \left.\frac{d}{dt}\right|_{f(p)} \longleftrightarrow a$$

の下で，f_* が df と同じであることを示している．このため，両方とも f の**微分**と呼ぶのはもっともなことである．微分 df の言葉を用いると，C^∞ 級関数 $f: M \to \mathbb{R}$ が $p \in M$ で臨界点をもつための必要十分条件は $(df)_p = 0$ である．

17.2　関数の微分の局所表示

$(U, \phi) = (U, x^1, \ldots, x^n)$ を多様体 M 上の座標チャートとする．このとき，微分 $dx^1, \ldots, dx^n$ は U 上の 1 形式である．

> **命題 17.3** 各点 $p \in U$ において，コベクトル $(dx^1)_p, \ldots, (dx^n)_p$ は余接空間 $T_p^* M$ の基底をなし，これらは接空間 $T_p M$ の基底 $\partial/\partial x^1|_p, \ldots, \partial/\partial x^n|_p$ に対する双対基底である．

【証明】 証明はユークリッド空間の場合と同様である（命題 4.1）．つまり，
$$(dx^i)_p \left(\left. \frac{\partial}{\partial x^j} \right|_p \right) = \left. \frac{\partial}{\partial x^j} \right|_p x^i = \delta^i_j.$$
□

よって，U 上のすべての 1 形式 ω は一次結合
$$\omega = \sum a_i \, dx^i$$
として書くことができる．ここで，係数 a_i は U 上の関数である．特に，f を M 上の C^∞ 級関数とすると，1 形式 df を U に制限したものは一次結合
$$df = \sum a_i \, dx^i$$
で表せる．a_j を求めるために，例によって両辺 $\partial/\partial x^j$ で値をとると
$$(df)\left(\frac{\partial}{\partial x^j} \right) = \sum_i a_i \, dx^i \left(\frac{\partial}{\partial x^j} \right) \implies \frac{\partial f}{\partial x^j} = \sum_i a_i \, \delta^i_j = a_j.$$
これは df の局所表示
$$df = \sum \frac{\partial f}{\partial x^i} dx^i \tag{17.2}$$
を与えている．

17.3　余接束

多様体 M の**余接束** $T^* M$ は，集合としては，M のすべての点における余接空間の和集合
$$T^* M := \bigcup_{p \in M} T_p^* M \tag{17.3}$$
である．接束のときと同様，和集合 (17.3) は非交和であり，自然な写像 $\pi : T^* M \to M$ が $\alpha \in T_p^* M$ に対して $\pi(\alpha) = p$ により定まる．接束の構成を真似て，$T^* M$ の

位相を次のように与える．$(U,\phi) = (U, x^1, \ldots, x^n)$ を M 上のチャートとし，$p \in U$ とすると，各 $\alpha \in T_p^* M$ は一次結合

$$\alpha = \sum c_i(\alpha) dx^i|_p$$

として一意的に書ける．これは全単射

$$\tilde{\phi} : T^* U \to \phi(U) \times \mathbb{R}^n, \tag{17.4}$$
$$\alpha \mapsto (\phi(p), c_1(\alpha), \ldots, c_n(\alpha)) = (\phi \circ \pi, c_1, \ldots, c_n)(\alpha)$$

を引き起こす．この全単射を用いて，$T^* U$ に $\phi(U) \times \mathbb{R}^n$ の位相を誘導することができる．

今，M の極大アトラスにおけるチャートの各定義域 U に対して，$\mathfrak{B}_U$ を $T^* U$ のすべての開集合の族とし，$\mathfrak{B}$ を $\mathfrak{B}_U$ 全体の和集合とする．12.1 節と同様に，$\mathfrak{B}$ は $T^* M$ の部分集合族が開基であるための条件を満たすので，$T^* M$ に開基 $\mathfrak{B}$ で生成される位相を与える．接束のときと同様に，(17.4) の写像 $\tilde{\phi} = (x^1 \circ \pi, \ldots, x^n \circ \pi, c_1, \ldots, c_n)$ を座標写像として $T^* M$ は C^∞ 級多様体になり，射影 $\pi : T^* M \to M$ は M 上の階数 n のベクトル束になる．これは「余接束」の「束」という言葉を正当化している．$x^1, \ldots, x^n$ を $U \subset M$ 上の座標とすると，$\pi^* x^1, \ldots, \pi^* x^n, c_1, \ldots, c_n$ は $\pi^{-1} U \subset T^* M$ 上の座標である．厳密に言えば，多様体 M の**余接束**は 3 つ組 $(T^* M, M, \pi)$ であり，$T^* M$ と M はそれぞれ余接束の**全空間**と**底空間**である．しかし言葉の乱用であるが，慣習として $T^* M$ を M の余接束と呼ぶ．

余接束の言葉を用いると，M 上の 1 形式は単に余接束 $T^* M$ の切断である．すなわち，$\pi \circ \omega = \mathbb{1}_M$ を満たす写像 $\omega : M \to T^* M$ のことである．ここで，$\mathbb{1}_M$ は M 上の恒等写像を表す．1 形式 ω は，写像 $M \to T^* M$ として C^∞ 級であるとき，C^∞ 級という．

例 17.4（余接束上のリウヴィル形式） 多様体 M が n 次元のとき，その余接束 $\pi : T^* M \to M$ の全空間 $T^* M$ は次元 $2n$ の多様体である．驚くべきことに，**リウヴィル形式**（文献によっては**ポアンカレ形式**）と呼ばれる $T^* M$ 上の 1 形式 λ があって，以下のようにチャートに依存せずに定義される．$T^* M$ の点はある点 $p \in M$ におけるコベクトル $\omega_p \in T_p^* M$ である．X_{ω_p} を ω_p における $T^* M$ の接ベクトルとすると，押し出し $\pi_*(X_{\omega_p})$ は p における M の接ベクトルである．したがって，ω_p を $\pi_*(X_{\omega_p})$ で値をとることで実数 $\omega_p(\pi_*(X_{\omega_p}))$ が得られる．そこで

$$\lambda_{\omega_p}(X_{\omega_p}) = \omega_p(\pi_*(X_{\omega_p}))$$

と定義する．余接束とその上のリウヴィル形式は，古典力学の数学的な理論において重要な役割を果たす [1, p.202]．

17.4　C^∞ 級 1 形式の特徴付け

多様体 M 上の 1 形式 ω は，$\omega : M \to T^*M$ が余接束 $\pi : T^*M \to M$ の切断として滑らかであるとき，**滑らか**であるという．M 上の滑らかな 1 形式全体からなる集合はベクトル空間の構造をもち，これを $\Omega^1(M)$ と表記する．M 上の座標チャート $(U, \phi) = (U, x^1, \ldots, x^n)$ において，$p \in U$ での 1 形式 ω の値は一次結合

$$\omega_p = \sum a_i(p) dx^i|_p$$

で表せる．p は U の点を走るので，係数 a_i は U 上の関数になる．今，係数関数 a_i の言葉による，1 形式の滑らかさの判定条件を導く．以下の議論は，14.1 節におけるベクトル場が滑らかであるための判定条件の議論と同じである．

17.3 節より，M 上のチャート (U, ϕ) は T^*M 上のチャート

$$(T^*U, \tilde{\phi}) = (T^*U, \bar{x}^1, \ldots, \bar{x}^n, c_1, \ldots, c_n)$$

を誘導する．ここで，$\bar{x}^i = \pi^* x^i = x^i \circ \pi$ であり，c_i は

$$\alpha = \sum c_i(\alpha) dx^i|_p, \quad \alpha \in T_p^*M$$

により定義される．等式

$$\omega_p = \sum a_i(p) dx^i|_p = \sum c_i(\omega_p) dx^i|_p$$

の係数を比較すると，$a_i = c_i \circ \omega$ を得る．ここで，ω は U から T^*U への写像と見なしている．c_i は座標関数なので，T^*U 上で滑らかである．つまり，ω が滑らかであれば，枠 dx^i に関する $\omega = \sum a_i dx^i$ の係数 a_i は U 上で滑らかである．以下の補題で示されるように，この逆も成り立つ．

補題 17.5　$(U, \phi) = (U, x^1, \ldots, x^n)$ を多様体 M 上のチャートとする．U 上の 1 形式 $\omega = \sum a_i dx^i$ が滑らかであるための必要十分条件は，係数関数 a_i がすべて滑らかとなることである．

【証明】 この補題は，命題 12.12 において E を余接束 T^*M, s_j を座標 1 形式 dx^j とした特別な場合である．しかし，直接的な証明も可能である（補題 14.1 参照）．

$\tilde{\phi}: T^*U \to \phi(U) \times \mathbb{R}^n$ は微分同相写像なので，$\omega: U \to T^*M$ が滑らかであるための必要十分条件は，$\tilde{\phi} \circ \omega: U \to \phi(U) \times \mathbb{R}^n$ が滑らかとなることである．$p \in U$ に対して

$$(\tilde{\phi} \circ \omega)(p) = \tilde{\phi}(\omega_p) = (x^1(p), \ldots, x^n(p), c_1(\omega_p), \ldots, c_n(\omega_p))$$
$$= (x^1(p), \ldots, x^n(p), a_1(p), \ldots, a_n(p)).$$

$x^1, \ldots, x^n$ は座標関数なので，U 上滑らかである．したがって，命題 6.13 より，$\tilde{\phi} \circ \omega$ が U 上滑らかであるための必要十分条件は，すべての a_i が U 上滑らかとなることである． □

命題 17.6（**係数の言葉による 1 形式の滑らかさ**） ω を多様体 M 上の 1 形式とする．このとき，以下の条件は同値である．
 (i) 1 形式 ω は M 上で滑らかである．
 (ii) 多様体 M は「アトラスに属する任意のチャート $(U, x^1, \ldots, x^n)$ 上で，枠 dx^i に関する $\omega = \sum a_i\, dx^i$ の係数 a_i はすべて滑らかである」ようなアトラスをもつ．
 (iii) 多様体上の任意のチャート $(U, x^1, \ldots, x^n)$ 上で，枠 dx^i に関する $\omega = \sum a_i\, dx^i$ の係数 a_i はすべて滑らかである．

【証明】 証明は命題 14.2 の証明と全く同様なので，省略する． □

系 17.7 f を多様体 M 上の C^∞ 級関数とすると，その微分 df は M 上の C^∞ 級 1 形式である．

【証明】 M 上の任意のチャート $(U, x^1, \ldots, x^n)$ 上で，等式 $df = \sum (\partial f/\partial x^i)\, dx^i$ が成り立つ．係数 $\partial f/\partial x^i$ はすべて C^∞ 級なので，命題 17.6 (iii) より，1 形式 df は C^∞ 級である． □

ω を多様体 M 上の 1 形式，X を M 上のベクトル場とするとき，M 上の関数 $\omega(X)$ を

$$\omega(X)_p = \omega_p(X_p) \in \mathbb{R}, \quad p \in M$$

で定義する．

命題 17.8（関数に関する 1 形式の線形性） ω を多様体 M 上の 1 形式とする．f が M 上の関数で，X が M 上のベクトル場ならば，$\omega(fX) = f\omega(X)$．

【証明】 各点 $p \in M$ において，
$$\omega(fX)_p = \omega_p(f(p)X_p) = f(p)\omega_p(X_p) = (f\omega(X))_p$$
が成り立つ．なぜなら，$\omega(X)$ は点ごとに定義され，各点において ω_p は $\mathbb{R}$ 線形だからである． □

命題 17.9（ベクトル場の言葉による 1 形式の滑らかさ） 多様体 M 上の 1 形式 ω が C^∞ 級であるための必要十分条件は，M 上のすべての C^∞ 級ベクトル場 X に対して，関数 $\omega(X)$ が M 上で C^∞ 級となることである．

【証明】
($\Rightarrow$) ω を M 上の C^∞ 級 1 形式，X を M 上の C^∞ 級ベクトル場と仮定する．M 上の任意のチャート $(U, x^1, \ldots, x^n)$ 上で，命題 14.2 と命題 17.6 より，C^∞ 級関数 a_i, b^j を用いて $\omega = \sum a_i dx^i$ かつ $X = \sum b^j \partial/\partial x^j$ と表せる．関数に関する 1 形式の線形性（命題 17.8）より，関数
$$\omega(X) = \left(\sum a_i dx^i\right)\left(\sum b^j \frac{\partial}{\partial x^j}\right) = \sum_{i,j} a_i b^j \delta^i_j = \sum a_i b^i$$
は U 上で C^∞ 級である．U は M 上の任意のチャートであったので，関数 $\omega(X)$ は M 上で C^∞ 級である．

($\Leftarrow$) ω を，M 上のすべての C^∞ 級ベクトル場 X に対して関数 $\omega(X)$ が C^∞ 級である M 上の 1 形式と仮定する．$p \in M$ が与えられたとき，p に関する座標近傍 $(U, x^1, \ldots, x^n)$ を選ぶ．このとき，ある関数 a_i を用いて U 上で $\omega = \sum a_i dx^i$ と書ける．

$1 \leq j \leq n$ を満たす整数 j を固定する．命題 14.4 より，U 上の C^∞ 級ベクトル場 $X = \partial/\partial x^j$ を，U における p のある近傍 V_p^j で $\partial/\partial x^j$ と一致するような M 上の C^∞ 級ベクトル場 $\bar{X}$ に拡張することができる．開集合 V_p^j に制限すると
$$\omega(\bar{X}) = \left(\sum a_i dx^i\right)\left(\frac{\partial}{\partial x^j}\right) = a_j$$
を得る．これは，座標チャート $(V_p^j, x^1, \ldots, x^n)$ 上で a_j が C^∞ 級であることを示している．共通部分 $V_p := \bigcap_j V_p^j$ 上では，すべての a_j は C^∞ 級である．補題 17.5

より，1形式 ω は V_p 上で C^∞ 級である．よって，各点 $p \in M$ に対して，ある座標近傍 V_p で，ω が V_p 上で C^∞ 級であるようなものを見つけることができた．したがって，ω は M から T^*M への C^∞ 級写像である． □

$\mathcal{F} = C^\infty(M)$ を M 上の C^∞ 級関数全体からなる環とする．命題 17.9 より，M 上の 1 形式 ω は写像 $\mathfrak{X}(M) \to \mathcal{F}$, $X \mapsto \omega(X)$ を定める．命題 17.8 によると，この写像は $\mathbb{R}$ 線形かつ $\mathcal{F}$ 線形である．

17.5　1形式の引き戻し

$F: N \to M$ を多様体の間の C^∞ 級写像とすると，各点 $p \in N$ における微分

$$F_{*,p}: T_pN \to T_{F(p)}M$$

は，p における接ベクトルを N から M へ押し出す線形写像である．**余微分**，すなわち微分の双対

$$(F_{*,p})^\vee: T^*_{F(p)}M \to T^*_p N$$

は矢印が逆向きで，$F(p)$ におけるコベクトルを M から N へ引き戻す．余微分は $F^* = (F_{*,p})^\vee$ とも表記される．双対の定義より，$\omega_{F(p)} \in T^*_{F(p)}M$ を $F(p)$ におけるコベクトル，$X_p \in T_pN$ を p における接ベクトルとすると，

$$F^*(\omega_{F(p)})(X_p) = ((F_{*,p})^\vee \omega_{F(p)})(X_p) = \omega_{F(p)}(F_{*,p}X_p)$$

である．$F^*(\omega_{F(p)})$ を F によるコベクトル $\omega_{F(p)}$ の**引き戻し**と呼ぶ．つまり，コベクトルの引き戻しは単に余微分のことである．

ベクトル場は一般に C^∞ 級写像により押し出すことはできないが，すべてのコベクトル場は C^∞ 級写像により引き戻すことができる．ω を M 上の 1 形式とすると，その**引き戻し** $F^*\omega$ は

$$(F^*\omega)_p = F^*(\omega_{F(p)}), \quad p \in N$$

により点ごとに定義される N 上の 1 形式である．これは，すべての $X_p \in T_pN$ に対して

$$(F^*\omega)_p(X_p) = \omega_{F(p)}(F_*(X_p))$$

であることを意味している．関数もまた引き戻せることを思い出しておく．つまり，F を N から M への C^∞ 級写像とし，$g \in C^\infty(M)$ とすると，$F^*g = g \circ F \in C^\infty(N)$ である．

写像の下でのベクトル場と形式の振る舞いの違いは，関数の概念における非対称性に求めることができる．実際，定義域のすべての点は値域の唯一つの点に写るが，値域の点の原像は定義域の複数の点からなり得る．

写像による1形式の引き戻しを定義した今，素朴な疑問が浮かぶ．それは，C^∞ 級写像による C^∞ 級1形式の引き戻しは C^∞ 級であるかという疑問である．この疑問に答えるために，まず引き戻しがもつ3つの可換性，すなわち，微分，和，積との可換性を述べる必要がある．

命題 17.10（微分と引き戻しの可換性） $F: N \to M$ を多様体の間の C^∞ 級写像とする．このとき，任意の $h \in C^\infty(M)$ に対して，$F^*(dh) = d(F^*h)$.

【証明】 任意の点 $p \in N$ と任意の接ベクトル $X_p \in T_pN$ に対して

$$(F^*dh)_p(X_p) = (dF^*h)_p(X_p) \tag{17.5}$$

を確かめればよい．(17.5) の左辺は

$$\begin{aligned}(F^*dh)_p(X_p) &= (dh)_{F(p)}(F_*(X_p)) \quad \text{(1形式の引き戻しの定義)}\\ &= (F_*(X_p))h \quad \text{(微分 } dh \text{ の定義)}\\ &= X_p(h \circ F) \quad (F_* \text{ の定義)}.\end{aligned}$$

(17.5) の右辺は

$$\begin{aligned}(dF^*h)_p(X_p) &= X_p(F^*h) \quad \text{(関数に対する } d \text{ の定義)}\\ &= X_p(h \circ F) \quad \text{(関数に対する } F^* \text{ の定義)}.\end{aligned}$$

□

関数と1形式の引き戻しは，加法とスカラー倍を保つ．

命題 17.11（和と積の引き戻し） $F: N \to M$ を多様体の C^∞ 級写像とし，$\omega, \tau \in \Omega^1(M)$, $g \in C^\infty(M)$ とする．このとき
(i) $F^*(\omega + \tau) = F^*(\omega) + F^*(\tau)$,
(ii) $F^*(g\omega) = (F^*g)(F^*\omega)$.

【証明】 問題 17.5． □

命題 17.12（C^∞ 級1形式の引き戻し） C^∞ 級写像 $F: N \to M$ による M 上の C^∞ 級1形式 ω の引き戻し $F^*\omega$ は，N 上の C^∞ 級1形式である．

【証明】 $p \in N$ が与えられたとき,$F(p)$ の周りの M のチャート $(V, \psi) = (V, y^1, \ldots, y^m)$ をとる.F の連続性より,$F(U) \subset V$ を満たす p の周りの N のチャート $(U, \phi) = (U, x^1, \ldots, x^n)$ が存在する.V 上,ある $a_i \in C^\infty(V)$ を用いて $\omega = \sum a_i \, dy^i$ と表す.U 上で

$$\begin{aligned}
F^*\omega &= \sum (F^*a_i) F^*(dy^i) & \text{(命題 17.11)} \\
&= \sum (F^*a_i) dF^* y^i & \text{(命題 17.10)} \\
&= \sum (a_i \circ F) d(y^i \circ F) & \text{(関数に対する } F^* \text{ の定義)} \\
&= \sum_{i,j} (a_i \circ F) \frac{\partial F^i}{\partial x^j} dx^j & \text{(式 (17.2))}
\end{aligned}$$

が成り立つ.係数 $(a_i \circ F) \partial F^i / \partial x^j$ はすべて C^∞ 級であるので,命題 17.5 より 1 形式 $F^*\omega$ は U 上で C^∞ 級であり,したがって p において C^∞ 級である.p は N の中の任意の点であったので,引き戻し $F^*\omega$ は N 上で C^∞ 級である.□

例 17.13(余接束上のリウヴィル形式) M を多様体とする.引き戻しの言葉を用いると,例 17.4 で導入された余接束 T^*M 上のリウヴィル形式 λ は,任意の $\omega_p \in T^*M$ に対して $\lambda_{\omega_p} = \pi^*(\omega_p)$ と表すことができる.

17.6 1 形式のはめ込まれた部分多様体への制限

$S \subset M$ をはめ込まれた部分多様体とし,$i: S \to M$ を包含写像とする.任意の点 $p \in S$ において,微分 $i_*: T_pS \to T_pM$ は単射なので,接空間 T_pS を T_pM の部分空間と見なすことができる.ω を M 上の 1 形式とすると,ω の S への**制限** $\omega|_S$ を

$$\text{すべての } p \in S \text{ と } v \in T_pS \text{ に対して,} \quad (\omega|_S)_p(v) = \omega_p(v)$$

により定義する.よって,制限 $\omega|_S$ は,定義域を M から S へ制限し,各点 $p \in S$ に対して $(\omega|_S)_p$ の定義域を T_pM から T_pS へ制限していることを除けば,ω と同じである.次の命題は,1 形式の制限は単に包含写像 i による引き戻しであることを示している.

命題 17.14 $i: S \hookrightarrow M$ をはめ込まれた部分多様体 S の包含写像とし,ω を M 上の 1 形式とすると,$i^*\omega = \omega|_S$ である.

【証明】 $p \in S$ と $v \in T_pS$ に対して

$$(i^*\omega)_p(v) = \omega_{i(p)}(i_*v) \quad (\text{引き戻しの定義})$$
$$= \omega_p(v) \quad (i \text{ と } i_* \text{ は共に包含写像})$$
$$= (\omega|_S)_p(v) \quad (\omega|_S \text{ の定義}).$$

□

煩雑な表記を避けるため，ω の S への制限であることが文脈から明瞭である場合，$\omega|_S$ の意味で ω と書くことがある．

例 17.15（円周上の 1 形式） $\mathbb{R}^2$ における単位円周 $c(t) = (\cos t, \sin t)$ の速度ベクトル場は

$$c'(t) = (-\sin t, \cos t) = (-y, x)$$

である．すなわち

$$X = -y\frac{\partial}{\partial x} + x\frac{\partial}{\partial y}$$

は単位円周 S^1 上の C^∞ 級ベクトル場である．この表記の意味は，x, y を $\mathbb{R}^2$ の標準座標，$i : S^1 \hookrightarrow \mathbb{R}^2$ を包含写像とすると，点 $p = (x, y) \in S^1$ において $i_*X_p = -y\,\partial/\partial x|_p + x\,\partial/\partial y|_p$ という意味である．ここで，$\partial/\partial x|_p$ と $\partial/\partial y|_p$ は $\mathbb{R}^2$ の点 p における接ベクトルである．$\omega(X) \equiv 1$ となるような S^1 上の 1 形式 $\omega = a\,dx + b\,dy$ を求めよ．

〈解〉 ここでは，ω は $\mathbb{R}^2$ 上の 1 形式 $a\,dx + b\,dy$ の S^1 への制限と見なす．dx, dy は $\partial/\partial x, \partial/\partial y$ の双対であることに注意すると，$\mathbb{R}^2$ において

$$\omega(X) = (a\,dx + b\,dy)\left(-y\frac{\partial}{\partial x} + x\frac{\partial}{\partial y}\right) = -ay + bx = 1. \quad (17.6)$$

S^1 上 $x^2 + y^2 = 1$ なので，$a = -y$, $b = x$ が (17.6) の解である．よって，$\omega = -y\,dx + x\,dy$ が求める 1 形式である．$\omega(X) \equiv 1$ なので，1 形式 ω は円周上至る所消えない． ■

注意 問題 11.2 の記号を用いれば，x, y は $\mathbb{R}^2$ 上の関数で，$\bar{x}, \bar{y}$ はそれらの S^1 への制限なので，ω を $-y\,d\bar{x} + x\,d\bar{y}$ と書くべきである．しかしながら，$\mathbb{R}^n$ 上の形式とその部分多様体への制限は一般に同じ表記を用いる．$i^*x = \bar{x}$, $i^*y = \bar{y}$ なので，$\mathbb{R}^n$ 上の形式の制限を扱う上でバーを省略しても混乱を招かないであろう．これとは対照的に，ベクトル場の場合は $i_*(\partial/\partial\bar{x}|_p) \neq \partial/\partial x|_p$ である．

例 17.16（1 形式の引き戻し） $h: \mathbb{R} \to S^1 \subset \mathbb{R}^2$ を $h(t) = (x, y) = (\cos t, \sin t)$ で定める．ω を S^1 上の 1 形式 $-y\,dx + x\,dy$ とするとき，引き戻し $h^*\omega$ を計算せよ．

〈解〉

$$h^*(-y\,dx + x\,dy)$$
$$= -(h^*y)\,d(h^*x) + (h^*x)\,d(h^*y) \quad \text{（命題 17.11 と命題 17.10 より）}$$
$$= -(\sin t)\,d(\cos t) + (\cos t)\,d(\sin t)$$
$$= \sin^2 t\,dt + \cos^2 t\,dt = dt.$$

∎

問題

17.1 $\mathbb{R}^2 - \{(0,0)\}$ **上の 1 形式**

$\mathbb{R}^2$ の標準座標を x, y とし，

$$X = -y\frac{\partial}{\partial x} + x\frac{\partial}{\partial y}, \quad Y = x\frac{\partial}{\partial x} + y\frac{\partial}{\partial y}$$

を $\mathbb{R}^2$ 上のベクトル場とする．$\mathbb{R}^2 - \{(0,0)\}$ 上の 1 形式 ω で，$\omega(X) = 1$ かつ $\omega(Y) = 0$ を満たすものを求めよ．

17.2 1 形式の変換公式

$(U, x^1, \ldots, x^n)$ と $(V, y^1, \ldots, y^n)$ を M 上の 2 つのチャートで，空でない共通部分 $U \cap V$ をもつものとする．このとき，$U \cap V$ 上の C^∞ 級の 1 形式 ω は 2 つの異なる局所表示

$$\omega = \sum a_j\,dx^j = \sum b_i\,dy^i$$

をもつ．a_j を b_i を用いて表した式を求めよ．

17.3 S^1 上の 1 形式の引き戻し

単位円周 S^1 を複素平面の部分集合とみなすと，S^1 における積は

$$e^{it} \cdot e^{iu} = e^{i(t+u)}, \quad t, u \in \mathbb{R}$$

で与えられる．実部と虚部に分けて書けば，

$$(\cos t + i\sin t)(x + iy) = ((\cos t)x - (\sin t)y) + i((\sin t)x + (\cos t)y)$$

である．よって，$g = (\cos t, \sin t) \in S^1 \subset \mathbb{R}^2$ とすると，左乗法 $\ell_g : S^1 \to S^1$ は

$$\ell_g(x, y) = ((\cos t)x - (\sin t)y, (\sin t)x + (\cos t)y)$$

で与えられる. $\omega = -y\,dx + x\,dy$ を例 17.15 で求めた 1 形式とする. 任意の $g \in S^1$ に対して $\ell_g^* \omega = \omega$ であることを示せ.

17.4 余接束上のリウヴィル形式

(a) $(U, \phi) = (U, x^1, \ldots, x^n)$ を多様体 M 上のチャートとし,
$$(\pi^{-1}U, \tilde{\phi}) = (\pi^{-1}U, \bar{x}^1, \ldots, \bar{x}^n, c_1, \ldots, c_n)$$
を余接束 T^*M 上に誘導されたチャートとする. $\pi^{-1}U$ 上のリウヴィル形式 λ を座標 $\bar{x}^1, \ldots, \bar{x}^n, c_1, \ldots, c_n$ で表した式を求めよ.

(b) T^*M 上のリウヴィル形式 λ が C^∞ 級であることを示せ.(ヒント. (a) と命題 17.6 を用いよ.)

17.5 和と積の引き戻し

命題 17.11 を,等式の両辺が p における接ベクトル X_p 上で等しいことを確かめることで示せ.

17.6 余接束の構成

M を次元 n の多様体とする. 12 節の接束の構成を真似て, $\pi: T^*M \to M$ が階数 n の C^∞ 級ベクトル束であることの証明を詳しく書け.

§18 微分 k 形式

多様体上の 1 形式の構成を,k 形式に一般化する. 多様体上の k 形式を定義した後,局所的にそれらは $\mathbb{R}^n$ 上の k 形式と変わらないことを示す. 多様体上の接束や余接束を構成したのと同じように,余接束の k 次外積 $\bigwedge^k(T^*M)$ を構成すると,微分 k 形式はベクトル束 $\bigwedge^k(T^*M)$ の切断と見なせる. これにより,微分形式の滑らかさの定義が自然に与えられる. つまり,微分 k 形式が滑らかであるのは,それがベクトル束 $\bigwedge^k(T^*M)$ の切断として滑らかであることと定めるのである. 微分形式の引き戻しとウェッジ積は,点ごとに定義される. 微分形式の例として,リー群上の左不変形式を考察する.

18.1 微分形式

ベクトル空間 V 上の k テンソルは k 重線形関数
$$f: V \times \cdots \times V \to \mathbb{R}$$
であることを思い出しておく. k テンソル f は,任意の置換 $\sigma \in S_k$ に対して

$$f(v_{\sigma(1)}, \ldots, v_{\sigma(k)}) = (\operatorname{sgn} \sigma) f(v_1, \ldots, v_k) \tag{18.1}$$

を満たすとき，**交代的**であるという．$k = 1$ のとき，置換群 S_1 の元は恒等置換だけである．よって 1 テンソルについては条件 (18.1) は何もなく，すべての 1 テンソルは交代的で（かつ対称的でも）ある．V 上の交代 k テンソルを V 上の k **コベクトル**と呼ぶ．

任意のベクトル空間 V に対して，V 上の交代 k テンソルからなるベクトル空間を $A_k(V)$ と表す．空間 $A_k(V)$ は一般的に $\bigwedge^k(V^\vee)$ とも表記される．よって，

$$\bigwedge\nolimits^0(V^\vee) = A_0(V) = \mathbb{R},$$
$$\bigwedge\nolimits^1(V^\vee) = A_1(V) = V^\vee,$$
$$\bigwedge\nolimits^2(V^\vee) = A_2(V), \quad 等々．$$

実は，ベクトル空間 V の k 次**外積**と呼ばれる $\bigwedge^k(V)$ の純粋に代数的な構成があり，$\bigwedge^k(V^\vee)$ は $A_k(V)$ に同型であるという性質をもつ．この構成を掘り下げることは本題からかなり離れるので，本書では $\bigwedge^k(V^\vee)$ は単に $A_k(V)$ の別の表記とする．

点 p における多様体 M の接空間 T_pM に，関手 $A_k(\,)$ を適用する．ベクトル空間 $A_k(T_pM)$ は通常 $\bigwedge^k(T_p^*M)$ と表され，接空間 T_pM 上のすべての交代 k テンソルからなる空間である．M 上の k **コベクトル場**は，各点 $p \in M$ に k コベクトル $\omega_p \in \bigwedge^k(T_p^*M)$ を対応させる写像 ω である．k コベクトル場はまた**微分 k 形式**，k **次の微分形式**，または単に k **形式**[2]と呼ばれている．多様体上の**最高次の形式**は，次数が多様体の次元と同じであるような微分形式である．

ω を多様体 M 上の k 形式，$X_1, \ldots, X_k$ を M 上のベクトル場とするとき，$\omega(X_1, \ldots, X_k)$ は

$$(\omega(X_1, \ldots, X_k))(p) = \omega_p((X_1)_p, \ldots, (X_k)_p)$$

で定義される M 上の関数である．

命題 18.1（関数に関する形式の多重線形性） ω を多様体 M 上の k 形式とする．M 上の任意のベクトル場 $X_1, \ldots, X_k$ と M 上の任意の関数 h に対して

$$\omega(X_1, \ldots, hX_i, \ldots, X_k) = h\omega(X_1, \ldots, X_i, \ldots, X_k).$$

---

[2]（訳者注）k 次微分形式または k-形式ともいう．

【証明】 証明は本質的に命題 17.8 の証明と同じである. □

例 18.2 $(U, x^1, \ldots, x^n)$ を多様体上の座標チャートとする. 各点 $p \in U$ において, 接空間 $T_p U$ の基底として

$$\left. \frac{\partial}{\partial x^1} \right|_p, \ldots, \left. \frac{\partial}{\partial x^n} \right|_p$$

がとれる. 命題 17.3 で見たように, 余接空間 $T_p^* U$ のその双対基底は

$$(dx^1)_p, \ldots, (dx^n)_p$$

である. p は U の点をわたるので, U 上の微分 1 形式 $dx^1, \ldots, dx^n$ を得る.

命題 3.29 より, 交代 k テンソルからなるベクトル空間 $\bigwedge^k (T_p^* U)$ の基底として

$$(dx^{i_1})_p \wedge \cdots \wedge (dx^{i_k})_p, \quad 1 \leq i_1 < \cdots < i_k \leq n$$

がとれる. ω を U 上の k 形式とすると, 各点 $p \in U$ において ω_p は一次結合

$$\omega_p = \sum a_{i_1 \cdots i_k}(p) \, (dx^{i_1})_p \wedge \cdots \wedge (dx^{i_k})_p$$

で表せる. 点 p を省いて

$$\omega = \sum a_{i_1 \cdots i_k} \, dx^{i_1} \wedge \cdots \wedge dx^{i_k}$$

と書く. この表示において, 係数 $a_{i_1 \cdots i_k}$ は点 p によって変化するので, U 上の関数である. 表記を簡単にするため,

$$\mathcal{I}_{k,n} = \{ I = (i_1, \ldots, i_k) \, | \, 1 \leq i_1 < \cdots < i_k \leq n \}$$

を 1 から n の間の狭義昇順多重指数で, 長さが k のもの全体からなる集合とし,

$$\omega = \sum_{I \in \mathcal{I}_{k,n}} a_I \, dx^I$$

と書く. ここで, dx^I は $dx^{i_1} \wedge \cdots \wedge dx^{i_k}$ を表す.

18.2 k 形式の局所表示

例 18.2 より, 多様体 M 上の座標チャート $(U, x^1, \ldots, x^n)$ において, U 上の k 形式は一次結合 $\omega = \sum a_I \, dx^I$ で表せる. ここで, $I \in \mathcal{I}_{k,n}$ で, a_I は U 上の関数である. 簡略のため, i 番目の座標ベクトル場を $\partial_i = \partial / \partial x^i$ と書く. 補題 3.28 のように点ごとに値をとると, $I, J \in \mathcal{I}_{k,n}$ に対して U 上での等式

$$dx^I(\partial_{j_1},\ldots,\partial_{j_k}) = \delta^I_J = \begin{cases} 1 & (I = J) \\ 0 & (I \neq J) \end{cases} \quad (18.2)$$

を得る.

命題 18.3（局所座標における微分のウェッジ積）　$(U, x^1,\ldots,x^n)$ を多様体上のチャートとし，$f^1,\ldots,f^k$ を U 上の滑らかな関数とする．このとき

$$df^1 \wedge \cdots \wedge df^k = \sum_{I \in \mathcal{I}_{k,n}} \frac{\partial(f^1,\ldots,f^k)}{\partial(x^{i_1},\ldots,x^{i_k})} dx^{i_1} \wedge \cdots \wedge dx^{i_k}.$$

【証明】 U 上，ある関数 c_J を用いて

$$df^1 \wedge \cdots \wedge df^k = \sum_{J \in \mathcal{I}_{k,n}} c_J\, dx^{j_1} \wedge \cdots \wedge dx^{j_k} \quad (18.3)$$

と表せる．微分の定義より，$df^i(\partial/\partial x^j) = \partial f^i/\partial x^j$. (18.3) の両辺を座標ベクトル $\partial_{i_1},\ldots,\partial_{i_k}$ の列で値をとると，次を得る．

$$(\text{左辺}) = (df^1 \wedge \cdots \wedge df^k)(\partial_{i_1},\ldots,\partial_{i_k}) = \det\left[\frac{\partial f^\ell}{\partial x^{i_j}}\right] \quad (\text{命題 3.27 より})$$

$$= \frac{\partial(f^1,\ldots,f^k)}{\partial(x^{i_1},\ldots,x^{i_k})}$$

$$(\text{右辺}) = \sum_J c_J\, dx^J(\partial_{i_1},\ldots,\partial_{i_k}) = \sum_J c_J\, \delta^J_I = c_I \quad (\text{式 (18.2) より})$$

よって，$c_I = \partial(f^1,\ldots,f^k)/\partial(x^{i_1},\ldots,x^{i_k})$. □

$(U, x^1,\ldots,x^n)$ と $(V, y^1,\ldots,y^n)$ を多様体上で交わりをもつ 2 つのチャートとすると，共通部分 $U \cap V$ 上で，命題 18.3 は k 形式の変換公式になる．つまり，

$$dy^J = \sum_I \frac{\partial(y^{j_1},\ldots,y^{j_k})}{\partial(x^{i_1},\ldots,x^{i_k})} dx^I.$$

命題 18.3 の以下の 2 つの場合は特に重要である.

系 18.4　$(U, x^1,\ldots,x^n)$ を多様体上のチャートとし，$f, f^1,\ldots,f^n$ を U 上の C^∞ 級関数とする．このとき

(i)（1 形式）$df = \sum (\partial f/\partial x^i)\, dx^i$,

(ii)（最高次の形式）$df^1 \wedge \cdots \wedge df^n = \det\left[\partial f^j/\partial x^i\right] dx^1 \wedge \cdots \wedge dx^n$.

系の (i) は (17.2) で得られた公式と一致する.

演習 18.5(2 形式の変換公式)* $(U, x^1, \ldots, x^n)$ と $(V, y^1, \ldots, y^n)$ を多様体 M 上で交わりをもつ 2 つの座標チャートとすると, $U \cap V$ 上の C^∞ 級 2 形式 ω は 2 つの局所表示

$$\omega = \sum_{i<j} a_{ij}\, dx^i \wedge dx^j = \sum_{k<\ell} b_{k\ell}\, dy^k \wedge dy^\ell$$

をもつ. a_{ij} を, $b_{k\ell}$ たちと座標関数 $x^1, \ldots, x^n, y^1, \ldots, y^n$ で表した式を求めよ.

18.3 ベクトル束の観点

M を次元 n の多様体とする. 微分形式をよく理解するため, 接束や余接束の構成を真似て, 多様体 M のすべての点におけるすべての交代 k テンソルからなる集合を

$$\bigwedge\nolimits^k(T^*M) := \bigcup_{p \in M} \bigwedge\nolimits^k(T_p^*M) = \bigcup_{p \in M} A_k(T_pM)$$

とおく. この集合を余接束の k 次**外積**と呼ぶ. 射影 $\pi : \bigwedge^k(T^*M) \to M$ は $\alpha \in \bigwedge^k(T_p^*M)$ に対し $\pi(\alpha) = p$ により定まる.

(U, ϕ) を M 上の座標チャートとすると, 全単射

$$\bigwedge\nolimits^k(T^*U) = \bigcup_{p \in M} \bigwedge\nolimits^k(T_p^*U) \simeq \phi(U) \times \mathbb{R}^{\binom{n}{k}},$$

$$\alpha \in \bigwedge\nolimits^k(T_p^*U) \mapsto (\phi(p), \{c_I(\alpha)\}_I)$$

が存在する. ここで, $\alpha = \sum c_I(\alpha)\, dx^I|_p \in \bigwedge^k(T_p^*U)$ かつ $I = (1 \leq i_1 < \cdots < i_k \leq n)$ である. この方法で $\bigwedge^k(T^*U)$ に位相を入れることができる. よって $\bigwedge^k(T^*M)$ に位相を入れることができ, さらに微分構造も入る. 詳細は接束の構成と同様なので, ここでは省略する. 結論として, 射影 $\pi : \bigwedge^k(T^*M) \to M$ は階数 $\binom{n}{k}$ の C^∞ 級ベクトル束であり, 微分 k 形式は単にこのベクトル束の切断である. 予期されるように, k 形式が C^∞ 級であるとは, それがベクトル束 $\pi : \bigwedge^k(T^*M) \to M$ の切断として C^∞ 級であることと定義する.

記号 $E \to M$ を C^∞ 級ベクトル束とするとき, E の C^∞ 級切断からなるベクトル空間を $\Gamma(E)$ または $\Gamma(M, E)$ と表す. M 上の C^∞ 級 k 形式全体からなるベクトル空間は通常 $\Omega^k(M)$ と表される. すなわち,

$$\Omega^k(M) = \Gamma\left(\bigwedge\nolimits^k(T^*M)\right) = \Gamma\left(M, \bigwedge\nolimits^k(T^*M)\right).$$

18.4 滑らかな k 形式

滑らかな k 形式の特徴付けとして，いくつかの同値な条件がある．証明は 1 形式のとき（補題 17.5, 命題 17.6 と命題 17.9）と同様であるため省略する．

補題 18.6（チャート上の k 形式の滑らかさ） $(U, x^1, \ldots, x^n)$ を多様体 M 上のチャートとする．U 上の k 形式 $\omega = \sum a_I\, dx^I$ が滑らかであるための必要十分条件は，係数関数 a_I がすべて U 上で滑らかとなることである．

命題 18.7（滑らかな k 形式の特徴付け） ω を多様体 M 上の k 形式とする．このとき，以下の条件は同値である．
 (i) k 形式 ω は M 上で C^∞ 級である．
 (ii) 多様体 M は「アトラスに属するすべてのチャート $(U, \phi) = (U, x^1, \ldots, x^n)$ 上で，座標枠 $\{dx^I\}_{I \in \mathcal{I}_{k,n}}$ に関する $\omega = \sum a_I\, dx^I$ の係数 a_I はすべて C^∞ 級である」ようなアトラスをもつ．
 (iii) M 上のすべてのチャート $(U, \phi) = (U, x^1, \ldots, x^n)$ 上で，座標枠 $\{dx^I\}_{I \in \mathcal{I}_{k,n}}$ に関する $\omega = \sum a_I\, dx^I$ の係数 a_I はすべて C^∞ 級である．
 (iv) M 上の任意の k 個の滑らかなベクトル場 $X_1, \ldots, X_k$ に対して，関数 $\omega(X_1, \ldots, X_k)$ は M 上で C^∞ 級である．

0 テンソルと 0 コベクトルを定数と定義した．つまり，$L_0(V) = A_0(V) = \mathbb{R}$ である．したがって，ベクトル束 $\bigwedge^0(T^*M)$ は単に $M \times \mathbb{R}$ で，M 上の 0 形式は M 上の関数である．ゆえに，M 上の C^∞ 級 0 形式は M 上の C^∞ 級関数と同じである．先ほどの表記法を用いると，

$$\Omega^0(M) = \Gamma\left(\bigwedge\nolimits^0(T^*M)\right) = \Gamma(M \times \mathbb{R}) = C^\infty(M).$$

関数の C^∞ 級での拡張を述べた命題 13.2 は，微分形式に一般化できる．

命題 18.8（形式の C^∞ 級での拡張） τ を多様体 M の点 p の近傍 U 上で定義された C^∞ 級微分形式と仮定する．このとき，p の十分小さい近傍上で τ と一致するような M 上の C^∞ 級形式 $\tilde{\tau}$ が存在する．

証明は命題 13.2 の証明と同様なので，演習問題として読者に委ねる．もちろん，拡張 $\tilde{\tau}$ は一意的ではない．実際，その証明において拡張 $\tilde{\tau}$ は p や p における隆起関数のとり方に依存している．

18.5 k 形式の引き戻し

C^∞ 級写像 $F: N \to M$ による 0 形式と 1 形式の引き戻しをすでに定義した. M 上の C^∞ 級 0 形式, すなわち M 上の C^∞ 級関数に対して, 引き戻し F^*f は単に合成

$$N \xrightarrow{F} M \xrightarrow{f} \mathbb{R}, \quad F^*(f) = f \circ F \in \Omega^0(N)$$

である. これをすべての $k \geq 1$ に対する k 形式に一般化するために, まず 10.3 節における k コベクトルの引き戻しを思い出しておく. ベクトル空間の間の線形写像 $L: V \to W$ は, $\alpha \in A_k(W)$ と $v_1, \ldots, v_k \in V$ に対して

$$(L^*\alpha)(v_1, \ldots, v_k) = \alpha(L(v_1), \ldots, L(v_k))$$

で定まる引き戻し写像 $L^*: A_k(W) \to A_k(V)$ を誘導する.

今, 多様体の間の写像 $F: N \to M$ が C^∞ 級であると仮定する. 各点 $p \in N$ において, 微分

$$F_{*,p}: T_pN \to T_{F(p)}M$$

は接空間の間の線形写像であるので, 先ほどの議論より引き戻し写像

$$(F_{*,p})^*: A_k(T_{F(p)}M) \to A_k(T_pN)$$

が誘導される. この煩わしい表記は通常 F^* と簡単に表される. よって, $\omega_{F(p)}$ を M の点 $F(p)$ における k コベクトルとすると, その**引き戻し** $F^*(\omega_{F(p)})$ は N の点 p における k コベクトル

$$F^*(\omega_{F(p)})(v_1, \ldots, v_k) = \omega_{F(p)}(F_{*,p}v_1, \ldots, F_{*,p}v_k), \quad v_i \in T_pN$$

で与えられる.

最終的に, ω を M 上の k 形式とすると, その**引き戻し** $F^*\omega$ は, すべての点 $p \in N$ に対して $(F^*\omega)_p = F^*(\omega_{F(p)})$ で点ごとに定義される N 上の k 形式である. 言い換えると,

$$(F^*\omega)_p(v_1, \ldots, v_k) = \omega_{F(p)}(F_{*,p}v_1, \ldots, F_{*,p}v_k), \quad v_i \in T_pN. \tag{18.4}$$

$k = 1$ のとき, この式は 17.5 節における 1 形式の引き戻しの定義である. k 形式の引き戻し (18.4) は合成

$$T_pN \times \cdots \times T_pN \xrightarrow{F_* \times \cdots \times F_*} T_{F(p)}M \times \cdots \times T_{F(p)}M \xrightarrow{\omega_{F(p)}} \mathbb{R}$$

命題 18.9（引き戻しの線形性） $F: N \to M$ を C^∞ 級写像とする．ω, τ を M 上の k 形式，a を実数とすると，
 (i) $F^*(\omega + \tau) = F^*(\omega) + F^*(\tau)$,
 (ii) $F^*(a\omega) = aF^*\omega$.

【証明】 問題 18.2. □

この時点では，C^∞ 級写像による C^∞ 級 k 形式の引き戻しがまた C^∞ 級であるかどうかは，$k = 0, 1$ 以外のときはまだ分からない．この非常に基本的な疑問に対する答えは，19.5 節で与える．

18.6　ウェッジ積

3 節において，α, β をそれぞれベクトル空間 V 上の次数 k, ℓ の交代テンソルとするとき，それらのウェッジ積 $\alpha \wedge \beta$ は

$$(\alpha \wedge \beta)(v_1, \ldots, v_{k+\ell}) = \sum (\mathrm{sgn}\,\sigma)\, \alpha(v_{\sigma(1)}, \ldots, v_{\sigma(k)}) \beta(v_{\sigma(k+1)}, \ldots, v_{\sigma(k+\ell)})$$

で定義される V 上の交代 $(k+\ell)$ テンソルであることを学んだ．ここで，$v_i \in V$ で，σ は $1, \ldots, k+\ell$ のすべての (k, ℓ) シャッフルを走る．例えば，α と β が 1 コベクトルならば，

$$(\alpha \wedge \beta)(v_1, v_2) = \alpha(v_1)\beta(v_2) - \alpha(v_2)\beta(v_1).$$

ウェッジ積は，点ごとに考えることで多様体上の微分形式に拡張される．つまり，M 上の k 形式 ω と ℓ 形式 τ に対して，それらの**ウェッジ積** $\omega \wedge \tau$ を，すべての $p \in M$ において

$$(\omega \wedge \tau)_p = \omega_p \wedge \tau_p$$

で定められる M 上の $(k+\ell)$ 形式と定義する．

命題 18.10　ω と τ を M 上の C^∞ 級形式とすると，$\omega \wedge \tau$ も C^∞ 級である．

【証明】 $(U, x^1, \ldots, x^n)$ を M 上のチャートとする．U 上では，U 上の C^∞ 級関数 a_I, b_J を用いて

$$\omega = \sum a_I\, dx^I, \quad \tau = \sum b_J\, dx^J$$

と表せる．それらの U 上のウェッジ積は

$$\omega \wedge \tau = \left(\sum a_I \, dx^I\right) \wedge \left(\sum b_J \, dx^J\right) = \sum a_I b_J \, dx^I \wedge dx^J$$

である．この和において，I と J がある共通の指数をもつとき，$dx^I \wedge dx^J = 0$ である．I と J に交わりがないとき，$dx^I \wedge dx^J = \pm dx^K$ である．ここで $K = I \cup J$ であるが，単調増加列に並べ直している．よって，

$$\omega \wedge \tau = \sum_K \left(\sum_{\substack{I \cup J = K \\ I, J \, 交わりなし}} \pm a_I b_J \right) dx^K.$$

dx^K の係数は U 上で C^∞ 級であるので，命題 18.7 より $\omega \wedge \tau$ は C^∞ 級である． □

命題 18.11（ウェッジ積の引き戻し） $F : N \to M$ を多様体の間の C^∞ 級写像，ω と τ を M 上の微分形式とすると，

$$F^*(\omega \wedge \tau) = F^*\omega \wedge F^*\tau.$$

【証明】 問題 18.3． □

n 次元多様体 M 上の C^∞ 級微分形式からなるベクトル空間 $\Omega^*(M)$ を，直和

$$\Omega^*(M) = \bigoplus_{k=0}^n \Omega^k(M)$$

で定義する．これが意味することは，$\Omega^*(M)$ の各元は和 $\sum_{k=0}^n \omega_k$ の形で一意的に書けるということである．ここで，$\omega_k \in \Omega^k(M)$ である．ウェッジ積の下で，ベクトル空間 $\Omega^*(M)$ は次数付き代数になり，その次数付けは微分形式の次数で与えられる．

18.7 円周上の微分形式

写像

$$h : \mathbb{R} \to S^1, \quad h(t) = (\cos t, \sin t)$$

を考える．導関数 $\dot{h}(t) = (-\sin t, \cos t)$ はすべての t に対して 0 でないので，写像 $h : \mathbb{R} \to S^1$ は沈め込みである．問題 18.8 より，滑らかな微分形式の間の引き戻し写像 $h^* : \Omega^*(S^1) \to \Omega^*(\mathbb{R})$ は単射である．これは，S^1 上の微分形式からなるベク

トル空間を，$\mathbb{R}$ 上の微分形式からなるベクトル空間の部分空間と同一視してもよいことを述べている．

$\omega = -y\,dx + x\,dy$ を，例 17.15 における S^1 上至る所消えない形式とする．例 17.16 で，$h^*\omega = dt$ を示した．ω は至る所消えないので，S^1 上の余接束 T^*S^1 の枠であり，S^1 上のすべての C^∞ 級 1 形式 α は S^1 上のある関数 f を用いて $\alpha = f\omega$ と書ける．命題 12.12 より，関数 f は C^∞ 級であり，その引き戻し $\bar{f} := h^*f$ は $\mathbb{R}$ 上の C^∞ 級関数である．引き戻しは乗法を保つので（命題 18.11），

$$h^*\alpha = (h^*f)(h^*\omega) = \bar{f}\,dt. \tag{18.5}$$

$\mathbb{R}$ 上の関数 g または 1 形式 $g\,dt$ は，すべての $t \in \mathbb{R}$ に対して $g(t+a) = g(t)$ が成り立つとき，それぞれ**周期 a の周期関数**または**周期 1 形式**という．

命題 18.12 $k = 0, 1$ に対して，引き戻し写像 $h^* : \Omega^*(S^1) \to \Omega^*(\mathbb{R})$ の下，S^1 上の滑らかな k 形式からなる空間は $\mathbb{R}$ 上の周期 2π の滑らかな周期 k 形式からなる空間と同一視できる．

【証明】$f \in \Omega^0(S^1)$ とすると，$h : \mathbb{R} \to S^1$ は周期 2π の周期関数なので，引き戻し $h^*f = f \circ h \in \Omega^0(\mathbb{R})$ も周期 2π の周期関数である．

逆に，$\bar{f} \in \Omega^0(\mathbb{R})$ を周期 2π の周期関数と仮定する．$p \in S^1$ に対して，局所微分同相写像 h の p の近傍 U における C^∞ 級逆関数を s とし，U 上 $f = \bar{f} \circ s$ と定義する．f が矛盾なく定義されていることを示すために，s_1 と s_2 を U 上の h の 2 つの逆関数とする．正弦関数と余弦関数の周期性より，ある $n \in \mathbb{Z}$ を用いて $s_1 = s_2 + 2\pi n$ と書ける．$\bar{f}$ は周期 2π の周期関数なので，$\bar{f} \circ s_1 = \bar{f} \circ s_2$ を得る．これは f が U 上で矛盾なく定義されていることを示している．さらに，$h^{-1}(U)$ 上，

$$\bar{f} = f \circ s^{-1} = f \circ h = h^*f.$$

p は S^1 の点をわたるので，$\bar{f} = h^*f$ を満たすような，S^1 上で矛盾なく定義される C^∞ 級関数 f が得られる．よって，$h^* : \Omega^0(S^1) \to \Omega^0(\mathbb{R})$ の像はちょうど $\mathbb{R}$ 上の周期 2π の C^∞ 級周期関数全体からなる．

1 形式については，$\Omega^1(S^1) = \Omega^0(S^1)\omega$ と $\Omega^1(\mathbb{R}) = \Omega^0(\mathbb{R})\,dt$ に注意すると，引き戻し $h^* : \Omega^1(S^1) \to \Omega^1(\mathbb{R})$ は $h^*(f\omega) = (h^*f)\,dt$ で与えられるので，$h^* : \Omega^1(S^1) \to \Omega^1(\mathbb{R})$ の像は周期 2π の C^∞ 級周期 1 形式全体からなる． □

18.8 リー群上の不変形式

リー群 G 上の左不変ベクトル場が存在したのと同じように，左不変微分形式も存在する．$g \in G$ に対して，$\ell_g : G \to G$ を g による左乗法とする．G 上の k 形式 ω は，すべての $g \in G$ に対して $\ell_g^* \omega = \omega$ が成り立つとき，**左不変**であるという．これは，すべての $g, x \in G$ に対して，

$$\ell_g^*(\omega_{gx}) = \omega_x$$

が成り立つことを意味する．よって，任意の $g \in G$ に対して

$$\omega_g = \ell_{g^{-1}}^*(\omega_e) \tag{18.6}$$

なので，左不変 k 形式は単位元における値によって一意的に定まる．

例 18.13 (S^1 **上の左不変 1 形式**) 問題 17.3 より，$\omega = -y\,dx + x\,dy$ は S^1 上の左不変 1 形式である．

命題 16.8 の類似として次を得る．

命題 18.14 リー群 G 上のすべての左不変 k 形式 ω は C^∞ 級である．

【証明】 命題 18.7 (iv) より，G 上の任意の k 個の滑らかなベクトル場 $X_1, \ldots, X_k$ に対して，関数 $\omega(X_1, \ldots, X_k)$ が G 上で C^∞ 級であることを示せば十分である．$(Y_1)_e, \ldots, (Y_n)_e$ を接空間 $T_e G$ の基底とし，$Y_1, \ldots, Y_n$ をそれらが生成する左不変ベクトル場とする．このとき，$Y_1, \ldots, Y_n$ は G 上の C^∞ 級枠である（命題 16.8）．各 X_j は一次結合 $X_j = \sum a_j^i Y_i$ で書くことができ，命題 12.12 より関数 a_j^i は C^∞ 級である．よって，ω が C^∞ 級であることを証明するためには，**左不変**ベクトル場 $Y_{i_1}, \ldots, Y_{i_k}$ に対して関数 $\omega(Y_{i_1}, \ldots, Y_{i_k})$ が C^∞ 級であることを示せば十分である．しかるに，

$$\begin{aligned}(\omega(Y_{i_1}, \ldots, Y_{i_k}))(g) &= \omega_g((Y_{i_1})_g, \ldots, (Y_{i_k})_g) \\ &= (\ell_{g^{-1}}^*(\omega_e))(\ell_{g*}(Y_{i_1})_e, \ldots, \ell_{g*}(Y_{i_k})_e) \\ &= \omega_e((Y_{i_1})_e, \ldots, (Y_{i_k})_e)\end{aligned}$$

は g に依らず一定である．ゆえに $\omega(Y_{i_1}, \ldots, Y_{i_k})$ は G 上で C^∞ 級である． □

同様に，G 上の k 形式 ω は，すべての $g \in G$ に対して $r_g^* \omega = \omega$ が成り立つとき，**右不変**であるという．リー群上のすべての右不変形式が C^∞ 級であることは，命題 18.14 と同じ方法で証明される．

$\Omega^k(G)^G$ を G 上の左不変 k 形式からなるベクトル空間とする. 線形写像
$$\Omega^k(G)^G \to \bigwedge\nolimits^k(\mathfrak{g}^\vee), \quad \omega \mapsto \omega_e$$
は (18.6) で定義される逆写像をもつので, 同型写像である. よって $\dim \Omega^k(G)^G = \binom{n}{k}$ が従う.

問題

18.1 滑らかな k 形式の特徴付け

命題 18.7 における (i) ⇔ (iv) の証明を書け.

18.2 引き戻しの線形性

命題 18.9 を証明せよ.

18.3 ウェッジ積の引き戻し

命題 18.11 を証明せよ.

18.4* 和または積の台

関数の台を一般化して, k 形式 $\omega \in \Omega^k(M)$ の台を
$$\mathrm{supp}\,\omega = \overline{\{p \in M \mid \omega_p \neq 0\}\text{ の閉包}} = \overline{Z(\omega)^c}$$
で定義する. ここで, $Z(\omega)^c$ は M における ω の零点集合 $Z(\omega)$ の補集合である. ω と τ を多様体 M 上の微分形式とする. このとき,

(a) $\mathrm{supp}(\omega + \tau) \subset \mathrm{supp}\,\omega \cup \mathrm{supp}\,\tau$

(b) $\mathrm{supp}(\omega \wedge \tau) \subset \mathrm{supp}\,\omega \cap \mathrm{supp}\,\tau$

が成り立つことを証明せよ.

18.5 一次結合の台

k 形式 $\omega^1, \ldots, \omega^r \in \Omega^k(M)$ が多様体 M のすべての点において一次独立であるとし, $a_1, \ldots, a_r$ を M 上の C^∞ 級関数とするとき,
$$\mathrm{supp}\sum_{i=1}^r a_i \omega^i = \bigcup_{i=1}^r \mathrm{supp}\,a_i$$
が成り立つことを証明せよ.

18.6* 台の局所有限族

$\{\rho_\alpha\}_{\alpha \in A}$ を多様体 M 上の関数の族とし, ω をコンパクトな台をもつ M 上の C^∞ 級 k 形式とする. 台の族 $\{\mathrm{supp}\,\rho_\alpha\}_{\alpha \in A}$ が局所有限ならば, 有限個の α を除いて $\rho_\alpha \omega \equiv 0$ であることを証明せよ.

18.7 局所有限和

多様体 M 上の微分 k 形式の和 $\sum \omega_\alpha$ は,台の族 $\{\operatorname{supp} \omega_\alpha\}_{\alpha \in A}$ が局所有限であるとき,**局所有限**という.$\sum \omega_\alpha$ と $\sum \tau_\alpha$ を局所有限和,f を M 上の C^∞ 級関数と仮定する.

(a) すべての点 $p \in M$ は,$\sum \omega_\alpha$ が U 上で有限和となるような近傍 U をもつことを示せ.

(b) $\sum(\omega_\alpha + \tau_\alpha)$ が局所有限和であり,かつ
$$\sum(\omega_\alpha + \tau_\alpha) = \sum \omega_\alpha + \sum \tau_\alpha$$
が成り立つことを示せ.

(c) $\sum f\omega_\alpha$ が局所有限和であり,かつ
$$\sum f \cdot \omega_\alpha = f \cdot \left(\sum \omega_\alpha\right)$$
が成り立つことを示せ.

18.8* 全射沈め込みによる引き戻し

19.5 節において,C^∞ 級形式の引き戻しが C^∞ 級であることを示す.ここではこの事実を仮定して,$\pi: \tilde{M} \to M$ を全射沈め込みとすると,引き戻し写像 $\pi^*: \Omega(M) \to \Omega(\tilde{M})$ が単射かつ代数の準同型写像であることを証明せよ.

18.9 コンパクト連結リー群上の両側不変な最高次の形式

G を次元 n のコンパクト連結リー群と仮定し,そのリー代数を $\mathfrak{g}$ とする.この問題では,G 上のすべての左不変 n 形式は右不変であることを証明する.

(a) ω を G 上の左不変 n 形式とする.任意の $a \in G$ に対して,$r_a^*\omega$ も左不変であることを示せ.ここで,$r_a: G \to G$ は a による右乗法である.

(b) $\dim \Omega^n(G)^G = \dim \bigwedge^n(\mathfrak{g}^\vee) = 1$ なので,$a \in G$ に依存する 0 でない実数 $f(a)$ を用いて $r_a^*\omega = f(a)\omega$ と書ける.$f: G \to \mathbb{R}^\times$ が群の準同型写像であることを示せ.

(c) $f: G \to \mathbb{R}^\times$ が C^∞ 級であることを示せ.(ヒント. $f(a)\omega_e = (r_a^*\omega)_e = r_a^*(\omega_a) = r_a^*\ell_{a^{-1}}^*(\omega_e)$ に注意せよ.よって,$f(a)$ は写像 $\operatorname{Ad}(a^{-1}): \mathfrak{g} \to \mathfrak{g}$ の引き戻しである[3].問題 16.11 を見よ.)

(d) 連続写像によるコンパクト連結集合 G の像なので,集合 $f(G) \subset \mathbb{R}^\times$ はコンパクトかつ連結である.$f(G) = 1$ を証明せよ.よって,すべての $a \in G$ に対して $r_a^*\omega = \omega$ である.

---

[3] (訳者注) 写像 $\operatorname{Ad}(a^{-1}): \mathfrak{g} \to \mathfrak{g}$ の引き戻しは,$\operatorname{Ad}(a^{-1})^*: \bigwedge^n(\mathfrak{g}^\vee) \to \bigwedge^n(\mathfrak{g}^\vee)$ を表す.10.3 節を参照.

§19 外微分

大学初年度で学ぶ微積分では，基本的な研究対象は関数であったが，多様体上の微積分における基本的な研究対象は微分形式であり，微分形式を微分，および積分する方法を学ぶことが当面の目標である．

次数付き代数 $A = \bigoplus_{k=0}^{\infty} A^k$ 上の**反導分**は，$\omega \in A^k$ と $\tau \in A^\ell$ に対して
$$D(\omega \cdot \tau) = (D\omega) \cdot \tau + (-1)^k \omega \cdot D\tau$$
を満たす $\mathbb{R}$ 線形写像 $D : A \to A$ であったことを思い出しておく．次数付き代数 A において，A^k の元を次数 k の**斉次元**と呼ぶ．反導分が**次数** m であるとは，すべての斉次元 $\omega \in A$ に対して
$$\deg D\omega = \deg \omega + m$$
を満たすことである．

M を多様体，$\Omega^*(M)$ を M 上の C^∞ 級微分形式からなる次数付き代数とする．次数付き代数 $\Omega^*(M)$ 上には，一意的かつ内在的に定義される反導分が存在し，**外微分**と呼ばれる．外微分を施す操作を**外微分法**と呼ぶ．

定義 19.1 多様体 M 上の**外微分**は $\mathbb{R}$ 線形写像
$$D : \Omega^*(M) \to \Omega^*(M)$$
で，次の 3 つの条件を満たすものである．
(i) D は次数 1 の反導分である．
(ii) $D \circ D = 0$.
(iii) f を C^∞ 級関数，X を M 上の C^∞ 級ベクトル場とすると，$(Df)(X) = Xf$ である．

条件 (iii) は，0 形式上で外微分が関数 f の微分 df と一致することを表している．よって，(17.2) より座標チャート $(U, x^1, \ldots, x^n)$ 上，
$$Df = df = \sum \frac{\partial f}{\partial x^i} \, dx^i.$$

この節では，多様体上の外微分の存在と一意性を証明する．また，C^∞ 級写像による C^∞ 級形式の引き戻しが C^∞ 級であることを示し，最終的に，外微分を定める 3 つの性質を用いて外微分が引き戻しと可換であることを証明する．

19.1 座標チャート上の外微分

4.4 節において，$\mathbb{R}^n$ の開集合上の外微分の存在と一意性を示したが，同じ証明を多様体上の任意の座標チャートにもち込むことができる．

より正確には，$(U, x^1, \ldots, x^n)$ を多様体 M 上の座標チャートと仮定する．このとき，U 上の任意の k 形式 ω は一次結合として

$$\omega = \sum a_I\, dx^I, \quad a_I \in C^\infty(U)$$

と一意的に書ける．D が U 上の外微分であるとすると，

$$\begin{aligned}
D\omega &= \sum (Da_I) \wedge dx^I + \sum a_I D dx^I &&\text{((i) より)} \\
&= \sum (Da_I) \wedge dx^I &&\text{((iii) と (ii) より, } Dd = D^2 = 0) \\
&= \sum_I \sum_j \frac{\partial a_I}{\partial x^j} dx^j \wedge dx^I &&\text{((iii) より)}.
\end{aligned} \tag{19.1}$$

よって，外微分 D が U 上で存在するならば，それは (19.1) より一意的に定まる．

存在を示すために，D を公式 (19.1) で定義する．D が (i), (ii), (iii) を満たすことの証明は，命題 4.8 における $\mathbb{R}^n$ の場合と同じである．チャート (U, ϕ) 上に一意的に定まる外微分を d_U と表す．

$\mathbb{R}^n$ 上の関数の微分と同様，$\Omega^*(M)$ 上の反導分 D は，k 形式 ω に対して点 p における $D\omega$ の値が p のある近傍における ω の値にのみ依存する，という性質をもつ．このことを説明するために，本題から少し離れて局所作用素について議論する．

19.2 局所作用素

ベクトル空間 W の自己準同型写像をしばしば W 上の**作用素**と呼ぶ．例えば，$W = C^\infty(\mathbb{R})$ を $\mathbb{R}$ 上の C^∞ 級関数からなるベクトル空間とすると，微分 d/dx は W 上の作用素である．つまり，

$$\frac{d}{dx}f(x) = f'(x).$$

導関数は，点 p における $f'(x)$ の値が p の十分小さい近傍における f の値にのみ依存する，という性質をもつ．より正確には，$\mathbb{R}$ の開集合 U 上で $f = g$ ならば，U 上 $f' = g'$ である．これゆえ，微分は $C^\infty(\mathbb{R})$ **上の局所作用素**であるという．

定義 19.2 作用素 $D: \Omega^*(M) \to \Omega^*(M)$ が**局所的**であるとは，すべての $k \geq 0$ に対して，k 形式 $\omega \in \Omega^k(M)$ が M の開集合 U 上で 0 に制限されるならば，U 上で $D\omega \equiv 0$ が成り立つことをいう．

ここで,「U 上で 0 に制限される」とは,U のすべての点 p において $\omega_p = 0$ であることを意味するものとし,記号 $\equiv 0$ は「恒等的に 0」,つまり,U のすべての点 p において $(D\omega)_p = 0$ であることを表すものとする.作用素 D が局所的であるための同値な条件は,すべての $k \geq 0$ に対して,2 つの k 形式 $\omega, \tau \in \Omega^k(M)$ が M の開集合 U 上で一致すれば,U 上で $D\omega \equiv D\tau$ が成り立つことである.

例 積分作用素
$$I : C^\infty([a,b]) \to C^\infty([a,b])$$
を
$$I(f) = \int_a^b f(t)\,dt$$
で定義する.ここで,$I(f)$ は実数であるが,これを $[a,b]$ 上の定数関数と見なしている.任意の点 p における $I(f)$ の値は区間 $[a,b]$ 全体の上での f の値に依存するため,積分は局所作用素ではない.

命題 19.3 $\Omega^*(M)$ 上の任意の反導分 D は局所作用素である.

【証明】 $\omega \in \Omega^k(M)$ とし,開集合 U 上で $\omega \equiv 0$ であると仮定する.p を U の任意の点とする.$(D\omega)_p = 0$ を示せばよい.

U に台をもつ p における C^∞ 級の隆起関数 f をとる.特に,U における p のある近傍で $f \equiv 1$ である.このとき,点 q が U に属するときは $\omega_q = 0$ であり,q が U に属さないときは $f(q) = 0$ なので,M 上 $f\omega \equiv 0$ である.反導分 D の性質を $f\omega$ に適用すると,
$$0 = D(0) = D(f\omega) = (Df) \wedge \omega + (-1)^0 f \wedge (D\omega)$$
を得る.$\omega_p = 0$ と $f(p) = 1$ に注意して,p における右辺の値を計算すると,$0 = (D\omega)_p$ が得られる. □

注意 同じ証明により,$\Omega^*(M)$ 上の導分も局所作用素であることが示せる.

19.3 多様体上の外微分の存在

多様体 M 上の外微分を定義するために,ω を M 上の k 形式,$p \in M$ とし,p の周りのチャート $(U, x^1, \ldots, x^n)$ をとる.U 上で $\omega = \sum a_I dx^I$ とする.19.1 節において,

$$U \text{ 上} \quad d_U\omega = \sum da_I \wedge dx^I \tag{19.2}$$

という性質をもつ U 上の外微分 d_U の存在を示した．そこで，$(d\omega)_p = (d_U\omega)_p$ と定義する．今，$(d_U\omega)_p$ が p を含むチャート U のとり方に依存しないことを示す．$(V, y^1, \ldots, y^n)$ を p における他のチャートとし，V 上で $\omega = \sum b_J dy^J$ とすると，$U \cap V$ 上では，

$$\sum a_I \, dx^I = \sum b_J \, dy^J.$$

$U \cap V$ 上では外微分

$$d_{U \cap V} : \Omega^*(U \cap V) \to \Omega^*(U \cap V)$$

が一意的に存在する．外微分の性質より，$U \cap V$ 上，

$$d_{U \cap V}\left(\sum a_I dx^I\right) = d_{U \cap V}\left(\sum b_J dy^J\right),$$

つまり $\qquad \sum da_I \wedge dx^I = \sum db_J \wedge dy^J.$

特に，

$$\left(\sum da_I \wedge dx^I\right)_p = \left(\sum db_J \wedge dy^J\right)_p.$$

よって，$(d\omega)_p = (d_U\omega)_p$ はチャート $(U, x^1, \ldots, x^n)$ のとり方に依存せずに矛盾なく定義される．

p は M 上のすべての点をわたるので，これは作用素

$$d : \Omega^*(M) \to \Omega^*(M)$$

を定める．性質 (i), (ii), (iii) を確かめるためには，各点 $p \in M$ において確認すれば十分である．19.1 節と同様，命題 4.8 における $\mathbb{R}^n$ 上の外微分に関する計算と同じように確認することができる．

19.4　外微分の一意性

$D : \Omega^*(M) \to \Omega^*(M)$ を外微分とする．D が 19.3 節で定義された外微分 d と一致することを示す．

f を多様体 M 上の C^∞ 級関数，X を M 上の C^∞ 級ベクトル場とする．定義 19.1 の条件 (iii) より，

$$(Df)(X) = Xf = (df)(X).$$

したがって，任意の関数 $f \in \Omega^0(M)$ に対し $Df = df$ である．

次に完全1形式のウェッジ積 $df^1 \wedge \ldots \wedge df^k$ を考える．つまり，

$$D(df^1 \wedge \cdots \wedge df^k)$$
$$= D(Df^1 \wedge \cdots \wedge Df^k) \quad (Df^i = df^i\ \text{であるから})$$
$$= \sum_{i=1}^{k} (-1)^{i-1} Df^1 \wedge \cdots \wedge DDf^i \wedge \cdots \wedge Df^k \quad (D\ \text{は反導分})$$
$$= 0 \quad (D^2 = 0)$$

を得る．

最後に，D が任意の k 形式 $\omega \in \Omega^k(M)$ 上で d と一致することを示す．$p \in M$ を固定する．p の周りのチャート $(U, x^1, \ldots, x^n)$ をとり，U 上で $\omega = \sum a_I dx^I$ とする．U 上の関数 $a_I, x^1, \ldots, x^n$ を，p のある近傍 V 上で $a_I, x^1, \ldots, x^n$ と一致するような M 上の C^∞ 級関数 $\tilde{a}_I, \tilde{x}^1, \ldots, \tilde{x}^n$ に拡張する（命題18.8より）．

$$\tilde{\omega} = \sum \tilde{a}_I d\tilde{x}^I \in \Omega^k(M)$$

と定義する．このとき，

$$V\ \text{上}\quad \omega \equiv \tilde{\omega}.$$

D は局所作用素なので，

$$V\ \text{上}\quad D\omega \equiv D\tilde{\omega}.$$

よって，

$$(D\omega)_p = (D\tilde{\omega})_p = \left(D \sum \tilde{a}_I d\tilde{x}^I\right)_p$$
$$= \left(\sum D\tilde{a}_I \wedge d\tilde{x}^I + \sum \tilde{a}_I \wedge Dd\tilde{x}^I\right)_p$$
$$= \left(\sum d\tilde{a}_I \wedge d\tilde{x}^I\right)_p \quad (D\,d\tilde{x}^I = DD\tilde{x}^I = 0\ \text{であるから})$$
$$= \left(\sum da_I \wedge dx^I\right)_p \quad (d\ \text{は局所作用素なので})$$
$$= (d\omega)_p$$

を得る[4]．

---

[4] （訳者注）3番目の等号では $D\,d\tilde{x}^I = 0$ であることを用いた．この等式 $D\,d\tilde{x}^I = 0$ は，この節の3段落目でも示している．

したがって，我々は次の定理を証明した．

定理 19.4 任意の多様体 M において，定義 19.1 の 3 つの性質により特徴付けられる外微分 $d : \Omega^*(M) \to \Omega^*(M)$ が一意的に存在する．

19.5 外微分の引き戻し

微分形式の引き戻しは外微分と可換である．この事実と，引き戻しがウェッジ積を保つという命題 18.11 は，引き戻しに関する計算の基礎となるものである．これら 2 つの性質を用いて，C^∞ 級写像による C^∞ 級形式の引き戻しが C^∞ 級であることの証明を与える[5]．

命題 19.5 $F : N \to M$ を多様体の間の C^∞ 級写像とし，ω を M 上の C^∞ 級 k 形式とすると，$F^*\omega$ は N 上の C^∞ 級 k 形式である．

【証明】 N におけるすべての点が，$F^*\omega$ が C^∞ 級であるような近傍をもつことを示せば十分である．$p \in N$ を固定し，$F(p)$ の周りの M 上のチャート $(V, y^1, \ldots, y^m)$ を選ぶ．$F^i = y^i \circ F$ をこのチャートにおける写像 F の i 番目の座標とする．F の連続性より，$F(U) \subset V$ を満たすような p の周りの N 上のチャート $(U, x^1, \ldots, x^n)$ が存在する．ω は C^∞ 級なので，V 上では，ある C^∞ 級関数 $a_I \in C^\infty(V)$ を用いて

$$\omega = \sum_I a_I \, dy^{i_1} \wedge \cdots \wedge dy^{i_k}$$

と表せる（命題 18.7 (i) $\Rightarrow$ (iii)）．引き戻しの性質より，

$$\begin{aligned}
F^*\omega &= \sum (F^*a_I) F^*(dy^{i_1}) \wedge \cdots \wedge F^*(dy^{i_k}) &&（\text{命題 18.9 と命題 18.11}）\\
&= \sum (F^*a_I) dF^* y^{i_1} \wedge \cdots \wedge dF^* y^{i_k} &&（\text{命題 17.10}）\\
&= \sum (a_I \circ F) dF^{i_1} \wedge \cdots \wedge dF^{i_k} &&(F^* y^i = y^i \circ F = F^i)\\
&= \sum_{I,J} (a_I \circ F) \frac{\partial(F^{i_1}, \ldots, F^{i_k})}{\partial(x^{j_1}, \ldots, x^{j_k})} \, dx^J &&（\text{命題 18.3}）．
\end{aligned}$$

関数 $a_I \circ F$ と $\partial(F^{i_1}, \ldots, F^{i_k})/\partial(x^{j_1}, \ldots, x^{j_k})$ はすべて C^∞ 級なので，命題 18.7 (iii) $\Rightarrow$ (i) より $F^*\omega$ は C^∞ 級である． □

---

[5] （訳者注）原著ではこのように述べられているが，実際には「2 つの性質」を用いなくても証明することができる．

命題 19.6（引き戻しと d の可換性） $F: N \to M$ を多様体の間の滑らかな写像とする. $\omega \in \Omega^k(M)$ とすると, $dF^*\omega = F^*d\omega$ である.

【証明】 $k = 0$ のとき, ω は M 上の C^∞ 級関数であり, 命題 17.10 から主張が従う. 次に $k \geq 1$ の場合を考える. 任意の点 $p \in N$ において $dF^*\omega = F^*d\omega$ であることを証明すればよい. これより, 証明を局所的な計算, つまり座標チャートにおける計算に帰着することができる. $(V, y^1, \ldots, y^m)$ を $F(p)$ の周りの M 上のチャートとすると, V 上のある C^∞ 級関数 a_I を用いて, V 上で

$$\omega = \sum a_I dy^{i_1} \wedge \cdots \wedge dy^{i_k}, \quad I = (i_1 < \cdots < i_k)$$

と表せるので,

$$F^*\omega = \sum (F^*a_I) F^*dy^{i_1} \wedge \cdots \wedge F^*dy^{i_k} \quad \text{（命題 18.11）}$$
$$= \sum (a_I \circ F) dF^{i_1} \wedge \cdots \wedge dF^{i_k} \quad (F^*dy^i = dF^*y^i = d(y^i \circ F) = dF^i)$$

が成り立つ. よって,

$$dF^*\omega = \sum d(a_I \circ F) \wedge dF^{i_1} \wedge \cdots \wedge dF^{i_k}.$$

一方,

$$F^*d\omega = F^*\left(\sum da_I \wedge dy^{i_1} \wedge \cdots \wedge dy^{i_k}\right)$$
$$= \sum F^*da_I \wedge F^*dy^{i_1} \wedge \cdots \wedge F^*dy^{i_k}$$
$$= \sum d(F^*a_I) \wedge dF^{i_1} \wedge \cdots \wedge dF^{i_k} \quad \text{（$k = 0$ のときより）}$$
$$= \sum d(a_I \circ F) \wedge dF^{i_1} \wedge \cdots \wedge dF^{i_k}.$$

したがって,

$$dF^*\omega = F^*d\omega$$

を得る. □

系 19.7 U を多様体 M の開集合とし, $\omega \in \Omega^k(M)$ とすると, $(d\omega)|_U = d(\omega_U)$.

【証明】 $i: U \hookrightarrow M$ を包含写像とする. このとき, $\omega|_U = i^*\omega$ なので, 系は単に d と i^* の可換性に言い換えられる. □

例 U を (r,θ) 平面 $\mathbb{R}^2$ の開集合 $]0,\infty[\times]0,2\pi[$ とする。$F:U\subset\mathbb{R}^2\to\mathbb{R}^2$ を
$$F(r,\theta)=(r\cos\theta,r\sin\theta)$$
で定める。x,y を値域 $\mathbb{R}^2$ の標準座標とするとき，引き戻し $F^*(dx\wedge dy)$ を計算せよ。

〈解〉 まず F^*dx を計算すると，

$$\begin{aligned}F^*dx &= dF^*x &&\text{（命題 17.10）}\\ &= d(x\circ F) &&\text{（関数の引き戻しの定義）}\\ &= d(r\cos\theta)\\ &= (\cos\theta)\,dr - r\sin\theta\,d\theta.\end{aligned}$$

同様に，
$$F^*dy = dF^*y = d(r\sin\theta) = (\sin\theta)\,dr + r\cos\theta\,d\theta.$$

引き戻しはウェッジ積と可換（命題 18.11）なので，

$$\begin{aligned}F^*(dx\wedge dy) &= (F^*dx)\wedge(F^*dy)\\ &= ((\cos\theta)\,dr - r\sin\theta\,d\theta)\wedge((\sin\theta)\,dr + r\cos\theta\,d\theta)\\ &= (r\cos^2\theta + r\sin^2\theta)\,dr\wedge d\theta \quad(d\theta\wedge dr = -dr\wedge d\theta\text{ なので})\\ &= r\,dr\wedge d\theta.\end{aligned}$$

∎

まとめると，$F:N\to M$ を多様体の間の C^∞ 級写像とすると，引き戻し写像 $F^*:\Omega^*(M)\to\Omega^*(N)$ は次数付き微分代数の間の射，つまり次数を保つ代数の準同型写像で外微分と可換なものである．

19.6 はめ込まれた部分多様体への k 形式の制限

はめ込まれた部分多様体への k 形式の制限は，k 変数をもつことさえ除けば 1 形式の制限と同様である．S を多様体 M のはめ込まれた部分多様体とする．ω を M 上の k 形式とすると，S への ω の**制限**は，$v_1,\ldots,v_k\in T_pS\subset T_pM$ に対して

$$(\omega|_S)_p(v_1,\ldots,v_k) = \omega_p(v_1,\ldots,v_k)$$

で定義される S 上の k 形式 $\omega|_S$ である．よって，$(\omega|_S)_p$ は ω_p の定義域を $T_pS\times\cdots\times T_pS$（$k$ 回）に制限することで得られる．命題 17.14 と同様，k 形式の制限は包含写像 $i:S\hookrightarrow M$ による引き戻しに一致する．

M 上の 0 でない形式が，部分多様体 S 上で 0 に制限されることもある．例えば，S を $\mathbb{R}^2$ において定数でない関数 $f(x,y)$ で定義される滑らかな曲線とすると，$df = (\partial f/\partial x)\,dx + (\partial f/\partial y)\,dy$ は $\mathbb{R}^2$ 上の 0 でない 1 形式であるが，f は S 上で恒等的に 0 なので，微分 df もまた S 上で恒等的に 0 である．よって，$(df)|_S \equiv 0$．他の例については問題 19.9 を見よ．

0 でない形式と，**至る所 0 でない**形式または**至る所消えない**形式を区別する必要がある．例えば，$x\,dy$ は $\mathbb{R}^2$ 上の「0 でない」形式であるが，これは「恒等的に 0 というわけではない」ということを意味している．しかしながら，$x\,dy$ は y 軸上で消えているので，「至る所 0 でない」形式ではない．一方，dx と dy は $\mathbb{R}^2$ 上至る所 0 でない 1 形式である．

(記号) 引き戻しと外微分は可換なので，$(df)|_S = d(f|_S)$ である．両方の表記を意味するものとして $df|_S$ と書いてもよい．

19.7 円周上で至る所消えない 1 形式

例 17.15 において，単位円周上で至る所消えない 1 形式 $-y\,dx + x\,dy$ を見つけた．外微分の応用として，円周上で至る所消えない 1 形式を別の方法で構成する．この新しい方法の 1 つの利点は，$\mathbb{R}^{n+1}$ における**滑らかな超曲面**，つまり滑らかな関数 $f: \mathbb{R}^{n+1} \to \mathbb{R}$ の正則レベル集合上の至る所消えない最高次の形式の構成に一般化できることである．21 節で見るように，至る所消えない最高次の形式の存在は，多様体上の向きと密接に関わっている．

例 19.8 S^1 を $\mathbb{R}^2$ において $x^2 + y^2 = 1$ で定義される単位円周とする．1 形式 dx を $\mathbb{R}^2$ から S^1 上の 1 形式に制限する．各点 $p \in S^1$ において，$(dx|_{S^1})_p$ の定義域は $T_p(\mathbb{R}^2)$ に代わり $T_p(S^1)$ である．つまり，

$$(dx|_{S^1})_p : T_p(S^1) \to \mathbb{R}.$$

点 $p = (1,0)$ において，接空間 $T_p(S^1)$ の基底として $\partial/\partial y$ がとれる（図 19.1）．等式

$$(dx)_p \left(\frac{\partial}{\partial y} \right) = 0$$

より，dx は $\mathbb{R}^2$ 上至る所消えない 1 形式であるが，S^1 に制限すると点 $(1,0)$ において消えることが分かる．

S^1 上至る所消えない 1 形式を見つけるために，方程式

図 19.1 $p = (1, 0)$ における S^1 の接空間.

$$x^2 + y^2 = 1$$

の両辺において外微分をとる. d の反導分としての性質を用いると,

$$2x\,dx + 2y\,dy = 0 \tag{19.3}$$

を得る. もちろん, この方程式は点 $(x, y) \in S^1$ においてのみ成立する. ここで

$$U_x = \{(x, y) \in S^1 \,|\, x \neq 0\}, \quad U_y = \{(x, y) \in S^1 \,|\, y \neq 0\}$$

とおく. (19.3) より, $U_x \cap U_y$ 上

$$\frac{dy}{x} = -\frac{dx}{y}$$

である. S^1 上の 1 形式を

$$\omega = \begin{cases} \dfrac{dy}{x} & (U_x \text{ 上}) \\ -\dfrac{dx}{y} & (U_y \text{ 上}) \end{cases} \tag{19.4}$$

により定義する. これら 2 つの 1 形式は $U_x \cap U_y$ 上で一致するので, ω は $S^1 = U_x \cup U_y$ 上で矛盾なく定義される 1 形式である.

ω が C^∞ 級かつ至る所消えないことを示すためには, チャートが必要である. ここで

$$U_x^+ = \{(x, y) \in S^1 \,|\, x > 0\}$$

とおく. 同様に U_x^-, U_y^+, U_y^- を定義する (図 19.2). U_x^+ 上で y は局所座標なので, dy は各点 $p \in U_x^+$ における余接空間 $T_p^*(S^1)$ の基底である. U_x^+ 上では $\omega = dy/x$ なので, ω は U_x^+ 上で C^∞ 級かつ至る所消えない. 同様の議論を U_x^- 上の dy/x に, U_y^+ と U_y^- 上の $-dx/y$ に適用すれば, ω が S^1 上 C^∞ 級かつ至る所消えないことが分かる.

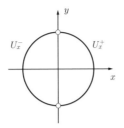

図 **19.2** 単位円周上の 2 つのチャート.

問題

19.1 微分形式の引き戻し

U を (ρ, ϕ, θ) 空間 $\mathbb{R}^3$ の開集合 $]0, \infty[\times]0, \pi[\times]0, 2\pi[$ とする. $F : U \to \mathbb{R}^3$ を

$$F(\rho, \phi, \theta) = (\rho \sin\phi \cos\theta, \rho \sin\phi \sin\theta, \rho \cos\phi)$$

で定義する. x, y, z を値域 $\mathbb{R}^3$ の標準座標とするとき,

$$F^*(dx \wedge dy \wedge dz) = \rho^2 \sin\phi \, d\rho \wedge d\phi \wedge d\theta$$

を示せ.

19.2 微分形式の引き戻し

$F : \mathbb{R}^2 \to \mathbb{R}^2$ を

$$F(x, y) = (x^2 + y^2, xy)$$

で与える. u, v を値域 $\mathbb{R}^2$ の標準座標とするとき, $F^*(u\, du + v\, dv)$ を計算せよ.

19.3 曲線による微分形式の引き戻し

τ を $\mathbb{R}^2 - \{\mathbf{0}\}$ 上の 1 形式 $\tau = (-y\, dx + x\, dy)/(x^2 + y^2)$ とする. $\gamma : \mathbb{R} \to \mathbb{R}^2 - \{\mathbf{0}\}$ を $\gamma(t) = (\cos t, \sin t)$ により定義するとき, $\gamma^* \tau$ を計算せよ. ($i : S^1 \hookrightarrow \mathbb{R}^2 - \{\mathbf{0}\}$ を包含写像とすると, $\gamma = i \circ h$ かつ $\omega = i^* \tau$ であるという点で, この問題は例 17.16 と関連している.)

19.4 制限の引き戻し

$F : N \to M$ を多様体の間の C^∞ 級写像とし, U を M の開集合, $F|_{F^{-1}(U)} : F^{-1}(U) \to U$ を F の $F^{-1}(U)$ への制限とする. $\omega \in \Omega^k(M)$ とするとき,

$$\left(F|_{F^{-1}(U)}\right)^* (\omega|_U) = (F^*\omega)|_{F^{-1}(U)}$$

を証明せよ.

19.5* 座標関数と微分形式

$f^1, \ldots, f^n$ を n 次元多様体の点 p の近傍 U 上の C^∞ 級関数とする。W 上で $f^1, \ldots, f^n$ が座標系をなすような p の近傍 W が存在するための必要十分条件は，$(df^1 \wedge \cdots \wedge df^n)_p \neq 0$ となることであることを示せ．

19.6 局所作用素

作用素 $L: \Omega^*(M) \to \Omega^*(M)$ は，すべての $k \geq 0$ とすべての k 形式 $\omega \in \Omega^*(M)$ に対して $\operatorname{supp} L(\omega) \subset \operatorname{supp} \omega$ が成り立つとき，**台減少**であるという．$\Omega^*(M)$ 上の作用素が局所的であるのは，それが台減少であるとき，かつそのときに限ることを示せ．

19.7 C^∞ 級関数の導分が局所作用素であること

M を滑らかな多様体とする．$C^\infty(M)$ 上の**局所作用素** D の定義は $\Omega^*(M)$ 上の局所作用素の定義と同様である．つまり，作用素 D が**局所的**であるとは，関数 $f \in C^\infty(M)$ が開集合 U 上で消えているならば，U 上で $Df \equiv 0$ が成り立つことをいう．$C^\infty(M)$ の導分が $C^\infty(M)$ 上の局所作用素であることを証明せよ．

19.8 非退化な 2 形式

$2n$ 次元ベクトル空間 V 上の 2 コベクトル α が**非退化**であるとは，$\alpha^n := \alpha \wedge \cdots \wedge \alpha$（$n$ 回）が 0 でない $2n$ コベクトルとなることである．$2n$ 次元多様体 M 上の 2 形式 ω は，すべての点 $p \in M$ において 2 コベクトル ω_p が接空間 $T_p M$ 上で非退化であるとき，**非退化**という．

(a) 実座標 $x^1, y^1, \ldots, x^n, y^n$ をもつ $\mathbb{C}^n$ 上で，2 形式
$$\omega = \sum_{j=1}^n dx^j \wedge dy^j$$
が非退化であることを証明せよ．

(b) λ を n 次元多様体 M の余接束の全空間 T^*M 上のリウヴィル形式とすると，$d\lambda$ は T^*M 上の非退化な 2 形式であることを証明せよ．

19.9* 垂直な平面

x, y, z を $\mathbb{R}^3$ の標準座標とする．$\mathbb{R}^3$ における平面は，ある $(a,b) \neq (0,0) \in \mathbb{R}^2$ を用いて $ax + by = 0$ により定義されるとき，**垂直**であるという．垂直な平面に制限すると，$dx \wedge dy = 0$ であることを証明せよ．

19.10 S^1 上至る所消えない形式

例 19.8 で構成した S^1 上至る所消えない形式 ω は，例 17.5 の形式 $-y\,dx + x\,dy$ であることを証明せよ．(ヒント．U_x と U_y に分けて考えよ．U_x 上では，$dx = -(y/x)\,dy$ を $-y\,dx + x\,dy$ に代入せよ．)

19.11 滑らかな超曲面上で至る所消えない C^∞ 級の形式

(a) $f(x,y)$ を $\mathbb{R}^2$ 上の C^∞ 級関数とし，0 が f の正則値であると仮定する．正則レベル集合定理より，$f(x,y)$ の零点集合 M は $\mathbb{R}^2$ の 1 次元部分多様体である．M 上至る所消えない C^∞ 級の 1 形式を構成せよ．

(b) $f(x,y,z)$ を $\mathbb{R}^3$ 上の C^∞ 級関数とし，0 が f の正則値であると仮定する．正則レベル集合定理より，$f(x,y,z)$ の零点集合 M は $\mathbb{R}^3$ の 2 次元部分多様体である．f_x, f_y, f_z をそれぞれ x,y,z に関する f の偏導関数とする．等式
$$\frac{dx \wedge dy}{f_z} = \frac{dy \wedge dz}{f_x} = \frac{dz \wedge dx}{f_y}$$
が M 上で成立することを示せ．ただし，各項が意味をなすときに限る．したがって，これら 3 つの 2 形式が貼り合って M 上至る所消えない C^∞ 級の 2 形式が得られる．

(c) この問題を $\mathbb{R}^{n+1}$ における $f(x^1, \ldots, x^{n+1})$ の正則レベル集合に一般化せよ．

19.12 C^∞ 級関数の導分としてのベクトル場

14.1 節では，多様体 M 上の C^∞ 級ベクトル場 X が $C^\infty(M)$ の導分を引き起こすことを示した．前に述べたように，今，$C^\infty(M)$ のすべての導分が唯一のベクトル場から生じることを示す．ベクトル場を導分と区別するために，X から生じる導分を一時的に $\varphi(X)$ と表すことにする．つまり，任意の $f \in C^\infty(M)$ に対して
$$(\varphi(X)f)(p) = X_p f, \quad p \in M.$$

(a) $\mathcal{F} = C^\infty(M)$ とする．$\varphi: \mathfrak{X}(M) \to \mathrm{Der}(C^\infty(M))$ が $\mathcal{F}$ 線形写像であることを証明せよ．

(b) φ が単射であることを示せ．

(c) D を $C^\infty(M)$ の導分とし，$p \in M$ とする．$D_p : C_p^\infty(M) \to \mathbb{R}$ を
$$D_p[f] = [D\tilde{f}](p) \in \mathbb{R}$$
により定める．ここで，$[f]$ は p における f の芽を表し，$\tilde{f}$ は命題 18.8 で与えられた f の大域的な拡張を表す．$D_p[f]$ が矛盾なく定義されることを示せ．（ヒント．問題 19.7 を用いよ．）

(d) D_p は $C_p^\infty(M)$ の点導分であることを示せ．

(e) $\varphi : \mathfrak{X}(M) \to \mathrm{Der}(C^\infty(M))$ が $\mathcal{F}$ 加群の同型写像であることを証明せよ．

19.13 20 世紀のマクスウェル方程式の定式化

19 世紀後半に発展した電磁気学のマクスウェル理論によると，電荷や電流のない真空 $\mathbb{R}^3$ における電場 $\mathbf{E} = \langle E_1, E_2, E_3 \rangle$ と磁場 $\mathbf{B} = \langle B_1, B_2, B_3 \rangle$ は方程式

$$\nabla \times \mathbf{E} = -\frac{\partial \mathbf{B}}{\partial t}, \quad \nabla \times \mathbf{B} = \frac{\partial \mathbf{E}}{\partial t},$$
$$\operatorname{div} \mathbf{E} = 0, \qquad \operatorname{div} \mathbf{B} = 0$$

を満たす．4.6 節における対応により，ベクトル場 $\mathbf{E}$ に対応する $\mathbb{R}^3$ 上の 1 形式 E は

$$E = E_1\, dx + E_2\, dy + E_3\, dz$$

であり，ベクトル場 $\mathbf{B}$ に対応する $\mathbb{R}^3$ 上の 2 形式 B は

$$B = B_1\, dy \wedge dz + B_2\, dz \wedge dx + B_3\, dx \wedge dy$$

である．$\mathbb{R}^4$ を座標 (x, y, z, t) をもつ時空とする．このとき，E と B は共に $\mathbb{R}^4$ 上の微分形式と見なせる．F を時空上の 2 形式

$$F = E \wedge dt + B$$

で定義する．マクスウェル方程式のうち，どの 2 つが方程式

$$dF = 0$$

と同値であるかを決定し，それを証明せよ．（残りの 2 つは微分幾何学で定義されるスター作用素 $*$ を用いた方程式 $d*F = 0$ と同値である．[2, Section 19.1, p.689] を見よ．）

19.14 コンパクトな台

多様体 M 上の滑らかな k 形式 ω がコンパクトな台をもつならば，その外微分 $d\omega$ もコンパクトな台をもつことを証明せよ（問題 19.6 を見よ）．

§20 リー微分と内部積

この節において，本書の残りで必要となる部分は内部積に関する 20.4 節のみである．あとはひとまず読みとばしてもよい．

19 節での外微分の構成は，局所的であり，座標のとり方に依るものであった．つまり，$\omega = \sum a_I\, dx^I$ とすると，

$$d\omega = \sum \frac{\partial a_I}{\partial x^j}\, dx^j \wedge dx^I.$$

ところが，この d は実際は大域的なものであり，かつ内在的，すなわち局所座標をとらずに定まるという意味で多様体に本来そなわっているものであることが分かる．実際，多様体 M 上の C^∞ 級 1 形式 ω と C^∞ 級ベクトル場 X, Y に対して，公式

$$(d\omega)(X,Y) = X\omega(Y) - Y\omega(X) - \omega([X,Y])$$

がある．この節では，k 形式の外微分に対する，このような大域的かつ内在的な公式を導き出す．

証明には，多様体上の 2 つの内在的な操作であるリー微分と内部積を用いる．リー微分は，多様体上のベクトル場または微分形式を別のベクトル場に沿って微分する方法である．多様体上の任意のベクトル場 X に対して，内部積 ι_X は微分形式からなる次数付き代数上の次数 -1 の反導分である．リー微分と内部積は共に多様体上の内在的な作用素であるので，微分位相幾何学や微分幾何学において重要である．

20.1 ベクトル場と微分形式の族

多様体上のベクトル場の族 $\{X_t\}$ または微分形式の族 $\{\omega_t\}$ は，パラメーター t が実数直線のある部分集合上を走るとき，**1 パラメーター族**という．I を $\mathbb{R}$ の開区間とし，M を多様体とする．$\{X_t\}$ を，$t_0 \in I$ を除くすべての $t \in I$ に対して定義される M 上のベクトル場の 1 パラメーター族と仮定する．**極限** $\lim_{t \to t_0} X_t$ が存在するとは，すべての点 $p \in M$ に対して座標近傍 $(U, x^1, \ldots, x^n)$ があって，U 上で $X_t|_p = \sum a^i(t,p) \partial/\partial x^i|_p$ かつすべての i に対して $\lim_{t \to t_0} a^i(t,p)$ が存在することをいう．このとき，

$$\lim_{t \to t_0} X_t|_p = \sum_{i=1}^n \lim_{t \to t_0} a^i(t,p) \left.\frac{\partial}{\partial x^i}\right|_p \tag{20.1}$$

とおく．$t \to t_0$ のときの X_t の極限のこの定義が，座標近傍 $(U, x^1, \ldots, x^n)$ のとり方に依らないことの証明は，問題 20.1 として読者に委ねる．

M 上の滑らかなベクトル場の 1 パラメーター族 $\{X_t\}_{t \in I}$ は，M のすべての点が $I \times U$ 上のある C^∞ 級関数 a^i を用いて U 上で

$$(X_t)_p = \sum a^i(t,p) \left.\frac{\partial}{\partial x^i}\right|_p, \quad (t,p) \in I \times U \tag{20.2}$$

と表せるような座標近傍 $(U, x^1, \ldots, x^n)$ をもつとき，t **に滑らかに依存する**という．このとき，$\{X_t\}_{t \in I}$ を M 上の**ベクトル場の滑らかな族**という．

M 上のベクトル場の滑らかな族に対して, t に関する $t = t_0$ における微分を, $(t_0, p) \in I \times U$ に対して

$$\left(\frac{d}{dt}\bigg|_{t=t_0} X_t\right)_p = \sum \frac{\partial a^i}{\partial t}(t_0, p) \frac{\partial}{\partial x^i}\bigg|_p \tag{20.3}$$

で定義する. この定義が p を含むチャート $(U, x^1, \ldots, x^n)$ のとり方に依らないことは, 容易に確認できる (問題 20.3). 明らかに, 微分 $d/dt|_{t=t_0} X_t$ は M 上の滑らかなベクトル場である.

同様に, M 上の滑らかな k 形式の 1 パラメーター族 $\{\omega_t\}_{t \in I}$ は, M のすべての点が $I \times U$ 上のある C^∞ 級関数 b_J を用いて U 上で

$$(\omega_t)_p = \sum b_J(t, p) \, dx^J|_p, \quad (t, p) \in I \times U$$

と表せるような座標近傍 $(U, x^1, \ldots, x^n)$ をもつとき, t に**滑らかに依存する**という. そのような族 $\{\omega_t\}_{t \in I}$ を M 上の k **形式の滑らかな族**と呼び, t に関する $t = t_0$ におけるその微分を

$$\left(\frac{d}{dt}\bigg|_{t=t_0} \omega_t\right)_p = \sum \frac{\partial b_J}{\partial t}(t_0, p) \, dx^J|_p$$

で定義する. ベクトル場のときと同様, この定義はチャートに依らず, M 上の C^∞ 級 k 形式 $d/dt|_{t=t_0} \omega_t$ を定める.

記号 ベクトル場や微分形式の滑らかな族の微分については d/dt と書くが, 多変数関数の偏微分については $\partial/\partial t$ と書く.

命題 20.1 (d/dt **に対する積の法則**) $\{\omega_t\}$ と $\{\tau_t\}$ をそれぞれ多様体 M 上の k 形式と ℓ 形式の滑らかな族とすると,

$$\frac{d}{dt}(\omega_t \wedge \tau_t) = \left(\frac{d}{dt}\omega_t\right) \wedge \tau_t + \omega_t \wedge \frac{d}{dt}\tau_t.$$

【証明】 局所座標で書き表すと, これは微積分における通常の積の法則に帰着される. 詳細は演習問題として残すことにする (問題 20.4). □

命題 20.2 ($d/dt|_{t=t_0}$ **と d の可換性**) $\{\omega_t\}_{t \in I}$ を多様体 M 上の微分形式の滑らかな族とすると,

$$\frac{d}{dt}\bigg|_{t=t_0} d\omega_t = d\left(\frac{d}{dt}\bigg|_{t=t_0} \omega_t\right).$$

§20 リー微分と内部積

【証明】 この命題では，外微分，t に関する微分，$t = t_0$ で値をとるという 3 つの操作が現れている．まず d と d/dt が可換であること，つまり

$$\frac{d}{dt}(d\omega_t) = d\left(\frac{d}{dt}\omega_t\right) \tag{20.4}$$

を示す．任意の点 $p \in M$ において等式が成り立つことを確かめればよい．$(U, x^1, \ldots, x^n)$ を，$I \times U$ 上のある C^∞ 級関数 b_J を用いて $\omega = \sum b_J dx^J$ と表せるような p の近傍とする．U 上では，

$$\frac{d}{dt}(d\omega_t) = \frac{d}{dt}\sum_{J,i}\frac{\partial b_J}{\partial x^i}dx^i \wedge dx^J \quad (dt \text{ の項がないことに注意})$$

$$= \sum_{i,J}\frac{\partial}{\partial x^i}\left(\frac{\partial b_J}{\partial t}\right)dx^i \wedge dx^J \quad (b_J \text{ は } C^\infty \text{ 級なので})$$

$$= d\left(\sum_J \frac{\partial b_J}{\partial t}dx^J\right) = d\left(\frac{d}{dt}\omega_t\right).$$

d は変数 x^i に関する偏微分にのみ関わるので，$t = t_0$ で値をとる操作は d と可換である．明記すれば，

$$\left(d\left(\frac{d}{dt}\omega_t\right)\right)\bigg|_{t=t_0} = \left(\sum_{i,J}\frac{\partial}{\partial x^i}\frac{\partial}{\partial t}b_J dx^i \wedge dx^J\right)\bigg|_{t=t_0}$$

$$= \sum_{i,J}\frac{\partial}{\partial x^i}\left(\frac{\partial}{\partial t}\bigg|_{t=t_0}b_J\right)dx^i \wedge dx^J = d\left(\frac{d}{dt}\bigg|_{t=t_0}\omega_t\right).$$

(20.4) の両辺について $t = t_0$ で値をとることで，命題の証明が完了する． □

20.2 ベクトル場のリー微分

大学初年度の微積分では，$\mathbb{R}$ 上の実数値関数 f の点 $p \in \mathbb{R}$ における微分を

$$f'(p) = \lim_{t \to 0}\frac{f(p+t) - f(p)}{t}$$

と定義する．この定義を多様体 M 上のベクトル場 Y の微分に拡張する際の問題は，M における近くの 2 点 p, q において，接ベクトル Y_p と Y_q がそれぞれ異なるベクトル空間 T_pM と T_qM に属するため，一方を他方から引くという比較ができないことである．この困難を避ける 1 つの方法は，Y_q を p における接空間 T_pM に移動させるために他のベクトル場 X の局所フローを用いることである．これにより，ベクトル場のリー微分の定義が導かれる．

14.3 節より，M 上の任意の滑らかなベクトル場 X と M の点 p に対して，p の近傍 U が存在し，U 上でベクトル場 X が**局所フロー**をもつことを思い出しておく．つまり，実数 $\varepsilon > 0$ と写像

$$\varphi :]-\varepsilon, \varepsilon[\times U \to M$$

が存在して，$\varphi_t(q) = \varphi(t,q)$ とおくとき

$$q \in U \text{ に対して} \quad \frac{\partial}{\partial t}\varphi_t(q) = X_{\varphi_t(q)}, \quad \varphi_0(q) = q \tag{20.5}$$

が成り立つことを意味する．言い換えると，U の各点 q に対して，曲線 $\varphi_t(q)$ は始点を q とする X の積分曲線である．定義より，$\varphi_0 : U \to U$ は恒等写像である．局所フローは性質

$$\varphi_s \circ \varphi_t = \varphi_{s+t}$$

を満たす．ただし，両辺が定義されるときに限る（(14.10) を見よ）．したがって，各 t に対して写像 $\varphi_t : U \to \varphi_t(U)$ は C^∞ 級の逆写像 φ_{-t} をもち，像の上への微分同相写像である．つまり，

$$\varphi_{-t} \circ \varphi_t = \varphi_0 = \mathbb{1}, \quad \varphi_t \circ \varphi_{-t} = \varphi_0 = \mathbb{1}.$$

Y を M 上の C^∞ 級ベクトル場とする．$\varphi_t(p)$ と p における Y の値を比較するために，微分同相写像 $\varphi_{-t} : \varphi_t(U) \to U$ を用いて $Y_{\varphi_t(p)}$ を T_pM の中に押し出す（図 20.1）．

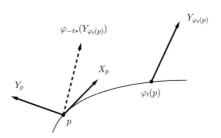

図 20.1 近くの点における Y の値の比較．

定義 20.3 $X, Y \in \mathfrak{X}(M)$ と $p \in M$ に対して，$\varphi :]-\varepsilon, \varepsilon[\times U \to M$ を p の近傍 U 上の X の局所フローとする．p における X に関する Y の**リー微分** $\mathcal{L}_X Y$ を，ベクトル

$$(\mathcal{L}_X Y)_p = \lim_{t \to 0} \frac{\varphi_{-t*}(Y_{\varphi_t(p)}) - Y_p}{t} = \lim_{t \to 0} \frac{(\varphi_{-t*}Y)_p - Y_p}{t} = \left.\frac{d}{dt}\right|_{t=0} (\varphi_{-t*}Y)_p$$

で定義する.

この定義において, 極限は有限次元ベクトル空間 T_pM の中でとっている. 微分が存在するためには, $\{\varphi_{-t*}Y\}$ が M のある開集合上のベクトル場の滑らかな族であれば十分である. 族 $\{\varphi_{-t*}Y\}$ が滑らかであることを示すために, $\varphi_{-t*}Y$ をチャート U における局所座標 $x^1, \ldots, x^n$ で書き表す. 十分小さい t に対し, Y と $\varphi_{t*}Y$ が共に $x^1, \ldots, x^n$ の言葉で書けるように, φ_t が p の小さい近傍 W を U 内に写すものと仮定してもよい. φ_t^i と φ^i をそれぞれ φ_t と φ の i 番目の成分とする. このとき,

$$(\varphi_t)^i(p) = \varphi^i(t, p) = (x^i \circ \varphi)(t, p).$$

命題 8.11 より, 枠 $\{\partial/\partial x^j\}$ に関して, p における微分 φ_{t*} はヤコビ行列 $[\partial(\varphi_t)^i/\partial x^j(p)]$ = $[\partial \varphi^i/\partial x^j(t,p)]$ により表される. これは

$$\varphi_{t*}\left(\left.\frac{\partial}{\partial x^j}\right|_p\right) = \sum_i \frac{\partial \varphi^i}{\partial x^j}(t,p) \left.\frac{\partial}{\partial x^i}\right|_{\varphi_t(p)}$$

を意味する. よって, $Y = \sum b^j \partial/\partial x^j$ とすると,

$$\varphi_{-t*}(Y_{\varphi_t(p)}) = \sum_j b^j(\varphi(t,p)) \varphi_{-t*}\left(\left.\frac{\partial}{\partial x^j}\right|_{\varphi_t(p)}\right)$$
$$= \sum_{i,j} b^j(\varphi(t,p)) \frac{\partial \varphi^i}{\partial x^j}(-t, \varphi_t(p)) \left.\frac{\partial}{\partial x^i}\right|_p. \quad (20.6)$$

X, Y が M 上の C^∞ 級ベクトル場のとき, φ^i と b^j は共に C^∞ 級関数である. このとき, 公式 (20.6) は $\{\varphi_{-t*}Y\}$ が M 上のベクトル場の滑らかな族であることを示している. これゆえ, リー微分 $\mathcal{L}_X Y$ の存在が従い, $\mathcal{L}_X Y$ は局所座標において

$$(\mathcal{L}_X Y)_p = \left.\frac{d}{dt}\right|_{t=0} \varphi_{-t*}(Y_{\varphi_t(p)})$$
$$= \sum_{i,j} \left.\frac{\partial}{\partial t}\right|_{t=0} \left(b^j(\varphi(t,p)) \frac{\partial \varphi^i}{\partial x^j}(-t, \varphi_t(p))\right) \left.\frac{\partial}{\partial x^i}\right|_p \quad (20.7)$$

で与えられることが分かる.

実は, ベクトル場のリー微分は何も新しいものを与えていないことが分かる.

定理 20.4 X と Y を多様体 M 上の C^∞ 級ベクトル場とすると, リー微分 $\mathcal{L}_X Y$ はリー括弧積 $[X, Y]$ と一致する.

【証明】 すべての点において等式 $\mathcal{L}_X Y = [X, Y]$ が成り立つことを確かめればよい. そのために, 両辺を局所座標で展開する. X に対する局所フローを $\varphi:]-\varepsilon, \varepsilon[\times U \to M$ とする. ここで, U は $x^1, \ldots, x^n$ を座標とする座標チャートである. U 上で $X = \sum a^i \partial/\partial x^i$, $Y = \sum b^j \partial/\partial x^j$ とする. $\varphi_t(p)$ が X の積分曲線であるという条件 (20.5) は, 方程式

$$\frac{\partial \varphi^i}{\partial t}(t, p) = a^i(\varphi(t, p)), \quad i = 1, \ldots, n, \quad (t, p) \in]-\varepsilon, \varepsilon[\times U$$

に言い換えられる. $t = 0$ において, $\partial \varphi^i / \partial t(0, p) = a^i(\varphi(0, p)) = a^i(p)$ である.

問題 14.12 より, リー括弧積は局所座標を用いると

$$[X, Y] = \sum_{i,k} \left(a^k \frac{\partial b^i}{\partial x^k} - b^k \frac{\partial a^i}{\partial x^k} \right) \frac{\partial}{\partial x^i}$$

と表される.

(20.7) を積の法則と合成関数の微分法によって展開すると,

$$(\mathcal{L}_X Y)_p = \left[\sum_{i,j,k} \left(\frac{\partial b^i}{\partial x^k}(\varphi(t,p)) \frac{\partial \varphi^k}{\partial t}(t,p) \frac{\partial \varphi^i}{\partial x^j}(-t, \varphi_t(p)) \right) \frac{\partial}{\partial x^i}\bigg|_p \right.$$
$$- \sum_{i,j} \left(b^j(\varphi(t,p)) \frac{\partial^2 \varphi^i}{\partial t \partial x^j}(-t, \varphi_t(p)) \right) \frac{\partial}{\partial x^i}\bigg|_p$$
$$\left. + \sum_{i,j,k} \left(b^j(\varphi(t,p)) \frac{\partial^2 \varphi^i}{\partial x^k \partial x^j}(-t, \varphi_t(p)) \right) \frac{\partial \varphi^k}{\partial t}(-t, \varphi_t(p)) \frac{\partial}{\partial x^i}\bigg|_p \right]_{t=0}$$
$$(20.8)$$

を得る. $\varphi(0, p) = p$ なので φ_0 は恒等写像であり, よってそのヤコビ行列は単位行列である. ゆえに,

$$\frac{\partial \varphi^i}{\partial x^j}(0, p) = \delta^i_j, \quad \frac{\partial^2 \varphi^i}{\partial x^k \partial x^j}(0, p) = 0.$$

よって, (20.8) は

$$(\mathcal{L}_X Y)_p = \sum \left(\frac{\partial b^j}{\partial x^k}(p) a^k(p) \delta^i_j - b^j(p) \frac{\partial a^i}{\partial x^j}(p) \right) \frac{\partial}{\partial x^i}\bigg|_p$$
$$= \sum \left(\frac{\partial b^i}{\partial x^k} a^k - b^k \frac{\partial a^i}{\partial x^k} \right)(p) \frac{\partial}{\partial x^i}\bigg|_p$$

と簡単になり,

$$\mathcal{L}_X Y = \sum_{i,k} \left(a^k \frac{\partial b^i}{\partial x^k} - b^k \frac{\partial a^i}{\partial x^k} \right) \frac{\partial}{\partial x^i} = [X, Y]$$

となる. □

ベクトル場のリー微分は何も新しいものではないが，例えば定理 20.14 における外微分の大域的な公式の証明で見るように，微分形式のリー微分と合わせると大変有用な道具であることが分かる．

20.3 微分形式のリー微分

X を多様体 M 上の滑らかなベクトル場とし，ω を M 上の滑らかな k 形式とする．点 $p \in M$ を固定し，$\varphi_t : U \to M$ を p の近傍 U における X の局所フローとする．微分形式のリー微分の定義は，ベクトル場のリー微分の定義と同様である．ただし，$\varphi_t(p)$ におけるベクトルを $(\varphi_{-t})_*$ で p へ押し出す代わりに，k コベクトル $\omega_{\varphi_t(p)}$ を φ_t^* で p へ引き戻す．

定義 20.5 多様体 M 上の滑らかなベクトル場 X と滑らかな k 形式 ω に対して，$p \in M$ における X に関する ω の**リー微分** $\mathcal{L}_X \omega$ を

$$(\mathcal{L}_X \omega)_p = \lim_{t \to 0} \frac{\varphi_t^*(\omega_{\varphi_t(p)}) - \omega_p}{t} = \lim_{t \to 0} \frac{(\varphi_t^* \omega)_p - \omega_p}{t} = \frac{d}{dt}\bigg|_{t=0} (\varphi_t^* \omega)_p$$

で定義する．

20.2 節におけるリー微分 $\mathcal{L}_X Y$ の存在と同様の議論より，局所座標で表すことで $\{\varphi_t^* \omega\}$ が M 上の k 形式の滑らかな族であることが示せるので，$(\mathcal{L}_X \omega)_p$ の存在が従う．

命題 20.6 f を M 上の C^∞ 級関数とし，X を M 上の C^∞ 級ベクトル場とすると，$\mathcal{L}_X f = X f$ である．

【証明】M の点 p を固定し，$\varphi_t : U \to M$ を上記のような X の局所フローとする．このとき，$\varphi_t(p)$ は p における速度ベクトルが X_p である曲線なので，

$$\begin{aligned}
(\mathcal{L}_X f)_p &= \frac{d}{dt}\bigg|_{t=0} (\varphi_t^* f)_p \quad (\mathcal{L}_X f \text{ の定義}) \\
&= \frac{d}{dt}\bigg|_{t=0} (f \circ \varphi_t)(p) \quad (\varphi_t^* f \text{ の定義}) \\
&= X_p f \quad (\text{命題 } 8.17).
\end{aligned}$$

□

20.4 内部積

まずベクトル空間上の内部積を定義する．β をベクトル空間 V 上の k コベクトルとし，$v \in V$ とすると，$k \geq 2$ に対して β と v の**内部積**または**縮約**[6]を

$$(\iota_v \beta)(v_2, \ldots, v_k) = \beta(v, v_2, \ldots, v_k), \quad v_2, \ldots, v_k \in V$$

で定められる $(k-1)$ コベクトル $\iota_v \beta$ により定義する．V 上の 1 コベクトル β に対して $\iota_v \beta = \beta(v) \in \mathbb{R}$ と定め，V 上の 0 コベクトル β（定数）に対して $\iota_v \beta = 0$ と定める．

命題 20.7 ベクトル空間 V 上の 1 コベクトル $\alpha^1, \ldots, \alpha^k$ と $v \in V$ に対して，

$$\iota_v(\alpha^1 \wedge \cdots \wedge \alpha^k) = \sum_{i=1}^{k} (-1)^{i-1} \alpha^i(v) \, \alpha^1 \wedge \cdots \wedge \widehat{\alpha^i} \wedge \cdots \wedge \alpha^k.$$

ここで，α^i の上の脱字符号 $\widehat{}$ は，ウェッジ積から α^i を取り除くことを意味する．

【証明】

$$\begin{aligned}
&\left(\iota_v\left(\alpha^1 \wedge \cdots \wedge \alpha^k\right)\right)(v_2, \ldots, v_k) \\
&= \left(\alpha^1 \wedge \cdots \wedge \alpha^k\right)(v, v_2, \ldots, v_k) \\
&= \det \begin{bmatrix} \alpha^1(v) & \alpha^1(v_2) & \cdots & \alpha^1(v_k) \\ \alpha^2(v) & \alpha^2(v_2) & \cdots & \alpha^2(v_k) \\ \vdots & \vdots & \ddots & \vdots \\ \alpha^k(v) & \alpha^k(v_2) & \cdots & \alpha^k(v_k) \end{bmatrix} \quad \text{(命題 3.27)} \\
&= \sum_{i=1}^{k} (-1)^{i+1} \alpha^i(v) \det[\alpha^\ell(v_j)]_{\substack{1 \leq \ell \leq k, \ell \neq i \\ 2 \leq j \leq k}} \quad \text{(1 列目に関する余因子展開)} \\
&= \sum_{i=1}^{k} (-1)^{i+1} \alpha^i(v) \left(\alpha^1 \wedge \cdots \wedge \widehat{\alpha^i} \wedge \cdots \wedge \alpha^k\right)(v_2, \ldots, v_k) \quad \text{(命題 3.27)}.
\end{aligned}$$

□

命題 20.8 ベクトル空間 V の元 v に対して，$\iota_v : \bigwedge^*(V^\vee) \to \bigwedge^{*-1}(V^\vee)$ を v による内部積とする．このとき

(i) $\iota_v \circ \iota_v = 0$,

---

[6]（訳者注） β と v の役割の違いを明確にする意味で，β の v による内部積（または縮約）ともいう．

(ii) $\beta \in \bigwedge^k(V^\vee)$ と $\gamma \in \bigwedge^\ell(V^\vee)$ に対して,
$$\iota_v(\beta \wedge \gamma) = (\iota_v \beta) \wedge \gamma + (-1)^k \beta \wedge \iota_v \gamma.$$
言い換えると, ι_v は 2 回施すと 0 となる次数 -1 の反導分である.

【証明】 (i) $\beta \in \bigwedge^k(V^\vee)$ とする. 内部積の定義より
$$(\iota_v(\iota_v \beta))(v_3, \ldots, v_k) = (\iota_v \beta)(v, v_3, \ldots, v_k) = \beta(v, v, v_3, \ldots, v_k) = 0.$$
なぜなら β は交代的であり, その変数の中に v が繰り返しあるためである.

(ii) 等式の両辺は β と γ それぞれに関して線形なので,
$$\beta = \alpha^1 \wedge \cdots \wedge \alpha^k, \quad \gamma = \alpha^{k+1} \wedge \cdots \wedge \alpha^{k+\ell}$$
と仮定してもよい. ここで, α^i はすべて 1 コベクトルである. このとき,

$\iota_v(\beta \wedge \gamma)$
$= \iota_v(\alpha^1 \wedge \cdots \wedge \alpha^{k+\ell})$
$= \left(\sum_{i=1}^{k} (-1)^{i-1} \alpha^i(v) \alpha^1 \wedge \cdots \wedge \widehat{\alpha^i} \wedge \cdots \wedge \alpha^k \right) \wedge \alpha^{k+1} \wedge \cdots \wedge \alpha^{k+\ell}$
$\quad + (-1)^k \alpha^1 \wedge \cdots \wedge \alpha^k \wedge \sum_{i=1}^{k} (-1)^{i-1} \alpha^{k+i}(v) \alpha^{k+1} \wedge \cdots \wedge \widehat{\alpha^{k+i}} \wedge \cdots \wedge \alpha^{k+\ell}$

（命題 20.7 より）
$= (\iota_v \beta) \wedge \gamma + (-1)^k \beta \wedge \iota_v \gamma.$

□

多様体上の内部積は点ごとに次のように定義される. X を M 上の滑らかなベクトル場とし, $\omega \in \Omega^k(M)$ とするとき, $\iota_X \omega$ をすべての点 $p \in M$ に対して $(\iota_X \omega)_p = \iota_{X_p} \omega_p$ で定められる $(k-1)$ 形式と定義する. M 上の任意の滑らかなベクトル場 $X_2, \ldots, X_k$ に対して,
$$(\iota_X \omega)(X_2, \ldots, X_k) = \omega(X, X_2, \ldots, X_k)$$
は M 上の滑らかな関数であるため, 形式 $\iota_X \omega$ は M 上で滑らかである（命題 18.7 (iv) $\Rightarrow$ (i)）. もちろん, 1 形式 ω に対して $\iota_X \omega = \omega(X)$ であり, M 上の関数 f に

対して $\iota_X f = 0$ である．各点 $p \in M$ における内部積の性質（命題 20.8）より，写像 $\iota_X : \Omega^*(M) \to \Omega^*(M)$ は $\iota_X \circ \iota_X = 0$ を満たす次数 -1 の反導分である．

$\mathcal{F}$ を多様体 M 上の C^∞ 級関数からなる環 $C^\infty(M)$ とする．$\iota_X \omega$ は点作用素，つまり p におけるその値が X_p と ω_p にのみ依存するので，各変数に関して $\mathcal{F}$ 線形である．これは $\iota_X \omega$ が各変数に関して加法性をもち，さらに任意の $f \in \mathcal{F}$ に対して

(i) $\iota_{fX} \omega = f \iota_X \omega$,
(ii) $\iota_X(f\omega) = f \iota_X \omega$

を満たすことを意味する．具体的には，(i) の証明は次のように行う．任意の $p \in M$ に対して

$$(\iota_{fX} \omega)_p = \iota_{f(p) X_p} \omega_p = f(p) \iota_{X_p} \omega_p = (f \iota_X \omega)_p.$$

よって，$\iota_{fX} \omega = f \iota_X \omega$ である．(ii) の証明も同様である．加法性はほとんど明らかである．

例 20.9（$\mathbb{R}^2$ **上の内部積**） $X = x\, \partial/\partial x + y\, \partial/\partial y$ を平面 $\mathbb{R}^2$ 上の放射状のベクトル場，$\alpha = dx \wedge dy$ を $\mathbb{R}^2$ 上の面積 2 形式とする．縮約 $\iota_X \alpha$ を計算せよ．

〈**解**〉 まず $\iota_X\, dx$ と $\iota_X\, dy$ を計算すると，

$$\iota_X\, dx = dx(X) = dx\left(x \frac{\partial}{\partial x} + y \frac{\partial}{\partial y}\right) = x,$$
$$\iota_X\, dy = dy(X) = dy\left(x \frac{\partial}{\partial x} + y \frac{\partial}{\partial y}\right) = y.$$

反導分 ι_X の性質より

$$\iota_X\, \alpha = \iota_X(dx \wedge dy) = (\iota_X\, dx) dy - dx(\iota_X\, dy) = x\, dy - y\, dx.$$

これを円周 S^1 に制限したものは，例 17.15 における S^1 上至る所消えない 1 形式 ω である． ∎

20.5　リー微分の性質

この節では，リー微分の様々な基本的性質を述べて，その証明を与える．またリー微分を，多様体上の微分形式からなるベクトル空間上の他の 2 つの内在的な作用素，すなわち外微分と内部積に関連付ける．これら 3 つの作用素が互いに働き合うことにより，いくつかの驚くべき公式が得られる．

§20 リー微分と内部積

定理 20.10 X を多様体 M 上の C^∞ 級ベクトル場と仮定する.

(i) リー微分 $\mathcal{L}_X : \Omega^*(M) \to \Omega^*(M)$ は導分である.つまり,リー微分は $\mathbb{R}$ 線形写像であり,$\omega \in \Omega^k(M), \tau \in \Omega^\ell(M)$ とすると,
$$\mathcal{L}_X(\omega \wedge \tau) = (\mathcal{L}_X \omega) \wedge \tau + \omega \wedge (\mathcal{L}_X \tau).$$

(ii) リー微分 $\mathcal{L}_X$ は外微分 d と可換である.

(iii) (カルタンのホモトピー公式[7]) $\mathcal{L}_X = d\iota_X + \iota_X d$.

(iv) (「積」公式) $\omega \in \Omega^k(M)$ と $Y_1, \ldots, Y_k \in \mathfrak{X}(M)$ に対して,
$$\mathcal{L}_X(\omega(Y_1, \cdots, Y_k)) = (\mathcal{L}_X \omega)(Y_1, \ldots, Y_k) + \sum_{i=1}^k \omega(Y_1, \ldots, \mathcal{L}_X Y_i, \ldots, Y_k).$$

【証明】 以下の証明において,$p \in M$ とし,$\varphi_t : U \to M$ を p の近傍 U におけるベクトル場 X の局所フローとする.

(i) リー微分 $\mathcal{L}_X$ は t のベクトル値関数に d/dt を施すものなので,$\mathcal{L}_X$ の導分としての性質はちょうど d/dt に対する積の法則(命題 20.1)である.より正確に書けば,

$$\begin{aligned}
(\mathcal{L}_X(\omega \wedge \tau))_p &= \left.\frac{d}{dt}\right|_{t=0} (\varphi_t^*(\omega \wedge \tau))_p \\
&= \left.\frac{d}{dt}\right|_{t=0} (\varphi_t^* \omega)_p \wedge (\varphi_t^* \tau)_p \\
&= \left(\left.\frac{d}{dt}\right|_{t=0} (\varphi_t^* \omega)_p\right) \wedge \tau_p + \omega_p \wedge \left.\frac{d}{dt}\right|_{t=0} (\varphi_t^* \tau)_p \\
&\qquad\qquad\qquad\qquad (d/dt \text{ に対する積の法則}) \\
&= (\mathcal{L}_X \omega)_p \wedge \tau_p + \omega_p \wedge (\mathcal{L}_X \tau)_p.
\end{aligned}$$

(ii)
$$\begin{aligned}
\mathcal{L}_X \, d\omega &= \left.\frac{d}{dt}\right|_{t=0} \varphi_t^* d\omega \quad (\mathcal{L}_X \text{ の定義}) \\
&= \left.\frac{d}{dt}\right|_{t=0} d\varphi_t^* \omega \quad (d \text{ は引き戻しと可換である})
\end{aligned}$$

---

[7] (訳者注)「カルタンの公式」と呼ばれることが多い.原著では 'Cartan homotopy formula' と書かれている.

$$= d\left(\frac{d}{dt}\bigg|_{t=0} \varphi_t^*\omega\right) \quad \text{(命題 20.2 より)}$$
$$= d\mathcal{L}_X\omega.$$

(iii) 問題を簡単な場合に帰着させるため，次の 2 つの考察を行う．まず，任意の $\omega \in \Omega^k(M)$ に対して，等式 $\mathcal{L}_X\omega = (d\iota_X + \iota_X d)\omega$ を証明するためには，任意の点 p において確かめればよく，それは局所的な問題である．p の周りの座標近傍 $(U, x^1, \ldots, x^n)$ では，線形性より，ω をウェッジ積 $\omega = f\,dx^{i_1} \wedge \cdots \wedge dx^{i_k}$ と仮定してもよい．

次に，カルタンのホモトピー公式の左辺において，(i) と (ii) より $\mathcal{L}_X$ は d と可換な導分である．右辺においては，d と ι_X は反導分なので，$d\iota_X + \iota_X d$ は問題 4.7 より導分であり，また明らかに d と可換である．よって，カルタンのホモトピー公式の両辺は d と可換な導分である．したがって，公式が 2 つの微分形式 ω と τ に対して成り立つとすると，ウェッジ積 $\omega \wedge \tau$ および $d\omega$ に対しても成り立つ．これらの考察より，(iii) の証明には

$$f \in C^\infty(U) \text{ に対して} \quad \mathcal{L}_X f = (d\iota_X + \iota_X d)f$$

を確かめればよい．これは非常に簡単である．実際，

$$(d\iota_X + \iota_X d)f = \iota_X df \quad (\iota_X f = 0 \text{ であるから})$$
$$= (df)(X) \quad (\iota_X \text{ の定義})$$
$$= Xf = \mathcal{L}_X f \quad \text{(命題 20.6)}.$$

(iv) $\omega(Y_1, \ldots, Y_k)$ の中には積はないが，この公式を「積」公式と呼ぶ．なぜなら，この公式は記号の並びを積のように思うと記憶に残り易いためである．実際，その証明も微積分における積公式の証明に似ている．このことを説明するために，$k = 2$ の場合を考える．$\omega \in \Omega^2(M)$, $X, Y, Z \in \mathfrak{X}(M)$ とする．証明は複雑そうに見えるが，アイデアは非常に単純である．2 点 $\varphi_t(p), p$ における $\omega(Y, Z)$ の値を比較するために，$\varphi_t(p)$ における値から p における値を引く．ポイントは，3 つの変数 ω, Y, Z のうち 1 つだけが，p から $\varphi_t(p)$ へ移動するように，毎回項を足し引きすることである．リー微分と関数の引き戻しの定義より，

$$(\mathcal{L}_X(\omega(Y, Z)))_p = \lim_{t \to 0} \frac{(\varphi_t^*(\omega(Y, Z)))_p - (\omega(Y, Z))_p}{t}$$
$$= \lim_{t \to 0} \frac{\omega_{\varphi_t(p)}(Y_{\varphi_t(p)}, Z_{\varphi_t(p)}) - \omega_p(Y_p, Z_p)}{t}$$

§20 リー微分と内部積

$$= \lim_{t \to 0} \frac{\omega_{\varphi_t(p)}(Y_{\varphi_t(p)}, Z_{\varphi_t(p)}) - \omega_p(\varphi_{-t*}(Y_{\varphi_t(p)}), \varphi_{-t*}(Z_{\varphi_t(p)}))}{t} \tag{20.9}$$

$$+ \lim_{t \to 0} \frac{\omega_p(\varphi_{-t*}(Y_{\varphi_t(p)}), \varphi_{-t*}(Z_{\varphi_t(p)})) - \omega_p(Y_p, \varphi_{-t*}(Z_{\varphi_t(p)}))}{t} \tag{20.10}$$

$$+ \lim_{t \to 0} \frac{\omega_p(Y_p, \varphi_{-t*}(Z_{\varphi_t(p)})) - \omega_p(Y_p, Z_p)}{t}. \tag{20.11}$$

この和において，最初の極限 (20.9) における商は

$$\frac{(\varphi_t^* \omega_{\varphi_t(p)})(\varphi_{-t*}(Y_{\varphi_t(p)}), \varphi_{-t*}(Z_{\varphi_t(p)})) - \omega_p(\varphi_{-t*}(Y_{\varphi_t(p)}), \varphi_{-t*}(Z_{\varphi_t(p)}))}{t}$$

$$= \frac{\varphi_t^*(\omega_{\varphi_t(p)}) - \omega_p}{t}(\varphi_{-t*}(Y_{\varphi_t(p)}), \varphi_{-t*}(Z_{\varphi_t(p)}))$$

である．この等式の右辺において，差分商は $t = 0$ において極限をもつ．すなわちリー微分 $(\mathcal{L}_X \omega)_p$ である．(20.6) より，差分商の 2 つの変数は t の C^∞ 級関数である．したがって，右辺は t の連続関数であり，t を 0 に近づけたときの極限は $(\mathcal{L}_X \omega)_p(Y_p, Z_p)$ である（問題 20.2 より）．

ω_p の双線形性より，2 つ目の項 (20.10) は

$$\lim_{t \to 0} \omega_p \left(\frac{\varphi_{-t*}(Y_{\varphi_t(p)}) - Y_p}{t}, \varphi_{-t*}(Z_{\varphi_t(p)}) \right) = \omega_p((\mathcal{L}_X Y)_p, Z_p)$$

である．同様に，3 つ目の項 (20.11) は $\omega_p(Y_p, (\mathcal{L}_X Z)_p)$ である．

よって，

$$\mathcal{L}_X(\omega(Y, Z)) = (\mathcal{L}_X \omega)(Y, Z) + \omega(\mathcal{L}_X Y, Z) + \omega(Y, \mathcal{L}_X Z)$$

を得る．一般の場合も同様である． □

注意 内部積のときと違い，リー微分 $\mathcal{L}_X \omega$ はどちらの変数に関しても $\mathcal{F}$ 線形ではない．リー微分の導分としての性質（定理 20.10 (i)）より，

$$\mathcal{L}_X(f\omega) = (\mathcal{L}_X f)\omega + f\mathcal{L}_X \omega = (Xf)\omega + f\mathcal{L}_X \omega.$$

$\mathcal{L}_{fX} \omega$ の展開については，演習問題として残しておく（問題 20.7）．

定理 20.10 は微分形式のリー微分の計算に使える．

例 20.11（円周上のリー微分） ω を例 17.15 の単位円周 S^1 上の 1 形式 $-y\,dx+x\,dy$ とし，X を同じく例 17.15 の S^1 上の接ベクトル場 $-y\,\partial/\partial x+x\,\partial/\partial y$ とする．リー微分 $\mathcal{L}_X\omega$ を計算せよ．

〈解〉命題 20.6 より，
$$\mathcal{L}_X(x) = Xx = \left(-y\frac{\partial}{\partial x} + x\frac{\partial}{\partial y}\right)x = -y,$$
$$\mathcal{L}_X(y) = Xy = \left(-y\frac{\partial}{\partial x} + x\frac{\partial}{\partial y}\right)y = x.$$

次に，$\mathcal{L}_X(-y\,dx)$ を計算すると，
$$\mathcal{L}_X(-y\,dx) = -(\mathcal{L}_Xy)\,dx - y\,\mathcal{L}_X\,dx \quad (\mathcal{L}_X \text{ は導分である})$$
$$= -(\mathcal{L}_Xy)\,dx - y\,d\mathcal{L}_X\,x \quad (\mathcal{L}_X \text{ は } d \text{ と可換である})$$
$$= -x\,dx + y\,dy.$$

同様に，$\mathcal{L}_X(x\,dy) = -y\,dy + x\,dx$．よって，$\mathcal{L}_X\omega = \mathcal{L}_X(-y\,dx + x\,dy) = 0$．■

20.6　リー微分と外微分の大域的な公式

リー微分 $\mathcal{L}_X\omega$ の定義は，点の近傍でのみ意味をなすので局所的であるにも関わらず，定理 20.10 (iv) の積公式により，リー微分の大域的な公式が与えられる．

定理 20.12（リー微分の大域的な公式） 多様体 M 上の滑らかな k 形式 ω と滑らかなベクトル場 $X, Y_1, \ldots, Y_k$ に対して，
$$(\mathcal{L}_X\omega)(Y_1, \ldots, Y_k) = X(\omega(Y_1, \ldots, Y_k)) - \sum_{i=1}^{k}\omega(Y_1, \ldots, [X, Y_i], \ldots, Y_k).$$

【証明】 命題 20.6 より $\mathcal{L}_X(\omega(Y_1, \ldots, Y_k)) = X(\omega(Y_1, \ldots, Y_k))$ であり，定理 20.4 より $\mathcal{L}_X Y_i = [X, Y_i]$ である．よって，定理 20.10 (iv) より，
$$X(\omega(Y_1, \ldots, Y_k)) = (\mathcal{L}_X\omega)(Y_1, \ldots, Y_k) + \sum_{i=1}^{k}\omega(Y_1, \ldots, [X, Y_i], \ldots, Y_k)$$
を得，$(\mathcal{L}_X\omega)(Y_1, \ldots, Y_k)$ について解くと，定理の公式が得られる．□

外微分 d の定義もまた局所的である．しかしリー微分を用いると，大変有用な外微分の大域的な公式が得られる．まず，微分幾何学において最も有用な場合である 1 形式の外微分の公式を導き出す．

命題 20.13 ω を多様体 M 上の C^∞ 級 1 形式, X と Y を M 上の C^∞ 級ベクトル場とすると,
$$d\omega(X,Y) = X\omega(Y) - Y\omega(X) - \omega([X,Y]).$$

【証明】 チャート $(U, x^1, \ldots, x^n)$ において公式を確かめればよいので, $\omega = \sum a_i\, dx^i$ と仮定してもよい. 等式の両辺は ω に関して $\mathbb{R}$ 線形なので, さらに $\omega = f\, dg$ と仮定してもよい. ここで, $f, g \in C^\infty(U)$ である.

このとき, $d\omega = d(f\, dg) = df \wedge dg$ かつ
$$d\omega(X,Y) = df(X)\, dg(Y) - df(Y)\, dg(X) = (Xf)Yg - (Yf)Xg,$$
$$X\omega(Y) = X(f\, dg(Y)) = X(fYg) = (Xf)Yg + fXYg,$$
$$Y\omega(X) = Y(f\, dg(X)) = Y(fXg) = (Yf)Xg + fYXg,$$
$$\omega([X,Y]) = f\, dg([X,Y]) = f(XY - YX)g.$$

よって,
$$X\omega(Y) - Y\omega(X) - \omega([X,Y]) = (Xf)Yg - (Yf)Xg = d\omega(X,Y)$$

が従う. □

定理 20.14 (外微分の大域的な公式) $k \geq 1$ と仮定する. 多様体 M 上の滑らかな k 形式 ω と滑らかなベクトル場 $Y_0, Y_1, \ldots, Y_k$ に対して,
$$(d\omega)(Y_0, \ldots, Y_k) = \sum_{i=0}^{k} (-1)^i Y_i \omega(Y_0, \ldots, \widehat{Y_i}, \ldots, Y_k)$$
$$+ \sum_{0 \leq i < j \leq k} (-1)^{i+j} \omega([Y_i, Y_j], Y_0, \ldots, \widehat{Y_i}, \ldots, \widehat{Y_j}, \ldots, Y_k).$$

【証明】 $k = 1$ のとき, 公式は命題 20.13 で証明された.

次数 $k-1$ の形式に対して公式が成り立つと仮定して, 帰納法により次数 k の形式 ω に対して公式を証明する. ι_{Y_0} の定義とカルタンのホモトピー公式 (定理 20.10 (iii)) より,
$$(d\omega)(Y_0, Y_1, \ldots, Y_k) = (\iota_{Y_0}\, d\omega)(Y_1, \ldots, Y_k)$$

$$= (\mathcal{L}_{Y_0}\omega)(Y_1,\ldots,Y_k) - (d\iota_{Y_0}\omega)(Y_1,\ldots,Y_k).$$

この表示において，最初の項はリー微分 $\mathcal{L}_{Y_0}\omega$ に対する大域的な公式を用いて計算できる．一方，2番目の項は次数 $k-1$ の形式に対する d の大域的な公式を用いて計算できる．この種の証明は読者自身で行うのが一番良いので，演習問題として残す（問題 20.6）． □

問題

20.1 ベクトル場の族の極限

I を開区間，M を多様体とし，$\{X_t\}$ をすべての $t \neq t_0 \in I$ に対して定義される M 上のベクトル場の 1 パラメーター族とする．(20.1) における極限 $\lim_{t \to t_0} X_t$ の定義は，もし極限が存在するならば，座標チャートのとり方に依らないことを示せ．

20.2 ベクトル場と微分形式の族の極限

I を 0 を含む開区間とする．$\{\omega_t\}_{t \in I}$ と $\{Y_t\}_{t \in I}$ をそれぞれ多様体 M 上の 1 形式とベクトル場の 1 パラメーター族と仮定する．$\lim_{t \to 0} \omega_t = \omega_0$, $\lim_{t \to 0} Y_t = Y_0$ ならば，$\lim_{t \to 0} \omega_t(Y_t) = \omega_0(Y_0)$ であることを証明せよ．（ヒント．局所座標で展開せよ．）同じような主張で，2 形式の族 $\{\omega_t\}$ に対して同様の公式があることを示せ．つまり，$\lim_{t \to 0} \omega_t(Y_t, Z_t) = \omega_0(Y_0, Z_0)$.

20.3* ベクトル場の滑らかな族の微分

多様体 M 上のベクトル場の滑らかな族の微分の定義 (20.3) が，点 p を含むチャート $(U, x^1, \ldots, x^n)$ のとり方に依らないことを示せ．

20.4 d/dt に対する積の法則

$\{\omega_t\}$ と $\{\tau_t\}$ をそれぞれ多様体 M 上の k 形式と ℓ 形式の滑らかな族とするとき，
$$\frac{d}{dt}(\omega_t \wedge \tau_t) = \left(\frac{d}{dt}\omega_t\right) \wedge \tau_t + \omega_t \wedge \frac{d}{dt}\tau_t$$
が成り立つことを証明せよ．

20.5 形式とベクトル場の滑らかな族

$\{\omega_t\}_{t \in I}$ を多様体 M 上の 2 形式の滑らかな族，$\{Y_t\}_{t \in I}$ と $\{Z_t\}_{t \in I}$ を M 上のベクトル場の滑らかな族とするとき，$\omega_t(Y_t, Z_t)$ は $I \times M$ 上の C^∞ 級関数であることを証明せよ．

20.6* 外微分の大域的な公式

定理 20.14 の証明を完成させよ．

20.7 $\mathcal{F}$ 線形性とリー微分

ω, X, f をそれぞれ多様体上の微分形式，ベクトル場，滑らかな関数とする．リー

微分 $\mathcal{L}_X \omega$ は各変数に関して $\mathcal{F}$ 線形 ($\mathcal{F} = C^\infty(M)$) ではないが,等式

$$\mathcal{L}_{fX}\omega = f\mathcal{L}_X\omega + df \wedge \iota_X \omega$$

を満たすことを証明せよ.(ヒント.カルタンのホモトピー公式 $\mathcal{L}_X = d\iota_X + \iota_X d$ から始めよ.)

20.8 リー微分と内部積の括弧積

X と Y を多様体 M 上の滑らかなベクトル場とすると,M 上の微分形式からなる次数付き代数上で

$$\mathcal{L}_X \iota_Y - \iota_Y \mathcal{L}_X = \iota_{[X,Y]}$$

が成り立つことを証明せよ.(ヒント.$\omega \in \Omega^k(M)$, $Y, Y_1, \ldots, Y_{k-1} \in \mathfrak{X}(M)$ とする.$\mathcal{L}_X$ に対する大域的な公式を

$$(\iota_Y \mathcal{L}_X \omega)(Y_1, \ldots, Y_{k-1}) = (\mathcal{L}_X \omega)(Y, Y_1, \ldots, Y_{k-1})$$

に適用せよ.)

20.9 $\mathbb{R}^n$ 上の内部積

$\omega = dx^1 \wedge \cdots \wedge dx^n$ を $\mathbb{R}^n$ 上の体積形式とし,$X = \sum x^i \partial/\partial x^i$ を $\mathbb{R}^n$ 上の放射状のベクトル場とする.縮約 $\iota_X \omega$ を計算せよ.

20.10 2次元球面上のリー微分

$\mathbb{R}^3$ における2次元単位球面 S^2 上で,$\omega = x\,dy \wedge dz - y\,dx \wedge dz + z\,dx \wedge dy$, $X = -y\,\partial/\partial x + x\,\partial/\partial y$ とする.リー微分 $\mathcal{L}_X \omega$ を計算せよ.

Chapter 6

積分
Integration

多様体上では，$\mathbb{R}^n$ 上の微積分のように関数を積分するのではなく，微分形式を積分する．実は，多様体上の積分に関して 2 つの理論がある．1 つは部分多様体上の積分で，もう 1 つは**特異チェイン**と呼ばれるものの上の積分である．特異チェインは，$\mathbb{R}^2$ における閉長方形

$$[a,b] \times [c,d] := \{(x,y) \in \mathbb{R}^2 \,|\, a \leq x \leq b,\ c \leq y \leq d\}$$

のような対象の上での積分を可能にする．ここで，閉長方形は角をもつため，$\mathbb{R}^2$ の部分多様体ではないことに注意しておく．

簡単にするため，部分多様体上の滑らかな形式の積分のみを議論する．より一般の集合の上の連続でない形式の積分については，優れた文献がたくさんあるので，例えば，参考文献の [3, Section VI.2], [7, Section 8.2], [25, Chapter 14] を参照されたい．

多様体上の積分が矛盾なく定義されるためには，多様体が向き付けられている必要があるため，この章を多様体上の向きの議論から始める．その後，多様体の範囲を広げて，境界をもつ多様体も含めて考える．その上で，多様体上の積分を考察し，n 次元多様体に対するストークスの定理を得ることが最終目標である．$\mathbb{R}^3$ 内の境界をもつ曲面に対するストークスの定理は，1854 年にケンブリッジ大学でストークスがスミス賞の試験で準備した問題として初めて発表された．この問題を学生が解決したかどうかは知られていない．ちなみに [21, p.150] によると，その 4 年前に同じ定理がケルヴィン卿のストークス宛の手紙にすでに登場していたそうである．もっともこれは，数学の業績を誰に帰するかという問題が一筋縄ではいかない，ということを示しているにすぎない．一般の多様体に対するストークスの定理は，ヴィト・ヴォ

ルテラ（Vito Volterra）（1889年），アンリ・ポアンカレ（Henri Poincaré）（1899年），エドゥアール・グルサ（Edouard Goursat）（1917年），エリ・カルタン（Élie Cartan）（1899年，1922年）を含む，多くの数学者の仕事に起因する．まず特別な場合がたくさん研究され，その後に座標の言葉を用いた一般の主張，最終的に微分形式の言葉を用いた一般の主張が現れた．なかでもカルタンは特に優れた微分形式の熟練者であり，ストークスの定理の微分形式版を非常に明瞭な形で見つけた．

§21 向き

　積分を行う上で，線積分や面積分が曲線，曲面の向きに依ること，つまり向きを逆にすると積分の符号が変わることは，ベクトル解析において慣れ親しんだ事実である．この節の目標は，n次元多様体の向きを定義して，向きを特徴付けるいくつかの同値な条件を調べることである．

　この節では，すべてのベクトル空間は有限次元かつ実ベクトル空間と仮定する．有限次元実ベクトル空間の向きは，単に順序付けられた基底の同値類である．ここで，2つの順序付けられた基底が同値であるとは，それらの変換行列の行列式が正の値をもつこととして定義される．行列式の交代性から，最高次の多重コベクトルがベクトル空間の向きを正しく表していることになる．

　多様体上の向きは，各接空間の向きを連続性の条件を満たすように選ぶことで定まる．多様体上のnコベクトルを大域化すると微分n形式が得られるが，n次元多様体上の向きは，至る所消えないC^∞級n形式の同値類によっても与えられる．ここで，2つの形式が同値であるとは，一方が他方に正の関数を掛けたものになっていることとして定義される．最後に，多様体上の向きを表す3つ目の方法は，**向き付けられたアトラス**を用いたものである．ここで，向き付けられたアトラスとは，任意の2つの共通部分をもつチャートが，至る所で正のヤコビ行列式をもつ変換関数で関連付けられるようなアトラスである．

21.1　ベクトル空間の向き

　$\mathbb{R}^1$において，向きは二方向のうちの一方である（図21.1）．

図 21.1　直線の2つの向き．

$\mathbb{R}^2$ において,向きは反時計回りまたは時計回りのどちらか一方である(図 21.2).

$\mathbb{R}^3$ において,向きは右手系(図 21.3)または左手系(図 21.4)のどちらか一方である.ここで,$\mathbb{R}^3$ の右手系の向きは,人差し指が x 軸上のベクトル e_1 から y 軸上のベクトル e_2 へ巻くように右手を差し出したとき,親指が z 軸上のベクトル e_3 の方向を指すようなデカルト座標系のとり方である.

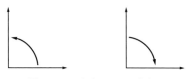

図 21.2 平面の 2 つの向き.

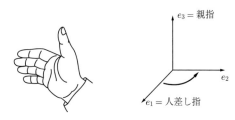

図 21.3 $\mathbb{R}^3$ の右手系の向き (e_1, e_2, e_3).

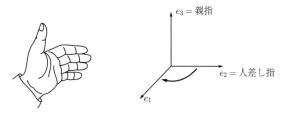

図 21.4 $\mathbb{R}^3$ の左手系の向き (e_2, e_1, e_3).

$\mathbb{R}^4$,$\mathbb{R}^5$ 以降の向きをどのように定義すべきか.上記の 3 つの例を分析すると,向きは $\mathbb{R}^n$ の順序付けられた基底によって特定できることが分かる.$e_1, \ldots, e_n$ を $\mathbb{R}^n$ の標準基底とする.$\mathbb{R}^1$ について,向きは e_1 または $-e_1$ のどちらか一方で与えられる.$\mathbb{R}^2$ については,反時計回りの向きは (e_1, e_2) で,時計回りの向きは (e_2, e_1) である.$\mathbb{R}^3$ に対しては,右手系の向きは (e_1, e_2, e_3) で,左手系の向きは (e_2, e_1, e_3) である.

任意の 2 つの順序付けられた $\mathbb{R}^2$ の基底 (u_1, u_2) と (v_1, v_2) に対して,
$$u_j = \sum_{i=1}^{2} v_i a_j^i, \quad j = 1, 2$$
となる 2×2 正則行列 $A = [a_j^i]$ が一意的に存在する. これを (v_1, v_2) から (u_1, u_2) への**基底の変換行列**と呼ぶ. 行列の記号では, 順序付けられた基底を行ベクトルで書くとき, 例えば基底 (u_1, u_2) に対して $[u_1 \ u_2]$ と書くと,
$$[u_1 \ u_2] = [v_1 \ v_2] A.$$

2 つの順序付けられた基底は, 基底の変換行列 A が正の行列式をもつとき, **同値**であるという. これが実際に $\mathbb{R}^2$ のすべての順序付けられた基底からなる集合の上の同値関係であることは, 容易に確かめられる. したがって, 順序付けられた基底からなる集合は 2 つの同値類に分けられる. 各同値類を $\mathbb{R}^2$ の**向き**と呼ぶ. 順序付けられた基底 (e_1, e_2) を含む同値類が反時計回りの向きであり, (e_2, e_1) の同値類が時計回りの向きである.

一般の場合も同様である. この節におけるベクトル空間はすべて有限次元であると仮定する. ベクトル空間 V の 2 つの順序付けられた基底 $u = [u_1 \ \cdots \ u_n]$ と $v = [v_1 \ \cdots \ v_n]$ が**同値**であるとは, 正の値の行列式をもつ $n \times n$ 行列 A を用いて $u = vA$ と書けることをいい, これを $u \sim v$ と書く. V の**向き**は, 順序付けられた基底の同値類で定める. 任意の有限次元ベクトル空間は 2 つの向きをもつ. μ を有限次元ベクトル空間 V の向きとするとき, もう一方の向きは $-\mu$ と表し, 向き μ の**逆**と呼ぶ.

0 次元ベクトル空間 $\{0\}$ は基底をもたないため, 特別な場合である. $\{0\}$ 上の向きは, 2 つの符号 $+$ と $-$ のどちらか一方で定義する.

記号 ベクトル空間の基底は通常, 括弧を用いずに $v_1, \ldots, v_n$ と書かれる. それが**順序付けられた**基底であるときは, 丸括弧で括り, $(v_1, \ldots, v_n)$ と書く. 行列の記号を用いて, 順序付けられた基底を行ベクトル $[v_1 \ \cdots \ v_n]$ としても表記する. 向きは順序付けられた基底の同値類であるので, 表記は $[(v_1, \ldots, v_n)]$ である. ここで, 大括弧は同値類を表す.

21.2 向きと n コベクトル

順序付けられた基底を用いる代わりに, n コベクトルを用いることによっても, n 次元ベクトル空間 V の向きを特定することができる. 向きへのこのアプローチは,

V 上の n コベクトルからなるベクトル空間 $\bigwedge^n(V^\vee)$ が 1 次元であるという事実に基づいている.

補題 21.1 $u_1,\ldots,u_n$ と $v_1,\ldots,v_n$ をベクトル空間 V のベクトルとする. 実数を成分とする行列 $A = [a^i_j]$ に対して

$$u_j = \sum_{i=1}^n v_i a^i_j, \quad j = 1,\ldots,n$$

が成り立つと仮定する. このとき, β を V 上の n コベクトルとすると

$$\beta(u_1,\ldots,u_n) = (\det A)\beta(v_1,\ldots,v_n).$$

【証明】 仮定より,

$$u_j = \sum_i v_i a^i_j$$

である. β は n 重線形なので,

$$\beta(u_1,\ldots,u_n) = \beta\left(\sum v_{i_1} a^{i_1}_1,\ldots,\sum v_{i_n} a^{i_n}_n\right) = \sum a^{i_1}_1 \cdots a^{i_n}_n \beta(v_{i_1},\ldots,v_{i_n})$$

が成り立つ. $\beta(v_{i_1},\ldots,v_{i_n})$ が 0 でないためには, 添え字 $i_1,\ldots,i_n$ がすべて異ならなければならない. 異なる成分をもつような順序付けられた n 組 $I = (i_1,\ldots,i_n)$ は, $j = 1,\ldots,n$ に対して $\sigma_I(j) = i_j$ となるような $1,\ldots,n$ の置換 σ_I に対応する. β は交代 n テンソルなので,

$$\beta(v_{i_1},\ldots,v_{i_n}) = (\operatorname{sgn}\sigma_I)\beta(v_1,\ldots,v_n)$$

が成り立つ. よって,

$$\beta(u_1,\ldots,u_n) = \sum_{\sigma_I \in S_n} (\operatorname{sgn}\sigma_I) a^{i_1}_1 \cdots a^{i_n}_n \beta(v_1,\ldots,v_n) = (\det A)\beta(v_1,\ldots,v_n)$$

を得る. □

系として, $u_1,\ldots,u_n$ と $v_1,\ldots,v_n$ をベクトル空間 V の順序付けられた基底とすると,

$\beta(u_1,\ldots,u_n)$ と $\beta(v_1,\ldots,v_n)$ は同じ符号をもつ

$\iff \det A > 0$

$\iff u_1,\ldots,u_n$ と $v_1,\ldots,v_n$ は同値な順序付けられた基底である.

n コベクトル β が向き $(v_1,\ldots,v_n)$ を**定める**または**特定する**とは, $\beta(v_1,\ldots,v_n) > 0$ となることである. 直前の系より, これは向きを表す順序付けられた基底のとり方に依らずに, 矛盾なく定義される概念である. さらに, V 上の 2 つの n コベクトル β と β' が同じ向きを定めるための必要十分条件は, ある正の実数 a を用いて $\beta = a\beta'$ が成り立つことである. n 次元ベクトル空間 V 上の 0 でない n コベクトルからなる集合の上に, 同値関係を

$$\beta \sim \beta' \iff \text{ある } a > 0 \text{ に対して } \beta = a\beta'$$

で定義する. したがって, V の向きは順序付けられた基底の同値類だけでなく, V 上の 0 でない n コベクトルの同値類でも与えられる.

線形同型写像 $\bigwedge^n(V^\vee) \simeq \mathbb{R}$ によって, V 上の 0 でない n コベクトルの集合と $\mathbb{R} - \{0\}$ が同一視されるが, $\mathbb{R} - \{0\}$ は 2 つの連結成分をもつ. V 上の 2 つの 0 でない n コベクトル β と β' が同じ連結成分に属するための必要十分条件は, ある実数 $a > 0$ に対して $\beta = a\beta'$ が成り立つことである. よって, $\bigwedge^n(V^\vee) - \{0\}$ の各連結成分は V の向きを定める.

例 e_1, e_2 を $\mathbb{R}^2$ の標準基底とし, α^1, α^2 をその双対とする. このとき,

$$(\alpha^1 \wedge \alpha^2)(e_1, e_2) = 1 > 0$$

なので, 2 コベクトル $\alpha^1 \wedge \alpha^2$ は $\mathbb{R}^2$ の反時計回りの向きを定める.

例 $\partial/\partial x|_p, \partial/\partial y|_p$ を接空間 $T_p(\mathbb{R}^2)$ の標準基底とし, $(dx)_p, (dy)_p$ をその双対基底とする. このとき, $(dx \wedge dy)_p$ は $T_p(\mathbb{R}^2)$ の反時計回りの向きを定める.

21.3 多様体上の向き

すべての n 次元ベクトル空間は, 順序付けられた基底の 2 つの同値類, または 0 でない n コベクトルの 2 つの同値類に対応する, 2 つの向きをもつことを思い出しておく. 多様体 M を向き付けるために, M の各点における接空間に向きを付けるが, もちろんこれは, 向きがどんな所でも急に変わらないような「一貫した」方法で行わなければならない.

12.5 節で学んだように, 開集合 $U \subset M$ 上の**枠**は, U 上の不連続でもよいベクトル場の n 組 $(X_1, \ldots, X_n)$ で, すべての点 $p \in U$ においてベクトルの n 組

$(X_{1,p}, \ldots, X_{n,p})$ が接空間 T_pM の順序付けられた基底となるようなものである. **大域枠**は多様体 M 全体の上で定義される枠であり, 一方 $p \in M$ の周りの**局所枠**は, p のある近傍上で定義される枠である. U 上の枠からなる集合の上に, 同値関係

$$(X_1, \ldots, X_n) \sim (Y_1, \ldots, Y_n)$$
$$\iff \text{すべての } p \in U \text{ に対して } (X_{1,p}, \ldots, X_{n,p}) \sim (Y_{1,p}, \ldots, Y_{n,p})$$

を導入する. 言い換えると, $Y_j = \sum_i a_j^i X_i$ とすると, 2つの枠 $(X_1, \ldots, X_n)$ と $(Y_1, \ldots, Y_n)$ が同値であるための必要十分条件は, 基底の変換行列 $A = [a_j^i]$ が U のすべての点において正の値の行列式をもつことである.

多様体 M 上の**点ごとの向き**とは, 各点 $p \in M$ に対して接空間 T_pM の向き μ_p を割り当てることである. 枠の言葉を用いれば, M 上の点ごとの向きは単に M 上の不連続でもよい枠の同値類である. M 上の点ごとの向き μ が $p \in M$ において**連続**であるとは, p の近傍 U が存在して, μ が U 上の**連続な枠**で表されることである. ここで, μ が U 上の連続な枠で表されるとは, すべての $q \in U$ に対して $\mu_q = [(Y_{1,q}, \ldots, Y_{n,q})]$ となる U 上の連続なベクトル場 $Y_1, \ldots, Y_n$ が存在することとする. 点ごとの向き μ が M **上で連続**であるとは, それがすべての点 $p \in M$ において連続となることである. 連続な点ごとの向きは, 連続な大域枠で表される必要はないことに注意せよ. つまり, 連続な局所枠で局所的に表されれば十分である. M 上の連続な点ごとの向きを, M 上の**向き**と呼ぶ. 多様体が**向き付け可能**であるとは, それが向きをもつことである. 向きが与えられた多様体を**向き付けられた多様体**という.

例 ユークリッド空間 $\mathbb{R}^n$ は, 連続な大域枠 $(\partial/\partial r^1, \ldots, \partial/\partial r^n)$ で与えられる向きをもつ向き付け可能な多様体である.

例 21.2(**開メビウスの帯**) R を長方形

$$R = \{(x, y) \in \mathbb{R}^2 \mid 0 \le x \le 1, \ -1 < y < 1\}$$

とする. 開メビウスの帯 M(図 21.5, 図 21.6)は

$$(0, y) \sim (1, -y) \tag{21.1}$$

で生成される同値関係による, 長方形 R の商空間である. R の内部は開長方形

$$U = \{(x, y) \in \mathbb{R}^2 \mid 0 < x < 1, \ -1 < y < 1\}$$

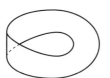

図 21.5 メビウスの帯.

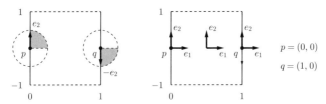

図 21.6 メビウスの帯が向き付け可能でないこと.

である.

メビウスの帯 M が向き付け可能であると仮定する. M 上の向きを U 上の向きに制限する. 順序付けられた実数の組との混乱を避けるために, この例では, 順序付けられた基底を括弧なしで書く. 向きを決めるため, まず U 上のこの向きが e_1, e_2 で与えられていると仮定する. 連続性より, 点 $p = (0,0)$ と点 $q = (1,0)$ における向きもまた e_1, e_2 で与えられる. しかし, 同一視 (21.1) の下で, 曲線 $c(t) = (0,t)$ ($t \in]-\varepsilon, \varepsilon[$) は $\bar{c}(t) = (1,-t)$ に写される. ゆえに, p における接ベクトル $c'(0) = e_2$ は q における接ベクトル $\bar{c}'(0) = -e_2$ に写され, $p = (0,0)$ における順序付けられた基底 e_1, e_2 は, $q = (1,0)$ における順序付けられた基底 $e_1, -e_2$ に写される. よって, 点 $(1,0)$ において向きは e_1, e_2 と $e_1, -e_2$ の両方で与えられなければならないので, 矛盾である. U 上の向きが e_2, e_1 で与えられていると仮定しても矛盾が導かれる. これは, メビウスの帯が向き付け可能でないことを示している.

命題 21.3 連結で向き付け可能な多様体 M はちょうど 2 つの向きをもつ.

【証明】 μ と ν を M 上の 2 つの向きとする. 任意の点 $p \in M$ において, μ_p と ν_p は T_pM の向きである. これらは同じ向き, または逆の向きのどちらか一方である. 関数 $f : M \to \{\pm 1\}$ を

$$f(p) = \begin{cases} 1 & (\mu_p = \nu_p) \\ -1 & (\mu_p = -\nu_p) \end{cases}$$

により定義する．点 $p \in M$ を固定する．連続性より，p の連結な近傍 U が存在し，U 上のある連続なベクトル場 X_i, Y_j を用いて，U 上で $\mu = [(X_1, \ldots, X_n)]$ かつ $\nu = [(Y_1, \ldots, Y_n)]$ と表せる．このとき，$Y_j = \sum_i a_j^i X_i$ を満たすような，行列に値をとる関数 $A = [a_j^i] : U \to \mathrm{GL}(n, \mathbb{R})$ が存在する．命題 12.12 と注意 12.13 より，行列の成分 a_j^i は U 上の連続関数なので，行列式をとる関数 $\det A : U \to \mathbb{R}^\times$ も連続である．中間値の定理より，連結な集合 U 上で至る所消えない連続関数 $\det A$ は，至る所正の値をとるか，至る所負の値をとるかである．よって，U 上で $\mu = \nu$ または $\mu = -\nu$ である．これは，関数 $f : M \to \{\pm 1\}$ が局所定数関数であることを示している．連結な集合上の局所定数関数は定数関数であるので（問題 21.1），M 上で $\mu = \nu$ または $\mu = -\nu$ である． □

21.4 向きと微分形式

連続な点ごとの向きとしての多様体上の向きの定義は，幾何学的に直観で理解できるが，応用上は，点ごとの向きを特定するような，至る所消えない最高次の形式を扱う方が便利である．この節では，点ごとの向きが連続である条件を，至る所消えない最高次の形式が C^∞ 級である条件に言い換えられることを示す．

f を集合 M 上の実数値関数とするとき，表記 $f > 0$ は，f が M 上至る所で正の値をとることを意味するものとする．

補題 21.4 多様体 M 上の点ごとの向き $[(X_1, \ldots, X_n)]$ が連続であるための必要十分条件は，各点 $p \in M$ に対して座標近傍 $(U, x^1, \ldots, x^n)$ が存在し，U 上の関数 $(dx^1 \wedge \cdots \wedge dx^n)(X_1, \ldots, X_n)$ が至る所で正の値をとることである．

【証明】
($\Rightarrow$) M 上の点ごとの向き $\mu = [(X_1, \ldots, X_n)]$ が連続であると仮定する．これは大域枠 $(X_1, \ldots, X_n)$ が連続であるという意味ではない．これが意味するところは，すべての点 $p \in M$ が，μ が W 上の連続な枠 $(Y_1, \ldots, Y_n)$ で表されるような近傍 W をもつことである．W に含まれる連結な p の座標近傍 $(U, x^1, \ldots, x^n)$ をとり，$\partial_i = \partial/\partial x^i$ とする．このとき，各点における基底の変換行列に値をとる連続関数 $[b_j^i] : U \to \mathrm{GL}(n, \mathbb{R})$ を用いて $Y_j = \sum_i b_j^i \partial_i$ と表せる．補題 21.1 より，

$$(dx^1 \wedge \cdots \wedge dx^n)(Y_1, \ldots, Y_n) = (\det[b_j^i])(dx^1 \wedge \cdots \wedge dx^n)(\partial_1, \ldots, \partial_n) = \det[b_j^i]$$

であり，行列 $[b_j^i]$ は正則なのでこの値は 0 ではない．$(dx^1 \wedge \cdots \wedge dx^n)(Y_1, \ldots, Y_n)$

は連結な集合上の至る所消えない連続実数値関数なので，U 上至る所で正の値，または至る所で負の値をとる．もし負の値をとるならば，$\tilde{x}^1 = -x^1$ とおくことで，チャート $(U, \tilde{x}^1, x^2, \ldots, x^n)$ 上で

$$(d\tilde{x}^1 \wedge dx^2 \wedge \cdots \wedge dx^n)(Y_1, \ldots, Y_n) > 0$$

を得る．$\tilde{x}^1$ を x^1 と名前を付け直して，p の座標近傍 $(U, x^1, \ldots, x^n)$ 上で関数 $(dx^1 \wedge \cdots \wedge dx^n)(Y_1, \ldots, Y_n)$ は常に正の値をとると仮定してもよい．

U 上で $\mu = [(X_1, \ldots, X_n)] = [(Y_1, \ldots, Y_n)]$ であるので，$X_j = \sum_i c_j^i Y_i$ となるような基底の変換行列 $C = [c_j^i]$ は正の値の行列式をもつ．再び補題 21.1 より，U 上で

$$(dx^1 \wedge \cdots \wedge dx^n)(X_1, \ldots, X_n) = (\det C)(dx^1 \wedge \cdots \wedge dx^n)(Y_1, \ldots, Y_n) > 0$$

である．

($\Leftarrow$) チャート $(U, x^1, \ldots, x^n)$ 上，$X_j = \sum_i a_j^i \partial_i$ と仮定する．前と同様に

$(dx^1 \wedge \cdots \wedge dx^n)(X_1, \ldots, X_n) = (\det[a_j^i])(dx^1 \wedge \cdots \wedge dx^n)(\partial_1, \ldots, \partial_n) = \det[a_j^i]$

である．仮定より，この等式の左辺は正である．したがって，U 上で $\det[a_j^i] > 0$ であり，$[(X_1, \ldots, X_n)] = [(\partial_1, \ldots, \partial_n)]$ が成り立つ．これは，点ごとの向き μ が p において連続であることを証明している．p は任意であったので，μ は M 上で連続である． $\square$

定理 21.5 n 次元多様体 M が向き付け可能であるための必要十分条件は，M 上至る所消えない C^∞ 級 n 形式が存在することである．

【証明】

($\Rightarrow$) $[(X_1, \ldots, X_n)]$ を M 上の向きと仮定する．補題 21.4 より，各点 p は，U 上

$$(dx^1 \wedge \cdots \wedge dx^n)(X_1, \ldots, X_n) > 0 \qquad (21.2)$$

となるような座標近傍 $(U, x^1, \ldots, x^n)$ をもつ．$\{(U_\alpha, x_\alpha^1, \ldots, x_\alpha^n)\}$ をこのようなチャートの族で M を被覆するものとし，$\{\rho_\alpha\}$ を開被覆 $\{U_\alpha\}$ に従属する C^∞ 級の 1 の分割とする．n 形式 $\omega = \sum_\alpha \rho_\alpha dx_\alpha^1 \wedge \cdots \wedge dx_\alpha^n$ は局所有限和なので矛盾なく定義され，M 上で C^∞ 級である．$p \in M$ を固定する．すべての α に対して $\rho_\alpha(p) \geq 0$，かつ少なくとも 1 つの α について $\rho_\alpha(p) > 0$ なので，(21.2) より，

$$\omega_p(X_{1,p},\ldots,X_{n,p}) = \sum_\alpha \rho_\alpha(p)(dx_\alpha^1 \wedge \cdots \wedge dx_\alpha^n)_p(X_{1,p},\ldots,X_{n,p}) > 0$$

である．したがって，ω は M 上至る所消えない C^∞ 級 n 形式である．

($\Leftarrow$) ω を M 上至る所消えない C^∞ 級 n 形式と仮定する．各点 $p \in M$ において，$\omega_p(X_{1,p},\ldots,X_{n,p}) > 0$ を満たすような T_pM の順序付けられた基底 $(X_{1,p},\ldots,X_{n,p})$ をとる．$p \in M$ を固定し，$(U, x^1, \ldots, x^n)$ を連結な p の座標近傍とする．U 上，至る所消えない C^∞ 級関数 f を用いて $\omega = f\,dx^1 \wedge \cdots \wedge dx^n$ と表せる．関数 f は連続かつ連結集合上で至る所消えないので，U 上至る所で正の値をとるか，至る所で負の値をとるかである．$f > 0$ とすると，チャート $(U, x^1, \ldots, x^n)$ 上で

$$(dx^1 \wedge \cdots \wedge dx^n)(X_1, \ldots, X_n) > 0$$

である．$f < 0$ とすると，チャート $(U, -x^1, x^2, \ldots, x^n)$ 上で

$$(d(-x^1) \wedge dx^2 \wedge \cdots \wedge dx^n)(X_1, \ldots, X_n) > 0$$

である．どちらの場合も，補題 21.4 より $\mu = [(X_1, \ldots, X_n)]$ は M 上の連続な点ごとの向きである． □

例 21.6 (正則零点集合が向き付け可能であること) 正則レベル集合定理より，0 が $\mathbb{R}^3$ 上の C^∞ 級関数 $f(x, y, z)$ の正則値ならば，零点集合 $f^{-1}(0)$ は C^∞ 級多様体である．問題 19.11 で，C^∞ 級関数の正則零点集合上の至る所消えない 2 形式を構成した．このとき，定理 21.5 から $\mathbb{R}^3$ 上の C^∞ 級関数の正則零点集合は向き付け可能であることが従う．

例として，$\mathbb{R}^3$ における単位球面 S^2 は向き付け可能である．他の例として，開メビウスの帯は向き付け可能でないので (例 21.2)，$\mathbb{R}^3$ 上の C^∞ 級関数の正則零点集合として実現することができない．

代数的トポロジーの古典的な定理によると，偶数次元の球面上の連続なベクトル場はどこかで消えていなければならない [18, Theorem 2.28, p.135]．よって，球面 S^2 は連続な点ごとの向きをもつが，向きを表す任意の大域枠 (X_1, X_2) は必ず不連続である．

ω と ω' を次元 n の多様体 M 上の 2 つの至る所消えない C^∞ 級 n 形式とすると，M 上至る所消えないある関数 f を用いて $\omega = f\omega'$ と表せる．局所的に，チャート $(U, x^1, \ldots, x^n)$ 上，$\omega = h\,dx^1 \wedge \cdots \wedge dx^n$ かつ $\omega' = g\,dx^1 \wedge \cdots \wedge dx^n$ と書ける．

ここで，h と g は U 上至る所消えない C^∞ 級関数である．したがって，$f = h/g$ も U 上至る所消えない C^∞ 級関数である．U は任意のチャートなので，f は C^∞ 級であり M 上至る所消えない．**連結**な多様体 M 上，そのような関数 f は至る所で正の値をとるか，至る所で負の値をとるかのどちらか一方である．この方法で，連結な向き付け可能な多様体 M 上の至る所消えない C^∞ 級 n 形式は，同値関係

$$\omega \sim \omega' \iff \text{ある関数 } f > 0 \text{ を用いて } \omega = f\omega'$$

により2つの同値類に分けられる．

連結な向き付け可能な多様体 M 上の各々の向き $\mu = [(X_1, \ldots, X_n)]$ に対して，$\omega(X_1, \ldots, X_n) > 0$ となるような M 上至る所消えない C^∞ 級 n 形式 ω の同値類を対応させる．(このような ω は定理 21.5 の証明より存在する．) $\mu \mapsto [\omega]$ とすると，$-\mu \mapsto [-\omega]$ である．連結な向き付け可能な多様体上，これは 1 対 1 対応

$$\{M \text{ 上の向き}\} \longleftrightarrow \{M \text{ 上至る所消えない } C^\infty \text{ 級 } n \text{ 形式の同値類}\} \tag{21.3}$$

を与える．どちら側も2つの元からなる集合である．連結成分ごとに2つの向きと2つの至る所消えない C^∞ 級 n 形式の同値類があることから，全単射 (21.3) は任意の向き付け可能な多様体に対しても成り立つことが分かる．ω を $\omega(X_1, \ldots, X_n) > 0$ となるような至る所消えない C^∞ 級 n 形式とするとき，ω は向き $[(X_1, \ldots, X_n)]$ を**定める**または**特定する**と言い，ω を M 上の**向き形式**と呼ぶ．向き付けられた多様体は組 $(M, [\omega])$ で記述することができる．ここで，$[\omega]$ は M 上の向き形式の同値類である．向き付けられた多様体に対して，文脈から向きが明らかなとき，$(M, [\omega])$ の代わりに M と書くことがある．例えば，$\mathbb{R}^n$ は特に向きを指定しない限り $dx^1 \wedge \cdots \wedge dx^n$ で向き付けられているものとする．

注意 21.7（**0 次元多様体上の向き**）　次元 0 の連結な多様体は一点である．一点上の至る所消えない 0 形式の同値類は $[-1]$ または $[1]$ のどちらか一方である．よって，連結な 0 次元多様体はいつも向き付け可能である．これら2つの向きは，2つの数 ± 1 により特定される．一般の 0 次元多様体 M は可算個の点からなる離散集合であり（例 5.13），M 上の向きは M の各点で 1 または -1 のどちらかに値をとる関数で与えられる．

向き付けられた多様体の間の微分同相写像 $F : (N, [\omega_N]) \to (M, [\omega_M])$ は，$[F^* \omega_M] = [\omega_N]$ が成り立つとき**向きを保つ**といい，$[F^* \omega_M] = [-\omega_N]$ が成り立

つとき**向きを逆にする**という.

命題 21.8 U と V を $\mathbb{R}^n$ の開集合で,共に $\mathbb{R}^n$ から誘導される標準的な向きをもつものとする.微分同相写像 $F: U \to V$ が向きを保つための必要十分条件は,ヤコビ行列式 $\det[\partial F^i/\partial x^j]$ が U 上至る所で正の値をとることである.

【証明】 $x^1, \ldots, x^n$ と $y^1, \ldots, y^n$ をそれぞれ $U \subset \mathbb{R}^n$ と $V \subset \mathbb{R}^n$ 上の標準座標とする.このとき

$$\begin{aligned}
F^*(dy^1 \wedge \cdots \wedge dy^n) &= d(F^*y^1) \wedge \cdots \wedge d(F^*y^n) \quad \text{(命題 18.11 と命題 17.10)} \\
&= d(y^1 \circ F) \wedge \cdots \wedge d(y^n \circ F) \quad \text{(引き戻しの定義)} \\
&= dF^1 \wedge \cdots \wedge dF^n \\
&= \det\left[\frac{\partial F^i}{\partial x^j}\right] dx^1 \wedge \cdots \wedge dx^n \quad \text{(系 18.4 (ii) より)}.
\end{aligned}$$

よって,F が向きを保つための必要十分条件は,$\det[\partial F^i/\partial x^j]$ が U 上至る所で正の値をとることである. □

21.5 向きとアトラス

向きを保つ微分同相写像がヤコビ行列式の符号によって特徴付けられることを用いると,多様体の向き付け可能性をアトラスの言葉を用いて記述することができる.

定義 21.9 M 上のアトラスは,任意の 2 つの共通部分をもつアトラスのチャート $(U, x^1, \ldots, x^n)$ と $(V, y^1, \ldots, y^n)$ に対してヤコビ行列式 $\det[\partial y^i/\partial x^j]$ が $U \cap V$ 上至る所で正の値をとるとき,**向き付けられている**という.

定理 21.10 多様体 M が向き付け可能であるための必要十分条件は,それが向き付けられたアトラスをもつことである.

【証明】
($\Rightarrow$) $\mu = [(X_1, \ldots, X_n)]$ を多様体 M 上の向きとする.補題 21.4 より,各点 $p \in M$ は,U 上で

$$(dx^1 \wedge \cdots \wedge dx^n)(X_1, \ldots, X_n) > 0$$

を満たすような座標近傍 $(U, x^1, \ldots, x^n)$ をもつ.このようなチャートの族 $\mathfrak{U} = \{(U, x^1, \ldots, x^n)\}$ が向き付けられたアトラスであることを証明する.

$(U, x^1, \ldots, x^n)$ と $(V, y^1, \ldots, y^n)$ を共通部分をもつ $\mathfrak{U}$ の2つのチャートとすると，$U \cap V$ 上で，
$$(dx^1 \wedge \cdots \wedge dx^n)(X_1, \ldots, X_n) > 0 \quad \text{かつ} \quad (dy^1 \wedge \cdots \wedge dy^n)(X_1, \ldots, X_n) > 0 \tag{21.4}$$
が成り立つ．$dy^1 \wedge \cdots \wedge dy^n = (\det[\partial y^i/\partial x^j]) dx^1 \wedge \cdots \wedge dx^n$ なので，(21.4) から $U \cap V$ 上で $\det[\partial y^i/\partial x^j] > 0$ が従う．したがって，$\mathfrak{U}$ は向き付けられたアトラスである．

($\Leftarrow$) $\{(U, x^1, \ldots, x^n)\}$ を向き付けられたアトラスと仮定する．各点 $p \in (U, x^1, \ldots, x^n)$ に対して，μ_p を $T_p M$ の順序付けられた基底 $(\partial/\partial x^1|_p, \ldots, \partial/\partial x^n|_p)$ の同値類と定める．向き付けられたアトラスにおける2つのチャート $(U, x^1, \ldots, x^n)$ と $(V, y^1, \ldots, y^n)$ が p を含むとすると，アトラスが向き付けられていることから $\det[\partial y^i/\partial x^j] > 0$ なので，$(\partial/\partial x^1|_p, \ldots, \partial/\partial x^n|_p)$ は $(\partial/\partial y^1|_p, \ldots, \partial/\partial y^n|_p)$ に同値である．これは，μ が矛盾なく定義される M 上の点ごとの向きであることを示している．すべての点 p は，$\mu = [(\partial/\partial x^1, \ldots, \partial/\partial x^n)]$ が U 上の連続な枠で表されるような座標近傍 $(U, x^1, \ldots, x^n)$ をもつので，μ は連続である． $\square$

定義 21.11 多様体 M 上の2つの向き付けられたアトラス $\{(U_\alpha, \phi_\alpha)\}$ と $\{(V_\beta, \psi_\beta)\}$ が**同値**であるとは，すべての α, β に対して変換関数
$$\phi_\alpha \circ \psi_\beta^{-1} : \psi_\beta(U_\alpha \cap V_\beta) \to \phi_\alpha(U_\alpha \cap V_\beta)$$
が正の値のヤコビ行列式をもつことである．

これが多様体 M 上の向き付けられたアトラスからなる集合の上の同値関係であることを示すのは難しくない（問題 21.3）．

定理 21.10 の証明において，多様体 M 上の向き付けられたアトラス $\{(U, x^1, \ldots, x^n)\}$ は M 上の向き $U \ni p \mapsto [(\partial/\partial x^1|_p, \ldots, \partial/\partial x^n|_p)]$ を定め，逆に，M 上の向き $[(X_1, \ldots, X_n)]$ は U 上で $(dx^1 \wedge \cdots \wedge dx^n)(X_1, \ldots, X_n) > 0$ となるような M 上の向き付けられたアトラス $\{(U, x^1, \ldots, x^n)\}$ を与える．向き付け可能な多様体 M に対して，2つの誘導される写像

$$\left\{ M \text{ 上の向き付けられたアトラスの同値類} \right\} \rightleftarrows \left\{ M \text{ 上の向き} \right\}$$

が矛盾なく定義され，かつ互いに逆写像であることの証明は，演習問題として残しておく．したがって，向き付け可能な多様体上の向きを，向き付けられたアトラスの同値類でも特定することができる．

向き付けられた多様体 M に対して，同じ多様体であるが逆の向きをもつものを $-M$ と表す．$\{(U,\phi)\} = \{(U,x^1,x^2,\ldots,x^n)\}$ を M の向きを特定する向き付けられたアトラスとすると，$-M$ の向きを特定する向き付けられたアトラスは $\{(U,\tilde{\phi})\} = \{(U,-x^1,x^2,\ldots,x^n)\}$ である．

問題

21.1* 連結な空間上の局所定値写像

2つの位相空間の間の写像 $f: S \to Y$ は，すべての点 $p \in S$ に対して f が U 上で一定となる p の近傍 U が存在するとき，**局所定値**という．空でない連結な空間 S 上の局所定値写像 $f: S \to Y$ は一定の値をとることを示せ．(ヒント．すべての点 $y \in Y$ に対して，逆像 $f^{-1}(y)$ が開集合であることを示せ．このとき，$S = \bigcup_{y \in Y} f^{-1}(y)$ は S を開集合の非交和として表している．)

21.2 点ごとの向きの連続性

多様体 M 上の点ごとの向き $[(X_1,\ldots,X_n)]$ が連続であるための必要十分条件は，すべての点 $p \in M$ が，すべての点 $q \in U$ に対して微分 $\phi_{*,q}: T_qM \to T_{\phi(q)}\mathbb{R}^n \simeq \mathbb{R}^n$ が T_qM の向きを $\mathbb{R}^n$ の標準的な向きに写すような座標近傍 $(U,\phi) = (U,x^1,\ldots,x^n)$ をもつことであることを証明せよ．ここで，$\phi_{*,q}: T_qM \to T_{\phi(q)}\mathbb{R}^n \simeq \mathbb{R}^n$ が T_qM の向きを $\mathbb{R}^n$ の標準的な向きに写すとは，$(\phi_* X_{1,q},\ldots,\phi_* X_{n,q}) \sim (\partial/\partial r^1,\ldots,\partial/\partial r^n)$ が成り立つことである．

21.3 向き付けられたアトラスの同値

定義 21.11 における関係が同値関係であることを示せ．

21.4 向きを保つ微分同相写像

$F: (N,[\omega_N]) \to (M,[\omega_M])$ を向きを保つ微分同相写像とする．$\{(V_\alpha,\psi_\alpha)\} = \{(V_\alpha, y_\alpha^1,\ldots,y_\alpha^n)\}$ を，M の向きを特定するような M 上の向き付けられたアトラスとすると，$\{(F^{-1}V_\alpha, F^*\psi_\alpha)\} = \{(F^{-1}V_\alpha, F_\alpha^1,\ldots,F_\alpha^n)\}$ は N の向きを特定する N 上の向き付けられたアトラスであることを示せ．ここで，$F_\alpha^i = y_\alpha^i \circ F$ である．

21.5 向きを保つまたは向きを逆にする微分同相写像

U を (r,θ) 平面 $\mathbb{R}^2$ の開集合 $(0,\infty) \times (0,2\pi)$ とする．$F: U \subset \mathbb{R}^2 \to \mathbb{R}^2$ を $F(r,\theta) = (r\cos\theta, r\sin\theta)$ と定義する．F がその像の上への微分同相写像として向きを保つのか向きを逆にするのか，どちらであるかを決定せよ．

21.6 $\mathbb{R}^{n+1}$ における正則レベル集合が向き付け可能であること

$f(x^1,\ldots,x^{n+1})$ を 0 を正則値としてもつ $\mathbb{R}^{n+1}$ 上の C^∞ 級関数と仮定する．f の零点集合は $\mathbb{R}^{n+1}$ の向き付け可能な部分多様体であることを示せ．特に，$\mathbb{R}^{n+1}$ の

単位 n 次元球面 S^n は向き付け可能である.

21.7 リー群が向き付け可能であること

すべてのリー群 G が向き付け可能であることを, G 上至る所消えない滑らかな最高次の形式を構成することにより示せ.

21.8 平行化可能な多様体が向き付け可能であること

平行化可能な多様体が向き付け可能であることを示せ.(特に, これはすべてのリー群が向き付け可能であることを再度示している.)

21.9 接束の全空間が向き付け可能であること

M を滑らかな多様体とし, $\pi: TM \to M$ をその接束とする. $\{(U, \phi)\}$ を M 上の任意のアトラスとすると, 式 (12.1) で定義される $\tilde{\phi}$ を用いた TM 上のアトラス $\{(TU, \tilde{\phi})\}$ は向き付けられていることを示せ. これは, M が向き付け可能であるかどうかに関わらず, 接束の全空間 TM は常に向き付け可能であることを示している.

21.10 円周上の向き付けられたアトラス

例 5.16 では, 単位円周 S^1 上のアトラス $\mathfrak{U} = \{(U_i, \phi_i)\}_{i=1}^{4}$ を見つけた. $\mathfrak{U}$ は向き付けられたアトラスであるか. もしそうでないならば, $\mathfrak{U}$ が向き付けられたアトラスとなるように座標関数 ϕ_i を変えよ.

§22 境界をもつ多様体

境界をもつ多様体の原型は, **閉上半空間**

$$\mathcal{H}^n = \{(x^1, \ldots, x^n) \in \mathbb{R}^n \,|\, x^n \geq 0\}$$

に $\mathbb{R}^n$ から誘導される部分空間位相を与えたものである. $x^n > 0$ を満たすような $\mathcal{H}^n$ の点 $(x^1, \ldots, x^n)$ を $\mathcal{H}^n$ の**内点**と呼び, $x^n = 0$ を満たすような点を $\mathcal{H}^n$ の**境界点**と呼ぶ. これら 2 つの集合をそれぞれ $(\mathcal{H}^n)^\circ$, $\partial(\mathcal{H}^n)$ と表す (図 22.1).

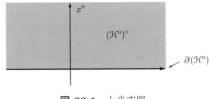

図 22.1 上半空間.

文献によっては, 上半空間はしばしば開集合

$$\{(x^1,\ldots,x^n)\in\mathbb{R}^n\,|\,x^n>0\}$$

を意味する．本書では，境界をもつ多様体のモデルとして扱うために，$\mathcal{H}^n$ は境界を含むものとする．

M を境界をもつ多様体とすると，その境界 ∂M は境界をもたない多様体で，次元が 1 低くなる．さらに，M 上の向きは ∂M 上の向きを誘導する．境界上に誘導された向きの選び方は慣習の問題であるが，ストークスの定理が符号なしで成立するように導入する．境界の向きを記述するための様々な方法のうち，(1) M 上の向き形式を ∂M 上の外向きベクトル場で縮約する方法，(2)「最初に外向きベクトル」の方法の 2 つが，単純さの点で際立っている．

22.1 $\mathbb{R}^n$ における領域の微分同相不変性

境界をもつ多様体上の C^∞ 級関数を議論するために，C^∞ 級関数の定義を開集合ではない領域上に拡張する必要がある．

定義 22.1 $S\subset\mathbb{R}^n$ を任意の部分集合とする．関数 $f:S\to\mathbb{R}^m$ が S の**点 p において滑らか**であるとは，$U\cap S$ 上で $\tilde{f}=f$ を満たすような $\mathbb{R}^n$ における p の近傍 U と C^∞ 級関数 $\tilde{f}:U\to\mathbb{R}^m$ が存在することである．関数が S **上で滑らか**であるとは，それが S の各点において滑らかとなることである．

今，この定義を用いると，任意の部分集合 $S\subset\mathbb{R}^n$ が任意の部分集合 $T\subset\mathbb{R}^m$ に微分同相であることが意味をなす．つまり，これは互いに逆写像であるような滑らかな写像 $f:S\to T\subset\mathbb{R}^m$ と $g:T\to S\subset\mathbb{R}^n$ が存在することである．

演習 22.2（**開集合でない集合上の滑らかな関数**）* 1 の分割を用いて，関数 $f:S\to\mathbb{R}^m$ が $S\subset\mathbb{R}^n$ 上で C^∞ 級であるための必要十分条件は，$f=\tilde{f}|_S$ を満たすような S を含む $\mathbb{R}^n$ の開集合 U と C^∞ 級関数 $\tilde{f}:U\to\mathbb{R}^m$ が存在することであることを示せ．

次の定理は，位相空間の圏における古典的な定理の C^∞ 級の類似である．これを用いて，$\mathcal{H}^n$ の開集合の微分同相写像の下で内点と境界点が不変であることを示す．

定理 22.3（**領域の微分同相不変性**） $U\subset\mathbb{R}^n$ を開集合，$S\subset\mathbb{R}^n$ を任意の部分集合とし，$f:U\to S$ を微分同相写像とする．このとき，S は $\mathbb{R}^n$ の開集合である．

より簡潔には，$\mathbb{R}^n$ の開集合 U と $\mathbb{R}^n$ の任意の部分集合 S の間の微分同相写像があれば，S は $\mathbb{R}^n$ の開集合でなければならないということである．この定理は仮定

からすぐに分かるものではない．微分同相写像 $f : \mathbb{R}^n \supset U \to S \subset \mathbb{R}^n$ は，U の開集合を S の開集合に写す．よって，$f(U)$ が S の開集合であることだけが分かり，S 自身である $f(U)$ が $\mathbb{R}^n$ の開集合であるかは分からない．ここで，2 つのユークリッド空間が同じ次元をもつことが重要である．例えば，$\mathbb{R}^1$ の開区間 $]0,1[$ と $\mathbb{R}^2$ の開線分 $S =]0,1[\times \{0\}$ の間の微分同相写像は存在するが，S は $\mathbb{R}^2$ の開集合ではない．

【証明】 ある $p \in U$ を用いて，$f(p)$ を S の任意の点とする．$f : U \to S$ は微分同相写像なので，$g|_S = f^{-1}$ を満たすような S を含む開集合 $V \subset \mathbb{R}^n$ と C^∞ 級写像 $g : V \to \mathbb{R}^n$ が存在する．よって，

$$U \xrightarrow{f} V \xrightarrow{g} \mathbb{R}^n$$

は

$$g \circ f = \mathbb{1}_U : U \to U \subset \mathbb{R}^n$$

を満たし，これは U 上の恒等写像である．合成関数の微分法より，

$$g_{*,f(p)} \circ f_{*,p} = \mathbb{1}_{T_pU} : T_pU \to T_pU \simeq T_p(\mathbb{R}^n)$$

は接空間 T_pU 上の恒等写像である．よって，$f_{*,p}$ は単射である．U と V は同じ次元をもつので，$f_{*,p} : T_pU \to T_{f(p)}V$ は可逆である．逆関数定理より，f は p において局所的に可逆である．これは，$f : U_p \to V_{f(p)}$ が微分同相写像であるような，U における p の開近傍 U_p と V における $f(p)$ の開近傍 $V_{f(p)}$ が存在することを意味する．よって

$$f(p) \in V_{f(p)} = f(U_p) \subset f(U) = S$$

が従う．V は $\mathbb{R}^n$ の開集合であり，$V_{f(p)}$ は V の開集合なので，集合 $V_{f(p)}$ は $\mathbb{R}^n$ の開集合である．開であることの局所的な判定法（補題 A.2）より，S は $\mathbb{R}^n$ の開集合である． □

命題 22.4 U と V を上半空間 $\mathcal{H}^n$ の開集合とし，$f : U \to V$ を微分同相写像とする．このとき，f は内点を内点に写し，境界点を境界点に写す．

【証明】 $p \in U$ を内点とする．このとき，p はある開球 B に含まれる．ここで，B は（$\mathcal{H}^n$ の開集合であるだけでなく）実際に $\mathbb{R}^n$ の開集合である．領域の微分同相不変性より，$f(B)$ は（再び $\mathcal{H}^n$ の開集合であるだけでなく）$\mathbb{R}^n$ の開集合である．したがって，$f(B) \subset (\mathcal{H}^n)^\circ$ である．$f(p) \in f(B)$ なので，$f(p)$ は $\mathcal{H}^n$ の内点である．

p を $U \cap \partial \mathcal{H}^n$ の点とすると，$f^{-1}(f(p)) = p$ は境界点である．$f^{-1} : V \to U$ は微分同相写像なので，前半で証明したことにより $f(p)$ は内点になりえない．よって，$f(p)$ は境界点である． □

注意 22.5 この 22.1 節の全体にわたって，ユークリッド空間を多様体に置き換えると，多様体に対する領域の微分同相不変性を全く同じ方法で証明することができる．つまり，n 次元多様体 N の開集合 U と，別の n 次元多様体 M の任意の部分集合 S との間に微分同相写像が存在すれば，S は M の開集合である．

22.2 境界をもつ多様体

上半空間 $\mathcal{H}^n$ では，境界と交わらないか境界と交わるかに依って開集合を 2 つの種類に分けることができる（図 22.2）．多様体上のチャートは，前者の種類の開集合の方だけと同相である．

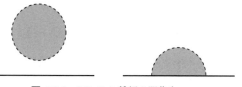

図 22.2 $\mathcal{H}^n$ の 2 種類の開集合．

境界をもつ多様体は，両方の種類の集合を開集合とすることにより多様体の定義を一般化したものである．位相空間 M が**局所的に** $\mathcal{H}^n$ であるとは，すべての点 $p \in M$ が $\mathcal{H}^n$ の開集合と同相であるような近傍 U をもつことである．

定義 22.6 **境界をもつ n 次元位相多様体**とは，局所的に $\mathcal{H}^n$ であるような第二可算公理を満たすハウスドルフ空間のことである．

M を境界をもつ n 次元位相多様体とする．$n \geq 2$ に対して，M 上の**チャート**を，M の開集合 U と，U から $\mathcal{H}^n$ の開集合 $\phi(U)$ への同相写像

$$\phi : U \to \phi(U) \subset \mathcal{H}^n$$

からなる組 (U, ϕ) で定義する．例 22.9（p.306）で見るように，$n = 1$ のときは少し変更が必要である．つまり，2 つの局所モデル，**右半直線** $\mathcal{H}^1$ と**左半直線**

$$\mathcal{L}^1 := \{x \in \mathbb{R} \mid x \leq 0\}$$

§22 境界をもつ多様体

を必要とし，次元 1 のときのチャート (U, ϕ) は，M の開集合 U と，U から $\mathcal{H}^1$ または $\mathcal{L}^1$ の開集合への同相写像 ϕ からなる．この取り決めを用いれば，$(U, x^1, x^2, \ldots, x^n)$ を境界をもつ n 次元多様体のチャートとすると，任意の $n \geq 1$ に対して $(U, -x^1, x^2, \ldots, x^n)$ もチャートである．0 次元多様体は，点からなる離散集合であるためその境界は必ず空なので，境界をもつ多様体は少なくとも 1 以上の次元をもつ．

チャートの族 $\{(U, \phi)\}$ は，任意の 2 つのチャート (U, ϕ) と (V, ψ) に対して変換関数
$$\psi \circ \phi^{-1} : \phi(U \cap V) \to \psi(U \cap V) \subset \mathcal{H}^n$$
が微分同相写像であるとき，C^∞ **級アトラス**という．**境界をもつ C^∞ 級多様体**は，極大な C^∞ 級アトラスが与えられた境界をもつ位相多様体である．

M の点 p が**内点**であるとは，あるチャート (U, ϕ) において点 $\phi(p)$ が $\mathcal{H}^n$ の内点であることをいう．同様に，$\phi(p)$ が $\mathcal{H}^n$ の境界点であるとき，p は M の**境界点**という．これらの概念はチャートに依らず矛盾なく定義される．なぜなら，(V, ψ) を他のチャートとすると，微分同相写像 $\psi \circ \phi^{-1}$ は $\phi(p)$ を $\psi(p)$ へ写すので，命題 22.4 より $\phi(p)$ と $\psi(p)$ は共に内点か，共に境界点のどちらかである（図 22.3）．M の境界点の集合を ∂M と表す．

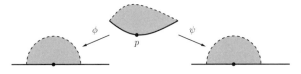

図 **22.3** 境界におけるチャート．

多様体に対して導入された多くの概念は，境界をもつ多様体へそのまま拡張される．ただ異なっているのは，チャートが 2 種類とれるという点と，局所モデルが $\mathcal{H}^n$（または $\mathcal{L}^1$）という点だけである．例えば，関数 $f : M \to \mathbb{R}$ が境界点 $p \in \partial M$ において C^∞ 級であるとは，$f \circ \phi^{-1}$ が $\phi(p) \in \mathcal{H}^n$ において C^∞ 級であるような p におけるチャート (U, ϕ) が存在することである．これは $f \circ \phi^{-1}$ が $\mathbb{R}^n$ における $\phi(p)$ の近傍への C^∞ 級での拡張をもつことを意味する．

点集合トポロジーでは，位相空間 S の部分集合 A に対して定義される内部と境界の別の概念がある．点 $p \in S$ は，
$$p \in U \subset A$$

を満たすような S の開集合 U が存在するとき，A の**内点**という．点 $p \in S$ は，

$$p \in U \subset S - A$$

を満たすような S の開集合 U が存在するとき，A の**外点**という．最後に，点 $p \in S$ は，p のすべての近傍が A に含まれる点と A に含まれない点の両方を含むとき，A の**境界点**という．S における A の内点，外点，境界点の集合をそれぞれ $\mathrm{int}(A)$, $\mathrm{ext}(A)$, $\mathrm{bd}(A)$ と表す．明らかに，位相空間 S は非交和

$$S = \mathrm{int}(A) \sqcup \mathrm{ext}(A) \sqcup \mathrm{bd}(A)$$

で表せる．

部分集合 $A \subset S$ が境界をもつ多様体のとき，$\mathrm{int}(A)$ を A の**位相空間としての内部**，$\mathrm{bd}(A)$ を A の**位相空間としての境界**と呼び，それらを**多様体としての内部** A° と**多様体としての境界** ∂A と区別する．集合の位相空間としての内部と位相空間としての境界は，全体の空間に依存するが，多様体としての内部と多様体としての境界は，全体の空間に依らず内在的であることに注意せよ．

例 22.7（位相空間としての境界と多様体としての境界の対比）　A を $\mathbb{R}^2$ における単位開円板

$$A = \{x \in \mathbb{R}^2 \mid \|x\| < 1\}$$

とする．このとき，$\mathbb{R}^2$ における位相空間としての境界 $\mathrm{bd}(A)$ は単位円周であるが，多様体としての境界 ∂A は空集合である（図 22.4）．

B を $\mathbb{R}^2$ における閉単位円板とすると，その位相空間としての境界 $\mathrm{bd}(B)$ と多様体としての境界 ∂B は一致し，共に単位円周である．

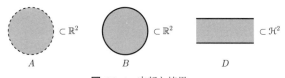

図 **22.4**　内部と境界．

例 22.8（位相空間としての内部と多様体としての内部の対比）　S を上半平面 $\mathcal{H}^2$ とし，D を部分集合

$$D = \{(x, y) \in \mathcal{H}^2 \mid y \leq 1\}$$

とする（図 22.4）．D の位相空間としての内部は，x 軸を含む集合

$$\text{int}(D) = \{(x,y) \in \mathcal{H}^2 \,|\, 0 \leq y < 1\}$$

であるが，D の多様体としての内部は，x 軸を含まない集合

$$D^\circ = \{(x,y) \in \mathcal{H}^2 \,|\, 0 < y < 1\}$$

である．

集合 A の位相空間としての内部がその全体の空間 S に依ることを表すために，$\text{int}(A)$ の代わりに $\text{int}_S(A)$ と表記することもある．この例では，$\mathcal{H}^2$ における D の位相空間としての内部 $\text{int}_{\mathcal{H}^2}(D)$ は上で与えられたものであるが，$\mathbb{R}^2$ における D の位相空間としての内部 $\text{int}_{\mathbb{R}^2}(D)$ は D° と一致する．

22.3 境界をもつ多様体の境界

M を境界 ∂M をもつ n 次元多様体とする．(U, ϕ) を M 上のチャートとすると，座標写像 ϕ の境界への制限を $\phi' = \phi|_{U \cap \partial M}$ と表す．ϕ は境界点を境界点に写すので，

$$\phi' : U \cap \partial M \to \partial \mathcal{H}^n = \mathbb{R}^{n-1}$$

である．さらに，(U, ϕ) と (V, ψ) を M 上の 2 つのチャートとすると，

$$\psi' \circ (\phi')^{-1} : \phi'(U \cap V \cap \partial M) \to \psi'(U \cap V \cap \partial M)$$

は C^∞ 級である．よって，M のアトラス $\{(U_\alpha, \phi_\alpha)\}$ は ∂M のアトラス $\{(U_\alpha \cap \partial M, \phi_\alpha|_{U_\alpha \cap \partial M})\}$ を誘導し，∂M は境界をもたない次元 $n-1$ の多様体となる．

22.4 接ベクトル，微分形式，向き

M を境界をもつ多様体とし，$p \in \partial M$ とする．2.2 節と同様に，M における p の近傍 U と V の上で定義された 2 つの C^∞ 級関数 $f : U \to \mathbb{R}$ と $g : V \to \mathbb{R}$ は，$U \cap V$ に含まれる p のある近傍 W 上で一致するとき，**同値**であるという．p における C^∞ 級関数の**芽**は，そのような関数の同値類である．芽の通常の加法，乗法，スカラー倍により，p における C^∞ 級関数の芽からなる集合 $C_p^\infty(M)$ は $\mathbb{R}$ 代数になる．このとき，p における**接空間** T_pM を，代数 $C_p^\infty(M)$ 上のすべての点導分からなるベクトル空間と定義する．

例えば，上半平面 $\mathcal{H}^2$ の境界点 p に対して，$\partial/\partial x|_p$ と $\partial/\partial y|_p$ は共に $C_p^\infty(\mathcal{H}^2)$ 上の導分である．ゆえに，接空間 $T_p(\mathcal{H}^2)$ は，p に原点をもつ 2 次元ベクトル空間で表される．p において速度ベクトル $-\partial/\partial y|_p$ をもつような $\mathcal{H}^2$ の曲線はないが，

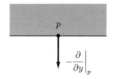

図 22.5 境界における接ベクトル.

$\partial/\partial y|_p$ は p における $\mathcal{H}^2$ の接ベクトルなので，そのマイナス倍 $-\partial/\partial y|_p$ も p における接ベクトルである（図 22.5）.

余接空間 T_p^*M は接空間の双対として定義される．つまり，

$$T_p^*M = \mathrm{Hom}(T_pM, \mathbb{R}).$$

M 上の**微分 k 形式**を，前と同様に，ベクトル束 $\bigwedge^k(T^*M)$ の切断として定義する．微分 k 形式は，ベクトル束 $\bigwedge^k(T^*M)$ の切断として C^∞ 級であるとき，C^∞ 級という．例えば，$dx \wedge dy$ は $\mathcal{H}^2$ 上の C^∞ 級 2 形式である．境界をもつ n 次元多様体 M 上の**向き**は，再度 M 上の連続な点ごとの向きとして定義する.

21 節における向きの議論は，境界をもつ多様体に対してもそのままうまくいく．よって，境界をもつ多様体が向き付け可能であることは，至る所消えない最高次の C^∞ 級形式の存在，または向き付けられたアトラスの存在と同値である．補題 21.4 の証明の途中で，チャート $(U, x^1, x^2, \ldots, x^n)$ を $(U, -x^1, x^2, \ldots, x^n)$ に置き換える必要があったが，これは $n=1$ のときは，境界をもつ 1 次元多様体上のチャートの定義において，局所モデルとして左半直線 $\mathcal{L}^1$ を許容しなければ可能ではない.

例 22.9 閉区間 $[0,1]$ は境界をもつ C^∞ 級多様体であり，$U_1 = [0,1[$, $\phi_1(x) = x$ と $U_2 =]0,1]$, $\phi_2(x) = 1-x$ の 2 つのチャート (U_1, ϕ_1) と (U_2, ϕ_2) をもつ．連続な点ごとの向きとして d/dx を用いると，$[0,1]$ は境界をもつ向き付けられた多様体である．ところが，$(U_1, \phi_1), (U_2, \phi_2)$ は向き付けられたアトラスではない．なぜなら，変換関数 $(\phi_2 \circ \phi_1^{-1})(x) = 1-x$ のヤコビ行列式が負のためである．ϕ_2 の符号を変えると，$(U_1, \phi_1), (U_2, -\phi_2)$ は向き付けられたアトラスとなる．$-\phi_2(x) = x-1$ は $]0,1]$ を左半直線 $\mathcal{L}^1 \subset \mathbb{R}$ の中に写すことに注意せよ．境界をもつ 1 次元多様体に対する局所モデルとして $\mathcal{H}^1$ だけが許容されていたとすると，閉区間 $[0,1]$ は向き付けられたアトラスをもたないであろう．

22.5 外向きベクトル場

M を境界をもつ多様体とし,$p \in \partial M$ とする.接ベクトル $X_p \in T_p M$ は,$X_p \notin T_p(\partial M)$ かつ $c(0) = p$, $c(]0,\varepsilon[) \subset M^\circ$, $c'(0) = X_p$ を満たす正の実数 ε と曲線 $c: [0,\varepsilon[\to M$ が存在するとき,**内向き**であるという.ベクトル $X_p \in T_p M$ は,$-X_p$ が内向きであるとき,**外向き**であるという.例えば,上半平面 $\mathcal{H}^2$ 上で,x 軸の点 p においてベクトル $\partial/\partial y|_p$ は内向きであり,ベクトル $-\partial/\partial y|_p$ は外向きである.

∂M に沿ったベクトル場は,∂M の各点 p に接空間 $T_p M$ ($T_p(\partial M)$ ではない) のベクトル X_p を割り当てる写像 X のことである.M における p の座標近傍 $(U, x^1, \ldots, x^n)$ では,そのようなベクトル場 X は一次結合

$$X_p = \sum_i a^i(p) \left.\frac{\partial}{\partial x^i}\right|_p, \quad p \in U \cap \partial M$$

と書くことができる.∂M に沿ったベクトル場 X が $p \in \partial M$ **において滑らか**であるとは,$U \cap \partial M$ 上の関数 a^i が p において C^∞ 級であるような p を含む座標チャート U が存在することであり,X が**滑らか**であるとは,それがすべての点 $p \in \partial M$ において滑らかとなることである.局所座標の言葉を用いると,ベクトル X_p が外向きであるための必要十分条件は,$a^n(p) < 0$ となることである(図 22.5 と問題 22.3 を見よ).

命題 22.10 境界 ∂M をもつ多様体 M 上には,∂M に沿った滑らかな外向きベクトル場が存在する.

【証明】∂M を M における座標開集合 $(U_\alpha, x_\alpha^1, \ldots, x_\alpha^n)$ たちで覆う.各 U_α 上,$U_\alpha \cap \partial M$ に沿ったベクトル場 $X_\alpha = -\partial/\partial x_\alpha^n$ は滑らかであり,かつ外向きである.開被覆 $\{U_\alpha \cap \partial M\}$ に従属する ∂M 上の1の分割 $\{\rho_\alpha\}_{\alpha \in A}$ をとる.このとき,$X := \sum \rho_\alpha X_\alpha$ が ∂M に沿った滑らかな外向きベクトル場であることが確かめられる(問題 22.4).　□

22.6 境界の向き

この節では,境界をもつ向き付けられた多様体 M の境界が,向き付け可能な多様体(22.3 節より,境界をもたない)であることを示す.境界上の向きの1つを境界の向きとして指定するが,それは ∂M 上の向き形式または点ごとの向きの言葉で簡潔に記述される.

命題 22.11 M を境界をもつ向き付けられた n 次元多様体とする．ω を M 上の向き形式とし，X を ∂M に沿った滑らかな外向きベクトル場とすると，$\iota_X \omega$ は ∂M 上至る所消えない滑らかな $(n-1)$ 形式である．よって，∂M は向き付け可能である．

【証明】 M 上の滑らかな形式 ω の ∂M への制限は，∂M 上滑らかである．ω と X は共に ∂M 上で滑らかなので，縮約 $\iota_X \omega$ もそうである（20.4 節）．今，$\iota_X \omega$ が ∂M 上至る所消えないことを背理法により証明する．$\iota_X \omega$ がある点 $p \in \partial M$ で消えていると仮定する．これは，すべての $v_1, \ldots, v_{n-1} \in T_p(\partial M)$ に対して $(\iota_X \omega)_p(v_1, \ldots, v_{n-1}) = 0$ であることを意味する．$e_1, \ldots, e_{n-1}$ を $T_p(\partial M)$ の基底とする．このとき，$X_p, e_1, \ldots, e_{n-1}$ は $T_p M$ の基底であり，

$$\omega_p(X_p, e_1, \ldots, e_{n-1}) = (\iota_X \omega)_p(e_1, \ldots, e_{n-1}) = 0$$

が成り立つ．問題 3.9 より，$T_p M$ 上で $\omega_p \equiv 0$ となり矛盾．したがって，$\iota_X \omega$ は ∂M 上至る所消えない．定理 21.5 より，∂M は向き付け可能である． □

この命題の記号を用いて，∂M 上の**境界の向き**を，向き形式 $\iota_X \omega$ を用いた向きで定義する．境界の向きが矛盾なく定義されるためには，それが向き形式 ω と外向きベクトル場 X のとり方に依らないことを確かめる必要がある．証明は難しくない（問題 22.5 を見よ）．

命題 22.12 M を境界をもつ向き付けられた n 次元多様体と仮定する．p を境界 ∂M の点とし，X_p を $T_p M$ における外向きベクトルとする．$T_p(\partial M)$ の順序付けられた基底 $(v_1, \ldots, v_{n-1})$ が p において境界の向きを表すための必要十分条件は，$T_p M$ の順序付けられた基底 $(X_p, v_1, \ldots, v_{n-1})$ が p において M 上の向きを表すことである．

この法則を覚え易くするために，慣例に従って手短に「最初に外向きベクトル」[1] と言うことにする．

【証明】 ∂M の点 p に対して，$(v_1, \ldots, v_{n-1})$ を接空間 $T_p(\partial M)$ の順序付けられた基底とする．このとき，

---

[1]（訳者注） 原著では "outward vector first" と書かれている．

$(v_1, \ldots, v_{n-1})$ は p において ∂M 上の境界の向きを表す

$\iff (\iota_{X_p}\omega_p)(v_1, \ldots, v_{n-1}) > 0$

$\iff \omega_p(X_p, v_1, \ldots, v_{n-1}) > 0$

$\iff (X_p, v_1, \ldots, v_{n-1})$ は p において M 上の向きを表す.

□

例 22.13（$\partial \mathcal{H}^n$ **上の境界の向き**） 上半空間 $\mathcal{H}^n$ 上の標準的な向きに対する向き形式は $\omega = dx^1 \wedge \cdots \wedge dx^n$ であり，$\partial \mathcal{H}^n$ に沿った滑らかな外向きベクトル場は $-\partial/\partial x^n$ である．定義より，$\partial \mathcal{H}^n$ 上の境界の向きに対する向き形式は，縮約

$$\begin{aligned}\iota_{-\partial/\partial x^n}(\omega) &= -\iota_{\partial/\partial x^n}(dx^1 \wedge \cdots \wedge dx^{n-1} \wedge dx^n) \\ &= -(-1)^{n-1} dx^1 \wedge \cdots \wedge dx^{n-1} \wedge \iota_{\partial/\partial x^n}(dx^n) \quad \text{(命題 20.8 (ii))} \\ &= (-1)^n dx^1 \wedge \cdots \wedge dx^{n-1}\end{aligned}$$

で与えられる．よって，$\partial \mathcal{H}^1 = \{0\}$ 上の境界の向きは -1 で与えられる．同様に，$\partial \mathcal{H}^2$ 上の境界の向きは dx^1 で与えられ，実数直線 $\mathbb{R}$ 上の通常の向きであり（図 22.6 (a)），$\partial \mathcal{H}^3$ 上の境界の向きは $-dx^1 \wedge dx^2$ で与えられ，(x^1, x^2) 平面 $\mathbb{R}^2$ の時計回りの向きである（図 22.6 (b)）.

(a) $\partial \mathcal{H}^2 = \mathbb{R}$ 上の境界の向き. (b) $\partial \mathcal{H}^3 = \mathbb{R}^2$ 上の境界の向き.

図 **22.6** 境界の向き.

例 座標 x をもつ実数直線における閉区間 $[a,b]$ は，ベクトル場 d/dx で与えられる標準的な向きをもち，向き形式は dx である．右の端点 b において，外向きベクトルは d/dx である．よって，b における境界の向きは $\iota_{d/dx}(dx) = +1$ で与えられる．同様に，左の端点 a における境界の向きは $\iota_{-d/dx}(dx) = -1$ で与えられる．

例 $c : [a,b] \to M$ を，その像が境界をもつ 1 次元多様体 C であるような C^∞ 級のはめ込みと仮定する．$[a,b]$ 上の向きは，各点 $p \in [a,b]$ における微分 $c_{*,p}$：

$T_p([a,b]) \to T_pC$ を通して C 上の向きを導く．このような状況で，$[a,b]$ 上の標準的な向きから誘導される向きを C に与える．このとき C の境界上の境界の向きは，終点 $c(b)$ において $+1$ で与えられ，始点 $c(a)$ において -1 で与えられる．

問題

22.1 位相空間としての境界と多様体としての境界の対比

M を実数直線の部分集合 $[0,1[\cup\{2\}$ とする．M の位相空間としての境界 $\mathrm{bd}(M)$ と多様体としての境界 ∂M を求めよ．

22.2 共通部分の位相空間としての境界

A と B を位相空間 S の 2 つの部分集合とする．

$$\mathrm{bd}(A \cap B) \subset \mathrm{bd}(A) \cup \mathrm{bd}(B)$$

を証明せよ．

22.3* 境界における内向きベクトル

M を境界をもつ多様体とし，$p \in \partial M$ とする．$X_p \in T_pM$ が内向きであるための必要十分条件は，p を中心とする任意のチャート $(U, x^1, \ldots, x^n)$ において，X_p における $(\partial/\partial x^n)_p$ の係数が正となることであることを示せ．

22.4* 境界に沿った滑らかな外向きベクトル場

命題 22.10 の証明で定義されたベクトル場 $X = \sum \rho_\alpha X_\alpha$ が，∂M に沿った滑らかな外向きベクトル場であることを示せ．

22.5 境界の向き

M を境界をもつ向き付けられた多様体とし，ω を向き形式，X を ∂M に沿った C^∞ 級の外向きベクトル場とする．

(a) τ を M 上の他の向き形式とすると，M 上至る所で正の値をとる C^∞ 級関数 f を用いて $\tau = f\omega$ と表せる．$\iota_X\tau = f\iota_X\omega$ を示せ．したがって，∂M 上で $\iota_X\tau \sim \iota_X\omega$ である．(ここで，「$\sim$」は 21.4 節で定義された同値関係である．)

(b) Y を ∂M に沿った C^∞ 級の他の外向きベクトル場とすると，∂M 上で $\iota_X\omega \sim \iota_Y\omega$ であることを証明せよ．

22.6* 境界上の誘導されたアトラス

$n \geq 2$ と仮定し，(U, ϕ) と (V, ψ) を，境界をもつ向き付け可能 n 次元多様体 M の向き付けられたアトラスにおける 2 つのチャートとする．$U \cap V \cap \partial M \neq \emptyset$ とすると，変換関数 $\psi \circ \phi^{-1}$ の境界 $B := \phi(U \cap V) \cap \partial \mathcal{H}^n$ への制限

$$(\psi \circ \phi^{-1})\big|_B : \phi(U \cap V) \cap \partial \mathcal{H}^n \to \psi(U \cap V) \cap \partial \mathcal{H}^n$$

は正のヤコビ行列式をもつことを証明せよ．（ヒント．$\phi = (x^1, \ldots, x^n)$，$\psi = (y^1, \ldots, y^n)$ とする．局所座標における $\psi \circ \phi^{-1}$ のヤコビ行列が対角ブロックとして $J(\psi \circ \phi^{-1})|_B$ と $\partial y^n/\partial x^n$ をもつブロック三角行列であることと，$\partial y^n/\partial x^n > 0$ であることを示せ．）

よって，$\{(U_\alpha, \phi_\alpha)\}$ を境界をもつ多様体 M の向き付けられたアトラスとすると，∂M の誘導されたアトラス $\{(U_\alpha \cap \partial M, \phi_\alpha|_{U_\alpha \cap \partial M})\}$ は向き付けられている．

22.7* 左半空間の境界の向き

M を向き形式 $dx^1 \wedge \cdots \wedge dx^n$ をもつ左半空間

$$\{(x^1, \ldots, x^n) \in \mathbb{R}^n \mid x^1 \leq 0\}$$

とする．$\partial M = \{(0, x^2, \ldots, x^n) \in \mathbb{R}^n\}$ 上の境界の向きの向き形式が $dx^2 \wedge \cdots \wedge dx^n$ であることを示せ．

境界の向きが符号をもつ上半空間 $\mathcal{H}^n$（例 22.13）と異なり，この問題は左半空間の境界の向きには符号がないことを示している．この理由から，境界をもつ多様体のモデルとして左半空間が用いられることもある（例えば [7]）．

22.8 円筒上の境界の向き

M を外側から見たときに反時計回りの向きをもつ円筒 $S^1 \times [0, 1]$ とする（図 22.7 (a)）．$C_0 = S^1 \times \{0\}$ と $C_1 = S^1 \times \{1\}$ 上の境界の向きを記述せよ．

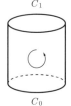 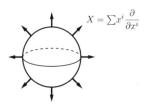

(a) 向き付けられた円筒．　　(b) 球面上の放射状のベクトル場．

図 **22.7** 境界の向き．

22.9 球面上の境界の向き

$\mathbb{R}^{n+1}$ の単位球面 S^n に閉単位球の境界として向きを付ける．S^n 上の向き形式が

$$\omega = \sum_{i=1}^{n+1} (-1)^{i-1} x^i dx^1 \wedge \cdots \wedge \widehat{dx^i} \wedge \cdots \wedge dx^{n+1}$$

であることを示せ．ここで，dx^i の上にある脱字符号 $\widehat{}$ は dx^i を省くことを表している．（ヒント．S^n 上の外向きベクトル場は，図 22.7 (b) のような放射状のベクトル場 $X = \sum x^i \partial/\partial x^i$ である．）

22.10 球面の上半球面上の向き

$\mathbb{R}^{n+1}$ の単位球面 S^n に閉単位球の境界として向きを付ける．U を上半球面

$$U = \{x \in S^n \,|\, x^{n+1} > 0\}$$

とする．このとき U は，座標 $x^1, \ldots, x^n$ をもつ球面上の座標チャートである．
(a) U 上の向き形式を $dx^1, \ldots, dx^n$ を用いて求めよ．
(b) 射影 $\pi : U \to \mathbb{R}^n$,

$$\pi(x^1, \ldots, x^n, x^{n+1}) = (x^1, \ldots, x^n)$$

が向きを保つのは，n が偶数のとき，かつそのときに限ることを示せ（図 22.8）．

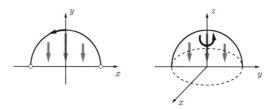

図 22.8 上半球面の円板への射影．

22.11 球面上の対蹠写像と $\mathbb{R}P^n$ の向き付け可能性

(a) n 次元球面上の対蹠写像 $a : S^n \to S^n$ を

$$a(x^1, \ldots, x^{n+1}) = (-x^1, \ldots, -x^{n+1})$$

で定義する．対蹠写像が向きを保つのは，n が奇数のとき，かつそのときに限ることを示せ．
(b) (a) と問題 21.6 を用いて，奇数次元実射影空間 $\mathbb{R}P^n$ が向き付け可能であることを証明せよ．

§23 多様体上の積分

この節では，まずユークリッド空間における閉長方形上の関数のリーマン積分を思い出す．ルベーグの定理より，この理論は測度 0 の境界をもつ $\mathbb{R}^n$ の有界部分集合上の積分に拡張することができる．

$\mathbb{R}^n$ の開集合にコンパクトな台をもつ n 形式の積分は，対応する関数のリーマン積分で定義される．次に，1 の分割を用いて，n 形式を各座標チャートにコンパク

トな台をもつような n 形式たちの和として書くことにより，多様体上のコンパクトな台をもつ n 形式の積分を定義する．その後，向き付けられた多様体に対する一般的なストークスの定理を証明し，それが微積分における線積分の基本定理，およびグリーンの定理をどのように一般化しているのかを見ていく．

23.1 $\mathbb{R}^n$ 上の関数のリーマン積分

ここでは読者が，例えば [26] や [36] にあるような $\mathbb{R}^n$ におけるリーマン積分の理論に慣れ親しんでいることを前提とする．$\mathbb{R}^n$ の有界集合上の有界関数のリーマン積分の簡単な概要は，以下の通りである．

$\mathbb{R}^n$ における**閉長方形**は，$\mathbb{R}$ における閉区間の直積 $R = [a^1, b^1] \times \cdots \times [a^n, b^n]$ である．ここで $a^i, b^i \in \mathbb{R}$ である．$f: R \to \mathbb{R}$ を閉長方形 R 上で定義された有界関数とする．閉長方形 R の**体積**は

$$\mathrm{vol}(R) := \prod_{i=1}^{n} (b^i - a^i) \tag{23.1}$$

で定義される．閉区間 $[a, b]$ の**分割**は

$$a = p_0 < p_1 < \cdots < p_m = b$$

を満たす実数の集合 $\{p_1, \ldots, p_m\}$ である．長方形 R の**分割**は，閉区間の集まり $P = \{P_1, \ldots, P_n\}$ である．ただし，各 P_i は $[a^i, b^i]$ の分割である．分割 P は，長方形 R を閉部分長方形 R_j たちに分ける（図 23.1）．

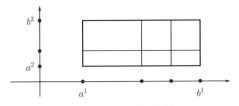

図 23.1 閉長方形の分割．

分割 P に関する f の**不足和**と**過剰和**を

$$L(f, P) := \sum (\inf_{R_j} f) \mathrm{vol}(R_j), \quad U(f, P) := \sum (\sup_{R_j} f) \mathrm{vol}(R_j)$$

で定義する．ここで，各々の和は分割 P のすべての部分長方形を走る．任意の分割 P に対して，明らかに $L(f, P) \leq U(f, P)$ である．実は，より一般に次が正しい．長方形 R の任意の 2 つの分割 P と P' に対して，

$$L(f,P) \leq U(f,P')$$

が成立する．以下，これを示す．

分割 $P' = \{P'_1, \ldots, P'_n\}$ が分割 $P = \{P_1, \ldots, P_n\}$ の**細分**であるとは，すべての $i = 1, \ldots, n$ に対して $P_i \subset P'_i$ となることである．P' を P の細分とすると，P の各部分長方形 R_j は P' の部分長方形 R'_{jk} にさらに分けられ，$R'_{jk} \subset R_j$ とすると，$\inf_{R_j} f \leq \inf_{R'_{jk}} f$ なので，

$$L(f,P) \leq L(f,P') \tag{23.2}$$

であることが容易に分かる．同様に，P' を P の細分とすると，

$$U(f,P') \leq U(f,P) \tag{23.3}$$

が成り立つ．

長方形 R の任意の 2 つの分割 P と P' は，$Q_i = P_i \cup P'_i$ なる共通の細分 $Q = \{P, P'\}$ をもつ．(23.2) と (23.3) より，

$$L(f,P) \leq L(f,Q) \leq U(f,Q) \leq U(f,P')$$

が成り立つ．これより，R のすべての分割 P をわたる不足和 $L(f,P)$ の上限は，R のすべての分割 P をわたる過剰和 $U(f,P)$ の下限以下であることが従う．これら 2 つの数を**下積分** $\underline{\int}_R f$ と**上積分** $\overline{\int}_R f$ でそれぞれ定義する．つまり，

$$\underline{\int}_R f := \sup_P L(f,P), \quad \overline{\int}_R f := \inf_P U(f,P).$$

定義 23.1 R を $\mathbb{R}^n$ における閉長方形とする．有界関数 $f: R \to \mathbb{R}$ は，$\underline{\int}_R f = \overline{\int}_R f$ であるとき，**リーマン積分可能**であるという．この場合，f のリーマン積分をこの共通の値として，$\int_R f(x)\,dx^1 \cdots dx^n$ と表記する．ここで，$x^1, \ldots, x^n$ は $\mathbb{R}^n$ の標準座標である．

注意 $\mathbb{R}^n$ における長方形 $[a^1, b^1] \times \cdots \times [a^n, b^n]$ を扱うとき，座標 $x^1, \ldots, x^n$ を用いた n 個の座標軸を暗黙のうちにすでに選んでいた．よって，リーマン積分の定義は座標 $x^1, \ldots, x^n$ に依存する．

$f: A \subset \mathbb{R}^n \to \mathbb{R}$ とするとき，**零による f の拡張**を

$$\tilde{f}(x) = \begin{cases} f(x) & (x \in A) \\ 0 & (x \notin A) \end{cases}$$

を満たす関数 $\tilde{f}: \mathbb{R}^n \to \mathbb{R}$ で定義する．今，$f: A \to \mathbb{R}$ を $\mathbb{R}^n$ の有界集合 A 上の有界関数と仮定する．A を閉長方形 R で囲んで，A 上の f のリーマン積分を

$$\int_A f(x)\, dx^1 \cdots dx^n = \int_R \tilde{f}(x)\, dx^1 \cdots dx^n$$

と，右辺が存在するときに定義する．この方法で，$\mathbb{R}^n$ の任意の有界集合上の有界関数の積分を扱うことができる．

部分集合 $A \subset \mathbb{R}^n$ の**体積** $\mathrm{vol}(A)$ を，積分 $\int_A 1\, dx^1 \cdots dx^n$ が存在するとき，この値で定義する．この概念は (23.1) で定義された閉長方形の体積を一般化している．

23.2 積分可能条件

この節では，$\mathbb{R}^n$ の開集合上で定義された関数がリーマン積分可能である条件をいくつか記述する．

定義 23.2 集合 $A \subset \mathbb{R}^n$ は，すべての $\varepsilon > 0$ に対して $\sum_{i=1}^{\infty} \mathrm{vol}(R_i) < \varepsilon$ を満たすような閉長方形 R_i による A の可算被覆 $\{R_i\}_{i=1}^{\infty}$ が存在するとき，**測度 0** であるという．

最も有用な積分可能性の判定条件は，次のルベーグの定理 [26, Theorem 8.3.1, p.455] である．

定理 23.3 (ルベーグの定理) 有界部分集合 $A \subset \mathbb{R}^n$ 上の有界関数 $f: A \to \mathbb{R}$ がリーマン積分可能であるための必要十分条件は，零によって拡張された関数 $\tilde{f}$ に対し，不連続となる点の集合 $\mathrm{Disc}(\tilde{f})$ が測度 0 となることである．

命題 23.4 $\mathbb{R}^n$ の開集合 U 上で定義された連続関数 $f: U \to \mathbb{R}$ がコンパクトな台をもつとすると，f は U 上でリーマン積分可能である．

【証明】 関数 f をその台に制限したものはコンパクト集合上の連続関数なので，関数 f は有界である．集合 $\mathrm{supp}\, f$ はコンパクトなので，$\mathbb{R}^n$ の有界閉集合である．零による拡張 $\tilde{f}$ が連続であることを証明する．

$\tilde{f}$ は U 上で f と一致するので，零によって拡張された関数 $\tilde{f}$ は U 上で連続である．$\tilde{f}$ が $\mathbb{R}^n$ における U の補集合の上で連続であることの証明が残っている．$p \notin U$ とすると，$p \notin \mathrm{supp}\, f$ である．$\mathrm{supp}\, f$ は $\mathbb{R}^n$ の閉集合なので，p を含み $\mathrm{supp}\, f$ と交わらない開球 B が存在する．この開球の上で $\tilde{f} \equiv 0$ であり，これは $\tilde{f}$ が $p \notin U$

において連続であることを意味する．よって，$\tilde{f}$ は $\mathbb{R}^n$ 上で連続である．ルベーグの定理より，f は U 上でリーマン積分可能である． □

例 23.5 連続関数 $f:\,]-1,1[\,\to \mathbb{R}$, $f(x) = \tan(\pi x/2)$ は，$\mathbb{R}$ における有限の長さの開集合上で定義されるが，有界ではない（図 23.2）．f の台は開区間 $]-1,1[$ で，コンパクトではない．よって，関数 f はルベーグの定理または命題 23.4 のどちらの仮定も満たさない．この関数はリーマン積分可能でないことに注意せよ．

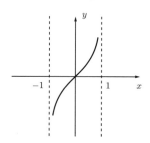

図 23.2 $]-1,1[$ 上の関数 $f(x)=\tan(\pi x/2)$.

注意 実数値関数の台は，その関数が 0 でない部分集合の**その定義域における**閉包である．例 23.5 では，f の台は開区間 $]-1,1[$ であり，閉区間 $[-1,1]$ でない．なぜなら，f の定義域は $\mathbb{R}$ ではなく，$]-1,1[$ だからである．

定義 23.6 部分集合 $A \subset \mathbb{R}^n$ は，有界かつその位相空間としての境界 $\mathrm{bd}(A)$ が測度 0 の集合であるとき，**積分領域**という．

慣れ親しんでいる三角形，長方形，円板のような平面図形は，すべて $\mathbb{R}^2$ における積分領域である．

命題 23.7 $\mathbb{R}^n$ における積分領域 A 上で定義されたすべての有界な連続関数 f は A 上でリーマン積分可能である．

【証明】 $\tilde{f}:\mathbb{R}^n \to \mathbb{R}$ を零による f の拡張とする．f は A 上で連続なので，拡張 $\tilde{f}$ は A のすべての内点において必ず連続である．明らかに，$\tilde{f}$ は A のすべての外点においても連続である．なぜなら，すべての外点は $\tilde{f}$ が恒等的に 0 となるような $\mathbb{R}^n - A$ に完全に含まれる近傍をもつからである．したがって，$\tilde{f}$ が不連続となる点の集合 $\mathrm{Disc}(\tilde{f})$ は $\mathrm{bd}(A)$ の部分集合なので，測度 0 の集合である．ルベーグの定理より，f は A 上でリーマン積分可能である． □

23.3 $\mathbb{R}^n$ 上の n 形式の積分

$\mathbb{R}^n$ の座標 $x^1, \ldots, x^n$ を一度固定すると，$\mathbb{R}^n$ 上のすべての n 形式は $\mathbb{R}^n$ 上の関数 $f(x)$ を用いて $\omega = f(x)\,dx^1 \wedge \cdots \wedge dx^n$ と一意的に書けるので，$\mathbb{R}^n$ 上の n 形式は $\mathbb{R}^n$ 上の関数と同一視することができる．この方法で，$\mathbb{R}^n$ 上の関数のリーマン積分の理論を，$\mathbb{R}^n$ 上の n 形式へもち込むことができる．

定義 23.8 標準座標 $x^1, \ldots, x^n$ を用いて，$\omega = f(x)\,dx^1 \wedge \cdots \wedge dx^n$ を開集合 $U \subset \mathbb{R}^n$ 上の C^∞ 級 n 形式とする．部分集合 $A \subset U$ 上の ω の**積分**を

$$\int_A \omega = \int_A f(x)\,dx^1 \wedge \cdots \wedge dx^n := \int_A f(x)\,dx^1 \cdots dx^n$$

と，$f(x)$ のリーマン積分が存在するときに定義する．

この定義において，n 形式は $dx^1 \wedge \cdots \wedge dx^n$ の順に書かなければならない．例えば，$A \subset \mathbb{R}^2$ 上で $\tau = f(x)\,dx^2 \wedge dx^1$ を積分するときは，

$$\int_A \tau = \int_A -f(x)\,dx^1 \wedge dx^2 = -\int_A f(x)\,dx^1 dx^2$$

となる．

例 f を $\mathbb{R}^n$ における積分領域 A 上で定義された有界な連続関数とすると，命題 23.7 より，積分 $\int_A f(x)\,dx^1 \wedge \cdots \wedge dx^n$ が存在する．

開集合 $U \subset \mathbb{R}^n$ 上の n 形式 $\omega = f\,dx^1 \wedge \cdots \wedge dx^n$ の積分が，変数変換の下，どのように変換されるのかを見る．U 上の変数変換は，微分同相写像 $T: \mathbb{R}^n \supset V \to U \subset \mathbb{R}^n$ により与えられる．$x^1, \ldots, x^n$ を U 上の標準座標とし，$y^1, \ldots, y^n$ を V 上の標準座標とする．このとき，$T^i := x^i \circ T = T^*(x^i)$ を T の i 番目の成分とする．U と V が連結であると仮定し，$x = (x^1, \ldots, x^n)$, $y = (y^1, \ldots, y^n)$ と書く．$J(T)$ によりヤコビ行列 $[\partial T^i / \partial y^j]$ を表すことにする．系 18.4 (ii) より，

$$dT^1 \wedge \cdots \wedge dT^n = \det(J(T))\,dy^1 \wedge \cdots \wedge dy^n$$

が成り立つ．よって，

$$\int_V T^*\omega = \int_V (T^*f)\,T^*dx^1 \wedge \cdots \wedge T^*dx^n \quad \text{（命題 18.11）}$$
$$= \int_V (f \circ T)\,dT^1 \wedge \cdots \wedge dT^n \quad \text{（なぜなら } T^*d = dT^*\text{）}$$

$$= \int_V (f \circ T) \det(J(T))\, dy^1 \wedge \cdots \wedge dy^n$$
$$= \int_V (f \circ T) \det(J(T))\, dy^1 \cdots dy^n. \tag{23.4}$$

一方,重積分における変数変換の公式より,

$$\int_U \omega = \int_U f\, dx^1 \cdots dx^n = \int_V (f \circ T) |\det(J(T))|\, dy^1 \cdots dy^n \tag{23.5}$$

である.ここで,ヤコビ行列式に絶対値を付けることに注意せよ.等式 (23.4) と (23.5) は $\det(J(T))$ の符号だけ異なる.よって,

$$\int_V T^*\omega = \pm \int_U \omega \tag{23.6}$$

で,符号はヤコビ行列式 $\det(J(T))$ の正負に依存する.

命題 21.8 より,微分同相写像 $T : \mathbb{R}^n \supset V \to U \subset \mathbb{R}^n$ が向きを保つ必要十分条件は,そのヤコビ行列式 $\det(J(T))$ が V 上至る所で正の値をとることである.等式 (23.6) は,微分形式の積分が,V と U のすべての微分同相写像の下では一般に不変でないが,向きを保つ微分同相写像の下だけで不変であることを示している.

23.4 多様体上の微分形式の積分

$\mathbb{R}^n$ 上の n 形式の積分は,関数の積分とあまり変わらない.一方で,一般の多様体の上での積分の方法には,次のようにいくつか際立った特徴がある.

(i) 多様体は向き付けられていなければならない(実際,$\mathbb{R}^n$ は標準的な向きをもつ).
(ii) 次元 n の多様体上では,関数ではなく n 形式のみ積分することができる.
(iii) n 形式はコンパクトな台をもたなければならない.

M を向き付けられた n 次元多様体とし,向き付けられたアトラス $\{(U_\alpha, \phi_\alpha)\}$ が M の向きを与えるものとする.$\Omega_c^k(M)$ により,M 上にコンパクトな台をもつ C^∞ 級 k 形式からなるベクトル空間を表す.(U, ϕ) をこのアトラスにおけるチャートと仮定する.$\omega \in \Omega_c^n(U)$ を U 上にコンパクトな台をもつ n 形式とすると,$\phi : U \to \phi(U)$ は微分同相写像なので,$(\phi^{-1})^*\omega$ は開集合 $\phi(U) \subset \mathbb{R}^n$ 上にコンパクトな台をもつ n 形式である.そこで,U 上の ω の積分を

$$\int_U \omega := \int_{\phi(U)} (\phi^{-1})^*\omega \tag{23.7}$$

で定義する.

(U, ψ) を, 向き付けられたアトラスにおける, 同じ U についての他のチャートとすると, $\phi \circ \psi^{-1} : \psi(U) \to \phi(U)$ は向きを保つ微分同相写像なので,

$$\int_{\phi(U)} (\phi^{-1})^* \omega = \int_{\psi(U)} (\phi \circ \psi^{-1})^* (\phi^{-1})^* \omega = \int_{\psi(U)} (\psi^{-1})^* \omega$$

を得る. よって, アトラスのチャートの U 上の積分 $\int_U \omega$ は, U 上の座標のとり方に依らずに矛盾なく定義される. $\mathbb{R}^n$ 上の積分の線形性より, $\omega, \tau \in \Omega_c^n(U)$ とすると,

$$\int_U (\omega + \tau) = \int_U \omega + \int_U \tau$$

が成り立つ.

今, $\omega \in \Omega_c^n(M)$ とする. 開被覆 $\{U_\alpha\}$ に従属する 1 の分割 $\{\rho_\alpha\}$ をとる. ω はコンパクトな台をもち, 1 の分割は局所有限な台をもつので, 問題 18.6 より, 有限個を除いてすべての $\rho_\alpha \omega$ は恒等的に 0 である. 特に,

$$\omega = \sum_\alpha \rho_\alpha \omega$$

は**有限**和である. 問題 18.4 (b) より,

$$\mathrm{supp}\,(\rho_\alpha \omega) \subset \mathrm{supp}\,\rho_\alpha \cap \mathrm{supp}\,\omega$$

なので, $\mathrm{supp}(\rho_\alpha \omega)$ はコンパクト集合 $\mathrm{supp}\,\omega$ の閉集合である. よって, $\mathrm{supp}(\rho_\alpha \omega)$ はコンパクトである. $\rho_\alpha \omega$ はチャート U_α にコンパクトな台をもつ n 形式なので, その積分 $\int_{U_\alpha} \rho_\alpha \omega$ が定義される. したがって, M 上の ω の積分を有限和

$$\int_M \omega := \sum_\alpha \int_{U_\alpha} \rho_\alpha \omega \tag{23.8}$$

で定義することができる.

この積分が矛盾なく定義されるためには, それが向き付けられたアトラスと 1 の分割のとり方に依らないことを示さなければならない. $\{V_\beta\}$ を M の向きを特定する他の向き付けられた M のアトラスとし, $\{\chi_\beta\}$ を $\{V_\beta\}$ に従属する 1 の分割とする. このとき, $\{(U_\alpha \cap V_\beta, \phi|_{U_\alpha \cap V_\beta})\}$ と $\{(U_\alpha \cap V_\beta, \psi|_{U_\alpha \cap V_\beta})\}$ は M の向きを特定する M の 2 つの新しいアトラスであり,

$$\sum_\alpha \int_{U_\alpha} \rho_\alpha \omega = \sum_\alpha \int_{U_\alpha} \rho_\alpha \sum_\beta \chi_\beta \omega \quad \left(\sum_\beta \chi_\beta = 1 \text{ なので}\right)$$

$$= \sum_\alpha \sum_\beta \int_{U_\alpha} \rho_\alpha \chi_\beta \omega \quad (\text{これらは}\textbf{有限}\text{和である})$$

$$= \sum_\alpha \sum_\beta \int_{U_\alpha \cap V_\beta} \rho_\alpha \chi_\beta \omega$$

が成り立つ．ここで，最後の行は $\rho_\alpha \chi_\beta$ の台が $U_\alpha \cap V_\beta$ に含まれるという事実から従う．対称性より，$\sum_\beta \int_{V_\beta} \chi_\beta \omega$ は同じ和に等しくなる．よって，

$$\sum_\alpha \int_{U_\alpha} \rho_\alpha \omega = \sum_\beta \int_{V_\beta} \chi_\beta \omega$$

が成り立ち，これは積分 (23.8) が矛盾なく定義されることを示している．

命題 23.9 ω を，向き付けられた n 次元多様体 M 上のコンパクトな台をもつ n 形式とする．$-M$ を，同じ多様体であるが逆の向きをもつものとすると，$\int_{-M} \omega = \int_M -\omega$ である．

よって，M の向きを逆にすれば，M 上の積分の符号が逆になる．

【証明】 積分の定義 ((23.7) と (23.8)) より，すべてのチャート $(U, \phi) = (U, x^1, \ldots, x^n)$ と微分形式 $\tau \in \Omega_c^n(U)$ に対して，$(U, \bar\phi) = (U, -x^1, \ldots, x^n)$ を逆の向きをもつチャートとするとき，

$$\int_{\bar\phi(U)} (\bar\phi^{-1})^* \tau = -\int_{\phi(U)} (\phi^{-1})^* \tau$$

であることを示せば十分である．

$r^1, \ldots, r^n$ を $\mathbb{R}^n$ の標準座標とする．このとき，$x^i = r^i \circ \phi$ かつ $r^i = x^i \circ \phi^{-1}$ である．$\bar\phi$ を用いると，$i = 1$ のときだけが異なり，

$$-x^1 = r^1 \circ \bar\phi \quad \text{かつ} \quad r^1 = -x^1 \circ \bar\phi^{-1}$$

である．U 上で $\tau = f\, dx^1 \wedge \cdots \wedge dx^n$ と仮定する．このとき，

$$(\bar\phi^{-1})^* \tau = (f \circ \bar\phi^{-1}) d(x^1 \circ \bar\phi^{-1}) \wedge d(x^2 \circ \bar\phi^{-1}) \wedge \cdots \wedge d(x^n \circ \bar\phi^{-1})$$
$$= -(f \circ \bar\phi^{-1}) dr^1 \wedge dr^2 \wedge \cdots \wedge dr^n \tag{23.9}$$

が成り立つ．同様に，

$$(\phi^{-1})^* \tau = (f \circ \phi^{-1}) dr^1 \wedge dr^2 \wedge \cdots \wedge dr^n$$

である．$\phi \circ \bar{\phi}^{-1} : \bar{\phi}(U) \to \phi(U)$ は
$$(\phi \circ \bar{\phi}^{-1})(a^1, a^2, \ldots, a^n) = (-a^1, a^2, \ldots, a^n)$$
で与えられるので，そのヤコビ行列式の絶対値は
$$|\det J(\phi \circ \bar{\phi}^{-1})| = |-1| = 1 \tag{23.10}$$
である．したがって，
$$\begin{aligned}
\int_{\bar{\phi}(U)} (\bar{\phi}^{-1})^* \tau &= -\int_{\bar{\phi}(U)} (f \circ \bar{\phi}^{-1}) \, dr^1 \cdots dr^n \quad ((23.9) \text{ より}) \\
&= -\int_{\bar{\phi}(U)} (f \circ \phi^{-1}) \circ (\phi \circ \bar{\phi}^{-1}) |\det J(\phi \circ \bar{\phi}^{-1})| \, dr^1 \cdots dr^n \\
&\qquad\qquad ((23.10) \text{ より}) \\
&= -\int_{\phi(U)} (f \circ \phi^{-1}) \, dr^1 \cdots dr^n \quad (\text{変数変換の公式より}) \\
&= -\int_{\phi(U)} (\phi^{-1})^* \tau.
\end{aligned}$$

□

上記の積分の方法は，境界をもつ向き付けられた多様体に対してもほぼそのまま拡張することができる．積分は，シンプルゆえの良い点をもち，定理を証明する上で大変有用である．ところが，積分は実際の計算では実用的ではない．実際，1 の分割を掛けた n 形式を積分した値が具体的に出ることは稀である．向き付けられた n 次元多様体 M 上で具体的に積分を計算するためには，媒介変数表示された集合上で積分を考えるのが最も好ましい．

定義 23.10 向き付けられた n 次元多様体 M における**媒介変数表示された集合**とは，コンパクトな積分領域 $D \subset \mathbb{R}^n$ から M への C^∞ 級写像 $F : D \to M$ と組になった部分集合 A で，以下の条件を満たすもののことである．すなわち，C^∞ 級写像 $F : D \to M$ は $A = F(D)$ を満たし，かつ F は $\text{int}(D)$ から $F(\text{int}(D))$ への向きを保つ微分同相写像に制限される．多様体に対する領域の微分同相不変性（注意 22.5）より，$F(\text{int}(D))$ は M の開集合であることに注意せよ．C^∞ 級写像 $F : D \to A$ を A の**媒介変数表示**と呼ぶ．

A を媒介変数表示 $F : D \to A$ をもつ M における媒介変数表示された集合とし，ω をコンパクトな台をもつとは限らない M 上の C^∞ 級 n 形式とするとき，$\int_A \omega$

を $\int_D F^*\omega$ で定義する．$\int_A \omega$ の定義は媒介変数表示に依らず，A が多様体の場合は，これが先に定義した多様体上の積分の定義に一致することが示される．向き付けられた多様体を媒介変数表示された集合の和集合にさらに分けることは，多様体上の積分を計算するのに有効な手段になり得る．本書では，積分のこの理論（[32, Theorem 25.4, p.213] または [25, Proposition 14.7, p.356] を見よ）には立ち入らずに，例で満足することにする．

例 23.11（球面上の積分） 球面座標では，ρ は点 $(x,y,z) \in \mathbb{R}^3$ から原点への距離 $\sqrt{x^2+y^2+z^2}$ であり，φ はベクトル $\langle x,y,z \rangle$ が z 軸の正の部分となす角度，θ は (x,y) 平面のベクトル $\langle x,y \rangle$ が x 軸の正の部分となす角度である（図 23.3 (a)）．ω を $\mathbb{R}^3$ の単位球面 S^2 上

$$\omega = \begin{cases} \dfrac{dy \wedge dz}{x} & (x \neq 0) \\[2pt] \dfrac{dz \wedge dx}{y} & (y \neq 0) \\[2pt] \dfrac{dx \wedge dy}{z} & (z \neq 0) \end{cases}$$

で与えられる 2 形式とする．$\int_{S^2} \omega$ を計算せよ．

2 の因子を無視すると，形式 ω は問題 19.11 (b) における S^2 上の 2 形式である．リーマン幾何学において，ω はユークリッド計量に関する球面 S^2 の面積形式であることが示される．したがって，積分 $\int_{S^2} \omega$ は球面の表面積である．

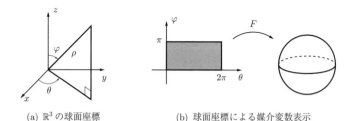

(a) $\mathbb{R}^3$ の球面座標   (b) 球面座標による媒介変数表示

図 23.3 媒介変数表示された集合としての球面．

〈解〉 球面 S^2 は球面座標による媒介変数表示をもつ（図 23.3 (b)）．つまり，$D = \{(\varphi, \theta) \in \mathbb{R}^2 \mid 0 \leq \varphi \leq \pi,\ 0 \leq \theta \leq 2\pi\}$ 上で

$$F(\varphi, \theta) = (\sin\varphi \cos\theta, \sin\varphi \sin\theta, \cos\varphi)$$

である．等式

$$F^*x = \sin\varphi\cos\theta, \quad F^*y = \sin\varphi\sin\theta, \quad F^*z = \cos\varphi$$

が成り立つので，

$$F^*dy = dF^*y = \cos\varphi\sin\theta\,d\varphi + \sin\varphi\cos\theta\,d\theta$$

かつ

$$F^*dz = -\sin\varphi\,d\varphi$$

を得る．よって，$x \neq 0$ のとき

$$F^*\omega = \frac{F^*dy \wedge F^*dz}{F^*x} = \sin\varphi\,d\varphi \wedge d\theta$$

が成り立つ．$y \neq 0$ と $z \neq 0$ のときも，同様の計算により $F^*\omega$ が同じ公式で与えられることが示される．したがって，D 上至る所で $F^*\omega = \sin\varphi\,d\varphi \wedge d\theta$ であり，

$$\int_{S^2} \omega = \int_D F^*\omega = \int_0^{2\pi}\int_0^\pi \sin\varphi\,d\varphi d\theta = 2\pi\Big[-\cos\varphi\Big]_0^\pi = 4\pi$$

を得る． ∎

0 次元多様体上の積分

これまでのところ，積分の議論は暗黙のうちに多様体 M が次元 $n \geq 1$ をもつと仮定していた．そこで今，0 次元多様体上の積分を扱う．コンパクトな向き付けられた 0 次元多様体は有限個の点であり，各点は $+1$ または -1 により向き付けられている．これを $M = \sum p_i - \sum q_j$ と書く．0 形式 $f : M \to \mathbb{R}$ の積分を和

$$\int_M f = \sum f(p_i) - \sum f(q_j)$$

で定義する．

23.5　ストークスの定理

M を境界をもつ向き付けられた n 次元多様体とする．その境界 ∂M に境界の向きを与え，$i : \partial M \hookrightarrow M$ を包含写像とする．ω を M 上の $(n-1)$ 形式とするとき，慣例として $\int_{\partial M} i^*\omega$ の代わりに $\int_{\partial M} \omega$ と書く．

定理 23.12（ストークスの定理）　境界をもつ向き付けられた n 次元多様体 M 上

にコンパクトな台をもつ任意の滑らかな $(n-1)$ 形式 ω に対して，
$$\int_M d\omega = \int_{\partial M} \omega$$
が成り立つ．

【証明】 M のアトラス $\{(U_\alpha, \phi_\alpha)\}$ を，各 U_α が向きを保つ微分同相写像を通して $\mathbb{R}^n$ または $\mathcal{H}^n$ のどちらかと微分同相であるように選ぶ．これが可能なのは，任意の開円板は $\mathbb{R}^n$ と微分同相であり，かつ 1 次元低い円板を境界にもつ任意の半円板[2]は $\mathcal{H}^n$ と微分同相であるためである（問題 1.5 を見よ）．$\{\rho_\alpha\}$ を $\{U_\alpha\}$ に従属する C^∞ 級の 1 の分割とする．前節で示したように，$(n-1)$ 形式 $\rho_\alpha \omega$ は U_α にコンパクトな台をもつ．

ストークスの定理が $\mathbb{R}^n$ および $\mathcal{H}^n$ に対して成り立つと仮定する．このとき，選んだアトラスにおけるすべてのチャート U_α は $\mathbb{R}^n$ または $\mathcal{H}^n$ に微分同相であるので，すべての U_α に対してストークスの定理が成り立つ．また，
$$(\partial M) \cap U_\alpha = \partial U_\alpha$$
であることに注意せよ．これは，

$x \in (\partial M) \cap U_\alpha$

$\iff x \in U_\alpha$，かつ ϕ_α により x は上半空間の境界の点に写る

$\iff x \in \partial U_\alpha$

より分かる．したがって，

$$\int_{\partial M} \omega = \int_{\partial M} \sum_\alpha \rho_\alpha \omega \qquad \left(\sum_\alpha \rho_\alpha = 1\right)$$
$$= \sum_\alpha \int_{\partial M} \rho_\alpha \omega \qquad \left(\text{問題 18.6 より，} \sum_\alpha \rho_\alpha \omega \text{ は有限和}\right)$$
$$= \sum_\alpha \int_{\partial U_\alpha} \rho_\alpha \omega \qquad (\operatorname{supp} \rho_\alpha \omega \subset U_\alpha)$$
$$= \sum_\alpha \int_{U_\alpha} d(\rho_\alpha \omega) \qquad (U_\alpha \text{ に対するストークスの定理})$$

---

[2] (訳者注) 開円板を半分にしたもので，その断面を境界としてもったもの．ここで境界は 1 次元低い開円板となる．

$$= \sum_\alpha \int_M d(\rho_\alpha \omega) \qquad (\operatorname{supp} d(\rho_\alpha \omega) \subset U_\alpha)$$

$$= \int_M d\left(\sum \rho_\alpha \omega\right) \qquad \left(\sum_\alpha \rho_\alpha \omega \text{ は有限和}\right)$$

$$= \int_M d\omega$$

が成り立つ.

よって, $\mathbb{R}^n$ および $\mathcal{H}^n$ に対してストークスの定理を証明すればよい. 一般の場合は同様であるので (問題 23.4), $\mathcal{H}^2$ に対してだけ証明を与える.

上半平面 $\mathcal{H}^2$ に対するストークスの定理の証明 x, y を $\mathcal{H}^2$ の標準座標とする. このとき, $\mathcal{H}^2$ 上の標準的な向きは $dx \wedge dy$ で与えられ, $\partial \mathcal{H}^2$ 上の境界の向きは $\iota_{-\partial/\partial y}(dx \wedge dy) = dx$ で与えられる.

形式 ω は, $\mathcal{H}^2$ にコンパクトな台をもつ C^∞ 級関数 f, g を用いて一次結合

$$\omega = f(x, y) \, dx + g(x, y) \, dy \tag{23.11}$$

として書ける. f の台と g の台はコンパクトなので, これらが長方形 $[-a, a] \times [0, a]$ の内部に含まれるように, 十分大きい実数 $a > 0$ がとれる. x と y に関する f の偏導関数の表記として, それぞれ f_x, f_y を用いる. このとき,

$$d\omega = \left(\frac{\partial g}{\partial x} - \frac{\partial f}{\partial y}\right) dx \wedge dy = (g_x - f_y) \, dx \wedge dy$$

かつ

$$\begin{aligned}
\int_{\mathcal{H}^2} d\omega &= \int_{\mathcal{H}^2} g_x \, dxdy - \int_{\mathcal{H}^2} f_y \, dxdy \\
&= \int_0^\infty \int_{-\infty}^\infty g_x \, dxdy - \int_{-\infty}^\infty \int_0^\infty f_y \, dydx \\
&= \int_0^a \int_{-a}^a g_x \, dxdy - \int_{-a}^a \int_0^a f_y \, dydx
\end{aligned} \tag{23.12}$$

が成り立つ. この表示において,

$$\int_{-a}^a g_x(x, y) \, dx = \Big[g(x, y)\Big]_{x=-a}^a = 0$$

である. なぜなら, $\operatorname{supp} g$ が $[-a, a] \times [0, a]$ の内部に属すからである. 同様に,

$$\int_0^a f_y(x, y) \, dy = \Big[f(x, y)\Big]_{y=0}^a = -f(x, 0)$$

が成り立つ. なぜなら, $f(x,a) = 0$ が成り立つためである. よって, (23.12) は

$$\int_{\mathcal{H}^2} d\omega = \int_{-a}^{a} f(x,0)\, dx$$

となる.

一方, $\partial\mathcal{H}^2$ は x 軸であり, $\partial\mathcal{H}^2$ 上で $dy = 0$ である. $\partial\mathcal{H}^2$ に制限すると (23.11) から $\omega = f(x,0)\, dx$ であり,

$$\int_{\partial\mathcal{H}^2} \omega = \int_{-a}^{a} f(x,0)\, dx$$

が従う. これは上半平面におけるストークスの定理を示している. □

23.6 線積分とグリーンの定理

ここでは, 多様体に対するストークスの定理が, $\mathbb{R}^2$ と $\mathbb{R}^3$ 上のベクトル解析におけるいくつかの定理をどのように統一しているのかを見ていく. $\mathbf{F} = \langle P, Q, R\rangle$ と $\mathbf{r} = (x,y,z)$ に対しての微積分の表記法 $\mathbf{F} \cdot d\mathbf{r} = P\, dx + Q\, dy + R\, dz$ を思い出しておく. 微積分のときと同様に, この節では関数, ベクトル場, 積分領域は十分滑らかであるか, すべての積分が定義されるような良い性質をもつと仮定する.

定理 23.13（線積分の基本定理） C を $\mathbf{r}(t) = (x(t), y(t), z(t))$, $a \leq t \leq b$ で媒介変数表示された $\mathbb{R}^3$ の曲線とし, $\mathbf{F}$ を $\mathbb{R}^3$ 上のベクトル場とする. あるスカラー関数 f を用いて $\mathbf{F} = \mathrm{grad}\, f$ と表せるとき,

$$\int_C \mathbf{F} \cdot d\mathbf{r} = f(\mathbf{r}(b)) - f(\mathbf{r}(a))$$

が成り立つ.

ストークスの定理において, M を $\mathbf{r}(t)$, $a \leq t \leq b$ で媒介変数表示された曲線 C とし, ω を C 上の関数 f とする. このとき,

$$\int_C d\omega = \int_C df = \int_C \frac{\partial f}{\partial x}\, dx + \frac{\partial f}{\partial y}\, dy + \frac{\partial f}{\partial z}\, dz = \int_C \mathrm{grad}\, f \cdot d\mathbf{r}$$

かつ

$$\int_{\partial C} \omega = \Big[f\Big]_{\mathbf{r}(a)}^{\mathbf{r}(b)} = f(\mathbf{r}(b)) - f(\mathbf{r}(a))$$

が成り立つ. よって, 線積分の基本定理はストークスの定理の特別な場合である.

定理 23.14（グリーンの定理） D を境界 ∂D をもつ平面領域とし, P と Q を D

上の C^∞ 級関数とすると,
$$\int_{\partial D} P\,dx + Q\,dy = \int_D \left(\frac{\partial Q}{\partial x} - \frac{\partial P}{\partial y}\right) dA$$
が成り立つ.

この主張において,dA は $dx\,dy$ の通常の微積分の表記である.グリーンの定理を得るために,M を境界 ∂D をもつ平面領域 D とし,ω を D 上の 1 形式 $P\,dx + Q\,dy$ とする.このとき,
$$\int_{\partial D} \omega = \int_{\partial D} P\,dx + Q\,dy$$
かつ
$$\int_D d\omega = \int_D P_y\,dy \wedge dx + Q_x\,dx \wedge dy = \int_D (Q_x - P_y)\,dx \wedge dy$$
$$= \int_D (Q_x - P_y)\,dxdy = \int_D (Q_x - P_y)\,dA$$
が成り立つ.この場合,ストークスの定理は平面におけるグリーンの定理そのものである.

問題

23.1 楕円の面積

変数変換の公式を用いて,$\mathbb{R}^2$ における楕円
$$x^2/a^2 + y^2/b^2 = 1$$
で囲まれた部分の面積を計算せよ.

23.2 $\mathbb{R}^n$ における有界性の特徴付け

部分集合 $A \subset \mathbb{R}^n$ が有界であるための必要十分条件は,$\mathbb{R}^n$ における閉包 $\overline{A}$ がコンパクトとなることであることを証明せよ.

23.3* 微分同相写像の下の積分

N と M を連結な向き付けられた n 次元多様体とし,$F: N \to M$ を微分同相写像と仮定する.任意の $\omega \in \Omega_c^n(M)$ に対して,
$$\int_N F^*\omega = \pm \int_M \omega$$
を証明せよ.ここで,符号は F が向きを保つか向きを逆にするかに依る.

23.4*　ストークスの定理

$\mathbb{R}^n$ と $\mathcal{H}^n$ に対するストークスの定理を証明せよ．

23.5　球面 S^2 上の面積形式

例 23.11 における S^2 上の面積形式 ω が，問題 22.9 における S^2 の向き形式

$$x\,dy \wedge dz - y\,dx \wedge dz + z\,dx \wedge dy$$

に等しいことを証明せよ．

Chapter

7

ド・ラーム理論

De Rham Theory

　線積分の基本定理（定理 23.13）より，滑らかなベクトル場 **F** があるスカラー関数 f の勾配になっていれば，$\mathbb{R}^3$ の任意の 2 点 p, q に対して，p から q への曲線 C 上の線積分 $\int_C \mathbf{F} \cdot d\mathbf{r}$ は曲線のとり方に依存しない．この場合，線積分 $\int_C \mathbf{F} \cdot d\mathbf{r}$ は 2 つの端点の値を用いて $f(q) - f(p)$ と計算できる．同様に，曲面に対する古典的なストークスの定理より，$\mathbb{R}^3$ において境界 C をもつ向き付けられた曲面 S 上の滑らかなベクトル場 **F** の面積分は，**F** が他のベクトル場の回転になっていれば，曲線 C 上の積分として計算できる．よって，$\mathbb{R}^3$ 上のベクトル場がある関数の勾配であるか，あるいは他のベクトル場の回転であるかどうかを知ることは，興味深いことである．このことは，4.6 節でのベクトル場と微分形式の対応により，$\mathbb{R}^3$ 上の微分形式 ω が完全であるかどうかということに言い換えられる．

　このような考察に導かれて，アンリ・ポアンカレ（Henri Poincaré）は微分形式が $\mathbb{R}^n$ 上で完全である条件を探すようになった．もちろん，必要条件は形式 ω が閉となることである．ポアンカレは 1887 年に，$k = 1, 2, 3$ に対して，$\mathbb{R}^n$ 上の k 形式が完全であるための必要十分条件はそれが閉であることを証明した．この補題は現在，彼の名前をとってポアンカレの補題と呼ばれている．1889 年に，ヴィト・ヴォルテラ（Vito Volterra）は，すべての $k > 0$ に対するポアンカレの補題の最初の完全な証明を発表した．

　多様体上のすべての閉形式が完全であるかどうかは，結局のところ多様体のトポロジーに依存する．

Henri Poincaré
(1854–1912)

例えば，$k > 0$ に対して $\mathbb{R}^2$ 上のすべての閉 k 形式は完全であるが，穴あき平面 $\mathbb{R}^2 - \{(0,0)\}$ 上では完全でない閉 1 形式が存在する．閉形式が完全でない度合いはド・ラームコホモロジーで測ることができるが，おそらくこれは最も重要な多様体の微分同相不変量である．

Georges de Rham
(1903–1990)

ポアンカレは，1895 年の "Analysis situs"[34] を始めとする一連の独創的な論文でホモロジーの概念を導入し，現代の代数的トポロジーの基礎を築いた．大雑把に言うと，境界をもたないコンパクトな部分多様体が**サイクル**であり，サイクルが 0 に**ホモローグ**であるとは，それが他の多様体の境界となることである．ホモローグという関係の下でのサイクルの同値類を**ホモロジー類**と呼ぶ．ジョルジュ・ド・ラーム（Georges de Rham）は 1931 年の博士論文 [8] において，微分形式にもサイクルと境界にあたるものが定義できることを示し，現在ではド・ラームコホモロジーと実数係数をもつ特異ホモロジーと呼ばれるものの間の双対性を，事実上証明している．この論文では，ド・ラームコホモロジーははっきりとは定義されなかったが，この仕事ですでに示唆されていたのである．ド・ラームコホモロジーの正式な定義は，1938 年に現れた [9]．

§24 ド・ラームコホモロジー

この節では，ド・ラームコホモロジーを定義し，その基本的性質を証明する．また，2 つの基本的な例として，実数直線と単位円周のド・ラームコホモロジーをベクトル空間として計算する．

24.1 ド・ラームコホモロジー

$\mathbf{F}(x,y) = \langle P(x,y), Q(x,y) \rangle$ を $\mathbb{R}^2$ の開集合 U 上の力を表す滑らかなベクトル場とし，C を点 p から点 q への U における媒介変数表示された曲線 $c(t) = (x(t), y(t))$，$a \leq t \leq b$ とする．このとき，粒子を p から q へ C に沿って動かす力によってなされる仕事は，線積分 $\int_C P\,dx + Q\,dy$ で与えられる．

このような線積分は，ベクトル場 $\mathbf{F}$ があるスカラー関数 $f(x, y)$ の勾配

$$\mathbf{F} = \operatorname{grad} f = \langle f_x, f_y \rangle$$

であるなら簡単に計算できる．ここで，$f_x = \partial f / \partial x$ かつ $f_y = \partial f / \partial y$ である．ストークスの定理より，線積分は単に

$$\int_C f_x\,dx + f_y\,dy = \int_C df = f(q) - f(p)$$

である．

ベクトル場 $\mathbf{F} = \langle P, Q \rangle$ が勾配であるための必要条件は

$$P_y = f_{xy} = f_{yx} = Q_x$$

である．では，$P_y - Q_x = 0$ ならば，U 上のベクトル場 $\mathbf{F} = \langle P, Q \rangle$ は U 上のあるスカラー関数 $f(x, y)$ の勾配になっているか，という疑問が生じる．

4.6節において，$\mathbb{R}^3$ の開集合上のベクトル場と微分 1 形式の間の 1 対 1 対応を確立したが，任意の $\mathbb{R}^n$ の開集合上でも同じような対応が存在する．例えば $\mathbb{R}^2$ に対しては，以下の通りである．

$$\text{ベクトル場} \longleftrightarrow \text{微分 1 形式},$$
$$\mathbf{F} = \langle P, Q \rangle \longleftrightarrow \omega = P\,dx + Q\,dy,$$
$$\operatorname{grad} f = \langle f_x, f_y \rangle \longleftrightarrow df = f_x\,dx + f_y\,dy,$$
$$Q_x - P_y = 0 \longleftrightarrow d\omega = (Q_x - P_y)\,dx \wedge dy = 0.$$

微分形式の言葉を用いると，上記の疑問は次のようになる．1 形式 $\omega = P\,dx + Q\,dy$ が U 上の閉形式であるならば，それは完全形式であるか．この疑問に対する答えは，U のトポロジーに依って，正しいこともあるし，そうでないこともある．

$\mathbb{R}^n$ の開集合のときと全く同様に，多様体 M 上の微分形式 ω は，$d\omega = 0$ のとき**閉**であるといい，次数が 1 低いある形式 τ を用いて $\omega = d\tau$ と書けるとき**完全**であるという．$d^2 = 0$ なので，すべての完全形式は閉である．一般に，閉形式は完全であるとは限らない．

$Z^k(M)$ を多様体 M 上の閉 k 形式全体からなるベクトル空間とし，$B^k(M)$ を完全 k 形式全体からなるベクトル空間とする．すべての完全形式は閉なので，$B^k(M)$ は $Z^k(M)$ の部分空間である．よって商ベクトル空間 $H^k(M) := Z^k(M)/B^k(M)$ は閉 k 形式の完全でない度合いを測っており，これを次数 k の M の**ド・ラームコホ**

モロジーと呼ぶ．付録 D で説明されているように，商ベクトル空間の構成は $Z^k(M)$ 上の同値関係を導く．つまり，

$$Z^k(M) \text{ において } \quad \omega' \sim \omega \iff \omega' - \omega \in B^k(M).$$

閉形式 ω の同値類を ω の**コホモロジー類**と呼び，$[\omega]$ と表記する．2 つの閉形式 ω, ω' が同じコホモロジー類を定める必要十分条件は，それらの差が完全形式となることである．つまり，

$$\omega' = \omega + d\tau.$$

この場合，2 つの閉形式 ω と ω' は**コホモローグ**であるという．

命題 24.1 多様体 M が r 個の連結成分をもつとき，その次数 0 のド・ラームコホモロジーは $H^0(M) = \mathbb{R}^r$ である．$H^0(M)$ の元は，順序付けられた r 個の実数の組で特定され，各実数は M の連結成分上の定数関数を表している．

【証明】 0 でない完全 0 形式は存在しないので，

$$H^0(M) = Z^0(M) = \{\text{閉 0 形式}\}$$

である．

f を M 上の閉 0 形式と仮定する．つまり，f は $df = 0$ を満たす M 上の C^∞ 級関数である．このとき，任意のチャート $(U, x^1, \ldots, x^n)$ 上，

$$df = \sum \frac{\partial f}{\partial x^i} dx^i$$

が成り立つ．よって，U 上で $df = 0$ であるための必要十分条件は，すべての偏導関数 $\partial f/\partial x^i$ が U 上で恒等的に消えていることである．これは，f が U 上で局所定数であることと同値である．したがって，M 上の閉 0 形式は M 上の局所定数関数に他ならない．このような関数は M の各連結成分上で定数でなければならない．M が r 個の連結成分をもつとすると，M 上の局所定数関数は順序付けられた r 個の実数の組からなる集合で特定される．よって，$Z^0(M) = \mathbb{R}^r$ である． □

命題 24.2 次元 n の多様体 M 上，$k > n$ に対してド・ラームコホモロジー $H^k(M)$ は 0 である．

【証明】 任意の点 $p \in M$ に対して，接空間 T_pM は次元 n のベクトル空間である．ω を M 上の k 形式とすると，$\omega_p \in A_k(T_pM)$ である．ここで，$A_k(T_pM)$ は T_pM 上の交代 k 重線形関数からなる空間である．系 3.31 より，$k > n$ ならば $A_k(T_pM) = 0$ である．よって，$k > n$ に対して，M 上の k 形式は 0 のみである． □

24.2 ド・ラームコホモロジーの例

例 24.3（実数直線のド・ラームコホモロジー） 実数直線 $\mathbb{R}^1$ は連結なので，命題 24.1 より，

$$H^0(\mathbb{R}^1) = \mathbb{R}$$

である．

$\mathbb{R}^1$ は 1 次元なので，$\mathbb{R}^1$ 上には 0 でない 2 形式は存在しない．これは，$\mathbb{R}^1$ 上すべての 1 形式が閉であることを意味する．$\mathbb{R}^1$ 上の 1 形式 $f(x)\,dx$ が完全であるための必要十分条件は，

$$f(x)\,dx = dg = g'(x)\,dx$$

を満たすような $\mathbb{R}^1$ 上の C^∞ 級関数 $g(x)$ が存在することである．ここで，$g'(x)$ は x に関する g の導関数である．このような関数 $g(x)$ は単に $f(x)$ の不定積分であり，例えば，

$$g(x) = \int_0^x f(t)\,dt$$

がとれる．これは $\mathbb{R}^1$ 上のすべての 1 形式が完全であることを証明している．したがって，$H^1(\mathbb{R}^1) = 0$ である．命題 24.2 と合わせると，

$$H^k(\mathbb{R}^1) = \begin{cases} \mathbb{R} & (k = 0) \\ 0 & (k \geq 1) \end{cases}$$

を得る．

例 24.4（円周のド・ラームコホモロジー） S^1 を xy 平面における単位円周とする．S^1 は連結なので，命題 24.1 より $H^0(S^1) = \mathbb{R}$ であり，S^1 は 1 次元なので，すべての $k \geq 2$ に対して $H^k(S^1) = 0$ である．あとは $H^1(S^1)$ を計算すればよい．

18.7 節の写像 $h : \mathbb{R} \to S^1$, $h(t) = (\cos t, \sin t)$ を思い出しておく．$i : [0, 2\pi] \to \mathbb{R}$ を包含写像とする．h の定義域を $[0, 2\pi]$ に制限すると，円周の媒介変数表示 $F := h \circ i : [0, 2\pi] \to S^1$ を得る．例 17.15 と例 17.16 では，S^1 上至る所消えない 1 形

式 $\omega = -y\,dx + x\,dy$ を求めて，$F^*\omega = i^*h^*\omega = i^*dt = dt$ であることを示した．よって，
$$\int_{S^1}\omega = \int_{F([0,2\pi])}\omega = \int_{[0,2\pi]}F^*\omega = \int_0^{2\pi}dt = 2\pi$$
である．

円周は 1 次元なので，S^1 上のすべての 1 形式は閉で，$\Omega^1(S^1) = Z^1(S^1)$ である．S^1 上の 1 形式の積分は，線形写像
$$\varphi: Z^1(S^1) = \Omega^1(S^1) \to \mathbb{R}, \quad \varphi(\alpha) = \int_{S^1}\alpha$$
を定める．$\varphi(\omega) = 2\pi \neq 0$ なので，線形写像 $\varphi: \Omega^1(S^1) \to \mathbb{R}$ は全射である．

ストークスの定理より，S^1 上の完全 1 形式は $\ker\varphi$ に属する．逆に，$\ker\varphi$ に属するすべての 1 形式が完全であることを示す．$\alpha = f\omega$ を，$\varphi(\alpha) = 0$ を満たす S^1 上の滑らかな 1 形式と仮定する．$\bar{f} = h^*f = f\circ h \in \Omega^0(\mathbb{R})$ とおく．このとき，$\bar{f}$ は周期 2π の周期関数であり，
$$0 = \int_{S^1}\alpha = \int_{F([0,2\pi])}\alpha = \int_{[0,2\pi]}F^*\alpha = \int_{[0,2\pi]}(i^*h^*f)(t)\cdot F^*\omega = \int_0^{2\pi}\bar{f}(t)\,dt$$
が成り立つ．

補題 24.5 $\bar{f}$ を $\mathbb{R}$ 上の周期 2π の C^∞ 級周期関数とし，$\int_0^{2\pi}\bar{f}(u)du = 0$ を満たすと仮定する．このとき，$\mathbb{R}$ 上の周期 2π のある C^∞ 級周期関数 $\bar{g}$ を用いて $\bar{f}\,dt = d\bar{g}$ と書ける．

【証明】$\bar{g} \in \Omega^0(\mathbb{R})$ を
$$\bar{g}(t) = \int_0^t \bar{f}(u)\,du$$
で定義する．$\int_0^{2\pi}\bar{f}(u)\,du = 0$ かつ $\bar{f}$ は周期 2π の周期関数なので，
$$\bar{g}(t+2\pi) = \int_0^{2\pi}\bar{f}(u)\,du + \int_{2\pi}^{t+2\pi}\bar{f}(u)\,du$$
$$= 0 + \int_{2\pi}^{t+2\pi}\bar{f}(u)\,du = \int_0^t \bar{f}(u)\,du = \bar{g}(t)$$
が成り立つ．よって，$\bar{g}(t)$ も $\mathbb{R}$ 上の周期 2π の周期関数である．さらに，
$$d\bar{g} = \bar{g}'(t)\,dt = \bar{f}(t)\,dt$$
である． □

$\bar{g}$ を補題 24.5 における $\mathbb{R}$ 上の周期 2π の周期関数とする．命題 18.12 より，S^1 上のある C^∞ 級関数 g に対して $\bar{g} = h^* g$ であるので，等式

$$d\bar{g} = dh^* g = h^*(dg)$$

が従う．一方，

$$\bar{f}(t)\, dt = (h^* f)(h^* \omega) = h^*(f\omega) = h^* \alpha$$

が成り立つ．$h^* : \Omega^1(S^1) \to \Omega(\mathbb{R})$ は単射なので，$\alpha = dg$ である．これは，φ の核が完全形式全体からなることを示している．したがって，積分は同型写像

$$H^1(S^1) = \frac{Z^1(S^1)}{B^1(S^1)} \xrightarrow{\sim} \mathbb{R}$$

を誘導する．

26 節では，円周のコホモロジーの計算を機械的にしてくれる道具である**マイヤー - ヴィートリス完全系列**を展開する．

24.3 微分同相不変量

多様体の間の任意の滑らかな写像 $F : N \to M$ に対して，微分形式の**引き戻し写像** $F^* : \Omega^*(M) \to \Omega^*(N)$ がある．さらに，引き戻し F^* は外微分 d と可換である（命題 19.6）．

補題 24.6 引き戻し写像 F^* は閉形式を閉形式に写し，完全形式を完全形式に写す．

【証明】 ω は閉であると仮定する．F^* と d の可換性より，

$$dF^* \omega = F^* d\omega = 0$$

を得る．よって，$F^* \omega$ も閉である．

次に，$\omega = d\tau$ が完全であると仮定する．このとき，

$$F^* \omega = F^* d\tau = dF^* \tau$$

が成り立つ．よって，$F^* \omega$ は完全である． $\square$

これにより，F^* は商空間の間の線形写像を誘導する．これを $F^\#$ と表す．つまり，

$$F^\# : \frac{Z^k(M)}{B^k(M)} \to \frac{Z^k(N)}{B^k(N)}, \quad F^\#([\omega]) = [F^*(\omega)].$$

これはコホモロジーの間の写像

$$F^{\#} : H^k(M) \to H^k(N)$$

であり，**コホモロジーにおける引き戻し写像**と呼ばれる．

注意 24.7 微分形式の間の引き戻し写像 F^* の関手性から，コホモロジーの間の誘導写像に対する同様の関手性が容易に得られる．つまり，

(i) $\mathbb{1}_M : M \to M$ を恒等写像とすると，$(\mathbb{1}_M)^{\#} : H^k(M) \to H^k(M)$ もまた恒等写像である．

(ii) $F : N \to M$ と $G : M \to P$ を滑らかな写像とすると，

$$(G \circ F)^{\#} = F^{\#} \circ G^{\#}$$

が成り立つ．

(i) と (ii) から，$(H^k(\ ), F^{\#})$ が C^{∞} 級多様体と C^{∞} 級写像のなす圏からベクトル空間と線形写像のなす圏への反変関手であることが従う．命題 10.3 より，$F : N \to M$ を多様体の間の微分同相写像とすると，$F^{\#} : H^k(M) \to H^k(N)$ はベクトル空間の間の同型写像である．

実は，コホモロジーの間の誘導写像は，通常 F^* と表記し，微分形式の引き戻し写像の表記と同じである．混乱の恐れがない限り，今後はこの慣習に従うことにする．F^* がコホモロジーの間の写像であるか形式の間の写像であるかは，通常，文脈から明らかである．

24.4　ド・ラームコホモロジー上の環構造

多様体 M 上の微分形式のウェッジ積は，微分形式からなるベクトル空間 $\Omega^*(M)$ に積構造を与え，この積構造はコホモロジーの積構造を誘導する．つまり，$[\omega] \in H^k(M)$，$[\tau] \in H^{\ell}(M)$ のとき，

$$[\omega] \wedge [\tau] = [\omega \wedge \tau] \in H^{k+\ell}(M) \tag{24.1}$$

と定義する．この積が矛盾なく定義されるためには，閉形式 ω, τ について以下の 3 つを確かめる必要がある．

(i) ウェッジ積 $\omega \wedge \tau$ は閉形式である．

(ii) コホモロジー類 $[\omega \wedge \tau]$ は $[\tau]$ の代表元のとり方に依らない．言い換えると，τ をコホモローグな形式 $\tau' = \tau + d\sigma$ に置き換えると，等式

$$\omega \wedge \tau' = \omega \wedge \tau + \omega \wedge d\sigma$$

において，$\omega \wedge d\sigma$ が完全であることを示す必要がある．

(iii) コホモロジー類 $[\omega \wedge \tau]$ は $[\omega]$ の代表元のとり方に依らない．

これらはすべて d の反導分としての性質から従う．例えば，(i) については，ω と τ が閉形式なので，

$$d(\omega \wedge \tau) = (d\omega) \wedge \tau + (-1)^k \omega \wedge d\tau = 0$$

が成り立つ．(ii) については，

$$d(\omega \wedge \sigma) = (d\omega) \wedge \sigma + (-1)^k \omega \wedge d\sigma = (-1)^k \omega \wedge d\sigma \quad (d\omega = 0 \text{ なので})$$

であり，これは $\omega \wedge d\sigma$ が完全であることを示している．(iii) は (ii) と同様で，ω と τ の役割を入れ替えればよい．

次元 n の多様体 M に対して，

$$H^*(M) = \bigoplus_{k=0}^{n} H^k(M)$$

とおく．これは，$H^*(M)$ の任意の元 α が様々な k に対する $H^k(M)$ のコホモロジー類たちの有限和として一意的に書けることを意味している．つまり，

$$\alpha = \alpha_0 + \cdots + \alpha_n, \quad \alpha_k \in H^k(M).$$

$H^*(M)$ の元は，多項式の加法や乗法と同じように加法と乗法が行える．ただし，乗法はウェッジ積である．この加法と乗法の下，$H^*(M)$ が環の性質をすべて満たすことは容易に確かめられる．$H^*(M)$ を M の**コホモロジー環**と呼ぶ．環 $H^*(M)$ は閉形式の次数による自然な次数付けをもつ．ここで，環 A が**次数付き**であるとは，それが直和 $A = \bigoplus_{k=0}^{\infty} A^k$ として書けて，環の乗法が $A^k \times A^\ell$ を $A^{k+\ell}$ に写すことであった．次数付き環 $A = \bigoplus_{k=0}^{\infty} A^k$ は，すべての $a \in A^k$ と $b \in A^\ell$ に対して

$$a \cdot b = (-1)^{k\ell} b \cdot a$$

が成り立つとき，**反交換**であるという．この用語を用いると，$H^*(M)$ は反交換次数付き環である．$H^*(M)$ は実ベクトル空間でもあるので，実際には $\mathbb{R}$ 上の反交換次数付き代数である．

$F: N \to M$ を多様体の間の C^∞ 級写像と仮定する.M 上の微分形式 ω, τ に対して $F^*(\omega \wedge \tau) = F^*\omega \wedge F^*\tau$(命題 18.11)なので,線形写像 $F^*: H^*(M) \to H^*(N)$ は環準同型写像である.注意 24.7 より,$F: N \to M$ が微分同相写像ならば,引き戻し $F^*: H^*(M) \to H^*(N)$ は環同型写像である.

まとめると,ド・ラームコホモロジーは,C^∞ 級多様体の圏から反交換次数付き環の圏への反変関手を与える.M と N を微分同相な多様体とすると,$H^*(M)$ と $H^*(N)$ は反交換次数付き環として同型である.このようにして,ド・ラームコホモロジーは C^∞ 級多様体の強力な微分同相不変量になる.

問題

24.1 至る所消えない 1 形式

コンパクトな多様体上の至る所消えない 1 形式は,完全形式になり得ないことを証明せよ.

24.2 次数 0 のコホモロジー

多様体 M が無限個の連結成分をもつと仮定する.その次数 0 のド・ラームコホモロジー $H^0(M)$ を計算せよ.(ヒント.第二可算公理より,多様体の連結成分の個数は可算である.)

§25 コホモロジーの長完全列

コチェイン複体 $\mathcal{C}$ は,ベクトル空間の族 $\{C^k\}_{k \in \mathbb{Z}}$ と線形写像 $d_k: C^k \to C^{k+1}$ の列

$$\cdots \to C^{-1} \xrightarrow{d_{-1}} C^0 \xrightarrow{d_0} C^1 \xrightarrow{d_1} C^2 \xrightarrow{d_2} \cdots$$

を合わせたもので,すべての k に対して

$$d_k \circ d_{k-1} = 0 \tag{25.1}$$

を満たすようなものである.線形写像の族 $\{d_k\}$ をコチェイン複体 $\mathcal{C}$ の**微分**と呼ぶ.

多様体 M 上の微分形式からなるベクトル空間 $\Omega^*(M)$ と外微分 d を合わせたものはコチェイン複体であり,M の**ド・ラーム複体**という.すなわち,

$$0 \to \Omega^0(M) \xrightarrow{d} \Omega^1(M) \xrightarrow{d} \Omega^2(M) \xrightarrow{d} \cdots, \quad d \circ d = 0.$$

多様体のド・ラームコホモロジーに関する結果の多くは,多様体の位相的性質ではなく,ド・ラーム複体の代数的性質に依るので,ド・ラームコホモロジーをよく理

解するためには，これらの代数的性質を取り出して考えるのが有効である．この節では，**ホモロジー代数**として知られている分野の基礎となる，コチェイン複体の性質を調べる．

25.1 完全列

この 25.1 節は，今後繰り返し用いる完全性の基本的性質をいくつかまとめたものである．

定義 25.1 ベクトル空間の間の準同型写像の列

$$A \xrightarrow{f} B \xrightarrow{g} C$$

は，$\operatorname{im} f = \ker g$ が成り立つとき，B において**完全**であるという．準同型写像の列

$$A^0 \xrightarrow{f_0} A^1 \xrightarrow{f_1} A^2 \xrightarrow{f_2} \cdots \xrightarrow{f_{n-1}} A^n$$

が，最初と最後を除くすべての項において完全であるとき，この列を単に**完全列**という．5 項からなる完全列

$$0 \to A \to B \to C \to 0$$

を**短完全列**という．

群や加群の準同型写像についても同じ定義が適用できるが，ここでは主にベクトル空間に関心がある．

注意 (i) $A = 0$ のとき，列

$$0 \xrightarrow{f} B \xrightarrow{g} C$$

が完全であるための必要十分条件は

$$\ker g = \operatorname{im} f = 0$$

なので，g が単射となることである．

(ii) 同様に，$C = 0$ のとき，列

$$A \xrightarrow{f} B \xrightarrow{g} 0$$

が完全であるための必要十分条件は

$$\operatorname{im} f = \ker g = B$$

なので，f が全射となることである．

次の 2 つの性質は，完全列を扱う上で大変有用である．

命題 25.2（**3 項の完全列**）　列
$$A \xrightarrow{f} B \xrightarrow{g} C$$
が完全列であると仮定する．このとき，
(i) 写像 f が全射であるための必要十分条件は，g が零写像となることであり，
(ii) 写像 g が単射であるための必要十分条件は，f が零写像となることである．

【証明】問題 25.1. □

命題 25.3（**4 項の完全列**）
(i) ベクトル空間の 4 項の列 $0 \to A \xrightarrow{f} B \to 0$ が完全であるための必要十分条件は，$f: A \to B$ が同型写像となることである．
(ii) ベクトル空間の列
$$A \xrightarrow{f} B \to C \to 0$$
が完全列であるならば，線形同型写像
$$C \simeq \operatorname{coker} f := \frac{B}{\operatorname{im} f}$$
が存在する．

【証明】問題 25.2. □

25.2　コチェイン複体のコホモロジー

$\mathcal{C}$ をコチェイン複体とすると，(25.1) より
$$\operatorname{im} d_{k-1} \subset \ker d_k$$
が成り立つ．したがって，商ベクトル空間
$$H^k(\mathcal{C}) := \frac{\ker d_k}{\operatorname{im} d_{k-1}}$$
を構成することができる．これをコチェイン複体 $\mathcal{C}$ の **k 次のコホモロジー**と呼ぶ．これは，コチェイン複体 $\mathcal{C}$ が C^k において完全でない度合いを測るものである．ベクトル空間 C^k の元を**次数 k のコチェイン**，または単に **k コチェイン**と呼ぶ．$\ker d_k$ に属する k コチェインは k **コサイクル**と呼ばれ，$\operatorname{im} d_{k-1}$ に属する k コチェインは

k **コバウンダリ**と呼ばれる．k コサイクル $c \in \ker d_k$ の同値類 $[c] \in H^k(\mathcal{C})$ をその**コホモロジー類**と呼ぶ．$\mathcal{C}$ の k コサイクルからなる部分空間と k コバウンダリからなる部分空間を，それぞれ $Z^k(\mathcal{C})$, $B^k(\mathcal{C})$ と表記する．文字 Z は，サイクルを表すドイツ語 **Zyklen** から来ている．

表記を単純にするために，通常 d_k の添え字は省略し，$d_k \circ d_{k-1} = 0$ の代わりに $d \circ d = 0$ と書く．

例 ド・ラーム複体では，コサイクルは閉形式であり，コバウンダリは完全形式である．

$\mathcal{A}$ と $\mathcal{B}$ がそれぞれ微分 d, d' をもつ 2 つのコチェイン複体のとき，**コチェイン写像** $\varphi : \mathcal{A} \to \mathcal{B}$ は線形写像 $\varphi_k : A^k \to B^k$ の族で，各 k に対して d および d' と可換になるようなものである．つまり，

$$d' \circ \varphi_k = \varphi_{k+1} \circ d.$$

言い換えると，次の図式が可換である．

$$\begin{array}{ccccccccc}
\cdots & \longrightarrow & A^{k-1} & \xrightarrow{d} & A^k & \xrightarrow{d} & A^{k+1} & \longrightarrow & \cdots \\
& & \downarrow \varphi_{k-1} & & \downarrow \varphi_k & & \downarrow \varphi_{k+1} & & \\
\cdots & \longrightarrow & B^{k-1} & \xrightarrow{d'} & B^k & \xrightarrow{d'} & B^{k+1} & \longrightarrow & \cdots.
\end{array}$$

通常，φ_k の添え字 k を省略する．

コチェイン写像 $\varphi : \mathcal{A} \to \mathcal{B}$ は，コホモロジーの間の線形写像

$$\varphi^* : H^k(\mathcal{A}) \to H^k(\mathcal{B})$$

を

$$\varphi^*[a] = [\varphi(a)] \tag{25.2}$$

により自然に誘導する．これが矛盾なく定義されることを示すために，コチェイン写像がコサイクルをコサイクルに，コバウンダリをコバウンダリに写すことを確かめる必要がある．すなわち，

(i) $a \in Z^k(\mathcal{A})$ に対して，$d'(\varphi(a)) = \varphi(da) = 0$,

(ii) $a' \in A^{k-1}$ に対して，$\varphi(da') = d'(\varphi(a'))$.

例 25.4

(i) 多様体の間の滑らかな写像 $F: N \to M$ に対して，微分形式の引き戻し写像 $F^*: \Omega^*(M) \to \Omega^*(N)$ はコチェイン写像である．なぜなら，F^* は d と可換であるためである（命題 19.6）．上記の議論より，コホモロジーの間の誘導された写像 $F^*: H^*(M) \to H^*(N)$ が存在する．実際，これは補題 24.6 の後で見たものである．

(ii) X を多様体 M 上の C^∞ 級ベクトル場とすると，リー微分 $\mathcal{L}_X: \Omega^*(M) \to \Omega^*(M)$ は d と可換である（定理 20.10 (ii)）．(25.2) より，$\mathcal{L}_X$ はコホモロジーの間の線形写像 $\mathcal{L}_X^*: H^*(M) \to H^*(M)$ を誘導する．

25.3 連結準同型写像

コチェイン複体の列

$$0 \to \mathcal{A} \xrightarrow{i} \mathcal{B} \xrightarrow{j} \mathcal{C} \to 0$$

が **短完全** であるとは，i と j がコチェイン写像であり，かつ各 k に対して

$$0 \to A^k \xrightarrow{i_k} B^k \xrightarrow{j_k} C^k \to 0$$

がベクトル空間の短完全列であることをいう．通常，コチェイン写像における添え字を省略するので，i_k, j_k の代わりに i, j と書く．

上記のような短完全列が与えられたとき，**連結準同型写像** と呼ばれる線形写像 $d^*: H^k(\mathcal{C}) \to H^{k+1}(\mathcal{A})$ を以下のように構成することができる．次数 k と $k+1$ における短完全列を考える．

$$\begin{array}{ccccccccc}
0 & \longrightarrow & A^{k+1} & \xrightarrow{i} & B^{k+1} & \xrightarrow{j} & C^{k+1} & \longrightarrow & 0 \\
& & \uparrow d & & \uparrow d & & \uparrow d & & \\
0 & \longrightarrow & A^k & \xrightarrow{i} & B^k & \xrightarrow{j} & C^k & \longrightarrow & 0.
\end{array}$$

表記を単純にするため，3つのコチェイン複体の微分 d_A, d_B, d_C を同じ記号 d を用いて表記する．まず，$[c] \in H^k(\mathcal{C})$ から始める．$j: B^k \to C^k$ は全射なので，$j(b) = c$ となる元 $b \in B^k$ が存在する．このとき，$db \in B^{k+1}$ は $\ker j$ に属する．なぜなら，

$$jdb = djb \quad \text{(図式の可換性より)}$$
$$= dc = 0 \quad (c \text{ はコサイクルなので})$$

が成り立つからである．

次数 $k+1$ における列の完全性より，$\ker j = \operatorname{im} i$ である．これは，$db = i(a)$ となるような A^{k+1} のある元 a が存在することを意味する．i は単射なので，b を選んだ時点でこの a は一意的である．等式

$$i(da) = d(ia) = ddb = 0 \tag{25.3}$$

が成り立つので，i の単射性から $da = 0$ であることも分かる．したがって，a はコサイクルであり，コホモロジー類 $[a]$ を定める．そこで，

$$d^*[c] = [a] \in H^{k+1}(\mathcal{A})$$

と定める．

$d^*[c]$ の定義において，コホモロジー類 $[c] \in H^k(\mathcal{C})$ を代表するコサイクル c と，写像 j で c に写る元 $b \in B^k$ の2つの元をとってきた．d^* が矛盾なく定義されるためには，コホモロジー類 $[a] \in H^{k+1}(\mathcal{A})$ がこれらの選び方に依らないことを示す必要がある．

演習 25.5（連結準同型写像）* 　連結準同型写像

$$d^* : H^k(\mathcal{C}) \to H^{k+1}(\mathcal{A})$$

が矛盾なく定義される線形写像であることを示せ．

連結準同型写像の定義の仕方は，ジグザグ図式として覚えておくとよい．

$$\begin{array}{ccc} a & \xrightarrowtail{i} & db \\ & & \uparrow d \\ & & b \xrightarrow{j}\!\!\!\!\!\twoheadrightarrow c \end{array}$$

ここで，$a \rightarrowtail db$ は a が db に単射で写ることを意味し，$b \mapsto\!\!\!\twoheadrightarrow c$ は b が c に全射で写ることを意味する．

25.4 ジグザグ補題

ジグザグ補題は，コチェイン複体の短完全列からコホモロジーの長完全列を作り出すものである．この補題が最も有用なのは，長完全列のいくつかの項が 0 であることが分かっている場合である．実際，完全性により，0 に隣接した写像は単射，全射，さらには同型写像にもなり得るからである．例えば，3 つのコチェイン複体のうち 1 つのコホモロジーが 0 であるとすると，他の 2 つのコチェイン複体のコホモロジーは，ベクトル空間として同型になる．

定理 25.6（ジグザグ補題） コチェイン複体の短完全列

$$0 \to \mathcal{A} \xrightarrow{i} \mathcal{B} \xrightarrow{j} \mathcal{C} \to 0$$

はコホモロジーの長完全列

$$
\begin{array}{c}
\to H^{k+1}(\mathcal{A}) \xrightarrow{i^*} \cdots \\
\nearrow d^* \\
\to H^k(\mathcal{A}) \xrightarrow{i^*} H^k(\mathcal{B}) \xrightarrow{j^*} H^k(\mathcal{C}) \\
\nearrow d^* \\
\cdots \xrightarrow{j^*} H^{k-1}(\mathcal{C})
\end{array}
\qquad (25.4)
$$

を引き起こす．ここで，i^* と j^* はコチェイン写像 i, j から誘導されるコホモロジーの間の写像であり，d^* は連結準同型写像である．

定理を証明するには，各 k に対して $H^k(\mathcal{A}), H^k(\mathcal{B}), H^k(\mathcal{C})$ における完全性を確かめる必要がある．証明は**図式の追跡**と一般に呼ばれるもので，自明な主張の連続である．ここでは例として，$H^k(\mathcal{C})$ における完全性を証明する．

主張 $\operatorname{im} j^* \subset \ker d^*$.

【証明】$[b] \in H^k(\mathcal{B})$ とする．このとき，

$$d^* j^*[b] = d^*[j(b)]$$

である．先述の d^* の構成において，$j(b)$ に写る B^k の元として b をとることができる．このとき，$db \in B^{k+1}$ である．b はコサイクルであるので，$db = 0$ である．

ジグザグ図式

$$
\begin{array}{ccc}
0 \rightarrowtail & \xrightarrow{i} & db = 0 \\
& & \uparrow d \\
& & b \xmapsto{j} j(b)
\end{array}
$$

によると，$i(0) = 0 = db$ であるので $d^*[j(b)] = [0]$ を得る．よって，$j^*[b] \in \ker d^*$ である． □

主張　$\ker d^* \subset \mathrm{im}\, j^*$．

【証明】 $d^*[c] = [a] = 0$ と仮定する．ここで，$[c] \in H^k(\mathcal{C})$ である．これは，$a = da'$ となるようなある $a' \in A^k$ が存在することを意味する．$d^*[c]$ の計算は，ジグザグ図式

$$
\begin{array}{ccc}
a \rightarrowtail & \xrightarrow{i} & db \\
\uparrow d & & \uparrow d \\
a' & & b \xmapsto{j} c
\end{array}
$$

により表される．ここで，b は $j(b) = c$ かつ $i(a) = db$ を満たす B^k の元である．このとき，$b - i(a')$ は B^k のコサイクルで，j によって c に写る．つまり，

$$d(b - i(a')) = db - di(a') = db - id(a') = db - ia = 0,$$
$$j(b - i(a')) = j(b) - ji(a') = j(b) = c.$$

したがって，

$$j^*[b - i(a')] = [c]$$

が成り立つので，$[c] \in \mathrm{im}\, j^*$ である． □

これら 2 つの主張を合わせて，(25.4) の $H^k(\mathcal{C})$ における完全性を得る．コホモロジーの列 (25.4) の $H^k(\mathcal{A})$ と $H^k(\mathcal{B})$ における完全性に関しては，演習問題として残しておく（問題 25.3）．

問題

25.1 3項の完全列
命題 25.2 を証明せよ.

25.2 4項の完全列
命題 25.3 を証明せよ.

25.3 コホモロジーの長完全列
コホモロジーの列 (25.4) の $H^k(\mathcal{A})$ と $H^k(\mathcal{B})$ における完全性を証明せよ.

25.4* 蛇の補題[1]
ジグザグ補題を用いて,以下を証明せよ.

蛇の補題 行が完全列である可換図式

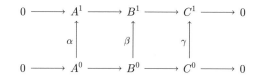

は長完全列

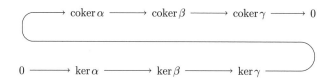

を誘導する.

§26 マイヤー-ヴィートリス完全系列

実数直線 $\mathbb{R}^1$ のコホモロジーの例が示すように,多様体のド・ラームコホモロジーの計算は,つまるところ多様体上に自然に与えられた連立微分方程式を解くことであり,それが可解でない場合は,その可解性の障害を求めることになる.これを直

---

[1] 'snake lemma' (蛇の補題) は 'serpent lemma' とも呼ばれ,その名前は長完全列の形を通常 S の字に描くことに由来する.ホモロジー代数の結果の中で大衆に知られるようになったものは,この補題だけであろう. 1980 年の映画 *It's My Turn* に,数学の教授を演じる女優ジル・クレイバーグ (Jill Clayburgh) が蛇の補題の証明を説明するというシーンがある.

§26 マイヤー‐ヴィートリス完全系列

接行うのは通常，非常に難しい．この節では，ド・ラームコホモロジーの計算において最も有用な道具の1つであるマイヤー‐ヴィートリス完全系列を導入する．もう1つの道具であるホモトピー公理については，次節で導入する．

26.1 マイヤー‐ヴィートリス完全系列

$\{U, V\}$ を多様体 M の開被覆とし，$i_U : U \to M$，$i_U(p) = p$ を包含写像とする．このとき，引き戻し

$$i_U^* : \Omega^k(M) \to \Omega^k(U)$$

は M 上の k 形式を U に制限する制限写像である．つまり，$i_U^* \omega = \omega|_U$．実際，以下の可換図式を満たす4つの包含写像がある．

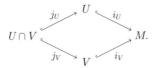

k 形式を M から U, V へ制限することにより，ベクトル空間の間の準同型写像

$$i : \Omega^k(M) \to \Omega^k(U) \oplus \Omega^k(V),$$
$$\sigma \mapsto (i_U^* \sigma, i_V^* \sigma) = (\sigma|_U, \sigma|_V)$$

を得る．写像

$$j : \Omega^k(U) \oplus \Omega^k(V) \to \Omega^k(U \cap V)$$

を

$$j(\omega, \tau) = j_V^* \tau - j_U^* \omega = \tau|_{U \cap V} - \omega|_{U \cap V} \tag{26.1}$$

で定義する．ここで $U \cap V$ が空ならば，$\Omega^k(U \cap V) = 0$ と定義する．この場合，j は単に零写像である．i を**制限写像**，j を**差写像**と呼ぶ．直和 $\Omega^*(U) \oplus \Omega^*(V)$ は非交和 $U \sqcup V$ のド・ラーム複体 $\Omega^*(U \sqcup V)$ なので，$\Omega^*(U) \oplus \Omega^*(V)$ 上の外微分 d は $d(\omega, \tau) = (d\omega, d\tau)$ で与えられる．

命題 26.1 制限写像 i と差写像 j は共に外微分 d と可換である．

【証明】 これは d と引き戻しの可換性（命題 19.6）の帰結である. $\sigma \in \Omega^k(M)$ に対して,

$$di\sigma = d(i_U^*\sigma, i_V^*\sigma) = (di_U^*\sigma, di_V^*\sigma) = (i_U^*d\sigma, i_V^*d\sigma) = id\sigma$$

が成り立つ. $(\omega, \tau) \in \Omega^k(U) \oplus \Omega^k(V)$ に対して,

$$dj(\omega, \tau) = d(j_V^*\tau - j_U^*\omega) = j_V^*d\tau - j_U^*d\omega = jd(\omega, \tau)$$

が成り立つ. □

よって, i と j はコチェイン写像である.

命題 26.2 各整数 $k \geq 0$ に対して, 列

$$0 \to \Omega^k(M) \xrightarrow{i} \Omega^k(U) \oplus \Omega^k(V) \xrightarrow{j} \Omega^k(U \cap V) \to 0 \tag{26.2}$$

は完全である.

【証明】 最初の 2 項 $\Omega^k(M)$ と $\Omega^k(U) \oplus \Omega^k(V)$ における完全性は簡単である. これは演習問題として残しておく（問題 26.1）.

差写像

$$j : \Omega^k(U) \oplus \Omega^k(V) \to \Omega^k(U \cap V)$$

の全射性を証明するには, まず $M = \mathbb{R}^1$ 上の関数の場合を考えるのが最善である. f を図 26.1 のような $U \cap V$ 上の C^∞ 級関数とする. f を V 上の C^∞ 級関数と U 上の C^∞ 級関数の差として書かなければならない.

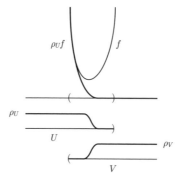

図 26.1 f を V 上の C^∞ 級関数と U 上の C^∞ 級関数の差として書いたもの.

§26 マイヤー - ヴィートリス完全系列

$\{\rho_U, \rho_V\}$ を開被覆 $\{U, V\}$ に従属する 1 の分割とする. $f_V : V \to \mathbb{R}$ を

$$f_V(x) = \begin{cases} \rho_U(x)f(x) & (x \in U \cap V) \\ 0 & (x \in V - (U \cap V)) \end{cases}$$

で定義する.

演習 26.3　f_V は V 上の C^∞ 級関数であることを証明せよ.

関数 f_V を $U \cap V$ から V への $\rho_U f$ の**零による拡張**と呼ぶ. 同様に, f_U を $U \cap V$ から U への $\rho_V f$ の零による拡張で定義する. f の定義域を $U \cap V$ から 2 つの開集合のうちの一方に「拡張」するために, 他方の開集合の分割関数を掛けていることに注意しておく. $U \cap V$ 上で等式

$$j(-f_U, f_V) = f_V|_{U \cap V} + f_U|_{U \cap V} = \rho_U f + \rho_V f = f$$

が成り立つので, j は全射である.

一般の多様体 M 上の微分 k 形式に対しても, 上記の等式は同様に成り立つ. $\omega \in \Omega^k(U \cap V)$ に対して, ω_U を $U \cap V$ から U への $\rho_V \omega$ の零による拡張, ω_V を $U \cap V$ から V への $\rho_U \omega$ の零による拡張で定義する. $U \cap V$ 上では, $(-\omega_U, \omega_V)$ は $(-\rho_V \omega, \rho_U \omega)$ に制限される. よって, j は $(-\omega_U, \omega_V) \in \Omega^k(U) \oplus \Omega^k(V)$ を

$$\rho_U \omega - (-\rho_V \omega) = \omega \in \Omega^k(U \cap V)$$

に写す. これは j が全射であることを示しており, 列 (26.2) は $\Omega^k(U \cap V)$ において完全である. □

命題 26.2 から, コチェイン複体の列

$$0 \to \Omega^*(M) \xrightarrow{i} \Omega^*(U) \oplus \Omega^*(V) \xrightarrow{j} \Omega^*(U \cap V) \to 0$$

が短完全であることが従う. ジグザグ補題 (定理 25.6) より, このコチェイン複体の短完全列はコホモロジーの長完全列を引き起こす. これを**マイヤー - ヴィートリス完全系列**と呼ぶ. つまり,

$$\begin{array}{c}
\longrightarrow H^{k+1}(M) \xrightarrow{\ i^*\ } \cdots. \\
\\
\xrightarrow{\quad d^* \quad} \\
\\
\longrightarrow H^k(M) \xrightarrow{\ i^*\ } H^k(U) \oplus H^k(V) \xrightarrow{\ j^*\ } H^k(U \cap V) \longrightarrow \\
\\
\xrightarrow{\quad d^* \quad} \\
\\
\cdots \xrightarrow{\ j^*\ } H^{k-1}(U \cap V)
\end{array}$$

(26.3)

この列において,i^* と j^* は i と j から誘導される.すなわち,

$$i^*[\sigma] = [i(\sigma)] = ([\sigma|_U], [\sigma|_V]) \in H^k(U) \oplus H^k(V),$$

$$j^*([\omega], [\tau]) = [j(\omega, \tau)] = [\tau|_{U \cap V} - \omega|_{U \cap V}] \in H^k(U \cap V).$$

25.3 節の構成法により,連結準同型写像 $d^* : H^k(U \cap V) \to H^{k+1}(M)$ は以下の図式のように 3 段階で得られる.

$$\begin{array}{ccc}
\Omega^{k+1}(M) & \xrightarrow{\ i\ } & \Omega^{k+1}(U) \oplus \Omega^{k+1}(V) \\
& & \uparrow d \\
& & \Omega^k(U) \oplus \Omega^k(V) \xrightarrow{\ j\ } \Omega^k(U \cap V),
\end{array}$$

$$\begin{array}{ccc}
\alpha & \xrightarrow[(3)]{\ i\ } & (-d\zeta_U, d\zeta_V) \xmapsto{\ j\ } 0 \\
& & \downarrow d \ (2) \quad\quad \uparrow d \\
& & (-\zeta_U, \zeta_V) \xmapsto[(1)]{\ j\ } \zeta.
\end{array}$$

(1) まず,閉 k 形式 $\zeta \in \Omega^k(U \cap V)$ をとると,$\{U, V\}$ に従属する 1 の分割 $\{\rho_U, \rho_V\}$ を用いて,$\rho_U \zeta$ を $U \cap V$ から V 上の k 形式 ζ_V に零により拡張し,$\rho_V \zeta$ を $U \cap V$ から U 上の k 形式 ζ_U に零により拡張することができる(命題 26.2 の証明を見よ).このとき,

$$j(-\zeta_U, \zeta_V) = \zeta_V|_{U \cap V} + \zeta_U|_{U \cap V} = (\rho_U + \rho_V)\zeta = \zeta$$

が成り立つ.

(2) d と j の可換性は，組 $(-d\zeta_U, d\zeta_V)$ が j によって 0 に写ることを示している．より正式には，$jd = dj$ であり ζ はコサイクルなので，

$$j(-d\zeta_U, d\zeta_V) = jd(-\zeta_U, \zeta_V) = dj(-\zeta_U, \zeta_V) = d\zeta = 0$$

が成り立つ．よって，U 上の $(k+1)$ 形式 $-d\zeta_U$ と V 上の $(k+1)$ 形式 $d\zeta_V$ は $U \cap V$ 上で一致することが従う．

(3) したがって，U 上の $-d\zeta_U$ と V 上の $d\zeta_V$ を貼り合わせて M 上の大域的な $(k+1)$ 形式 α を得る．図式の追跡により，α が閉であることが示せる（(25.3) を見よ）．25.3 節より，$d^*[\zeta] = [\alpha] \in H^{k+1}(M)$ である．

$k \leq -1$ に対しては $\Omega^k(M) = 0$ なので，マイヤー - ヴィートリス完全系列は

$$0 \to H^0(M) \to H^0(U) \oplus H^0(V) \to H^0(U \cap V) \to \cdots$$

から始まる．

命題 26.4 マイヤー - ヴィートリス完全系列において，$U, V, U \cap V$ が連結かつ空でないとすると，

(i) M は連結で，列

$$0 \to H^0(M) \to H^0(U) \oplus H^0(V) \to H^0(U \cap V) \to 0$$

は完全であり，

(ii) マイヤー - ヴィートリス完全系列を

$$0 \to H^1(M) \xrightarrow{i^*} H^1(U) \oplus H^1(V) \xrightarrow{j^*} H^1(U \cap V) \to \cdots$$

から始めることができる．

【証明】

(i) M の連結性は，点集合トポロジーにおける補題（命題 A.44）から従う．これは，マイヤー - ヴィートリス完全系列から導くこともできる．空でない連結な開集合上，次数 0 のド・ラームコホモロジーは単に定数関数からなるベクトル空間である（命題 24.1）．(26.1) より，写像

$$j^* : H^0(U) \oplus H^0(V) \to H^0(U \cap V)$$

は

$$(u,v) \mapsto v - u, \quad u, v \in \mathbb{R}$$

で与えられる．この写像は明らかに全射である．j^* の全射性は

$$\operatorname{im} j^* = H^0(U \cap V) = \ker d^*$$

を意味するので，$d^* : H^0(U \cap V) \to H^1(M)$ が零写像であると結論できる．よって，マイヤー-ヴィートリス完全系列は

$$0 \to H^0(M) \xrightarrow{i^*} \mathbb{R} \oplus \mathbb{R} \xrightarrow{j^*} \mathbb{R} \xrightarrow{d^*} 0 \tag{26.4}$$

から始まる．この短完全系列は

$$H^0(M) \simeq \operatorname{im} i^* = \ker j^*$$

であることを示している．同型

$$\ker j^* = \{(u,v) \mid v - u = 0\} = \{(u,u) \in \mathbb{R} \oplus \mathbb{R}\} \simeq \mathbb{R}$$

より，$H^0(M) \simeq \mathbb{R}$ が成り立ち，これは M が連結であることを示している．

(ii) (i) から $d^* : H^0(U \cap V) \to H^1(M)$ が零写像であることが分かっている．よって，マイヤー-ヴィートリス完全系列において，2つの写像の列

$$H^0(U \cap V) \xrightarrow{d^*} H^1(M) \xrightarrow{i^*} H^1(U) \oplus H^1(V)$$

は，完全性に影響を与えずに

$$0 \to H^1(M) \xrightarrow{i^*} H^1(U) \oplus H^1(V)$$

に置き換えることができる． □

26.2　円周のコホモロジー

例 24.4 では，1形式の積分が $H^1(S^1)$ と $\mathbb{R}$ の同型写像を導くことを示した．この節では，マイヤー-ヴィートリス完全系列を適用して，円周のコホモロジーの別の計算方法を与える．

図 26.2 のように，円周を2つの開弧 U と V で被覆する．共通部分 $U \cap V$ は2つの開弧の非交和であり，それらを A, B とする．開弧は開区間と微分同相であり，よって実数直線 $\mathbb{R}^1$ と微分同相なので，U と V のコホモロジー環は $\mathbb{R}^1$ のコホモロジー環と同型であり，$U \cap V$ のコホモロジー環は非交和 $\mathbb{R}^1 \sqcup \mathbb{R}^1$ のコホモロジー環と同型である．それらをマイヤー-ヴィートリス完全系列に当てはめて表にする．

§26 マイヤー‐ヴィートリス完全系列

		S^1		$U \sqcup V$		$U \cap V$
H^2	$\to$	0	$\to$	0	$\to$	0
H^1	$\xrightarrow{d^*}$	$H^1(S^1)$	$\to$	0	$\to$	0
H^0	$0 \to$	$\mathbb{R}$	$\xrightarrow{i^*}$	$\mathbb{R} \oplus \mathbb{R}$	$\xrightarrow{j^*}$	$\mathbb{R} \oplus \mathbb{R}$

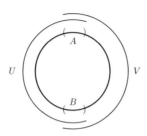

図 **26.2** 円周の開被覆.

完全列
$$0 \to \mathbb{R} \xrightarrow{i^*} \mathbb{R} \oplus \mathbb{R} \xrightarrow{j^*} \mathbb{R} \oplus \mathbb{R} \xrightarrow{d^*} H^1(S^1) \to 0$$
と問題 26.2 から，$\dim H^1(S^1) = 1$ と結論できる．よって，円周のコホモロジーは
$$H^k(S^1) = \begin{cases} \mathbb{R} & (k = 0, 1) \\ 0 & （それ以外） \end{cases}$$
で与えられる．

マイヤー‐ヴィートリス完全系列における写像を分析することにより，$H^1(S^1)$ の具体的な生成元を書き下すことができる．まず命題 24.1 によると，$H^0(U) \oplus H^0(V)$ の元は，U 上の定数関数 u と V 上の定数関数 v を表す順序付けられた組 $(u, v) \in \mathbb{R} \oplus \mathbb{R}$ である．$H^0(U \cap V) = H^0(A) \oplus H^0(B)$ の元は，A 上の定数関数 a と B 上の定数関数 b を表す順序付けられた組 $(a, b) \in \mathbb{R} \oplus \mathbb{R}$ である．制限写像 $j_U^* : Z^0(U) \to Z^0(U \cap V)$ は，U 上の定数関数を 2 つの連結成分 A, B からなる共通部分 $U \cap V$ に制限するものである．つまり，
$$j_U^*(u) = u|_{U \cap V} = (u, u) \in Z^0(A) \oplus Z^0(B).$$
同様に，
$$j_V^*(v) = v|_{U \cap V} = (v, v) \in Z^0(A) \oplus Z^0(B)$$

である.(26.1) より,$j: Z^0(U) \oplus Z^0(V) \to Z^0(U \cap V)$ は

$$j(u,v) = v|_{U \cap V} - u|_{U \cap V} = (v,v) - (u,u) = (v-u, v-u)$$

で与えられる.よって,マイヤー-ヴィートリス完全系列において,誘導された写像 $j^*: H^0(U) \oplus H^0(V) \to H^0(U \cap V)$ は

$$j^*(u,v) = (v-u, v-u)$$

で与えられる.したがって,j^* の像は $\mathbb{R}^2$ における対角線集合

$$\Delta = \{(a,a) \in \mathbb{R}^2\}$$

である.$H^1(S^1)$ は $\mathbb{R}$ に同型なので,$H^1(S^1)$ の生成元は単に 0 でない元である.さらに,$d^*: H^0(U \cap V) \to H^1(S^1)$ は全射かつ等式

$$\ker d^* = \operatorname{im} j^* = \Delta$$

を満たすので,この $H^1(S^1)$ における 0 でない元は,$a \neq b$ であるような元 $(a,b) \in H^0(U \cap V) \simeq \mathbb{R}^2$ の,d^* による像である.

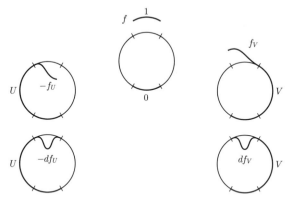

図 26.3 円周の H^1 の生成元.

よって,$(a,b) = (1,0) \in H^0(U \cap V)$ についての考察から始めてもよい.これは,A 上で 1 の値をとり,B 上で 0 の値をとる関数 f に対応する.$\{\rho_U, \rho_V\}$ を開被覆 $\{U,V\}$ に従属する 1 の分割とし,f_U, f_V をそれぞれ $U \cap V$ から U への $\rho_V f$ の零による拡張と,$U \cap V$ から V への $\rho_U f$ の零による拡張とする.命題 26.2 の証明

より，$U \cap V$ 上で $j(-f_U, f_V) = f$ である．26.1 節から，$d^*(1,0)$ は U に制限すると $-df_U$，V に制限すると df_V となるような S^1 上の 1 形式で表せる．今，f_V は A 上では ρ_U で，$V - A$ 上では 0 であるような V 上の関数であるので，df_V はその台が完全に A に含まれるような V 上の 1 形式である．$\rho_U + \rho_V = 1$ であるから，同様の考察により，$-df_U$ は，A に制限すると df_V の A への制限と同じ 1 形式となることが分かる．df_V または $-df_U$ のどちらか一方を零によって S^1 上の 1 形式に拡張すれば，$H^1(S^1)$ の生成元が得られる．ここで得られた生成元は，A に台をもつ S^1 上の隆起 1 形式である（図 26.3）．

写像 j^* の具体的な記述によって，$H^1(S^1)$ を計算する他の方法が得られる．実際，マイヤー - ヴィートリス完全系列の完全性と線形代数の第一同型定理より，ベクトル空間の間の同型写像の列

$$H^1(S^1) = \operatorname{im} d^* \simeq \frac{\mathbb{R} \oplus \mathbb{R}}{\ker d^*} = \frac{\mathbb{R} \oplus \mathbb{R}}{\operatorname{im} j^*} \simeq \frac{\mathbb{R}^2}{\mathbb{R}} \simeq \mathbb{R}$$

が存在する．

26.3 オイラー標数

n 次元多様体 M のコホモロジー $H^k(M)$ が，すべての k に対してベクトル空間として有限次元であるとき，その**オイラー標数**を交代和

$$\chi(M) = \sum_{k=0}^{n} (-1)^k \dim H^k(M)$$

で定義する．マイヤー - ヴィートリス完全系列の系として，$U \cup V$ のオイラー標数は以下のように $U, V, U \cap V$ のオイラー標数から計算することができる．

演習 26.5（**開被覆の言葉によるオイラー標数**） 多様体 M が開被覆 $\{U, V\}$ をもつと仮定し，空間 $M, U, V, U \cap V$ はすべて有限次元のコホモロジーをもつとする．問題 26.2 をマイヤー - ヴィートリス完全系列に適用することで，

$$\chi(M) - (\chi(U) + \chi(V)) + \chi(U \cap V) = 0$$

を証明せよ．

問題

26.1 マイヤー - ヴィートリス短完全系列

(26.2) の $\Omega^k(M)$ と $\Omega^k(U) \oplus \Omega^k(V)$ における完全性を証明せよ．

26.2 次元の交代和

列
$$0 \to A^0 \xrightarrow{d_0} A^1 \xrightarrow{d_1} A^2 \xrightarrow{d_2} \cdots \to A^m \to 0$$
を有限次元ベクトル空間の完全列とする．等式
$$\sum_{k=0}^{m}(-1)^k \dim A^k = 0$$
を示せ．(ヒント．線形代数の階数・退化次数の定理より，
$$\dim A^k = \dim \ker d_k + \dim \operatorname{im} d_k$$
が成り立つ．この等式の k についての交代和をとり，$\dim \ker d_k = \dim \operatorname{im} d_{k-1}$ を用いて簡単にせよ．)

§27 ホモトピー不変性

ホモトピー公理は，ド・ラームコホモロジーを計算するための強力な道具である．ホモトピーは通常，位相空間の圏において定義されるが，本書では主に滑らかな多様体と滑らかな写像を取り扱うため，ここでのホモトピーの概念は**滑らかなホモトピー**である．トポロジーにおける通常のホモトピーと異なる点は，すべての写像が滑らかであることを仮定しているという点だけである．この節では，滑らかなホモトピーを定義し，ド・ラームコホモロジーのホモトピー公理を述べて，2, 3 の計算例を挙げる．ホモトピー公理の証明は，29 節に後回しにする．

27.1 滑らかなホモトピー

M と N を多様体とする．2 つの C^∞ 級写像 $f, g : M \to N$ が（滑らかに）**ホモトピック**であるとは，すべての $x \in M$ に対して
$$F(x, 0) = f(x) \quad \text{かつ} \quad F(x, 1) = g(x)$$
を満たすような C^∞ 級写像
$$F : M \times \mathbb{R} \to N$$
が存在することである．写像 F を，f から g への**ホモトピー**と呼ぶ．f から g へのホモトピー F は，滑らかに変化する写像の族 $\{f_t : M \to N \mid t \in \mathbb{R}\}$ と見なすことができる．ここで，$f_t : M \to N$ は $f_0 = f$ かつ $f_1 = g$ を満たすような写像

$$f_t(x) = F(x,t), \quad x \in M$$

を表す．パラメーター t を時間，ホモトピーを写像 $f_0 : M \to N$ の時間の経過による変化と考えることもできる．f と g がホモトピックのとき，

$$f \sim g$$

と書く．

　任意の開区間は $\mathbb{R}$ に微分同相（問題 1.3）なので，ホモトピーの定義において，$\mathbb{R}$ の代わりに 0 と 1 を含む任意の開区間を用いることができる．閉区間 $[0,1]$ より開区間を考えることの利点は，開区間が境界をもたない多様体であるということである．

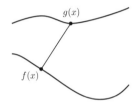

図 27.1 直線ホモトピー．

例 27.1（直線ホモトピー） f, g を多様体 M から $\mathbb{R}^n$ への C^∞ 級写像とする．$F : M \times \mathbb{R} \to \mathbb{R}^n$ を

$$F(x,t) = f(x) + t(g(x) - f(x)) = (1-t)f(x) + tg(x)$$

で定義する．このとき，F は f から g へのホモトピーであり，f から g への**直線ホモトピー**と呼ぶ（図 27.1）．

演習 27.2（ホモトピー） M と N を多様体とする．ホモトピーは M から N へのすべての C^∞ 級写像からなる集合上の同値関係であることを証明せよ．

27.2 ホモトピー型

　例によって，$\mathbb{1}_M$ は多様体 M 上の恒等写像を表す．

定義 27.3 写像 $f : M \to N$ が**ホモトピー同値**であるとは，それが**ホモトピー逆写像**をもつこと，すなわち $g \circ f$ が M 上の恒等写像 $\mathbb{1}_M$ にホモトピックかつ $f \circ g$ が N 上の恒等写像 $\mathbb{1}_N$ にホモトピック，つまり

$$g \circ f \sim \mathbb{1}_M \quad \text{かつ} \quad f \circ g \sim \mathbb{1}_N$$

を満たすような写像 $g : N \to M$ をもつことをいう．このとき，M は N にホモトピー同値である，または M と N は同じホモトピー型をもつという．

例 微分同相写像はホモトピー同値写像である．

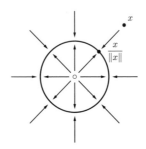

図 **27.2** 穴あき平面の単位円周へのレトラクト．

例 27.4（穴あき平面のホモトピー型） $i : S^1 \to \mathbb{R}^2 - \{\mathbf{0}\}$ を包含写像，$r : \mathbb{R}^2 - \{\mathbf{0}\} \to S^1$ を写像

$$r(x) = \frac{x}{\|x\|}$$

とする．このとき，$r \circ i$ は S^1 上の恒等写像である．

合成写像

$$i \circ r : \mathbb{R}^2 - \{\mathbf{0}\} \to \mathbb{R}^2 - \{\mathbf{0}\}$$

が恒等写像にホモトピックであることを証明する．ここで，滑らかなホモトピー $F(x,t)$ の定義において，t の定義域は実数直線全体を要求していることに注意せよ．直線ホモトピー

$$H(x,t) = (1-t)x + t\frac{x}{\|x\|}, \quad (x,t) \in (\mathbb{R}^2 - \{\mathbf{0}\}) \times \mathbb{R}$$

は，t が閉区間 $[0,1]$ の元なら問題ないが，t が任意の実数を動くならば，$H(x,t)$ は $\mathbf{0}$ になり得る．実際，$t = \|x\|/(\|x\|-1)$ のとき $H(x,t) = \mathbf{0}$ なので，H は $\mathbb{R}^2 - \{\mathbf{0}\}$ への写像ではない．この問題を正すために，

$$F(x,t) = \left(\cos\frac{\pi}{2}t\right)^2 x + \left(\sin\frac{\pi}{2}t\right)^2 \frac{x}{\|x\|}, \quad (x,t) \in (\mathbb{R}^2 - \{\mathbf{0}\}) \times \mathbb{R}$$

とおく．このとき，$F : (\mathbb{R}^2 - \{\mathbf{0}\}) \times \mathbb{R} \to \mathbb{R}^2 - \{\mathbf{0}\}$ は $\mathbb{R}^2 - \{\mathbf{0}\}$ 上の恒等写像と $i \circ r$ の間のホモトピーを与える（図 27.2）．これより，r と i は互いにホモトピー逆写像であることが従い，$\mathbb{R}^2 - \{\mathbf{0}\}$ と S^1 は同じホモトピー型をもつ．

定義 27.5 多様体が**可縮**であるとは，それが一点のホモトピー型をもつことである．

この定義において，「一点のホモトピー型」とは，1 点からなる集合 $\{p\}$ のホモトピー型を意味する．このような集合を**単集合**と呼ぶ．

例 27.6（ユークリッド空間 $\mathbb{R}^n$ は可縮である） p を $\mathbb{R}^n$ の 1 点とし，$i : \{p\} \to \mathbb{R}^n$ を包含写像，$r : \mathbb{R}^n \to \{p\}$ を定値写像とする．このとき，$r \circ i = \mathbb{1}_{\{p\}}$ は $\{p\}$ 上の恒等写像である．直線ホモトピーは，定値写像 $i \circ r : \mathbb{R}^n \to \mathbb{R}^n$ と $\mathbb{R}^n$ 上の恒等写像との間のホモトピーを与える．つまり，

$$F(x, t) = (1-t)x + t\, r(x) = (1-t)x + tp.$$

よって，ユークリッド空間 $\mathbb{R}^n$ と集合 $\{p\}$ は同じホモトピー型をもつ．

27.3 変位レトラクション

S を多様体 M の部分多様体とし，$i : S \to M$ を包含写像とする．

定義 27.7 M から S への**レトラクション**とは，S への制限が恒等写像となる写像 $r : M \to S$ のことである．言い換えると，$r \circ i = \mathbb{1}_S$ である．M から S へのレトラクションが存在するとき，S は M の**レトラクト**であるという．

定義 27.8 M から S への**変位レトラクション**とは，以下の条件を満たす写像 $F : M \times \mathbb{R} \to M$ のことである．すべての $x \in M$ に対して，
 (i) $F(x, 0) = x$，
 (ii) $F(x, 1) = r(x)$ となるレトラクション $r : M \to S$ が存在する，
 (iii) すべての $s \in S$ と $t \in \mathbb{R}$ に対して，$F(s, t) = s$ である．
M から S への変位レトラクションが存在するとき，S は M の**変位レトラクト**であるという．

$f_t(x) = F(x, t)$ とおくと，変位レトラクション $F : M \times \mathbb{R} \to M$ を，以下の条件を満たす写像 $f_t : M \to M$ の族と見なすことができる．

 (i) f_0 は M 上の恒等写像，
 (ii) $f_1(x) = r(x)$ となるようなレトラクション $r : M \to S$ が存在する，
 (iii) すべての t に対して，写像 $f_t : M \to M$ の S への制限は恒等写像である．

定義における条件 (ii) は, $f_1 = i \circ r$ となるようなレトラクション $r : M \to S$ が存在する, と言い換えられる. よって, 変位レトラクションは, 恒等写像 1_M と $i \circ r$ の間のホモトピーで, すべての時間 t に対して S を動かさないものである.

例 多様体 M の任意の点 p は M のレトラクトである. レトラクションを単に定値写像 $r : M \to \{p\}$ にとればよい.

例 例 27.4 における写像 F は, 穴あき平面 $\mathbb{R}^2 - \{0\}$ から単位円周 S^1 への変位レトラクションである. また, 例 27.6 における写像 F は, $\mathbb{R}^n$ から一点集合 $\{p\}$ への変位レトラクションである.

例 27.4 を一般化して, 次の定理を証明する.

命題 27.9 $S \subset M$ を M の変位レトラクトとすると, S と M は同じホモトピー型をもつ.

【証明】 $F : M \times \mathbb{R} \to M$ を変位レトラクションとし, $r(x) = f_1(x) = F(x,1)$ をレトラクションとする. r はレトラクションなので, 合成

$$S \xrightarrow{i} M \xrightarrow{r} S, \quad r \circ i = 1_S$$

は S 上の恒等写像である. 変位レトラクションの定義より, 合成

$$M \xrightarrow{r} S \xrightarrow{i} M$$

は f_1 であり, 変位レトラクションはホモトピー

$$f_1 = i \circ r \sim f_0 = 1_M$$

を与える. したがって, $r : M \to S$ はホモトピー逆写像 $i : S \to M$ をもつホモトピー同値写像である. □

27.4 ド・ラームコホモロジーに対するホモトピー公理

ここではホモトピー公理を述べ, いくつかの結果を導き出す. ホモトピー公理の証明は 29 節で与える.

定理 27.10 (ド・ラームコホモロジーに対するホモトピー公理) ホモトピックな写像 $f_0, f_1 : M \to N$ は, コホモロジーの間に同じ写像 $f_0^* = f_1^* : H^*(N) \to H^*(M)$ を誘導する.

§27 ホモトピー不変性

系 27.11 $f: M \to N$ をホモトピー同値とすると，コホモロジーの間の誘導された写像

$$f^*: H^*(N) \to H^*(M)$$

は同型写像である．

【系 27.11 の証明】 $g: N \to M$ を f のホモトピー逆写像とする．このとき，

$$g \circ f \sim \mathbb{1}_M, \quad f \circ g \sim \mathbb{1}_N$$

である．ホモトピー公理より，

$$(g \circ f)^* = \mathbb{1}_{H^*(M)}, \quad (f \circ g)^* = \mathbb{1}_{H^*(N)}$$

が成り立つ．関手性より，

$$f^* \circ g^* = \mathbb{1}_{H^*(M)}, \quad g^* \circ f^* = \mathbb{1}_{H^*(N)}$$

を得る．したがって，f^* はコホモロジーの間の同型写像である． □

系 27.12 S を多様体 M の部分多様体とし，F を M から S への変位レトラクションと仮定する．$r: M \to S$ をレトラクション $r(x) = F(x, 1)$ とすると，r はコホモロジーの間の同型写像

$$r^*: H^*(S) \xrightarrow{\sim} H^*(M)$$

を誘導する．

【証明】 命題 27.9 の証明はレトラクション $r: M \to S$ がホモトピー同値であることを示している．これに系 27.11 を適用すればよい． □

系 27.13（ポアンカレの補題） $\mathbb{R}^n$ は一点のホモトピー型をもつので，$\mathbb{R}^n$ のコホモロジーは

$$H^k(\mathbb{R}^n) = \begin{cases} \mathbb{R} & (k = 0) \\ 0 & (k > 0) \end{cases}$$

である．

より一般に，任意の可縮な多様体は一点と同じコホモロジーをもつ．

例 27.14（穴あき平面のコホモロジー） 任意の点 $p \in \mathbb{R}^2$ に対して，平行移動 $x \mapsto x - p$ は $\mathbb{R}^2 - \{p\}$ と $\mathbb{R}^2 - \{0\}$ の間の微分同相写像である．穴あき平面 $\mathbb{R}^2 - \{0\}$ と円周 S^1 は同じホモトピー型をもつ（例 27.4）ので，それらは同型なコホモロジーをもつ．よって，すべての $k \geq 0$ に対して $H^k(\mathbb{R}^2 - \{p\}) \simeq H^k(S^1)$ である．

例 開メビウスの帯 M の中心にある円周は M の変位レトラクトである（図 27.3）．よって，開メビウスの帯は円周のホモトピー型をもつ．ホモトピー公理より，

$$H^k(M) = H^k(S^1) = \begin{cases} \mathbb{R} & (k = 0, 1) \\ 0 & (k > 1) \end{cases}$$

を得る．

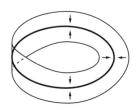

図 27.3 メビウスの帯のその中心にある円周への変位レトラクト．

問題

27.1 ホモトピー同値

M, N, P を多様体とする．M と N がホモトピー同値であり，N と P がホモトピー同値であるとき，M と P もまたホモトピー同値であることを証明せよ．

27.2 可縮性と弧状連結性

可縮な多様体は弧状連結であることを示せ．

27.3 円筒から円周への変位レトラクション

円周 $S^1 \times \{0\}$ は円筒 $S^1 \times \mathbb{R}$ の変位レトラクトであることを示せ．

§28 ド・ラームコホモロジーの計算

これまでに展開してきた道具を用いることで，多くの多様体のコホモロジーを計算することができる．この節はいくつかの例を一覧したものである．

28.1 ベクトル空間としてのトーラスのコホモロジー

図 28.1 に示すように，トーラス M を 2 つの開集合 U, V で被覆する．

図 28.1 トーラスの開被覆 $\{U, V\}$.

U と V は共に円筒と微分同相であり，したがって円周のホモトピー型をもつ（問題 27.3）．同様に，共通部分 $U \cap V$ は 2 つの円筒 A と B の非交和であり，2 つの円周の非交和のホモトピー型をもつ．円周のコホモロジーについての知識を用いれば，マイヤー - ヴィートリス完全系列の多くの項が埋まる．

$$\begin{array}{c|ccccc}
 & M & & U \sqcup V & & U \cap V \\
\hline
H^2 & \xrightarrow{d_1^*} H^2(M) & \to & 0 & & \\
H^1 & \xrightarrow{d_0^*} H^1(M) & \xrightarrow{i^*} & \mathbb{R} \oplus \mathbb{R} & \xrightarrow{\beta} & \mathbb{R} \oplus \mathbb{R} \\
H^0 & 0 \to \mathbb{R} & \to & \mathbb{R} \oplus \mathbb{R} & \xrightarrow{\alpha} & \mathbb{R} \oplus \mathbb{R}
\end{array} \tag{28.1}$$

$j_U : U \cap V \to U$ と $j_V : U \cap V \to V$ を包含写像とする．ここで，連結な多様体の H^0 は，多様体上の定数関数からなるベクトル空間であることを思い出しておく（命題 24.1）．$a \in H^0(U)$ を U 上で値 a をとる定数関数とすると，$j_U^* a = a|_{U \cap V} \in H^0(U \cap V)$ は $U \cap V$ の各成分の上で値 a をとる定数関数である．つまり，

$$j_U^* a = (a, a).$$

したがって，$(a, b) \in H^0(U) \oplus H^0(V)$ に対して，

$$\alpha(a, b) = b|_{U \cap V} - a|_{U \cap V} = (b, b) - (a, a) = (b - a, b - a)$$

である．

同様に，写像

$$\beta : H^1(U) \oplus H^1(V) \to H^1(U \cap V) = H^1(A) \oplus H^1(B)$$

を記述する．A は U の変位レトラクトなので，制限 $H^*(U) \to H^*(A)$ は同型写像である．よって，ω_U が $H^1(U)$ を生成するとすると，$j_U^* \omega_U$ は A 上の H^1 の生成元

と B 上の H^1 の生成元の組である.そこで,$H^1(U \cap V)$ を $\mathbb{R} \oplus \mathbb{R}$ と同一視して,$j_U^* \omega_U = (1,1)$ と書く.ω_V を $H^1(V)$ の生成元とする[2].実数の組

$$(a,b) \in H^1(U) \oplus H^1(V) \simeq \mathbb{R} \oplus \mathbb{R}$$

は $(a\omega_U, b\omega_V)$ を表す.このとき,

$$\beta(a,b) = j_V^*(b\,\omega_V) - j_U^*(a\,\omega_U) = (b,b) - (a,a) = (b-a, b-a)$$

である.

マイヤー - ヴィートリス完全系列の完全性より,

$$H^2(M) = \operatorname{im} d_1^* \qquad (H^2(U) \oplus H^2(V) = 0 \text{ なので})$$
$$\simeq H^1(U \cap V)/\ker d_1^* \qquad (\text{第一同型定理より})$$
$$\simeq (\mathbb{R} \oplus \mathbb{R})/\operatorname{im} \beta$$
$$\simeq (\mathbb{R} \oplus \mathbb{R})/\mathbb{R} \simeq \mathbb{R}$$

が成り立つ.

問題 26.2 をマイヤー - ヴィートリス完全系列 (28.1) に適用すると,

$$1 - 2 + 2 - \dim H^1(M) + 2 - 2 + \dim H^2(M) = 0$$

を得る.$\dim H^2(M) = 1$ なので,$\dim H^1(M) = 2$ を得る.

確認として,$H^1(M)$ は写像 α と β の情報を用いてマイヤー - ヴィートリス完全系列から計算することもできる.つまり,

$$H^1(M) \simeq \ker i^* \oplus \operatorname{im} i^* \qquad (\text{第一同型定理より})$$
$$\simeq \operatorname{im} d_0^* \oplus \ker \beta \qquad (\text{マイヤー - ヴィートリス完全系列の完全性})$$
$$\simeq (H^0(U \cap V)/\ker d_0^*) \oplus \ker \beta \qquad (d_0^* \text{ に対する第一同型定理})$$
$$\simeq ((\mathbb{R} \oplus \mathbb{R})/\operatorname{im} \alpha) \oplus \mathbb{R}$$
$$\simeq \mathbb{R} \oplus \mathbb{R}.$$

28.2 トーラスのコホモロジー環

トーラスは $\mathbb{R}^2$ の整数格子 $\Lambda = \mathbb{Z}^2$ による商空間である.商写像

---

[2] (訳者注) ω_U と同様に $j_V^* \omega_V = (1,1)$ となるように ω_V をとる.

§28 ド・ラームコホモロジーの計算

$$\pi : \mathbb{R}^2 \to \mathbb{R}^2/\Lambda$$

は，微分形式の引き戻し写像

$$\pi^* : \Omega^*(\mathbb{R}^2/\Lambda) \to \Omega^*(\mathbb{R}^2)$$

を誘導する．$\pi : \mathbb{R}^2 \to \mathbb{R}^2/\Lambda$ は局所微分同相写像であるので，その微分 $\pi_* : T_q(\mathbb{R}^2) \to T_{\pi(q)}(\mathbb{R}^2/\Lambda)$ は各点 $q \in \mathbb{R}^2$ において同型写像である．特に，π は沈め込みである．問題 18.8 より，$\pi^* : \Omega^*(\mathbb{R}^2/\Lambda) \to \Omega^*(\mathbb{R}^2)$ は単射である．

$\lambda \in \Lambda$ に対して，$\ell_\lambda : \mathbb{R}^2 \to \mathbb{R}^2$ を λ による平行移動

$$\ell_\lambda(q) = q + \lambda, \quad q \in \mathbb{R}^2$$

で定義する．$\mathbb{R}^2$ 上の微分形式 $\bar{\omega}$ が $\lambda \in \Lambda$ による**平行移動の下で不変**であるとは，$\ell_\lambda^* \bar{\omega} = \bar{\omega}$ が成り立つことをいう．次の命題は，命題 18.12 で与えられた円周上の微分形式の記述を一般化している．ここで，命題 18.12 では Λ は格子 $2\pi\mathbb{Z}$ であった．

命題 28.1 単射 $\pi^* : \Omega^*(\mathbb{R}^2/\Lambda) \to \Omega^*(\mathbb{R}^2)$ の像は，Λ の元による平行移動の下で不変な $\mathbb{R}^2$ 上の微分形式からなる部分空間である．

【証明】 すべての $q \in \mathbb{R}^2$ と $\lambda \in \Lambda$ に対して，

$$(\pi \circ \ell_\lambda)(q) = \pi(q + \lambda) = \pi(q)$$

が成り立つ．よって，$\pi \circ \ell_\lambda = \pi$ である．引き戻しの関手性より，

$$\pi^* = \ell_\lambda^* \circ \pi^*$$

が成り立つ．よって，任意の $\omega \in \Omega^k(\mathbb{R}^2/\Lambda)$ に対して，$\pi^* \omega = \ell_\lambda^* \pi^* \omega$ が成り立つ．これは，$\pi^* \omega$ がすべての平行移動 ℓ_λ $(\lambda \in \Lambda)$ の下で不変であることを示している．

逆に，$\bar{\omega} \in \Omega(\mathbb{R}^2)$ がすべての $\lambda \in \Lambda$ に対して平行移動 ℓ_λ の下で不変であると仮定する．$p \in \mathbb{R}^2/\Lambda$ と $v_1, \ldots, v_k \in T_p(\mathbb{R}^2/\Lambda)$ に対して，任意の $\bar{p} \in \pi^{-1}(p)$ と $\pi_* \bar{v}_i = v_i$ を満たす $\bar{v}_1, \ldots, \bar{v}_k \in T_{\bar{p}} \mathbb{R}^2$ をとって

$$\omega_p(v_1, \ldots, v_k) = \bar{\omega}_{\bar{p}}(\bar{v}_1, \ldots, \bar{v}_k) \tag{28.2}$$

と定義する．ここで，$\pi_* : T_{\bar{p}}(\mathbb{R}^2) \to T_p(\mathbb{R}^2/\Lambda)$ は同型写像なので，一度 $\bar{p}$ をとると $\bar{v}_1, \ldots, \bar{v}_k$ は一意的に決まることに注意せよ．ω が矛盾なく定義されるためには，それが $\bar{p}$ のとり方に依らないことを示す必要がある．今，$\pi^{-1}(p)$ における他のいかなる点も，ある $\lambda \in \Lambda$ を用いて $\bar{p} + \lambda$ と書ける．不変性より，

$$\bar{\omega}_{\bar{p}} = (\ell_\lambda^* \bar{\omega})_{\bar{p}} = \ell_\lambda^*(\bar{\omega}_{\bar{p}+\lambda})$$

である．よって，

$$\bar{\omega}_{\bar{p}}(\bar{v}_1, \ldots, \bar{v}_k) = \ell_\lambda^*(\bar{\omega}_{\bar{p}+\lambda})(\bar{v}_1, \ldots, \bar{v}_k) = \bar{\omega}_{\bar{p}+\lambda}(\ell_{\lambda*}\bar{v}_1, \ldots, \ell_{\lambda*}\bar{v}_k) \qquad (28.3)$$

が成り立つ．$\pi \circ \ell_\lambda = \pi$ なので，$\pi_*(\ell_{\lambda*}\bar{v}_i) = \pi_*\bar{v}_i = v_i$ を得る．よって，(28.3) は ω_p が $\bar{p}$ のとり方に依らないことを示しており，$\omega \in \Omega^k(\mathbb{R}^2/\Lambda)$ は矛盾なく定義される．さらに，(28.2) より，任意の $\bar{p} \in \mathbb{R}^2$ と $\bar{v}_1, \ldots, \bar{v}_k \in T_{\bar{p}}(\mathbb{R}^2)$ に対して，

$$\bar{\omega}_{\bar{p}}(\bar{v}_1, \ldots, \bar{v}_k) = \omega_{\pi(\bar{p})}(\pi_*\bar{v}_1, \ldots, \pi_*\bar{v}_k) = (\pi^*\omega)_{\bar{p}}(\bar{v}_1, \ldots, \bar{v}_k)$$

が成り立つ．よって，$\bar{\omega} = \pi^*\omega$ である． □

x, y を $\mathbb{R}^2$ の標準座標とする．任意の $\lambda \in \Lambda$ に対して

$$\ell_\lambda^*(dx) = d(\ell_\lambda^* x) = d(x + \lambda) = dx$$

なので，命題 28.1 より，$\mathbb{R}^2$ 上の 1 形式 dx はトーラス $\mathbb{R}^2/\Lambda$ 上のある 1 形式 α の π^* による像である．同様に，dy はトーラス上のある 1 形式 β の π^* による像である．

等式

$$\pi^*(d\alpha) = d(\pi^*\alpha) = d(dx) = 0$$

が成り立つことに注意する．$\pi^* : \Omega^*(\mathbb{R}^2/\mathbb{Z}^2) \to \Omega^*(\mathbb{R}^2)$ は単射なので，$d\alpha = 0$ である．同様に，$d\beta = 0$ である．よって，α と β は共にトーラス上の閉 1 形式である．

命題 28.2 M をトーラス $\mathbb{R}^2/\mathbb{Z}^2$ とする．コホモロジー $H^*(M)$ のベクトル空間としての基底は，形式 $1, \alpha, \beta, \alpha \wedge \beta$ で表すことができる．

【証明】 I を閉区間 $[0, 1]$ とし，$i : I^2 \hookrightarrow \mathbb{R}^2$ を閉正方形 I^2 から $\mathbb{R}^2$ への包含写像とする．合成写像 $F = \pi \circ i : I^2 \hookrightarrow \mathbb{R}^2 \to \mathbb{R}^2/\mathbb{Z}^2$ は，トーラス $M = \mathbb{R}^2/\mathbb{Z}^2$ を媒介変数表示された集合として表している．このとき，$F^*\alpha = i^*(\pi^*\alpha) = i^*dx$ は dx の正方形 I^2 への制限である．同様に，$F^*\beta = i^*dy$ である．

媒介変数表示された集合上の積分ゆえ，

$$\int_M \alpha \wedge \beta = \int_{F(I^2)} \alpha \wedge \beta = \int_{I^2} F^*(\alpha \wedge \beta) = \int_{I^2} dx \wedge dy = \int_0^1 \int_0^1 dx dy = 1$$

を得る．よって，閉 2 形式 $\alpha \wedge \beta$ は M 上の 0 でないコホモロジー類を代表している．28.1 節の計算より $H^2(M) = \mathbb{R}$ であるので，コホモロジー類 $[\alpha \wedge \beta]$ は $H^2(M)$ の基底である．

次に，M 上の閉 1 形式 α, β のコホモロジー類が $H^1(M)$ の基底をなすことを示す．$i_1, i_2 : I \to \mathbb{R}^2$ を $i_1(t) = (t, 0), i_2(t) = (0, t)$ で与える．$M = \mathbb{R}^2/\mathbb{Z}^2$ における 2 つの閉曲線 C_1, C_2 を写像

$$c_k : I \xrightarrow{i_k} \mathbb{R}^2 \xrightarrow{\pi} M = \mathbb{R}^2/\mathbb{Z}^2, \quad k = 1, 2,$$
$$c_1(t) = [(t, 0)], \quad c_2(t) = [(0, t)]$$

の像として定義する（図 28.2）．各曲線 C_i は滑らかな多様体であり，媒介変数表示 c_i をもつ，媒介変数表示された集合である．

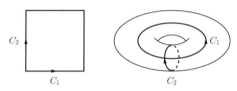

図 28.2 トーラス上の 2 つの閉曲線．

さらに，

$$c_1^*\alpha = (\pi \circ i_1)^*\alpha = i_1^*\pi^*\alpha = i_1^*dx = di_1^*x = dt,$$
$$c_1^*\beta = (\pi \circ i_1)^*\beta = i_1^*\pi^*\beta = i_1^*dy = di_1^*y = 0$$

が成り立つ．同様に，$c_2^*\alpha = 0$ かつ $c_2^*\beta = dt$ である．したがって，

$$\int_{C_1} \alpha = \int_{c_1(I)} \alpha = \int_I c_1^*\alpha = \int_0^1 dt = 1$$

かつ

$$\int_{C_1} \beta = \int_{c_1(I)} \beta = \int_I c_1^*\beta = \int_0^1 0 = 0$$

が成り立つ．同じ方法で，$\int_{C_2} \alpha = 0$ かつ $\int_{C_2} \beta = 1$ を得る．

$\int_{C_1} \alpha \neq 0$ かつ $\int_{C_2} \beta \neq 0$ であるので，α と β のどちらも M 上の完全形式ではない．さらに，コホモロジー類 $[\alpha]$ と $[\beta]$ は一次独立である．なぜなら，もし $[\alpha]$ が $[\beta]$ のスカラー倍とすると，0 でない $\int_{C_1} \alpha$ が $\int_{C_1} \beta = 0$ のスカラー倍になってしまうためである．28.1 節より，$H^1(M)$ は 2 次元である．よって，$[\alpha], [\beta]$ は $H^1(M)$ の基底である．

次数 0 においては，任意の連結な多様体 M に対してあてはまることだが，$H^0(M)$ は基底 $[1]$ をもつ． □

$H^*(M)$ の環構造はこの命題から明らかである．抽象的には，それは代数

$$\bigwedge(a,b) := \mathbb{R}[a,b]/(a^2, b^2, ab+ba), \quad \deg a = 1, \deg b = 1$$

であり，次数 1 の 2 つの生成元 a, b の上の**外積代数**と呼ばれている．

28.3　種数 g の曲面のコホモロジー

多様体のコホモロジーを計算する際にマイヤー - ヴィートリス完全系列を用いることは，多くの場合不確実な方法である．というのも，列の中に分からない項がいくつか存在するかもしれないからである．しかし，マイヤー - ヴィートリス完全系列に現れる写像を具体的に記述できるときは，この不確実性を解消することができる．ここではそれがどのようになされるのか，例を見る．

補題 28.3　p を境界をもたないコンパクトで向き付けられた曲面 M の点とし，$i: C \to M - \{p\}$ を穴の周りの小さい円周の包含写像と仮定する（図 28.3）．このとき，制限写像

$$i^*: H^1(M - \{p\}) \to H^1(C)$$

は零写像である．

図 28.3　穴あき曲面．

【**証明**】 元 $[\omega] \in H^1(M - \{p\})$ は，$M - \{p\}$ 上の閉 1 形式 ω によって表される．線形同型写像 $H^1(C) \simeq H^1(S^1) \simeq \mathbb{R}$ は C 上の積分で与えられるので，$H^1(C)$ において $i^*[\omega]$ がどのような元かを見るには，積分 $\int_C i^*\omega$ を計算すれば十分である．

D を曲線 C で囲まれた M における開円板とすると，$M - D$ は境界 C をもつコンパクトで向き付けられた曲面である．ストークスの定理より，

$$\int_C i^*\omega = \int_{\partial(M-D)} i^*\omega = \int_{M-D} d\omega = 0$$

が成り立つ．なぜなら $d\omega = 0$ だからである．よって，$i^*: H^1(M - \{p\}) \to H^1(C)$ は零写像である． □

命題 28.4 M をトーラス，p を M の点とし，A を穴あきトーラス $M - \{p\}$ とする．A のコホモロジーは

$$H^k(A) = \begin{cases} \mathbb{R} & (k = 0) \\ \mathbb{R}^2 & (k = 1) \\ 0 & (k > 1) \end{cases}$$

である．

【証明】 M を 2 つの開集合 A と U で被覆する．ここで，U は p を含む円板である．$A, U, A \cap U$ はすべて連結なので，マイヤー-ヴィートリス完全系列を $H^1(M)$ の項から始めることができる（命題 26.4 (ii)）．28.1 節の計算から分かっている $H^*(M)$ を用いると，マイヤー-ヴィートリス完全系列は

		M		$U \sqcup A$		$U \cap A \sim S^1$
H^2	$\xrightarrow{d_1^*}$	$\mathbb{R}$	$\to$	$H^2(A)$	$\to$	0
H^1	$0 \to$	$\mathbb{R} \oplus \mathbb{R}$	$\xrightarrow{\beta}$	$H^1(A)$	$\xrightarrow{\alpha}$	$H^1(S^1)$

になる．

$H^1(U) = 0$ なので，写像 $\alpha : H^1(A) \to H^1(S^1)$ は単に制限写像 i^* である．補題 28.3 より，$\alpha = i^* = 0$ である．よって，

$$H^1(A) = \ker \alpha = \operatorname{im} \beta \simeq H^1(M) \simeq \mathbb{R} \oplus \mathbb{R}$$

となり，線形写像の完全列

$$0 \to H^1(S^1) \xrightarrow{d_1^*} \mathbb{R} \to H^2(A) \to 0$$

が存在する．$H^1(S^1) \simeq \mathbb{R}$ なので，$H^2(A) = 0$ が従う． $\square$

命題 28.5 種数 2 のコンパクトで向き付け可能な曲面 Σ_2 のコホモロジーは

$$H^k(\Sigma_2) = \begin{cases} \mathbb{R} & (k = 0, 2) \\ \mathbb{R}^4 & (k = 1) \\ 0 & (k > 2) \end{cases}$$

である．

図 **28.4** 種数 2 の曲面の開被覆 $\{U, V\}$.

【証明】 図 28.4 のように，Σ_2 を 2 つの開集合 U と V で被覆する．$U, V, U \cap V$ はすべて連結なので，マイヤー - ヴィートリス完全系列を

		M		$U \sqcup V$		$U \cap V \sim S^1$
H^2		$\to H^2(\Sigma_2)$	$\to$	0		
H^1	$0 \to$	$H^1(\Sigma_2)$	$\to$	$\mathbb{R}^2 \oplus \mathbb{R}^2$	$\overset{\alpha}{\to}$	$\mathbb{R}$

から始める．今，写像 $\alpha: H^1(U) \oplus H^1(V) \to H^1(S^1)$ は差写像

$$\alpha(\omega_U, \omega_V) = j_V^* \omega_V - j_U^* \omega_U$$

である．ここで，j_U と j_V はそれぞれ $U \cap V$ における S^1 の U への包含写像と V への包含写像である．補題 28.3 より $j_U^* = j_V^* = 0$ なので，$\alpha = 0$ である．マイヤー - ヴィートリス完全系列の完全性から

$$H^1(\Sigma_2) \simeq H^1(U) \oplus H^1(V) \simeq \mathbb{R}^4$$

かつ

$$H^2(\Sigma_2) \simeq H^1(S^1) \simeq \mathbb{R}$$

が従う． $\square$

種数 2 の曲面 Σ_2 は，図 28.5 の方法に従って八角形の辺を同一視したときの商空間として得られる．

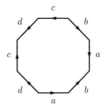

図 **28.5** 八角形の商空間としての種数 2 の曲面.

これを見るために,まず Σ_2 を図 28.6 のように円周 e に沿って切る.

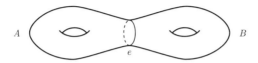

図 28.6 曲線 e に沿って切った種数 2 の曲面.

このとき,半分になった A と B はトーラスから開円板を除いたものであるので（図 28.7），各 A, B は,同一視する前は五角形として表される（図 28.8）.A と B を e に沿って張り合わせると,図 28.5 の八角形を得る.

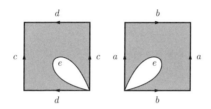

図 28.7 種数 2 の曲面を二等分したもの.

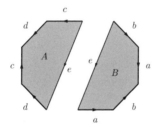

図 28.8 種数 2 の曲面を二等分したもの.

補題 28.3 より,$p \in \Sigma_2$ とし,$i: C \to \Sigma_2 - \{p\}$ を Σ_2 における p の周りの小さな円周とすると,制限写像

$$i^*: H^1(\Sigma_2 - \{p\}) \to H^1(C)$$

は零写像である.これにより,種数 g のコンパクトで向き付け可能な曲面 Σ_g のコホモロジーを帰納的に計算することができる.

演習 28.6（種数 3 の曲面） $\Sigma_2 - \{p\}$ のコホモロジーをベクトル空間として計算し,種数 3 のコンパクトで向き付け可能な曲面 Σ_3 のコホモロジーをベクトル空間として計算せよ.

問題

28.1 実射影平面
実射影平面 $\mathbb{R}P^2$ (図 28.9) のコホモロジーを計算せよ．

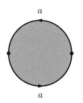

図 **28.9** 実射影平面．

28.2 n 次元球面
球面 S^n のコホモロジーを計算せよ．

28.3 複数の穴があいた平面のコホモロジー
(a) p, q を $\mathbb{R}^2$ の異なる点とする．$\mathbb{R}^2 - \{p, q\}$ のド・ラームコホモロジーを計算せよ．

(b) $p_1, \ldots, p_n$ を $\mathbb{R}^2$ の異なる点とする．$\mathbb{R}^2 - \{p_1, \ldots, p_n\}$ のド・ラームコホモロジーを計算せよ．

28.4 種数 g の曲面のコホモロジー
種数 g のコンパクトで向き付け可能な曲面 Σ_g のコホモロジーをベクトル空間として計算せよ．

28.5 3次元トーラスのコホモロジー
$\mathbb{R}^3/\mathbb{Z}^3$ のコホモロジー環を計算せよ．

§29 ホモトピー不変性の証明

この節では，ド・ラームコホモロジーのホモトピー不変性を証明する．

$f : M \to N$ を C^∞ 級写像とすると，微分形式の間の引き戻し写像とコホモロジーの間の引き戻し写像は，通常どちらも f^* と表記する．これはホモトピー不変性の証明において混乱の原因になるかもしれないので，この節では元々の表記の取り決めに戻り，形式の引き戻しを

$$f^* : \Omega^k(N) \to \Omega^k(M)$$

と表記し，コホモロジーに誘導された写像を

$$f^{\#}: H^k(N) \to H^k(M)$$

と表記する．これら2つの写像は，$[\omega] \in H^k(N)$ に対して

$$f^{\#}[\omega] = [f^*\omega]$$

という関係にある．

定理 29.1（ド・ラームコホモロジーに対するホモトピー公理） 多様体の間の2つの滑らかにホモトピックな写像 $f, g: M \to N$ は，コホモロジーの間に同じ写像を誘導する．つまり，

$$f^{\#} = g^{\#}: H^k(N) \to H^k(M).$$

まず，問題を特別な写像 $i_0, i_1: M \to M \times \mathbb{R}$ の場合，すなわち階数1の積束 $M \times \mathbb{R} \to M$ の0切断と1切断

$$i_0(x) = (x, 0), \quad i_1(x) = (x, 1)$$

の場合に帰着する．その後，コチェインホモトピーという重要なテクニックを導入する．i_0^* と i_1^* の間のコチェインホモトピーを求めることにより，それらがコホモロジーにおいて同じ写像を誘導することを証明する．

29.1 2つの切断への帰着

$f, g: M \to N$ を滑らかにホモトピックな写像と仮定する．$F: M \times \mathbb{R} \to N$ を f から g への滑らかなホモトピーとする．これは，すべての $x \in M$ に対して

$$F(x, 0) = f(x), \quad F(x, 1) = g(x) \tag{29.1}$$

であることを意味する．各 $t \in \mathbb{R}$ に対して，$i_t: M \to M \times \mathbb{R}$ を切断 $i_t(x) = (x, t)$ で定義する．このとき (29.1) は

$$F \circ i_0 = f, \quad F \circ i_1 = g$$

と言い換えることができる．引き戻しの関手性（注意 24.7）より，

$$f^{\#} = i_0^{\#} \circ F^{\#}, \quad g^{\#} = i_1^{\#} \circ F^{\#}$$

が成り立つ．これはホモトピー不変性の証明を特別な場合

$$i_0^\# = i_1^\#$$

に帰着している．2つの写像 $i_0, i_1 : M \to M \times \mathbb{R}$ は，明らかに恒等写像

$$\mathbb{1}_{M \times \mathbb{R}} : M \times \mathbb{R} \to M \times \mathbb{R}$$

を通して滑らかにホモトピックである．

29.2　コチェインホモトピー

2つのコチェイン写像 $\varphi, \psi : \mathcal{A} \to \mathcal{B}$ がコホモロジーの間に同じ写像を誘導することを示すための通常の手法は，

$$\varphi - \psi = d \circ K + K \circ d$$

を満たす次数 -1 の線形写像 $K : \mathcal{A} \to \mathcal{B}$ を見つけることである．このような写像 K を，φ から ψ への**コチェインホモトピー**と呼ぶ．ここで，K はコチェイン写像であるとは仮定していないことに注意せよ．a を $\mathcal{A}$ におけるコサイクルとすると，

$$\varphi(a) - \psi(a) = dKa + Kda = dKa$$

はコバウンダリであるので，コホモロジーにおいて

$$\varphi^\#[a] = [\varphi(a)] = [\psi(a)] = \psi^\#[a]$$

が成り立つ．よって，φ と ψ の間のコチェインホモトピーの存在は，コホモロジーの間に誘導される写像 $\varphi^\#$ と $\psi^\#$ が等しいことを意味する．

注意　2つのコチェイン写像 $\varphi, \psi : \mathcal{A} \to \mathcal{B}$ が与えられたとき，$\mathcal{A}$ 上で $\varphi - \psi = d \circ K$ を満たす次数 -1 の線形写像 $K : \mathcal{A} \to \mathcal{B}$ を見つけることができたとすると，コホモロジーにおいて $\varphi^\#$ は $\psi^\#$ に等しい．ところが，そのような写像はほぼ存在しない．したがって，項 $K \circ d$ も必要なのである．ホモロジー理論における円筒構成[3] [31, p.65] は，なぜ $d \circ K + K \circ d$ を考えるのが自然なのかを示している．

29.3　$M \times \mathbb{R}$ 上の微分形式

多様体 M 上の C^∞ 級微分形式の和 $\sum_\alpha \omega_\alpha$ が**局所有限**であるとは，台の族 $\{\operatorname{supp} \omega_\alpha\}$ が局所有限となることであることを思い出しておく．これは，M のすべ

---

[3]（訳者注）英語では，'the cylinder construction' と呼ばれている．

ての点 p が有限個の集合 $\mathrm{supp}\,\omega_\alpha$ のみと交わるような近傍 V_p をもつことを意味する．$\mathrm{supp}\,\omega_\alpha$ が V_p と交わらないとすると，V_p 上で $\omega_\alpha \equiv 0$ である．よって，V_p 上で局所有限和 $\sum_\alpha \omega_\alpha$ は，実際には有限和である．例として，$\{\rho_\alpha\}$ を1の分割とすると，和 $\sum \rho_\alpha$ は局所有限である．

$\pi : M \times \mathbb{R} \to M$ を第1成分への射影とする．この29.3節では，$M \times \mathbb{R}$ 上のすべての C^∞ 級微分形式は以下の2種類の形式の局所有限和であることを示す．

(I) $f(x,t)\pi^*\eta$.
(II) $f(x,t)\,dt \wedge \pi^*\eta$.

ここで，$f(x,t)$ は $M \times \mathbb{R}$ 上の C^∞ 級関数であり，η は M 上の C^∞ 級形式である．

一般に，$M \times \mathbb{R}$ 上の微分形式の I 型と II 型の形式の局所有限和への分解は，全く一意的でない．ところが，

$$\mathrm{supp}\,\rho_\alpha \text{ 上 } g_\alpha \equiv 1 \quad \text{かつ} \quad \mathrm{supp}\,g_\alpha \subset U_\alpha$$

を満たすような M 上のアトラス $\{(U_\alpha, \phi_\alpha)\}$，$\{U_\alpha\}$ に従属する C^∞ 級の1の分割 $\{\rho_\alpha\}$，M 上の C^∞ 級関数の族 $\{g_\alpha\}$ を一度固定すると，そのような局所有限和を一意的に構成する手順がある．関数 g_α の存在は滑らかなウリゾーンの補題（問題13.3）から従う．

分解手順の証明では，零による C^∞ 級形式の拡張に関する，単純であるが有用な以下の補題が必要となる．

補題 29.2 U を多様体 M の開集合とする．U 上で定義される滑らかな k 形式 $\tau \in \Omega^k(U)$ が，U に含まれるような M の閉集合に台をもつならば，τ を M 上の滑らかな k 形式に零により拡張することができる．

【証明】 問題29.1． $\square$

上記のようなアトラス $\{(U_\alpha, \phi_\alpha)\}$，1の分割 $\{\rho_\alpha\}$，C^∞ 級関数の族 $\{g_\alpha\}$ を1つ固定する．このとき，$\{\pi^{-1}U_\alpha\}$ は $M \times \mathbb{R}$ の開被覆であり，$\{\pi^*\rho_\alpha\}$ は $\{\pi^{-1}U_\alpha\}$ に従属する1の分割である（問題13.6）．

ω を $M \times \mathbb{R}$ 上の任意の C^∞ 級 k 形式とし，$\omega_\alpha = (\pi^*\rho_\alpha)\omega$ とおく．$\sum \pi^*\rho_\alpha = 1$ なので，

$$\omega = \sum_\alpha (\pi^*\rho_\alpha)\omega = \sum_\alpha \omega_\alpha \tag{29.2}$$

である.$\{\operatorname{supp} \pi^*\rho_\alpha\}$ は局所有限なので,(29.2) は局所有限和である.問題 18.4 より,
$$\operatorname{supp}\omega_\alpha \subset \operatorname{supp}\pi^*\rho_\alpha \cap \operatorname{supp}\omega \subset \operatorname{supp}\pi^*\rho_\alpha \subset \pi^{-1}U_\alpha$$
が成り立つ.$\phi_\alpha = (x^1,\ldots,x^n)$ とする.このとき,$\pi^{-1}U_\alpha$ は $U_\alpha \times \mathbb{R}$ に同相であるので,その上で座標 $\pi^*x^1,\ldots,\pi^*x^n, t$ がとれる.簡単にするために,π^*x^i の代わりに x^i とも書く.$\pi^{-1}U_\alpha$ 上では,k 形式 ω_α は一次結合
$$\omega_\alpha = \sum_I a_I\, dx^I + \sum_J b_J\, dt \wedge dx^J \tag{29.3}$$
によって一意的に書ける.ここで,a_I と b_J は $\pi^{-1}U_\alpha$ 上の C^∞ 級関数である.この分解は,ω_α が $\pi^{-1}U_\alpha$ 上で I 型と II 型の形式の有限和となっていることを示している.問題 18.5 より,a_I と b_J の台は $\operatorname{supp}\omega_\alpha$ に含まれるので,$M\times\mathbb{R}$ の閉集合 $\operatorname{supp}\pi^*\rho_\alpha$ に含まれる.したがって,上記の補題より a_I と b_J を $M\times\mathbb{R}$ 上の C^∞ 級関数に零により拡張することができる.残念ながら,dx^I と dx^J は U_α 上だけで意味をなし,少なくとも直接的には M 全体に拡張することができない.

分解 (29.3) を $M\times\mathbb{R}$ に拡張するうまいやり方は,ω_α に π^*g_α を掛けることである.$\operatorname{supp}\omega_\alpha \subset \operatorname{supp}\pi^*\rho_\alpha$ かつ $\operatorname{supp}\pi^*\rho_\alpha$ 上で $\pi^*g_\alpha \equiv 1$ なので,等式 $\omega_\alpha = (\pi^*g_\alpha)\omega_\alpha$ を得る.したがって,
$$\omega_\alpha = (\pi^*g_\alpha)\omega_\alpha = \sum_I a_I(\pi^*g_\alpha)\,dx^I + \sum_J b_J\,dt \wedge (\pi^*g_\alpha)\,dx^J$$
$$= \sum_I a_I \pi^*(g_\alpha\,dx^I) + \sum_J b_J\,dt \wedge \pi^*(g_\alpha\,dx^J) \tag{29.4}$$
を得る.今,$\operatorname{supp} g_\alpha$ は U_α に含まれる M の閉集合なので,再び補題 29.2 より,$g_\alpha\,dx^I$ は零により M に拡張することができる.つまり,等式 (29.2) と (29.4) は,ω が $M\times\mathbb{R}$ 上で I 型と II 型の形式の局所有限和であることを示している.さらに,$\{(U_\alpha,\phi_\alpha)\}, \{\rho_\alpha\}, \{g_\alpha\}$ を与えると (29.4) の分解は一意的である.

29.4 i_0^* と i_1^* の間のコチェインホモトピー

証明の残りでは,29.3 節と同様に M のアトラス $\{(U_\alpha,\phi_\alpha)\}, \{U_\alpha\}$ に従属する C^∞ 級の 1 の分割 $\{\rho_\alpha\}$,M 上の C^∞ 級関数の族 $\{g_\alpha\}$ を 1 つ固定して考える.$\omega \in \Omega^k(M\times\mathbb{R})$ とする.(29.2) と (29.4) を用いると,ω を局所有限和
$$\omega = \sum_\alpha \omega_\alpha = \sum_{\alpha,I} a_I^\alpha \pi^*(g_\alpha\,dx_\alpha^I) + \sum_{\alpha,J} b_J^\alpha\,dt \wedge \pi^*(g_\alpha\,dx_\alpha^J)$$

に分解できる．ここで，a_I, b_J, x^I, x^J が α に依存することを示すために，それらに添え字 α を付けている．写像

$$K : \Omega^*(M \times \mathbb{R}) \to \Omega^{*-1}(M)$$

を以下の規則で定義する．

(i) I 型の形式に対しては

$$K(f\pi^*\eta) = 0,$$

(ii) II 型の形式に対しては

$$K(f\,dt \wedge \pi^*\eta) = \left(\int_0^1 f(x,t)\,dt\right)\eta,$$

(iii) K は局所有限和に関して線形である．

したがって，

$$K(\omega) = K\left(\sum_\alpha \omega_\alpha\right) = \sum_{\alpha, J} \left(\int_0^1 b_J^\alpha(x,t)\,dt\right) g_\alpha dx_\alpha^J \tag{29.5}$$

となる．

データ $\{(U_\alpha, \phi_\alpha)\}, \{\rho_\alpha\}, \{g_\alpha\}$ を与えると，(29.4) のような ω_α を用いた分解 $\omega = \sum \omega_\alpha$ は一意的である．したがって，K は矛盾なく定義される．このように定義された K が (i), (ii), (iii) を満たす一意的な線形作用素 $\Omega^*(M \times \mathbb{R}) \to \Omega^{*-1}(M)$ であることを示すのは難しくないので（問題 29.3），K は実はデータ $\{(U_\alpha, \phi_\alpha)\}$, $\{\rho_\alpha\}, \{g_\alpha\}$ に依存しない．

29.5 コチェインホモトピーの証明

この 29.5 節では，等式

$$d \circ K + K \circ d = i_1^* - i_0^* \tag{29.6}$$

を確かめる．

補題 29.3 (i) 外微分 d は局所有限和に関して $\mathbb{R}$ 線形である．
(ii) C^∞ 級写像による引き戻しは局所有限和に関して $\mathbb{R}$ 線形である．

【証明】 (i) $\sum \omega_\alpha$ を C^∞ 級 k 形式の局所有限和と仮定する．これはすべての点 p が，その上で和が有限となるような近傍をもつことを意味する．U をそのような近傍とする．このとき，

$$\begin{aligned}
\left(d\sum \omega_\alpha\right)\Big|_U &= d\left(\left(\sum \omega_\alpha\right)\Big|_U\right) \quad (\text{系 19.7}) \\
&= d\left(\sum \omega_\alpha|_U\right) \\
&= \sum d(\omega_\alpha|_U) \qquad \left(\sum \omega_\alpha|_U \text{は有限和}\right) \\
&= \sum (d\omega_\alpha)|_U \qquad (\text{系 19.7}) \\
&= \left(\sum d\omega_\alpha\right)\Big|_U
\end{aligned}$$

が成り立つ．M をこうした近傍で被覆できるので，M 上で $d(\sum \omega_\alpha) = \sum d\omega_\alpha$ が成り立つ．$r \in \mathbb{R}$ と $\omega \in \Omega^k(M)$ に対する斉次性 $d(r\omega) = rd(\omega)$ は明らかである．

(ii) 証明は (i) と同様なので，問題 29.2 として読者に委ねる． □

K, d, i_0^*, i_1^* の局所有限和に関する線形性より，等式 (29.6) を任意の座標開集合上で確かめれば十分である．$M \times \mathbb{R}$ 上の座標開集合 $(U \times \mathbb{R}, \pi^* x^1, \ldots, \pi^* x^n, t)$ を固定する．I 型の形式に対しては，

$$Kd(f\pi^*\eta) = K\left(\frac{\partial f}{\partial t} dt \wedge \pi^*\eta + \sum_i \frac{\partial f}{\partial x^i} \pi^* dx^i \wedge \pi^*\eta + f\pi^* d\eta\right)$$

が成り立つ．右辺の和において，第 2 項と第 3 項は I 型の形式である．つまり，これらは K によって 0 に写る．よって，

$$Kd(f\pi^*\eta) = K\left(\frac{\partial f}{\partial t} dt \wedge \pi^*\eta\right) = \left(\int_0^1 \frac{\partial f}{\partial t} dt\right)\eta$$
$$= (f(x,1) - f(x,0))\eta = (i_1^* - i_0^*)(f(x,t)\pi^*\eta)$$

である．$dK(f\pi^*\eta) = d(0) = 0$ なので，I 型の形式の上で

$$d \circ K + K \circ d = i_1^* - i_0^*$$

が成り立つ．

II 型の形式に対しては，d の反導分としての性質より，

$$\begin{aligned}
dK(f\,dt \wedge \pi^*\eta) &= d\left(\left(\int_0^1 f(x,t)\,dt\right)\eta\right) \\
&= \sum \left(\frac{\partial}{\partial x^i}\int_0^1 f(x,t)\,dt\right) dx^i \wedge \eta + \left(\int_0^1 f(x,t)\,dt\right) d\eta
\end{aligned}$$

$$= \sum \left(\int_0^1 \frac{\partial f}{\partial x^i}(x,t)\,dt \right) dx^i \wedge \eta + \left(\int_0^1 f(x,t)\,dt \right) d\eta$$

が成り立つ. 最後の等号において, $f(x,t)$ は C^∞ 級なので, 積分記号の中の関数を微分してよい. さらに,

$$Kd(f\,dt \wedge \pi^*\eta) = K(d(f\,dt) \wedge \pi^*\eta - f\,dt \wedge d\pi^*\eta)$$
$$= K\left(\sum_i \frac{\partial f}{\partial x^i} dx^i \wedge dt \wedge \pi^*\eta \right) - K(f\,dt \wedge \pi^* d\eta)$$
$$= -\sum_i \left(\int_0^1 \frac{\partial f}{\partial x^i}(x,t)\,dt \right) dx^i \wedge \eta - \left(\int_0^1 f(x,t)\,dt \right) d\eta$$

である. よって, II 型の形式の上で,

$$d \circ K + K \circ d = 0$$

が成り立つ.

一方, $i_1^* dt = d i_1^* t = d(1) = 0$ なので,

$$i_1^*(f(x,t)\,dt \wedge \pi^*\eta) = 0$$

である. 同様に, i_0^* もまた II 型の形式の上で消えている. したがって, II 型の形式の上で

$$d \circ K + K \circ d = 0 = i_1^* - i_0^*$$

が成り立つ.

これで, K が i_0^* と i_1^* の間のコチェインホモトピーであることの証明が完成した. コチェインホモトピー K の存在は, コホモロジーの間に誘導される写像 $i_0^\#$ と $i_1^\#$ が等しいことを示している. よって, 29.1 節で指摘したように,

$$f^\# = i_0^\# \circ F^\# = i_1^\# \circ F^\# = g^\#$$

が成り立つ.

問題

29.1 滑らかな k 形式の零による拡張

補題 29.2 を証明せよ.

29.2 局所有限和の上での引き戻しの線形性

$h: N \to M$ を C^∞ 級写像とし, $\sum \omega_\alpha$ を M 上の C^∞ 級 k 形式の局所有限和とする. $h^*(\sum \omega_\alpha) = \sum h^* \omega_\alpha$ を証明せよ.

29.3 コチェインホモトピー K
(a) (29.5) で定義された線形写像 K が 29.4 節における 3 つの規則を満たすことを確かめよ．
(b) 29.4 節における 3 つの規則を満たす線形作用素は，もし存在するならば一意的であることを証明せよ．

付録

Appendices

§A 点集合トポロジー

点集合トポロジーは「位相空間論」とも呼ばれ，同相写像（連続な逆写像をもつ連続写像）の下で不変な性質に関わるものである．この分野における基礎的な発展は，19世紀末と20世紀初頭に起こった．この付録は，本書で使われている点集合トポロジーの基本的な結果を集めたものである．

A.1 位相空間

位相空間の原型はユークリッド空間 $\mathbb{R}^n$ である．しかしながら，ユークリッド空間は，その位相とは無関係である距離，座標，内積，向きなど，たくさんの付加的構造をもっている．位相空間の定義の背後にあるアイデアは，連続写像と関係のない $\mathbb{R}^n$ のこのような性質をすべて捨てて，連続性の概念の本質を引き出すことである．

解析学において連続写像のいくつかの特徴付けを学ぶが，その一つが「$\mathbb{R}^n$ の開集合から $\mathbb{R}^m$ への写像 f が連続であるための必要十分条件は，$\mathbb{R}^m$ の任意の開集合 V の逆像 $f^{-1}(V)$ が $\mathbb{R}^n$ において開となること」である．これは，連続性が開集合の言葉だけで定義できることを示している．

開集合を公理的に定義するために，$\mathbb{R}^n$ における開集合の性質を見る．まず，$\mathbb{R}^n$ において，2点 p と q の間の**距離**は

$$d(p,q) = \left[\sum_{i=1}^{n}(p^i - q^i)^2\right]^{1/2}$$

で与えられ，点 $p \in \mathbb{R}^n$ を中心とする半径 $r > 0$ の**開球** $B(p,r)$ は集合

$$B(p,r) = \{x \in \mathbb{R}^n \mid d(x,p) < r\}$$

であった. $\mathbb{R}^n$ における集合 U は, U のすべての点 p に対して $B(p,r) \subset U$ となるような点 p を中心とする半径 r の開球 $B(p,r)$ が存在するとき, **開**であるという (図 A.1). 開集合の任意の族 $\{U_\alpha\}$ の和集合が開であることは明らかだが, 無限個の開集合の共通部分に関して同じことがいえるとは限らない.

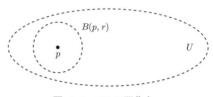

図 A.1 $\mathbb{R}^n$ の開集合.

例 開区間 $]-1/n, 1/n[,\ n = 1, 2, 3, \ldots$ はすべて $\mathbb{R}^1$ において開であるが, それらの共通部分 $\bigcap_{n=1}^{\infty}]-1/n, 1/n[$ は 1 つの元からなる集合 $\{0\}$ で, 開ではない.

$\mathbb{R}^n$ における開集合の**有限族**の共通部分が開であるということについては正しい. この考察が, 集合上の位相の定義に繋がる.

定義 A.1 集合 S 上の**位相**とは, 空集合 $\emptyset$ と集合 S の両方を含む部分集合の族 $\mathcal{T}$ で, 任意の合併と有限交叉に関して閉じているもの, つまり, 添え字集合 A のすべての元 α に対して $U_\alpha \in \mathcal{T}$ ならば $\bigcup_{\alpha \in A} U_\alpha \in \mathcal{T}$ であり, $U_1, \ldots, U_n \in \mathcal{T}$ ならば $\bigcap_{i=1}^{n} U_i \in \mathcal{T}$ となるものである.

$\mathcal{T}$ の元を**開集合**といい, 対 $(S, \mathcal{T})$ を**位相空間**という. 記号を簡単にするために, 誤解の恐れがないときには, 対 $(S, \mathcal{T})$ を単に「位相空間 S」ということもある. S の点 p の**近傍**とは, p を含む開集合 U のことである[1]. $\mathcal{T}_1$ と $\mathcal{T}_2$ が集合 S 上の位相で $\mathcal{T}_1 \subset \mathcal{T}_2$ であるとき, $\mathcal{T}_1$ は $\mathcal{T}_2$ より**粗い**, または, $\mathcal{T}_2$ は $\mathcal{T}_1$ より**細かい**という. 粗い位相はより少ない開集合からなり, 逆に, 細かい位相はより多くの開集合からなる.

例 解析学において我々が理解するところの $\mathbb{R}^n$ の開集合は, $\mathbb{R}^n$ 上の位相を定め, $\mathbb{R}^n$ の**標準位相**と呼ばれる. この位相では, 集合 U が $\mathbb{R}^n$ において開であるための

---

[1] (訳者注) 第 2 章でも注意したように, 本によっては, p の近傍 U を「p を含む開集合が U の中にとれる」という意味で使っており, その場合, 近傍は開集合とは限らない.

必要十分条件は，すべての $p \in U$ に対して，U に含まれるような p を中心とする半径 ε の開球 $B(p, \varepsilon)$ が存在することである．特に断らなければ，$\mathbb{R}^n$ はいつも標準位相をもっているものとする．

$\mathbb{R}^n$ において開であることの判定法は，位相空間に有用な形で一般化される．

補題 A.2（開であることの局所的な判定法） S を位相空間とする．部分集合 A が S において開であるための必要十分条件は，すべての $p \in A$ に対して，$p \in V \subset A$ となる開集合 V が存在することである．

【証明】
($\Rightarrow$) A が開ならば，$V = A$ ととることができる．
($\Leftarrow$) すべての $p \in A$ に対して，$p \in V_p \subset A$ となる開集合 V_p があると仮定する．このとき
$$A \subset \bigcup_{p \in A} V_p \subset A.$$
よって $A = \bigcup_{p \in A} V_p$ が成り立つ．開集合の和集合は開集合なので，A は開である． □

例 任意の集合 S に対して，空集合 $\varnothing$ と全体集合 S からなる族 $\mathcal{T} = \{\varnothing, S\}$ は S 上の位相で，しばしば**自明位相**または**密着位相**という．これは，集合上の最も粗い位相である．

例 任意の集合 S に対して，$\mathcal{T}$ を S の部分集合全体からなる族とする．このとき，$\mathcal{T}$ は S 上の位相で，**離散位相**と呼ばれる．**単集合**は１つの元からなる集合のことであるが，離散位相は，すべての単集合 $\{p\}$ が開である位相として特徴付けられる．離散位相をもった位相空間を**離散空間**という．離散位相は，集合上の最も細かい位相である．

開集合の補集合を**閉集合**という．集合論におけるド・モルガンの法則より，閉集合の任意の共通部分と有限の和集合は閉である（問題 A.3）．すべての閉集合を挙げることで位相を定めることもできる．

注意 位相が任意の合併と有限の交叉に関して**閉じている**というときの「閉」という言葉は，「閉集合」の「閉」とは違う意味である．

例 A.3（$\mathbb{R}^1$ 上の有限補集合位相） $\mathcal{T}$ を，空集合 $\emptyset$，直線 $\mathbb{R}^1$ 自身，有限集合の補集合からなる $\mathbb{R}^1$ の部分集合の族とする．ある添え字集合 A の元 α と $i=1,\ldots,n$ に対して，F_α と F_i が $\mathbb{R}^1$ の有限部分集合とする．ド・モルガンの法則より，

$$\bigcup_\alpha (\mathbb{R}^1 - F_\alpha) = \mathbb{R}^1 - \bigcap_\alpha F_\alpha \quad \text{かつ} \quad \bigcap_{i=1}^n (\mathbb{R}^1 - F_i) = \mathbb{R}^1 - \bigcup_{i=1}^n F_i.$$

任意の共通部分 $\bigcap_{\alpha \in A} F_\alpha$ と有限和集合 $\bigcup_{i=1}^n F_i$ は共に有限集合だから，$\mathcal{T}$ は任意の合併と有限の交叉に関して閉じている．したがって，$\mathcal{T}$ は $\mathbb{R}^1$ 上の位相を定め，この位相を**有限補集合位相**という．

分かりやすくするために $\mathbb{R}^1$ 上に有限補集合位相を定義したが，当然ながらここで $\mathbb{R}^1$ である必要は何もない．任意の集合上に有限補集合位相を同様に定義することができる．

例 A.4（**ザリスキー位相**） 代数幾何においてよく知られた位相として**ザリスキー位相**がある．K を体とし，S をベクトル空間 K^n とする．K^n の部分集合が K^n 上の有限個の多項式 $f_1,\ldots,f_r$ の零点集合 $Z(f_1,\ldots,f_r)$ であるとき，**ザリスキー閉**であると定義する．これらが本当に位相を定める閉集合であることを示すには，任意の交叉と有限の合併に関して閉じていることを確認する必要がある．

$I = (f_1,\ldots,f_r)$ を，多項式環 $K[x_1,\ldots,x_n]$ において $f_1,\ldots,f_r$ で生成されるイデアルとする．このとき $Z(f_1,\ldots,f_r) = Z(I)$．ここで $Z(I)$ は，イデアル I に属する**すべての**多項式の零点集合である．逆に，ヒルベルトの基底定理 [11, §9.6, Th. 2] より，$K[x_1,\ldots,x_n]$ の任意のイデアルは有限個の生成元をもつ．これゆえ，有限個の多項式の零点集合は，$K[x_1,\ldots,x_n]$ のイデアルの零点集合に一致する．ここで，$I = (f_1,\ldots,f_r)$ と $J = (g_1,\ldots,g_s)$ が 2 つのイデアルのとき，**積イデアル**[2] IJ は，すべての積 $f_i g_j, 1 \leq i \leq r, 1 \leq j \leq s$ で生成される $K[x_1,\ldots,x_n]$ のイデアルである．$\{I_\alpha\}_{\alpha \in A}$ が $K[x_1,\ldots,x_n]$ のイデアルの族ならば，それらの**和** $\sum_\alpha I_\alpha$ は，すべてのイデアル I_α を含む $K[x_1,\ldots,x_n]$ のイデアルの中で最小のイデアルである．

演習 A.5（**零点集合の交叉と合併**） I_α, I, J を多項式環 $K[x_1,\ldots,x_n]$ のイデアルとする．このとき

(i)
$$\bigcap_\alpha Z(I_\alpha) = Z\left(\sum_\alpha I_\alpha\right)$$

---

[2]（訳者注） 積イデアルは 'product ideal' の訳であるが，イデアルの積ともいう．

かつ
(ii) $$Z(I) \cup Z(J) = Z(IJ)$$
を示せ．

K^n のザリスキー閉集合の補集合を**ザリスキー開集合**という．$I = (0)$ が零イデアルならば，$Z(I) = K^n$ で，$I = (1) = K[x_1, \ldots, x_n]$ が環全体ならば，$Z(I)$ は空集合 $\emptyset$ である．これゆえ，空集合 $\emptyset$ と K^n は共にザリスキー開である．したがって演習 A.5 より，K^n のザリスキー開集合は K^n 上の位相を定めることが従い，この位相を**ザリスキー位相**という．$\mathbb{R}^1$ 上の多項式の零点集合は有限集合であるから，$\mathbb{R}^1$ 上のザリスキー位相は正に例 A.3 の有限補集合位相である．

A.2 部分空間位相

$(S, \mathcal{T})$ を位相空間，A を S の部分集合とする．$\mathcal{T}_A$ を部分集合の族
$$\mathcal{T}_A = \{U \cap A \mid U \in \mathcal{T}\}$$
と定義する．合併と交叉の分配則より
$$\bigcup_\alpha (U_\alpha \cap A) = \left(\bigcup_\alpha U_\alpha\right) \cap A$$
かつ
$$\bigcap_i (U_i \cap A) = \left(\bigcap_i U_i\right) \cap A.$$

これは，$\mathcal{T}_A$ が任意の合併と有限の交叉に関して閉じていることを示している．さらに，$\emptyset, A \in \mathcal{T}_A$．よって $\mathcal{T}_A$ は A 上の位相で，S における A の**部分空間位相**または**相対位相**といい，$\mathcal{T}_A$ の元は A **において開**であるという．A における開集合 U が S において必ずしも開ではないことを強調するために，U は A **に対して開**または A **において相対的に開**であるともいう．部分空間位相 $\mathcal{T}_A$ をもった S の部分集合 A を，S の**部分空間**という．

A が位相空間 S の開集合ならば，A の部分集合が A において相対的に開であるための必要十分条件は，それが S において開となることである．

例 $\mathbb{R}^1$ の部分集合 $A = [0, 1]$ を考える．このとき
$$\left[0, \frac{1}{2}\right[= \left]-\frac{1}{2}, \frac{1}{2}\right[\cap A$$
であるから，部分空間位相では，半開区間 $[0, 1/2[$ は A に対して開である（図 A.2 を見よ）．

図 A.2 $[0,1]$ の相対的に開である部分集合.

A.3 基

一般に，位相 $\mathcal{T}$ におけるすべての開集合を直接記述することは難しい．通常可能なのは，任意の開集合を $\mathcal{B}$ に属する開集合の和集合として表せるような $\mathcal{T}$ の部分族 $\mathcal{B}$ を記述することである．

定義 A.6 位相空間 S の位相 $\mathcal{T}$ の部分族 $\mathcal{B}$ が**位相 $\mathcal{T}$ の基**[3]であるとは，任意の開集合 U と U の点 p に対し，$p \in B \subset U$ となる開集合 $B \in \mathcal{B}$ が存在することである．$\mathcal{B}$ は位相 $\mathcal{T}$ を**生成する**または $\mathcal{B}$ は**位相空間 S の基**であるともいう．

例 $\mathbb{R}^n$ におけるすべての開球 $B(p,r)$（$p \in \mathbb{R}^n$ で r は正の実数）は $\mathbb{R}^n$ の標準位相の基である．

命題 A.7 S の開集合の族 $\mathcal{B}$ が基であるための必要十分条件は，S のすべての開集合が $\mathcal{B}$ に属する集合の和集合となることである．

【証明】
($\Rightarrow$) $\mathcal{B}$ が基であると仮定し，U を S の開集合とする．すべての $p \in U$ に対して，$p \in B_p \subset U$ となる開集合 $B_p \in \mathcal{B}$ が存在する．したがって，$U = \bigcup_{p \in U} B_p$．
($\Leftarrow$) S のどの開集合も $\mathcal{B}$ に属する開集合の和集合になっていると仮定する．開集合 U と U の点 p が与えられたとき，$U = \bigcup_{B_\alpha \in \mathcal{B}'} B_\alpha$ となる $\mathcal{B}$ の部分族 $\mathcal{B}'$ があるから，$p \in B_\alpha \subset U$ となる $B_\alpha \in \mathcal{B}$ が存在する．これゆえ，$\mathcal{B}$ は基である． □

次の命題は，部分集合の族 $\mathcal{B}$ がある位相の基であるかどうかを知るための有用な判定法である．

命題 A.8 集合 S の部分集合の族 $\mathcal{B}$ が S 上のある位相 $\mathcal{T}$ の基であるための必要十分条件は，
(i) S は $\mathcal{B}$ に属するすべての集合の和集合であり，
(ii) $\mathcal{B}$ に属する任意の 2 つの集合 B_1, B_2 と点 $p \in B_1 \cap B_2$ が与えられたとき，

---
[3]（訳者注）本書では「開基」という用語も同じ意味で用いている．

$p \in B \subset B_1 \cap B_2$ となる $B \in \mathcal{B}$ が存在することである（図 A.3）．

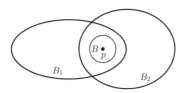

図 **A.3** 基であるための判定条件．

【証明】
($\Rightarrow$) (i) は命題 A.7 から従う．

(ii) $\mathcal{B}$ が基ならば，B_1 と B_2 は開集合ゆえ $B_1 \cap B_2$ も開集合である．基の定義より，$p \in B \subset B_1 \cap B_2$ となる $B \in \mathcal{B}$ が存在する．

($\Leftarrow$) $\mathcal{T}$ を，$\mathcal{B}$ に属する集合の和集合として得られるすべての集合からなる族とする[4]．このとき，空集合 $\emptyset$ と集合 S は $\mathcal{T}$ に属し，$\mathcal{T}$ は明らかに任意の合併に関して閉じている．$\mathcal{T}$ が有限の交叉に関して閉じていることを示すために，$U = \bigcup_\mu B_\mu$ と $V = \bigcup_\nu B_\nu$ を $\mathcal{T}$ の元とする．ここで $B_\mu, B_\nu \in \mathcal{B}$ である．このとき

$$U \cap V = \left(\bigcup_\mu B_\mu\right) \cap \left(\bigcup_\nu B_\nu\right) = \bigcup_{\mu,\nu}(B_\mu \cap B_\nu).$$

したがって，$U \cap V$ の任意の点 p は，ある $B_\mu \cap B_\nu$ に含まれる．(ii) より，$p \in B_p \subset B_\mu \cap B_\nu$ となる $\mathcal{B}$ に属する集合 B_p が存在する．したがって，

$$U \cap V = \bigcup_{p \in U \cap V} B_p \in \mathcal{T}.$$

$\square$

命題 A.9 $\mathcal{B} = \{B_\alpha\}$ を位相空間 S の基とし，A を S の部分空間とする．このとき，$\{B_\alpha \cap A\}$ は A の基である．

【証明】 U' を A の任意の開集合とし，$p \in U'$ とする．部分空間位相の定義より，$U' = U \cap A$ となる S の開集合 U がある．$p \in U \cap A \subset U$ だから，$p \in B_\alpha \subset U$ となる開集合 $B_\alpha \in \mathcal{B}$ が存在する．このとき

$$p \in B_\alpha \cap A \subset U \cap A = U'.$$

---

[4]（訳者注）この定義では $\mathcal{T}$ に空集合が含まれないので，空集合を $\mathcal{T}$ に入れておく必要がある．

これは, 族 $\{B_\alpha \cap A \mid B_\alpha \in \mathcal{B}\}$ が A の基であることを示している. □

A.4 第一および第二可算性

位相空間の第一および第二可算性は, 基の可算性と関係がある. これらの概念を取り上げる前に, まず例を述べる. $\mathbb{R}^n$ の点は, その座標がすべて有理数であるとき, **有理点**という. $\mathbb{Q}$ を有理数の集合とし, $\mathbb{Q}^+$ を正の有理数の集合とする. 実解析より, $\mathbb{R}$ のすべての開区間は有理数を含むことがよく知られている.

補題 A.10 $\mathbb{R}^n$ のすべての開集合は有理点を含む.

【証明】 $\mathbb{R}^n$ の開集合 U は開球 $B(p,r)$ を含み, それは開直方体 $\prod_{i=1}^n I_i$ を含む. ここで I_i は開区間 $]p^i - (r/\sqrt{n}), p^i + (r/\sqrt{n})[$ である (問題 A.4 を見よ). 各 i に対して, q^i を I_i に含まれる有理数とする. このとき, $(q^1, \ldots, q^n)$ は $\prod_{i=1}^n I_i \subset B(p,r) \subset U$ の有理点である. □

命題 A.11 有理点を中心とし, 有理数を半径とする $\mathbb{R}^n$ のすべての開球からなる集合族 $\mathcal{B}_{\mathrm{rat}}$ は, $\mathbb{R}^n$ の基である.

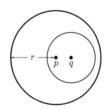

図 A.4 有理点 q を中心とし有理数 $r/2$ を半径とする族.

【証明】 $\mathbb{R}^n$ の開集合 U と U の点 p に対し, $p \in B(p,r') \subset U$ となるような, 正の実数 r' を半径とした開球 $B(p,r')$ が存在する. $]0,r'[$ に含まれる有理数 r をとる. このとき $p \in B(p,r) \subset U$ である. 補題 A.10 より, より小さい球 $B(p,r/2)$ の中に有理点 q がある. このとき

$$p \in B\left(q, \frac{r}{2}\right) \subset B(p,r) \tag{A.1}$$

であることを示す (図 A.4 を見よ). $d(p,q) < r/2$ だから, $p \in B(q,r/2)$ である. 次に, $x \in B(q,r/2)$ ならば, 三角不等式より,

§A 点集合トポロジー

$$d(x,p) \leq d(x,q) + d(q,p) < \frac{r}{2} + \frac{r}{2} = r.$$

よって $x \in B(p,r)$. これは主張 (A.1) を示している. $p \in B(q, r/2) \subset U$ であるから, 有理点を中心とし有理数を半径とする開球の族 $\mathcal{B}_{\mathrm{rat}}$ は $\mathbb{R}^n$ の基である. □

集合 $\mathbb{Q}$ と $\mathbb{Q}^+$ は共に可算である. $\mathcal{B}_{\mathrm{rat}}$ に属する球の中心は可算集合 $\mathbb{Q}^n$ で表され, 半径も可算集合 $\mathbb{Q}^+$ で表されるので, 族 $\mathcal{B}_{\mathrm{rat}}$ は可算である.

定義 A.12 位相空間は可算基をもつとき**第二可算**であるという.

例 A.13 命題 A.11 は, 標準位相をもった $\mathbb{R}^n$ が第二可算であることを示している. 離散位相では, $\mathbb{R}^n$ は第二可算にはならない. より一般に, 離散位相をもった非可算集合は第二可算ではない.

命題 A.14 第二可算空間 S の部分空間 A は第二可算である.

【証明】 命題 A.9 より, $\mathcal{B} = \{B_i\}$ が S の可算基ならば, $\mathcal{B}_A := \{B_i \cap A\}$ は A の可算基である. □

定義 A.15 S を位相空間とし, p を S の点とする. p **における近傍の基**または p **における近傍基**とは, p の近傍の族 $\mathcal{B} = \{B_\alpha\}$ であって, p の任意の近傍 U に対して, $p \in B_\alpha \subset U$ となる $B_\alpha \in \mathcal{B}$ が存在するものをいう. 位相空間が**第一可算**であるとは, すべての点 $p \in S$ において可算な近傍基が存在することである.

例 $p \in \mathbb{R}^n$ に対して, $B(p, 1/m)$ を中心が p で半径が $1/m$ の $\mathbb{R}^n$ における開球とする. このとき $\{B(p, 1/m)\}_{m=1}^{\infty}$ は p における近傍基である. したがって, $\mathbb{R}^n$ は第一可算である.

例 非可算離散空間は第一可算であるが第二可算ではない. すべての第二可算空間は第一可算である (証明は問題 A.18 として読者に委ねる).

p を第一可算位相空間の点とし, $\{V_i\}_{i=1}^{\infty}$ を p における可算近傍基とする. $U_i = V_1 \cap \cdots \cap V_i$ とすると, 可算個の減少列

$$U_1 \supset U_2 \supset U_3 \supset \cdots$$

を得る. これもまた p における近傍基である. したがって, 第一可算性の定義において, すべての点においてその点での可算近傍基が開集合の減少列であると仮定してもよい.

A.5 分離公理

位相空間に対して様々な分離公理があるが，本書で必要となるのはハウスドルフ条件と正規性だけである．

定義 A.16 位相空間 S が**ハウスドルフ**であるとは，S の任意の異なる 2 点 x, y に対して，交わりのない開集合 U, V で $x \in U$ かつ $y \in V$ となるものが存在することである．ハウスドルフ空間が**正規**であるとは，S の任意の交わりのない 2 つの閉集合 F, G に対して，交わりのない開集合 U, V で $F \subset U$ かつ $G \subset V$ となるものが存在することである（図 A.5）．

図 A.5 ハウスドルフ条件と正規性．

命題 A.17 ハウスドルフ空間 S では，すべての単集合（一点集合）は閉である．

【証明】$x \in S$ とする．任意の $y \in S - \{x\}$ に対して，ハウスドルフ条件より，開集合 $U \ni x$ と $V \ni y$ で U と V が交わらないものが存在する．特に，

$$y \in V \subset S - U \subset S - \{x\}.$$

開であることの局所的な判定法（補題 A.2）より，$S - \{x\}$ は開である．したがって，$\{x\}$ は閉である． □

例 ユークリッド空間 $\mathbb{R}^n$ はハウスドルフである．なぜなら，$\mathbb{R}^n$ の異なる点 x, y に対して，$\varepsilon = \frac{1}{2} d(x, y)$ とすれば，開球 $B(x, \varepsilon)$ と $B(y, \varepsilon)$ は交わらないからである（図 A.6）．

例 A.18（ザリスキー位相） $S = K^n$ を体 K 上の次元 n のベクトル空間とし，ザリスキー位相をもっているとする．S のすべての開集合 U は $S - Z(I)$ の形をしている．ここで I は $K[x_1, \ldots, x_n]$ のイデアルである．開集合 U が空でないための必要十分条件は，I が零イデアルでないことである．ザリスキー位相では，任意の 2 つの空でない開集合は交わる．実際，$U = S - Z(I)$ と $V = S - Z(J)$ が空でないならば，I と J は 0 でないイデアルであって

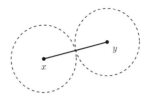

図 A.6 $\mathbb{R}^n$ において交わりをもたない2つの近傍.

$$\begin{aligned}U \cap V &= (S - Z(I)) \cap (S - Z(J)) \\ &= S - (Z(I) \cup Z(J)) \quad (\text{ド・モルガンの法則}) \\ &= S - Z(IJ) \quad (\text{演習 A.5}).\end{aligned}$$

ここで IJ が零イデアルでないので，上記の最後の集合は空ではない．したがって，ザリスキー位相をもった K^n はハウスドルフではない．

命題 A.19 ハウスドルフ空間 S の任意の部分空間 A はハウスドルフである．

【証明】x と y を A の異なる点とする．S はハウスドルフだから，x と y の S におけるそれぞれの近傍 U と V で，交わりをもたないものが存在する．このとき，$U \cap A$ と $V \cap A$ はそれぞれ x と y の A における近傍で，交わりをもたない． □

A.6 積位相

2つの集合 A と B の**カルテシアン積**[5]は，$a \in A, b \in B$ であるすべての順序対 (a,b) からなる集合 $A \times B$ である．2つの位相空間 X と Y が与えられたとき，$U \times V$ の形をした $X \times Y$ の部分集合の族 $\mathcal{B}$ を考える．ここで，U は X において開で，V は Y において開である．$\mathcal{B}$ の元を $X \times Y$ における**基本開集合**と呼ぶ．$U_1 \times V_1$ と $U_2 \times V_2$ が $\mathcal{B}$ に属するならば，

$$(U_1 \times V_1) \cap (U_2 \times V_2) = (U_1 \cap U_2) \times (V_1 \cap V_2)$$

はまた $\mathcal{B}$ に属する（図 A.7）．これより，$\mathcal{B}$ は命題 A.8 の条件を満たすので $X \times Y$ 上の位相を生成し，この位相を**積位相**という．何も注意しなければ，2つの位相空間の積にはいつもこの位相を与えているものとする．

---

[5] (訳者注) デカルト積や直積ともいう．

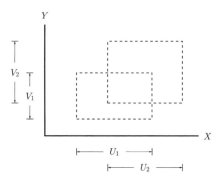

図 A.7 $X \times Y$ における 2 つの基本開集合の交わり．

命題 A.20 $\{U_i\}$ と $\{V_j\}$ をそれぞれ位相空間 X と Y の基とする．このとき，$\{U_i \times V_j\}$ は $X \times Y$ の基である．

【証明】 $X \times Y$ の開集合 W と点 $(x, y) \in W$ が与えられたとき，$(x, y) \in U \times V \subset W$ となる $X \times Y$ の基本開集合 $U \times V$ がある．U は X において開で，$\{U_i\}$ は X の基だから，ある U_i に対して
$$x \in U_i \subset U.$$
同様に，ある V_j に対して
$$y \in V_j \subset V.$$
したがって，
$$(x, y) \in U_i \times V_j \subset U \times V \subset W.$$
基の定義より，$\{U_i \times V_j\}$ は $X \times Y$ の基である． □

系 A.21 2 つの第二可算空間の積は第二可算である．

命題 A.22 2 つのハウスドルフ空間 X と Y の積はハウスドルフである．

【証明】 $X \times Y$ において異なる 2 点 $(x_1, y_1), (x_2, y_2)$ が与えられたとき，$x_1 \neq x_2$ と仮定しても一般性を失わない．X はハウスドルフだから，X の交わりをもたない開集合 U_1, U_2 で $x_1 \in U_1$ かつ $x_2 \in U_2$ となるものがある．このとき $U_1 \times Y$ と $U_2 \times Y$ は，(x_1, y_1) と (x_2, y_2) の交わりをもたない近傍である（図 A.8）．よって $X \times Y$ はハウスドルフである． □

§A 点集合トポロジー

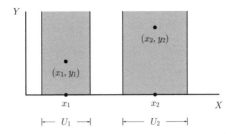

図 A.8 $X \times Y$ において交わりをもたない 2 つの近傍.

積位相を位相空間の任意の族 $\{X_\alpha\}_{\alpha \in A}$ の積に一般化することができる.まず,積位相の定義が何であれ,射影 $\pi_{\alpha_i}\colon \prod_\alpha X_\alpha \to X_{\alpha_i}$, $\pi_{\alpha_i}(\prod x_\alpha) = x_{\alpha_i}$ はすべて連続となるべきである[6].したがって,X_{α_i} の各開集合 U_{α_i} に対して,その逆像 $\pi_{\alpha_i}^{-1}(U_{\alpha_i})$ は $\prod_\alpha X_\alpha$ において開となるべきである.開集合の性質より,**有限交叉** $\bigcap_{i=1}^r \pi_{\alpha_i}^{-1}(U_{\alpha_i})$ も開となるべきである.このような有限交叉は,$\prod_{\alpha \in A} U_\alpha$ の形をした集合である.ここで,U_α は X_α において開で,有限個の $\alpha \in A$ を除いて $U_\alpha = X_\alpha$ である.この形をした集合からなる基をもった位相を,カルテシアン積 $\prod_{\alpha \in A} X_\alpha$ 上の**積位相**と定義する.積位相は,すべての射影 $\pi_{\alpha_i}\colon \prod_\alpha X_\alpha \to X_{\alpha_i}$ が連続となる最も粗い位相である.

A.7 連続性

$f\colon X \to Y$ を位相空間の間の写像とする.解析学における定義を真似て,f が X の**点** p **において連続**であるとは,$f(p)$ の Y におけるすべての近傍 V に対して,$f(U) \subset V$ となる p の X における近傍 U が存在することとする.f が X のすべての点において連続であるとき,f は X **上連続**であるという.

命題 A.23(**開集合の言葉による連続性**) 写像 $f\colon X \to Y$ が連続であるための必要十分条件は,任意の開集合の逆像が開となることである.

【証明】
($\Rightarrow$) V が Y において開であるとする.$f^{-1}(V)$ が X において開であることを示すために,$p \in f^{-1}(V)$ とする.このとき $f(p) \in V$.f は p において連続であると仮定しているので,$f(U) \subset V$ となる p の近傍 U がある.したがって,$p \in U \subset f^{-1}(V)$.

---
[6](訳者注) 写像の連続性の説明は,次の A.7 節にある.

開であることの局所的な判定法より（補題 A.2），$f^{-1}(V)$ は X において開である．
（⇐）p を X の点とし，V を $f(p)$ の Y における近傍とする．仮定より，$f^{-1}(V)$ は X において開である．$f(p) \in V$ だから，$p \in f^{-1}(V)$．このとき，$U = f^{-1}(V)$ は $p \in U \subset f^{-1}(V)$ となる p の近傍である．これは $f(U) \subset V$ ということなので，f は p において連続である． □

例 A.24（包含写像の連続性） A が X の部分空間ならば，包含写像 $i\colon A \to X$, $i(a) = a$ は連続である．

【証明】 U が X において開ならば，$i^{-1}(U) = U \cap A$ は A の部分空間位相に関して開である． □

例 A.25（射影の連続性） 射影 $\pi\colon X \times Y \to X$, $\pi(x,y) = x$ は連続である．

【証明】 U が X において開とする．このとき $\pi^{-1}(U) = U \times Y$ は $X \times Y$ の積位相に関して開である． □

命題 A.26 連続写像の合成は連続である．つまり，$f\colon X \to Y$ と $g\colon Y \to Z$ が連続ならば，$g \circ f\colon X \to Z$ は連続である．

【証明】 V を Z の開集合とする．このとき
$$(g \circ f)^{-1}(V) = f^{-1}(g^{-1}(V)).$$
なぜなら，任意の $x \in X$ に対して
$$x \in (g \circ f)^{-1}(V) \iff g(f(x)) \in V \iff f(x) \in g^{-1}(V)$$
$$\iff x \in f^{-1}(g^{-1}(V)).$$
命題 A.23 より，g が連続だから $g^{-1}(V)$ は Y において開である．同様に，f が連続だから $f^{-1}(g^{-1}(V))$ は X において開である．再度命題 A.23 より，$g \circ f\colon X \to Z$ は連続である． □

A が X の部分空間のとき，連続写像 $f\colon X \to Y$ の A への**制限**
$$f|_A \colon A \to Y$$
を
$$(f|_A)(a) = f(a)$$

と定義する. $i\colon A \to X$ を包含写像とすると,制限 $f|_A$ は合成 $f \circ i$ である. f と i は共に連続で(例 A.24)連続写像の合成は連続だから(命題 A.26),次の系を得る.

系 A.27 連続写像 $f\colon X \to Y$ の部分空間 A への制限 $f|_A$ は連続である.

連続性は閉集合の言葉でも述べることができる.

命題 A.28(閉集合の言葉による連続性) 写像 $f\colon X \to Y$ が連続であるための必要十分条件は,任意の閉集合の逆像が閉となることである.

【証明】問題 A.9. □

写像 $f\colon X \to Y$ が**開**であるとは,X のすべての開集合の像が Y において開となることであり,同様に $f\colon X \to Y$ が**閉**であるとは,X のすべての閉集合の像が Y において閉となることである.

$f\colon X \to Y$ が全単射ならば,逆写像 $f^{-1}\colon Y \to X$ が定義される.この場合,任意の部分集合 $V \subset Y$ に対して,記号 $f^{-1}(V)$ は 2 つの意味をもつ.1 つは写像 f による V の逆像

$$f^{-1}(V) = \{x \in X \mid f(x) \in V\}$$

であり,もう 1 つは写像 f^{-1} による V の像

$$f^{-1}(V) = \{f^{-1}(y) \in X \mid y \in V\}$$

である.$y = f(x)$ であるための必要十分条件は $x = f^{-1}(y)$ であるから,幸いこれら 2 つの意味は一致している.

A.8 コンパクト性

コンパクト性の定義は直観に訴えるものではないが,その概念はトポロジーにおいて最も重要なものである.S を位相空間とする.S の開集合族 $\{U_\alpha\}$ が $S \subset \bigcup_\alpha U_\alpha$ をみたすとき,S を**被覆する**または S の**開被覆**であるという.S は全空間なので,この条件はもちろん $S = \bigcup_\alpha U_\alpha$ と同値である.開被覆の部分族が**部分被覆**であるとは,その和集合が依然として S を含むことをいう.S のすべての開被覆が有限部分被覆をもつとき,位相空間 S は**コンパクト**であるという.

位相空間 S の部分集合 A は,部分空間位相を考えれば,それ自身位相空間である.部分空間 A は A の開集合または S の開集合で被覆される.**A の S における開**

被覆とは，A を被覆する S の開集合合族 $\{U_\alpha\}$ のことである．この用語を用いれば，A がコンパクトであるための必要十分条件は，A の A におけるすべての開被覆が有限部分被覆をもつことである．

> **命題 A.29** 位相空間 S の部分空間 A がコンパクトであるための必要十分条件は，A の S におけるすべての開被覆が有限部分被覆をもつことである．

【証明】

($\Rightarrow$) A がコンパクトであると仮定し，$\{U_\alpha\}$ を A の S における開被覆とする．これは，$A \subset \bigcup_\alpha U_\alpha$ を意味する．これゆえ

$$A \subset \left(\bigcup_\alpha U_\alpha\right) \cap A = \bigcup_\alpha (U_\alpha \cap A).$$

A がコンパクトだから，開被覆 $\{U_\alpha \cap A\}$ は有限部分被覆 $\{U_{\alpha_i} \cap A\}_{i=1}^r$ をもつ．したがって

$$A \subset \bigcup_{i=1}^r (U_{\alpha_i} \cap A) \subset \bigcup_{i=1}^r U_{\alpha_i}.$$

これは，$\{U_{\alpha_i}\}_{i=1}^r$ が $\{U_\alpha\}$ の有限部分被覆であることを意味する．

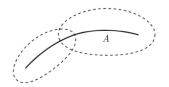

図 A.9 S における A の開被覆．

($\Leftarrow$) A の S におけるすべての開被覆が有限部分被覆をもつと仮定し，$\{V_\alpha\}$ を A の A における開被覆とする．このとき，各 V_α に対して $V_\alpha = U_\alpha \cap A$ となる S の開集合 U_α が存在する．したがって

$$A \subset \bigcup_\alpha V_\alpha \subset \bigcup_\alpha U_\alpha$$

であるから，仮定より $A \subset \bigcup_i U_{\alpha_i}$ となる有限個の U_{α_i} がある．これゆえ，

$$A \subset \left(\bigcup_i U_{\alpha_i}\right) \cap A = \bigcup_i (U_{\alpha_i} \cap A) = \bigcup_i V_{\alpha_i}.$$

よって $\{V_{\alpha_i}\}$ は A を被覆する $\{V_\alpha\}$ の有限部分被覆である．したがって，A はコンパクトである． □

命題 A.30 コンパクト位相空間 S の閉集合 F はコンパクトである.

【証明】 $\{U_\alpha\}$ を F の S における開被覆とする. このとき, 族 $\{U_\alpha, S - F\}$ は S の開被覆である. S のコンパクト性より, S を被覆する有限部分被覆 $\{U_{\alpha_i}, S - F\}$ があり, よって $F \subset \bigcup_i U_{\alpha_i}$. これは F がコンパクトであることを示している. □

命題 A.31 ハウスドルフ空間 S において, コンパクト部分集合 K と K に含まれない点 p を, 交わりのない開集合で分離することができる. つまり, 開集合 $U \supset K$ と開集合 $V \ni p$ で, $U \cap V = \emptyset$ となるものが存在する.

【証明】 ハウスドルフ性より, すべての $x \in K$ に対して, 交わりのない開集合 $U_x \ni x$ と $V_x \ni p$ が存在する. 族 $\{U_x\}_{x \in K}$ は S の開集合による K の被覆である. K がコンパクトだから, それは有限部分被覆 $\{U_{x_i}\}$ をもつ.

$U = \bigcup_i U_{x_i}, V = \bigcap_i V_{x_i}$ とする. このとき U は, K を含む S の開集合である. p を含む有限個の開集合の共通部分なので, V は p を含む開集合である. さらに, 集合

$$U \cap V = \bigcup_i (U_{x_i} \cap V)$$

は, 各 $U_{x_i} \cap V$ が空集合である $U_{x_i} \cap V_{x_i}$ に含まれているから, 空である. □

命題 A.32 ハウスドルフ空間 S のすべてのコンパクト部分集合 K は閉である.

【証明】 前の命題より, $S - K$ のすべての点 p に対して, $p \in V \subset S - K$ となる開集合 V がある. これは $S - K$ が開であることを示している. これゆえ, K は閉である. □

演習 A.33（コンパクトハウスドルフ空間）* コンパクトハウスドルフ空間は正規であることを証明せよ.（正規性は定義 A.16 で定義されている.）

命題 A.34 コンパクト集合の連続写像による像はコンパクトである.

【証明】 $f: X \to Y$ を連続写像とし, K を X のコンパクト部分集合とする. $\{U_\alpha\}$ を Y の開集合による $f(K)$ の被覆とする. f が連続だから, 逆像 $f^{-1}(U_\alpha)$ はすべて開である. さらに

$$K \subset f^{-1}(f(K)) \subset f^{-1}\left(\bigcup_\alpha U_\alpha\right) = \bigcup_\alpha f^{-1}(U_\alpha).$$

よって $\{f^{-1}(U_\alpha)\}$ は X における K の開被覆である．K のコンパクト性より，有限部分族 $\{f^{-1}(U_{\alpha_i})\}$ で

$$K \subset \bigcup_i f^{-1}(U_{\alpha_i}) = f^{-1}\left(\bigcup_i U_{\alpha_i}\right)$$

となるものがある．このとき $f(K) \subset \bigcup_i U_{\alpha_i}$．したがって，$f(K)$ はコンパクトである． □

命題 A.35 コンパクト空間 X からハウスドルフ空間 Y への連続写像 $f\colon X \to Y$ は閉写像である．

【証明】 F をコンパクト空間 X の閉集合とする．命題 A.30 より，F はコンパクトである．$f(F)$ はコンパクト集合の連続写像による像なので，Y においてコンパクトである（命題 A.34）．$f(F)$ はハウスドルフ空間 Y のコンパクト部分集合なので，閉である（命題 A.32）． □

連続な全単射 $f\colon X \to Y$ は，逆写像がまた連続であるとき，**同相写像**と呼ばれる．

系 A.36 コンパクト空間 X からハウスドルフ空間 Y への連続な全単射 $f\colon X \to Y$ は同相写像である．

【証明】 命題 A.28 より，$f^{-1}\colon Y \to X$ が連続であることを示すには，X のすべての閉集合 F に対して，集合 $(f^{-1})^{-1}(F) = f(F)$ が Y において閉であること，つまり，f が閉写像であること示せばよい．よって，系は命題 A.35 より従う． □

演習 A.37（コンパクト集合の有限和） 位相空間のコンパクト部分集合の有限和はコンパクトであることを証明せよ．

ここで，証明なしで重要な結果を述べる．証明に関しては，[30, Theorem 26.7, p.167 と Theorem 37.3, p.234] を見よ．

定理 A.38（チコノフの定理） コンパクト空間の任意の族の積は，積位相に関してコンパクトである．

A.9 $\mathbb{R}^n$ における有界性

$\mathbb{R}^n$ の部分集合 A は，ある開球 $B(p,r)$ に含まれるとき**有界**であるといい，そうでなければ**非有界**であるという．

命題 A.39 $\mathbb{R}^n$ のコンパクト部分集合は有界である．

【証明】 A が $\mathbb{R}^n$ の非有界な部分集合ならば，半径が無限に増大する開球の族 $\{B(0,i)\}_{i=1}^\infty$ は A の被覆であるが，有限部分被覆をもたない． □

命題 A.39 と命題 A.32 より，$\mathbb{R}^n$ のコンパクト部分集合は閉かつ有界である．実は逆も正しい．

定理 A.40（ハイネ - ボレルの定理） $\mathbb{R}^n$ の部分集合がコンパクトであるための必要十分条件は，閉かつ有界となることである．

証明は，例えば [30] を見よ．

A.10　連結性

定義 A.41 位相空間 S は，2 つの交わりのない空でない開集合 U と V の和集合 $S = U \cup V$ となるとき，**非連結**であるという（図 A.10）．非連結でないとき**連結**であるという．S の部分集合 A は，部分空間位相に関して非連結であるとき，**非連結**であるという．

図 **A.10**　非連結な空間．

命題 A.42 位相空間 S の部分集合 A が非連結であるための必要十分条件は，次を満たす S の開集合 U と V が存在することである．
  (i) $U \cap A \neq \varnothing$, $V \cap A \neq \varnothing$,
  (ii) $U \cap V \cap A = \varnothing$,
  (iii) $A \subset U \cup V$.
これらの性質をもつ S の開集合の対を，A の**分離集合**という（図 A.11）．

【証明】 問題 A.15． □

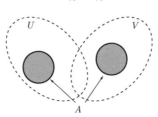

図 A.11 A の分離.

命題 A.43 連結空間 X の連続写像 $f: X \to Y$ による像は連結である.

【証明】 $f(X)$ が連結でないと仮定する．このとき，$f(X)$ の Y における分離集合 $\{U, V\}$ がある．f の連続性より，$f^{-1}(U)$ と $f^{-1}(V)$ は共に X において開である．ここで，$\{f^{-1}(U), f^{-1}(V)\}$ が X の分離集合であることを示す．

(i) $U \cap f(X) \neq \emptyset$ だから，開集合 $f^{-1}(U)$ は空ではない．同様に $f^{-1}(V)$ も空ではない[7]．

(ii) $x \in f^{-1}(U) \cap f^{-1}(V)$ ならば $f(x) \in U \cap V \cap f(X) = \emptyset$ となり矛盾．これゆえ，$f^{-1}(U) \cap f^{-1}(V)$ は空.

(iii) $f(X) \subset U \cup V$ だから，$X \subset f^{-1}(U \cup V) = f^{-1}(U) \cup f^{-1}(V)$ である．

X のこの分離集合の存在は，X の連結性に矛盾する．したがって $f(X)$ は連結である． □

命題 A.44 位相空間 S において，点 p を共通して含む連結部分集合 A_α の族の和集合は連結である.

【証明】 $\bigcup_\alpha A_\alpha = U \cup V$ と仮定する．ここで，U と V は交わりのない $\bigcup_\alpha A_\alpha$ の開集合である．点 $p \in \bigcup_\alpha A_\alpha$ は U または V に属するので，$p \in U$ と仮定しても一般性は失わない．

各 α に対して
$$A_\alpha = A_\alpha \cap (U \cup V) = (A_\alpha \cap U) \cup (A_\alpha \cap V).$$

A_α の 2 つの開集合 $A_\alpha \cap U$ と $A_\alpha \cap V$ は明らかに交わりがない．$p \in A_\alpha \cap U$ だから，$A_\alpha \cap U$ は空ではない．A_α の連結性より，$A_\alpha \cap V$ はすべての α に対して空でなければならない．これゆえ，

---

[7]（訳者注）この主張は原著に書かれていないが，必要なので補足した．

$$V = \left(\bigcup_\alpha A_\alpha\right) \cap V = \bigcup_\alpha (A_\alpha \cap V)$$

は空である．よって $\bigcup_\alpha A_\alpha$ は連結でなければならない． □

A.11 連結成分

x を位相空間 S の点とする．命題 A.44 より，x を含む S のすべての連結部分集合の和集合 C_x は連結である．これを x を含む S の**連結成分**という．

命題 A.45 C_x を位相空間 S の連結成分とする．このとき，S の連結部分集合 A は，C_x と交わらないか C_x に完全に含まれるかのどちらかである．

【証明】A と C_x が共通の点をもてば，命題 A.44 より，$A \cup C_x$ は x を含む連結集合である．これゆえ $A \cup C_x \subset C_x$．これは $A \subset C_x$ を意味する． □

よって，連結成分 C_x は，x を含む S の連結集合をすべて含むという意味で，x を含む S の最大の連結部分集合である．

系 A.46 位相空間 S の任意の 2 点 x, y に対して，連結成分 C_x と C_y は，交わらないか一致するかのどちらかである．

【証明】C_x と C_y が交われば，命題 A.45 より，それらは互いに含まれる．この場合，$C_x = C_y$． □

系 A.46 より，S の連結成分全体は S を互いに交わらない部分集合に分割する．

A.12 閉包

S を位相空間とし，A を S の部分集合とする．

定義 A.47 A の S における**閉包**を，A を含むすべての閉集合の共通部分と定義し，$\overline{A}$, $\mathrm{cl}(A)$ または $\mathrm{cl}_S(A)$ と表す．

バー記号 $\overline{A}$ の利点は単純さであり，一方で記号 $\mathrm{cl}_S(A)$ の利点は，全空間 S が表示されていることである．$A \subset B \subset S$ のとき，A の B における閉包と A の S における閉包は，必ずしも同じではない．この場合，2 つの閉包に対する記号 $\mathrm{cl}_B(A)$ と $\mathrm{cl}_S(A)$ が役に立つ．

$\overline{A}$ は閉集合の共通部分なので閉集合である．A を含む任意の閉集合が $\overline{A}$ を含んでいるという意味で，$\overline{A}$ は A を含む最小の閉集合である．

命題 A.48（閉包の局所的な特徴付け） A を位相空間 S の部分集合とする．点 $p \in S$ が閉包 $\mathrm{cl}(A)$ に含まれるための必要十分条件は，p のすべての近傍が A の点を含むことである（図 A.12）．

ここで「局所的」とは，点における近傍の基が満たす性質を意味する．

【証明】 対偶の形
$$p \notin \mathrm{cl}(A) \iff A \text{ と交わらない } p \text{ の近傍が存在する}$$
で命題を証明する．
($\Rightarrow$) まず
$$p \notin \mathrm{cl}(A) = \bigcap_{\substack{F\,:\,S \text{ において閉} \\ F \supset A}} F$$
と仮定する．このとき $p \notin (A \text{ を含むある閉集合 } F)$．したがって，$p \in S - F$ で，$S - F$ は A と交わらない開集合である．
($\Leftarrow$) $p \in (A \text{ と交わらない開集合 } U)$ と仮定する．このとき，補集合 $F := S - U$ は A を含み p を含まない閉集合である．したがって，$p \notin \mathrm{cl}(A)$ である． □

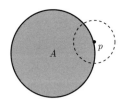

図 A.12 p のすべての近傍は A の点を含む．

例 $\mathbb{R}^2$ における開円板 $B(\mathbf{0}, r)$ の閉包は閉円板
$$\overline{B}(\mathbf{0}, r) = \{p \in \mathbb{R}^2 \mid d(p, \mathbf{0}) \leq r\}$$
である．

定義 A.49 S の点 p が A の**集積点**であるとは，p の S におけるすべての近傍が p 以外の A の点を含むことである．A の集積点全体からなる集合を $\mathrm{ac}(A)$ と表す．

U が p の S における近傍であるとき，$U - \{p\}$ を p の**削除近傍**という．p が A の集積点であるための同値な条件は，p の S におけるすべての削除近傍が A の点を含むことである．本によっては，集積点は**極限点**と呼ばれている．

例 $\mathbb{R}^1$ において $A = [0, 1[\cup \{2\}$ とすると，A の閉包は $[0, 1] \cup \{2\}$ であるが，A の集積点の集合は閉区間 $[0, 1]$ だけである．

命題 A.50 A を位相空間 S の部分集合とする．このとき
$$\operatorname{cl}(A) = A \cup \operatorname{ac}(A).$$

【証明】
($\supset$) 定義より，$A \subset \operatorname{cl}(A)$．閉包の局所的な特徴付け（命題 A.48）より，$\operatorname{ac}(A) \subset \operatorname{cl}(A)$．これゆえ，$A \cup \operatorname{ac}(A) \subset \operatorname{cl}(A)$．
($\subset$) $p \in \operatorname{cl}(A)$ とする．$p \in A$ か $p \notin A$ である．$p \in A$ ならば，$p \in A \cup \operatorname{ac}(A)$ である．$p \notin A$ と仮定する．命題 A.48 より，p のすべての近傍は A の点を含むが，$p \notin A$ なのでその点は p ではない．したがって，p のすべての削除近傍は A の点を含む．この場合，
$$p \in \operatorname{ac}(A) \subset A \cup \operatorname{ac}(A).$$
よって $\operatorname{cl}(A) \subset A \cup \operatorname{ac}(A)$． □

命題 A.51 集合 A が閉であるための必要十分条件は $A = \overline{A}$ である．

【証明】
($\Leftarrow$) $A = \overline{A}$ ならば，$\overline{A}$ が閉なので A は閉である．
($\Rightarrow$) A が閉と仮定する．このとき，A は A を含む閉集合であり，よって $\overline{A} \subset A$．$A \subset \overline{A}$ だから，等号が成立する． □

命題 A.52 位相空間 S において $A \subset B$ ならば，$\overline{A} \subset \overline{B}$．

【証明】$\overline{B}$ は B を含むから A も含む．$\overline{B}$ は A を含む S の閉集合なので，定義より $\overline{A}$ を含む． □

演習 A.53（有限和または有限交叉の閉包） A と B を位相空間 S の部分集合とする．次を証明せよ．

(a) $\overline{A \cup B} = \overline{A} \cup \overline{B}$.
(b) $\overline{A \cap B} \subset \overline{A} \cap \overline{B}$.

実数直線の部分集合 $A =]a, 0[$ と $B =]0, b[$ の例は，一般に $\overline{A \cap B} \neq \overline{A} \cap \overline{B}$ であることを示している．

A.13 収束

S を位相空間とする．S の**点列**は，正の整数の集合 $\mathbb{Z}^+$ から S への写像である．点列を $\langle x_i \rangle$ または $x_1, x_2, x_3, \ldots$ と書く．

定義 A.54 点列 $\langle x_i \rangle$ が p に**収束する**とは，p の任意の近傍 U に対して，ある正の整数 N が存在して，すべての $i \geq N$ に対して $x_i \in U$ となることである．このとき，p は点列 $\langle x_i \rangle$ の**極限**といい，$x_i \to p$ または $\lim_{i \to \infty} x_i = p$ と書く．

命題 A.55（極限の一意性） ハウスドルフ空間 S において，点列 $\langle x_i \rangle$ が p と q に収束するならば，$p = q$．

【証明】 問題 A.19. □

したがって，ハウスドルフ空間においては，収束列の**その**極限と言うことができる[8]．

命題 A.56（点列補題） S を位相空間とし，A を S の部分集合とする．p に収束する A の点列 $\langle a_i \rangle$ が存在すれば，$p \in \mathrm{cl}(A)$ である．S が第一可算ならば逆も正しい．

【証明】
($\Rightarrow$) $a_i \to p$ とする．ここで，すべての i に対して $a_i \in A$ とする．収束の定義より，p のすべての近傍 U は有限個を除いてすべての点 a_i を含む．特に U は A の点を含む．閉包の局所的な特徴付けより（命題 A.48），$p \in \mathrm{cl}(A)$ である．
($\Leftarrow$) $p \in \mathrm{cl}(A)$ とする．S は第一可算だから，p において

$$U_1 \supset U_2 \supset \cdots$$

---

[8]（訳者注）この部分の訳出については，英語表現特有の次のような事情がある．定義 A.54 の時点では S のハウスドルフ性を仮定していないので，点列の極限は唯一つとは限らない．ゆえに，英語では '**a** limit' と表現する．一方で，S のハウスドルフ性を仮定すれば，極限は存在するならば 1 つしかない．よって，その唯一の極限を指して '**the** limit' と表現できる．

となる可算近傍基 $\{U_n\}$ がある．閉包の局所的な特徴付けより，各 U_i の中に点 $a_i \in A$ がある．ここで，点列 $\langle a_i \rangle$ が p に収束することを示す．U が p の近傍ならば，p における近傍の基の定義より，$p \in U_N \subset U$ となる U_N がある．このとき，すべての $i \geq N$ に対して，

$$U_i \subset U_N \subset U$$

である．したがって，すべての $i \geq N$ に対して，

$$a_i \in U_i \subset U.$$

これは $\langle a_i \rangle$ が p に収束することを示している． $\square$

問題

A.1 集合論

U_1 と U_2 が集合 X の部分集合で，V_1 と V_2 が集合 Y の部分集合であるとき，

$$(U_1 \times V_1) \cap (U_2 \times V_2) = (U_1 \cap U_2) \times (V_1 \cap V_2)$$

を証明せよ．

A.2 合併と交叉

位相空間 S において $U_1 \cap V_1 = U_2 \cap V_2 = \emptyset$ と仮定する．共通部分 $U_1 \cap U_2$ は和集合 $V_1 \cup V_2$ と交わらないことを示せ[9]．（ヒント：合併に交叉を施したときの分配則を用いよ．）

A.3 閉集合

S を位相空間とする．次の 2 つの主張を証明せよ．
(a) $\{F_i\}_{i=1}^n$ が S の閉集合の有限族ならば，$\bigcup_{i=1}^n F_i$ は閉である．
(b) $\{F_\alpha\}_{\alpha \in A}$ が S の閉集合の任意の族ならば，$\bigcap_\alpha F_\alpha$ は閉である．

A.4 立方体と球

開立方体 $]-a, a[^n$ は開球 $B(\mathbf{0}, \sqrt{n}a)$ に含まれ，この開球は開立方体 $]-\sqrt{n}a, \sqrt{n}a[^n$ に含まれることを証明せよ．したがって，$\mathbb{R}^n$ における任意の中心をもった開立方体全体は，$\mathbb{R}^n$ の標準位相の基をなす．

A.5 閉集合の積

A が X において閉で，B が Y において閉ならば，$A \times B$ は $X \times Y$ において閉であることを証明せよ．

---

[9] (訳者注) 原著では S を位相空間としているが，単に集合でよい．

A.6 ハウスドルフ空間の対角集合による特徴付け

S を位相空間とする．$S \times S$ の対角集合 Δ は

$$\Delta = \{(x,x) \in S \times S\}$$

である．S がハウスドルフであるための必要十分条件は，対角集合 Δ が $S \times S$ において閉となることであることを証明せよ．（ヒント．S がハウスドルフであるための必要十分条件は，$S \times S - \Delta$ が $S \times S$ において開となることであることを証明せよ．）

A.7 射影

X と Y が位相空間ならば，射影 $\pi\colon X \times Y \to X$, $\pi(x,y) = x$ は開写像であることを証明せよ．

A.8 連続性に対する ε-δ 判定法

関数 $f\colon A \to \mathbb{R}^m$ が $p \in A$ において連続であるための必要十分条件は，すべての $\varepsilon > 0$ に対して，ある $\delta > 0$ が存在して，$d(x,p) < \delta$ を満たすすべての $x \in A$ に対して $d(f(x), f(p)) < \varepsilon$ となることであることを証明せよ[10]．

A.9 閉集合の言葉による連続性

命題 A.28 を証明せよ．

A.10 積への写像の連続性

X, Y_1, Y_2 を位相空間とする．写像 $f = (f_1, f_2)\colon X \to Y_1 \times Y_2$ が連続であるための必要十分条件は，両方の成分 $f_i\colon X \to Y_i$ が連続となることであることを証明せよ．

A.11 積写像の連続性

位相空間の間の 2 つの写像 $f\colon X \to X'$ と $g\colon Y \to Y'$ が与えられたとき，それらの**積**を

$$f \times g\colon X \times Y \to X' \times Y', \quad (f \times g)(x,y) = (f(x), g(y))$$

と定める．ここで，$\pi_1\colon X \times Y \to X$ と $\pi_2\colon X \times Y \to Y$ を射影とすると，$f \times g = (f \circ \pi_1, g \circ \pi_2)$ であることに注意する．このとき，$f \times g$ が連続であるための必要十分条件は，f と g が共に連続となることであることを証明せよ．

A.12 同相写像

連続な全単射 $f\colon X \to Y$ が閉写像ならば同相写像であることを証明せよ（系 A.36 を参照）．

---

[10] (訳者注) A は $\mathbb{R}^m$ の部分集合とする．

A.13* リンデレフ条件

位相空間が第二可算ならばリンデレフであること，つまりすべての開被覆が可算部分被覆をもつことを示せ．

A.14 コンパクト性

位相空間 S において，コンパクト集合の有限和はコンパクトであることを証明せよ．

A.15* 分離集合の言葉による非連結な部分集合

命題 A.42 を証明せよ．

A.16 局所連結性

位相空間 S が $p \in S$ において局所連結であるとは，p のすべての近傍 U に対して，$V \subset U$ となる p の連結な近傍 V が存在することである．S が**局所連結**であるとは，すべての点において局所連結となることである．S が局所連結ならば，S の連結成分は開であることを証明せよ．

A.17 閉包

U を位相空間 S の開集合，A を S の任意の部分集合とする．$U \cap \overline{A} \neq \emptyset$ であるための必要十分条件は，$U \cap A \neq \emptyset$ となることであることを証明せよ．

A.18 可算性

すべての第二可算空間は第一可算であることを証明せよ．

A.19* 極限の一意性

命題 A.55 を証明せよ．

A.20* 積における閉包

S と Y を位相空間とし，$A \subset S$ とする．積空間 $S \times Y$ において

$$\mathrm{cl}_{S \times Y}(A \times Y) = \mathrm{cl}_S(A) \times Y$$

であることを証明せよ．

A.21 稠密な部分集合

位相空間 S の部分集合 A が S において**稠密**であるとは，その閉包 $\mathrm{cl}_S(A)$ が S に等しいことである．

(a) A が S において稠密であるための必要十分条件は，すべての $p \in S$ に対して，p のすべての近傍 U が A の点を含むことであることを証明せよ．

(b) K を体とする．K^n の空でないザリスキー開集合 U は K^n において稠密であることを証明せよ．(ヒント．例 A.18.)

§B $\mathbb{R}^n$ 上の逆関数定理と関連した結果

この付録では，実解析において $\mathbb{R}^n$ から $\mathbb{R}^m$ への C^∞ 級写像の局所的な振る舞いを記述する論理的に同値な3つの定理——逆関数定理，陰関数定理，階数一定定理を復習する．ここでは逆関数定理を仮定して，それから他の2つを簡単な場合に導く．11節では，これらの定理を多様体に適用して，C^∞ 級写像がある点において最大階数またはある近傍で一定階数であるときに，その写像の局所的な振る舞いを明らかにしている．

B.1 逆関数定理

$\mathbb{R}^n$ の開集合 U 上で定義された C^∞ 級写像 $f\colon U \to \mathbb{R}^n$ が，U の点 p において**局所的に可逆**または**局所微分同相**であるとは，p のある近傍で f が C^∞ 級の逆写像をもつことである．逆関数定理は，写像が局所的に可逆となる判定法を与えている．f の偏微分からなる行列 $Jf = [\partial f^i / \partial x^j]$ を f の**ヤコビ行列**，その行列式 $\det[\partial f^i / \partial x^j]$ を f の**ヤコビ行列式**という．

定理 B.1（逆関数定理） $f\colon U \to \mathbb{R}^n$ を $\mathbb{R}^n$ の開集合 U 上で定義された C^∞ 級関数とする．U の任意の点 p において，f が p のある近傍で可逆であるための必要十分条件は，ヤコビ行列式 $\det[\partial f^i / \partial x^j (p)]$ が0でないことである．

証明は，例えば [36, Theorem 9.24, p.221] を見よ．逆関数定理は，f の開集合上での可逆性を見かけ上 p における1つの数に帰着しているが，ヤコビ行列式は連続関数だから，ヤコビ行列式が p において0でないことは，p のある近傍で0でないことと同値である．

ヤコビ行列 $Jf(p)$ で表される線形写像は p における f の最もよい線形近似であるから，f が p の近傍で可逆であるための必要十分条件が $Jf(p)$ が可逆であること，つまり $\det(Jf(p)) \neq 0$ であること，はもっともなことである．

B.2 陰関数定理

$f(x,y) = 0$ のような等式において，1つの変数についてもう1つの変数を使って具体的に解くことは，多くの場合不可能である．$f(x, h(x)) = 0$ を満たす関数 $y = h(x)$ を具体的に書けるかも知れないし書けないかも知れないが，その存在を示

すことができれば，$f(x,y)=0$ は y について x で**陰**に解けたという．陰関数定理は，方程式系 $f^i(x^1,\ldots,x^n)=0, i=1,\ldots,m$ において，変数のある集合が残りの変数の C^∞ 級関数として**局所的**に陰に解けるための十分条件を与えている．

例 方程式
$$f(x,y)=x^2+y^2-1=0$$
を考える．この方程式の解集合は xy 平面の単位円周である．

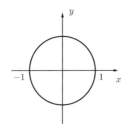

図 B.1 単位円周．

図から $(\pm 1, 0)$ 以外の任意の点の近傍では，y は x の関数である．実際，
$$y=\pm\sqrt{1-x^2}$$
であって，どちらの関数も $x\neq \pm 1$ では C^∞ 級である．$(\pm 1,0)$ においては，y が x の関数となる近傍はない．

$\mathbb{R}^2$ における滑らかな曲線 $f(x,y)=0$ 上では，

y が点 (a,b) の近傍において x の関数として表される

$\iff (a,b)$ における $f(x,y)=0$ の接線が垂直でない

$\iff (a,b)$ における $f(x,y)=0$ の法線ベクトル $\mathrm{grad} f := \langle f_x, f_y \rangle$ が水平でない

$\iff f_y(a,b) \neq 0$．

陰関数定理は，この条件を高次元に拡張したものである．ここでは，逆関数定理から陰関数定理を導く．

定理 B.2（陰関数定理） U を $\mathbb{R}^n \times \mathbb{R}^m$ の開集合とし，$f\colon U \to \mathbb{R}^m$ を C^∞ 級写像とする．U の点を $(x,y) = (x^1,\ldots,x^n, y^1,\ldots,y^m)$ と書く．$f(a,b)=0$ を満た

す点 (a,b) において行列式 $\det[\partial f^i/\partial y^j(a,b)]$ が 0 でないならば, (a,b) の U における近傍 $A \times B$ と唯一つの関数 $h: A \to B$ が存在して, $A \times B \subset U \subset \mathbb{R}^n \times \mathbb{R}^m$ において
$$f(x,y) = 0 \iff y = h(x).$$
さらに, h は C^∞ 級である.

【証明】 逆関数定理を用いて $f(x,y) = 0$ を y について x で解くために, まず問題を逆写像についての問題に書き換える. このために, 同じ次元の 2 つの開集合の間の写像が必要である. $f(x,y)$ は $\mathbb{R}^{n+m}$ の開集合 U から $\mathbb{R}^m$ への写像だから, x を最初の n 成分として加えて, f を写像 $F: U \to \mathbb{R}^{n+m}$
$$F(x,y) = (u,v) = (x, f(x,y))$$
に拡張するのは自然である.

説明を簡単にするために, 以下では $n = m = 1$ と仮定する. このとき F のヤコビ行列は
$$JF = \begin{bmatrix} 1 & 0 \\ \partial f/\partial x & \partial f/\partial y \end{bmatrix}.$$
点 (a,b) において,
$$\det JF(a,b) = \frac{\partial f}{\partial y}(a,b) \neq 0.$$
逆関数定理より, $F: U_1 \to V_1$ が微分同相写像 (逆写像 F^{-1} が C^∞ 級) となるような $\mathbb{R}^2$ における (a,b) の近傍 U_1 と $F(a,b) = (a,0)$ の近傍 V_1 が存在する (図 B.2). $F: U_1 \to V_1$ は
$$u = x,$$
$$v = f(x,y)$$
と定義されているから, 逆写像 $F^{-1}: V_1 \to U_1$ は,
$$x = u,$$
$$y = g(u,v)$$
の形でなければならない. ここで $g: V_1 \to \mathbb{R}$ はある C^∞ 級関数である. したがって, $F^{-1}(u,v) = (u, g(u,v))$.

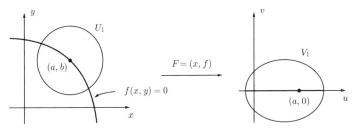

図 B.2 F^{-1} は u 軸を f の零点集合に写す.

2つの合成 $F^{-1} \circ F$ と $F \circ F^{-1}$ を考えて

$$(x,y) = (F^{-1} \circ F)(x,y) = F^{-1}(x, f(x,y)) = (x, g(x, f(x,y))),$$
$$(u,v) = (F \circ F^{-1})(u,v) = F(u, g(u,v)) = (u, f(u, g(u,v)))$$

を得る. これゆえ,

$$\text{すべての } (x,y) \in U_1 \text{ に対して} \quad y = g(x, f(x,y)), \tag{B.1}$$

$$\text{すべての } (u,v) \in V_1 \text{ に対して} \quad v = f(u, g(u,v)). \tag{B.2}$$

$f(x,y) = 0$ ならば, (B.1) より $y = g(x, 0)$. そこで, $(x, 0) \in V_1$ となるすべての $x \in \mathbb{R}^1$ に対して $h(x) = g(x, 0)$ と定義する. そのような x 全体の集合は $V_1 \cap (\mathbb{R}^1 \times \{0\})$ と同相であって, $\mathbb{R}^1$ の開集合である. g は逆関数定理より C^∞ 級だから, h も C^∞ 級である.

主張 $(x, 0) \in V_1$ なる $(x, y) \in U_1$ に対して,

$$f(x,y) = 0 \iff y = h(x).$$

【主張の証明】
($\Rightarrow$) すでに見たように, (B.1) より, $f(x,y) = 0$ ならば,

$$y = g(x, f(x,y)) = g(x, 0) = h(x). \tag{B.3}$$

($\Leftarrow$) $y = h(x)$ で, かつ (B.2) において $(u,v) = (x, 0)$ とおくと,

$$0 = f(x, g(x, 0)) = f(x, h(x)) = f(x, y).$$

□

主張より, $(a,b) \in U_1$ のある近傍においては, $f(x,y)$ の零点集合はちょうど h のグラフになっている. 定理にあるような積の形をした (a,b) の近傍を見つけるために, $A_1 \times B$ を U_1 に含まれる (a,b) の近傍とし, $A = h^{-1}(B) \cap A_1$ とおく. h は連続だから, A は h の定義域において開, よって $\mathbb{R}^1$ において開である. このとき $h(A) \subset B$ で,

$$A \times B \subset A_1 \times B \subset U_1 \quad \text{かつ} \quad A \times \{0\} \subset V_1.$$

主張より, $(x,y) \in A \times B$ に対して

$$f(x,y) = 0 \iff y = h(x).$$

また, 等式 (B.3) が h の一意性を示している. □

$\partial f/\partial y$ のような偏微分をヤコビ行列 $[\partial f^i/\partial y^j]$ に置き換えれば, 全く同じ方法で一般の場合の陰関数定理を証明することができる. もちろん, 定理において $y^1, \ldots, y^m$ は $\mathbb{R}^{n+m}$ の最後の m 個の座標である必要はなく, $\mathbb{R}^{n+m}$ における任意の m 個の座標でよい.

定理 B.3 陰関数定理は逆関数定理と同値である.

【証明】 逆関数定理から陰関数定理が導かれることを, 少なくとも 1 つの典型的な場合に示した. 今度は逆方向の主張を示す.

陰関数定理を仮定し, $f: U \to \mathbb{R}^n$ を $\mathbb{R}^n$ の開集合 U 上で定義された C^∞ 級関数で, ある点 $p \in U$ においてヤコビ行列式 $\det[\partial f^i/\partial x^j(p)]$ が 0 でないとする. p の近くで $y = f(x)$ の局所的な逆関数を見つけることは, 要するに方程式

$$g(x,y) = f(x) - y = 0$$

を $(p, f(p))$ の近くで x について y で解くことである. ここで, $\partial g^i/\partial x^j = \partial f^i/\partial x^j$ に注意する. これゆえ,

$$\det \left[\frac{\partial g^i}{\partial x^j}(p, f(p)) \right] = \det \left[\frac{\partial f^i}{\partial x^j}(p) \right] \neq 0.$$

陰関数定理より, x は $(p, f(p))$ の近くで局所的に y で表すことができる. つまり, $\mathbb{R}^n$ における $f(p)$ の近傍で定義された C^∞ 級関数 $x = h(y)$ で

$$g(x,y) = f(x) - y = f(h(y)) - y = 0$$

となるものが存在する．したがって，$y = f(h(y))$．一方 $y = f(x)$ だから，
$$x = h(y) = h(f(x)).$$
したがって，f と h はそれぞれ p と $f(p)$ の近くで定義された逆関数である．□

B.3　階数一定定理

$\mathbb{R}^n$ の開集合 U 上のすべての C^∞ 級写像 $f\colon U \to \mathbb{R}^m$ には，U の各点 p において**階数**，つまりヤコビ行列 $[\partial f^i/\partial x^j(p)]$ の階数，が定まっている．

定理 B.4（階数一定定理）　$f\colon \mathbb{R}^n \supset U \to \mathbb{R}^m$ が点 $p \in U$ の近傍において一定階数 k をもてば，U の点 p および $\mathbb{R}^m$ の点 $f(p)$ の近くで適当な座標変換を行って，写像 f は
$$(x^1, \ldots, x^n) \mapsto (x^1, \ldots, x^k, 0, \ldots, 0)$$
と思える．より正確に言えば，p を $\mathbb{R}^n$ の原点に写す U における p の近傍上の微分同相写像 G と，$f(p)$ を $\mathbb{R}^m$ の原点に写す $\mathbb{R}^m$ における $f(p)$ の近傍上の微分同相写像 F が存在して，
$$(F \circ f \circ G^{-1})(x^1, \ldots, x^n) = (x^1, \ldots, x^k, 0, \ldots, 0)$$
となる．

【証明 ($n = m = 2$, $k = 1$ の場合)**】**　$f = (f^1, f^2)\colon \mathbb{R}^2 \supset U \to \mathbb{R}^2$ が $p \in U$ の近傍で一定階数 1 をもつと仮定する．関数 f^1, f^2 または変数 x, y の順序を入れ替えて，$\partial f^1/\partial x(p) \neq 0$ と仮定してよい．（ここで f が p において階数 ≥ 1 であるという事実を用いている．）$G\colon U \to \mathbb{R}^2$ を
$$G(x, y) = (u, v) = (f^1(x, y), y)$$
と定義する．G のヤコビ行列は
$$JG = \begin{bmatrix} \partial f^1/\partial x & \partial f^1/\partial y \\ 0 & 1 \end{bmatrix}.$$
$\det JG(p) = \partial f^1/\partial x(p) \neq 0$ だから，逆関数定理より，$G\colon U_1 \to V_1$ が微分同相写像となるような $p \in \mathbb{R}^2$ の近傍 U_1 と $G(p) \in \mathbb{R}^2$ の近傍 V_1 が存在する．p の近傍 U_1 を十分小さくとって，f は U_1 上一定階数 1 をもつと仮定してよい．

V_1 上

$$(u,v) = (G \circ G^{-1})(u,v) = (f^1 \circ G^{-1}, y \circ G^{-1})(u,v).$$

最初の成分を比較して，$u = (f^1 \circ G^{-1})(u,v)$ を得る．これゆえ，

$$\begin{aligned}(f \circ G^{-1})(u,v) &= (f^1 \circ G^{-1}, f^2 \circ G^{-1})(u,v) \\ &= (u, f^2 \circ G^{-1}(u,v)) \\ &= (u, h(u,v)).\end{aligned}$$

ここで $h = f^2 \circ G^{-1}$ とおいた．

$G^{-1}\colon V_1 \to U_1$ は微分同相写像で，f は U_1 上一定階数 1 をもつから，合成 $f \circ G^{-1}$ は V_1 上で一定階数 1 をもつ．そのヤコビ行列は

$$J(f \circ G^{-1}) = \begin{bmatrix} 1 & 0 \\ \partial h/\partial u & \partial h/\partial v \end{bmatrix}.$$

この行列が一定階数 1 をもつためには，$\partial h/\partial v$ が V_1 上恒等的に 0 でなければならない．（ここで f が p の近傍において階数 ≤ 1 であるという事実を使っている．）したがって，h は u だけの関数で

$$(f \circ G^{-1})(u,v) = (u, h(u))$$

と書ける．

最後に，F を $\mathbb{R}^2$ のある開集合上で定義された座標変換 $F(x,y) = (x, y - h(x))$ とする．このとき

$$(F \circ f \circ G^{-1})(u,v) = F(u, h(u)) = (u, h(u) - h(u)) = (u, 0).$$

$\square$

例 B.5　$\mathbb{R}^n$ の開集合 U 上で定義された C^∞ 級関数 $f\colon \mathbb{R}^n \supset U \to \mathbb{R}^n$ が $p \in U$ において 0 でないヤコビ行列式 $\det(Jf(p))$ をもてば，連続性より p の近傍において 0 でないヤコビ行列式をもつ．したがって，p の近傍で一定階数 n をもつ．

問題

B.1* 行列の階数

行列 A の**階数** $\mathrm{rk}A$ は，A の一次独立な列ベクトルの数として定義される．線形代数における定理より，階数は一次独立な A の行ベクトルの数でもある．次の補題を証明せよ．

補題 A を $m \times n$ 行列とし (正方行列でなくてもよい), k を正の整数とする. このとき, $\operatorname{rk} A \geq k$ であるための必要十分条件は, A が正則な $k \times k$ 部分行列をもつことである. 同値なことであるが, $\operatorname{rk} A \leq k - 1$ であるための必要十分条件は, A のすべての $k \times k$ 小行列式が 0 となることである. (行列 A の $k \times k$ **小行列式**は, A の $k \times k$ 部分行列の行列式のことである.)

B.2* 階数が高々 r の行列

整数 $r \geq 0$ に対して, D_r を階数が高々 r の $m \times n$ 実行列全体からなる $\mathbb{R}^{m \times n}$ の部分集合と定義する. D_r は $\mathbb{R}^{m \times n}$ の閉集合であることを示せ. (ヒント. 問題 B.1 を用いよ.)

B.3* 最大階数

$m \times n$ 行列 A は, $\operatorname{rk} A = \min(m, n)$ を満たすとき階数が**最大**であるという. $D_{\max}$ を最大階数 $\min(m, n)$ をもつ $m \times n$ 行列全体からなる $\mathbb{R}^{m \times n}$ の部分集合と定義する. $D_{\max}$ が $\mathbb{R}^{m \times n}$ の開集合であることを示せ. (ヒント. $n \leq m$ と仮定する. このとき $D_{\max} = \mathbb{R}^{m \times n} - D_{n-1}$. 問題 B.2 を適用せよ.)

B.4* 写像の退化跡と最大階数軌跡

$F: S \to \mathbb{R}^{m \times n}$ を位相空間 S から空間 $\mathbb{R}^{m \times n}$ への連続写像とする. F の**階数 r の退化跡**を
$$D_r(F) := \{x \in S \mid \operatorname{rk} F(x) \leq r\}$$
と定義する.

(a) 退化跡 $D_r(F)$ は S の閉集合であることを示せ. (ヒント. $D_r(F) = F^{-1}(D_r)$. ここで D_r は問題 B.2 で定義されたもの.)

(b) F の**最大階数軌跡**
$$D_{\max}(F) := \{x \in S \mid \operatorname{rk} F(x) \text{ が最大}^{11}\}$$
は S の開集合であることを示せ.

B.5 線形写像の合成の階数

V, W, V', W' を有限次元ベクトル空間とする.

(a) 線形写像 $L: V \to W$ が全射ならば, 任意の線形写像 $f: W \to W'$ に対して $\operatorname{rk}(f \circ L) = \operatorname{rk} f$ であることを証明せよ.

(b) 線形写像 $L: V \to W$ が単射ならば, 任意の線形写像 $g: V' \to V$ に対して $\operatorname{rk}(L \circ g) = \operatorname{rk} g$ であることを証明せよ.

---

[11] (訳者注) 問題 B.3 と同様, $\operatorname{rk} F(x) = \min(m, n)$ のことを指す.

B.6 階数一定定理

本文にある階数一定定理（定理 B.4）の証明を任意の n, m, k に一般化せよ．

B.7 階数一定定理と逆関数定理の同値性

階数一定定理（定理 B.4）を用いて逆関数定理（定理 B.1）を証明せよ．これゆえ，2つの定理は同値である．

§C 一般の場合における C^∞ 級の1の分割の存在

この付録では，一般の多様体上の C^∞ 級の1の分割の存在についての定理 13.7 の証明を行う．

補題 C.1 任意の多様体 M は，コンパクトな閉包をもつ開集合からなる可算基をもつ．

A が位相空間 X の部分集合のとき，記号 $\overline{A}$ は X における A の閉包を表すことを思い出しておく．

【補題 C.1 の証明】 M の可算基 $\mathcal{B}$ をとり，$\mathcal{B}$ の元でコンパクトな閉包をもつもの全体からなる部分族 $\mathcal{S}$ を考える．このとき，$\mathcal{S}$ もまた基となることを示す．開集合 $U \subset M$ と点 $p \in U$ が与えられたとき，p の近傍 V で $V \subset U$ かつ V がコンパクトな閉包をもつものをとる．M は局所ユークリッド的であるので，これは常に可能である．

$\mathcal{B}$ は基であるので，開集合 $B \in \mathcal{B}$ で

$$p \in B \subset V \subset U$$

となるものが存在する．このとき，$\overline{B} \subset \overline{V}$ である．$\overline{V}$ はコンパクトなので，閉集合 $\overline{B}$ もまたコンパクト．ゆえに，$B \in \mathcal{S}$ である．任意の開集合 U と任意の点 $p \in U$ に対して，$B \in \mathcal{S}$ で $p \in B \subset U$ となるものを見つけたので，開集合族 $\mathcal{S}$ は基である． □

命題 C.2 任意の多様体 M は，部分集合の可算な増大列

$$V_1 \subset \overline{V_1} \subset V_2 \subset \overline{V_2} \subset \cdots$$

で，各 V_i は開かつ $\overline{V_i}$ がコンパクトであり，M が V_i たちの和集合となるような

ものをもつ（図 C.1）.

【証明】 補題 C.1 より，M は可算基 $\{B_i\}_{i=1}^{\infty}$ で各 $\overline{B_i}$ がコンパクトであるものをもつ．M の任意の基はもちろん M を被覆する．$V_1 = B_1$ とおく．コンパクト性より，$\overline{V_1}$ は有限個の B_i たちで被覆される．整数 $i_1 \geq 2$ を

$$\overline{V_1} \subset B_1 \cup B_2 \cup \cdots \cup B_{i_1}$$

となる最小の整数と定める．

以下，帰納的に開集合 V_{m+1} を定義する．閉包がコンパクトであるような開集合 $V_1, \ldots, V_m$ が定義されたとする．このとき，先と同様にコンパクト性より $\overline{V_m}$ は有限個の B_i たちで被覆される．整数 $i_m \geq m+1$ を

$$\overline{V_m} \subset B_1 \cup B_2 \cup \cdots \cup B_{i_m}$$

となる最小の整数とするとき，

$$V_{m+1} = B_1 \cup B_2 \cup \cdots \cup B_{i_m}$$

とおく．

コンパクト集合の有限個の和集合はコンパクトであり，

$$\overline{V_{m+1}} = \overline{B_1} \cup \overline{B_2} \cup \cdots \cup \overline{B_{i_m}}$$

なので，$\overline{V_{m+1}}$ はコンパクトである．また，$i_{m+1} \geq m+1$ なので，$B_{m+1} \subset V_{m+1}$ である．ゆえに，

$$M = \bigcup B_i \subset \bigcup V_i \subset M.$$

これは $M = \bigcup_{i=1}^{\infty} V_i$ を示している． □

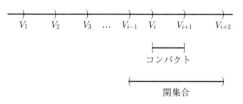

図 C.1 増大列による開被覆．

V_0 を空集合と定める．各 $i \geq 1$ に対して，$\overline{V_{i+1}} - V_i$ は，コンパクト集合 $\overline{V_{i+1}}$ の閉集合なので，コンパクトである．さらに，それは開集合 $V_{i+2} - \overline{V_{i-1}}$ に含まれている．

定理 13.7 (C^∞ 級の 1 の分割の存在)　$\{U_\alpha\}_{\alpha \in A}$ を多様体 M の開被覆とする.

(i) C^∞ 級の 1 の分割 $\{\varphi_k\}_{k=1}^\infty$ が存在し, 各 k に対して, φ_k はコンパクトな台をもち, $\operatorname{supp} \varphi_k \subset U_\alpha$ となる $\alpha \in A$ が存在する.

(ii) コンパクトな台をもつことを要求しないならば, $\{U_\alpha\}_{\alpha \in A}$ に従属する C^∞ 級の 1 の分割 $\{\rho_\alpha\}_{\alpha \in A}$ が存在する.

【証明】

(i) $\{V_i\}_{i=0}^\infty$ を命題 C.2 で存在が示された M の開被覆で, V_0 が空集合であるものとする. 証明のアイデアは極めて単純である. まず各 i に対して, 有限個の滑らかな M 上の隆起関数 ψ_j^i であって, 各々は開集合 $V_{i+2} - \overline{V_{i-1}}$ とある U_α にコンパクトな台をもち, その和 $\sum_j \psi_j^i$ がコンパクト集合 $\overline{V_{i+1}} - V_i$ 上で正であるようなものを見つける. すると, すべての i, j に関する台の族 $\{\operatorname{supp} \psi_j^i\}$ は局所有限になり, コンパクト集合 $\overline{V_{i+1}} - V_i$ 全体は M を被覆するので, 局所有限和 $\psi = \sum_{i,j} \psi_j^i$ は M 上で正である. このとき, $\{\psi_j^i / \psi\}$ は (i) の条件を満たす C^∞ 級の 1 の分割である.

以下, 詳細を埋めていく. 整数 $i \geq 0$ を固定し, V_{-1} を空集合とする. コンパクト集合 $\overline{V_{i+1}} - V_i$ の各点 p に対して, 開被覆 $\{U_\alpha\}_{\alpha \in A}$ から p を含む開集合 U_α を 1 つとる. このとき, p は開集合 $U_\alpha \cap (V_{i+2} - \overline{V_{i-1}})$ に属する. ψ_p を M 上の C^∞ 級の隆起関数で, p のある近傍 W_p 上で正であり, かつ $U_\alpha \cap (V_{i+2} - \overline{V_{i-1}})$ に台をもつようなものとする. その台 $\operatorname{supp} \psi_p$ は, コンパクト集合 $\overline{V_{i+2}}$ に含まれる閉集合なので, コンパクトである.

族 $\{W_p \mid p \in \overline{V_{i+1}} - V_i\}$ はコンパクト集合 $\overline{V_{i+1}} - V_i$ の開被覆であり, ゆえに有限部分被覆 $\{W_{p_1}, \ldots, W_{p_m}\}$ とこれらに付随する隆起関数 $\psi_{p_1}, \ldots, \psi_{p_m}$ が存在する. これら m, W_{p_j}, ψ_{p_j} はすべて i に依存するので, これらを $m(i), W_1^i, \ldots, W_{m(i)}^i, \psi_1^i, \ldots, \psi_{m(i)}^i$ のようにラベルを付け直すことにする.

まとめると, 各 $i \geq 1$ に対して, 有限個の開集合 $W_1^i, \ldots, W_{m(i)}^i$ と有限個の C^∞ 級の隆起関数 $\psi_1^i, \ldots, \psi_{m(i)}^i$ で, 次の性質を満たすものを見つけたことになる.

(1) $j = 1, \ldots, m(i)$ に対して, W_j^i 上で $\psi_j^i > 0$.
(2) $W_1^i, \ldots, W_{m(i)}^i$ はコンパクト集合 $\overline{V_{i+1}} - V_i$ を被覆する.
(3) ある $\alpha_{ij} \in A$ に対して $\operatorname{supp} \psi_j^i \subset U_{\alpha_{ij}} \cap (V_{i+2} - \overline{V_{i-1}})$.
(4) $\operatorname{supp} \psi_j^i$ はコンパクト.

整数 i が 1 から ∞ を走ることで, 可算個の隆起関数 $\{\psi_j^i\}$ が得られ, その台の族

§C 一般の場合における C^∞ 級の 1 の分割の存在

$\{\operatorname{supp}\psi_j^i\}$ は局所有限である.なぜならば,任意の V_i に対して,これらの集合のうち高々有限個のものしか V_i と交わらないからである.実際,すべての ℓ に対して

$$\operatorname{supp}\psi_j^\ell \subset V_{\ell+2} - \overline{V_{\ell-1}}$$

であるので,$\ell \geq i+1$ でありさえすれば,

$$\left(\operatorname{supp}\psi_j^\ell\right) \cap V_i = \varnothing.$$

任意の点 $p \in M$ は,ある i に対してコンパクト集合 $\overline{V_{i+1}} - V_i$ に含まれている.したがって,ある (i,j) に対して $p \in W_j^i$ であり,この (i,j) に対しては,$\psi_j^i(p) > 0$ である.ゆえに,和 $\psi := \sum_{i,j}\psi_j^i$ は局所有限であり,M 上至る所で正である.記号を単純化するために,可算集合 $\{\psi_j^i\}$ を $\{\psi_1, \psi_2, \psi_3, \ldots\}$ とラベルを付け直し,

$$\varphi_k = \frac{\psi_k}{\psi}$$

と定める.このとき,$\sum \varphi_k = 1$ であり,ある $\alpha \in A$ に対して

$$\operatorname{supp}\varphi_k = \operatorname{supp}\psi_k \subset U_\alpha.$$

よって,$\{\varphi_k\}$ はコンパクトな台をもつ 1 の分割で,各 k に対して,$\operatorname{supp}\varphi_k \subset U_\alpha$ となる $\alpha \in A$ が存在する.

(ii) 各 $k = 1, 2, \ldots$ に対して,A に属する添え字 $\tau(k)$ を,先ほどと同様の包含関係

$$\operatorname{supp}\varphi_k \subset U_{\tau(k)}$$

を満たすようにとる.族 $\{\varphi_k\}$ を $\tau(k)$ が等しくなるものごとに部分族に分けて,$\tau(k) = \alpha$ となる k が存在するときは

$$\rho_\alpha = \sum_{\tau(k)=\alpha} \varphi_k$$

と定め,そうでないときは $\rho_\alpha = 0$ と定める.このとき,

$$\sum_{\alpha \in A} \rho_\alpha = \sum_{\alpha \in A}\sum_{\tau(k)=\alpha} \varphi_k = \sum_{k=1}^{\infty} \varphi_k = 1$$

であり,問題 13.7 より,

$$\operatorname{supp}\rho_\alpha \subset \bigcup_{\tau(k)=\alpha} \operatorname{supp}\varphi_k \subset U_\alpha.$$

ゆえに,$\{\rho_\alpha\}$ は $\{U_\alpha\}$ に従属する C^∞ 級の 1 の分割である. □

§D 線形代数

この付録では，本書全体を通して（特に 24 節，25 節で）用いる線形代数の事実をいくつかまとめている．

商ベクトル空間は，部分空間を 0 と同一視することでベクトル空間をより小さいベクトル空間にする構成である．これは簡易化に相当し，商群や剰余環の構成によく似ている．ベクトル空間の間の線形写像 $f: V \to W$ に対して，線形代数の第一同型定理は商空間 $V/\ker f$ と f の像との間に同型写像を与えるが，これは線形代数における最も有用な結果の一つである．

またここでは，ベクトル空間の族の直和と直積，および内部直和と外部直和の違いについても論じている．

D.1 商ベクトル空間

V をベクトル空間とし，W を V の部分空間とする．V における W の **剰余類** は，ある $v \in V$ に対する

$$v + W = \{v + w \mid w \in W\}$$

の形の部分集合である．

2 つの剰余類 $v + W$ と $v' + W$ が等しいための必要十分条件は，ある $w \in W$ に対して $v' = v + w$，言い換えると $v' - v \in W$ となることである．これにより，V 上に同値関係が導入される．つまり，

$$v \sim v' \iff v' - v \in W \iff v + W = v' + W.$$

V における W の剰余類は，単にこの同値関係の下での同値類である．$v + W$ の任意の元を剰余類 $v + W$ の **代表元** と呼ぶ．

V における W の剰余類全体からなる集合 V/W は，$u, v \in V$ と $r \in \mathbb{R}$ に対して

$$(u + W) + (v + W) = (u + v) + W,$$
$$r(v + W) = rv + W$$

で定義される加法とスカラー倍により，再びベクトル空間となる．そこで，V/W を W による V の **商ベクトル空間** または **商空間** と呼ぶ．

例 D.1 $V = \mathbb{R}^2$ と $\mathbb{R}^2$ における原点を通る直線 W に対して, $\mathbb{R}^2$ における W の剰余類は W に平行な $\mathbb{R}^2$ における直線である. (この議論のため, $\mathbb{R}^2$ における 2 直線が**平行**であることを, それらが一致するか交わらないかで定める. この定義は直線がそれ自身に平行であることを許容していて, 平面幾何における通常の定義とは異なる.) 商空間 $\mathbb{R}^2/W$ は, W に平行な $\mathbb{R}^2$ における直線の集まりである (図 D.1).

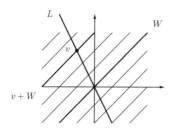

図 D.1 W による $\mathbb{R}^2$ の商ベクトル空間.

D.2 線形変換

V と W を $\mathbb{R}$ 上のベクトル空間とする. $f : V \to W$ が $u, v \in V$ と $r \in \mathbb{R}$ に対して

$$f(u + v) = f(u) + f(v),$$
$$f(ru) = rf(u)$$

を満たすとき, $\mathbb{R}$ 上の**線形変換**, **ベクトル空間の準同型写像**, または**線形写像**という.

例 D.2 例 D.1 と同様に, $V = \mathbb{R}^2$ とし, W を $\mathbb{R}^2$ における原点を通る直線とする. L を W に平行でない原点を通る直線とすると, L は W に平行な $\mathbb{R}^2$ における各直線とちょうど一点で交わる. この 1 対 1 対応

$$L \to \mathbb{R}^2/W,$$
$$v \mapsto v + W$$

は加法とスカラー倍を保つので, ベクトル空間の間の同型写像である. よって, この例において, 商空間 $\mathbb{R}^2/W$ は直線 L と同一視することができる.

$f : V \to W$ を線形変換とすると, f の**核**は集合

$$\ker f = \{v \in V \mid f(v) = 0\}$$

であり，f の**像**は集合

$$\mathrm{im} f = \{f(v) \in W \mid v \in V\}$$

である．f の核は V の部分空間であり，f の像は W の部分空間である．よって，商空間 $V/\ker f$ と $W/\mathrm{im} f$ を構成することができる．後者の空間 $W/\mathrm{im} f$ を $\mathrm{coker} f$ と表記し，線形写像 $f: V \to W$ の**余核**と呼ぶ．

差しあたり，f の核を K と表記する．線形写像 $f: V \to W$ は，線形写像 $\bar{f}: V/K \to \mathrm{im} f$ を

$$\bar{f}(v + K) = f(v)$$

により誘導する．$\bar{f}$ が線形かつ全単射であることを確かめるのは簡単である．これにより，次のような線形代数の基本的結果が与えられる．

定理 D.3（第一同型定理） $f: V \to W$ をベクトル空間の準同型写像とする．このとき，f は同型写像

$$\bar{f}: \frac{V}{\ker f} \xrightarrow{\sim} \mathrm{im} f$$

を誘導する．

D.3 直積と直和

$\{V_\alpha\}_{\alpha \in I}$ を実ベクトル空間の族とする．**直積** $\prod_\alpha V_\alpha$ はすべての α に対して $v_\alpha \in V_\alpha$ であるような列 (v_α) 全体からなる集合であり，**直和** $\bigoplus_\alpha V_\alpha$ は有限個の $\alpha \in I$ を除いて $v_\alpha = 0$ となる列 (v_α) 全体からなる直積 $\prod_\alpha V_\alpha$ の部分集合である．成分ごとの加法とスカラー倍

$$(v_\alpha) + (w_\alpha) = (v_\alpha + w_\alpha),$$
$$r(v_\alpha) = (rv_\alpha), \quad r \in \mathbb{R}$$

の下，直積 $\prod_\alpha V_\alpha$ と直和 $\bigoplus_\alpha V_\alpha$ は共に実ベクトル空間である．添字集合 I が有限集合のとき，直和は直積と一致する．特に，2つのベクトル空間 A と B に対して，

$$A \oplus B = A \times B = \{(a, b) \mid a \in A \text{ かつ } b \in B\}$$

である．

ベクトル空間 V の2つの部分空間 A と B の**和**は，部分空間

$$A + B = \{a + b \in V \mid a \in A, b \in B\}$$

のことをいう．$A \cap B = \{0\}$ のとき，この和を**内部直和**と呼び，$A \oplus_i B$ と書く．内部直和 $A \oplus_i B$ において，すべての元は $a \in A$ と $b \in B$ が一意的に存在して $a + b$ と表される．実際，$a + b = a' + b' \in A \oplus_i B$ とすると，

$$a - a' = b' - b \in A \cap B = \{0\}$$

である．よって，$a = a'$ かつ $b = b'$ である．

内部直和 $A \oplus_i B$ に対比して，直和 $A \oplus B$ を**外部直和**と呼ぶ．実際のところ，2つの概念は同値である．つまり，自然な写像

$$\varphi : A \oplus B \to A \oplus_i B$$
$$(a, b) \mapsto a + b$$

が線形同型写像であることが簡単に分かる．このため文献では通常，内部直和は外部直和と同じように $A \oplus B$ と表記される．

$V = A \oplus_i B$ のとき，A を V における B の**補空間**と呼ぶ．例 D.2 では，直線 L は W の補空間であり，商空間 $\mathbb{R}^2/W$ を W の任意の補空間と同一視することができる．

一般に，W をベクトル空間 V の部分空間とし，W' を W の補空間とすると，線形写像

$$\varphi : W' \to V/W,$$
$$w' \mapsto w' + W$$

が存在する．

演習 D.4 $\varphi : W' \to V/W$ はベクトル空間の間の同型写像であることを示せ．

よって，商空間 V/W は V における W の任意の補空間と同一視することができる．与えられた部分空間 W の補空間はたくさんあり，それらのうちのどれか1つを選び出す理由がないため，この同一視は自然ではない．ところが，V が内積 $\langle , \rangle$ をもつとき，W の**直交補空間**と呼ばれる自然な補空間を選び出すことができる．つまり，

$$W^\perp = \{v \in V \mid \text{すべての } w \in W \text{ に対して } \langle v, w \rangle = 0\}.$$

演習 D.5 $W^\perp$ が W の補空間であることを確かめよ．

この場合，自然な同一視 $W^\perp \xrightarrow{\sim} V/W$ がある．

$f : V \to W$ を有限次元ベクトル空間の間の線形写像とする．第一同型定理と問題 D.1 から
$$\dim V - \dim(\ker f) = \dim(\mathrm{im} f)$$
が従う．次元はベクトル空間の同型写像の完全な不変量[12]なので，第一同型定理の次の系を得る．

系 D.6 $f : V \to W$ を有限次元ベクトル空間の間の線形写像とすると，ベクトル空間の同型写像
$$V \simeq \ker f \oplus \mathrm{im} f$$
が存在する．($\ker f$ と $\mathrm{im} f$ は同じベクトル空間の部分空間ではないので，右辺は外部直和である．)

問題
D.1 商ベクトル空間の次元
W の基底 $w_1, \ldots, w_m$ を V の基底 $w_1, \ldots, w_m, v_1, \ldots, v_n$ に拡張すると，$v_1 + W, \ldots, v_n + W$ は V/W の基底であることを証明せよ．したがって，
$$\dim V/W = \dim V - \dim W$$
が成り立つ．

D.2 直和の次元
$a_1, \ldots, a_m$ をベクトル空間 A の基底，$b_1, \ldots, b_n$ をベクトル空間 B の基底とすると，$(a_i, 0), (0, b_j), i = 1, \ldots, m, j = 1, \ldots, n$ は直和 $A \oplus B$ の基底であることを証明せよ．したがって，
$$\dim A \oplus B = \dim A + \dim B$$
が成り立つ．

---
[12] (訳者注) すなわち，次元が等しいことと線形同型であることが同値．

§E 四元数とシンプレクティック群

四元数は，1843年にウィリアム・ローワン・ハミルトン (William Rowan Hamilton) によって最初に記述された．四元数は

$$q = a + \mathbf{i}b + \mathbf{j}c + \mathbf{k}d, \quad a, b, c, d \in \mathbb{R}$$

の形をした元で，成分ごとに和をとり，分配則と規則

$$\mathbf{i}^2 = \mathbf{j}^2 = \mathbf{k}^2 = -1,$$
$$\mathbf{ij} = \mathbf{k}, \ \mathbf{jk} = \mathbf{i}, \ \mathbf{ki} = \mathbf{j},$$
$$\mathbf{ij} = -\mathbf{ji}, \ \mathbf{jk} = -\mathbf{kj}, \ \mathbf{ki} = -\mathbf{ik}$$

に従って積を定める．3つの規則 $\mathbf{ij} = \mathbf{k}, \mathbf{jk} = \mathbf{i}, \mathbf{ki} = \mathbf{j}$ は，円周

を時計回りに回って，2つの連続する元の積が次の元となると覚えればよい．和と積の下で，四元数は積に関する可換性以外の体のすべての性質を満たす．このような代数構造を**斜体**または**可除環**という．ハミルトンの業績を称えて，四元数からなる斜体を通常 $\mathbb{H}$ の記号で表す．

体 K 上の代数でもあるような可除環を K 上の**可除代数**という．実数体 $\mathbb{R}$ と複素数体 $\mathbb{C}$ は $\mathbb{R}$ 上の可換な可除代数である．1878年のフェルディナント・ゲオルク・フロベニウス (Ferdinand Georg Frobenius) の定理 [13] により，四元数の斜体 $\mathbb{H}$ は，$\mathbb{R}$ と $\mathbb{C}$ 以外の唯一の $\mathbb{R}$ 上（結合的）可除代数という際立った特徴をもつ[13]．

この付録では，四元数の基本的な性質を導き出し，四元数の言葉でシンプレクティック群を定義する．複素行列の扱いの方が慣れているので，四元数はしばしば 2×2 複素行列で表される．これに応じて，シンプレクティック群は複素行列の群としての記述ももつ．

---

[13] 結合的でない代数を考えるならば，$\mathbb{R}$ 上の可除代数は他にもある．例えば，ケーリーの八元数がある．

体上のベクトル空間のときと全く同様にして，斜体上でもベクトル空間を定義し線形代数を定式化することができる．唯一の違いは，斜体上では積の順番に絶えず注意する必要があることである．$\mathbb{H}$ 上のベクトル空間を**四元**ベクトル空間という．n 組の四元数からなる四元ベクトル空間を $\mathbb{H}^n$ と表す．ここで，左と右の選択から生じるたくさんの落とし穴が隠れている．例えば

(1) $\mathbf{i}, \mathbf{j}, \mathbf{k}$ をスカラーの左と右どちらに書くべきか．
(2) スカラーは $\mathbb{H}^n$ の左と右どちらから掛けるべきか．
(3) $\mathbb{H}^n$ の元を列ベクトルと行ベクトルどちらで表すべきか．
(4) 線形変換を表す行列は，左と右どちらから掛けるべきか．
(5) 四元数の内積の定義において，1番目と2番目どちらの変数を共役にすべきか．
(6) $\mathbb{H}^n$ 上の半双線形式は，1番目と2番目どちらの変数に関して共役線形にすべきか．

これらの問いに対する答えはバラバラではない．なぜなら，1つの問いに対する選択が残りすべてに対する正しい選択を決めてしまうからである．間違った選択をすると矛盾が出てくる．

E.1 線形写像の行列表現

与えられた基底に対して，斜体上のベクトル空間の間の線形写像も行列で表現される．写像は $f(x)$ のように変数の左に書かれるので，線形写像が行列を左から掛けることに対応するように取り決めを選ぶ．$\mathbb{H}^n$ のベクトルに行列を左から掛けるためには，$\mathbb{H}^n$ の元は列ベクトルでなければならず，行列の左からの積が線形写像であるためには，$\mathbb{H}^n$ 上のスカラー倍は右からでなければならない．このようにして，上記の (1), (2), (3), (4) の答えを得た．

K を斜体とし，V と W を K 上のベクトル空間で，スカラー倍は右からであるとする．写像 $f\colon V \to W$ が，すべての $x, y \in V$ と $q \in K$ に対して

$$f(x+y) = f(x) + f(y),$$
$$f(xq) = f(x)q$$

を満たすとき，K 上**線形**または K **線形**であるという．K 上のベクトル空間 V の**自己準同型写像**または**線形変換**とは，V からそれ自身への K 線形写像のことである．K 上の V の自己準同型写像全体は K 上の代数をなし，これを $\mathrm{End}_K(V)$ と表す．

自己準同型写像 $f: V \to V$ が**可逆**とは，両側の逆，つまり $f \circ g = g \circ f = \mathbb{1}_V$ となる線形写像 $g: V \to V$ が存在することである．V の可逆な自己準同型写像は V の**自己同型写像**とも呼ばれる．**一般線形群** $\mathrm{GL}(V)$ は定義より，ベクトル空間 V の自己同型写像全体からなる群である．$V = K^n$ のとき，$\mathrm{GL}(V)$ を $\mathrm{GL}(n, K)$ とも書く．

説明を簡明にするために，ベクトル空間 K^n の自己準同型写像の行列表示だけを議論することにする．e_i を i 番目の行が 1 でその他は 0 の列ベクトルとする．集合 $e_1, \ldots, e_n$ を K^n の**標準基底**という．$f: K^n \to K^n$ が K 線形ならば，

$$f(e_j) = \sum_i e_i a^i_j$$

となる行列 $A = [a^i_j] \in K^{n \times n}$ があり，A を（標準基底に関する）f の**行列**という．ここで a^i_j は行列 A の i 行 j 列の成分である．$x = \sum_j e_j x^j \in K^n$ に対して

$$f(x) = \sum_j f(e_j) x^j = \sum_{i,j} e_i a^i_j x^j.$$

これゆえ，列ベクトル $f(x)$ の i 番目の成分は

$$(f(x))^i = \sum_j a^i_j x^j.$$

行列の記号では

$$f(x) = Ax.$$

$g: K^n \to K^n$ がもう 1 つの線形写像で，$g(e_j) = \sum_i e_i b^i_j$ ならば，

$$(f \circ g)(e_j) = f\left(\sum_k e_k b^k_j\right) = \sum_k f(e_k) b^k_j = \sum_{i,k} e_i a^i_k b^k_j.$$

したがって，$A = [a^i_j]$ と $B = [b^i_j]$ がそれぞれ f と g を表す行列ならば，行列の積 AB は合成 $f \circ g$ を表す行列である．したがって，K^n の自己準同型写像全体と K 上の $n \times n$ 行列全体の間に代数同型

$$\mathrm{End}_K(K^n) \xrightarrow{\sim} K^{n \times n}$$

がある．この同型の下で，群 $\mathrm{GL}(n, K)$ は K 上の可逆な $n \times n$ 行列全体からなる群に対応する．

E.2 四元数の共役

四元数 $q = a + \mathbf{i}b + \mathbf{j}c + \mathbf{k}d$ の共役を
$$\bar{q} = a - \mathbf{i}b - \mathbf{j}c - \mathbf{k}d$$
と定義する．共役が環 $\mathbb{H}$ からそれ自身への**反準同型写像**であること，つまり，和を保つが積については
$$p, q \in \mathbb{H} \text{ に対して } \quad \overline{pq} = \bar{q}\bar{p}$$
であることは容易に示せる．

行列 $A = [a^i_j] \in \mathbb{H}^{m \times n}$ の**共役**は，A の各成分の共役をとって得られる $\bar{A} = \left[\overline{a^i_j}\right]$ である．行列 A の**転置** A^T は，(i, j) 成分が A の (j, i) 成分となっている行列である．複素行列の場合と違って，A と B が四元行列のとき，一般に
$$\overline{AB} \neq \bar{A}\bar{B}, \quad \overline{AB} \neq \bar{B}\bar{A}, \quad \text{かつ} \quad (AB)^T \neq B^T A^T.$$
しかし，直接計算から分かるように，
$$\overline{AB}^T = \bar{B}^T \bar{A}^T$$
は正しい．

E.3 四元内積

$\mathbb{H}^n$ 上の**四元内積**を，第 1 変数 $x = \langle x^1, \ldots, x^n \rangle$ の共役をとって
$$\langle x, y \rangle = \sum_i \overline{x^i} y^i = \bar{x}^T y, \quad x, y \in \mathbb{H}^n$$
と定義する．任意の $q \in \mathbb{H}$ に対して，
$$\langle xq, y \rangle = \bar{q} \langle x, y \rangle \quad \text{かつ} \quad \langle x, yq \rangle = \langle x, y \rangle q.$$
第 2 変数において共役をとってしまうと，内積は右からのスカラー倍に関して正しい線形性をもたない．

四元ベクトル空間 V と W に対して，写像 $f : V \times W \to \mathbb{H}$ が，1 番目の変数に関して左に共役線形で，2 番目の変数に関して右に線形であるとき，つまり，すべての $v \in V, w \in W, q \in \mathbb{H}$ に対して
$$f(vq, w) = \bar{q} f(v, w),$$
$$f(v, wq) = f(v, w) q$$
であるとき，**半双線形**であるという．この用語を用いれば，四元内積は $\mathbb{H}$ 上半双線形である．

E.4 四元数の複素数による表現

四元数は
$$q = a + \mathbf{i}b + \mathbf{j}c + \mathbf{k}d = (a + \mathbf{i}b) + \mathbf{j}(c - \mathbf{i}d) = u + \mathbf{j}v \longleftrightarrow (u, v)$$

によって複素数の対と同一視できる．したがって，$\mathbb{H}$ は基底 $1, \mathbf{j}$ をもつ $\mathbb{C}$ 上のベクトル空間で，$\mathbb{H}^n$ は基底 $e_1, \ldots, e_n, \mathbf{j}e_1, \ldots, \mathbf{j}e_n$ をもつ $\mathbb{C}$ 上のベクトル空間である．

命題 E.1 q を四元数とし，u, v を複素数とする．
 (i) $q = u + \mathbf{j}v$ ならば，$\bar{q} = \bar{u} - \mathbf{j}v$．
 (ii) $\mathbf{j}u\mathbf{j}^{-1} = \bar{u}$．

【証明】 問題 E.1. □

命題 E.1 (ii) より，任意の複素ベクトル $v \in \mathbb{C}^n$ に対して $\mathbf{j}v = \bar{v}\mathbf{j}$ となる．$\mathbf{j}e_i = e_i\mathbf{j}$ であるが，$\mathbb{H}^n$ の元は，$u + v\mathbf{j}$ ではなく $u + \mathbf{j}v$ と書くべきである．このように書けば，写像 $\mathbb{H}^n \to \mathbb{C}^{2n}$, $u + \mathbf{j}v \mapsto (u, v)$ は複素ベクトル空間の同型写像になる．

任意の四元数 $q = u + \mathbf{j}v$ に対して，q を左から掛ける写像 $\ell_q : \mathbb{H} \to \mathbb{H}$ は $\mathbb{H}$ 線形だから，当然 $\mathbb{C}$ 線形である．ここで
$$\ell_q(1) = u + \mathbf{j}v,$$
$$\ell_q(\mathbf{j}) = (u + \mathbf{j}v)\mathbf{j} = -\bar{v} + \mathbf{j}\bar{u}$$

だから，$\mathbb{H}$ の $\mathbb{C}$ 上の基底 $1, \mathbf{j}$ に関する ℓ_q の $\mathbb{C}$ 線形写像としての行列は，2×2 複素行列 $\begin{bmatrix} u & -\bar{v} \\ v & \bar{u} \end{bmatrix}$ である．写像 $\mathbb{H} \to \mathrm{End}_{\mathbb{C}}(\mathbb{C}^2)$, $q \mapsto \ell_q$ は $\mathbb{R}$ 上の単射である代数準同型写像で，四元数の 2×2 複素行列表現となる．

E.5 複素成分を用いた四元内積

$x = x_1 + \mathbf{j}x_2$ と $y = y_1 + \mathbf{j}y_2$ を $\mathbb{H}^n$ の元とする．ここで $x_1, x_2, y_1, y_2 \in \mathbb{C}^n$．四元内積 $\langle x, y \rangle$ を複素ベクトル $x_1, x_2, y_1, y_2 \in \mathbb{C}^n$ を用いて表す．

命題 E.1 より

$\langle x, y \rangle$
$= \bar{x}^T y = \left(\bar{x}_1^T - \mathbf{j}x_2^T \right)(y_1 + \mathbf{j}y_2) \qquad (\bar{x} = \bar{x}_1 - \mathbf{j}x_2 \text{ だから})$

$$= (\bar{x}_1^T y_1 + \bar{x}_2^T y_2) + \mathbf{j}(x_1^T y_2 - x_2^T y_1) \quad (x_2^T \mathbf{j} = \mathbf{j}\bar{x}_2^T \text{ かつ } \bar{x}_1^T \mathbf{j} = \mathbf{j}x_1^T \text{ だから}).$$

ここで

$$\langle x, y \rangle_1 = \bar{x}_1^T y_1 + \bar{x}_2^T y_2 = \sum_{i=1}^n (\bar{x}_1^i y_1^i + \bar{x}_2^i y_2^i)$$

とおき，さらに

$$\langle x, y \rangle_2 = x_1^T y_2 - x_2^T y_1 = \sum_{i=1}^n (x_1^i y_2^i - x_2^i y_1^i)$$

とおくと，四元内積 $\langle \ , \ \rangle$ は，$\mathbb{C}^{2n}$ 上のエルミート内積と $\mathbf{j}$ 倍の歪対称双線形形式の和

$$\langle \ , \ \rangle = \langle \ , \ \rangle_1 + \mathbf{j}\langle \ , \ \rangle_2$$

となる．

$x = x_1 + \mathbf{j}x_2 \in \mathbb{H}^n$ とする．歪対称性より $\langle x, x \rangle_2 = 0$ だから，

$$\langle x, x \rangle = \langle x, x \rangle_1 = \|x_1\|^2 + \|x_2\|^2 \geq 0.$$

そこで，四元ベクトル $x = x_1 + \mathbf{j}x_2$ の**ノルム**を

$$\|x\| = \sqrt{\langle x, x \rangle} = \sqrt{\|x_1\|^2 + \|x_2\|^2}$$

と定義する．特に，四元数 $q = a + \mathbf{i}b + \mathbf{j}c + \mathbf{k}d$ のノルムは

$$\|q\| = \sqrt{a^2 + b^2 + c^2 + d^2}$$

となる．

E.6 複素数を用いた $\mathbb{H}$ 線形性

四元ベクトル空間の $\mathbb{H}$ 線形写像は，加法的であり任意の四元数 q に対して右からの積 r_q と可換な写像であった．

命題 E.2 V を四元ベクトル空間とする．写像 $f: V \to V$ が $\mathbb{H}$ 線形であるための必要十分条件は，$\mathbb{C}$ 線形でかつ $f \circ r_\mathbf{j} = r_\mathbf{j} \circ f$ が成り立つことである．

【証明】 ($\Rightarrow$) 明らか.
($\Leftarrow$) f は $\mathbb{C}$ 線形で $r_{\mathbf{j}}$ と可換とする. $\mathbb{C}$ 線形性より, f は加法的で任意の複素数 u に対して r_u と可換である. 任意の $q \in \mathbb{H}$ は, ある $u, v \in \mathbb{C}$ を用いて $q = u + \mathbf{j}v$ と書け, さらに, $r_q = r_{u+\mathbf{j}v} = r_u + r_v \circ r_{\mathbf{j}}$ が成り立つ ($r_{\mathbf{j}v} = r_v \circ r_{\mathbf{j}}$ において順序が逆になっていることに注意). f は加法的で $r_u, r_v, r_{\mathbf{j}}$ と可換だから, 任意の $q \in \mathbb{H}$ に対して r_q と可換である. したがって, f は $\mathbb{H}$ 線形である. □

写像 $r_{\mathbf{j}} : \mathbb{H}^n \to \mathbb{H}^n$ は $\mathbb{H}$ 線形でも $\mathbb{C}$ 線形でもないので, 複素行列の左からの積として表せない. $q = u + \mathbf{j}v \in \mathbb{H}^n$ $(u, v \in \mathbb{C}^n)$ ならば,

$$r_{\mathbf{j}}(q) = q\mathbf{j} = (u + \mathbf{j}v)\mathbf{j} = -\bar{v} + \mathbf{j}\bar{u}.$$

行列の記号では,

$$r_{\mathbf{j}}\left(\begin{bmatrix} u \\ v \end{bmatrix}\right) = \begin{bmatrix} -\bar{v} \\ \bar{u} \end{bmatrix} = c\left(\begin{bmatrix} 0 & -1 \\ 1 & 0 \end{bmatrix} \begin{bmatrix} u \\ v \end{bmatrix}\right) = -c\left(J \begin{bmatrix} u \\ v \end{bmatrix}\right). \tag{E.1}$$

ここで c は複素共役を表し, J は 2×2 行列 $\begin{bmatrix} 0 & 1 \\ -1 & 0 \end{bmatrix}$ である.

E.7 シンプレクティック群

V を共役をもつ斜体 K 上のベクトル空間とし, $B: V \times V \to K$ を K 上の双線形または半双線形写像とする. このような写像は, しばしば K 上の双線形**形式**または半双線形**形式**と呼ばれる. K 線形自己同型写像 $f: V \to V$ が形式 B を**保つ**とは,

$$\text{すべての } x, y \in V \text{ に対して} \quad B(f(x), f(y)) = B(x, y)$$

が成り立つことである. このような自己同型写像の集合は一般線形群 $\mathrm{GL}(V)$ の部分群である.

K が斜体 $\mathbb{R}, \mathbb{C}$ または $\mathbb{H}$ で, B がそれぞれ K^n 上のユークリッド内積, エルミート内積, 四元内積であるときに対応して, 各内積を保つ K^n の自己同型写像からなる $\mathrm{GL}(n, K)$ の部分群をそれぞれ**直交群**, **ユニタリ群**, **シンプレクティック群**と呼び, $\mathrm{O}(n), \mathrm{U}(n), \mathrm{Sp}(n)$ と表す. これらの群に含まれる自己同型写像は, それぞれ**直交自己同型写像**, **ユニタリ自己同型写像**, **シンプレクティック自己同型写像**と呼ばれる.

特に, **シンプレクティック群**は,

すべての $x, y \in \mathbb{H}^n$ に対して $\quad \langle f(x), f(y) \rangle = \langle x, y \rangle$

を満たす $\mathbb{H}^n$ の自己同型写像 f からなる群である．行列の言葉では，A がこのような f の四元行列ならば，

すべての $x, y \in \mathbb{H}^n$ に対して $\quad \langle f(x), f(y) \rangle = \overline{Ax}^T Ay = \bar{x}^T \bar{A}^T Ay = \bar{x}^T y.$

したがって，$f \in \mathrm{Sp}(n)$ であるための必要十分条件は，f の行列 A が $\bar{A}^T A = I$ を満たすことである[14]．$\mathbb{H}^n = \mathbb{C}^n \oplus \mathbf{j}\mathbb{C}^n$ は複素ベクトル空間として $\mathbb{C}^{2n}$ と同型で，$\mathbb{H}$ 線形写像は $\mathbb{C}$ 線形であるから，群 $\mathrm{GL}(n, \mathbb{H})$ は $\mathrm{GL}(2n, \mathbb{C})$ の部分群と同型である（問題 E.2 を見よ）．

例 代数同型 $\mathrm{End}_{\mathbb{H}}(\mathbb{H}) \simeq \mathbb{H}$ の下で，$\mathrm{Sp}(1)$ の元は

$$\bar{q}q = a^2 + b^2 + c^2 + d^2 = 1$$

を満たす四元数 $q = a + \mathbf{i}b + \mathbf{j}c + \mathbf{k}d$ に対応する．これらはちょうどノルム 1 の四元数である．したがって，実ベクトル空間の同型 $\mathrm{End}_{\mathbb{H}}(\mathbb{H}) \simeq \mathbb{H} \simeq \mathbb{R}^4$ を通して，群 $\mathrm{Sp}(1)$ は $\mathbb{R}^4$ の単位球面 S^3 に写る．

複素シンプレクティック群 $\mathrm{Sp}(2n, \mathbb{C})$ は，歪対称双線形形式 $B \colon \mathbb{C}^{2n} \times \mathbb{C}^{2n} \to \mathbb{C}$,

$$B(x, y) = \sum_{i=1}^{n} (x^i y^{n+i} - x^{n+i} y^i) = x^T Jy, \quad J = \begin{bmatrix} 0 & I_n \\ -I_n & 0 \end{bmatrix}$$

を保つ $\mathbb{C}^{2n}$ の自己同型写像からなる $\mathrm{GL}(2n, \mathbb{C})$ の部分群である．ここで I_n は n 次単位行列である．$f \colon \mathbb{C}^{2n} \to \mathbb{C}^{2n}$ が $f(x) = Ax$ で与えられているならば，

$f \in \mathrm{Sp}(2n, \mathbb{C})$

$\iff$ すべての $x, y \in \mathbb{C}^{2n}$ に対して $\quad B(f(x), f(y)) = B(x, y)$

$\iff$ すべての $x, y \in \mathbb{C}^{2n}$ に対して $\quad (Ax)^T JAy = x^T (A^T JA) y = x^T Jy$

$\iff A^T JA = J.$

定理 E.3 単射 $\mathrm{GL}(n, \mathbb{H}) \hookrightarrow \mathrm{GL}(2n, \mathbb{C})$ を通して，シンプレクティック群 $\mathrm{Sp}(n)$ は共通部分 $\mathrm{U}(2n) \cap \mathrm{Sp}(2n, \mathbb{C})$ に同型に写る．

---

[14] (訳者注) ここで I は単位行列である．

【証明】

$f \in \mathrm{Sp}(n)$

$\iff f: \mathbb{H}^n \to \mathbb{H}^n$ は $\mathbb{H}$ 線形で四元内積を保つ

$\iff f: \mathbb{C}^{2n} \to \mathbb{C}^{2n}$ は $\mathbb{C}$ 線形で, $f \circ r_{\mathbf{j}} = r_{\mathbf{j}} \circ f$, さらに f はエルミート内積と $\mathbb{C}^{2n}$ 上の標準歪対称双線形形式[15]を保つ（命題 E.2 と E.5 節より）

$\iff f \circ r_{\mathbf{j}} = r_{\mathbf{j}} \circ f$ かつ $f \in \mathrm{U}(2n) \cap \mathrm{Sp}(2n, \mathbb{C})$.

$f \in \mathrm{U}(2n)$ ならば，条件 $f \circ r_{\mathbf{j}} = r_{\mathbf{j}} \circ f$ が $f \in \mathrm{Sp}(2n, \mathbb{C})$ と同値であることを示す．$f \in \mathrm{U}(2n)$ とし，A を $\mathbb{C}^{2n}$ の標準基底に関する f の行列とする．このとき

すべての $x \in \mathbb{C}^{2n}$ に対して $(f \circ r_{\mathbf{j}})(x) = (r_{\mathbf{j}} \circ f)(x)$

$\iff$ すべての $x \in \mathbb{C}^{2n}$ に対して $-Ac(Jx) = -c(JAx)$ （(E.1) より）

$\iff$ すべての $x \in \mathbb{C}^{2n}$ に対して $c(\bar{A}Jx) = c(JAx)$

$\iff$ すべての $x \in \mathbb{C}^{2n}$ に対して $\bar{A}Jx = JAx$

$\iff J = \bar{A}^{-1}JA$

$\iff J = A^T JA$ （$A \in \mathrm{U}(2n)$ なので）

$\iff f \in \mathrm{Sp}(2n, \mathbb{C})$.

したがって，条件 $f \circ r_{\mathbf{j}} = r_{\mathbf{j}} \circ f$ は，$f \in \mathrm{U}(2n) \cap \mathrm{Sp}(2n, \mathbb{C})$ ならば余分である．この証明の第一段落より，群同型 $\mathrm{Sp}(n) \simeq \mathrm{U}(2n) \cap \mathrm{Sp}(2n, \mathbb{C})$ が存在する． □

問題

E.1 四元共役

命題 E.1 を証明せよ．

E.2 $\mathbb{H}$ 線形写像の複素表現

$\mathbb{H}$ 線形写像 $f: \mathbb{H}^n \to \mathbb{H}^n$ が，標準基底 $e_1, \ldots, e_n$ に関して行列 $A = u + \mathbf{j}v \in \mathbb{H}^{n \times n}$ ($u, v \in \mathbb{C}^{n \times n}$) と表されているとする．$\mathbb{C}$ 線形写像として，$f: \mathbb{H}^n \to \mathbb{H}^n$ は基底 $e_1, \ldots, e_n, \mathbf{j}e_1, \ldots, \mathbf{j}e_n$ に関して行列 $\begin{bmatrix} u & -\bar{v} \\ v & \bar{u} \end{bmatrix}$ で表されることを示せ．

---

[15] (訳者注) 上記の歪対称双線形形式 $B: \mathbb{C}^{2n} \times \mathbb{C}^{2n} \to \mathbb{C}$ のこと．

E.3 小さい次元のシンプレクティック群とユニタリ群

体 K に対して，**特殊線形群** $\mathrm{SL}(n,K)$ は行列式が 1 の K^n の自己同型写像全体からなる $\mathrm{GL}(n,K)$ の部分群で，**特殊ユニタリ群** $\mathrm{SU}(n)$ は行列式が 1 の $\mathbb{C}^n$ のユニタリ自己同型写像からなる $\mathrm{U}(n)$ の部分群である．次の同一視または群同型を証明せよ．

(a) $\mathrm{Sp}(2,\mathbb{C}) = \mathrm{SL}(2,\mathbb{C})$.

(b) $\mathrm{Sp}(1) \simeq \mathrm{SU}(2)$．（ヒント．定理 E.3 と上記 (a) を用いよ．）

(c)
$$\mathrm{SU}(2) \simeq \left\{ \begin{bmatrix} u & -\bar{v} \\ v & \bar{u} \end{bmatrix} \in \mathbb{C}^{2\times 2} \,\middle|\, u\bar{u} + v\bar{v} = 1 \right\}.$$

（ヒント．上記 (b) と E.4 節にある四元数の 2×2 複素行列による表現を用いよ．）

本文中の演習の解答

Solutions to Selected Exercises within the Text

3.6 転位

行列で表すと，$\tau = \begin{bmatrix} 1 & 2 & 3 & 4 & 5 \\ 2 & 3 & 4 & 5 & 1 \end{bmatrix}$．2 行目を見れば，$\tau$ に 4 つの転位 $(2,1)$, $(3,1), (4,1), (5,1)$ があることが分かる．

3.13 対称化作用素

k 重線形関数 $h: V \to \mathbb{R}$ が対称的であるための必要十分条件は，すべての $\tau \in S_k$ に対して $\tau h = h$ となることである．ここで

$$\tau(Sf) = \tau \sum_{\sigma \in S_k} \sigma f = \sum_{\sigma \in S_k} (\tau\sigma) f.$$

σ が置換群 S_k の元をすべて動けば，$\tau\sigma$ もそうである．これゆえ

$$\sum_{\sigma \in S_k} (\tau\sigma) f = \sum_{\tau\sigma \in S_k} (\tau\sigma) f = Sf.$$

これは $\tau(Sf) = Sf$ であることを示している．

3.15 交代化作用素

$f(v_1, v_2, v_3) - f(v_1, v_3, v_2) + f(v_2, v_3, v_1) - f(v_2, v_1, v_3) + f(v_3, v_1, v_2) - f(v_3, v_2, v_1)$.

3.20 2 つの 2 コベクトルのウェッジ積

$(f \wedge g)(v_1, v_2, v_3, v_4)$
$= f(v_1, v_2)g(v_3, v_4) - f(v_1, v_3)g(v_2, v_4) + f(v_1, v_4)g(v_2, v_3)$
$\quad + f(v_2, v_3)g(v_1, v_4) - f(v_2, v_4)g(v_1, v_3) + f(v_3, v_4)g(v_1, v_2)$.

3.22 置換の符号

最初の配置 $1, 2, \ldots, k+\ell$ から k ステップで置換 τ に辿り着くことができる．

(1) まず，元 k を ℓ 個の元 $k+1,\ldots,k+\ell$ を横切って最後尾に移動させる．これをするのに ℓ 個の互換を要する．
(2) 次に，元 $k-1$ を ℓ 個の元 $k+1,\ldots,k+\ell$ を横切って移動させる．
(3) 次に，元 $k-2$ を同じ ℓ 個の元を横切って移動させ，この操作を続ける．

この k ステップでは，各ステップにおいて ℓ 個の互換を要する．最終的に ℓk 個の互換を使って，単位元から τ に辿り着くことができる．

別解として，置換 τ の転位の数を数えてもよい．$k+1$ から始まる転位は k 個ある．つまり，$(k+1,1),\ldots,(k+1,k)$．実際には，各 $i=1,\ldots,\ell$ に対して，$k+i$ から始まる k 個の転位がある．これゆえ，τ にある転位の総数は $k\ell$．命題 3.8 より，$\mathrm{sgn}(\tau) = (-1)^{k\ell}$.

4.4　3 コベクトルの基底

命題 3.29 より，$A_3(T_p(\mathbb{R}^4))$ の 1 つの基底は $(dx^1 \wedge dx^2 \wedge dx^3)_p$, $(dx^1 \wedge dx^2 \wedge dx^4)_p$, $(dx^1 \wedge dx^3 \wedge dx^4)_p$, $(dx^2 \wedge dx^3 \wedge dx^4)_p$.

4.5　2 形式と 1 形式のウェッジ積

$(2,1)$ シャッフルは $(1<2,3), (1<3,2), (2<3,1)$ で，符号はそれぞれ $+,-,+$ である．等式 (3.6) より

$$(\omega \wedge \tau)(X,Y,Z) = \omega(X,Y)\tau(Z) - \omega(X,Z)\tau(Y) + \omega(Y,Z)\tau(X).$$

6.14　円周への写像の滑らかさ

$\cos t$ と $\sin t$ が C^∞ 級であるから，$(\cos t, \sin t)$ は $\mathbb{R}$ から $\mathbb{R}^2$ への写像として滑らかである．$F: \mathbb{R} \to S^1$ が C^∞ 級であることを示すには，S^1 をチャート (U_i, ϕ_i) で被覆して各 $\phi_i \circ F: F^{-1}(U_i) \to \mathbb{R}$ を調べる必要がある．$\{(U_i, \phi_i) \mid i = 1, \ldots, 4\}$ を例 5.16 のアトラスとする．$F^{-1}(U_1)$ 上，$\phi_1 \circ F(t) = (x \circ F)(t) = \cos t$ は C^∞ 級．また $F^{-1}(U_3)$ 上，$(\phi_3 \circ F)(t) = \sin t$ は C^∞ 級．$F^{-1}(U_2)$ および $F^{-1}(U_4)$ 上でも，同様の計算で F の滑らかさが示せる．

6.18　直積への写像の滑らかさ

$p \in N$ を固定し，(U, ϕ) を p の周りのチャート，$(V_1 \times V_2, \psi_1 \times \psi_2)$ を $(f_1(p), f_2(p))$ の周りのチャートとする．(f_1, f_2) が滑らか，または f_i が共に滑らか，のどちらかを仮定する．いずれの場合も (f_1, f_2) は連続である．これゆえ，U を十分小さく選んで $(f_1, f_2)(U) \subset V_1 \times V_2$ と仮定してもよい．このとき

$$(\psi_1 \times \psi_2) \circ (f_1, f_2) \circ \phi^{-1} = (\psi_1 \circ f_1 \circ \phi^{-1}, \psi_2 \circ f_2 \circ \phi^{-1})$$

は $\mathbb{R}^n$ の開集合を $\mathbb{R}^{m_1+m_2}$ の開集合に写す．したがって，(f_1, f_2) が p において C^∞

級であるための必要十分条件は，f_1 と f_2 が p において共に C^∞ 級となることである．

7.11 球面の商としての実射影空間

$\bar{f}\colon \mathbb{R}P^n \to S^n/\sim$ を $\bar{f}([x]) = [x/\|x\|] \in S^n/\sim$ と定める．$\bar{f}([tx]) = [tx/\|tx\|] = [\pm x/\|x\|] = [x/\|x\|]$ だから，この写像は矛盾なく定義される．$\pi_1\colon \mathbb{R}^{n+1} - \{0\} \to \mathbb{R}P^n$ と $\pi_2\colon S^n \to S^n/\sim$ を射影とすると，可換図式

$$\begin{array}{ccc} \mathbb{R}^{n+1}-\{0\} & \xrightarrow{f} & S^n \\ \pi_1 \downarrow & & \downarrow \pi_2 \\ \mathbb{R}P^n & \xrightarrow{\bar{f}} & S^n/\sim \end{array}$$

がある．$\pi_2 \circ f$ は連続だから，命題 7.1 より $\bar{f}$ は連続である．

次に $g\colon S^n \to \mathbb{R}^{n+1} - \{0\}$ を $g(x) = x$ と定める．この写像は写像 $\bar{g}\colon S^n/\sim \to \mathbb{R}P^n$, $\bar{g}([x]) = [x]$ を導く．上と同様の議論で，$\bar{g}$ は矛盾なく定義されて連続である．さらに

$$(\bar{g} \circ \bar{f})([x]) = \left[\frac{x}{\|x\|}\right] = [x],$$
$$(\bar{f} \circ \bar{g})([x]) = [x]$$

だから，$\bar{f}$ と $\bar{g}$ は互いに逆写像である．

8.14 速度ベクトルと微積分における微分

実数直線の点 $c(t)$ におけるベクトルとして，$c'(t)$ はあるスカラー a に関して $a\,d/dx|_{c(t)}$ に等しい．この等式の両辺を x に施すと，$c'(t)x = a\,dx/dx|_{c(t)} = a$ を得る．$c'(t)$ の定義より，

$$a = c'(t)x = c_*\left(\left.\frac{d}{dt}\right|_t\right)x = \left.\frac{d}{dt}\right|_t (x \circ c) = \left.\frac{d}{dt}\right|_t c = \dot{c}(t).$$

ゆえに，$c'(t) = \dot{c}(t)\,d/dx|_{c(t)}$ である．

13.1 開集合に台をもつ隆起関数

(V, ϕ) を q を中心とするチャートとし，V は開球 $B(0, r)$ と微分同相であるとする．実数 a と b を

$$\overline{B}(0,a) \subset B(0,b) \subset \overline{B}(0,b) \subset B(0,r)$$

となるようにとる．σ を (13.2) で与えられた関数とすると，関数 $\sigma \circ \phi$ を零によって M 上の関数へ拡張したものが求める隆起関数である．

15.2 左乗法

$i_a : G \to G \times G$ を包含写像 $i_a(x) = (a, x)$ とすると,これは明らかに C^∞ 級である.このとき,$\ell_a(x) = ax = (\mu \circ i_a)(x)$ であり,$\ell_a = \mu \circ i_a$ は 2 つの C^∞ 級写像の合成なので C^∞ 級である.さらに,ℓ_a は C^∞ 級の逆写像 $\ell_{a^{-1}}$ をもつので,微分同相写像である.

15.7 対称行列の空間

対称行列 A を

$$A = [a_{ij}] = \begin{bmatrix} a_{11} & a_{12} & \cdots & a_{1n} \\ * & a_{22} & \cdots & a_{2n} \\ \vdots & \vdots & \ddots & \vdots \\ * & * & \cdots & a_{nn} \end{bmatrix}$$

と書く.対称であるための条件 $a_{ji} = a_{ij}$ は,対角よりも下の成分が対角よりも上の成分から決まっていること,および,対角またはそれよりも上にある成分にはそれ以上条件が付かないことを意味する.よって S_n の次元は,対角またはそれよりも上にある成分の個数と等しい.そのような成分は,1 行目に n 個,2 行目に $n-1$ 個,というように続くので,

$$\dim S_n = n + (n-1) + (n-2) + \cdots + 1 = \frac{n(n+1)}{2}.$$

15.10 誘導位相と部分空間位相

H 上の誘導位相における基本的な開集合[16]は,L における開区間の f による像である.このような集合は部分空間位相では開でない.H 上の部分空間位相における基本的な開集合は,$\mathbb{R}^2$ の開球の射影 $\pi : \mathbb{R}^2 \to \mathbb{R}^2/\mathbb{Z}^2$ による像と H の共通部分であり,これは無限個の開区間の和集合である.ゆえに,部分空間位相は誘導位相の部分集合であるが,逆は正しくない.

15.15 収束する級数に関する分配性

(i) $a = 0$ ならば証明することは何もないので,$a \neq 0$ としてよい.$\varepsilon > 0$ とする.$s_m \to s$ なので,ある整数 N が存在して,任意の $m \geq N$ に対して $\|s - s_m\| < \varepsilon/\|a\|$ が成り立つ.このとき,$m \geq N$ に対して

$$\|as - as_m\| \leq \|a\| \|s - s_m\| < \|a\| \left(\frac{\varepsilon}{\|a\|} \right) = \varepsilon.$$

ゆえに,$as_m \to as$ である.

---

[16] (訳者注) 原著では 'basic open set' となっている.ここでは,L における開区間の f による像全体の族が,H 上の誘導位相の基をなすということを意味する.

(ii) $s_m = \sum_{k=0}^{m} b_k$ および $s = \sum_{k=0}^{\infty} b_k$ とおく. 級数 $\sum_{k=0}^{\infty} b_k$ の収束は $s_m \to s$ を意味する. (i) より $as_m \to as$ であり, これは級数 $as_m = \sum_{k=0}^{m} ab_k$ が $a \sum_{k=0}^{\infty} b_k$ に収束することを意味する. ゆえに, $\sum_{k=0}^{\infty} ab_k = a \sum_{k=0}^{\infty} b_k$.

18.5　2形式の変換公式

$$\begin{aligned}a_{ij} &= \omega(\partial/\partial x^i, \partial/\partial x^j) = \sum_{k<\ell} b_{k\ell}\, dy^k \wedge dy^\ell(\partial/\partial x^i, \partial/\partial x^j) \\ &= \sum_{k<\ell} b_{k\ell} \left(dy^k(\partial/\partial x^i) dy^\ell(\partial/\partial x^j) - dy^k(\partial/\partial x^j) dy^\ell(\partial/\partial x^i) \right) \\ &= \sum_{k<\ell} b_{k\ell} \left(\frac{\partial y^k}{\partial x^i} \frac{\partial y^\ell}{\partial x^j} - \frac{\partial y^k}{\partial x^j} \frac{\partial y^\ell}{\partial x^i} \right) = \sum_{k<\ell} b_{k\ell} \frac{\partial(y^k, y^\ell)}{\partial(x^i, x^j)}.\end{aligned}$$

（別解）　命題 18.3 より,

$$dy^k \wedge dy^\ell = \sum_{i<j} \frac{\partial(y^k, y^\ell)}{\partial(x^i, x^j)}\, dx^i \wedge dx^j.$$

よって,

$$\sum_{i<j} a_{ij}\, dx^i \wedge dx^j = \sum_{k<\ell} b_{k\ell}\, dy^k \wedge dy^\ell = \sum_{i<j} \sum_{k<\ell} b_{k\ell} \frac{\partial(y^k, y^\ell)}{\partial(x^i, x^j)}\, dx^i \wedge dx^j.$$

$dx^i \wedge dx^j$ の係数を比較すると

$$a_{ij} = \sum_{k<\ell} b_{k\ell} \frac{\partial(y^k, y^\ell)}{\partial(x^i, x^j)}$$

を得る.

22.2　開集合でない集合上の滑らかな関数

定義より, S の各点 p に対して $U_p \cap S$ 上で $f = \tilde{f}_p$ となるような $\mathbb{R}^n$ における p の開近傍 U_p と C^∞ 級関数 $\tilde{f}_p : U_p \to \mathbb{R}^m$ が存在する. $\mathbb{R}^n - U_p$ 上では 0 と定義することで, $\tilde{f}_p$ の定義域を $\mathbb{R}^n$ に拡張する. $U = \bigcup_{p \in S} U_p$ とする. U の開被覆 $\{U_p\}_{p \in S}$ に従属する U 上の 1 の分割 $\{\sigma_p\}_{p \in S}$ をとり, 関数 $\tilde{f} : U \to \mathbb{R}^m$ を

$$\tilde{f} = \sum_{p \in S} \sigma_p \tilde{f}_p \qquad (*)$$

で定義する. $\mathrm{supp}(\sigma_p) \subset U_p$ なので, U_p の外側では積 $\sigma_p \tilde{f}_p$ は 0 であり, ゆえに滑らかである. U_p 上の 2 つの C^∞ 級関数の積として, $\sigma_p \tilde{f}_p$ は U_p 上で C^∞ 級である. したがって, $\sigma_p \tilde{f}_p$ は U 上で C^∞ 級である. 和 $(*)$ は局所有限なので, 例のごとく $\tilde{f}$ は矛盾なく定義され, かつ U 上で C^∞ 級である. (すべての点 $q \in U$ は集合

$\mathrm{supp}(\sigma_p)$ ($p \in S$) の有限個だけと交わるような近傍 W_p をもつ. よって, 和 $(*)$ は W_q 上で有限和である.)

$q \in S$ とする. $q \in U_p$ ならば $\tilde{f}_p(q) = f(q)$ であり, $q \notin U_p$ ならば $\sigma_p(q) = 0$ である. よって, $q \in S$ に対して

$$\tilde{f}(q) = \sum_{p \in S} \sigma_p(q)\tilde{f}_p(q) = \sum_{p \in S} \sigma_p(q)f(q) = f(q)$$

を得る.

25.5 連結準同型写像

a のコホモロジー類が c の原像における b のとり方に依らないことの証明は, 可換図式

$$\begin{array}{ccc} da'' = a - a' & \xrightarrow{\ i\ } & db - db' \\ {\scriptstyle d}\uparrow & & \uparrow{\scriptstyle d} \\ a'' & \xrightarrow{\ i\ } & b - b' \xmapsto{\ j\ } 0 \end{array}$$

でまとめられる. $b, b' \in B^k$ が共に j によって c に写ると仮定する. このとき, $j(b - b') = jb - jb' = c - c = 0$ である. B^k における完全性より, $b - b' = i(a'')$ を満たすある $a'' \in A^k$ が存在する.

c の原像において b をとると, 元 $d^*[c]$ は $i(a) = db$ を満たすコサイクル $a \in A^{k+1}$ で表される. 同様に, c の原像において b' をとると, 元 $d^*[c]$ は $i(a') = db'$ を満たすコサイクル $a' \in A^{k+1}$ で表される. このとき, $i(a - a') = d(b - b') = di(a'') = id(a'')$ である. i は単射なので $a - a' = da''$ であり, よって $[a] = [a']$ である. これは $d^*[c]$ が b のとり方に依らないことを示している.

a のコホモロジー類がコホモロジー類 $[c]$ における c のとり方に依らないことの証明は, 可換図式

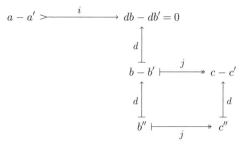

でまとめられる. $[c] = [c'] \in H^k(\mathcal{C})$ と仮定する. このとき, $c - c' = dc''$ を満たすある $c'' \in C^{k-1}$ が存在する. $j : B^{k-1} \to C^{k-1}$ の全射性より, j によって c'' に写る

$b'' \in B^{k-1}$ が存在する. $j(b) = c$ となるような $b \in B^k$ をとり, $b' = b - db'' \in B^k$ とする. このとき, $j(b') = j(b) - jdb'' = c - dj(b'') = c - dc'' = c'$. c の原像において b をとると, $d^*[c]$ は $i(a) = db$ を満たすコサイクル $a \in A^{k+1}$ で表される. また, c の原像において b' をとると, $d^*[c]$ は $i(a') = db'$ を満たすコサイクル $a' \in A^{k+1}$ で表される. このとき,

$$i(a - a') = d(b - b') = ddb'' = 0$$

である. i の単射性より $a = a'$ なので, $[a] = [a']$ である. これは $d^*[c]$ がコホモロジー類 $[c]$ における c のとり方に依らないことを示している.

A.33 コンパクトハウスドルフ空間

S をコンパクトハウスドルフ空間とし, A, B を共通部分をもたない[17]S の閉集合とする. 命題 A.30 より A と B はコンパクトである. 命題 A.31 より, 任意の $a \in A$ に対して, 共通部分をもたない開集合 $U_a \ni a$ と $V_a \supset B$ が存在する. A がコンパクトであるから, A の開被覆 $\{U_a\}_{a \in A}$ は有限部分被覆 $\{U_{a_i}\}_{i=1}^n$ をもつ. $U = \bigcup_{i=1}^n U_{a_i}, V = \bigcap_{i=1}^n V_{a_i}$ とおく. このとき $A \subset U$ かつ $B \subset V$. さらに, 開集合 U と V は共通部分をもたない. なぜなら, $x \in U \cap V$ とすると, $x \in U_{a_i}$ となる i があり, 同じ i に対して $x \in V_{a_i}$ となるが, これは $U_{a_i} \cap V_{a_i} = \emptyset$ に矛盾する.

---

[17] (訳者注) 原著では, A と B に共通部分がないという条件が落ちている.

節末問題のヒントと解答

Hints and Solutions to Selected End-of-Section Problems

完全な解答を付けた問題には星印 (*) を付けている．式には問題ごとに順に番号を付けている．

1.2* 0において非常に平坦な C^∞ 級関数

(a) $x > 0$ と仮定する．$k = 1$ のとき，$f'(x) = (1/x^2)e^{-1/x}$．ゆえに，$p_2(y) = y^2$ とすれば主張が成り立つ．そこで $f^{(k)}(x) = p_{2k}(1/x)e^{-1/x}$ と仮定する．積の微分法と合成関数の微分法より

$$f^{(k+1)}(x) = p_{2k-1}\left(\frac{1}{x}\right) \cdot \left(-\frac{1}{x^2}\right)e^{-1/x} + p_{2k}\left(\frac{1}{x}\right) \cdot \frac{1}{x^2}e^{-1/x}$$

$$= \left(q_{2k+1}\left(\frac{1}{x}\right) + q_{2k+2}\left(\frac{1}{x}\right)\right)e^{-1/x}$$

$$= p_{2k+2}\left(\frac{1}{x}\right)e^{-1/x}.$$

ここで，$q_n(y)$ と $p_n(y)$ は y の次数 n の多項式．数学的帰納法より，主張はすべての $k \geq 1$ に対して正しい．また，主張は $k = 0$ のとき明らかに正しい．

(b) $x > 0$ に対しては，(a) における式によって $f(x)$ が C^∞ 級であることが示される．$x < 0$ に対しては，$f(x) \equiv 0$ だから明らかに C^∞ 級．あとは，$f^{(k)}(x)$ がすべての k に対して $x = 0$ において定義され，連続であることを示すことが残っている．

$f^{(k)}(0) = 0$ と仮定する．微分の定義より，

$$f^{(k+1)}(0) = \lim_{x \to 0} \frac{f^{(k)}(x) - f^{(k)}(0)}{x} = \lim_{x \to 0} \frac{f^{(k)}(x)}{x}.$$

左極限は明らかに 0．よって右極限を計算すればよい．つまり

$$\lim_{x \to 0^+} \frac{f^{(k)}(x)}{x} = \lim_{x \to 0^+} \frac{p_{2k}(\frac{1}{x})e^{-1/x}}{x} = \lim_{x \to 0^+} p_{2k+1}\left(\frac{1}{x}\right)e^{-1/x} \qquad (1.2.1)$$

$$= \lim_{y \to \infty} \frac{p_{2k+1}(y)}{e^y} \quad \left(\frac{1}{x} \text{ を } y \text{ とおく}\right).$$

ロピタルの定理を $2k+1$ 回用いれば，この極限が 0 であることが分かる．これゆえ，$f^{(k+1)}(0) = 0$. 帰納法より，すべての $k \geq 0$ に対して $f^{(k)}(0) = 0$.

(1.2.1) と同様の計算より $\lim_{x \to 0} f^{(k)}(x) = 0$. よって $f^{(k)}(x)$ は $x = 0$ において連続である．

1.3 (b) $h(t) = (\pi/(b-a))(t-a) - (\pi/2)$.

1.5 (a) $(0,0,1)$ と (a,b,c) を通る直線は媒介変数表示

$$x = at, \quad y = bt, \quad z = (c-1)t + 1$$

をもつ．この直線が xy 平面と交わるのは

$$z = 0 \iff t = \frac{1}{1-c} \iff (x,y) = \left(\frac{a}{1-c}, \frac{b}{1-c}\right).$$

g の逆写像を求めるには，$(u,v,0)$ と $(0,0,1)$ を通る直線の媒介変数表示を書いて，この直線と S との交点を求めよ．

1.6* 2次の剰余項をもつテイラーの定理

記号を簡単にするために，$(0,0)$ を $\mathbf{0}$ と書く．剰余項をもつテイラーの定理より，

$$f(x,y) = f(\mathbf{0}) + x g_1(x,y) + y g_2(x,y) \tag{1.6.1}$$

を満たす C^∞ 級関数 g_1, g_2 が存在する．再び定理を，今度は g_1 と g_2 に用いて

$$g_1(x,y) = g_1(\mathbf{0}) + x g_{11}(x,y) + y g_{12}(x,y), \tag{1.6.2}$$
$$g_2(x,y) = g_2(\mathbf{0}) + x g_{21}(x,y) + y g_{22}(x,y) \tag{1.6.3}$$

を得る．$g_1(\mathbf{0}) = \partial f/\partial x(\mathbf{0})$ かつ $g_2(\mathbf{0}) = \partial f/\partial y(\mathbf{0})$ だから，(1.6.2) と (1.6.3) を (1.6.1) に代入して $h_{12} = g_{12} + g_{21}$ とおけば求める結果となる．

1.7* 除去できる特異点をもつ関数

問題 1.6 において，$x = t, y = tu$ とおくと

$$f(t,tu) = f(\mathbf{0}) + t\frac{\partial f}{\partial x}(\mathbf{0}) + tu\frac{\partial f}{\partial y}(\mathbf{0}) + t^2(\cdots)$$

となる．ここで

$$(\cdots) = g_{11}(t,tu) + u g_{12}(t,tu) + u^2 g_{22}(t,tu)$$

は t と u の C^∞ 級関数．$f(\mathbf{0}) = \partial f/\partial x(\mathbf{0}) = \partial f/\partial y(\mathbf{0}) = 0$ だから，

$$\frac{f(t,tu)}{t} = t(\cdots).$$

これは明らかに t,u に関して C^∞ 級で，$t=0$ のとき g に一致する．

1.8 例 1.2 (ii) を見よ．

3.1 $f = \sum g_{ij}\alpha^i \otimes \alpha^j$.

3.2

(a) 公式 $\dim \ker f + \dim \operatorname{im} f = \dim V$ を用いよ．

(b) $\ker f$ の基底 $e_1,\ldots,e_{n-1}$ を選び，V の基底 $e_1,\ldots,e_{n-1},e_n$ に拡張する．$\alpha^1,\ldots,\alpha^n$ を $V^\vee$ の双対基底とする．f と g をこの双対基底を用いて表せ．

3.3 $\alpha^{i_1}\otimes\cdots\otimes\alpha^{i_k}$ を α^I, $(e_{j_1},\ldots,e_{j_k})$ を e_J と書く．

(a) $f = \sum f(e_I)\alpha^I$ を両辺がすべての e_J 上で一致することを示して証明せよ．これは集合 $\{\alpha^I\}$ が $V^\vee$ を張ることを示している．

(b) $\sum c_I\alpha^I = 0$ と仮定する．両辺 e_J で値をとって $c_J = \sum c_I\alpha^I(e_J) = 0$. これは集合 $\{\alpha^I\}$ が一次独立であることを示している．

3.9 任意の $v_1,\ldots,v_n \in V$ に対して $\omega(v_1,\ldots,v_n)$ を計算するために，$v_j = \sum_i e_i a^i_j$ と書いて ω が多重線形で交代的であることを用いよ．

3.10* コベクトルの一次独立性

($\Rightarrow$) $\alpha^1,\ldots,\alpha^k$ が一次従属ならば，それらの1つが他の一次結合となる．一般性を失わずに，
$$\alpha^k = \sum_{i=1}^{k-1} c_i \alpha^i$$
と仮定してもよい．ウェッジ積 $\alpha^1 \wedge \cdots \wedge \alpha^{k-1} \wedge (\sum_{i=1}^{k-1} c_i\alpha^i)$ を展開すれば，すべての項に α^i が2回現れる．これゆえ，$\alpha^1 \wedge \cdots \wedge \alpha^k = 0$.

($\Leftarrow$) $\alpha^1,\ldots,\alpha^k$ が一次独立とする．このとき，これらを $V^\vee$ の基底 $\alpha^1,\ldots,\alpha^k,\ldots,\alpha^n$ に拡張することができる．$v_1,\ldots,v_n$ を V の双対基底とする．命題 3.27 より，
$$(\alpha^1 \wedge \cdots \wedge \alpha^k)(v_1,\ldots,v_k) = \det[\alpha^i(v_j)] = \det[\delta^i_j] = 1.$$
これゆえ，$\alpha^1 \wedge \cdots \wedge \alpha^k \neq 0$.

3.11* 外積

($\Leftarrow$) $\alpha \wedge \alpha = 0$ だから明らか．

($\Rightarrow$) $\alpha \wedge \gamma = 0$ と仮定する．α を $V^\vee$ の基底 $\alpha^1,\ldots,\alpha^n$ に拡張する（ただし $\alpha^1 = \alpha$）．$\gamma = \sum c_J \alpha^J$ と書く．ここで J は狭義昇順多重指数 $1 \leq j_1 < \cdots < j_k \leq n$ 全体を

走る. 和 $\alpha \wedge \gamma = \sum c_J \alpha \wedge \alpha^J$ において, $j_1 = 1$ である項 $\alpha \wedge \alpha^J$ は, $\alpha = \alpha^1$ なのですべて消える. これゆえ,

$$0 = \alpha \wedge \gamma = \sum_{j_1 \neq 1} c_J \alpha \wedge \alpha^J.$$

$\{\alpha \wedge \alpha^J\}_{j_1 \neq 1}$ は $A_{k+1}(V)$ の基底の部分集合だから一次独立. よって c_J は $j_1 \neq 1$ ならばすべて 0 である. したがって,

$$\gamma = \sum_{j_1 = 1} c_J \alpha^J = \alpha \wedge \left(\sum_{j_1 = 1} c_J \alpha^{j_2} \wedge \cdots \wedge \alpha^{j_k} \right).$$

4.1 $\omega(X) = yz, d\omega = -dx \wedge dz.$

4.2 $\omega = \sum_{i<j} c_{ij} \, dx^i \wedge dx^j$ と書く. このとき $c_{ij}(p) = \omega_p(e_i, e_j)$. ここで $e_i = \partial/\partial x^i$. $c_{12}(p), c_{13}(p), c_{23}(p)$ を計算せよ. 答えは $\omega_p = p^3 \, dx^1 \wedge dx^2$.

4.3 $dx = \cos\theta \, dr - r\sin\theta \, d\theta, dy = \sin\theta \, dr + r\cos\theta \, d\theta, dx \wedge dy = r \, dr \wedge d\theta.$

4.4 $dx \wedge dy \wedge dz = \rho^2 \sin\phi \, d\rho \wedge d\phi \wedge d\theta.$

4.5 $\alpha \wedge \beta = (a_1 b_1 + a_2 b_2 + a_3 b_3) dx^1 \wedge dx^2 \wedge dx^3.$

5.3 像 $\phi_4(U_{14}) = \{(x, z) \mid -1 < z < 1, \, 0 < x < \sqrt{1-z^2}\}$.
変換関数 $(\phi_1 \circ \phi_4^{-1})(x, z) = \phi_1(x, y, z) = (y, z) = (-\sqrt{1-x^2-z^2}, z)$ は x, z の C^∞ 級関数.

5.4* 座標近傍の存在

U_β を極大アトラスに属する p の座標近傍とする. U_β の任意の開集合は, 極大アトラスに属するすべての開集合と C^∞ 級で両立するから, 極大アトラスに属する. したがって $U_\alpha := U_\beta \cap U$ は $p \in U_\alpha \subset U$ となる座標近傍である.

6.3* ベクトル空間の自己同型写像の群

$\mathrm{GL}(V)_e$ の多様体構造は, 座標チャート $(\mathrm{GL}(V), \phi_e)$ を含む $\mathrm{GL}(V)$ 上の極大アトラスである. $\mathrm{GL}(V)_u$ の多様体構造は, 座標チャート $(\mathrm{GL}(V), \phi_u)$ を含む $\mathrm{GL}(V)$ 上の極大アトラスである. 2 つの写像 $\phi_e \colon \mathrm{GL}(V) \to \mathbb{R}^{n \times n}$ と $\phi_u \colon \mathrm{GL}(V) \to \mathbb{R}^{n \times n}$ は, $\phi_e \circ \phi_u^{-1} \colon \mathrm{GL}(n, \mathbb{R}) \to \mathrm{GL}(n, \mathbb{R})$ が u から e への基底の変換行列による共役[18]であるから, C^∞ 級で両立する. したがって, これら 2 つの極大アトラスは実は同じものである.

---

[18] (訳者注) ここでの「共役」は, u から e への基底の変換行列を t とするとき, $g \mapsto tgt^{-1}$ で定められる写像を表す (行列の複素共役 $\bar{g}$ ではないことに注意せよ).

7.4* 対蹠点を同一視した球面の商

(a) U を S^n の開集合とする.このとき $\pi^{-1}(\pi(U)) = U \cup a(U)$.ここで $a\colon S^n \to S^n$, $a(x) = -x$, は対蹠写像.対蹠写像は同相写像だから,$a(U)$ は開.よって $\pi^{-1}(\pi(U))$ は開.商位相の定義より,$\pi(U)$ は開.これは π が開写像であることを示している.

(b) 同値関係 $\sim$ のグラフ R は

$$R = \{(x,x) \in S^n \times S^n\} \cup \{(x,-x) \in S^n \times S^n\} = \Delta \cup (\mathbb{1} \times a)(\Delta).$$

S^n はハウスドルフであるから,系 7.8 より $S^n \times S^n$ の対角集合 Δ は閉.$\mathbb{1} \times a\colon S^n \times S^n \to S^n \times S^n$, $(x,y) \mapsto (x,-y)$ は同相写像だから,$(\mathbb{1} \times a)(\Delta)$ も閉.2 つの閉集合 Δ と $(\mathbb{1} \times a)(\Delta)$ の和集合なので,R は $S^n \times S^n$ において閉.定理 7.7 より,$S^n/\sim$ はハウスドルフ.

7.5* 連続な群作用の軌道空間

U を S の開集合とする.各 $g \in G$ に対して,g の右乗法は同相写像 $S \to S$ だから,集合 Ug は開.しかるに

$$\pi^{-1}(\pi(U)) = \bigcup_{g \in G} Ug.$$

これは開集合の和集合だから開.商位相の定義より $\pi(U)$ は開.

7.9* 実射影空間のコンパクト性

演習 7.11 より連続な全射 $\pi\colon S^n \to \mathbb{R}P^n$ がある.球面 S^n はコンパクトであり,コンパクト集合の連続写像による像はコンパクトだから(命題 A.34),$\mathbb{R}P^n$ はコンパクト.

8.1* 写像の微分

$F_*(\partial/\partial x) = a\,\partial/\partial u + b\,\partial/\partial v + c\,\partial/\partial w$ における係数 a を決定するために両辺を u に施すと,

$$F_*\left(\frac{\partial}{\partial x}\right)u = \left(a\frac{\partial}{\partial u} + b\frac{\partial}{\partial v} + c\frac{\partial}{\partial w}\right)u = a$$

であるので,

$$a = F_*\left(\frac{\partial}{\partial x}\right)u = \frac{\partial}{\partial x}(u \circ F) = \frac{\partial}{\partial x}(x) = 1.$$

同様にして,

$$b = F_*\left(\frac{\partial}{\partial x}\right)v = \frac{\partial}{\partial x}(v \circ F) = \frac{\partial}{\partial x}(y) = 0$$

および

$$c = F_*\left(\frac{\partial}{\partial x}\right)w = \frac{\partial}{\partial x}(w \circ F) = \frac{\partial}{\partial x}(xy) = y.$$

よって，$F_*(\partial/\partial x) = \partial/\partial u + y\,\partial/\partial w$．

8.3 $a = F_*(X)u$ と $b = F_*(X)v$ を直接計算することもできるし，より単純に問題 8.2 を適用することもできる．答えは $a = -(\sin\alpha)x - (\cos\alpha)y$, $b = (\cos\alpha)x - (\sin\alpha)y$．

8.5* 局所座標における曲線の速度ベクトル

$c'(t) = \sum a^j \partial/\partial x^j$ と書ける．a^i を計算するために両辺 x^i で値をとると，

$$a^i = \left(\sum a^j \frac{\partial}{\partial x^j}\right)x^i = c'(t)x^i = c_*\left(\frac{d}{dt}\right)x^i = \frac{d}{dt}(x^i \circ c) = \frac{d}{dt}c^i = \dot{c}^i(t).$$

8.6 $c'_p(0) = -2y\,\partial/\partial x + 2x\,\partial/\partial y$．

8.7* 積の接空間

$(U, \phi) = (U, x^1, \ldots, x^m)$ と $(V, \psi) = (V, y^1, \ldots, y^n)$ をそれぞれ p を中心とする M のチャートと q を中心とする N のチャートとすると，命題 5.18 より，(p, q) の周りの $M \times N$ のチャートは

$$(U \times V, \phi \times \psi) = (U \times V, (\pi_1^*\phi, \pi_2^*\psi)) = (U \times V, \bar{x}^1, \ldots, \bar{x}^m, \bar{y}^1, \ldots, \bar{y}^n)$$

である．ただし，$\bar{x}^i = \pi_1^* x^i$ および $\bar{y}^i = \pi_2^* y^i$ である．$\pi_{1*}(\partial/\partial \bar{x}^j) = \sum a_j^i \partial/\partial x^i$ とおくと，

$$a_j^i = \pi_{1*}\left(\frac{\partial}{\partial \bar{x}^j}\right)x^i = \frac{\partial}{\partial \bar{x}^j}(x^i \circ \pi_1) = \frac{\partial \bar{x}^i}{\partial \bar{x}^j} = \delta_j^i.$$

ゆえに

$$\pi_{1*}\left(\frac{\partial}{\partial \bar{x}^j}\right) = \sum_i \delta_j^i \frac{\partial}{\partial x^i} = \frac{\partial}{\partial x^j}.$$

これは，より正確には

$$\pi_{1*}\left(\left.\frac{\partial}{\partial \bar{x}^j}\right|_{(p,q)}\right) = \left.\frac{\partial}{\partial x^j}\right|_p \tag{8.7.1}$$

を意味する．同様にして，

$$\pi_{1*}\left(\frac{\partial}{\partial \bar{y}^j}\right) = 0, \quad \pi_{2*}\left(\frac{\partial}{\partial \bar{x}^j}\right) = 0, \quad \pi_{2*}\left(\frac{\partial}{\partial \bar{y}^j}\right) = \frac{\partial}{\partial y^j}. \tag{8.7.2}$$

$T_{(p,q)}(M \times N)$ の基底は

$$\left.\frac{\partial}{\partial \bar{x}^1}\right|_{(p,q)}, \ldots, \left.\frac{\partial}{\partial \bar{x}^m}\right|_{(p,q)}, \left.\frac{\partial}{\partial \bar{y}^1}\right|_{(p,q)}, \ldots, \left.\frac{\partial}{\partial \bar{y}^n}\right|_{(p,q)}.$$

$T_pM \times T_qN$ の基底は

$$\left(\frac{\partial}{\partial x^1}\bigg|_p, 0\right), \ldots, \left(\frac{\partial}{\partial x^m}\bigg|_p, 0\right), \left(0, \frac{\partial}{\partial y^1}\bigg|_q\right), \ldots, \left(0, \frac{\partial}{\partial y^n}\bigg|_q\right).$$

(8.7.1) と (8.7.2) より,線形写像 (π_{1*}, π_{2*}) は $T_{(p,q)}(M \times N)$ の基底を $T_pM \times T_qN$ の基底へ写すので,同型写像である.

8.8 (a) $c(t)$ を G の単位元 e を始点とする曲線で,$c'(0) = X_e$ であるものとする. このとき,$\alpha(t) = (c(t), e)$ は $G \times G$ の点 (e, e) を始点とする曲線で,$\alpha'(0) = (X_e, 0)$ である.$\alpha(t)$ を用いて $\mu_{*,(e,e)}$ を計算せよ.

8.9* ベクトルから座標ベクトルへの変換

$(V, y^1, \ldots, y^n)$ を p の周りのチャートとし,$(X_j)_p = \sum_i a_j^i \partial/\partial y^i|_p$ とする. $(X_1)_p, \ldots, (X_n)_p$ は一次独立なので,$A = [a_j^i]$ は正則行列である.

新しい座標系 $x^1, \ldots, x^n$ を

$$y^i = \sum_{j=1}^n a_j^i x^j \quad (i = 1, \ldots, n) \tag{8.9.1}$$

により定める.行列を用いて書くと,

$$\begin{bmatrix} y^1 \\ \vdots \\ y^n \end{bmatrix} = A \begin{bmatrix} x^1 \\ \vdots \\ x^n \end{bmatrix}, \quad \text{よって} \quad \begin{bmatrix} x^1 \\ \vdots \\ x^n \end{bmatrix} = A^{-1} \begin{bmatrix} y^1 \\ \vdots \\ y^n \end{bmatrix}.$$

これは (8.9.1) が $x^j = \sum_{i=1}^n (A^{-1})_i^j y^i$ と同値であることを意味する.合成関数の微分法により,

$$\frac{\partial}{\partial x^j} = \sum_i \frac{\partial y^i}{\partial x^j} \frac{\partial}{\partial y^i} = \sum a_j^i \frac{\partial}{\partial y^i}$$

であるので,点 p において

$$\frac{\partial}{\partial x^j}\bigg|_p = \sum a_j^i \frac{\partial}{\partial y^i}\bigg|_p = (X_j)_p.$$

8.10 (a) $x \leq p$ に対して $f(x) \leq f(p)$ である.ゆえに,

$$f'(p) = \lim_{x \to p^-} \frac{f(x) - f(p)}{x - p} \geq 0. \tag{8.10.1}$$

同様に,$x \geq p$ に対して $f(x) \leq f(p)$ であるので,

$$f'(p) = \lim_{x \to p^+} \frac{f(x) - f(p)}{x - p} \leq 0. \tag{8.10.2}$$

これら 2 つの不等式 (8.10.1) と (8.10.2) を合わせて $f'(p) = 0$ を得る.

9.1 $c \in \mathbb{R} - \{0, -108\}$.

9.2 滑らかな多様体である. なぜならば, 関数 $f(x, y, z, w) = x^5 + y^5 + z^5 + w^5$ の正則レベル集合であるからである.

9.3 滑らかな多様体である. 例 9.12 を見よ.

9.4* 正則部分多様体

$p \in S$ とする. 仮定より, $\mathbb{R}^2$ の開集合 U で $U \cap S$ 上では片方の座標がもう片方の座標の C^∞ 級関数であるようなものが存在する. C^∞ 級関数 $f : A \subset \mathbb{R} \to B \subset \mathbb{R}$ が存在して $y = f(x)$ が成り立つとしても一般性を失わない. ただし, A と B は $\mathbb{R}$ の開集合であり, $V := A \times B \subset U$ とする. $F : V \to \mathbb{R}^2$ を $F(x, y) = (x, y - f(x))$ で与えられる写像とする. F は像への微分同相写像であるので, 座標写像として用いることができる. チャート $(V, x, y - f(x))$ においては, $V \cap S$ は座標 $y - f(x)$ が消滅する点の集合として定まっている. これは, S が $\mathbb{R}^2$ の正則部分多様体であることを示している.

9.5 $(\mathbb{R}^3, x, y, z - f(x, y))$ は $\Gamma(f)$ に適合する $\mathbb{R}^3$ のチャートである.

9.6 (9.3) を t に関して微分せよ.

9.10* 横断性定理

(a) $f^{-1}(U) \cap f^{-1}(S) = f^{-1}(U \cap S) = f^{-1}(g^{-1}(0)) = (g \circ f)^{-1}(0)$.

(b) $p \in f^{-1}(U) \cap f^{-1}(S) = f^{-1}(U \cap S)$ とする. このとき, $f(p) \in U \cap S$. $U \cap S$ は g のファイバーなので, 押し出し $g_*(T_{f(p)}S)$ は 0 である. $g : U \to \mathbb{R}^k$ は射影なので, $g_*(T_{f(p)}M) = T_0(\mathbb{R}^k)$. g_* を横断性の式 (9.4) に適用すると,

$$g_* f_*(T_p N) = g_*(T_{f(p)}M) = T_0(\mathbb{R}^k).$$

ゆえに, $g \circ f : f^{-1}(U) \to \mathbb{R}^k$ は p における沈め込みである. p は $f^{-1}(U) \cap f^{-1}(S) = (g \circ f)^{-1}(0)$ の任意の点であったので, この集合は $g \circ f$ の正則レベル集合である.

(c) 正則レベル集合定理より, $f^{-1}(U) \cap f^{-1}(S)$ は $f^{-1}(U) \subset N$ の正則部分多様体である. ゆえに, すべての点 $p \in f^{-1}(S)$ は $f^{-1}(S)$ に適合する N のチャートをもつ.

10.7 $e_1, \ldots, e_n$ を V の基底とし, $\alpha^1, \ldots, \alpha^n$ を $V^\vee$ の双対基底とする. このとき, $A_n(V)$ の基底は $\alpha^1 \wedge \cdots \wedge \alpha^n$ であり, ある定数 c を用いて $L^*(\alpha^1 \wedge \cdots \wedge \alpha^n) = c\alpha^1 \wedge \cdots \wedge \alpha^n$ となる. $L(e_j) = \sum_i a_j^i e_i$ とし, c を a_j^i を用いて計算せよ.

11.1 $c(t) = (x^1(t), \ldots, x^{n+1}(t))$ を S^n における曲線で $c(0) = p$ および $c'(0) = X_p$ であるものとし，$\sum_i (x^i)^2(t) = 1$ を t に関して微分せよ．H を平面 $\{(a^1, \cdots, a^{n+1}) \in \mathbb{R}^{n+1} \mid \sum a^i p^i = 0\}$ とするとき，$T_p(S^n) \subset H$ を示せ．両者は同じ次元をもつベクトル空間なので，等号が成り立つ．

11.3* コンパクトな多様体上の滑らかな写像の臨界点

（証明 1）　$f: N \to \mathbb{R}^m$ が臨界点をもたないとする．このとき，f は沈め込みである．第 1 成分への射影 $\pi: \mathbb{R}^m \to \mathbb{R}$ もまた沈め込みであるので，合成 $\pi \circ f: N \to \mathbb{R}$ が沈め込みであることが従う．これは，$\pi \circ f$ がコンパクトな多様体から $\mathbb{R}$ への連続関数であるので最大値をもち，ゆえに臨界点をもつという事実に反する（問題 8.10 を見よ）．

（証明 2）　$f: N \to \mathbb{R}^m$ が臨界点をもたないとする．このとき，f は沈め込みである．沈め込みは開写像であるので（系 11.6），像 $f(N)$ は $\mathbb{R}^m$ において開である．しかし，コンパクト集合の連続写像による像はコンパクトで，$\mathbb{R}^m$ のコンパクト集合は閉かつ有界である．ゆえに，$f(N)$ は $\mathbb{R}^m$ の空でない真部分集合でかつ閉集合である．これは矛盾である．なぜならば，$\mathbb{R}^m$ は連結なので，開かつ閉であるような空でない真部分集合をもち得ないからである．

11.4 $p = (a, b, c)$ において，$i_*(\partial/\partial u|_p) = \partial/\partial x - (a/c) \partial/\partial z$, および $i_*(\partial/\partial v|_p) = \partial/\partial y - (b/c) \partial/\partial z$ である．

11.5 f が閉写像であることを示すために命題 A.35 を用い，問題 A.12 を適用せよ．

12.1* 接束におけるハウスドルフ条件

(p, v) と (q, w) を接束 TM の相異なる点とする．

（場合 1）　$p \neq q$ の場合．M はハウスドルフなので，p と q を互いに交わらない近傍 U と V によって分離することができる．このとき，TU と TV は TM の開集合で，それぞれ (p, v) と (q, w) を含み，互いに交わらない．

（場合 2）　$p = q$ の場合．(U, ϕ) を p の座標近傍とする．このとき，(p, v) と (p, w) は開集合 TU における相異なる点である．TU は $\mathbb{R}^{2n}$ の開集合 $\phi(U) \times \mathbb{R}^n$ と同相であり，ハウスドルフ空間の任意の部分空間はハウスドルフであるので，TU はハウスドルフである．したがって，(p, v) と (p, w) は互いに交わらない TU の開集合によって分離することができる．

13.1* 有限和の台

$\sum \rho_i$ が 0 でない点の集合を A とし，ρ_i が 0 でない点の集合を A_i とする．すなわち，

$$A = \left\{x \in M \,\middle|\, \sum \rho_i(x) \neq 0\right\}, \quad A_i = \{x \in M \mid \rho_i(x) \neq 0\}.$$

$\sum \rho_i(x) \neq 0$ ならば，少なくとも 1 つの $\rho_i(x)$ は 0 でない．これは $A \subset \bigcup A_i$ を意味する．両辺の閉包をとると，$\mathrm{cl}(A) \subset \overline{\bigcup A_i}$．有限和なので，$\overline{\bigcup A_i} = \bigcup \overline{A_i}$ である（演習 A.53）．ゆえに，

$$\mathrm{supp}\left(\sum \rho_i\right) = \mathrm{cl}(A) \subset \overline{\bigcup A_i} = \bigcup \overline{A_i} = \bigcup \mathrm{supp}\, \rho_i.$$

13.2* 局所有限な族とコンパクト集合

各 $p \in K$ に対して，W_p を p の近傍で高々有限個の集合 A_α とのみ交わるものとすると，族 $\{W_p\}_{p \in K}$ は K の開被覆である．コンパクト性より，K は有限部分被覆 $\{W_{p_i}\}_{i=1}^r$ をもつ．各 W_{p_i} は高々有限個の A_α とのみ交わるので，有限和集合 $W := \bigcup_{i=1}^r W_{p_i}$ は高々有限個の A_α とのみ交わる．

13.3 (a) $f = \rho_{M-B}$ とせよ．

13.5* 射影による引き戻しの台

$A = \{p \in M \mid f(p) \neq 0\}$ とおくと，$\mathrm{supp}\, f = \mathrm{cl}_M(A)$．このとき，

$$(\pi^* f)(p, q) = f(p) \neq 0 \quad \text{の必要十分条件は} \quad p \in A$$

であるので，

$$\{(p, q) \in M \times N \mid (\pi^* f)(p, q) \neq 0\} = A \times N.$$

よって，問題 A.20 より，

$$\mathrm{supp}(\pi^* f) = \mathrm{cl}_{M \times N}(A \times N) = \mathrm{cl}_M(A) \times N = (\mathrm{supp}\, f) \times N.$$

13.7* 局所有限な和集合の閉包

($\supset$) $A_\alpha \subset \bigcup A_\alpha$ であるので，両辺の閉包をとって

$$\overline{A_\alpha} \subset \overline{\bigcup A_\alpha}.$$

ゆえに，$\bigcup \overline{A_\alpha} \subset \overline{\bigcup A_\alpha}$．

($\subset$) $\overline{\bigcup A_\alpha} \subset \bigcup \overline{A_\alpha}$ を証明する代わりに，その対偶をとって，$p \notin \bigcup \overline{A_\alpha}$ ならば $p \notin \overline{\bigcup A_\alpha}$ を証明する．$p \notin \bigcup \overline{A_\alpha}$ とする．局所有限性より，p は高々有限個の A_α とのみ交わる近傍 W をもつ．そのような A_α たちを $A_{\alpha_1}, \ldots, A_{\alpha_m}$ とする（下図を見よ）．

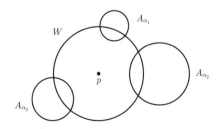

任意の α に対して $p \notin \overline{A_\alpha}$ なので，$p \notin \bigcup_{i=1}^m \overline{A_{\alpha_i}}$. W は $\alpha \neq \alpha_i$ なるすべての α に対して A_α と交わらないので，$W - \bigcup_{i=1}^m \overline{A_{\alpha_i}}$ はすべての α に対して A_α と交わらない．$\bigcup_{i=1}^m \overline{A_{\alpha_i}}$ は閉なので，$W - \bigcup_{i=1}^m \overline{A_{\alpha_i}}$ は p を含む開集合で，$\bigcup A_\alpha$ と交わらない．閉包の局所的な特徴付け（命題 A.48）より，$p \notin \overline{\bigcup A_\alpha}$. ゆえに，$\overline{\bigcup A_\alpha} \subset \bigcup \overline{A_\alpha}$.

14.1* ベクトル場の等号

まず，($\Rightarrow$) の方向は明らかである．逆を証明するために，$p \in M$ とする．$X_p = Y_p$ を示すためには，$C_p^\infty(M)$ に属する任意の C^∞ 級関数の芽 $[h]$ に対して $X_p[h] = Y_p[h]$ を示せば十分．$h: U \to \mathbb{R}$ を C^∞ 級関数で芽 $[h]$ を代表するものとする．U に台をもつ C^∞ 級の隆起関数で p の周りで恒等的に 1 であるものを掛けることにより，h を C^∞ 級関数 $\tilde{h}: M \to \mathbb{R}$ に拡張する．仮定より，$X\tilde{h} = Y\tilde{h}$ であるので，

$$X_p \tilde{h} = (X\tilde{h})_p = (Y\tilde{h})_p = Y_p \tilde{h}. \tag{14.1.1}$$

p の近傍においては $\tilde{h} = h$ なので，$X_p h = X_p \tilde{h}$ かつ $Y_p h = Y_p \tilde{h}$ であり，(14.1.1) より $X_p h = Y_p h$ であることが従う．したがって，$X_p = Y_p$. p は M の任意の点であったので，2 つのベクトル場 X と Y は等しい．

14.6 ベクトル場の零点を始点とする積分曲線

(a)* すべての $t \in \mathbb{R}$ に対して $c(t) = p$ とする．このとき，すべての $t \in \mathbb{R}$ に対して

$$c'(t) = 0 = X_p = X_{c(t)}.$$

ゆえに，定値曲線 $c(t) = p$ は p を始点とする X の積分曲線である．与えられた始点をもつ積分曲線の一意性より，これは p を始点とする極大積分曲線である．

14.8 $c(t) = 1/((1/p) - t), t \in (-\infty, 1/p)$.

14.10 両辺を M 上の C^∞ 級関数 h に施したものが等しいことを示し，問題 14.1 を用いよ．

14.11 $-\partial/\partial y$.

14.12 $c^k = \sum_i \left(a^i \dfrac{\partial b^k}{\partial x^i} - b^i \dfrac{\partial a^k}{\partial x^i} \right)$.

14.14 例 14.15 と命題 14.17 を用いよ．

15.3

(a) 命題 A.43 を適用せよ．
(b) 命題 A.43 を適用せよ．

(c) 問題 A.16 を適用せよ．

(d) (a) と (b) より部分集合 G_0 は G の部分群であり，(c) よりそれは開部分多様体である．

15.4* 連結なリー群の開部分群

任意の $g \in G$ に対して，g による左乗法 $\ell_g : G \to G$ は部分群 H を左剰余類 gH へ写す．H は開で ℓ_g は同相写像なので，剰余類 gH は開である．ゆえに，すべての $g \in G$ についての剰余類 gH 全体の集合は，G を開集合の非交和に分割する．しかるに，G は連結なので，唯一つの剰余類しか存在し得ない．したがって，$H = G$ である．

15.5 $c(t)$ を G における曲線で，$c(0) = a$ かつ $c'(0) = X_a$ であるものとする．このとき，$(c(t), b)$ は始点 (a, b) での速度ベクトルが $(X_a, 0)$ である曲線である．この曲線を用いて $\mu_{*,(a,b)}(X_a, 0)$ を計算せよ（命題 8.18）．また，$\mu_{*,(a,b)}(0, Y_b)$ を同様に計算せよ．

15.7* 行列式写像の微分

$c(t) = Ae^{tX}$ とおくと，$c(0) = A$ かつ $c'(0) = AX$ である．曲線 $c(t)$ を用いて微分を計算すると，

$$\det_{*,A}(AX) = \left.\frac{d}{dt}\right|_{t=0} \det(c(t)) = \left.\frac{d}{dt}\right|_{t=0} (\det A) \det e^{tX}$$
$$= (\det A) \left.\frac{d}{dt}\right|_{t=0} e^{t\,\mathrm{tr}\,X} = (\det A)\,\mathrm{tr} X.$$

15.8* 特殊線形群

$\det A = 1$ ならば，問題 15.7 より，

$$\det_{*,A}(AX) = \mathrm{tr} X.$$

$\mathrm{tr} X$ は任意の実数をとることができるので，すべての $A \in \det^{-1}(1)$ に対して，$\det_{*,A} : T_A \mathrm{GL}(n, \mathbb{R}) \to \mathbb{R}$ は全射である．ゆえに，1 は行列式写像 $\det$ の正則値である．

15.10

(a) $\mathrm{O}(n)$ は多項式の方程式によって定義される．

(b) $A \in \mathrm{O}(n)$ ならば A の各列は長さが 1 である．

15.11 条件 $A^T A = I$，$\det A = 1$ を書き下す．$a^2 + b^2 = 1$ ならば，(a, b) は単位円周上の点であり，ゆえに，ある $\theta \in [0, 2\pi]$ を用いて $a = \cos\theta$，$b = \sin\theta$ と書ける．

15.14 答えは
$$\begin{bmatrix} \cosh 1 & \sinh 1 \\ \sinh 1 & \cosh 1 \end{bmatrix}.$$
ただし, $\cosh t = (e^t + e^{-t})/2$ および $\sinh t = (e^t - e^{-t})/2$ はそれぞれ双曲線余弦関数と双曲線正弦関数である.

15.16 写像 f の正しい値域は, $2n \times 2n$ 複素歪対称行列全体からなるベクトル空間 $K_{2n}(\mathbb{C})$ である.

16.4 $c(t)$ を $\mathrm{Sp}(2n, \mathbb{C})$ における曲線で, $c(0) = I$ かつ $c'(0) = X$ であるものとする. $c(t)^T J c(t) = J$ を t に関して微分せよ.

16.5 例 16.6 を真似よ. $\mathbb{R}^n$ 上の左不変ベクトル場は, 定値ベクトル場 $\sum_{i=1}^n a^i \partial/\partial x^i$ である. ただし, $a^i \in \mathbb{R}$.

16.9 単位元における接空間 $T_e(G)$ の基底 $X_{1,e}, \ldots, X_{n,e}$ は左不変ベクトル場 $X_1, \ldots, X_n$ からなる枠を定める.

16.10* 左不変ベクトル場の押し出し

同型写像 $\varphi_H : T_e H \xrightarrow{\sim} L(H)$ と $\varphi_G : T_e G \xrightarrow{\sim} L(G)$ の下で, それぞれのリー括弧積が対応し, それぞれの押し出しが対応している. ゆえに, この対応により, この問題は命題 16.14 から従う.

より形式的な証明は次のようにする. X と Y は左不変ベクトル場なので, $A = X_e$, $B = Y_e \in T_e H$ とおけば $X = \tilde{A}$ かつ $Y = \tilde{B}$ である. このとき,

$$\begin{aligned} F_*[X, Y] &= F_*[\tilde{A}, \tilde{B}] = F_*([A, B]\tilde{}) & (\text{命題 16.10}) \\ &= (F_*[A, B])\tilde{} & (L(H) \text{ における } F_* \text{ の定義}) \\ &= [F_*A, F_*B]\tilde{} & (\text{命題 16.14}) \\ &= [(F_*A)\tilde{}, (F_*B)\tilde{}] & (\text{命題 16.10}) \\ &= [F_*\tilde{A}, F_*\tilde{B}] & (L(H) \text{ における } F_* \text{ の定義}) \\ &= [F_*X, F_*Y]. \end{aligned}$$

16.11 (b) $(U, x^1, \ldots, x^n)$ を単位元 e の周りの G のチャートとする. このチャートに関して, e での微分 c_{a*} はヤコビ行列 $[\partial(x^i \circ c_a)/\partial x^j|_e]$ によって表される. $c_a(x) = axa^{-1}$ は x と a に関して C^∞ 級なので, すべての偏導関数 $\partial(x^i \circ c_a)/\partial x^j|_e$ は C^∞ 級. したがって $\mathrm{Ad}(a)$ は a に関して C^∞ 級である.

17.1 $\omega = (-y\,dx + x\,dy)/(x^2 + y^2)$.

17.2 $a_j = \sum_i b_i \, \partial y^i / \partial x^j$.

17.4 (a) $\omega_p = \sum c_i \, dx^i|_p$ と仮定する．このとき

$$\lambda_{\omega_p} = \pi^*(\omega_p) = \sum c_i \pi^*(dx^i|_p) = \sum c_i (\pi^* dx^i)_{\omega_p} = \sum c_i (d\pi^* x^i)_{\omega_p}$$
$$= \sum c_i \, (d\bar{x}^i)_{\omega_p}.$$

よって，$\lambda = \sum c_i \, d\bar{x}^i$.

18.4* 和または積の台

(a) $(\omega + \tau)(p) \neq 0$ ならば，$\omega(p) \neq 0$ または $\tau(p) \neq 0$. よって，

$$Z(\omega + \tau)^c \subset Z(\omega)^c \cup Z(\tau)^c.$$

両辺において閉包をとり，$\overline{A \cup B} = \overline{A} \cup \overline{B}$ という事実を用いると，

$$\mathrm{supp}\,(\omega + \tau) \subset \mathrm{supp}\,\omega \cup \mathrm{supp}\,\tau$$

を得る．

(b) $(\omega \wedge \tau)_p \neq 0$ と仮定する．このとき，$\omega_p \neq 0$ かつ $\tau_p \neq 0$ である．よって，

$$Z(\omega \wedge \tau)^c \subset Z(\omega)^c \cap Z(\tau)^c.$$

両辺において閉包をとり，$\overline{A \cap B} \subset \overline{A} \cap \overline{B}$ という事実を用いると，

$$\mathrm{supp}\,(\omega \wedge \tau) \subset \overline{Z(\omega)^c \cap Z(\tau)^c} \subset \mathrm{supp}\,\omega \cap \mathrm{supp}\,\tau$$

を得る．

18.6* 台の局所有限族

$p \in \mathrm{supp}\,\omega$ とする．$\{\mathrm{supp}\,\rho_\alpha\}$ は局所有限なので，集合 $\mathrm{supp}\,\rho_\alpha$ の有限個だけと交わるような M における p の近傍 W_p が存在する．族 $\{W_p \mid p \in \mathrm{supp}\,\omega\}$ は $\mathrm{supp}\,\omega$ を被覆する．$\mathrm{supp}\,\omega$ のコンパクト性より，有限部分被覆 $\{W_{p_1}, \ldots, W_{p_m}\}$ が存在する．各 W_{p_i} は有限個の $\mathrm{supp}\,\rho_\alpha$ だけと交わるので，$\mathrm{supp}\,\omega$ は有限個の $\mathrm{supp}\,\rho_\alpha$ とだけ交わる．

問題 18.4 より，

$$\mathrm{supp}\,(\rho_\alpha \omega) \subset \mathrm{supp}\,\rho_\alpha \cap \mathrm{supp}\,\omega.$$

よって，有限個の α を除いて $\mathrm{supp}\,(\rho_\alpha \omega)$ は空である．つまり，$\rho_\alpha \omega \equiv 0$.

18.8* 全射沈め込みによる引き戻し

$\pi^* : \Omega^*(M) \to \Omega^*(\tilde{M})$ が代数の準同型写像であることは命題 18.9 と命題 18.11 から従う．

$\omega \in \Omega^k(M)$ を $\Omega^k(\tilde{M})$ において $\pi^*\omega = 0$ を満たす M 上の k 形式と仮定する．$\omega = 0$ を示すために，任意の点 $p \in M$ と任意のベクトル $v_1, \ldots, v_k \in T_pM$ をとる．π は全射なので，p へ写す点 $\tilde{p} \in \tilde{M}$ が存在する．π は $\tilde{p}$ において沈め込みなので，$\pi_{*,\tilde{p}}\tilde{v}_i = v_i$ となるような $\tilde{v}_1, \ldots, \tilde{v}_k \in T_{\tilde{p}}\tilde{M}$ が存在する．このとき

$$\begin{aligned}
0 &= (\pi^*\omega)_{\tilde{p}}(\tilde{v}_1, \ldots, \tilde{v}_k) & (\pi^*\omega = 0 \text{ なので}) \\
&= \omega_{\pi(\tilde{p})}(\pi_*\tilde{v}_1, \ldots, \pi_*\tilde{v}_k) & (\pi^*\omega \text{ の定義}) \\
&= \omega_p(v_1, \ldots, v_k).
\end{aligned}$$

$p \in M$ と $v_1, \ldots, v_k \in T_pM$ は任意であったので，これは $\omega = 0$ を示している．したがって，$\pi^* : \Omega^*(M) \to \Omega^*(\tilde{M})$ は単射である．

18.9 (c) $f(a)$ は $\mathrm{Ad}(a^{-1})$ による引き戻しなので，問題 10.7 によって $f(a) = \det(\mathrm{Ad}(a^{-1}))$ を得る．問題 16.11 によると，$\mathrm{Ad}(a^{-1})$ は a の C^∞ 級関数である．

19.1 $F^*(dx \wedge dy \wedge dz) = d(x \circ F) \wedge d(y \circ F) \wedge d(z \circ F)$. 系 18.4 (ii) を適用せよ．

19.2 $F^*(u\,du + v\,dv) = (2x^3 + 3xy^2)dx + (3x^2y + 2y^3)dy$.

19.3 $\gamma^*\tau = dt$.

19.5* 座標関数と微分形式

$(V, x^1, \ldots, x^n)$ を p におけるチャートとする．系 18.4 (ii) より，

$$df^1 \wedge \cdots \wedge df^n = \det\left[\frac{\partial f^i}{\partial x^j}\right] dx^1 \wedge \cdots \wedge dx^n.$$

よって，$(df^1 \wedge \cdots \wedge df^n)_p \neq 0$ である必要十分条件は $\det[\partial f^i / \partial x^j(p)] \neq 0$ である．逆関数定理より，この条件は写像 $F := (f^1, \ldots, f^n) : W \to \mathbb{R}^n$ がその像の上への C^∞ 級微分同相写像であるような p の近傍 W が存在することと同値である．言い換えると，$(W, f^1, \ldots, f^n)$ はチャートである．

19.7 命題 19.3 の証明を真似よ．

19.9* 垂直な平面

$ax + by$ は垂直な平面上の零関数なので，その微分は恒等的に 0 である．つまり，

$$a\,dx + b\,dy = 0.$$

よって，その平面の各点において dx が dy のスカラー倍または dy が dx のスカラー倍である．どちらの場合も $dx \wedge dy = 0$ である．

19.11

(a) 例 19.8 を真似る. f_x, f_y をそれぞれ偏導関数 $\partial f/\partial x, \partial f/\partial y$ とし,
$$U_x = \{(x,y) \in M \mid f_x \neq 0\}, \quad U_y = \{(x,y) \in M \mid f_y \neq 0\}$$
とおく. 0 は f の正則値なので, M におけるすべての点は $f_x \neq 0$ または $f_y \neq 0$ を満たす. よって, $\{U_x, U_y\}$ は M の開被覆である. ω を U_x 上で dy/f_x, U_y 上で $-dx/f_y$ と定める. ω が M 上で大域的に定義されることを示せ. 陰関数定理より, 点 $(a,b) \in U_x$ の近傍において, x は y の C^∞ 級関数である. y を局所座標として用いることができ, 1形式 dy/f_x は (a,b) において C^∞ 級である. よって, ω は U_x 上で C^∞ 級である. 同様の議論により, ω は U_y 上で C^∞ 級であることが示せる.

(b) M 上, $df = f_x\, dx + f_y\, dy + f_z\, dz \equiv 0$.

(c) $U_i = \{p \in \mathbb{R}^{n+1} \mid \partial f/\partial x^i(p) \neq 0\}$ かつ
$$U_i \text{上} \quad \omega = (-1)^{i-1} \frac{dx^1 \wedge \cdots \wedge \widehat{dx^i} \wedge \cdots \wedge dx^{n+1}}{\partial f/\partial x^i}$$
と定義せよ.

19.13 $\nabla \times \mathbf{E} = -\partial \mathbf{B}/\partial t$ と $\operatorname{div} \mathbf{B} = 0$.

20.3*　ベクトル場の滑らかな族の微分

$(V, y^1, \ldots, y^n)$ を
$$V \text{上} \quad X_t = \sum_j b^j(t,q) \frac{\partial}{\partial y^j}$$
を満たす p の他の座標近傍とする. $U \cap V$ 上,
$$\frac{\partial}{\partial x^i} = \sum_j \frac{\partial y^j}{\partial x^i} \frac{\partial}{\partial y^j}$$
である. これを本文の (20.2) に代入し, 上記の X_t の表示の係数を比較すると,
$$b^j(t,q) = \sum_i a^i(t,q) \frac{\partial y^j}{\partial x^i}$$
を得る. $\partial y^j/\partial x^i$ は t に依らないので, この等式の両辺を t に関して微分すると
$$\frac{\partial b^j}{\partial t} = \sum_i \frac{\partial a^i}{\partial t} \frac{\partial y^j}{\partial x^i}$$
を得る. よって,

$$\sum_j \frac{\partial b^j}{\partial t}\frac{\partial}{\partial y^j} = \sum_{i,j} \frac{\partial a^i}{\partial t}\frac{\partial y^j}{\partial x^i}\frac{\partial}{\partial y^j} = \sum_i \frac{\partial a^i}{\partial t}\frac{\partial}{\partial x^i}.$$

20.6* 外微分の大域的な公式

定理 20.12 より,

$$(\mathcal{L}_{Y_0}\omega)(Y_1,\ldots,Y_k)$$
$$= Y_0(\omega(Y_1,\ldots,Y_k)) - \sum_{j=1}^{k}\omega(Y_1,\ldots,[Y_0,Y_j],\ldots,Y_k)$$
$$= Y_0(\omega(Y_1,\ldots,Y_k))$$
$$\quad + \sum_{j=1}^{k}(-1)^j\omega([Y_0,Y_j],Y_1,\ldots,\widehat{Y_j},\ldots,Y_k). \tag{20.6.1}$$

帰納法の仮定より,定理 20.14 は $(k-1)$ 形式に対して正しい.よって,

$$-(d\iota_{Y_0}\omega)(Y_1,\ldots,Y_k)$$
$$= -\sum_{i=1}^{k}(-1)^{i-1}Y_i\Big((\iota_{Y_0}\omega)(Y_1,\ldots,\widehat{Y_i},\ldots,Y_k)\Big)$$
$$\quad - \sum_{1\leq i<j\leq k}(-1)^{i+j}(\iota_{Y_0}\omega)([Y_i,Y_j],Y_1,\ldots,\widehat{Y_i},\ldots,\widehat{Y_j},\ldots,Y_k)$$
$$= \sum_{i=1}^{k}(-1)^i Y_i\Big(\omega(Y_0,Y_1,\ldots,\widehat{Y_i},\ldots,Y_k)\Big)$$
$$\quad + \sum_{1\leq i<j\leq k}(-1)^{i+j}\omega([Y_i,Y_j],Y_0,Y_1,\ldots,\widehat{Y_i},\ldots,\widehat{Y_j},\ldots,Y_k)$$

$$\tag{20.6.2}$$

が成り立つ.(20.6.1) と (20.6.2) を足すと

$$\sum_{i=0}^{k}(-1)^i Y_i\Big(\omega(Y_0,\ldots,\widehat{Y_i},\ldots,Y_k)\Big)$$
$$\quad + \sum_{j=1}^{k}(-1)^j\omega([Y_0,Y_j],\widehat{Y_0},Y_1,\ldots,\widehat{Y_j},\ldots,Y_k)$$
$$\quad + \sum_{1\leq i<j\leq k}(-1)^{i+j}\omega([Y_i,Y_j],Y_0,\ldots,\widehat{Y_i},\ldots,\widehat{Y_j},\ldots,Y_k)$$

が得られ,定理 20.14 の右辺に簡約化される.

21.1* 連結な空間上の局所定値写像

まず,すべての $y \in Y$ に対して,逆像 $f^{-1}(y)$ が開集合であることを示す. $p \in f^{-1}(y)$ と仮定する.このとき $f(p) = y$ である. f は局所定値写像なので, $f(U) = \{y\}$ となるような p の近傍 U がある.よって, $U \subset f^{-1}(y)$ である.これは $f^{-1}(y)$ が開集合であることを証明している.

等式 $S = \bigcup_{y \in Y} f^{-1}(y)$ は S を開集合の非交和として表している. S は連結なので,これはそのような開集合が唯一つ $S = f^{-1}(y_0)$ のときだけ起こりうる.よって, f は S 上で一定の値 y_0 をとる.

21.5 写像 F は向きを保つ.

21.6 問題 19.11 (c) と定理 21.5 を用いよ.

21.9 問題 12.2 を見よ.

22.1 位相空間としての境界 $\mathrm{bd}(M)$ は $\{0, 1, 2\}$ であり,多様体としての境界 ∂M は $\{0\}$ である.

22.3* 境界における内向きベクトル

($\Leftarrow$) $(U, \phi) = (U, x^1, \ldots, x^n)$ を, $a^n > 0$ を用いて $X_p = \sum a^i \partial/\partial x^i|_p$ となるような p を中心とする M のチャートと仮定する.このとき, M における曲線 $c(t) = \phi^{-1}(a^1 t, \ldots, a^n t)$ は

$$c(0) = p, \quad c(]0, \varepsilon[) \subset M^\circ, \quad c'(0) = X_p \tag{22.3.1}$$

を満たす.よって, X_p は内向きである.

($\Rightarrow$) X_p が内向きであると仮定する.このとき, $X_p \notin T_p(\partial M)$ かつ (22.3.1) を満たす曲線 $c : [0, \varepsilon[\to M$ が存在する. $(U, \phi) = (U, x^1, \ldots, x^n)$ を p を中心とするチャートとする. U 上, $x^n \geq 0$ が成り立つ. $(\phi \circ c)(t) = (c^1(t), \ldots, c^n(t))$ とすると, $c^n(0) = 0$ かつ $t > 0$ に対して $c^n(t) > 0$ である.したがって, $t = 0$ における c^n の微分は

$$\dot{c}^n(0) = \lim_{t \to 0^+} \frac{c^n(t) - c^n(0)}{t} = \lim_{t \to 0^+} \frac{c^n(t)}{t} \geq 0$$

である. $X_p = \sum_{i=1}^n \dot{c}^i(0) \partial/\partial x^i|_p$ なので, X_p における $\partial/\partial x^n|_p$ の係数は $\dot{c}^n(0)$ である.実際, $\dot{c}^n(0) = 0$ ならば X_p は p において ∂M に接するので, $\dot{c}^n(0) > 0$ である.

22.4* 境界に沿った滑らかな外向きベクトル場

$p \in \partial M$, $(U, x^1, \ldots, x^n)$ を p の座標近傍とし,

と書く. このとき

$$X_{\alpha,p} = \sum_{i=1}^{n} a^i(X_{\alpha,p}) \left.\frac{\partial}{\partial x^i}\right|_p$$

と書く. このとき

$$X_p = \sum_{\alpha} \rho_\alpha(p) X_{\alpha,p} = \sum_{i=1}^{n}\sum_{\alpha} \rho_\alpha(p) a^i(X_{\alpha,p}) \left.\frac{\partial}{\partial x^i}\right|_p$$

である. $X_{\alpha,p}$ は外向きなので,問題 22.3 より係数 $a^n(X_{\alpha,p})$ は負である. すべての α に対して $\rho_\alpha(p) \geq 0$ であり,少なくとも 1 つの α に対して $\rho_\alpha(p)$ は正なので,X_p における $\partial/\partial x^n|_p$ の係数 $\sum_{\alpha} \rho_\alpha(p) a^n(X_{\alpha,p})$ は負である. 再び問題 22.3 より,これは X_p が外向きであることを示している.

ベクトル場 X が滑らかであることは,1 の分割 ρ_α が滑らかであることと,p の関数として係数関数 $a^i(X_{\alpha,p})$ が滑らかであることから従う.

22.6* 境界上の誘導されたアトラス

$r^1,\ldots,r^n$ を上半空間 $\mathcal{H}^n$ の標準座標とする. 簡単にするため,$\mathcal{H}^n$ の点の最初の $n-1$ 個の座標を $a = (a^1,\ldots,a^{n-1})$ と書く. 変換関数

$$\psi \circ \phi^{-1} : \phi(U \cap V) \to \psi(U \cap V) \subset \mathcal{H}^n$$

は境界点を境界点に,内点を内点に写し,

(i) $(r^n \circ \psi \circ \phi^{-1})(a,0) = 0$,
(ii) $t > 0$ に対して $(r^n \circ \psi \circ \phi^{-1})(a,t) > 0$

を満たす. ここで,$(a,0)$ と (a,t) は $\phi(U \cap V) \subset \mathcal{H}^n$ の点である. $x^j = r^j \circ \phi$, $y^i = r^i \circ \psi$ をそれぞれチャート $(U,\phi), (V,\psi)$ 上の局所座標とする. 特に,$y^n \circ \phi^{-1} = r^n \circ \psi \circ \phi^{-1}$. r^j に関して (i) を微分すると,

$$j=1,\ldots,n-1 \text{ に対して} \quad \left.\frac{\partial y^n}{\partial x^j}\right|_{\phi^{-1}(a,0)} = \left.\frac{\partial(y^n \circ \phi^{-1})}{\partial r^j}\right|_{(a,0)}$$
$$= \left.\frac{\partial(r^n \circ \psi \circ \phi^{-1})}{\partial r^j}\right|_{(a,0)} = 0$$

を得る. t と $(y^n \circ \phi^{-1})(a,t)$ は正なので,(i) と (ii) から

$$\left.\frac{\partial y^n}{\partial x^n}\right|_{\phi^{-1}(a,0)} = \left.\frac{\partial(y^n \circ \phi^{-1})}{\partial r^n}\right|_{(a,0)}$$
$$= \lim_{t\to 0^+} \frac{(y^n \circ \phi^{-1})(a,t) - (y^n \circ \phi^{-1})(a,0)}{t}$$
$$= \lim_{t\to 0^+} \frac{(y^n \circ \phi^{-1})(a,t)}{t} \geq 0$$

を得る．したがって，交わりがあるチャート U と V に関する $U \cap V \cap \partial M$ の点 $p = \phi^{-1}(a, 0)$ におけるヤコビ行列 $J = [\partial y^i / \partial x^j]$ は

$$J = \begin{pmatrix} \dfrac{\partial y^1}{\partial x^1} & \cdots & \dfrac{\partial y^1}{\partial x^{n-1}} & \dfrac{\partial y^1}{\partial x^n} \\ \vdots & \ddots & \vdots & \vdots \\ \dfrac{\partial y^{n-1}}{\partial x^1} & \cdots & \dfrac{\partial y^{n-1}}{\partial x^{n-1}} & \dfrac{\partial y^{n-1}}{\partial x^n} \\ 0 & \cdots & 0 & \dfrac{\partial y^n}{\partial x^n} \end{pmatrix} = \begin{pmatrix} A & * \\ 0 & \dfrac{\partial y^n}{\partial x^n} \end{pmatrix}$$

の形をしている．ここで，左上の $(n-1) \times (n-1)$ ブロック $A = [\partial y^i / \partial x^j]$ は，境界上の誘導されたチャート $U \cap \partial M$ と $V \cap \partial M$ に関するヤコビ行列である．$J(p) > 0$ かつ $\partial y^n / \partial x^n (p) > 0$ なので，$\det A(p) > 0$ を得る．

22.7* 左半空間の境界の向き

∂M に沿った滑らかな外向きベクトル場は $\partial/\partial x^1$ なので，定義より ∂M 上の境界の向きの向き形式は縮約

$$\iota_{\partial/\partial x^1}(dx^1 \wedge dx^2 \wedge \cdots \wedge dx^n) = dx^2 \wedge \cdots \wedge dx^n$$

である．

22.8 上から見ると，C_1 は時計回り，C_0 は反時計回り．

22.9 $\iota_X(dx^1 \wedge \cdots \wedge dx^{n+1})$ を計算せよ．

22.10 (a) 閉単位球上の向き形式は $dx^1 \wedge \cdots \wedge dx^{n+1}$ であり，U 上の滑らかな外向きベクトル場は $\partial/\partial x^{n+1}$ である．定義より，U 上の境界の向きは縮約

$$\iota_{\partial/\partial x^{n+1}}(dx^1 \wedge \cdots \wedge dx^{n+1}) = (-1)^n dx^1 \wedge \cdots \wedge dx^n$$

である．

22.11 (a) ω を問題 22.9 における球面上の向き形式とする．$a^* \omega = (-1)^{n+1} \omega$ を示せ．

23.1 $x = au, y = bv$ とせよ．

23.2 ハイネ-ボレルの定理（定理 A.40）を用いよ．

23.3* 微分同相写像の下の積分

$\{(U_\alpha, \phi_\alpha)\}$ を M の向きを特定する M の向き付けられたアトラスとし，$\{\rho_\alpha\}$ を開被覆 $\{U_\alpha\}$ に従属する M 上の 1 の分割とする．$F: N \to M$ が向きを保つと仮

定する．問題 21.4 より，$\{(F^{-1}(U_\alpha), \phi_\alpha \circ F)\}$ は N の向きを特定する N の向き付けられたアトラスである．問題 13.6 より，$\{F^*\rho_\alpha\}$ は開被覆 $\{F^{-1}(U_\alpha)\}$ に従属する N 上の 1 の分割である．

積分の定義より，

$$\begin{aligned}
\int_N F^*\omega &= \sum_\alpha \int_{F^{-1}(U_\alpha)} (F^*\rho_\alpha)(F^*\omega) \\
&= \sum_\alpha \int_{F^{-1}(U_\alpha)} F^*(\rho_\alpha \omega) \\
&= \sum_\alpha \int_{(\phi_\alpha \circ F)(F^{-1}(U_\alpha))} (\phi_\alpha \circ F)^{-1*} F^*(\rho_\alpha \omega) \\
&= \sum_\alpha \int_{\phi_\alpha(U_\alpha)} (\phi_\alpha^{-1})^*(\rho_\alpha \omega) \\
&= \sum_\alpha \int_{U_\alpha} \rho_\alpha \omega = \int_M \omega
\end{aligned}$$

が成り立つ．

$F: N \to M$ が向きを逆にするならば，$\{(F^{-1}(U_\alpha), \phi_\alpha \circ F)\}$ は N の逆の向きを与える N の向き付けられたアトラスである．このアトラスを用いて上記のように積分を計算すると，$-\int_N F^*\omega$ を得る．よってこの場合，$\int_M \omega = -\int_N F^*\omega$ である．

23.4* ストークスの定理

$\mathbb{R}^n$ または $\mathcal{H}^n$ 上にコンパクトな台をもつ $(n-1)$ 形式 ω は一次結合

$$\omega = \sum_{i=1}^n f_i \, dx^1 \wedge \cdots \wedge \widehat{dx^i} \wedge \cdots \wedge dx^n \tag{23.4.1}$$

で表せる．ストークスの定理の両辺は ω に関して $\mathbb{R}$ 線形なので，和 (23.4.1) の 1 つの項のみに対して定理を確かめればよい．よって，

$$\omega = f \, dx^1 \wedge \cdots \wedge \widehat{dx^i} \wedge \cdots \wedge dx^n$$

と仮定してもよい．ここで，f は $\mathbb{R}^n$ または $\mathcal{H}^n$ にコンパクトな台をもつ C^∞ 級関数である．このとき，

$$\begin{aligned}
d\omega &= \frac{\partial f}{\partial x^i} dx^i \wedge dx^1 \wedge \cdots \wedge dx^{i-1} \wedge \widehat{dx^i} \wedge \cdots \wedge dx^n \\
&= (-1)^{i-1} \frac{\partial f}{\partial x^i} dx^1 \wedge \cdots \wedge dx^i \wedge \cdots \wedge dx^n
\end{aligned}$$

である．f は $\mathbb{R}^n$ または $\mathcal{H}^n$ にコンパクトな台をもつので，$\mathrm{supp} f$ が立方体 $[-a, a]^n$ の内部に属するような十分大きい $a > 0$ がとれる．

$\mathbb{R}^n$ に対するストークスの定理

フビニの定理より,まず x_i に関して積分することができる.つまり,

$$\int_{\mathbb{R}^n} d\omega = \int_{\mathbb{R}^n} (-1)^{i-1} \frac{\partial f}{\partial x^i} dx^1 \cdots dx^n$$

$$= (-1)^{i-1} \int_{\mathbb{R}^{n-1}} \left(\int_{-\infty}^{\infty} \frac{\partial f}{\partial x^i} dx^i \right) dx^1 \cdots \widehat{dx^i} \cdots dx^n$$

$$= (-1)^{i-1} \int_{\mathbb{R}^{n-1}} \left(\int_{-a}^{a} \frac{\partial f}{\partial x^i} dx^i \right) dx^1 \cdots \widehat{dx^i} \cdots dx^n.$$

しかし,f の台は $[-a, a]^n$ の内部に属するので,

$$\int_{-a}^{a} \frac{\partial f}{\partial x^i} dx^i = f(\ldots, x^{i-1}, a, x^{i+1}, \ldots) - f(\ldots, x^{i-1}, -a, x^{i+1}, \ldots)$$

$$= 0 - 0 = 0$$

が成り立つ.よって,$\int_{\mathbb{R}^n} d\omega = 0$ である.

$\mathbb{R}^n$ は境界をもたないので,ストークスの定理の右辺は $\int_{\partial \mathbb{R}^n} \omega = \int_{\emptyset} \omega = 0$ である.これは $\mathbb{R}^n$ に対するストークスの定理を証明している.

$\mathcal{H}^n$ に対するストークスの定理

(場合 1) $i \neq n$ のとき

$$\int_{\mathcal{H}^n} d\omega = (-1)^{i-1} \int_{\mathcal{H}^n} \frac{\partial f}{\partial x^i} dx^1 \cdots dx^n$$

$$= (-1)^{i-1} \int_{\mathcal{H}^{n-1}} \left(\int_{-\infty}^{\infty} \frac{\partial f}{\partial x^i} dx^i \right) dx^1 \cdots \widehat{dx^i} \cdots dx^n$$

$$= (-1)^{i-1} \int_{\mathcal{H}^{n-1}} \left(\int_{-a}^{a} \frac{\partial f}{\partial x^i} dx^i \right) dx^1 \cdots \widehat{dx^i} \cdots dx^n$$

$$= 0 \quad (\mathbb{R}^n \text{ の場合と同じ理由による}).$$

$\int_{\partial \mathcal{H}^n} \omega$ に関しては,$\partial \mathcal{H}^n$ が方程式 $x^n = 0$ で定義されることに注意しておく.よって,$\partial \mathcal{H}^n$ 上,1 形式 dx^n は恒等的に 0 である.$i \neq n$ なので,$\partial \mathcal{H}^n$ 上で $\omega = f dx^1 \wedge \cdots \wedge \widehat{dx^i} \wedge \cdots \wedge dx^n \equiv 0$ が成立し,$\int_{\partial \mathcal{H}^n} \omega = 0$ である.よって,この場合についてストークスの定理は成り立つ.

(場合 2) $i = n$ のとき

$$\int_{\mathcal{H}^n} d\omega = (-1)^{n-1} \int_{\mathcal{H}^n} \frac{\partial f}{\partial x^n} dx^1 \cdots dx^n$$

$$= (-1)^{n-1} \int_{\mathbb{R}^{n-1}} \left(\int_0^{\infty} \frac{\partial f}{\partial x^n} dx^n \right) dx^1 \cdots dx^{n-1}.$$

この積分において,

$$\int_0^\infty \frac{\partial f}{\partial x^n} dx^n = \int_0^a \frac{\partial f}{\partial x^n} dx^n$$
$$= f(x^1, \ldots, x^{n-1}, a) - f(x^1, \ldots, x^{n-1}, 0)$$
$$= -f(x^1, \ldots, x^{n-1}, 0)$$

である．よって，$(-1)^n \mathbb{R}^{n-1}$ は境界の向きをもつ $\partial \mathcal{H}^n$ に他ならないので，

$$\int_{\mathcal{H}^n} d\omega = (-1)^n \int_{\mathbb{R}^{n-1}} f(x^1, \ldots, x^{n-1}, 0) \, dx^1 \cdots dx^{n-1} = \int_{\partial \mathcal{H}^n} \omega$$

が成り立つ．よって，この場合についてもストークスの定理は成り立つ．

23.5 $x^2 + y^2 + z^2 = 1$ の外微分をとると，S^2 上の1形式 dx, dy, dz の間の関係式を得る．このとき，例えば $x \neq 0$ に対して，$dx \wedge dy = (z/x) \, dy \wedge dz$ を得る．

24.1 $\omega = df$ と仮定する．問題 8.10 (b) と命題 17.2 を用いて矛盾を導け．

25.4* 蛇の補題

与えられた可換図式の各列をコチェイン複体と見ると，図式はコチェイン複体の短完全列

$$0 \to \mathcal{A} \to \mathcal{B} \to \mathcal{C} \to 0$$

である．ジグザグ補題より，コホモロジーの間の長完全列を引き起こす．その長完全列において，$H^0(\mathcal{A}) = \ker \alpha$ かつ $H^1(\mathcal{A}) = A^1/\mathrm{im}\,\alpha$ であり，$\mathcal{B}$ と $\mathcal{C}$ についても同様である．

26.2 $d_{-1} = 0$ と定義する．このとき，与えられた完全列は短完全列の集まり

$$0 \to \mathrm{im}\, d_{k-1} \to A^k \xrightarrow{d_k} \mathrm{im}\, d_k \to 0, \qquad k = 0, \ldots, m-1$$

と同値である．階数・退化次数の定理より，

$$\dim A^k = \dim(\mathrm{im}\, d_{k-1}) + \dim(\mathrm{im}\, d_k)$$

が成り立つ．左辺の交代和を計算するとき，右辺は打ち消しあって 0 になる．

28.1 U を穴があいた射影平面 $\mathbb{R}P^2 - \{p\}$ とし，V を p を含む小さい円盤とする．U は境界の円周へ変位レトラクトされ，同一視した後は実は $\mathbb{R}P^1$ なので，U は $\mathbb{R}P^1$ のホモトピー型をもつ．$\mathbb{R}P^1$ は S^1 と同相なので，$H^*(U) \simeq H^*(S^1)$ である．マイヤー-ヴィートリス完全系列を適用すると，答えは $H^0(\mathbb{R}P^2) = \mathbb{R}$ であり，$k > 0$ のときは $H^k(\mathbb{R}P^2) = 0$ である．

28.2 $k = 0, n$ のとき $H^k(S^n) = \mathbb{R}$ であり，それ以外のときは $H^k(S^n) = 0$ である．

28.3 1つの方法はマイヤー - ヴィートリス完全系列を $U = \mathbb{R}^2 - \{p\}$, $V = \mathbb{R}^2 - \{q\}$ に適用することである.

A.13* リンデレフ条件

$\{B_i\}_{i \in I}$ を可算基とし, $\{U_\alpha\}_{\alpha \in A}$ を位相空間 S の開被覆とする. すべての $p \in U_\alpha$ に対して,
$$p \in B_i \subset U_\alpha$$
となる B_i が存在する. B_i は p と α に依存するから, $i = i(p, \alpha)$ と書く. したがって,
$$p \in B_{i(p,\alpha)} \subset U_\alpha.$$
J を, ある p とある α に対して $j = i(p, \alpha)$ となるようなすべての添え字 $j \in I$ からなる集合とする. このとき, S のすべての点 p はある $B_{i(p,\alpha)} = B_j$ に含まれるので, $\bigcup_{j \in J} B_j = S$.

各 $j \in J$ に対して, $B_j \subset U_{\alpha(j)}$ となる $\alpha(j)$ を選ぶ. このとき $S = \bigcup_j B_j \subset \bigcup_j U_{\alpha(j)}$. よって $\{U_{\alpha(j)}\}_{j \in J}$ は $\{U_\alpha\}_{\alpha \in A}$ の可算部分被覆である.

A.15* 分離の言葉による非連結な部分集合

($\Leftarrow$) (iii) より,
$$A = (U \cup V) \cap A = (U \cap A) \cup (V \cap A).$$
(i) と (ii) より, $U \cap A$ と $V \cap A$ は, 互いに交わらない空でない A の開集合. これゆえ, A は非連結.

($\Rightarrow$) A が部分空間位相に関して非連結と仮定する. このとき $A = U' \cup V'$. ここで U' と V' は, 互いに交わらない空でない A の開集合. 部分空間位相の定義より, $U' = U \cap A$, $V' = V \cap A$ となる S の開集合 U, V が存在する.

(i) は U' と V' が空でないので成立.
(ii) は U' と V' が交わらないので成立.
(iii) は $A = U' \cup V' \subset U \cup V$ なので成立.

A.19* 極限の一意性

$p \neq q$ と仮定する. S はハウスドルフなので, 互いに交わらない開集合 U_p と U_q で, $p \in U_p$ かつ $q \in U_q$ となるものが存在する. 収束の定義より, ある整数 N_p と N_q が存在して, すべての $i \geq N_p$ に対して $x_i \in U_p$, かつすべての $i \geq N_q$ に対して $x_i \in U_q$ が成り立つ. これは $U_p \cap U_q$ が空集合であることに矛盾する.

A.20* 積における閉包

($\subset$) 問題 A.5 より，$\mathrm{cl}(A) \times Y$ は $A \times Y$ を含む閉集合．閉包の定義より，$\mathrm{cl}(A \times Y) \subset \mathrm{cl}(A) \times Y$.

($\supset$) 逆に，$(p, y) \in \mathrm{cl}(A) \times Y$ とする．$p \in A$ ならば，$(p, y) \in A \times Y \subset \mathrm{cl}(A \times Y)$. $p \notin A$ とする．命題 A.50 より，p は A の集積点．$U \times V$ を (p, y) を含む $S \times Y$ の任意の（開基に属する）開集合とする．$p \in \mathrm{ac}(A)$ だから，開集合 U は $a \neq p$ となる点 $a \in A$ を含む．よって，$U \times V$ は $(a, y) \neq (p, y)$ となる点 $(a, y) \in A \times Y$ を含む．これは (p, y) が $A \times Y$ の集積点であることを示している．再度命題 A.50 より，$(p, y) \in \mathrm{ac}(A \times Y) \subset \mathrm{cl}(A \times Y)$. これより $\mathrm{cl}(A) \times Y \subset \mathrm{cl}(A \times Y)$.

B.1* 行列の階数

($\Rightarrow$) $\mathrm{rk}\, A \geq k$ と仮定する．このとき k 個の一次独立な A の列ベクトルがあり，これらを $a_1, \ldots, a_k$ とする．$m \times k$ 行列 $[a_1 \cdots a_k]$ の階数は k なので，k 個の一次独立な行ベクトル $b^1, \ldots, b^k$ がある．行ベクトルが $b^1, \ldots, b^k$ である行列 B は A の $k \times k$ 部分行列で，$\mathrm{rk}\, B = k$. つまり，B は A の正則 $k \times k$ 部分行列．

($\Leftarrow$) A が正則 $k \times k$ 部分行列 B をもつと仮定する．$a_1, \ldots, a_k$ を A の列ベクトルで，部分行列 $[a_1 \cdots a_k]$ が B を含んでいるものとする．$[a_1 \cdots a_k]$ に k 個の一次独立な行ベクトルがあるから，k 個の一次独立な列ベクトルもある．したがって，$\mathrm{rk}\, A \geq k$.

B.2* 階数が高々 r の行列

A を $m \times n$ 行列とする．問題 B.1 より，$\mathrm{rk}\, A \leq r$ であるための必要十分条件は，A のすべての $(r+1) \times (r+1)$ 小行列式 $m_1(A), \ldots, m_s(A)$ が 0 となることである．D_r は連続関数の族の共通零点集合なので，$\mathbb{R}^{m \times n}$ において閉である．

B.3* 最大階数

$n \leq m$ と仮定する．このとき，最大階数は n ですべての行列 $A \in \mathbb{R}^{m \times n}$ は階数 $\leq n$ である．したがって，

$$D_{\max} = \{A \in \mathbb{R}^{m \times n} \mid \mathrm{rk}\, A = n\} = \mathbb{R}^{m \times n} - D_{n-1}.$$

D_{n-1} は $\mathbb{R}^{m \times n}$ の閉集合だから（問題 B.2），$D_{\max}$ は $\mathbb{R}^{m \times n}$ において開である．

B.4* 写像の退化跡と最大階数軌跡

(a) D_r を階数が高々 r の行列からなる $\mathbb{R}^{m \times n}$ の部分集合とする．写像 $F \colon S \to \mathbb{R}^{m \times n}$ の階数 r の退化跡は

$$D_r(F) = \{x \in S \mid F(x) \in D_r\} = F^{-1}(D_r)$$

と記述できる. D_r は $\mathbb{R}^{m \times n}$ の閉集合（問題 B.2）で F は連続だから, $F^{-1}(D_r)$ は S の閉集合である.

(b) $D_{\max}$ を最大階数の行列からなる $\mathbb{R}^{m \times n}$ の部分集合とする. このとき $D_{\max}(F) = F^{-1}(D_{\max})$. $D_{\max}$ は $\mathbb{R}^{m \times n}$ において開で（問題 B.3）F は連続だから, $F^{-1}(D_{\max})$ は S において開である.

B.7 例 B.5 を用いよ.

記 号 一 覧

$\mathbb{R}^n$	n 次元ユークリッド空間（p.4）
$p = (p^1, \ldots, p^n)$	$\mathbb{R}^n$ の点（p.4）
C^∞	滑らか，無限回微分可能（p.4）
$\partial f/\partial x^i$	x^i に関する偏導関数（pp.4, 81）
$f^{(k)}(x)$	$f(x)$ の k 次の導関数（p.6）
$B(p,r)$	中心を点 p にもつ半径 r の $\mathbb{R}^n$ における開球（pp.8, 381）
$]a, b[$	$\mathbb{R}^1$ の開区間（p.9）
$T_p(\mathbb{R}^n)$ または $T_p\mathbb{R}^n$	点 p における $\mathbb{R}^n$ の接空間（p.12）
$v = \begin{bmatrix} v^1 \\ \vdots \\ v^n \end{bmatrix} = \langle v^1, \ldots, v^n \rangle$	列ベクトル（p.12）
$\{e_1, \ldots, e_n\}$	$\mathbb{R}^n$ の標準基底（p.12）
$D_v f$	f の v 方向の方向微分（p.12）
$x \sim y$	同値関係（p.13）
C_p^∞	$\mathbb{R}^n$ の点 p における C^∞ 級関数の芽からなる代数（p.13）
$\mathcal{F}(U)$ または $C^\infty(U)$	U 上の C^∞ 級関数からなる環（p.14）
$\mathcal{D}_p(\mathbb{R}^n)$	$\mathbb{R}^n$ の点 p における導分からなるベクトル空間（p.15）
$\mathfrak{X}(U)$	U 上の C^∞ 級ベクトル場からなるベクトル空間（p.18）
$\mathrm{Der}(A)$	代数 A の導分からなるベクトル空間（p.19）
δ^i_j	クロネッカーのデルタ（p.15）

記号一覧

$\mathrm{Hom}(V, W)$	線形写像 $f\colon V \to W$ からなるベクトル空間 (p.21)
$V^\vee = \mathrm{Hom}(V, \mathbb{R})$	ベクトル空間の双対 (p.21)
V^k	k 個の V の直積 (p.26)
$L_k(V)$	V 上の k 重線形関数からなるベクトル空間 (p.27)
$(a_1\ a_2\ \cdots\ a_r)$	巡回置換, r-サイクル (p.23)
(a, b)	互換 (p.23)
S_k	k 個の元の置換群 (p.24)
$\mathrm{sgn}(\sigma)$ または $\mathrm{sgn}\,\sigma$	置換の符号 (p.24)
$A_k(V)$	V 上の交代 k 重線形関数からなるベクトル空間 (p.27)
σf	f に置換 σ が作用して得られた関数 (p.28)
e	群の単位元 (p.28)
$\sigma \cdot x$	σ の x への左作用 (p.28)
$x \cdot \sigma$	σ の x への右作用 (p.29)
Sf	f に対称化作用素を施して得られた関数 (p.29)
Af	f に交代化作用素を施して得られた関数 (p.29)
$f \otimes g$	多重線形関数 f と g のテンソル積 (p.30)
$f \wedge g$	多重コベクトル f と g のウェッジ積 (p.31)
$B = [b^i_j]$ または $[b_{ij}]$	(i, j) 成分が b^i_j または b_{ij} の行列 (p.36)
$\det[b^i_j]$ または $\det[b_{ij}]$	行列 $[b^i_j]$ または $[b_{ij}]$ の行列式 (p.36)
$I = (i_1, \ldots, i_k)$	多重指数 (p.36)
e_I	k 組 $(e_{i_1}, \ldots, e_{i_k})$ (p.36)
α^I	k コベクトル $\alpha^{i_1} \wedge \cdots \wedge \alpha^{i_k}$ (p.36)
$\bigoplus_{k=0}^\infty A_k$	$A^0, A^1, \ldots$ の直和 (p.38)
$A_*(V)$	ベクトル空間の外積代数 (p.39)
$T_p^*(\mathbb{R}^n)$ または $T_p^*\mathbb{R}^n$	$\mathbb{R}^n$ の余接空間 (p.41)
df	関数の微分 (pp.42, 229)
dx^I	$dx^{i_1} \wedge \cdots \wedge dx^{i_k}$ (p.44)

$\Omega^k(U)$	U 上の C^∞ 級 k 形式からなるベクトル空間 (pp.44, 244)
$\Omega^*(U)$	直和 $\bigoplus_{k=0}^n \Omega^k(U)$ (pp.46, 248)
$\omega(X)$	関数 $p \mapsto \omega_p(X_p)$ (p.46)
$d\omega$	ω の外微分 (p.47)
f_x	$\partial f/\partial x$, x に関する f の偏導関数 (p.47)
$\operatorname{grad} f$	関数 f の勾配 (p.50)
$\operatorname{curl} \mathbf{F}$	ベクトル場 $\mathbf{F}$ の回転 (p.51)
$\operatorname{div} \mathbf{F}$	ベクトル場 $\mathbf{F}$ の発散 (p.51)
$H^k(U)$	U の k 次ド・ラームコホモロジー (p.53)
$\{U_\alpha\}_{\alpha \in A}$	開被覆 (p.58)
(U,ϕ), $(U,\phi\colon U \to \mathbb{R}^n)$	チャートまたは座標開集合 (p.58)
$\mathbb{1}_U$	U 上の恒等写像 (p.59)
$U_{\alpha\beta}$	$U_\alpha \cap U_\beta$ (p.60)
$U_{\alpha\beta\gamma}$	$U_\alpha \cap U_\beta \cap U_\gamma$ (p.60)
$\mathfrak{U} = \{(U_\alpha, \phi_\alpha)\}$	アトラス (p.61)
$\mathbb{C}$	複素平面 (p.61)
$\sqcup$	非交和 (pp.61, 155)
$(U, x^1, \ldots, x^n)$	チャートまたは座標開集合 (p.64)
$\phi_\alpha|_{U_\alpha \cap V}$	ϕ_α の $U_\alpha \cap V$ への制限 (p.65)
$\Gamma(f)$	f のグラフ (p.65)
$K^{m \times n}$	成分が K の元である $m \times n$ 行列からなるベクトル空間 (p.66)
$\operatorname{GL}(n, K)$	体 K 上の一般線形群 (p.66)
$M \times N$	積多様体 (p.67)
$f \times g$	2 つの写像の積 (p.67)
S^n	$\mathbb{R}^{n+1}$ の単位球面 (p.68)
F^*h	関数 h の写像 F による引き戻し (p.72)
$\mu\colon G \times G \to G$	リー群の乗法写像 (p.79)
$\iota\colon G \to G$	リー群の逆元をとる写像 (p.79)
$K^\times$	体 K の 0 でない元の集合 (p.80)

記号一覧

S^1	$\mathbb{C}^\times$ の単位円周（p.80）
$A = [a_{ij}], [a^i_j]$	(i,j) 成分が a_{ij} または a^i_j の行列（p.80）
$J(f) = [\partial F^i/\partial x^j]$	ヤコビ行列（p.81）
$\det[\partial F^i/\partial x^j]$	ヤコビ行列式（p.81）
$\dfrac{\partial(F^1,\ldots,F^n)}{\partial(x^1,\ldots,x^n)}$	ヤコビ行列式（p.81）
$S/\sim$	商（p.86）
$[x]$	x の同値類（p.86）
$\pi^{-1}(U)$	π による U の逆像（p.86）
$\mathbb{R}P^n$	n 次元実射影空間（p.91）
$\|x\|$	x の長さ，大きさ（p.92）
$a^1 \wedge \cdots \wedge \widehat{a^i} \wedge \cdots \wedge a^n$	脱字記号＾は a^i を除くことを意味する（p.96）
$G(k,n)$	$\mathbb{R}^n$ の k 次元平面からなるグラスマン多様体（p.98）
$\mathrm{rk}\,A$	行列 A の階数（pp.98, 414）
$C^\infty_p(M)$	M の点 p における C^∞ 級関数の芽（p.103）
$T_p(M)$ または T_pM	点 p における M の接空間（p.103）
$\partial/\partial x^i|_p$	点 p における座標接ベクトル（p.104）
$d/dt|_p$	1 次元多様体の座標接ベクトル（p.104）
$F_{*,p}$ または F_*	点 p における F の微分（p.104）
$c(t)$	多様体における曲線（p.109）
$c'(t_0) := c_*\left(\dfrac{d}{dt}\Big|_{t_0}\right)$	曲線の速度ベクトル（p.109）
$\dot{c}(t)$	実数値関数の導関数（p.110）
ϕ_S	部分多様体 S 上の座標写像（p.119）
$f^{-1}(\{c\})$ または $f^{-1}(c)$	レベル集合（p.122）
$Z(f) = f^{-1}(0)$	零点集合（p.122）
$\mathrm{SL}(n,K)$	体 K 上の特殊線形群（pp.127, 130）
m_{ij} または $m_{ij}(A)$	行列 A の (i,j) 小行列式（p.128）
$\mathrm{Mor}(A,B)$	A から B への射からなる集合（p.132）
$\mathbf{1}_A$	A 上の恒等射（p.132）

(M, q)	基点をもつ多様体 (p.133)
$\simeq$	同型 (p.133)
$\mathcal{F}, \mathcal{G}$	関手 (p.133)
$\mathcal{C}, \mathcal{D}$	圏 (p.133)
$\{e_1, \ldots, e_n\}$	ベクトル空間 V の基底 (p.135)
$\{\alpha^1, \ldots, \alpha^n\}$	$V^\vee$ の双対基底 (p.135)
$L^\vee$	線形写像 L の双対 (p.135)
$O(n)$	直交群 (p.140)
A^T	行列 A の転置 (p.140)
ℓ_g	g による左乗法 (p.140)
r_g	g による右乗法 (p.140)
$D_{\max}(F)$	$F: S \to \mathbb{R}^{m \times n}$ の最大階数軌跡 (pp.142, 415)
$i: N \to M$	包含写像 (p.149)
TM	接束 (p.155)
$\tilde{\phi}$	接束上の座標写像 (p.156)
$E_p := \pi^{-1}(p)$	ベクトル束の点 p におけるファイバー (p.160)
X	ベクトル場 (p.163)
X_p	点 p における接ベクトル (p.163)
$\Gamma(U, E)$	E の U 上の C^∞ 級切断からなるベクトル空間 (p.165)
$\Gamma(E) := \Gamma(M, E)$	E の M 上の C^∞ 級切断からなるベクトル空間 (p.165)
$\operatorname{supp} f$	関数 f の台 (p.168)
$\overline{B}(p, r)$	中心を点 p にもつ半径 r の $\mathbb{R}^n$ における閉球 (p.172)
$\overline{A}, \operatorname{cl}(A)$ または $\operatorname{cl}_S(A)$	集合 A の S における閉包 (pp.177, 401)
$c_t(p)$	点 p を通る積分曲線 (p.182)
$\operatorname{Diff}(M)$	M の微分同相写像からなる群 (p.183)
$F_t(q) = F(t, q)$	局所フロー (p.186)
$[X, Y]$	ベクトル場のリー括弧積,リー代数の括弧積 (p.188)

$\mathfrak{X}(M)$	M 上の C^∞ 級ベクトル場からなるリー代数 (p.189)
S_n	$n \times n$ 実対称行列からなるベクトル空間 (p.198)
$\mathbb{R}^2/\mathbb{Z}^2$	トーラス (p.200)
$\|X\|$	行列のノルム (p.202)
$\exp(X)$ または e^X	行列 X の指数写像 (pp.202, 204)
$\mathrm{tr}(X)$	トレース (p.205)
$Z(G)$	群 G の中心 (p.211)
$\mathrm{SO}(n)$	特殊直交群 (p.211)
$\mathrm{U}(n)$	ユニタリ群 (p.212)
$\mathrm{SU}(n)$	特殊ユニタリ群 (p.212)
$\mathrm{Sp}(n)$	コンパクトシンプレクティック群 (p.212)
J	行列 $\begin{bmatrix} 0 & I_n \\ -I_n & 0 \end{bmatrix}$ (p.212)
I_n	$n \times n$ 単位行列 (p.213)
$\mathrm{Sp}(2n, \mathbb{C})$	複素シンプレクティック群 (p.213)
K_n	$n \times n$ 実歪対称行列からなる空間 (p.215)
$\tilde{A}$	$A \in T_e G$ によって生成される左不変ベクトル場 (p.216)
$L(G)$	G 上の左不変ベクトル場からなるリー代数 (p.216)
$\mathfrak{g}$	リー代数 (p.219)
$\mathfrak{h} \subset \mathfrak{g}$	リー部分代数 (p.219)
$\mathfrak{gl}(n, \mathbb{R})$	$\mathrm{GL}(n, \mathbb{R})$ のリー代数 (p.220)
$\mathfrak{sl}(n, \mathbb{R})$	$\mathrm{SL}(n, \mathbb{R})$ のリー代数 (p.223)
$\mathfrak{o}(n)$	$\mathrm{O}(n)$ のリー代数 (p.223)
$\mathfrak{u}(n)$	$\mathrm{U}(n)$ のリー代数 (p.223)
$(df)_p$, $df\|_p$	点 p における 1 形式の値 (p.229)
$T_p^*(M)$ または T_p^*M	点 p における余接空間 (p.228)
T^*M	余接束 (p.230)
$F^* : T_{F(p)}^*M \to T_p^*N$	余微分 (p.235)

$F^*\omega$	F による微分形式 ω の引き戻し (pp.235, 246)
$\bigwedge^k(V^\vee) = A_k(V)$	ベクトル空間 V 上の k コベクトルからなるベクトル空間 (p.241)
ω_p	点 p における微分形式 ω の値 (p.241)
$\mathcal{I}_{k,n}$	狭義昇順多重指数 $1 \leq i_1 < \cdots < i_k \leq n$ からなる集合 (p.242)
$\bigwedge^k(T^*M)$	余接束の k 次外積 (p.244)
$\Omega^k(G)^G$	リー群 G 上の左不変 k 形式からなるベクトル空間 (p.251)
supp ω	k 形式 ω の台 (p.251)
$d\omega$	微分形式 ω の外微分 (p.253)
$\omega\|_S$	部分多様体 S への微分形式 ω の制限 (pp.237, 260)
$\hookrightarrow$	包含写像 (p.260)
$\mathcal{L}_X Y$	X に関するベクトル場 Y のリー微分 (p.270)
$\mathcal{L}_X \omega$	X に関する微分形式 ω のリー微分 (p.273)
$\iota_v \omega$	ω の v による内部積 (p.274)
$(v_1, \ldots, v_n)$	順序付けられた基底 (p.287)
$[v_1, \ldots, v_n]$	行列として見た順序付けられた基底 (p.287)
$(M, [\omega])$	向き $[\omega]$ をもつ向き付けられた多様体 (p.295)
$-M$	M と逆の向きをもつ向き付けられた多様体 (p.298)
$\mathcal{H}^n$	閉上半空間 (p.299)
M°	境界をもつ多様体の内部 (pp.299, 304)
∂M	境界をもつ多様体の境界 (pp.299, 304)
$\mathcal{L}^1$	左半直線 (p.302)
int(A)	部分集合 A の位相空間としての内部 (p.304)
ext(A)	部分集合 A の外部 (p.304)
bd(A)	部分集合 A の位相空間としての境界 (p.304)
$\{p_0, \ldots, p_m\}$	閉区間の分割 (p.313)
$P = \{P_1, \ldots, P_n\}$	閉長方形の分割 (p.313)
$L(f, P)$	分割 P に関する f の不足和 (p.313)

記号一覧 475

$U(f, P)$	分割 P に関する f の過剰和（p.313）	
$\overline{\int}_R f$	閉長方形 R 上の f の上積分（p.314）	
$\underline{\int}_R f$	閉長方形 R 上の f の下積分（p.314）	
$\int_R f(x)dx^1 \cdots dx^n$	閉長方形 R 上の f のリーマン積分（p.314）	
$\mathrm{vol}(A)$	$\mathbb{R}^n$ の部分集合 A の体積（p.315）	
$\mathrm{Disc}(f)$	関数 f が不連続となる点の集合（p.315）	
$\int_U \omega$	U 上の微分形式 ω のリーマン積分（p.317）	
$\Omega_c^k(M)$	M 上にコンパクトな台をもつ C^∞ 級 k 形式からなるベクトル空間（p.318）	
$Z^k(M)$	M 上の閉 k 形式からなるベクトル空間（p.331）	
$B^k(M)$	M 上の完全 k 形式からなるベクトル空間（p.331）	
$H^k(M)$	次数 k の M のド・ラームコホモロジー（p.331）	
$[\omega]$	ω のコホモロジー類（p.332）	
$F^\#$ または F^*	コホモロジーに誘導された写像（p.335）	
$H^*(M)$	コホモロジー環 $\bigoplus_{k=0}^n H^k(M)$（p.337）	
$\mathcal{C} = (\{C^k\}_{k \in \mathbb{Z}}, d)$	コチェイン複体（p.338）	
$(\Omega^*(M), d)$	ド・ラーム複体（p.338）	
$H^k(\mathcal{C})$	$\mathcal{C}$ の k 次のコホモロジー（p.340）	
$Z^k(\mathcal{C})$	k コサイクルからなる部分空間（p.341）	
$B^k(\mathcal{C})$	k コバウンダリからなる部分空間（p.341）	
$d^*: H^k(\mathcal{C}) \to H^{k+1}(\mathcal{A})$	連結準同型写像（p.342）	
$\rightarrowtail$	単射，または，元を単射で写す（p.343）	
$\mapsto\!\!\!\rightarrow$	元を全射で写す（p.343）	
$i_U: U \to M$	U から M への包含写像（p.347）	
$j_U: U \cap V \to U$	$U \cap V$ から U への包含写像（p.347）	
$\twoheadrightarrow$	全射（p.350）	
$\chi(M)$	M のオイラー標数（p.355）	
$f \sim g$	f は g にホモトピック（p.357）	
Σ_g	種数 g のコンパクトで向き付け可能な曲面（p.372）	
$d(p, q)$	p と q の距離（p.381）	

$]a,b[$	開区間（p.382）
$(S,\mathcal{T})$	位相 $\mathcal{T}$ をもつ集合 S （p.382）
$Z(f_1,\ldots,f_r)$	$f_1,\ldots,f_r$ の零点集合（p.384）
$Z(I)$	イデアル I に属するすべての多項式の零点集合（p.384）
IJ	積イデアル，イデアルの積（p.384）
$\sum_\alpha I_\alpha$	イデアルの和（p.384）
$\mathcal{T}_A$	A の部分空間位相，A の相対位相（p.385）
$\mathbb{Q}$	有理数の集合（p.388）
$\mathbb{Q}^+$	正の有理数の集合（p.388）
$A \times B$	2つの集合 A と B のカルテシアン積（p.391）
C_x	点 x の連結成分（p.401）
$\text{ac}(A)$	A の集積点からなる集合（p.402）
$\mathbb{Z}^+$	正の整数の集合（p.404）
D_r	階数が r 以下の $m \times n$ 行列からなる集合（p.415）
$D_{\max}$	最大階数をもつ $m \times n$ 行列からなる集合（p.415）
$D_r(F)$	写像 $F: S \to \mathbb{R}^{m \times n}$ の階数 r の退化跡（p.415）
$v+W$	部分空間 W の剰余類（p.420）
V/W	W による V の商ベクトル空間（p.420）
$\ker f$	準同型写像 f の核（p.422）
$\text{im } f$	写像 f の像（p.422）
$\text{coker } f$	準同型写像 f の余核（p.422）
$\prod_\alpha V_\alpha, A \times B$	直積（p.422）
$\bigoplus_\alpha V_\alpha, A \oplus B$	直和（p.422）
$A+B$	2つの部分ベクトル空間の和（p.423）
$A \oplus_i B$	内部直和（p.423）
$W^\perp$	W の直交補空間（p.423）
$\mathbb{H}$	四元数（斜）体（p.425）
$\text{End}_K(V)$	K 上の V の自己準同型写像からなる代数（p.426）

参 考 文 献

[1] V. I. Arnold, *Mathematical Methods of Classical Mechanics*, 2nd ed., Springer, New York, 1989.

[2] P. Bamberg and S. Sternberg, *A Course in Mathematics for Students of Physics*, Vol. 2, Cambridge University Press, Cambridge, UK, 1990.

[3] W. Boothby, *An Introduction to Differentiable Manifolds and Riemannian Geometry*, 2nd ed., Academic Press, Boston, 1986.

[4] R. Bott and L. W. Tu, *Differential Forms in Algebraic Topology*, 3rd corrected printing, Graduate Texts in Mathematics, Vol. 82, Springer, New York, 1995.

[5] É. Cartan, Sur cartaines expressions différentielles et le problème de Pfaff, Ann.E.N.S. (3), vol. XVI (1899), pp.239-332 (= *Oeuvres complètes*, vol. II, Gauthier-Villars, Paris, 1953, pp.303-396).

[6] C. Chevalley, *Theory of Lie Groups*, Princeton University Press, Princeton, 1946.

[7] L. Conlon, *Differentiable Manifolds*, 2nd ed., Birkhäuser Boston, Cambridge, MA, 2001.

[8] G. de Rham, Sur l'analysis situs des variétés à n-dimension, Journal Math. Pure et Appl. (9) 10 (1931), pp.115-200.

[9] G. de Rham, Über mehrfache Integrale, Abhandlungen aus dem Mathematischen Hansischen Universität (Universität Hamburg) 12 (1938), pp.313-339.

[10] G. de Rham, *Variétés différentiables*, Hermann, Paris, 1960 (in French); *Differentiable Manifolds*, Springer, New York, 1984 (in English).

[11] D. Dummit and R. Foote, Abstract Algebra, 3rd ed., John Wiley and Sons, Hoboken, NJ, 2004.

[12] T. Frankel, *The Geometry of Physics: An Introduction*, 2nd ed., Cambridge University Press, Cambridge, UK, 2003.

[13] F. G. Frobenius, Über lineare Substitutionen und bilineare Formen, Journal für die reine und angewandte Mathematik (Crelle's Journal) 84 (1878), pp.1-63. Reprinted in *Gesammelte Abhandlungen*, Band I, pp.343-405.

[14] C. Godbillon, *Géométrie différentielle et mécanique analytique*, Hermann, Paris, 1969.

[15] E. Goursat, Sur certains systémes d'équations aux différentielles totales et sur une généralisation du probléme de Pfaff, Ann. Fac. Science Toulouse (3) 7 (1917), pp.1-58.

[16] M. J. Greenberg, *Lectures on Algebraic Topology*, W. A. Benjamin, Menlo Park, CA, 1966.

[17] V. Guillemin and A. Pollack, *Differential Topology*, Prentice-Hall, Englewood Cliffs, NJ, 1974.

[18] A. Hatcher, *Algebraic Topology*, Cambridge University Press, Cambridge, UK, 2002.

[19] I. N. Herstein, *Topics in Algebra*, 2nd ed., John Wiley and Sons, New York, 1975.

[20] M. Karoubi and C. Leruste, *Algebraic Topology via Differential Geometry*, Cambridge University Press, Cambridge, UK, 1987.

[21] V. Katz, The history of Stokes' theorem, Mathematics Magazine 52 (1979), pp.146-156.

[22] V. Katz, Differential forms, in *History of Topology*, edited by I. M. James, Elsevier, Amsterdam, 1999, pp.111-122.

[23] M. Kervaire, A manifold which does not admit any differentiable structure, Commentarii Mathematici Helvetici 34 (1960), pp.257-270.

[24] M. Kervaire and J. Milnor, Groups of homotopy spheres: I, Annals of Mathematics 77 (1963), pp.504-537.

[25] J. M. Lee, *Introduction to Smooth Manifolds*, Graduate Texts in Mathematics, Vol. 218, Springer, New York, 2003.

[26] J. E. Marsden and M. J. Hoffman, *Elementary Classical Analysis*, 2nd ed., W. H. Freeman, New York, 2003.

[27] J. Milnor, On manifolds homeomorphic to the 7-sphere, Annals of Math. 64 (1956), pp.399-405.

[28] J. Milnor, *Topology from the Differentiable Viewpoint*, University Press of Virginia, Charlottesville, VA, 1965.

[29] A. P. Morse, The behavior of a function on its critical set, Annals of Mathematics 40 (1939), pp.62-70.

[30] J. Munkres, *Topology*, 2nd ed., Prentice-Hall, Upper Saddle River, NJ, 2000.

[31] J. Munkres, *Elements of Algebraic Topology*, Perseus Publishing, Cambridge, MA, 1984.

[32] J. Munkres, *Analysis on Manifolds*, Addison-Wesley, Menlo Park, CA, 1991.

[33] H. Poincaré, Sur les résidus des intégrales doubles, Acta Mathematica 9 (1887), pp.321-380. *Oeuvres*, Tome III, pp.440-489.

[34] H. Poincaré, Analysis situs, Journal de l'École Polytechnique 1 (1895), pp.1-121; Oeuvres 6, pp.193-288.

[35] H. Poincaré, *Les méthodes nouvelles de la méchanique céleste*, vol. III, Gauthier-Villars, Paris, 1899, Chapter XXII.

[36] W. Rudin, *Principles of Mathematical Analysis*, 3rd ed., McGraw-Hill, New York, 1976.

[37] A. Sard, The measure of the critical points of differentiable maps, Bull. Amer. Math. Soc. 48 (1942), pp.883-890.

[38] M. Spivak, *A Comprehensive Introduction to Differential Geometry*, Vol. 1, 3rd ed., Publish or Perish. Houston, 2005.

[39] O. Veblen and J. H. C. Whitehead, A set of axioms for differential geometry, Proceedings of National Academy of Sciences 17 (1931), pp.551-561. *The Mathematical Works of J. H. C. Whitehead*, Vol. 1, Pergamon Press, 1962, pp.93-104.

[40] F. Warner, *Foundations of Differentiable Manifolds and Lie Groups*, Springer, New York, 1983.

[41] M. Zisman, Fibre bundles, fibre maps, in *History of Topology*, edited by I. M. James, Elsevier, Amsterdam, 1999, pp.605-629.

索引

あ

アトラス 60
 極大―― 63
 同値な向き付けられた
  ―― 297
 標準――（射影空間の）
  96
 向き付けられた――
  296
粗い位相 382

い

位相 382
 粗い―― 382
 基によって生成される
  ―― 386
 細かい―― 382
 ザリスキー―― 385
 自明―― 383
 相対―― 385
 標準――（$\mathbb{R}^n$ の）382
 部分空間――
  154, 201, 385
 密着―― 383
 有限補集合―― 384
 誘導―― 154, 201
 離散―― 383
位相幾何学者の正弦曲線 121
位相空間 382
位相空間としての境界 304
位相空間としての内部 304
位相空間の圏 133
位相群 79
位相多様体 58
 境界をもつ―― 302
I 型の形式 375
1 の分割 173
1 パラメーター族
 微分形式の―― 267
 ベクトル場の―― 267
1 パラメーター部分群 183
一般線形群 66, 427
イデアル
 積―― 384
 ――の和 384
陰関数定理 409
陰に解く 409

う

ウェッジ積 27, 31
 微分形式の―― 44, 247
内向きベクトル 307
埋め込まれた部分多様体 149
埋め込み 146
ウリゾーンの補題 176

お

オイラー標数 355

か

開基 → 基を見よ.
開球 381
開写像 89, 395
開集合 382
 $\mathbb{R}^n$ の―― 382
 ザリスキー―― 385
階数
 行列の―― 98, 414
 線形変換の―― 115
 滑らかな写像の―― 115
 ベクトル束の―― 160
階数一定定理 139, 413
階数一定レベル集合定理 139
外積（多重線形関数の） 31
外積（余接束の） 244
外積代数 368
 多重コベクトルの―― 39
解析的 5
回転（ベクトル場の） 50
外点 304

横

横断性定理 131
横断的 131
押し出し
 左不変ベクトル場の―― 222
 ベクトルの―― 190

索　引　481

開同値関係　89
開な条件　142
開被覆　58, 395
外微分　47, 253
　　——の大域的な公式
　　　281
外部直和　423
可換リー代数　189
可逆な自己準同型写像
　　427
核　421
加群　18
　　——の準同型写像　18
可縮　359
過剰和　313
可除環　425
可除代数　425
カスプ　59, 110, 144
下積分　314
括弧積
　　リー代数の——　188
カルタンのホモトピー公式
　　277
カルテシアン積　391
関係（集合上の）　13
　　同値——　13
関係にあるベクトル場
　　191
関手　133
　　共変——　133
　　反変——　134
完全形式　49, 331
完全列　339
　　短——　339, 342
　　長——　344
完備なノルム付き代数
　　204
完備なノルム付きベクトル
　　空間　204

完備なベクトル場　186

【き】

基（開基）　386
　　点における近傍の——
　　　389
奇置換　24
奇超導分　56
基底の変換行列　287
基点をもつ多様体　133
軌道　29
軌道空間　97
基本開集合　391
逆関数定理
　　$\mathbb{R}^n$ に対する——
　　　82, 408
　　多様体に対する——　82
逆の向き　287
境界
　　位相空間としての——
　　　304
　　多様体としての——
　　　304
境界点　299, 303, 304
境界の向き　308
境界をもつ多様体　302
共変関手　133
共役
　　行列の——　428
　　四元数の——　428
行列（自己準同型写像の）
　　427
行列の指数関数　202
極限
　　点列の——　404
　　ベクトル場の1パラメー
　　　ター族の——　267
極限点　403
局所座標　64

局所作用素　254, 264
局所自明　160
局所自明化　161
局所定数 → 局所定値を
　　見よ．
局所定値　298
局所的に $\mathcal{H}^n$　302
局所的に可逆　82, 408
局所微分同相写像　82, 408
局所フロー　186
局所ユークリッド的　58
局所有限　173
　　——和　174
局所連結　407
局所枠　290
曲線　63
　　1点を始点とする——
　　　109
　　多様体における——
　　　109
極大アトラス　63
極大積分曲線　182
極大値　118
曲面　63
距離（$\mathbb{R}^n$ の）　381
近傍　5, 58, 382
近傍基　389

【く】

偶置換　24
偶超導分　56
グラスマン代数　39
グラスマン多様体　98
グラフ
　　関数の——　65
　　同値関係の——　89
グリーンの定理　326
クロス　59
クロス積　55

クロネッカーのデルタ 15

け

k 形式 44, 241
k コベクトル 27, 241
k コベクトル場 241
形式 → 微分形式を見よ.
形式を保つ 431
k 重線形関数 26
　交代—— 27
　対称—— 27
k テンソル 27, 240
結合性
　ウェッジ積の—— 35
　テンソル積の—— 31
結合律（圏論）132
圏 132

こ

交換子（超導分の）56
合成（圏論）132
合成関数の微分法
　多様体の間の写像に対する—— 105
　微積分の記号での—— 109
交代 k 重線形関数 27
交代 k テンソル 27, 241
恒等律（圏論）132
勾配 50
互換 23
コサイクル 340
コチェイン 340
コチェイン写像 341
コチェイン複体 49, 338
コチェインホモトピー 374
コバウンダリ 341
コベクトル

多様体の点における—— 228
ベクトル空間上の—— 21
コベクトル場 42, 228
コホモローグ 332
コホモロジー 340
　コチェイン複体の—— 340
　ド・ラーム—— 331
コホモロジー環 337
コホモロジー類 332, 341
細かい位相 382
コンパクト 395

さ

サードの定理 128
サイクル（置換の）23
　交わりのない—— 23
最高次の形式 241
最大階数 415
　——軌跡 415
細分 314
削除近傍 403
差写像 347
座標
　多様体上の—— 64
　底—— 162
　ファイバー—— 162
座標開集合 58
座標近傍 58
座標系 58
座標写像 58
作用素 254
　局所—— 254, 264
　線形—— 14
ザリスキー位相 385
ザリスキー開 385
ザリスキー閉 384

し

C^k 級関数
　$\mathbb{R}^n$ 上の—— 4
C^∞ 級アトラス 60, 303
C^∞ 級関数
　$\mathbb{R}^n$ 上の—— 4
　多様体上の—— 71
C^∞ 級コベクトル場 43
C^∞ 級写像
　多様体の間の—— 73
C^∞ 級多様体 63
　境界をもつ—— 303
C^∞ 級で両立するチャート 60
C^∞ 級ベクトル束 161
C^∞ 級ベクトル場 16
C^∞ 級枠 165
ジグザグ図式 343
ジグザグ補題 344
四元数 425
四元内積 428
四元ベクトル空間 426
次元の不変性 59, 106
自己準同型写像 426
　可逆な—— 427
　——の行列 427
自己同型写像（ベクトル空間の）427
次数
　テンソルの—— 27
　反導分の—— 47
次数付き可換 38
次数付き環 337
次数付き代数 38
　——の準同型写像 38
沈め込み 114
　点における—— 114
沈め込み定理 143

実解析的 5
実射影空間 91
実射直線 92
実射影平面 93
実リー代数 189
始点（積分曲線の） 182
自明位相 383
自明化（ベクトル束の）
　　161
自明化する開集合 161
自明化する開被覆 161
自明化の枠 165
自明束 163
射（圏論） 132
射影 86
射影空間 91
射影代数多様体 130
射影直線 92
射影平面 93
写像
　開── 89, 395
　閉── 395
斜体 425
シャッフル 32
周期 249
集合の近傍 139
集積点 402
収束 404
　絶対── 203
従属する（開被覆に） 173
縮約 274
巡回置換 23
順序付けられた基底
　同値な── 287
準同型写像
　R 加群の── 18
　次数付き代数の── 38
　代数の── 14
　ベクトル空間の──

　　421
　リー群の── 197
商 86
商位相 86
小行列式 80, 415
商空間 86, 420
商構成 85
商ベクトル空間 420
剰余項をもつテイラーの定
　理 6
剰余類 420
シンプレクティック群
　212, 431
　複素── 213, 432

す

推移性 13
垂直 264
随伴表現 225
スカラー積 50
図式の追跡 344
ストークスの定理 323

せ

正規（位相空間） 390
制限 394
　形式の部分多様体への
　　── 237, 260
　ベクトル束の部分多様体
　　への── 161
制限写像（マイヤー-
　ヴィートリス完全系列
　の） 347
斉次元（次数付き代数の）
　253
斉次座標 91
斉次多項式 129

生成する（位相を） 386
正則値 115
正則点 115
正則部分多様体 119
正則零点集合 122
正則レベル集合 122
正則レベル集合定理 125
積位相 391, 393
積イデアル 384
積写像 406
積束 161
積多様体 67
積分
　$\mathbb{R}^n$ 上の n 形式の──
　　317
　多様体上の形式の──
　　318
積分可能 314
積分曲線 182
　極大── 182
積分領域 316
接空間
　$\mathbb{R}^n$ の── 12
　境界をもつ多様体の──
　　305
　多様体の点における──
　　103
接束 155
絶対収束 203
切断 163
　大域── 165
　滑らかな── 163
接ベクトル
　$\mathbb{R}^n$ の── 12
　多様体上の── 103
全空間（ベクトル束の）
　161
線形作用素 14
線形写像 14, 421

斜体上の—— 426
線形汎関数 135
線形変換 421, 426
線積分の基本定理 326

【そ】

像（線形写像の） 422
双線形 27
   ——形式 431
相対位相 385
相対的に開 385
双対（線形写像の） 135
双対基底 22
双対空間 21
束写像 162
速度ベクトル 109
測度 0 315
外向きベクトル 307

【た】

台
   関数の—— 168
   微分形式の—— 251
大域切断 165
大域フロー 186
大域枠 290
第一可算 389
第一同型定理 422
退化跡 415
台減少 264
対象（圏論） 132
対称群 24
対称 k 重線形関数 27
対称性 13
代数 13
   次数付き—— 38
   ——の準同型写像 14
体積
   $\mathbb{R}^n$ の部分集合の——

   315
   閉長方形の—— 313
第二可算 58, 389
代表元 420
多元環 → 代数を見よ．
多重コベクトル 28
多重指数
   狭義昇順の—— 36
多重線形関数 26
   交代—— 27
   対称—— 27
多様体
   位相—— 58
   n —— 63
   基点をもつ—— 133
   滑らかな—— 63
多様体としての境界 304
多様体としての内部 304
多様体の圏 133
単位元成分（リー群の） 209
短完全列
   コチェイン複体の—— 342
   ベクトル空間の—— 339
単集合 359, 383

【ち】

置換 23
   奇—— 24
   偶—— 24
   巡回—— 23
   ——の積 23
   ——の符号 24
置換群 24
チコノフの定理 398
チャート 58
   アトラスと両立する——

   62
   C^∞ 級で両立する——
   60
   適合する—— 119
   点における—— 64
   点を中心とする—— 58
中心（群の） 211
稠密 407
長完全列 344
超曲面 130
超導分 56
   奇—— 56
   偶—— 56
超平面 39
長方形 313
直積（ベクトル空間の） 422
直線ホモトピー 357
直和（ベクトル空間の） 422
   外部—— 423
   内部—— 423
直交群 140, 431
直交補空間 423

【て】

底空間 161
底座標 162
テイラーの定理（剰余項をもつ） 6
適合するチャート 119
転位 24
点ごとの向き 290
テンソル（ベクトル空間上の） 240
テンソル積（多重線形関数の） 30
転置 428
点導分 15, 103

索　引

点列　404
点列補題　404

と

ド・ラームコホモロジー　53, 331
ド・ラーム複体　49, 338
同一視
　　部分集合を一点と──　88
同型射（圏論）　133
同相写像　398
同値（関数の）　13, 305
同値関係　13
　　開──　89
同値な順序付けられた基底　287
同値な向き付けられたアトラス　297
同値類　86
導分　19
　　点における──　15, 103
　　リー代数の──　189
特殊線形群　127, 434
特殊直交群　211
特殊ユニタリ群　212, 434
ドット積　27, 50
トレース　205

な

内点　299, 303
内部
　　位相空間としての──　304
　　多様体としての──　304
内部積　274
内部直和　423
長さ（サイクルの）　23

滑らか
　　形式の──な族　268
　　ベクトル場の──な族　267
滑らかな関数
　　$\mathbb{R}^n$ 上の──　4, 300
　　多様体上の──　71
滑らかな曲線　109
滑らかな写像
　　多様体の間の──　73
　　──の階数　115
滑らかな切断　163
滑らかな多様体　63
滑らかな微分形式　232
滑らかなベクトル場　163, 307
滑らかなポアンカレ予想　68
滑らかなホモトピー　356
滑らかな枠　165

に

II 型の形式　375

の

ノード　145
ノルム　202
　　四元ベクトルの──　430
ノルム付き代数　203
　　完備な──　204
ノルム付きベクトル空間　202
　　完備な──　204

は

媒介変数表示　321
　　──された集合　321
ハイネ-ボレルの定理　399

ハウスドルフ　390
発散（ベクトル場の）　50
バナッハ空間　204
バナッハ代数　204
はめ込まれた部分多様体　146
はめ込み　114
　　点における──　114
はめ込み定理　143
反交換　33, 38, 337
反射性　13
反準同型写像　428
半双線形　428
　　──形式　431
反導分　47
反変関手　134

ひ

引き戻し
　　ウェッジ積の──　248
　　関数の──　72
　　k コベクトルの──　246
　　コベクトルの──　235
　　コホモロジーにおける──　336
　　微分形式の──　235, 246
非交和　155
非退化　264
左移動　196
左作用　28
左乗法　196
左半直線　302
左不変
　　──形式　250
　　──ベクトル場　216
被覆　395
微分

関数の―― 42, 229
コチェイン複体の――
338
写像の―― 104
微分形式 42, 44, 228, 241
I 型の―― 375
II 型の―― 375
完全―― 49, 331
境界をもつ多様体上の
―― 306
閉―― 49, 331
――の 1 パラメーター族
267
――の台 251
――の引き戻し
235, 246
微分構造 63
微分同相写像 9, 75
局所―― 82
向きを逆にする――
296
向きを保つ―― 295
微分複体 49
非有界（$\mathbb{R}^n$ において）
398
標準アトラス（射影空間
の） 96
標準位相（$\mathbb{R}^n$ の） 382
標準 n 球面 68
標準基底（K^n の） 427
非連結 399

ふ

ファイバー 160
ファイバー座標 162
ファイバーを保つ 160
複素一般線形群 66
複素シンプレクティック群
213, 432

複素特殊線形群 130
符号（置換の） 24
不足和 313
部分空間 385
部分空間位相
154, 201, 385
部分多様体
埋め込まれた―― 149
正則―― 119
はめ込まれた―― 146
部分被覆 395
フロー
局所―― 186
大域―― 186
フロー曲線 186
分割（積分論） 313
分離集合 399

へ

閉形式 49, 331
平行化可能な多様体 225
閉写像 395
閉集合 383
ザリスキー―― 385
閉部分群 202
閉部分群定理 202
閉包 401
ベクトル積 50
ベクトル束 161
ベクトル値関数 50
ベクトル場
$\mathbb{R}^n$ の開集合上の――
16
関係にある―― 191
完備な―― 186
境界に沿った―― 307
多様体上の―― 163
左不変―― 216
――の 1 パラメーター族

267
蛇の補題 346
変位レトラクション 359
変位レトラクト 359
変換関数（チャートの）
60
偏微分（多様体上の） 81

ほ

ポアンカレ形式 231
ポアンカレの補題 53, 361
方向微分 12
補空間 423
星形 6
ホモトピー 356
直線―― 357
ホモトピー逆写像 357
ホモトピー型 358
ホモトピー同値 357, 358
ホモトピック 356

ま

マイヤー - ヴィートリス完
全系列 349
マクスウェル方程式 265

み

右移動 196
右作用 29
右乗法 196
右半直線 302
右不変形式 250
密着位相 383

む

向き
逆の―― 287
境界の―― 307
境界をもつ多様体上の
―― 306

索　引　　　487

多様体上の―― 290
点ごとの―― 290
ベクトル空間の――
287
向き形式 295
向き付け可能な多様体
290
向き付けられたアトラス
296
同値な―― 297
向き付けられた多様体
290
向きを逆にする微分同相写像 296
向きを保つ微分同相写像
295

め

芽 13, 103, 305
多様体上の関数の――
103
メビウスの帯 290

や

ヤコビ行列 81, 408
ヤコビ行列式 81, 408
ヤコビ恒等式 188

ゆ

有界（$\mathbb{R}^n$ において） 398
有限補集合位相 384
誘導位相 154, 201
有理点 388
ユニタリ群 212, 431

よ

余核 422

余次元 119
余接空間 41, 228, 306
余接束 231
余微分 235

ら

ライプニッツ則 14, 19

り

リー括弧積 188
リー環 → リー代数を見よ．
リー群 79, 196
　――の準同型写像 197
　――の随伴表現 225
リー代数
　可換―― 189
　体上の―― 188
　リー群の―― 219
　――の準同型写像 223
リー微分
　微分形式の―― 273
　ベクトル場の―― 270
　――の大域的な公式
280
リー部分群 200
リー部分代数 219
リーマン積分可能 314
リウヴィル形式 231
離散位相 383
離散空間 383
立体射影 9
隆起関数 168
領域の微分同相不変性
300
両立するチャート 60, 62
臨界値 115

臨界点 115
リンデレフ条件 407

る

ルベーグの定理 315

れ

零点集合 122
　正則―― 122
零による拡張
　関数の―― 314, 349
　形式の―― 349
レトラクション 359
レトラクト 359
レベル 122
レベル集合 122
　正則―― 122
連結
　――空間 399
　――成分 401
連結準同型写像 342
連続
　集合上で―― 393
　点において―― 393
　――な点ごとの向き
290
　――な枠 290

わ

和（イデアルの） 384
和（部分空間の） 423
歪エルミート 224
枠 165
　局所―― 290
　自明化の―― 165
　大域―― 290
　連続な―― 290

訳者略歴

枡田　幹也（ますだ　みきや）
1954年兵庫県生まれ．1980年東京大学大学院理学系研究科修士課程修了．理学博士．現在，大阪市立大学大学院理学研究科名誉教授，大阪公立大学数学研究所特別研究員．専門はトポロジー，変換群の幾何学．著書に『代数的トポロジー』（朝倉書店，2002），『格子からみえる数学』（共著，日本評論社，2013）がある．

阿部　拓（あべ　ひらく）
1980年茨城県生まれ．2013年首都大学東京理工学研究科数理情報科学専攻博士後期課程修了．博士（理学）．現在，岡山理科大学理学部応用数学科講師．専門は群作用にまつわる幾何学とトポロジー．

堀口　達也（ほりぐち　たつや）
1988年滋賀県生まれ．2016年大阪市立大学大学院理学研究科博士課程修了．博士（理学）．現在，宇部工業高等専門学校一般科准教授．専門はトポロジー．

トゥー　多様体

2019年11月25日　第1版1刷発行
2025年1月25日　第2版2刷発行

検印
省略

定価はカバーに表示してあります．

原著者　Loring W. Tu
訳　者　枡田　幹也
　　　　阿部　　拓
　　　　堀口　達也
発行者　吉野和浩
　　　　東京都千代田区四番町 8-1
　　　　電　話 03-3262-9166（代）
発行所　郵便番号 102-0081
　　　　株式会社　裳華房
印刷所　中央印刷株式会社
製本所　牧製本印刷株式会社

一般社団法人
自然科学書協会会員

JCOPY〈出版者著作権管理機構 委託出版物〉
本書の無断複製は著作権法上での例外を除き禁じられています．複製される場合は，そのつど事前に，出版者著作権管理機構（電話03-5244-5088，FAX 03-5244-5089，e-mail: info@jcopy.or.jp）の許諾を得てください．

ISBN 978-4-7853-1586-3　Ⓒ 枡田幹也 他，2019　Printed in Japan